HACCP 원리에 기초한

식품위생안전성학

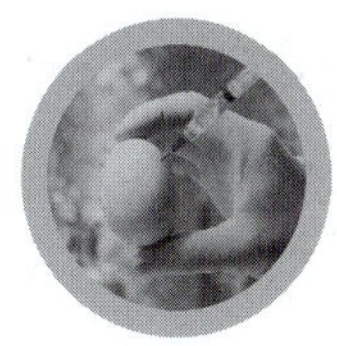
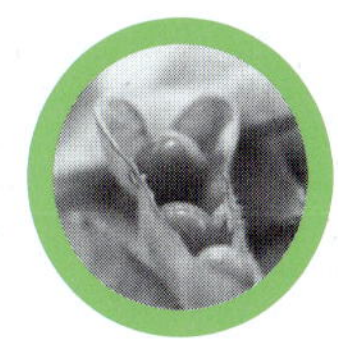

정덕화 · 강진순 공저

Food Hygiene & Safety

JMK

머리말

"인생은 먼 데서 보는 잔디밭과 같다"란 평소의 좌우명처럼, 흐르는 세월 속에 학문의 중요성도 쉼 없이 바뀌어 왔다. 그 결과 과거에 그다지 중요하게 생각하지 못했던 '식품위생안전성학'이 오늘날에는 식품관련 학과에서 아주 중요한 과목으로 자리매김하게 되었다.

새로이 출범한 제18대 박근혜 정부에서도 먹을거리 안전관리 강화로 식품안전 강국 구현을 한다는 목표로 식품안전정책을 중요한 국정 과제로 삼고 있다.

이를 위해 정부는 식품안전에 영향을 주는 각종 위해요소를 선제적으로 관리하는 철학을 바탕으로 가공품과 축산물 및 수산물은 HACCP 제도로 농산물은 GAP 제도로 안전성을 확보하려는 의지를 식품안전정책의 중심축으로 삼고 있다. 오랫동안 식품안전정책을 정부와 함께 고민하고 공부해온 필자도 앞으로 가공식품의 안전정책은 위해요소를 사전 예방적으로 관리하는 HACCP 제도가 될 것이라 예측하고 주장해왔다. 아울러 본 교재에서는 식품의약품안전처의 각종 위해요소관련 최신 자료와 정보를 인용하여 정부의 위해요소관리에 대한 노력을 이해할 수 있도록 편집하였다.

이러한 국가의 식품안전정책의 흐름과 함께 HACCP 원리에 기초하여 위해요소중심의 '식품위생안전성학'을 새로이 집필하게 됨은 오랫동안 식품안전성 한 분야에만 전념해 온 필자로서는 감회가 새롭게 느껴진다.

아마도 HACCP 원리에 기초하여 위해요소중심으로 '식품위생안전성학'을 구성하여 집필한 경우는 이번이 처음일 것이다. 아울러 평생을 함께하면서 서로 돕고 힘이 되어 필자의 오늘이 있도록 해준 강진순 교수와 함께 강의한 내용을 담아 '식품위생안전성학'을 부부가 같이 집필한 경우도 처음이라 생각되어 감사해하지 않을 수 없다. 무엇보다도 지난 날 어려움 가운데서도 건강하고 바르게 자라 인생의 목표를 잘 세우고 열심히 노력하는 사랑하는 연하, 연우 그리고 도영이에게 감사하며 이 책을 선물하려 한다.

끝으로, 지난 35년 이상 함께 한 소중한 실험실 식구들과 그 많은 일들을 말없이 처리하면서 귀한 시간을 할애하여 참고자료 수집과 원고 정리에 정성을 다해준 김정숙, 정명진 선생과 제이엠케이(JMK)의 김재민 사장과 직원 여러분들의 노고에 감사드린다.

2013년 7월

정덕화, 강진순 드림

제1편 위해요소 관리와 식품위생

CONTENTS

제2편 생물학적 위해요소 관리

제3편 화학적 위해요소 관리

제4편 물리적 위해요소(이물) 관리

제5편 HACCP: 식품안전관리인증제

제6편 식품첨가물 및 특수 식품의 위생관리

제8편 식품의 위해평가 및 위생검사

제1편

위해요소 관리와 식품위생

제1장 식품위생 개요

지난 2013년 1월 15일에는 제18대 대통령직 인수위원회에서는 보건복지부 산하의 식품의약품안전청KFDA을 식품의약품안전처로 승격시켜 국무총리실 산하로 옮기고, 그 동안 6개 부처에 흩어져 있는 식품안전관련 업무를 식품의약품안전처로 일원화한다는 중요한 발표를 하였다. 이제 식품안전은 식품 분야에 국한된 일이 아니라 국가적 안보와 직결된 문제로 인식하기 시작했다.

특히 새 정부에서는 불량식품을 4대 사회악 중의 하나로 생각하고, 반드시 근절해야 한다고 공약한 만큼 식품안전 문제가 국정의 중요 현안과제로 부각되어 이를 실천하기 위한 구체적인 노력이 필요한 현실이다.

이러한 큰 변화가 오기까지는 멀게는 1989년 11월의 우지라면 사건을 시작으로 1995년 10월의 고름우유 사건, 2000년 8월 납꽃게 파동, 2003년부터 시작

그림 1-1-1 광우병 파동으로 비롯된 서울시청 앞의 촛불집회

된 AI, 광우병, 구제역 파동 등의 커다란 식품안전 사건, 사고가 커다란 역할을 하게 된 셈이다. 그 중에서도 광우병 파동은 수많은 시민이 참여하는 촛불집회로 발전되어 국가의 기본을 흔들기도 하였다. 그림 1-1-1의 광우병 촛불집회는 많은 사람들에게 식품안전 사고가 얼마나 중요한가를 인식시키는 계기가 되었고, 여러 부처에 흩어져 있는 식품안전 업무를 조정하는 콘트롤타워 역할을 하는 구심점이 정부 내에 있어야 한다는 목소리가 여기저기에서 흘러 나왔다. 이를 계기로 정부는 식품안전기본법을 제정하고 국무총리 직속으로 식품안전정책위원회를 설치, 운영하는 기틀을 마련하였다.

그러나 예산과 인력이 뒷받침되지 않는 식품안전정책위원회는 부처 간에 흩어져 있는 식품안전 업무를 조정하기에는 한계가 있었다. 새 정부는 식품안전 업무를 총괄할 수 있도록 실질적인 예산과 조직을 갖춘 식품의약품안전처를 국무총리실 산하에 새로이 설립하는 것을 중요 내용으로 하는 정부조직 개편안을 발표한 다음, 많은 준비 끝에 현재의 식품의약품안전처가 발족되었다.

이를 토대로 가공식품의 안전관리는 식품 안전관리인증제, 축산물은 축산물 안전관리인증제, 수산물은 수산물 안전관리인증제로 모두 HACCP을 토대로 관리하며, 농산물의 경우에는 명칭은 다르지만 동일한 HACCP 원리에 기초한 농산물 안전관리인증제, 즉 GAP로 관리한다고 발표한 바 있다.

이들 제도가 모두 가공, 재배, 사육 환경 그리고 가공, 재배, 사육과정에서 혼입될 수 있는 위해요소의 출입을 방지하거나 감소시켜 최종 생산물에는 이들 위해요소가 없거나, 잔류해도 정부가 정한 기준치 이하로 관리되게 하여 사전에 안전성을 확보하는 시스템으로 설명할 수 있다. 이처럼 위생, 안전성의 기초는 포괄적인 위해요소 관리에 의해 가능하다고 생각할 수 있으며, 이를 실천하기 위해 정부는 기본적인 손 씻기 운동부터 전 국민을 대상으로 안전성 확보를 위해 많은 노력을 기울이고 있다.

그림 1-1-2 올바른 손 씻기

1. 식품위생의 정의와 개념 변화

일반적으로 식품에 대한 개념은 굶주림의 해결이 가장 기본적인 단계이나 이 단계를 거치면 영양성과 건전성이 중요한 요건으로 제기된다. 근래 대부분의 나라에서 식품은 이제 기아 해결이라는 일차기능의 충족과 함께 영양 균형과 안전하고 건전한 식품을 충분히 공급할 수 있느냐에 초점을 맞추고 있다. 따라서 선진국일수록 식품의 안전성을 관리할 수 있는 철저한 제도적 장치와 이를 뒷받침할 수 있는 행정적 지원이 조직적으로 이루어지고 있다.

이와 같은 추세에 따라 우리나라에서도 유사한 변화가 일어나고 있는데, 경제발전에 힘입어 개인의 소득이 향상되면서 기본적인 생존의 여건마련 단계를 넘어 삶의 질을 높이고자 하는 노력의 일환으로 건강에 대한 관심이 크게 높아지고 있다. 건강은 여러 가지 요인이 복합된 산물이긴 하지만, 가장 중요한 몫을 차지하는 것이 식품이므로 현대인의 식품에 대한 관심은 그 어느 때보다도 높으며 특히 안전성과 건전성이 그 중심을 이루고 있다.

식품의 안전성과 건전성을 확보하는 방법은 여러 가지가 있으나 우선은 위해인자를 체계적으로 분류, 확인하고 다음으로 이들 위해인자의 발생을 차단할 수 있는 방법을 제시하는 체계적이고 학문적 접근방법이 식품위생의 근간을 이루며 이 분야의 학문적 접근을 식품위생학으로 분류하고 있다. 따라서 식품위생학은 식품의 안전성 확보를 위한 과학적인 방법을 제시하고 위해원인을 밝혀 이를 차단하는 수단을 강구하는 예방과학의 한 분야이며 물리, 화학, 생물, 식품미생물, 환경 그리고 건강 등이 복합된 종합 응용과학이다.

식품으로부터 오는 위해인자를 확인하고 위해 발생을 미리 방지하기 위한 수단으로서 식품위생의 필요성을 설명할 수 있는데, 위생sanitation이란 말은 Latin어인 "Sanitas"에서 온 말로 "health"란 뜻을 갖고 있으며 hygiene도 그리스어의 "health"에 해당하는 단어에 기원하였다. 따라서 인간의 건강유지를 위한 건전한 식품 공급에 그 기본적인 뜻이 있으며, 산업이 발달하기 이전에는 거의 모든 식품이 가정에서 만들어져 가족 구성원에 의해서 소비되었으므로 식품위생의 범위도 가정으로 한정될 수 있었다. 그러나 산업사회에 들어서면서 식품은 가족에게 공급하는 음식의 개념을 떠나 상품화되면서 식품가공 산업이 중요한 제조업의 한 분야를 차지하게 되어 식품위생은 개인위생과 함께 공장위생으로 그 범위를 넓히게 되었다.

식품위생은 우리나라 식품위생법 제2조 제8항에서 정의한 "식품위생이라 함은 식품, 첨가물, 기구 또는 용기, 포장을 대상으로 하는 음식에 관한 위생을 말한다"와 같이 가공 분야에 한정지을 수도 있으나 가공식품의 경우 가공공장만을 대상으로 한정하는 것보다는 원료의 재배환경과 더불어 만들어진 제품과 유통 그리고 최종 소비자까지를 포함한 넓은 의미로 위생의 정의가 필요할 것이다. 이와 같은 개념을 함축한 WHO의 정의가 학문적으로 더 설득력 있게 받아들여지고 있다. "Food hygiene means all measures necessary for ensuring the safety, wholesomeness, and soundness of food at all stages from its growth, production or manufacture until its final consumption."

즉 "식품위생이란 식품의 재배, 생산, 제조로부터 최종적으로 사람에 섭취되기까지의 모든 단계에 걸친 식품의 안전성, 건전성 및 완전무결성을 확보하기 위한 모든 필요한 수단을 말한다"라고 하여 원료의 생산으로부터 소비까지를 포괄하고 있다.

이와 같이 WHO의 정의는 식품위생의 범위를 원료의 생산으로부터 최종 소비까지를 대상으로 하였으며, 소비자의 입장에서는 완전무결한 식품을 얻을 수 있는 조건을 제시했다는 측면에서 바람직하다. 그러나 정의에서 제시한 식품의 안전성, 건전성 및 완전무결성을 확보할 수 있는 수단은 현실적으로 영양 및 기호성을 갖추어야 하는 식품의 특성 때문에 달성하기가 어렵고, 완전성을 추구하는 노력의 과정으로 이해해야 할 것이다.

따라서 안전한 식품에 대한 정의도 표 1-1-1에서와 같이 단순히 식품 중에

표 1-1-1 합리적인 안전한 식품에 대한 정의

항목	정의
안전한 식품	• "위해요소가 있다 없다"의 이분법은 잘못됨 • 화학적, 물리적 및 생물학적 위해요소가 없거나 있어도 정부가 정한 기준치 이하로 관리되어 식중독이 절대로 일어나지 않는 식품(HACCP 원리에 기초함)

위해요소가 '있다', '없다'의 개념에서 벗어나 식품 중에 위해요소가 없거나 있어도 정부가 정한 기준치 이하로 관리되어 식중독이 일어나지 않는 식품으로 설명해야 한다.

여기에서 의약품과 식품의 안전성에 대한 개념의 차이가 나타난다. 의약품의 경우 완전무균성, 완전무해성을 목표로 하나 식품의 경우 완전무균성, 완전무해성을 확보하기는 현실적으로 쉽지 않은 과제이다. 거의 모든 식품의 원료는 각종 미생물이 많이 존재하는 토양에서 얻고 있어 미생물 오염을 완전히 배제하기는 현실적으로 대단히 어렵고 모든 유통과정에서 무균을 유지하기는 더더욱 어렵다.

이와 같은 위험성을 관리하기 위하여 나라마다 식품위생관련법에는 각종 잔류물질과 미생물 허용기준을 정하여 엄격히 관리하고 있다. 따라서 식품의 안전성은 완전무결성zero defect의 절대기준이라기보다는 안전 수준을 정하여 관리하는 상대 개념이고, 과학의 발달과 소비자의 기대 수준에 따라 변할 수 있는 가변적 개념임을 받아들일 수밖에 없다.

식품위생의 개념을 100년 전으로 되짚어 보면, 초기 산업이 발달되지 않았을 때의 전체적인 오염원이란 곤충, 서류, 잡물, 돌, 볏짚, 나무, 모래, 먼지 등 물리적으로 간단히 분리할 수 있으나, 오늘날에는 유해 미생물이 가장 중요한 위해관리 항목이며, 다음으로는 화학물질에 의한 오염 그리고 환경오염에 의한 문제가 대두되고 있다.

2. 식품위생의 필요성

인간의 기본적인 욕망은 건강하게 장수하는 것이다. 건강과 장수는 불가분의 관계이며 건강유지를 위해서는 안전한 식품섭취가 무엇보다도 중요하다. 식품의 안전성 확보가 식품위생의 가장 중요한 목표이고, 식품위생은 경제적 여건과 환경 그리고 소비자의 의식 수준과 깊은 관계가 있다. 그림 1-1-3에서 보는 바와 같이 식품위생에 대한 소비자의 인식이 그 어느 때보다 높고, 식품에 대한 불안감 역시 높게 나타나 식품위생의 필요성이 강조되고 있다.

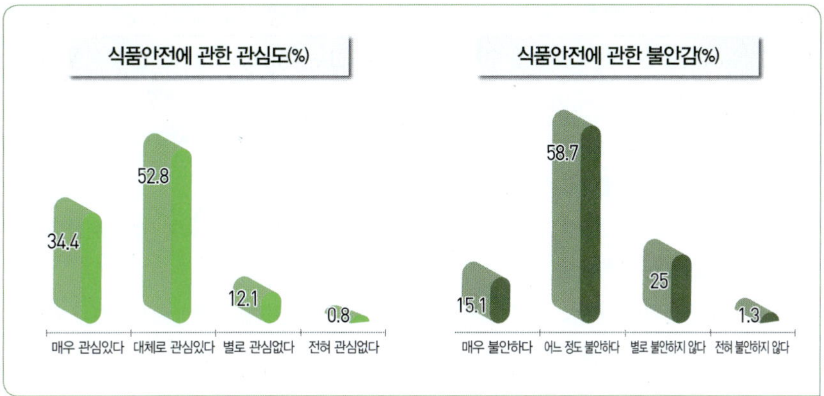

자료원: 유전자제조합식품관련 국민인식조사(2008.09)

그림 1-1-3 식품안전에 대한 소비자 인식도

아울러, 미국의 경우에도 1800년대 중반부터 후반 사이에 불법으로 희석된 비위생적인 우유가 공공연히 유통되었고, 이로 인해 영아 사망률이 영국에 비해 13%가 높아졌다는 보고가 있다. 이와 같은 식품에 의한 사고가 자주 발생하고 식품 사고의 원인이 밝혀지면서 소비자의 인식이 변화되고 있다. 이러한 인식의 변화에 따라 식품을 관리할 수 있는 법인 Food, Drug and Cosmetic Act가 1938년 통과되어 식품을 본격적으로 관리하기 시작하였다. 식품관리 법인이 통과되었음에도 식품과 물에 의한 질병이 전체 질병의 25%를 차지하던 것이 현재 1% 이하로 감소한 것은 식품관리와 식품위생 상태가 개선되었기 때문이다.

식품위생은 식품으로부터 유래하는 유해 미생물의 존재를 확인하고 이들의 혼입을 막거나 증식을 억제하는 방법을 제시하거나, 여러 천연 혹은 인공유해물질을 밝히고 오염되지 않도록 함으로써 이들에 의한 식중독 사고를 막을 수 있으며 식품기인성 질병 발병률을 크게 낮출 수 있다. 우리나라의 영아사망률이 크게 낮아지고 평균수명이 높아지는 이유는 의료보급과 식생활 개선 그리고 식품 및 개인위생의 개선에 따른 결과이다.

합리적인 식품위생 관리는 다음과 같은 장점이 있다.

- 법적 요구사항 부응 : 날로 강해지고 있는 각종 식품관련 법적 규제로부터 자유로워질 수 있으며 이로 인한 피해를 막을 수 있다.

- 식중독 사고방지 : 매년 세계적으로 많은 식중독 사고가 발생하고 있으며, 보고되는 식품사고는 실제 사고건수의 극히 적은 수치이다. 미국의 경우 매년 6.5~33백만 건의 식품에 의한 사고가 일어나고 있으며 이로 인하여 약 9,000명이 사망하였고, 주요 원인으로는 세균, 곰팡이, 기생충 그리고 바이러스로 알려지고 있다. 합리적이고 적절한 식품위생 관리를 통하여 많은 식중독 사고를 미연에 막을 수 있다.
- 저장기간 연장 및 품질개선 : 미생물 관리를 통하여 부패, 변색, 변취 등을 예방, 식품폐기 및 판매손실을 최소화할 수 있다.
- 품질개선 및 신뢰도 향상 : 식품위생 관리를 통하여 고객과의 관계개선, 공중보건의 위험 감소 그리고 종업원의 도덕성 향상에 기여할 수 있다.

특별히 2012년의 식중독 사고를 9월까지의 통계자료를 바탕으로 살펴보면, 그림 1-1-4에서 나타난 바와 같이 205건, 4,913명으로 전년 식중독 발생건수의 82.3%, 환자수는 69.1%로 크게 감소하였다. 이 결과는 앞서의 정부차원의 노력에 대한 반응으로 생각된다.

이를 좀 더 자세히 살펴보면, 2011년 같은 기간에 비하여 식중독 발생건수 3.3%, 환자수 24.0%가 감소하였고, 4년 평균(2007~2010년)의 같은 기간(280건, 6,511명)에 비하여 식중독 발생건수 26.8%, 환자수 24.5%가 감소하였다.

인구 100만 명당 환자수로 계산해 보면, 2012년 9월 30일 기준으로 환자수가 97명으로 나타나 2011년 같은 기간의 127명과 4년 평균 같은 기간의 131명 대비 24.8%가 감소되어 식중독 감소를 위한 범정부차원 노력의 중요도를 파악할 수 있다. 참고로 지난 2009년 한국보건사회연구원의 연구결과에 의하면 식중독

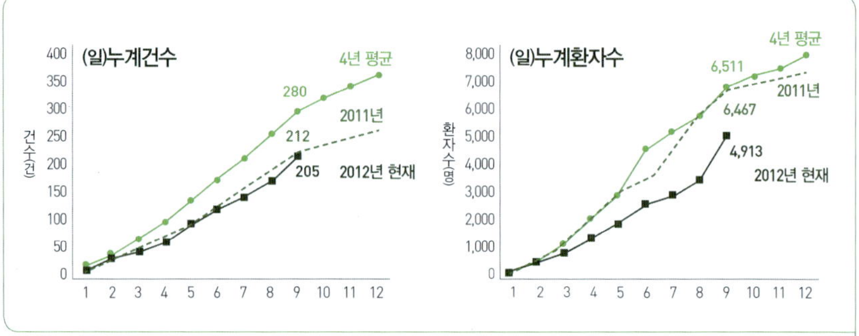

그림 1-1-4 식중독 누계환자수(식품의약품안전청)

으로 인한 사회, 경제적 비용이 1조 3,000억 원에 이르는 것으로 추산되었다.

이처럼 식중독은 설사, 복통 등을 통해 국민의 건강을 해치고 있으며, 이로 인한 막대한 사회적, 경제적 비용이 발생하기 때문에 국가가 관리하지 않을 수 없다. 특히 학교의 집단급식 등이 보편화되어 동일한 식자재 등에 의한 전국적 규모의 식중독이 발생할 우려가 있기 때문에, 개별 지자체에서 담당하기보다는 국가가 총괄관리할 수 밖에 없다. 따라서 새 정부는 이러한 인식하에 식품의 안전업무를 일원화하여 효율적인 안전관리를 하고 국민 먹거리의 안전성 확보를 책임진다는 취지에서 식품의약품안전처를 국무총리실산하에 설치하여 운영할 준비를 하고 있다.

3. 식품과 건강장애

균형 잡힌 식품섭취는 건강증진에 필수적이나 식품을 잘못 섭취할 경우 여러 가지 건강장애를 일으킨다. 일반적으로 건강장애는 영양장애와 식품위생적 장애로 구분하고 있으며, 영양장애는 영양결핍 혹은 부족에 의해서 일어나지만 식품위생적 측면의 장애는 세균성 식중독, 세균성 독소에 의한 감염, 곰팡이 독소 등 미생물 기인성, 유해 물질, 중금속 등이 관계되는 화학물질 기인성, 자연독(동 · 식물)에 의한 독성물질 기인성 그리고 기생충 및 오염물질의 요인 등으로 분류할 수 있으며, 일반적으로 영양장애는 식품위생 분야에서 다루지 않는다.

최근 들어 새로운 경향으로 식품에 특정 성분이 각종 인체 질환과 직접 · 간접적인 관계가 있다는 사실이 밝혀지면서 식품과 연관된 건강장애가 큰 관심을 끌고 있다.

미국의 경우도 사망의 70% 이상이 식이와 관계된 것으로 밝혀졌는데 그 원인은 심장질환, 암, 심장발작, 알코올 관련사고, 당뇨병, 간질환 그리고 동맥경화였으며, 이들 모두가 식품섭취와 관계가 있다고 여겨진다. 따라서 고전적인 식품위생적 장애와 함께 건강장애를 일으키는 식품의 특정 성분에도 관심을 가져야 할 것이며, 이러한 성분이 만성질환의 발생억제 또한 관여한다는 점이 학문적으로 증명되면서 식품의 질병 예방기능이 관심의 대상이 되고 있다. 특히 식이

섬유, 항산화 기능이 있는 비타민 등의 항암효과와 생리활성 효과가 밝혀지면서 이에 대한 연구가 활발히 이루어지고 있다.

따라서 식품의 기능이 영양공급의 차원을 넘어 각종 질병의 예방과 증상 발현의 지연효과가 밝혀지면서 식품과 의약품의 경계가 모호해지는 현상까지 나타나고 있다. 특히 만성질환인 암과 순환기계 질환은 식품섭취 조절로 상당 부분 예방할 수 있으며, 현재 의학기술로도 치료 불가능한 당뇨병의 경우도 식사요법으로 증상을 완화시킬 수 있다.

제2장 위해요소 관리와 식중독

HACCP 제도가 도입되면서 식품의 안전성은 위해요소 관리중심의 새로운 시각으로 정리되기 시작하였다. 위해요소란 '식품위생법 제4조(위해식품 등의 판매금지)의 규정에서 정하고 있는 인체의 건강을 해칠 우려가 있는 생물학적, 화학적 또는 물리적 인자나 조건을 의미한다. 정부 식품안전정책의 궁극적 목표는 식품 속에 위해요소가 없거나, 위해요소가 있더라도 정부가 지정한 기준치 이하로 관리되어 식중독이 절대로 일어나지 않는 식품을 생산하여 공급하는 데 있다.

본 장에서는 식품 중의 위해요소를 이해하고, 위해요소에 따라 식중독을 분류한 뒤 식중독의 발생상황을 분석한다. 아울러 이러한 식중독을 효율적으로 관리하기 위한 식품안전행정에 대해 생각해보기로 한다.

1. 식품안전에 관계하는 위해요소

식중독은 인류가 존재한 이래로 함께 공존해 온 질병이지만 대체로 19세기 후반부터 학문적 대상으로 연구되기 시작하였다. 20세기 후반 미생물학의 발달로 식중독의 원인물질로서 세균이 검출되기 전까지만 해도 식중독의 가장 큰 원인으로 단백질의 변성과정에서 생성된 유독성 아민인 ptomine에 의한 것이라는 학설이 유력하였다. 그 이후 많은 연구에 의해 식중독은 세균을 중심으로 한 생물학적 원인 외에도 표 1-2-1에서 보는 바와 같이 많은 위해요소가 원인물질이 될 수 있다는 사실이 밝혀졌으며, 최근에도 새로운 신종 위해요소가 계속해서 밝혀지고 있다.

먼저 현재까지 보고된 식중독의 대부분을 차지하고 있는 생물학적 위해요소로 세균을 비롯하여 바이러스, 유해 곰팡이 등의 미생물과 원충류, 기생충, 위생동물과 해충을 들 수 있다.

표 1-2-1 식품안전관련 위해요소

구 분		위해요소
생물학적 위해요소	미생물	세균(살모넬라, 병원성 대장균, 포도상구균 등)
		바이러스(노로바이러스, 로타바이러스 등)
		곰팡이(*Aspergillus, Penicillium, Fusarium*속 등)
	기타	원충류, 기생충, 위생동물, 해충 등
화학적 위해요소	자연독	식물성 자연독, 동물성 자연독
	우발적 혼입	농약, 중금속, 내분비장애 물질 등
	인위적 첨가	식품첨가물, 멜라민, 기타 부정 첨가물질
	기타	조리가공 중 생성되는 유해 물질 등
물리적 위해요소	건축 · 설비유래	볼트, 너트, 고무패킹, 쇠구슬, 메쉬(mesh) 조각
	원료 · 포장재유래	흙, 먼지, 작은 돌, 나무조각, 플라스틱 등
	개인 생물유래	장신구, 머리카락, 명찰, 사무용품, 곤충 등
	기타	흙, 섬유 부스러기, 세균, 진균류 등

과거의 식중독은 주로 세균에 기인한 경우가 대부분이었지만, 최근 들어 노로바이러스에 의한 식중독의 발생이 급증하여 소비자들의 우려가 높아지고 있다. 이에 따라 정부는 소비자들을 안심시키기 위해 신속하게 바이러스를 모니터링하는 기술을 개발하고 지속적으로 바이러스 감염우려 식품을 연구 파악하여 그 결과를 식약청의 홈페이지를 통해 알리고 있다. 특히 노로바이러스는 계절과 관계없이 겨울철에 많이 발생하고 있다.

따라서 정부에서는 노로바이러스가 무엇인지 아울러 노로바이러스에 감염되었을 때의 증상과 전파경로, 치료제 및 노로바이러스에 의한 식중독 발생 시 신고요령 등 상세한 내용을 국민들에게 널리 알리고 있다.

아울러 과거의 식중독 발생의 많은 부분을 차지했던 화학적 위해요소로는 자연독, 우발적으로 혼입될 수 있는 위해요소와 인위적으로 첨가하는 위해요소 및 조리가공 중에 생성되는 유해 물질 등을 들 수 있다. 그 중 자연독은 감자에 포함되어 있는 솔라닌 등의 식물성 자연독과 복어에 존재할 수 있는 지극히 독성이 강한 테트로도톡신tetrodotoxin 등의 동물성 자연독이 있다.

우발적으로 혼입될 수 있는 잔류 농약은 작물의 생산성 증대와 더불어 소비자의 관심대상이 되었지만, 다행히 사용되는 농약의 독성이 적고 잔류성이 짧은 농약만을 생산하도록 정부가 관리하기 때문에, 정부의 농약 안전관리지침에 따라 농약을 사용하면 큰 문제가 되지 않을 것이라 여겨지고 있다.

최근 논쟁의 대상이 되고 있는 화학적 위해요소는 부정 첨가물질이다. 일부 악덕업자들이 식품에 첨가해서 안 되는 물질, 예를 들면 발기부전제 등을 첨가하여 기능성 식품으로 속여 파는 경우가 상당 수 적발되었다.

지난, 2012년 8월 16일에도 경인지방 식약청은 식품에 사용할 수 없는 발기부전 치료제 성분이 다량 함유된 가짜 건강기능식품을 유통한 업체 대표들을 건강기능 식품에 관한 법률 위반혐의로 구속 송치하였다고 밝혔다.

이들은 미국에서 밀반입한 발기부전 치료제 성분이 함유된 캡슐을 정식으로 수입한 건강기능식품인 '옥타원', '라미코-F', 'F-365' 등으로 위조하기 위해 미국산 건강기능식품 용기 등에 포장하여 총 24,462병, 시가 76억 원 상당을 판매해온 것으로 드러났다. 적발된 제품 옥타원'과 '라미코-F', 'F-365'에서는 식품에 첨가해서는 안 되는 비아그라 유사물질인 디메틸치오실데나필 11.77mg/캡셀, 디메틸실데나필 0.01mg/캡셀이 각각 검출되었고, 지플로우에서는 실데나필 51.8mg/캡셀, 타다라필 13.54mg/캡셀이 각각 검출되어 경각심을 불러일으킨 바 있다.

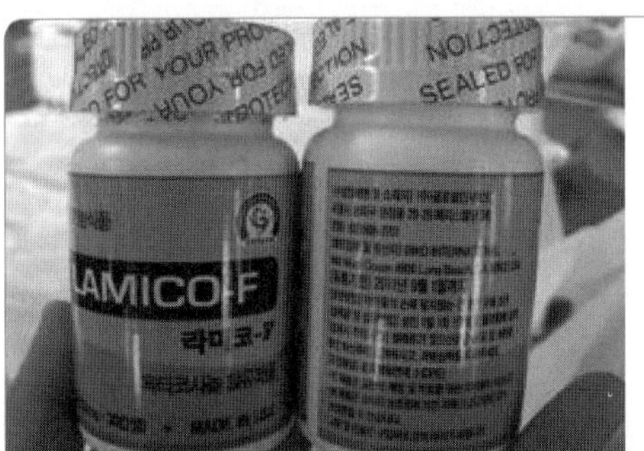

▶ 제품명 : 라미코-F
▶ 유형 : 옥타코사놀 함유제품
▶ 수입업소명(소재지)
- 글로벌인사이트
▶ 검사결과
- 디메틸치오실데나필 11.77mg/캡셀, 디메틸실데나필 0.01mg/캡셀 검출

(식품의약품안전청, 2012)

그림 1-2-1 식품 중 부정 첨가유해 물질 위해요소

최근에는 위해요소 중 물리적 위해요소가 중요하게 취급되는 재미있는 현상이 나타나고 있다. 실제로 HACCP를 적용하고 있는 영업장에서 결정해 놓은 CCP가 대개 1~2개인데, 그 중 거의 대부분의 회사에서 금속을 포함한 물리적 위해요소를 체크하는 공정을 CCP로 관리하고 있다. 이는 소비자 고발이 대부분 이물에서 일어나기 때문에 제조업소에서는 이물관리를 대단히 중요하게 생각하고 있다.

한편 표 1-2-2에서와 같이 다양한 종류로 검출되고 있는 물리적 위해요소는 소비자 고발이 빈번해짐에 따라 소비자나 제조업소 모두 세 가지 종류의 위해요소에 많은 관심을 기울이고 있다. 지난 2012년 8월 8일 식품의약품안전청이 발표한 2012년도 상반기 이물 발생현황 및 조사결과에 따르면 보고된 이물 발생건수 중 조사가 완료된 1,756건의 이물 혼입원인을 분석한 결과 ▲소비 · 유통단계 180건 ▲제조단계 133건 ▲이물 분실 · 훼손, 조사 거부 등에 따른 조사 불가 364건 ▲기타 1,079건으로 나타났다. 또한 소비 · 유통단계에서는 이물 발생건수의 86%(155건)가 벌레와 곰팡이로 나타났으며, 개봉 후 일정기간 섭취하는 시리얼류, 특수용도식품, 초콜릿류, 음료류 등의 순으로 혼입률이 높은 것으로 나타났다. 그러나 다행스러운 것은 올해 상반기 보고된 식품 이물 발생건수는 2,007건으로 지난해 같은 기간의 2,212건보다 약 9%가 감소하였으며, 이는 이물 보고 의무화 첫 해인 2010년의 3,568건에 비해 약 44% 감소한 수치이다.

표 1-2-2 2012년도 상반기 이물 발생현황

(식품의약품안전청, 2012, 단위: 건수)

계	벌레	금속	곰팡이	플라스틱	유리	기타
2,007	863(43.0%)	255(12.7%)	237(11.8%)	131(6.5%)	38(1.9%)	483(24.0%)

※ 기타: 고무, 나무조각, 돌 등

2. 식중독의 분류와 위해요소

식품 중에 함유된 유해 물질의 섭취로 인해 발생되는 식중독을 분류하는 방법은 여러 가지가 있으나, HACCP 제도가 식품안전을 위한 기본적인 시스템으로 자리함에 따라 기존의 혼란스러웠던 부분들이 많이 정리되었고, 식품 위해요소로 식중독의 종류를 분류하는 방법이 자리잡게 되었다. 앞서 언급한 각종 위해요소 중에서 실제로 식중독 발생의 중심이 되는 요소는 한정되어 있다. 따라서 위해요소에 따른 식중독을 다음 표 1-2-3과 같이 분류하고자 한다.

표 1-2-3 식중독의 분류와 위해요소

구분	식중독 종류	위해요소
미생물 유래 식중독	세균성 식중독	감염형 식중독(살모넬라, 병원성 대장균 등)
		독소형 식중독(포도상구균 등)
	바이러스성 식중독	노로바이러스, 로타바이러스 등
	곰팡이 독소 식중독	아플라톡신, 오크라톡신 등
화학적 위해요소 유래 식중독	자연독 식중독	식물성 자연독(solanine 등)
		동물성 자연독(tetrodotoxin 등)
	화학성 식중독	농약, 중금속, 유해 첨가물, 내분비장애 물질, 조리가공 중 생성되는 유해물질 등

즉 식중독은 세균, 바이러스, 곰팡이 등의 미생물학적 위해요소를 원인으로 한 미생물 유래 식중독과 식물성 및 동물성 자연독과 잔류 농약 등을 포함한 화학적 위해요소가 원인인 화학적 위해요소 유래 식중독으로 크게 분류할 수 있다.

미생물 유래 식중독을 세분화하면, 먼저 세균성 식중독의 경우 살모넬라, 병원성 대장균 등과 같이 직접 증식된 균에 의해 건강장애가 일어나는 감염형 식중독이 있으며, 포도상구균과 같이 균의 증식과 더불어 생성된 독소가 일정량 이상 축적되고 축적된 독소에 의해 건강상의 장애가 나타나는 독소형 식중독으로 나뉠 수 있다. 또한 최근 굴 등의 수산물에서 발생되어 문제가 되고 있는 바이러스성 식중독은 노로바이러스 외에도 로타바이러스, 아스트로바이러스, 장관아데노바이러스, 사포바이러스 등이 나타나고 있다. 그리고 화학성 식중독으로 분류하기도 하는 곰팡이 독소 식중독은 기후변화와 더불어 많은 사람들의 관심을 받고 있는 식중독이다.

한편, 화학적 위해요소 유래 식중독으로는 자연독 식중독을 들 수 있다. 자연독 식중독은 감자의 솔라닌solanine과 같은 식물성 자연독과 복어의 테트로도톡신tetrodotoxin 등의 동물성 자연독에 의한 식중독이 있다. 아울러 순수한 유해 화학물질에 의해 발생되는 화학성 식중독은 잔류 농약, 중금속 등과 같이 비의도적으로 오염되어 문제가 되는 경우와 허가되지 않은 식품첨가물을 사용한다든지, 식품에 첨가해서는 안 되는 것을 알면서도 경제적 이익을 위해 고의적으로 첨가하여 문제가 되는 경우가 있다. 아울러 니트로사민nitrosamine, 벤조피렌benzopyrene 등과 같이 조리가공 중에 생성되어 문제가 되는 유해 물질도 있다.

또한 식중독은 원인대상에 따라 나누거나 독성 발현기작을 중심으로 나눌 수도 있다. 독성 발현기작에 따라 분류하는 경우 감염, 중독, 식품의 대사이상, 알레르기 그리고 특이체질 등을 들 수 있으며, 식품의 대사이상, 알레르기나 특이체질의 경우 일반에 적용되기보다는 특수한 개체에 적용되는 경우가 많다.

식품기인성 감염 형태는 세 가지를 들 수 있는데, 첫 번째는 병원성 균을 섭취하면 이 균이 장내점막에 침투한 뒤 소화관 내에 침입하여 생체에 부작용을 나타내는 경우이다. 예를 들면, *Salmonella*, 장독소형 대장균 등을 들 수 있다. 두 번째는 섭취된 미생물이 소화관에서 다른 조직으로 이동하여 그 조직에 정착하는 경우인데 예를 들면, 간에 침투하는 간염바이러스 A, 근육에 침투하는 선모충*Trichinella spiralis*을 들 수 있다. 세 번째는 감염된 미생물이 소화관 내에서 증식하거나 자가분해를 일으켜 독소를 방출하면서 중독현상이 나타난다. *Clostridium perfringens*와 일부 장관독소원성 *E. coli*이 이에 속한다.

이와 같이 식중독은 여러 가지 방법으로 분류할 수 있으나, 최근 새롭게 발견되는 식중독은 이 분류에 따라 포함되지 않는 경우도 있어 이에 대한 검토가 필요할 것으로 본다. 특히 감염형으로 알려진 비브리오 식중독은 일부 독소물질을 배출하여 독소형으로 분류될 수도 있으며 병원성 대장균도 감염형으로만 분류하기는 어렵다.

기존의 식품위생학 교재의 편집과 달리 HACCP 원리에 기초한 위해요소 중심으로 편집하였다. 따라서 제1편에서는 위해요소관리와 식품위생, 제2편에서는 생물학적 위해요소관리, 제3편에서는 화학적 위해요소관리, 제4편에서는 물리적 위해요소관리를 소개하였고 이를 바탕으로 제5편에서는 식품관리인증제HACCP를 설명하고 있다. 한편 제6편에서는 식품첨가물 및 특수식품의 위생관리, 제7편에서는 식품 및 단체급식영업장의 위생관리, 제8편에서는 식품의 위해평가 및 위생검사에 대한 내용을 소개한다

3. 식중독 발생현황

각 나라에서 발생하는 식중독 발생양상은 기후환경과 지역적 특성, 섭취하는 식품과 함께 개인 위생상태에 따라 달라진다. 우리나라는 식품위생법에 근거하여 식중독 발생 시 보고체계가 규정되어 있는 통계 기반이 마련되어 있으나, 대부분의 식중독은 증상이 경미하여 원인 추적에 소홀할 가능성이 있으며, 발생한 식중독의 경우도 정확한 역학조사가 뒤따르지 못하는 경우가 많다. 이에 따라 보고된 건수 대비 실제 발생되고 있는 식중독이 어느 정도인지는 파악하기 어려우나 공식적인 통계에 근거한 식중독 동향 파악에는 도움이 될 것이다.

1) 연도별 식중독 발생현황

연도별 집단 식중독 발생현황을 살펴보면 표 1-2-4와 같다. 먼저 식중독 발생건수는 2008년에는 354건, 2009년에는 228건, 2011년에는 249건이 발생하여 전반적으로 감소하는 추세를 보였다. 또한 환자수도 2008년 7,487명에 비해 2010년과 2011년에 각각 7,218명, 7,105명으로 약간 감소하였다. 그러나 환자수/건(명)은 2008년 21.1명, 2010년과 2011년에 각각 26.6명, 28.5명으로 증가하는 경향을 보이고 있다.

경제성장과 더불어 국민들의 식생활 패턴의 변화가 크게 나타나고, 외식 및 단체급식이 확대됨에 따라 대규모 식중독 발생 가능성은 높아지고 있다. 정부도 식중독 상시 관리팀을 구축하여 운영하고 있으며 식중독 발생 우려 업소에

표 1-2-4 연도별 집단 식중독 발생현황

(식품의약품안전청, 2012, 단위:건,명)

구 분	'08년	'09년	'10년	'11년	'12년 9월
건 수	354	228	271	249	205
환자수	7,487	5,999	7,218	7,105	4,913
환자수/건(명)	21.1	26.3	26.6	28.5	24.0

대한 점검을 강화하고, 선택과 집중 방식을 통한 식중독 교육, 홍보를 실시함에 따라 표에서 보는 바와 같이 식중독 발생건수와 환자수가 감소하고 있는 것으로 파악된다. 그러나 식중독 발생건수당 환자수는 소폭 증가함에 따라 식중독 발생 규모가 증가할 수 있어 지속적으로 감시 업무를 강화해야 할 필요가 있다.

2) 식중독의 월별 발생현황

식중독의 월별 발생현황을 2008년부터 2012년까지 5년간 조사한 결과는 표 1-2-5와 같다. 대체로 여름철에 발생 환자수가 높게 나타났고 그 중에서도 2008년, 2009년 그리고 2010년 6월에는 발생 환자수가 각각 1,256명, 1,318명 그리고 1,908명으로 대폭 증가하였다. 그러나 발생건수는 1월과 2월을 제외하고는 연중 내내 높게 나타나는 경향을 보이고 있다. 특히 2012년도의 발생 환자수는 2011년을 포함한 지난 4년 동안의 발생 환자수에 비해 상당히 적은 수치를 나타냈다. 정부는 교과부, 농식품부, 복지부, 환경부, 시 · 도 등 32개 유관기관 합동으로 "식중독 대책 협의기구"를 구성하여 운영하고 있다. 이에 따라 식중독 발생 우려 업소에 대한 식중독 예방 관계부처 합동점검을 실시하였다.

특히, 2012년 4월에는 청소년 수련시설 등 1,189개소에 대해 전국 합동점검

표 1-2-5 시기별(월별) 집단 식중독 발생현황

(식품의약품안전청, 2012, 단위:건,명)

연도	구분	계	1월	2월	3월	4월	5월	6월	7월	8월	9월	10월	11월	12월
'08년	건수	354	13	14	23	31	28	36	28	38	51	37	29	26
	환자수	7,487	177	144	680	751	627	1,256	354	538	1,207	454	440	859
'09년	건수	228	14	22	20	26	36	29	20	18	20	7	7	9
	환자수	5,999	126	279	753	709	1,232	1,318	378	324	301	416	40	123
'10년	건수	271	9	17	15	20	15	29	34	41	35	18	15	23
	환자수	7,218	142	430	364	893	201	1,908	561	770	783	335	362	469
'11년	건수	249	11	14	21	26	19	35	23	38	25	9	16	12
	환자수	7,105	137	351	690	827	1,017	414	740	1,482	809	194	267	177
'12년 9월	건수	205	9	21	11	19	27	26	22	28	42	–	–	–
	환자수	4,913	294	394	293	434	670	486	341	550	1,451	–	–	–

을 실시하여 99개 부적합 업소를 적발하였고, 6월에는 학교급식 식재료 공급업체 2,611개소에 대해 특별 합동점검을 하여 55개 부적합 업소를 적발하여 행정조치한 바 있다. 아울러 3~5월 사이에는 군납식품 등 제조업체 127개소에 대해 합동점검을 실시하는 등 식중독 발생을 줄이기 위한 정부차원의 노력을 실시하여 긍정적인 효과를 보였다.

3) 식중독의 원인체별 발생현황

식중독의 원인체별 발생현황을 2007년부터 2011년까지 5년간 조사한 결과는 표 1-2-6과 같이 나타났다. 표 1-2-6에서 보는 바와 같이 과거의 일반적인 식중독 세균 외에도 특히 바이러스에 의한 식중독 발생이 급격히 증가하였고, 그중에서도 노로바이러스는 지난 5년간 발생된 식중독의 원인체 중에서도 가장 빈번하게 발생하였다.

노로바이러스는 2007년과 2008년에 각각 97건, 69건으로 상당히 자주 발생하였으나 2009~2011년 각각 32건, 31건, 31건이 발생되어 뚜렷이 감소하는 추세를 보이고 있다. 특히 2010년 대비 2011년 봄철에 노로바이러스에 의한 식중독이 증가하였는데, 그 이유는 2011년 봄철 기온이 2010년에 비해 낮았기 때문

표 1-2-6 식중독 원인체별 발생현황(건수)

(식품의약품안전청, 2012, 단위:건,명)

구 분	총계	병원성 대장균	살모넬라	황색포도 상구균	장염비브 리오균	바실러스 세레우스	캄필로박 터제주니	노로 바이러스	불검출	기타
'08년	354 (7,487)	36 (1,278)	22 (387)	15 (556)	24 (329)	14 (376)	6 (73)	69 (2,105)	157 (1,839)	11 (544)
'09년	228 (5,999)	37 (1,671)	17 (477)	12 (864)	12 (106)	0 (0)	7 (405)	32 (568)	100 (1,255)	11 (653)
'10년	271 (7,218)	28 (1,926)	27 (677)	19 (372)	18 (223)	14 (401)	15 (380)	31 (1,994)	105 (1,030)	14 (215)
'11년	249 (7,105)	32 (2,109)	24 (1,065)	10 (323)	9 (133)	6 (98)	13 (329)	31 (1,524)	108 (1,132)	16 (392)
'12년 9월	205 (4,913)	9 (251)	3 (72)	2 (15)	2 (47)	2 (48)	3 (206)	30 (1,190)	57 (509)	12(272) 진행중 85(2,303)

이라고 추정된다. 바이러스성 식중독의 원인체로는 노로바이러스 외에도 로타바이러스, 아스트로바이러스 및 장관아데노바이러스 등이 검출되었다.

현재에 이르기까지 식중독의 원인체 대부분이 세균이었지만, 앞으로는 바이러스에 의한 식중독 발생이 지속적으로 나타날 것으로 생각되며 이에 대한 많은 국가적인 관심과 노력을 기울여야 할 것으로 생각된다.

바이러스 외에 자주 발생된 병원체로는 병원성 대장균, 살모넬라, 황색포도상구균, 장염비브리오 순이었고, 신종 식중독 균인 캄필로박터도 꾸준히 증가하고 있는 것으로 나타났다. 그 외에도 자연독에 의한 식중독은 매년 2~6건 발생하였고, 화학물질에 의한 식중독은 2010년에 1건이 있었을 뿐 4년간 보고되지 않았다.

4) 식중독의 원인 식품별 발생현황

식중독 사고는 식품과 가장 깊은 관련이 있는데, 아래는 우리나라에서 발생한 식중독 원인 식품별 발생건수 그림 1-2-2와 환자수 그림 1-2-3이다. 각 연도별 식중독 원인 식품별 비율은 어패류 및 가공품이 가장 높은 비중을 차지하고 있으며 육류 및 가공품, 복합 조리식품 등이 우리나라 식중독 발생비율의 주된 원인이 되고 있다.

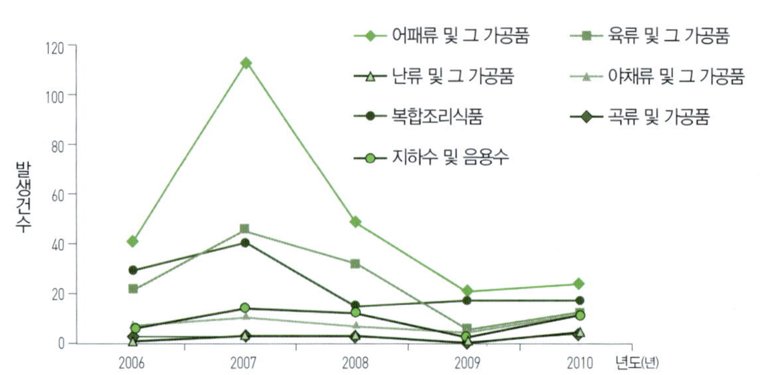

(식품의약품안전청)

그림 1-2-2 원인 식품별 발생건수

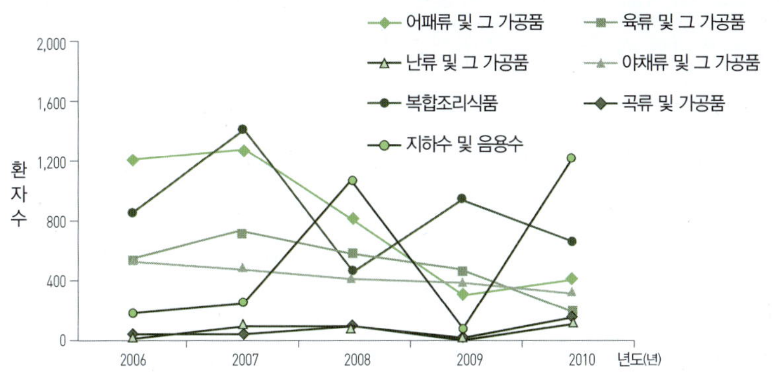

(식품의약품안전청)

그림 1-2-3 원인 식품별 발생 환자수

5) 식품의 섭취장소별 식중독 발생현황

한편 섭취장소별 식중독 발생건수와 발생 환자수는 표 1-2-7과 같다. 식중독 발생건수는 음식점이 가장 많았으며, 발생 환자수는 학교 급식소에 의한 식중독이 가장 높은 빈도를 보이고 있다. 가정에서 식중독 발생건수의 비율이 점차 감소한 반면, 집단 급식소에서 환자 발생은 크게 증가하는 경향이 있다. 최근 생활양식 변화로 야외 수련회, 수학여행, 결혼식, 야외 종교집회 등이 빈번하여

표 1-2-7 섭취장소별 식중독 발생 환자수

(식품의약품안전청, 2012, 단위: 건, 명)

연도	구분	총계	음식점	집단 급식소			가정집	기타	불명
				소계	학교	기업체 등			
'08년	건수	354	208	61	39	22	24	48	13
	환자수	7,487	2,392	3,616	2,983	633	176	1,108	195
'09년	건수	228	98	59	39	20	11	24	36
	환자수	5,999	1,132	3,435	2,716	719	89	664	679
'10년	건수	271	133	53	38	15	3	25	57
	환자수	7,218	1,704	4,189	3,390	799	11	774	540
'11년	건수	249	117	40	30	10	8	33	51
	환자수	7,105	1,753	2,521	2,061	460	51	2,217	563
'12년 9월	건수	205	103	48	43	5	6	21	27
	환자수	4,913	1,065	2,825	2,650	175	38	663	322

집단으로 음식물을 섭취하여 식중독이 많이 발생하고 있으므로, 앞으로 식중독 예방을 위하여 집단 급식소의 위생관리가 매우 중요하다.

6) 식중독 발생의 국내외 동향

식중독 발생의 국내외 동향은 표 1-2-8에서 보면 미국은 일정한 수준을 유지하고 있으며, 일본은 감소 추세, 우리나라는 점진적 증가 추세를 보이고 있다. 인구 1백만 명당 평균 환자수('96~'06 평균 기준)는 일본 277명, 한국 137명, 미국 83명이며, 건당 환자수는 미국과 일본이 약 20명이고, 우리나라는 건당 49명으로 나타났다.

(식품의약품안전청 식중독 예방 대국민 홍보사이트, 2011)

표 1-2-8 국내외 동향 발생건수

연도	구분	건수	환자수(명)	백만명당 발생건수	백만명당 환자수(명)
'08	한국	354	7,487	7.3	154.5
	일본	1,369	24,303	10.7	190.0
'07	한국	510	9,686	10.6	200.5
	일본	1,289	33,477	10.0	162.4
	대만	240	3,223	10.5	140.8
'06	한국	259	10,833	5.4	224.3
	일본	1,491	39,026	11.7	305.4
	대만	265	4,401	11.5	191.0
	미국	1,247	25,659	4.2	85.9
'05	한국	109	5,711	2.3	118.6
	일본	1,545	27,019	12.1	211.5
	대만	247	3,530	10.8	154.4
	미국	928	20,179	3.3	68.2
	EU	5,311	47,251	11.8	105.0

4. 식중독의 조사

식중독 사고를 예방하기 위해서는 오염된 식품이 무엇인지, 무엇에 오염되었는지 오염 경로를 정확히 알아야 동일한 사고가 다시 발생하지 않도록 예방조치를 취할 수 있을 뿐만 아니라 여러 지역으로 식중독이 확산되는 것을 사전에 차단할 수 있다. 따라서 식약청과 보건소에서 식중독 의심환자가 발생되었다는 신고를 받게 되면, 발생 현장에 조사반을 출동시켜 환자 설문조사, 가검물과 보존식 수거검사, 조리 환경조사, 식재료 공급업체 추적조사 등을 통해 식중독 발생오염원과 경로를 찾고 재발확산 방지를 위한 개선조치를 해야 한다. 조사범위는 유증상자, 접촉자 등에 대한 설문조사 및 가검물 채취 · 검사, 식중독 원인 시설로 의심되는 집단 급식소, 식품접객업소 등에 대한 현장 환경조사, 보존식 등 수거 · 검사, 식재료 공급업소 추적조사 등을 통한 오염원 및 오염경로를 파악한다.

1) 역학조사

식중독이 발생하였을 때는 그림 1-2-4와 같이 발생상황, 병인물질, 원인 식품 등을 조사하고, 통계학적 방법과 실험적 방법을 통해 병인론적 연구를 실시

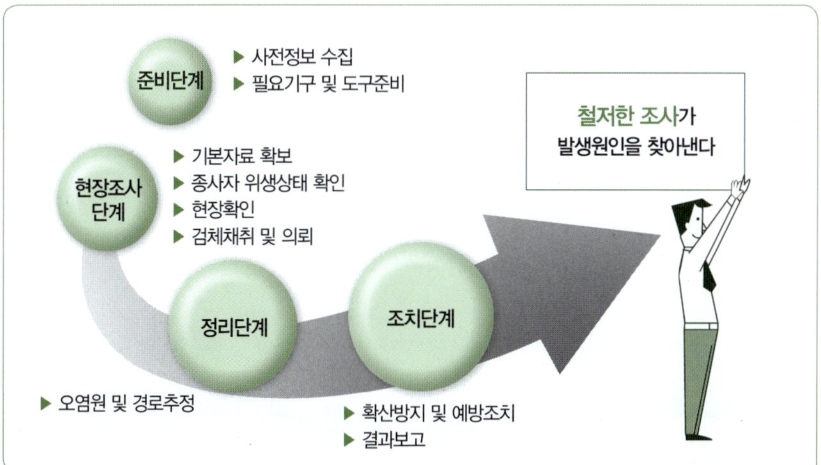

그림 1-2-4 집단 식중독 발생 시 식품위생 담당자의 업무

하여 식중독의 실태를 파악하는 것을 식중독의 역학조사라고 한다. 역학조사의 단계는 준비단계, 현장 조사단계, 정리단계, 조치단계 등이 있다.

(1) 준비단계

원인조사반 구성, 업무분장 조정, 검체채취 기구 등을 준비한다.

(2) 현장 조사단계

① 식품취급자 설문조사 및 위생상태 확인 : 추정 식품의 전처리, 가공, 보관 등에 누가 참여했는지, 추정 식품이 제공되기 전 저장과정에 소요된 시간 등을 단계별로 구분하여 실시한다. 그리고 종사자의 건강관리 상태(질병, 손상처 등), 의심 원인 식품의 취급상태, 위생의식 수준, 개인위생 관리 등을 조사하여 위생상의 문제점을 도출하여 조사한다.

② 현장시설 조사를 통한 오염원 추정 : 식품의 유통기록, 제품 검사기록 등을 검토하고 현장의 오염 실태를 조사한다. 해충의 침입, 가금육, 돼지, 기타 생육에 의한 교차오염, 세척방법의 적정성, 작업자의 개인 위생관리 여부 등과 현장 조리공정, 작업동선 등을 확인하고, 식재료의 검수 · 보관 · 전처리 · 조리 · 배식 공정상의 위생관리 상태를 확인한다.

③ 검체채취 및 의뢰 : 환자 가검물, 오염원으로 추정되는 보존식 · 식품용수 · 식수 · 식재료 등에 대한 검체를 채취 · 의뢰한다.

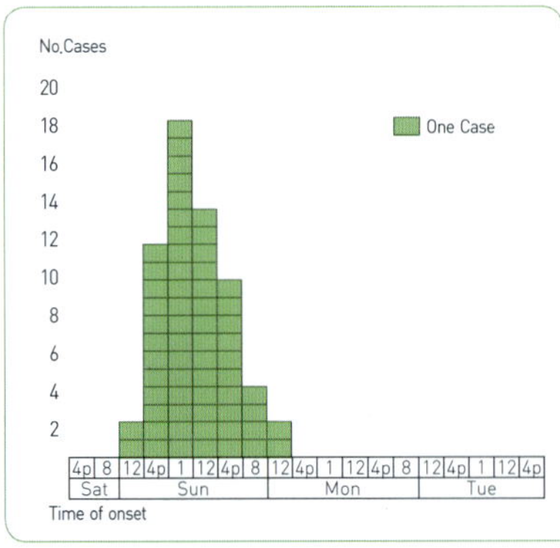

그림 1-2-5 식중독 균에 의한 유행곡선

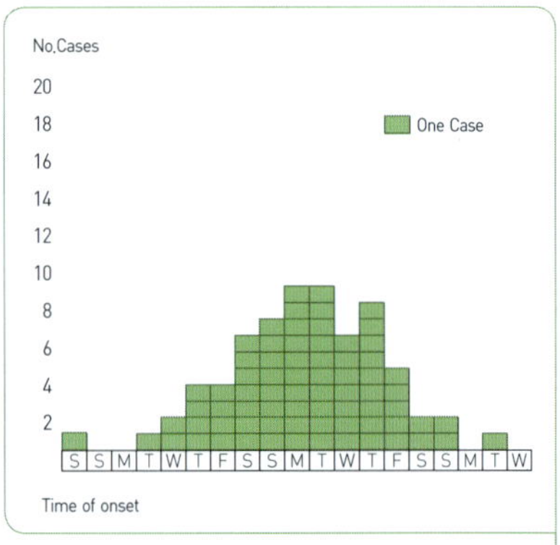

그림 1-2-6 감염병에 의한 유행곡선

④ 데이터 분석 및 가설 설정 : 설문조사 분석을 통해 질병의 유형을 분류하고, 가설을 설정하여 검증한다.

예 1) 유행곡선: 특정 질병의 잠복기와 일치하는 유행곡선(발병시점에 대한 분포)을 그려 식중독인지, 감염병인지를 추정, 식중독의 경우 유행곡선이 가파른 곡선을 이루며, 감염병의 경우 상대적으로 완만한 곡선을 나타냄(출처:식품의약품안전청, 2012)

예 2) 발병 증상별 비율: 표 1-2-9와 같이 각각의 증상에 대한 비율 = 증상 환자수 ÷ 총 환자수 × 100로 나타낸다.

표 1-2-9 발병 증상별 비율

증상	환자수 (총 환자수 20)	증상률(%)
구토	17	85
구역질	12	60
설사	12	60
복통	6	30
두통	3	15
미열	2	15

예 3) 잠복기: 오염된 식품의 섭취와 질병의 초기증상이 나타난 시점사이의 간격(잠복기)을 계산하여 추정 중인 질병의 유형(감염성 또는 독소형)을 판단한다.

예 4) 발병률: 특정 음식을 먹은 사람 중에 아픈 사람의 비율과 특정 음식을 먹지 않은 사람 중 아픈 사람의 비율을 대조하여 어떤 식품이 질병과 관련이 있는지를 확인한다.

㉠ 표 1-2-10의 경우 원인추정 식품은 A 그룹과 B 그룹 간 발병률의 차이가 가장 큰 식품으로 볼 수 있다. 즉 바닐라 아이스크림을 섭취한 사람의 발병률 80%와 바닐라 아이스크림을 섭취하지 않은 사람의 발병률 14%간의 차이가 가장 크므로 바닐라 아이스크림을 원인 식품으로 추정한다.

㉡ 발병률 = 환자수 ÷ 섭취자수 × 100

⑤ 식중독 원인 추정 식품의 역추적 조사 실시 : 식중독 원인으로 추정되는 식품의 출처를 파악하기 위하여 역추적 조사를 실시하고, 오염 의심 식품의 유통, 판매를 사전에 방지한다.

표 1-2-10 발병률 대조표

식품	특정 식품을 섭취한 사람				특정 식품을 섭취하지 않은 사람			
	유증상	무증상	총계	발병률(%)	유증상	무증상	총계	발병률(%)
햄	29	17	46	63	17	12	29	59
시금치	26	17	43	60	20	12	32	62
감자	26	14	37	62	23	14	37	62
샐러드	18	10	28	64	28	19	47	60
젤로	16	7	23	70	30	22	52	58
롤빵	21	16	37	57	25	13	38	66
빵	18	9	27	67	28	20	48	58
우유	2	2	4	50	44	27	71	62
커피	19	12	31	61	27	17	44	61
물	13	11	24	54	33	18	51	65
케익	27	13	40	67	19	16	35	54
아이스크림(바닐라)	43	11	54	80	3	18	21	14
아이스크림(초코)	25	22	47	53	20	7	27	74
샐러드	4	2	6	67	42	27	69	61

(3) 정리단계

확보된 기본자료, 현장 확인 및 점검결과, 검사현황, 의학 참고자료 등을 바탕으로 여러 발생 원인인자에 대한 분석을 통해 발생오염원 및 경로를 추정한다.

(4) 조치단계

조사결과 급식 및 식재료, 음용수 등의 식품매개로 인한 중독이 의심이 되거나 추정되는 경우 급식 중단조치와 함께 관련 식품 및 식재료 등의 사용금지 또는 폐기 조치한다.

(5) 원인규명의 제한점

식중독 원인조사 결과 역학적으로 관련이 있는 식품에서 원인물질(병원성 미생물, 바이러스, 독소, 화학물질 등)이 검출되거나 환자 2인 이상에서 동일한 혈청형 또는 유전자형의 미생물이 검출되면 식중독으로 판정한다. 그러나 식품은 여러 가지 성분으로 복잡하게 구성되어 있으며, 식중독을 일으키는 균이나 독소 등은 식품에 극미량 존재하므로 식품에서 원인균이 검출되지 않는 경우가 많다.

노로바이러스의 경우에는 현재까지 물과 굴에서의 검사법만 개발되어 있어 다른 식품을 통한 검출이 어려운 실정이다. 또한, 환자 가검물의 경우에도 가검물(대변, 구토물 등) 채취를 거부하거나, 병원에서 항생제 치료를 받아 원인물질이 검출되지 않는 경우가 많아 원인규명에 많은 어려움이 있다.

5. 식중독 지수와 부패지수

1) 식중독 지수

식중독 지수는 표 1-2-11과 같이 2004~2006년 식중독 발생지역의 온도와 습도를 기초로 개발한 예측 모델을 이용하여 특정 온도와 습도에서의 식중독 발생확률을 백분율로 수치화한 지수이다. 3~11월 식품의약품안전청과 기상청이 공동으로 식중독 예방을 위한 참고용으로 식중독 지수를 제공하였다. 식중독 지수는 그 값에 따라 35 이하 — 관심단계, 35 초과 50 이하 — 주의단계, 50 초과 85 이하 — 경고단계, 85 초과 — 위험단계로 나뉜다. 관심단계는 식중독

표 1-2-11 식중독 지수

단계	지수범위	주의 사항
위험	지수 85 이상	기온 35℃ 이상인 경우로 음식물을 방치하고 3~4시간이 경과하면 살모넬라균, 황색포도상구균, 장염비브리오균 등의 식중독이 발생할 위험이 높으므로 식품의 취급에 특별히 주의한다.
경고	지수 50~85	기온 30~35℃인 경우로 4~6시간이 경과하면 식중독 균인 살모넬라균, 황색포도상구균, 장염비브리오균 등이 증식하기 쉬우므로 음식물을 조리하여 즉시 섭취하고, 조리시설의 청결에 주의한다.
주의	지수 35~50	기온 25~30℃인 경우로 6~11시간이 경과하면 식중독 균인 장염비브리오균, 살모넬라균, 황색포도상구균 등에 의한 식중독이 발생할 우려가 있으므로 주의한다.
관심	지수 35 이하	기온 20~25℃인 경우로 식중독 균인 황색포도상구균, 살모넬라균 등에 의한 식중독이 발생할 위험이 있으므로 식품취급에 주의한다.

식중독 지수 = (최적온도에서의 식중독 유발시간/임의의 온도에서의 식중독 유발시간)×10

발생의 우려가 있으므로 음식물 취급을 주의하여야 하며, 주의단계는 6~11시간 이내에 식중독 발생의 우려가 있으므로 식중독에 주의하여야 하며, 경고단계는 4~6시간 이내에 부패가 일어나므로 조리시설의 취급에 주의하여야 하며, 위험단계는 3~4시간 이내에 부패가 일어나므로 음식품 취급에 극히 주의하여야 하며 식중독 위험이 있음을 나타낸다.

표 1-2-12 식중독 지수 산출표

습도(%) / 기온(℃)	0	10	20	30	40	50	60	70	80	90	100
0	28.2	28.5	28.9	29.4	29.9	30.5	31.2	32.0	33.0	34.1	35.4
2	28.5	28.9	29.3	29.9	30.5	31.2	32.0	32.9	34.0	35.3	36.7
4	28.9	29.3	29.8	30.4	31.1	31.9	32.8	33.9	35.2	36.6	38.3
6	29.3	29.8	30.4	31.1	31.9	32.8	33.8	35.1	36.5	38.1	40.0
8	29.7	30.3	31.0	31.8	32.7	33.7	35.0	36.4	38.0	39.9	42.0
10	30.3	30.9	31.7	32.6	33.7	34.9	36.3	37.9	39.7	41.9	44.3
12	30.9	31.7	32.5	33.6	34.8	36.1	37.7	39.6	41.7	44.1	46.9
14	31.6	32.5	33.5	34.7	36.0	37.6	39.4	41.5	43.9	46.6	49.8
16	32.4	33.4	34.6	35.9	37.5	39.3	41.3	43.7	46.4	49.5	53.1
18	33.3	34.5	35.8	37.3	39.1	41.2	43.5	46.2	49.3	52.8	56.8
20	34.4	35.7	37.2	39.0	41.0	43.3	46.0	49.0	52.5	56.5	60.9
22	35.6	37.1	38.8	40.8	43.1	45.8	48.8	52.2	56.1	60.6	65.6
24	37.0	39.7	40.7	42.9	45.5	48.5	51.9	55.8	60.2	65.2	70.7
26	38.5	40.5	42.7	45.3	48.3	51.6	55.5	59.8	64.8	70.3	76.4
28	40.3	42.6	45.1	48.0	51.4	55.2	59.8	64.4	69.8	75.9	82.7
30	42.4	44.9	47.8	51.1	54.9	59.1	64.0	69.4	75.4	82.2	89.6
32	44.7	47.6	50.8	54.5	58.8	63.6	68.9	74.9	81.6	89.0	97.1
34	47.3	50.6	54.2	58.4	63.2	63.5	74.5	81.1	88.4	96.4	100
36	50.3	53.9	58.1	62.8	68.1	74.0	80.5	87.8	95.8	100	100
38	53.6	57.7	62.4	67.6	73.5	80.0	87.2	95.1	100	100	100
40	57.4	62.0	67.2	73.0	79.5	86.6	94.5	100	100	100	100

관심 주의 경고 위험

2) 부패지수

부패지수는 Brooks에 의해 제안된 것으로 기온과 습도를 변수로 하여 어떤 물질의 부패 정도를 지수화한 것이다. 물질들 중 특히 식품의 손상은 주로 습하고 더운 날씨에 많이 발생하므로 장마와 무더위가 기승하는 하절기(6월~9월) 동안 식품관리를 위해 물질손상지수를 사용한다. 물질의 부패는 화학적 · 생물학적으로 매우 복잡한 과정에 의존하며 기후요소만으로 규명하기는 곤란하지만, 부패에 영향을 주는 요인 중 기온과 습도가 차지하는 역할은 매우 크다. 예를 들어, 철이 녹이 스는 화학적 부식과 곰팡이가 번식하는 유기적 부패는 모두 습윤한 공기를 필요로 하는데, 상대습도가 65% 이하일 때는 일어나지 않거나 부패속도가 매우 느리다가 상대습도가 65% 이상이 되고 기온이 높아지면 매우 빠르게 부패하기 시작한다.

아래의 부패지수에 따른 식품의 부패 가능성은 정도에 따라, 0~3의 다소 부패, 3~7의 보통 부패, 7~10의 심한 부패로 나타낸다.

표 1-2-13 부패지수 산출표

Relative Humidity (%)	Temperature(℃)							
	5	10	15	20	25	30	35	40
66	0.09	0.12	0.16	0.20	0.27	0.35	0.45	0.59
68	0.28	0.36	0.47	0.61	0.80	1.04	1.35	1.76
70	0.46	0.60	0.79	1.02	1.33	1.73	1.25	2.93
72	0.65	0.85	1.10	1.43	1.85	1.42	3.15	4.10
74	0.84	1.09	1.41	1.84	2.39	3.11	4.05	5.27
76	1.02	1.33	1.73	2.25	2.93	3.81	4.95	6.44
78	1.21	1.57	2.04	2.66	3.46	4.50	5.85	7.61
80	0.39	1.81	2.36	3.07	3.99	5.19	6.75	8.78
82	1.58	2.05	2.58	3.48	4.52	5.88	7.65	9.95
84	1.77	2.30	2.99	3.89	5.05	6.57	8.55	11.12
86	1.95	2.54	3.30	4.29	5.59	7.27	9.45	12.29
88	2.14	2.78	3.62	4.70	6.12	7.96	10.35	13.47
90	2.32	3.02	3.93	5.11	6.65	8.65	11.25	14.64
92	2.51	3.26	4.24	5.52	7.18	9.34	12.15	15.81
94	2.69	2.78	4.56	5.93	7.71	10.01	13.05	16.98
96	2.88	3.02	4.87	6.34	8.25	10.73	13.95	18.15
98	3.07	3.99	5.19	6.75	6.78	11.42	14.85	19.32
100	3.25	4.23	5.50	7.16	9.31	12.11	15.75	20.49

보통 부패 심한 부패

6. 식품위생 행정

앞서 설명한 각종 식중독을 사전에 예방하고 발생 시 신속히 대처하여 소비자들의 어려움을 최소화하기 위해 정부에서도 많은 노력을 기울이고 있다. 새로이 출범하는 제18대 정부에서는 불량식품을 4대 악의 하나로 지목하고 근절시키겠다는 강한 의지를 보이고 있다. 이러한 공약을 실천하기 위한 노력의 하나로 지난 2013년 1월 15일 대통령직 인수위원회는 현재 보건복지부 산하의 식품의약품안전청을 국무총리실 산하로 이관하여 식품안전처로 승격할 것을 발표하였다. 빈발하게 발생하는 식중독을 비롯한 식품안전 사고에 대비하고 국민의 먹거리 안전관리를 중요시 여겨야 한다는 새 정부의 의지를 많은 국민들이 반기고 있다.

이제 식품안전은 식품 분야에 국한된 것이 아니라 범국가적인 안전, 나아가 안보와도 직결된 문제로 여러 선진국들도 식품안전 문제를 국가안보의 최우선 과제로 다루고 있다.

그 동안 2008년 광우병 파동으로 야기된 촛불시위를 겪으면서 정부 여러 부처에 분산된 식품안전 업무의 비효율성 문제가 수없이 제기되어왔다. 이러한 일련의 사건을 거치면서 정부에서는 식품안전 문제를 보완하기 위해 우선 식품안전기본법을 제정하고, 각 부처의 이해관계를 조정하기 위한 목적으로 일본의 제도를 벤치마킹하여 그림 1-2-7과 같이 식품안전정책위원회를 설립하였다.

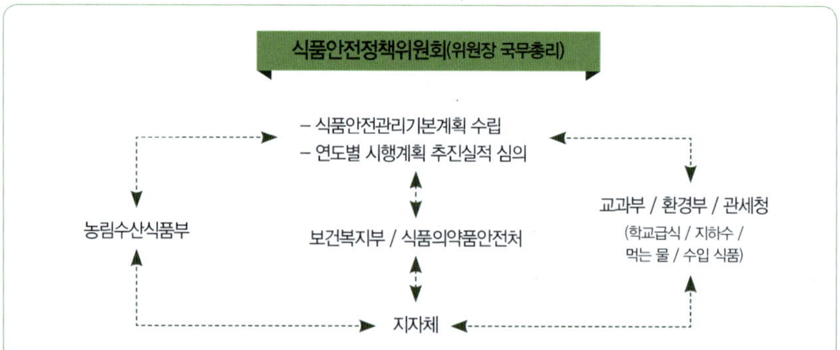

(식품안전기본법, 2008)

그림 1-2-7 식품안전정책위원회의 설립과 역할

그러나 설립된 식품안전정책위원회는 예산과 조직이 없어 부처 간 식품안전업무의 조정 역할을 하기에는 근본적으로 부족하여 식품안전기본법을 보완하는 의견들이 많았다.

아무튼 식품의약품안전처 설치로 식품관련자들의 오랜 숙원이었던 식품안전업무의 일원화가 이루어져 식중독 사고를 비롯한 신속한 대응체계를 갖출 수 있는 기초가 마련되었음을 긍정적으로 평가하고 있다.

농산물 생산의 안전관리와 수산물 생산의 안전관리 업무가 각각 농림축산식품부와 해양수산부에 위탁되었고, 나머지 식품안전업무 전반에 관한 대부분의 업무는 식품의약품안전처가 관리하게 되었다.

먼저 식품의약품안전처의 비전을 살펴보면 그림 1-2-8과 같으며, 삶의 질을 높이는 민생안전 확보, 생산부터 소비까지 사람중심 안전관리, 국민이 더 안전한 더 건강한 삶 구현, 안전을 넘어 안심확보를 목표로 안전한 식의약, 건강한 국민, 행복한 사회를 구현하는 데 있다.

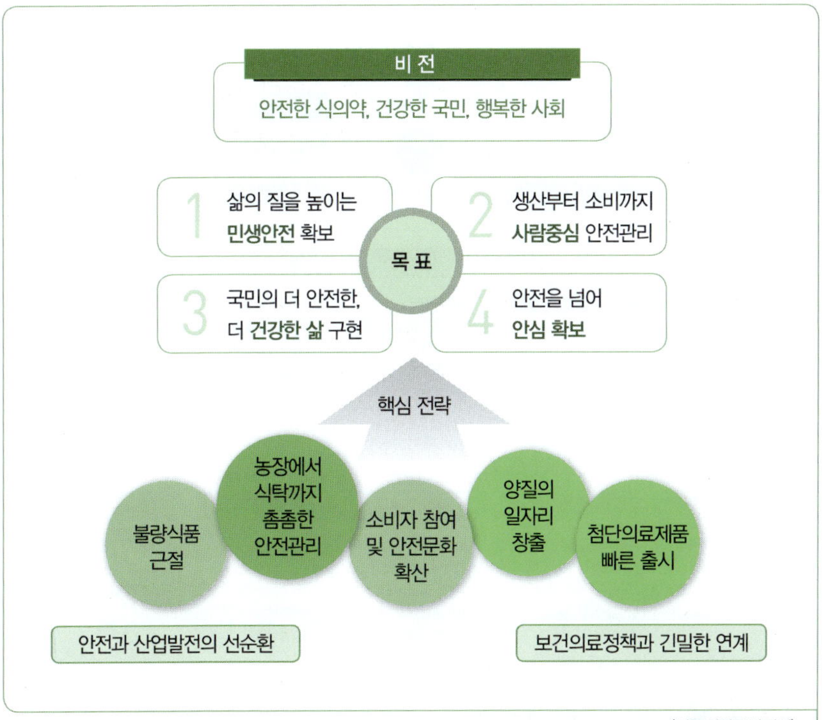

(식품의약품안전처)

그림 1-2-8 식품의약품안전처의 비전

이를 실천하기 위해 안전과 산업발전의 선순환, 보건의료정책과 긴밀한 연계를 통해 불량식품 근절, 농장에서 식탁까지 촘촘한 안전관리, 소비자 참여 및 안전문화 확산, 양질의 일자리 창출, 첨단의료제품 빠른 출시 등을 핵심전략으로 삼고 있다.

식품의약품안전처는 본부 외에 식품 및 의약품에 따라 평가원과 6개의 지방식품의약품안전청을 두고 있다.

먼저 식품의약품안전처 본부는 그림 1-2-9에서 보는 바와 같이 처장과 차장 조직하에 7개의 국이 있으며 그 중 소비자위생예방국과 식품안전정책국, 식품영양안전국 및 농축수산물안전국 등 4개의 국이 식품안전과 관련된 조직이며, 나머지는 의약품 관련안전업무를 관장하고 있다.

그 외에도 기획조정관과 식품기준기획관을 두고 각종 기획, 규제개혁업무와 각종 식품의 기준을 기획하는 업무를 총괄하도록 하였다. 특기할 사항은 위해사범중앙조사단을 두어 식품사범을 식약처에서 직접 형사처리할 수 있는 조직

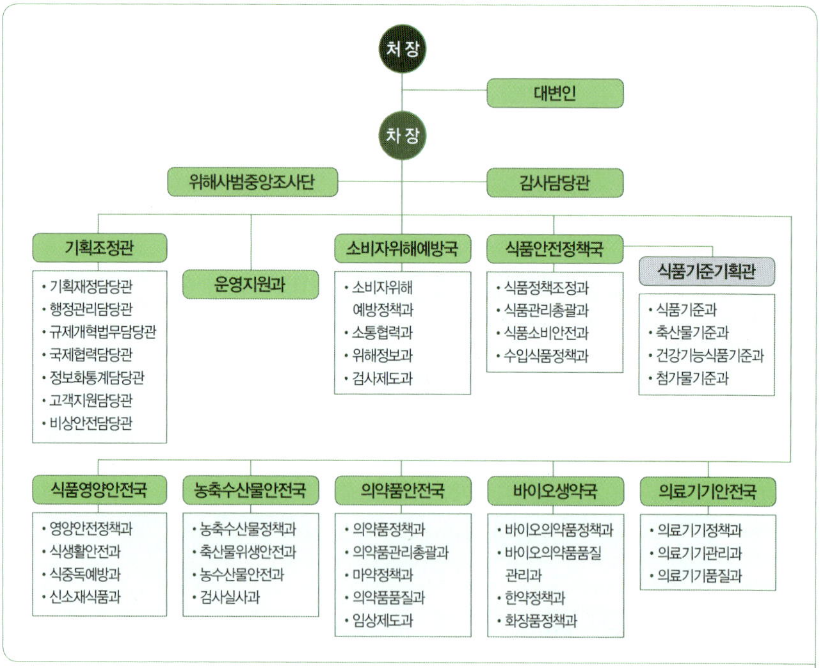

(식품의약품안전처)

그림 1-2-9 식품의약품안전처 본부의 조직도

을 둠으로써 식품안전업무에 대한 신속한 대응이 가능하도록 하고 있다.

앞서의 7개 국 중에서도 식품안전과 가장 직접적인 업무를 관장하고 있는 부서는 식품안전정책국으로서 식품정책조정과, 식품관리총괄과, 식품소비안전과, 수입식품정책과 등의 부서를 두고 있다.

새 정부의 구조조정과 함께 식품안전처에 새로이 신설된 조직으로 농축수산물안전국으로서 농축수산물정책과, 축산물위생안전과, 농수산물안전과, 검사실사과 등의 부서를 두고 있다.

무엇보다 새 정부에서는 식품안전정책을 소비자 보호에 초점을 두어 추진해 나가려는 강한 의지를 갖고 있으며, 이를 실천하기 위해 소비자위해예방국을 신설하였고, 원활한 업무수행을 위해 소비자위해예방정책과, 소통협력과, 위해정보과, 검사제도과 등을 두고 있다.

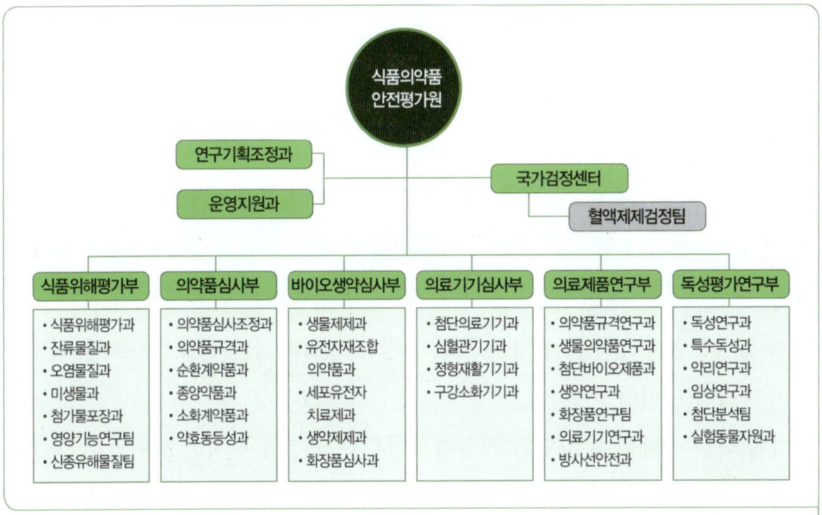

(식품의약품안전처)

그림 1-2-10 식품의약품안전처의 평가원 조직도

처 본부 외에 식품의약품안전처의 모든 안전업무의 관리와 평가를 위해 식품의약품안전평가원을 두고 있으며, 평가원은 식품위해평가부, 의약품심사부, 바이오생약심사부, 의료기기심사부, 의료제품연구부, 독성평가연구부 등 6개 부로 구성되었다.

(식품의약품안전처)

그림 1-2-11 식품의약품안전처 6개 지방청

평가원에서 직접 식품과 관련된 업무의 방향 설정과 평가를 위한 부서는 식품위해평가부가 있으며 식품위해평가과, 잔류물질과, 오염물질과, 미생물과, 첨가물포장과, 영양기능연구팀, 신종유해물질팀 등의 부서가 있다.

식품의약품안전처는 각 지방의 식품의약품안전업무를 원활하게 수행하기 위해 전국을 6개의 구역으로 나누어 서울지방청, 부산지방청, 경인지방청, 대구지방청, 광주지방청, 대전지방청을 두고 있다. 각 지방청은 필요에 따라 해당 지역의 수입식품검사 업무를 효율적으로 수행하기 위해 수입식품검사소를 별도로 두어 관리하고 있다.

이제 식중독 예방을 비롯한 식품안전업무는 국정의 중심이 되었으며 식품안전업무 자체가 대단히 중요하게 모든 국민들에게 인식되고 있다. 이러한 시기에 식품위생안전성 공부를 식품안전정책의 기본이 되는 HACCP의 원리에 기초하여 위해요소 중심으로 하여 시작하는 것도 매우 바람직하다고 생각한다.

제2편

생물학적 위해요소 관리

식품과 미생물
위해 미생물성(세균, 바이러스) 식중독
감염병, 기생충 및 위생동물

제1장 식품과 미생물

1. 생물의 종류와 특성

우리들이 살고 있는 자연계에서 생물이라 하면 눈에 보이는 동물이나 식물을 의미한다. 또한 생물 중에서도 육안으로 볼 수 없지만 현미경으로 관찰할 수 있는 작은 생물들이 존재하는데, 이를 미생물이라 한다.

미생물에는 세균, 곰팡이, 효모, 원생동물, 미세조류 등이 있으며 DNA나 RNA 중 하나만 가지고 있는 바이러스도 미생물의 범주에 속한다. 미생물의 분류방법은 관습적인 분류와 학술적인 분류체계로 나뉘며, 관습적인 분류체계는 그림 2-1-1과 같다.

- 생물계
  - 동물계
  - 식물계
  - 미생물계
    - 세균bacteria
    - 효모yeasts
    - 곰팡이molds
    - 원생동물protozoa
    - 미세조류microscopic algae
    - 바이러스viruses

그림 2-1-1 생물계에서의 미생물의 위치

1) 세균

세균은 미생물 중에서도 원시 핵세포를 가지고 있는 하등의 단세포생물이다. 세균 세포는 2분열법에 의해 증식하므로 분열균이라고도 한다. 세균의 분류체계도 전자현미경의 발달과 분석기술의 향상으로 변화되어 왔으며 특성에 따라 새로운 이름이 붙여지기도 한다.

분류방법은 미생물의 구조, 생화학적 성질, 리보솜 RNAribosomal RNA의 특성에 따라 나누기도 하지만, 최근에는 분자생물학적 자료에 따라 핵산배열nucleic acid sequence 결과나 부합화hybridization한 상동성homology 정도로 판단하기도 한다. 세균의 형태는 크게 구균, 간균, 나선균으로 나뉜다. 구균은 그 세균의 배열에 따라 단구균, 쌍구균, 사련구균, 팔련구균, 포도상구균, 연쇄상구균 등으로 나뉜다. 구균의 크기는 표 2-1-1에서와 같이 통상 직경이 1㎛ 전후인데 그 배열은 분류상 중요한 특성을 나타낸다. 작은 간균은 길이가 1㎛ 이하의 것도 있고, 큰 간균은 10㎛ 이상 되는 것도 있으나 대체로 0.5~1㎛×2~4㎛이다.

표 2-1-1 미생물의 크기

미생물	직경(㎛)	길이(㎛)
국균(누룩곰팡이)균사	약 10	
맥주 효모	2 ~ 8	3 ~ 15
콜레라균	0.3 ~ 0.6	1.0 ~ 5.0
대장균	0.4 ~ 0.7	1.0 ~ 3.0
황색포도상구균	0.8 ~ 1.0	
탄저균	1.0 ~ 1.3	3 ~ 10
급성회백수염 바이러스	0.01	

세균은 공기, 물, 흙 등 어느 곳에나 존재하며 그 수는 환경요인에 따라 크게 차이가 있다. 세균은 순수한 물이나 순수한 고체, 건강한 동식물의 조직 내에는 존재하지 않지만 지하광상, 심해저, 극지방, 광천 등에서도 검출되며 그 성질은 크게 차이가 있다.

세균은 중성 또는 약알칼리 영역에서 증식하기 쉽다. 최적 발육 산소조건에 따라 호기성aerobe, 미호기성microaerophile, 통성혐기성facultative anaerobe, 절대혐기성obligate anaerobe균으로 나누기도 하는데, *Bacillus*속은 호기성이고, *Clostridium*속은 절대 혐기성, 젖산균은 미호기성인데 대부분의 세균은 통성혐기성균에 속한다.

증식할 수 있는 온도 범위는 일반적으로 영하 10℃~영상 70℃로 판단되며,

증식온도에 따라 고온균(thermophile: 45~75℃), 중온균(mesophile: 25~45℃), 저온균(psychrophile: 0~25℃) 등으로 나뉘는데 대장균, 병원성 비브리오균, 장티푸스균, 살모넬라균 등 병원성 세균은 중온균에 속한다. 한편, 최근 특수 환경에서 분리되는 *Hyperthermus*속이나 *Pyrodictium*속은 최적 증식온도가 100~105℃나 되어 종래의 살균이론에 혼란을 야기하고 있다.

세균의 대부분은 사람이나 일반 생물에게 무해하지만 숙주에 기생하여 장애를 주는 세균도 있다. 세균의 작용결과는 부패putrefaction, 발효fermentation, 질병diseases 등을 들 수 있으며 지구상의 물질순환이나, 식품산업에서의 응용, 공해물질의 청소는 물론 유용물질 생산에 크게 기여하고 있으며, 최근에는 유전공학 연구의 도구로 크게 주목을 받고 있다. 세균의 분류방법에는 여러 가지가 활용되고 있으나 형태와 아포spore 생성 여부로 구분하기도 한다(표 2-1-2).

식품위생상 중요 시 되고 있는 세균류를 살펴보기로 하자.

표 2-1-2 그람 양성균과 음성균의 예

구 분		양성균	음성균
간균	아포생성균	*Clostridium*속 *Bacillus*속 *Sporolatobacillus*속	*Desulfotomaculum*
	비아포생성균	*Listeria*속 디프테리아균	대장균, 콜레라균 *Pseudomonas*균 대부분의 간균
구균		포도상구균, 연쇄상구균 대부분의 구균	임질균

(1) 위생지표 세균

식품에서 세균을 검사하는 목적은 크게 세 가지로 나누어 생각할 수 있다.

첫째, 식품이 위생적으로 취급되었는가를 확인한다.

둘째, 식품의 보장성을 검토한다.

셋째, 식품이 위생적으로 안전한가를 판단하기 위한 것이다.

그런데 첫 번째와 두 번째 목적은 생균수를 측정함으로써 어느 정도 목적을 이룰 수 있지만, 식품의 안전성은 생균수로서는 확인할 수 없는 경우가 있다. 말하자면 생균수가 많아도 사람의 질병과 직접 관계가 없는 경우도 상당히 많다. 반면에 생균수는 적지만 콜레라균이나 장티푸스 원인 세균과 같이 병원세균이 검출되었다면 위생적인 안전성이 확보되지 않은 식품이라고 판정된다. 하지만 모든 병원세균을 모두 검사한다는 것은 현실적으로 어려우므로 위생적으로 지표가 되는 세균을 정하여 식품의 안전성을 평가할 수 있다.

위생지표 세균sanitary indicative bacteria으로 갖추어야 할 조건으로는 첫째 온혈동물의 장관 내에 많은 수의 세균이 존재할 것, 둘째 외부의 병원세균보다 생존력이 강할 것, 셋째 검사방법이 간단하고 국제적으로 통일되어야 한다. 이러한 조건에 근접하는 세균으로 대장균군, 분변계 대장균, 장구균 등을 들 수 있다.

① **대장균군**Coliform group

대장균군은 세균 분류상의 학명이 아니고 통상적인 세균군을 뜻한다. 대장균군이란 유당lactose을 분해하여 산acid과 가스를 생성하는 그람 음성균으로서 아포를 형성하지 않으며 호기성 또는 통성혐기성인 간균을 총칭한다. 이 균을 위생지표 세균으로 활용하는 이유는 병원성은 없으나 같은 장내세균과에 속하며 병원성이 있는 살모넬라*Salmonella*, 시겔라*Shigella*균 등의 존재 가능성을 추정할 수 있기 때문이다.

그러나 이와 같은 성질을 가진 세균은 자연계에도 널리 분포하고 있기 때문에 대장균군이 검출되었다고 해서 반드시 분변이 오염되었다고 하기에는 무리가 있다.

② **분변계 대장균**Fecal coliform

대장균군 중에서 Escherichia coli(EC) 배지에서 배양할 때 공기배양기에서 45.5±0.5℃, 수조배양기에서 44.5±0.2℃에서 24시간 또는 48시간 배양했을 때 양성반응을 나타내는 세균을 분변계 대장균이라 지칭하며 대장균군보다 정확한 분변오염의 지표가 된다.

특히 이 중에서 indole test, methyl red test, voges-proskauer test, citrate utilization test(IMViC)에서 [+ + − −] 반응을 나타내는 세균이 전형적인 E. coli이다.

이러한 *E. coli* 중에서 일반 세균학적 특성은 차이가 없으나 혈청형에서 차이가 나며 설사를 주 증상으로 하는 일군의 대장균을 병원성 대장균이라 하는데, 그 독성발현 특징에 따라 4 종류로 나뉘고 있으며 이 중에서 베로vero 세포 독소를 생산하는 *E. coli* O157:H7은 장관출혈성 대장균이라 한다. 최근 식품위생상으로 크게 문제를 일으키고 있으며 현재 법정감염병균 제1군으로 분류하고 있다.

③ **장구균**

장구균은 일반적으로 사람이나 온혈동물의 장관 내에 상존하는 그람 양성 구균으로 대변연쇄구균*Streptococcus faecalis*과 장구균*Enterococcus faecium* 및 이 균들의 아종을 포함하는 균군으로 인축의 분변에 항상 존재하고, 인축의 분변으로 오염되지 않은 환경에서는 검출되지 않으므로 식품의 분변오염 지표균으로 활용된다. 냉동식품의 경우 대장균군은 빨리 사멸되지만 장구균은 식품 동결 시 쉽게 사멸하지 않고 오래 생존하므로 냉동식품의 오염 지표로 사용된다.

(2) 아포를 형성하는 간균

아포를 형성하는 간균은 내열성이 강하다. 가장 중요 시 여겨야 할 세균은 *Bacillus*속과 *Clostridium*속이다.

① ***Bacillus*속**

호기성 또는 통성혐기성의 아포를 형성하는 그람 양성간균이며 저온성 균, 중온성 균, 호열성 균을 포함한다.

토양, 공기 등 자연계에 널리 분포하고 있으며 이 균의 포자는 80~100℃에서 수분~수십분 가열해도 사멸되지 않고, 가열처리한 식품을 부패시키는 균도 존재한다. 여름철에 밥이나 빵을 방치하였을 때 부패가 일어나는 이유는 식품을 가열할 때 살아남은 포자가 발아해서 증식하기 때문이다.

대표적인 균종은 고초균*Bacillus subtilis*이며, *B. licheniformis*는 빵의 로프rope 현상을 일으킨다. *B. cereus*는 김밥 등에 증식하여 식중독을 일으키기도 하며, *B. anthracis*은 인수공통감염병인 탄저병의 원인균이다. 특히, 50~65℃

에서 쉽게 증식하는 *B. stearothermophilus*은 통조림의 무가스산패flat sour 원인균으로 알려져 있다.

② ***Clostridium*속**

내열성이 강한 아포를 형성하는 그람 양성간균이며 중온성과 호열성 균을 포함한다. 이 균은 토양에 널리 분포되어 있고 절대혐기성균이므로 통조림 식품이나 햄, 소시지 등에서 문제 시 된다.

보툴리누스균*Clostridium botulinum*의 포자는 내열성이 강하고, 균종에 따라 강한 독소를 생산하므로 통조림 살균의 제일 큰 목적은 이 균의 포자를 죽이는 데 있다.

이 밖에도 *Cl. perfringens*, *Cl. tetani* 등도 식중독이나 병원성 세균이다. *Cl. thermosaccharolyticum*은 탄수화물을 분해시키는 호열성 균으로 통조림 식품의 품질 변화를 일으키는 원인균이기도 하다.

(3) 아포를 형성하지 않는 간균

① ***Vibrio*속**

그람 음성균이며 균의 증식에 Na^+이 필요한 호염성인 균과 Na^+이 없는 담수에서도 증식할 수 있는 비호염성 균으로 나눌 수 있다.

*Vibrio*속은 현재 30여 종이 분리되었는데, 이 중 사람의 건강과 관계있는 세균만도 10여 종으로 알려져 있으며 계속해서 새로운 균종이 검출되고 있다.

대표적인 호염성인 균종은 장염비브리오라고 불리우는 *Vibrio parahaemolyticus*과 패혈증 비브리오인 *V. vulnificus*이다. Na^+이 없는 곳에서도 증식할 수 있는 종류는 *V. cholerae*, *V. mimicus*가 있고, 수역에서 자주 분리되는 *V. cholerae* non O1(NAG *vibrio*라고도 함) 중에는 콜레라 독소를 생산하는 유전자를 가진 세균도 있다.

② ***Listeria*속**

아이스크림이나 수산냉동품 등에서 검출되기도 하는 그람 양성인 *Listeria* 속 중에서는 단구성 리스테리아*Listeria monocytogenes*가 식중독 원인균인데,

4℃ 정도의 냉장온도에서도 증식이 가능할 뿐 아니라 식품 표면에 부착하면 균막biofilm을 형성하여 세척하여도 잘 제거되지 않으므로 저온식품의 위생상 매우 중요하고 냉장이나 냉동식품 수출입 시에 검사항목으로 요구되는 경우가 많다.

③ ***Salmonella*속**

*Salmonella*속 세균은 자연계에 널리 분포하고 있는 균으로서 장내세균과에 속하는 그람 음성, 아포를 생성하지 않는 간균으로 그 종류가 다양하며, 혈청형별로 세분하면 현재 1,900여 종이 존재하는 것으로 알려져 있다. *Salmonella*속 세균 중 약 50종은 식중독과도 관계가 있으며 포유동물, 조류, 파충류 등에서 검출되고 있다.

*Salmonella*속에는 장티푸스균*Salmonella typhi*과 같이 법정감염병의 원인 세균도 있고, *S. typhimurium, S. enteritidis*와 같은 식중독 세균도 포함되어 있다. 특히 *Salmonella*속 세균은 계란, 닭고기, 돼지고기 등에서 자주 검출되어 식품위생상 사회문제가 되는 경우가 많기 때문에, 동물 사료에 대한 세균 검사 시 살모넬라 검사를 중요시 여기고 있다.

(4) 기타 식품위생과 관련되는 세균

식품과 관련 있는 건강 위해 세균에는 *Campylobacter jejuni, Clostridium perfringens, Staphylococcus aureus*, 파상열 원인 세균인 *Brucella*속, 디프테리아 원인균인 *Corynebacterium diphtheriae*, 결핵균인 *Mycobacterium tuberculosis*, 이 밖에도 *Yersinia enterocolitica, Aeromonas hydrophila, Plesiomonas shigelloides* 등이 있다.

2) 곰팡이mold

(1) 곰팡이의 일반적인 특성

곰팡이는 절대 호기성인 진핵세포eucaryotes 생물로서 균사나 포자에 의해 증식하며 햇빛을 싫어하는 다세포생물이다. 곰팡이의 일반적인 성질은 건조 환경에서도 발생할 수 있으며, 증식범위는 pH 2.0~9.0으로 넓다. 산성영역에서 쉽게 증식하는 호산성 생물acidophiles이며 최적온도는 약 30℃이다. 증식속도는 세균보다 느리지만 세균이 증식하지 못하는 건조식품(수분13~15%)에서도 적정온도를 이루면 증식 가능하며, 당이나 식염농도가 높은 식품에도 증식하는 곰팡이균이 있다.

곰팡이는 절단된 균사나 포자에 의해 증식하는데, 포자에는 분생자conidia, 포자낭포자sporangiospore와 같은 무성포자asexual spore와 자낭포자ascospore, 접합포자zygospore와 같은 유성포자sexual spore로 구분된다. 곰팡이 분류 시에는 균사의 형태나 색깔, 포자의 종류와 형태 등이 중요 지표가 된다.

곰팡이는 효소 생산이나 발효식품에 유용하게 활용되지만 유해 색소나 유독물질을 생산하는 종도 있다.

(2) 중요 곰팡이류

① *Aspergillus*속

*Aspergillus*속 그림 2-1-2는 식품에서 보편적으로 검출되는 곰팡이로서 130여 종이 알려져 있고, *A. oryzae*, *A. sojae* 등은 된장 제조에 쓰이며 *A. niger*는 유기산 생산에 뛰어나다. *A. flavus*는 강력한 간암 발생물질인 아플라톡신aflatoxin을 생산하는데 모든 균주가 아플라톡신을 생산하는 것은 아니다. 또 *A. glaucus*는 수분요구도가 매우 낮으며, 고농도의 당이나 식염 중

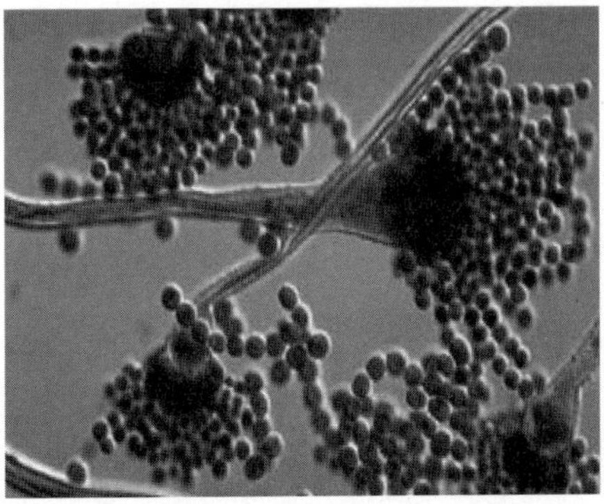

그림 2-1-2 *Aspergillus*속

에서도 쉽게 번식한다.

② ***Penicillium*속**

식품에서 흔히 볼 수 있는 곰팡이균은 푸른곰팡이이다. *P. islandicum*이나 페니실륨 시트리늄*P. citrinum*과 같이 황변미yellow rice의 원인 곰팡이가 있으며, 밀감을 비롯한 과일의 연부병軟腐病의 원인 곰팡이로 *P. expansum*, *P. digitatum*이 알려져 있다.

유용곰팡이로는 치즈 숙성에 사용되는 *P. camemberti*나 *P. roqueforti*가 있고 penicillin 생산에 활용되는 *P. notatum*, *P. chrysogenum*이 있다.

③ ***Mucor*속**

털곰팡이라고 부르기도 하는 이 곰팡이는 식품의 변질에도 관여하지만 식품제조에도 많이 이용된다. *M. racemosus*는 전분의 당화나 치즈의 숙성에 이용되지만 채소나 과실의 변패에도 관여한다.

④ ***Rhizopus*속**

거미줄 곰팡이라고 지칭하기도 하며, *R. nigricans*, *R. stolonifer*는 빵에 번식하기 쉬우므로 빵곰팡이bread mold라고도 부른다. 이 밖에 채소, 과일, 밀감, 딸기 등의 변패에도 관여한다.

⑤ ***Fusarium*속**

균사는 엷은 분홍색, 자색, 황색 등을 띠며 과일, 채소 등의 변패에 관여한다. *F. poae*, *F. sporotrichioides* 등은 저온에서 식중독성 무백혈구증alimentary toxic aleukia(ATA)을 일으키는 독소를 생산하기도 한다.

3) 효모yeast

(1) 효모의 일반적인 특징

효모는 분류상으로는 곰팡이와 같이 진균류fungi이지만, 형태는 전혀 다른 단세포를 이루고 있으며 주로 출아법budding에 의해 증식한다.

세포 형태는 대부분 구형이나 타원형을 이루지만 소시지형, 레몬형 등 다양한 형태를 나타내기도 한다. 효모의 수분요구도는 곰팡이보다는 많고 세균보다는 적다. 증식할 수 있는 pH 범위가 넓고(pH 2.0~8.5) 곰팡이와 같이 산성영역에서 쉽게 증식하며 발효식품 산업에 이용되지만, 때로는 세균과 공존하며 식품을 변질시키기도 한다.

Glucose, fructose와 같은 hexose는 발효가 잘 되지만 pentose는 일반적으로 효모에 의한 발효가 이루어지지 않는다. 복당류 중에서 sucrose, maltose 등은 발효되지만 lactose는 발효가 쉽지 않다.

(2) 중요 효모류

① *Saccharomyces*속

식품공업 특히 발효공업에 가장 관계가 깊은 효모로서 당을 발효해서 CO_2와 에틸알코올ethyl alcohol을 생산한다. 대표 종은 *S. cerevisiae*이며 빵효모, 청주효모, 맥주효모top yeast 등이 여기에 속한다. *S. carlsbergensis*는 하면맥주효모bottom beer yeast인데 상면맥주효모top yeast에 비해 낮은 온도에서 발효작용이 왕성하고, 한국, 일본, 미국, 독일 등에서 생산되는 맥주는 대부분 하면효모를 사용하고 있다. 반면 *S. pastorianus*는 맥주를 혼탁하게 하는 유해균으로 알려져 있다.

② *Candida*속

형태는 곰팡이와 비슷한 효모이며, 단세포 단백질 생산에 이용되기도 한다. *C. utilis*는 펜토스pentose 동화력이나 비타민 B_1 집적력이 강한 효모인데 속질pulp 폐액을 원료로 하여 사료효모 생산에도 이용된다. 이 밖에 *C. lipolytica*는 버터의 변패에 관여하며 *C. albicans*와 같은 피부질환이나 부인들의 칸디다증candidosis의 원인 미생물도 있다.

③ Film yeast

효모 중에는 소금에 절인 양배추sauerkraut, 피클pickle과 같은 산성 식품의 표면에 증식하여 막을 형성하는 종이 있는데, 이를 통틀어 산막효모film yeast라고 한다. 여기에는 *Pichia*속, *Hansenula*속, *Debaryomyces*속, *Trichosporon*속 등이 있다.

특히 *D. kloeckeri*는 식염 24%의 제품에도 증식하여 표면에 막을 형성하기도 한다.

4) 원생동물Protozoa

원생동물은 2.0~20㎛ 정도의 크기이며 단일세포로 구성되어 있다. 또한 건조에 대한 저항성이 매우 낮다.

엽록소를 갖지 않으며 운동성이 활발하고, 영양분 섭취는 동물적인 소화형과 용액상태의 유기화합물을 섭취하는 형이 있다. 원생동물에는 편모충류Flagellates, 근족충류Amoeba, 포자충류Sporozoa, 섬모충류Ciliates가 속한다.

질병과 관계되며 편모충류에 속하는 종류로는 소, 말, 염소, 개, 고양이 등에 열대병을 일으키는 리슈만편모충증*Leishmania*과 부인들에게 가렵고 따가운 증세를 나타내는 질편모충*Trichomonas vaginalis*이 있다.

사람의 장관에 기생하여 이질성 설사를 유발하는 이질아메바*Entamoeba histolytica*는 근족충류에 속한다. 그리고 절대 기생성 포자충류 중에는 말라리아malariae의 병원체인 사일열원충*Plasmodium malariae*과 톡소포자충증toxoplasmosis의 원인 생물인 톡소포자충*Toxoplasma gondii* 등이 포함되어 있다.

5) 리케차Rickettsia

리케차는 세균보다도 적어서 그 크기는 약 0.2~0.5㎛이고, 원형, 타원형 등의 형태를 가지며, 증식법은 세균과 비슷하지만 바이러스와 같이 생체 세포 내에서만 증식을 할 수 있다. 발진열, 발진티푸스 등의 병원체가 리케차에 속한다.

6) 바이러스Virus

바이러스virus는 정상 세포와는 달리 독자적으로 재생산을 비롯한 대사활동을 할 수 없고, 숙주세포가 있어야 증식할 수 있는 절대 기생성 세포내 생물obligate intracellular parasite에 속한다.

또한 바이러스는 DNA나 RNA 중 한 종류의 핵산만을 보유하고 있는데 식물 바이러스는 주로 RNA, 세균 바이러스인 박테리오파지bacteriophage는 주로 DNA로 구성되어 있고, 동물 세포를 숙주로 하는 동물 바이러스는 RNA 또는 DNA를 가지고 있다. 크기는 0.02~0.3μm 정도이므로 일반 광학현미경으로는 관찰할 수 없지만 전자현미경으로 관찰할 수 있다. 항생제에 대한 감수성이 없으므로 간염이나 AIDS와 같은 질병에 감염되었을 때 치료 시 어려움이 따른다.

(1) 간염 바이러스hepatitis virus

간염은 A형 간염과 같이 경구감염에 의한 유행성 간염과 B형 간염과 같이 혈액감염에 의한 혈청간염으로 구분되어 왔으나, 1970년 이후에 A, B, C, D, E의 다섯 종류가 발견되었다. 여기에서 유행성 간염에 속하는 유형은 A형과 E형 바이러스이고, 혈청간염에 속하는 유형은 B형, C형, D형 바이러스인데, 다섯 종류 중 B형 간염 바이러스만이 DNA 바이러스이고 나머지는 RNA 바이러스이다.

현재 수혈 후 감염의 90% 이상을 차지하고 있는 non A, non B형 간염 중에서 가장 빈도가 높은 유형은 C형 간염인데, 감염자의 약 50%는 만성간염으로 발전하고 이후 간경변이나 간암으로 진행되는 경우가 늘어나고 있다고 알려져 있다.

(2) 에이즈 바이러스AIDS virus

AIDS란 후천성면역결핍증acquired immune deficiency syndrome의 약자이며, 1981년 최초 AIDS 환자 발생 보고된 이래로 암과 함께 지구 최악의 질병으로 평가되고 있다.

AIDS의 원인은 HIVhuman immune deficiency virus이고 1983년 5월 확인되었다. 이 바이러스는 세포 내에서 증식하여 도움 T 세포를 파괴시켜 면역체계를 붕괴하므로 면역력이 저하되어 기회감염증 등을 유발하게 된다. HIV가 체내에 침입해서 혈중에 항체가 만들어지기까지는 적어도 6~8주가 소요되며 AIDS 발증까지의 잠복기간은 사람에 따라 다르지만 5~15년(평균 10년)이라고 한다.

감염경로는 혈액, 성행위, 모자감염의 세 가지이며, 감염되더라도 초기에는 무자각 증세가 많으며 발열, 두통, 구내염증, 림프절 부종, 설사, 체중감소, 면역력 감소 등으로 진행, 발증된다. 양성환자로서 3년 이상 살 수 있는 확률은 현재 약 10% 정도라고 할 정도로 무서운 질병인데 우리나라에서도 HIV 보균자가 매년 증가하고 있는 실정이다.

(3) 노로바이러스Norovirus

최근 바이러스성 식중독은 전 세계적으로 발생하고 있으며 미국이나 일본 등에서는 생굴 섭취로 인한 중독이 발생한 예가 있다. 이러한 병원성 바이러스는 사람의 장관에서 증식하여 분변을 통해 체외로 배설되며, 생활 오폐수의 처리가 불완전한 경우 수계에 배출된 바이러스가 다시 사람에게 섭취되어 감염을 일으키게 된다.

바이러스성 식중독은 소량으로 감염되고 장기적인 면역이 되지 않기 때문에 감염이 반복되고, 원인 바이러스는 약제나 열에 내성이 있어 제어가 곤란하며 사람의 장내에서만 증식하는 특징이 있다.

소형구형 바이러스small and round structured virus(SRSV)라고도 불리었던 노로바이러스는 전자현미경으로 관찰하였을 때 소형구형 구조를 가진 바이러스를 총칭하는 의미에서 SRSV로 명명되었다. 직경 27~34nm, 약 7.6kb의 RNA 바이러스로 1968년 미국 오하이주 Norwalk의 초등학교에서 발생한 집단 위장염 환자에게서 최초로 관찰되었기 때문에 Norwalk virus라고도 한다.

잠복기는 섭취한 바이러스의 양에 따라 다르지만 평균 24~48시간이며 심한 경우 식후 3시간 만에 발병한 예도 있다. 주요한 중독 증상은 메스꺼움(77~79%), 구토(69~87%), 설사(66~95%) 및 복통(30~80%) 등이다. 설사는 심한 수양변이 계속되지만 혈변은 거의 없다. 이 밖에 두통, 발열, 한기 및 근육통 등의 증상도 나타나는 경우가 있으나 인플루엔자influenza 바이러스의 경우와 비교하면 발열 정도는 낮다.

SRSV 식중독은 겨울철에 많이 발생하는데 가장 중요한 원인 식품은 굴, 백합 등 패류이며, 그 밖에 음용수, 얼음, 샐러드 등이 있고, 보균자나 오염된 기구에 의한 접촉감염으로 추정되는 경우도 있다.

(4) 기타 바이러스

이 밖에 소아마비를 일으키는 회백수염 바이러스poliomyelitis virus, 호흡기계 감염을 일으키는 인플루엔자 바이러스influenza virus, 암cancer이나 종양tumor를 유발하는 바이러스virus도 있다.

2. 미생물의 오염원

미생물은 자연의 모든 환경에 존재하므로 공기, 물, 토양, 등의 환경 그리고 동 · 식물성 식품이 미생물의 오염원이 된다. 그 외 식품의 취급 및 가공이나 보존과정에서 2차적으로 오염이 되는 경우가 있다.

1) 토양

토양에는 미생물이 1g당 10^6~10^9 정도로 상당히 많은 수가 존재한다. 토양 미생물의 90%는 세균류가 차지하는데, 그 중에서도 호기성 세균이 가장 많고 혐기성 세균, 방선균, 사상균의 순으로 분포되어 있다.

이러한 토양 미생물은 가축, 채소, 곡물 등을 생산하는 농장에서 식품을 직접 또는 간접적으로 오염시킨다. 또한 먼지와 함께 대기 중에 비산하여 각종 기구 및 음식물 등에 부착되는 경우도 있고, 흐르는 물에 실려 하천이나 수원지를 오염시키는 경우도 있다.

식품을 오염시키는 대표적인 토양 미생물은 *Bacillus, Micrococcus, Clostridium, Pseudomonas, Leuconostoc, Escherichia, Aerobacter, Achromobacter, Serratia, Acetobacter, Proteus* 및 방선균 등의 세균이 있고, *Penicillium, Mucor, Rhizopus* 등의 곰팡이가 있다. 그리고 원충류도 토양 1g당 1,000~10,000개 정도 존재하고 있다.

2) 해수

해수의 세균들은 1~3%의 식염농도에서 증식하기 쉽다. 해수에 따라 세균 함유량이 다르게 나타나며 일반적으로는 해수 표면층과 연안에 많이 분포되어 있다. 또한 해수는 육지의 폐수 및 폐기물로부터 오염된다. 세균은 바다에서 어류, 패류, 조류 등을 직접 오염시킬 수 있으며, 어획 후 항만이나 어시장 주변에서 간접적으로 오염되는 경우도 있다. 해수세균 중에는 장염 또는 패혈증을 유발하는 여러 종류의 바이러스가 있다.

3) 담수

담수는 토양이나 인축의 배설물 등으로 오염되는 경우가 많아 때로는 1mL 중 10^5~10^6 이상이 되기도 하며, 병원성 미생물도 포함하고 있어 식품 및 식수원을 오염시키기도 한다. 담수에 의해 식품이 오염되는 경로는 직접적으로 담수어를 생식하거나 오염된 물을 식수로 사용하는 경우와 오염된 물로 식품을 씻는 경우 등이 있다.

담수어 고유의 세균류로는 그람Gram 음성간균인 *Pseudomonas, Achromobacter, Aeromonas, Alcaligenes, Flavobacterium* 등이 있고, 토양으로부터 오염되는 세균으로는 *Micrococcus, Bacillus* 등이 있으며, 하수 및 분변 등에 기인하는 세균으로 *Escherichia, Aerobacter, Proteus* 등이 있다. 그리고 그 외에도 사상균이나 효모도 분포되어 있다.

4) 분변 및 동물체

분변의 위생처리에 의하여 분변으로 인한 식품의 오염이 많이 감소하였으나, 아직도 일부 도시와 농촌에서는 분변을 원예작물의 비료로 사용함으로써 채소류뿐만 아니라 토양이나 하천 등도 분변 미생물에 의해 오염되고 있다. 또한 소, 돼지, 닭, 오리 등 가축이나 가금 사육장에서 나오는 분변에도 많은 분변 미생물이 포함되어 있으므로 퇴비를 충분히 숙성시키지 않고 사용하였을 경우에도 동일한 결과가 나타난다. 특히 홍수로 가축사육장의 오물이나 인분을 함유한 물이 범람하여 채소밭을 오염시켰을 경우에도 문제가 될 수 있다.

분변에는 *Escherichia, Enterococcus, Clostridium, Salmonella, Shigella, Proteus* 등 유해한 세균이 많아 식중독의 원인이 되고 있다.

동물체 부착세균은 동물이나 사람의 피부, 점막 및 상처 부위에 서식하는 *Staphylococcus, Streptococcus, Corynebacterium* 등이 있어 식중독과 각종 질병의 원인이 되기도 한다.

5) 식물체

식물체의 표면과 식물의 상처부위 등에 부착하여 증식하는 세균으로는 *Mi-*

crococcus, Pseudomonas, Flavobacterium, Xanthomonas, 젖산균 등이 있다. 곰팡이로는 재배 중인 밀과 보리 등에 침입하여 작물 질병을 일으키는 *Alternaria, Fusarium, Claviceps* 등과 저장 중인 곡물에 증식하는 *Penicillium, Aspergillus* 등이 있는데, 이들 중에는 곰팡이 독을 생성하여 만성 병해를 일으키는 종도 있다.

6) 공기

공기 중에는 고유의 미생물이 존재하지 않는다. 공기 중에 부유하는 미생물은 주로 토양이나 먼지에서 유래하고, 바람에 비산되는 미생물 중에는 건조와 태양의 자외선에 내성이 강한 종이 많다. 대부분은 그람 양성의 포자형성 간균, 구균, 곰팡이, 성홍열, 폐렴, 결핵, 두창, 인플루엔자, 급성회백수염 등을 일으키는 미생물이다. 아래의 표 2-1-3에서와 같이 공기 중에도 많은 미생물이 존재하기 때문에 관리가 필요하다.

7) 식품의 2차적 오염

식품의 원료는 자연에 의해 1차적인 오염을 받은 후 가공, 조리 및 저장되는 과정에서 2차적 오염을 받을 가능성이 많다. 식육, 어패류, 우유 등은 주로 저온

표 2-1-3 공기 중에 공중낙하균

(단위 : Log CFU/Plate)

Microorganism	농장											
	A				B				C			
	1차	2차	3차	4차	1차	2차	3차	4차	1차	2차	3차	4차
APC	2.4	2.2	2.3	2.6	2.0	2.0	ND	ND	2.6	1.9	2.8	2.7
Coliform	ND	ND	1.4	0.3	ND	ND	1.4	1.6	ND	ND	1.2	1.5
E. coli	–	–	–	–	–	–	–	–	–	–	–	–
E. coli O157	–	–	–	–	–	–	–	–	–	–	–	–
L. monocytogenes	–	–	–	–	–	–	–	–	–	–	–	–
Salmonella spp.	–	–	–	–	–	–	–	–	–	–	–	–
B. cereus	ND	ND	ND	ND	ND	ND	ND	ND	ND	ND	ND	ND
S. aureus	ND	ND	ND	ND	ND	ND	ND	ND	ND	ND	ND	ND
Fungi	2.2	2.3	2.5	2.6	2.4	2.4	2.5	2.3	2.1	2.5	2.1	2.4

에서 보존 및 유통되기 때문에 저온성 세균에 의한 2차적인 오염을 받게 된다. 식품이 가공, 조리 및 저장과정에서 오염되는 주원인은 비위생적인 주위환경의 요인이 가장 크다.

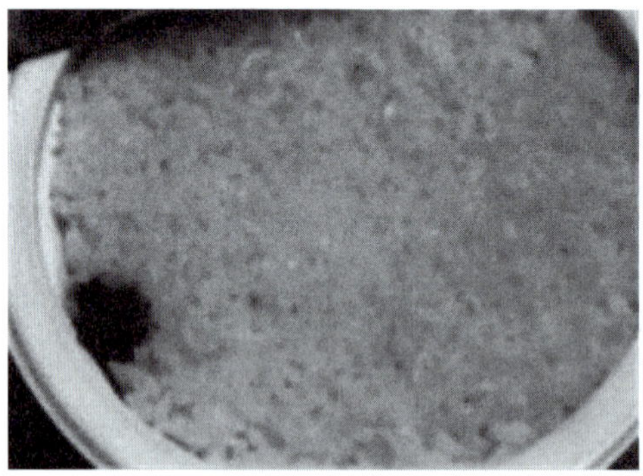

그림 2-1-3 식품의 2차적 오염(즉석 밥 오염)

8) 오염되기 쉬운 식품

어떤 식품이든 미생물에 의해 오염될 수 있지만 수분 함량이 높고 단백질 함량이 많은 식품에서는 박테리아가 쉽게 증식할 수 있으므로 이러한 식품을 잠재적인 위해식품potentially hazardous food(PTF)으로 분류한다. 즉 우유 및 유제품, 생계란, 쇠고기, 돼지고기, 가금육, 생선류, 조개류, 갑각류, 두부 및 대두단백식품, 생강식용유 혼합물, 삶은 감자, 삶은 콩, 삶은 옥수수, 밥, 무싹 등이 이에 해당된다.

9) 조리식품이 오염되는 과정

오염은 유해 미생물이나 유해 물질이 식품에 비의도적으로 함유되는 것을 말한다. 생물학적 요인, 화학적 요인 및 물리적 요인이 있지만 생물학적 요인에 해당되는 박테리아가 가장 큰 위해요인이 된다. 식품은 취급하는 과정에서 교차오염crosscontamination에 의해 박테리아가 오염되기 쉬운데, 그 대표적인 예는 다음과 같다.

① 생식품을 손으로 만진 후 세척 및 소독하지 않고 그 손으로 조리된 식품이나, 먹을 준비가 된 식품을 만질 때

② 생식품에 접촉된 칼, 도마, 식기 등을 세척 및 소독하지 않고 이것으로 조리가 완료된 식품을 자르거나 담을 때

③ 생식품 또는 오염된 기구에 접촉된 행주, 스펀지 등을 세척 및 소독하지 않고 조리가 완료된 식품을 취급할 기구 및 그릇을 닦을 때

④ 생식품 또는 오염된 식품이 조리가 완료된 식품과 직접 접촉하거나 오염 식품에서 발생한 물방울이나 부스러기가 조리된 식품 위에 떨어질 때

3. 미생물에 의한 식품의 변질

식품에 미생물이 번식하면 식품은 변질된다. 일반적으로 미생물에 의해 당질, 지질이 분해되어 산미를 생성하거나 특유의 방향을 잃어버리는 현상을 변패deterioration라 한다. 이에 비해 단백질 성분이 분해되어 악취를 동반하여 불가식화되는 현상을 부패putrefaction라 한다. 같은 변질이라도 당질이 미생물의 작용에 의해 우리의 생활환경에 존재하거나 상품 가치로서 유용한 물질을 생성하는 과정을 발효fermentation라 한다.

발효와 변패의 차이점은 구분이 모호한 경우도 있기 때문에, 그것에 대한 판정은 사회적, 경제적인 기준에 근거하는 경우도 많다. 예를 들면, 알코올 발효 시 또는 포도주, 청주 등의 저장 시에 알코올 탈수소효소를 가지는 미생물에 의해 오염되면, 에틸알코올은 초산이 되어 알코올 음료로서의 가치를 상실하게 되는데 바로 이 경우를 산패라 하며, 같은 현상이라 하더라도 처음부터 초산을 얻을 목적으로 한 동일한 과정을 거친 경우에는 초산발효라 한다.

1) 변질에 관여하는 미생물

식품에 미생물이 혼입되면 균수의 증가에 따라 식품성분은 미생물이 생산한 효소에 의해 분해되고, 또 각종의 대사생산물이 생성되어 식품으로서의 가치를 잃게 된다. 주로 식품의 변질에 관여하는 미생물은 세균과 곰팡이다. 식품 중의

단백질 분해에 관여하는 세균은 병원성 세균, 식중독 세균과 구별하여 부패 세균putrefactive bacteria이라 한다. 식품의 부패가 단일 세균의 오염으로 발생하는 경우는 드물며, 일반적으로는 몇몇 종류의 세균이 시기를 달리하여 증식함으로써 부패가 진행된다. 이러한 경시적인 균상의 변화는 환경(온도, 수분, pH, 식품성분)에 알맞은 균이 최초에 증식하고 변화한 환경에 대하여 다시 다른 종류의 균이 증식하기 때문이다. 부패 세균의 종류는 식품에 따라 다르지만 어패류, 농축산물에서는 *Pseudomonas, Flavobacterium, Bacillus* 등이 주종을 이루고, 혼합가공 단백질 식품에서는 *Bacillus*, *Clostridium* 등 건어물, 빵, 과실 등과 같이 수분이 적거나 산성인 식품에서는 곰팡이에 의한 변패가 많다.

특히 효모는 식물성 식품 중에 증식하는 경우가 많지만, 암모니아, 비휘발성 아민, 메르캅탄, 황화수소, 인돌, 스카톨 등을 생성하는 것은 드물고, 품질을 저하시키더라도 먹을 수 없을 정도로 변질되는 경우는 적다.

2) 세균 증식에 영향을 미치는 요인

식품에 미생물이 증식하면 미생물이 생산한 효소에 의한 변화가 일어나고, 점질화, 색소의 침착, 가스, 악취 등이 발생한다. 식품의 미생물 증식에 영향을 미치는 요소는 다양하며, 중요 항목은 미생물의 영양성분인 식품의 조성성분과 특성으로 음식food, 산도acidity, 온도temperature, 시간time, 산소oxygen, 수분moisture의 첫 글자를 따서 FAT TOM이라 일컫기도 한다.

(1) 식품의 조성성분과 특성

식품성분의 조성도 부패에 큰 영향을 미친다. 미생물이 활용하기 쉬운 성분과 그렇지 못한 성분이 있다. 예를 들면, 셀룰로오스cellulose, 전분starch, 펙틴pectin, 단백질protein 등을 분해하는 세균 종류는 많지 않으나, 이들이 분해되어 단당류나 유리 아미노산이 되면 이들 물질을 활용하는 세균류가 많기 때문에 변패가 쉽게 일어난다.

산화환원 전위, 식품의 조직상태, 식품의 저장환경 등도 큰 영향을 끼친다. 뿐만 아니라 식품성분 중에는 미생물의 발육을 억제하는 물질, 발육을 촉진하는 성분들이 있어서 식품의 종류, 가공형태 등에 따라 부패 미생물의 종류나 변패 양상은 크게 달라진다.

(2) 산도pH

일반적으로 세균의 생육최적 pH는 중성 영역에 속한다. 대부분의 부패 세균은 pH 5.5 이하에서는 발육이 억제되지만 효모와 곰팡이는 산성영역에서 증식이 쉽게 이루어지며, 증식범위는 효모 pH 4.0~8.5, 곰팡이 pH 2.0~8.5이다. 부패요인은 여러 가지가 있으나, pH만을 고려하여 식품별로 부패 속도와 주종을 이루는 부패 미생물을 짐작할 수 있다. 예를 들면, 게, 새우, 우유 등이 세균에 의해 쉽게 부패하며, pH가 낮은 사과, 포도 등은 세균에 의한 부패가 적은 곰팡이가 주원인인 미생물이다. 주요 식품별 pH는 표 2-1-4와 같다.

표 2-1-4 식품별 pH

식품명	pH	식품명	pH
사과	2.9 ~ 3.3	쇠고기	5.1 ~ 6.2
포도	3.4 ~ 4.5	닭고기	6.2 ~ 6.4
참외	6.3 ~ 6.7	게	7.0
수박	5.2 ~ 5.6	새우류	6.8 ~ 7.0
우유	6.3 ~ 6.5	굴	5.1 ~ 6.3
버터	6.1 ~ 6.4	생선류	6.6 ~ 6.8

(3) 온도Temperature

온도는 미생물의 증식에 매우 중요한 영향을 끼친다. 증식 최적온도에서는 분열시간이 짧고, 최적온도 영역을 벗어나면 분열시간이 길어진다. 따라서 미생물의 증식 최저온도 이하로 낮추거나 발육 최고온도 이상으로 가열하는 것이 중요하다.

일반적으로 50~60℃까지를 위험온도대라고 하며 5℃ 이하로 낮추거나 60℃ 이상으로 유지할 필요가 있다. 대부분의 병원세균은 5℃ 이하에서는 증식하지 않으나 단구성 리스테리아*Listeria monocytogenes*나 *Cl. botulinum E* 균 등은 5℃ 이하에서도 증식하며 독소도 생성하므로 냉장고를 과신해서는 안 된다.

(4) 시간Time

미생물의 증식에 관여하는 요소 중 온도와 시간은 상대적인 기준을 나타낸다. 즉 온도가 높으면 미생물이 짧은 시간에 사멸되고 낮은 온도에서는 사멸하기까지 보다 긴 시간이 소요된다.

그리고 세균의 증식온도 범위 내에서는 시간이 길어지면 부패는 물론 식중독 우려 또한 증대되기 마련이다. 가열된 식품을 식힐 때에도 4시간 이내에 21.1~60℃, 2시간 동안 5~21.1℃를 초과하지 않을 것을 요구하고 있다. 뿐만 아니라 통조림을 멸균 후에 급 냉각하는 이유도 최대한 빠른 시간 내에 고온세균의 증식 온도대를 벗어나게 하려는 것이 주목적이다.

장염비브리오와 같은 세균은 발육 최적온도의 분열시간이 약 15~20분이므로 여름철에 식품을 상온에 방치하면 세균 수가 증식하여 수시간 이내에 식중독 발생이 일으킬 수 있으므로 식품의 취급시간, 상온 방치시간의 단축은 세균성 식중독 사고 예방의 필수적 요건이다.

(5) 산소Oxygen

미생물의 산소 필요성은 에너지를 얻기 위하여 산소가 필요한 경우와 에너지 생성에 산소가 전혀 불필요한 경우가 있다. 곰팡이와 효모는 일반적으로 생육에 산소가 필요하지만 세균은 이와는 다른 경향을 띤다.

세균에는 편성호기성균obligate aerobe, 편성혐기성균obligate anaerobe, 미호기성균micro aerobe 그리고 산소의 존재 유무와 관계없이 생육하는 통성혐기성균facultative anaerobe이 있다. 또한 산소는 미생물의 생육뿐만 아니라 바실루스Bacillus의 아포형성을 위해서도 산소의 존재가 불가결한 것으로 알려져 있다.

부패 미생물에는 호기성 또는 통성혐기성 세균 종류가 많으므로 진공포장을 하면 이들 균의 발육 억제 효과가 크다.

(6) 수분Moisture

미생물의 영양세포는 75~85%의 수분으로 구성되어 있으므로 수분이 미생물의 생육에 미치는 영향은 매우 크다. 세포 내에서의 여러 가지 화학반응은 각 물질이 녹아 있는 상태에서만 이루어지므로 수분은 세포의 필수 불가결한 물질이다.

미생물의 생육과 수분과의 관계를 이해하기 위해서는 수분활성Water activity(Aw)을 보면 쉽게 알 수 있다.

식품 중의 수분은 자유수free water와 결합수bound water 및 표면수surface water의 3 종류의 상태로 존재한다. 미생물은 자유수는 이용할 수 있지만 단백질, 다당질 등과 결합하고 있는 결합수는 이용하지 못한다. 따라서 식품의 수분량보다도 자유수 함량이 부패에 있어서 중요한 의미를 가진다. 식품 중 미생물이 이용할 수 있는 수분, 즉 식품 중의 자유수의 함량을 나타내는 척도로서 수분활성 water activity(Aw) 개념이 사용된다.

용매에 녹아 있는 용질의 종류에 따라서 수분활성도가 달라진다. 예를 들어, 동일한 10% 농도의 설탕물과 소금물을 비교하면 소금물의 경우가 수분활성이 훨씬 낮다. 순수한 물에 용질이 녹아서 수증기압이 저하되는 이유는 용질에 의해 물의 엔트로피가 상실되어, 자유롭게 열운동을 하고 있는 물 분자의 비율이 감소하기 때문이다. 순수한 물의 Aw 수치는 1, 무수물은 0이고, 용질이 증가함에 따라 1보다 감소하여 0에 가까워진다. 물론 식품 중의 수분은 이상 용액의 범주를 훨씬 뛰어넘는 고농도의 수용액으로서 용질의 활동계수, 용질의 염석, 용질분자의 크기 등 여러 가지 인자에 의해 실제의 활동계수의 결정에 영향을 주게 된다. 식품 중의 불용성 성분은 수분활성에는 관계가 없으며, 이러한 성분은 직접 세균에 의해 부패되지 않는다.

수분활성이 높을수록 미생물은 발육하기 쉽고 발육가능한 최저 Aw의 한계는 통상 세균 0.90, 효모 0.88, 곰팡이 0.80이다. 특수한 세균은 0.75, 내건성 곰팡이는 0.65, 내삼투압성 효모는 0.60의 배지에서도 생육할 수 있다. 식품을 건조시키면 세균, 효모, 곰팡이의 순으로 생육하기 어려워지며, Aw 0.65 이하에서는 곰팡이도 생육하지 못한다. 곰팡이가 종종 건조식품에 증식하는 것은 최적 수분활성이 낮기 때문이 아니다(곰팡이의 생육최적 Aw = 약 0.90). 곰팡이는 수분활성이 높을 때 세균이나 효모의 증식의 영향으로 증식할 여지가 없지만, 수분활성이 낮아져 세균 등의 생육이 저하되어야 증식할 수 있기 때문이다.

식품의 수분활성은 건조에 의해 수분을 제거하거나 당장, 염장, 조림 등과 같이 농후한 용액에서도 저하된다. 수분활성이 0.90 이하이거나 10% 이상의 식염을 함유하는 식품은 저장성이 좋은 편이다. 참고로 부패 미생물의 증식에 필요한 최저 수분활성과 식품별 수분활성을 표 2-1-5와 표 2-1-6에 나타내었다.

표 2-1-5 부패 미생물 증식에 필요한 최저 Aw

미생물군	최저 Aw	미생물군	최저 Aw
대부분의 세균	0.91 ~ 0.88	호염세균	0.75
대부분의 효모	0.88	내건성 곰팡이	0.71
대부분의 곰팡이	0.80	호삼투압성 효모, 곰팡이	0.62 ~ 0.60

표 2-1-6 각종 식품별 Aw

식 품	Aw	식 품	Aw
신선 과일, 야채, 생선류	≥ 0.98	과자류	0.65 ~ 0.75
가열조리된 육류	0.95 ~ 0.98	건조과일	0.60 ~ 0.65
소시지류	0.87 ~ 0.91	건조멸치	0.87
쌀, 콩 등 곡류	0.80 ~ 0.87	훈연 오징어	0.78
잼	0.75 ~ 0.80	건조된 양념류나 분유	0.20 ~ 0.60

(7) 기타 요인

미생물의 증식에 영향을 미치는 요소에는 이상 열거한 여섯 가지 외에도 CO_2, 압력이나 삼투압, 항균성 물질, 광선 그리고 생물적 환경요인을 들 수 있다.

3) 부패과정 중의 화학적 변화

동물 조직은 사후, 세포 내의 여러 가지 효소에 의해 조직이 자가 소화된다. 자가 소화가 진행되면 세포에 부착되어 있는 부패 세균이 증식하게 되고 부패

과정이 시작된다. 부패의 과정은 식품의 성분, pH, 오염 세균, 제조과정 등에 따라 달라진다. 예를 들면, 단백질 식품의 부패과정 중 고등어 부패과정의 휘발성 질소나 pH, 히스티딘histidine, 히스타민histamine의 변화는 그림 2-1-4와 같다.

굴과 같은 패류는 글리코겐이 풍부하므로 자가 소화과정의 해당 반응에 의해서 젖산이 축적되어 pH가 산성화되고 비교적 부패속도가 느리다.

휘발성 아민 중 암모니아는 탈아미노 반응 등에 의해 생성되며, 트리메틸아민trimethylamine은 어육에 풍부한 트리메틸아민옥시드trimthylamineoxide의 환원효소에 의해 생성된다.

부패가 진행됨에 따라서 식품은 특유의 부패취가 발생하지만, 그 원인이 되는 화학반응은 휘발성 아민의 생성 외에 시스테인cystein, 메티오닌methionine 등의 함황아미노산의 분해에 의한 황화수소, 메르캅탄mercaptanc의 생성, 트립토판tryptophane의 분해에 의한 인돌indole, 스카톨skatole의 형성 등이다.

세균독소나 세균의 증식이 원인이 아닌 세균의 오염에 의해 생성되는 대사산물(부패산물)이 원인이 되어 발생하는 식중독으로 그 증상이 알레르기와 유사한 점에서 알레르기성 식중독이라고 한다.

19세기 말~20세기 중반까지는 부패과정에서 생성되는 아민 또는 아민 유사물질이 식중독의 원인이라는 이론이 지배적이었다. 이러한 아민류는 총칭하여

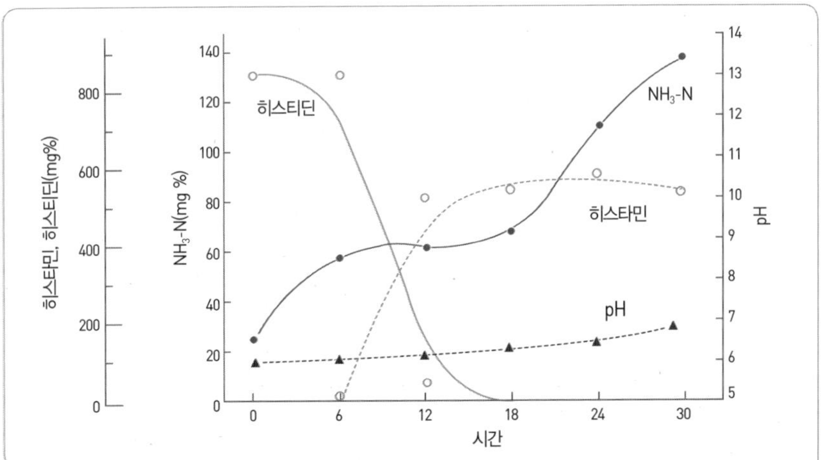

그림 2-1-4 고등어의 부패과정

시독ptomaine이라 불리었기 때문에 이것을 「프토마인ptomaine 식중독설」이라고 인식하게 되었다. 하지만 프토마인이란 물질은 발견되지 않았고 히스타민histamine에 의한 중독으로 밝혀졌다.

이상과 같은 히스타민 식중독의 원인이 된 마른 고등어, 마른 전갱이로부터 다량의 히스타민을 분리하였다. 오염균은 모르간균*Proteus morganii*로 동정되었으며 독소도 생성하지 않고 감염력도 약하다는 사실로부터 감염형, 독소형이 아닌 식중독으로 생각되었다.

히스타민 중독의 잠복기간은 4시간 이내이며, 증상은 복통, 두통, 설사, 메스꺼움, 발진 등이다.

4) 부패의 판정

(1) 관능검사

사람의 감각기관에 의한 관능시험법은 가장 간단한 방법으로 시각, 촉각, 미각, 후각 등으로 검사한다. 즉 식품이 초기 부패 시에 발생하는 암모니아, 아민, 산패된 냄새, 알코올 냄새 등의 생성 여부와 색소생성, 퇴색, 광택 여부 등 색깔의 변화와 탄력성, 유연성, 점질물 생성 여부 등 조직의 변화, 쓴맛, 신맛, 자극적인 맛 등 맛의 변화 등은 사람의 감각기관을 통해 쉽게 감지할 수 있는 요소이다. 그러나 관능검사는 개인차가 있기 때문에 객관적인 표준이 되지 못하는 단점이 있다.

(2) 생균수 검사

식품이 부패하면 세균 증식이 일어나므로 일반 세균수를 측정하여 신선도를 판정하는 것이다. 그러나 오염균이 식품 표면에 골고루 부착되어 있다고 볼 수 없으며, 설령 그렇다고 하더라도 각 세균의 부패활성이 다르므로 정확히 신선도를 판정하기는 어렵고, 식품성분과 보존 상태에 따라 결과가 달라진다. 하지만 통계적으로 부패 정도와 세균수가 대체로 일치하여 부패 판정법으로 이용되고 있다. 세균수가 식품 1g 또는 1mL당 10^5인 때를 안전단계, 10^7~10^8인 때를 초기 부패단계로 본다.

(3) 화학적 검사

어류나 육류와 같은 단백질 함유 식품은 신선도 저하와 함께 아민이나 NH_3를 생성하므로 이들 부패 생성물의 양을 측정하여 초기 부패를 알아보는 것이다.

① **휘발성 염기질소**volatile basic nitrogen(VBN)

단백질 식품은 부패에 의하여 암모니아나 아민류를 생성하는데 암모니아와 휘발성 아민류를 총칭하여 휘발성 염기질소라 하며 이것은 어육과 식육의 신선도를 나타내는 지표로 이용된다. 신선한 어육에는 10~15mg% 함유되어 있으며, 초기 부패육에는 30~40mg%, 부패육에는 50mg% 이상 함유되어 있다.

② **트리메틸아민**trimethylamine

트리메틸아민은 휘발성 염기질소를 구성하는 아민 중 가장 많은 부분을 차지하고 어패류의 신선도 저하와 함께 증가하기 때문에 어패류 신선도 검사에 사용된다. 신선한 어패류에는 3mg% 이하로 존재하지만 부패 초기에는 4~6mg% 함유되어 있다.

③ **K값**

어육의 신선도를 나타내는 지표이다. 어육의 아데노신 3인산adenosine triphosphate(ATP)은 사후강직에 관여한 후 아데노신 2인산adenosine diphosphate(ADP), 아데노신 1인산adenosine monophosphate(AMP), 이노신산inosinic acid(IMP) 등으로 분해되고 더욱더 신선도가 떨어지면 이노신inosine(HxR), 하이포크산틴hypoxanthine(Hx) 등으로 변환된다. K값 10% 이하는 아주 신선하며 20% 이하는 신선도가 양호하고, 40~60%는 신선도가 약간 떨어지고 60~80%는 초기 부패가 되었음을 의미한다.

④ **히스타민**histamine

어패류의 부패과정에서 생성된 히스티딘histidine은 탈탄작용에 의해 히스타민으로 바뀌어 생성 · 축적되는데, 어육 내에 4~10mg% 축적되면 알레르기성 식중독을 일으킨다.

⑤ pH

탄수화물을 많이 함유한 식품은 세균에 의해 유기산 발효를 일으켜 pH가 저하되지만, 부패 세균에 따라 pH가 저하되지 않고 서서히 상승하는 경우도 있다. 그러나 수육이나 어육 등 단백질이 많은 식품은 일반적으로 부패가 시작되면 pH가 약간 저하되었다가 암모니아 등의 생성으로 인해 pH가 다시 상승한다. 어육의 경우 pH 5.5 전후이면 신선하고 pH 6.2~6.5이면 초기 부패로 판정한다.

이상의 부패 판정법을 간단히 정리하면 표 2-1-7과 같다.

표 2-1-7 식품의 신선도 및 부패 판정

1. 관능검사: 시각, 촉각, 미각, 후각 등 이용(냄새, 색의 변화, 연화, 점액화, 맛)
2. 생균수 검사: 식품 1g 또는 1mL 당 세균수가 10^7~10^8일 때 초기 부패
3. 화학적 검사
   ① VBN: 신선한 식품 10~15mg%, 초기 부패 30~40mg%
   ② TMA: 신선한 식품 3mg% 이하, 초기 부패 4~6mg%
   ③ K값: 신선도 양호 20% 이하, 초기 부패 60~80%
   ④ 히스타민: 4~10mg%이면 알레르기 식중독
4. pH 검사: 초기 부패 6.2~6.5pH
5. 물리적 검사: 경도, 검성, 탄성, 색, 전기저항 등을 측정

(4) 물리적 검사

식품은 부패할 때 경도, 탄성, 점성, 색 및 전기저항 등이 변화한다. 이러한 변화를 측정하여 식품의 초기 부패를 알 수 있어, 짧은 시간 내에 결과를 얻을 수 있는 장점이 있지만, 같은 종류의 식품이라도 조건에 따라서 결과가 달라지므로 검사 시 이 점을 고려하여야 한다.

4. 식품의 부패방지를 위한 미생물 관리

1) 멸균과 소독의 개념

미생물을 사멸시키는 것을 살균작용이라 하는데, 살균작용은 균체의 기계적 파괴, 단백질의 변성 등 균체 구성성분의 비특이적인 물리 · 화학적 변화에 의한 경우가 많다.

멸균sterilization은 목표로 하는 물체 중에 함유되어 있는 모든 미생물을 제거하여 완전히 무균상태로 만드는 것을 말하고, 반면 소독disinfection은 대상물 중의 병원미생물만을 제거하여 감염될 위험성을 제거하는 것으로 통상 비병원균이나 세균 아포가 생존하고 있는 경우가 많다.

방부aseptic는 식품의 성상에 가능한 한 영향을 주지 않고 그 속에 함유되어 있는 세균의 성장 · 증식을 저지하여 부패 · 발효를 억제시키는 것이다retard growth or multiplication(bacteriostatic).

음료수를 염소 소독할 때의 농도로 소화기 감염병의 병원균을 제거할 수 있지만, 물에 오염되어 있는 비병원성의 잡균은 제거하지 못한다. 음식물의 부패방지나 보존을 목적으로 할 경우에는 병원미생물뿐만 아니라 모든 잡균을 제거하여야 한다. 100℃에서 30분간 가열한다면 이러한 목적을 이룰 수 있지만, 포자를 형성하는 세균은 열에 대한 저항이 강하므로 병조림이나 통조림 속에서도 보툴리누스균*Clostridium botulinum*과 같은 경우에는 생존하여 식중독을 일으킬 수 있다. 따라서 일반적인 완전멸균의 목적으로 간헐멸균법 또는 고압증기멸균법이 이용되고 있다.

우리나라 식품위생법의 식품 등의 기준 및 규격에서 "살균이라 함은 세균, 효모, 곰팡이 등 미생물의 영양세포를 사멸시키는 것을 말한다"라고 정의하였고, "멸균은 미생물의 영양세포 및 포자를 사멸시켜 무균상태로 만드는 것을 말한다"고 규정하였다.

감염병 관리상의 소독은 환자와 일반인 사이에 하나의 벽barrier을 만드는 것이다. 소독법은 목적에 따라서 2가지로 나누어 생각할 수 있다.

- 즉시 소독법concurrent disinfection: 필요에 따라서 수시로 소독하는 방법을 말한다.
- 종말 소독법terminal disinfection: 환자가 완치 퇴원하거나 사망 후 또는 격리 수용되어 감염원을 완전히 제거하는 방법을 말한다.

병원균을 소독할 때 고려해야 할 점은 다음과 같다.

- 감염경로route of infection
- 외부의 저항성resistance
- 소독물의 특성characteristics of medium

한편, 이상적인 소독제로서 갖추어야 할 조건은 ① 살균력이 강할 것, ② 불쾌한 냄새가 나지 않을 것, ③ 인축에 대한 독성이 적을 것, ④ 가격이 저렴할 것, ⑤ 유기물의 존재 여부와 관계없이 소독작용이 강할 것, ⑥ 침투력이 강할 것, ⑦ 사용법이 간편할 것, ⑧ 소독 대상물에 손상을 주지 않을 것 등이다. 그러나 현실적으로 이러한 모든 조건을 갖춘 소독제의 개발은 쉽지 않으므로 소독 대상물에 따라서 선택하여야 된다.

살균제의 작용기전에는 ① 단백질 응고(승홍, 포르말린), ② 산화작용(과산화수소, 과망간산칼륨), ③ 세균 단백질과 화합물 형성(염소, 옥도), ④ 강산이나 강알칼리 작용에 의한 단백질 변성(중금속의 염류) 등이 있다.

2) 멸균과 소독방법

멸균과 소독방법에는 물리적 방법과 화학적 방법이 있는데 물리적 방법은 고압, 상압 멸균법, 여과나 광선에 의한 방법이 포함되고 화학적 방법에는 각종 소독제나 산화제 등에 의한 방법이 여기에 속한다.

(1) 열에 의한 멸균과 소독

가연성의 불용물을 가열멸균하기 위해서는 소각하는 방법이 간단하지만, 멸균 후 이용하기 위해서는 특별한 처리방법이 필요하다.

습도가 적은 건열dry heat과 수증기로 포화한 습열에 따라 살균기구가 달라진다. 건열은 균체성분의 산화, 습열은 균체 단백질의 변성이 주를 이룬다.

① **건열멸균**Dry heat sterilization

건열멸균기에 재료를 넣고 가스 또는 전기로 가열해서 내부 온도를 160℃까지 상승시켜 30분 이상 유지하는 방법이다. 미국 FDA에서는 유리 기구는 160℃에서 1시간 이상, 금속 용구에 들어 있는 유리 용구는 2시간 이상 멸균하도록 지정하였다. 솜 마개 등 가연성 물질이 섞여 있는 경우에는 주위의 벽면에 접촉하지 않도록 하거나 온도가 지나치게 상승하는 것에 주의해야 할 필요가 있다. 또한 너무 많은 자재를 넣으면 중심부의 온도상승이 불충분하여 불완전멸균이 이루어질 수 있다.

그림 2-1-5 열에 의한 멸균과 소독(드라이 오븐)

② **고압멸균**Autoclaving

수증기포화의 습열을 사용하면 120℃로 15분간 가열하여 포자까지도 사멸시킬 수 있다. 상압에서는 물의 비등점이 100℃이므로 증기온도를 120℃로 상승시키기 위해서는 100% 포화에서 $1kg/cm^2$($15pound/inch^2$)의 가압이 필요하다. 이러한 목적으로 사용하는 장치를 고압멸균기autoclave라 한다.

③ **간헐멸균**Fractional sterilization

열에 비교적 불안정한 세균배양기(배지) 등을 특별한 장치를 사용하지 않고 멸균하는 방법이다. 평압증기솥(Koch 솥) 또는 끓는 물속에 배지를 넣고 100℃로 30분간 가열하여, 하룻밤 실온에 방치한 뒤 다시 100℃로 30분간 가열하는 조사를 3회 반복한다.

100℃ 가열로 증식형 세균을 사멸시키고 가열자극에 의해 발아된 포자를 다음 날 가열하여 사멸하는 것을 반복함으로써 멸균한다. 따라서 발아한 포자는 증식가능한 배지가 아니면 생존하지 못한다.

④ **저온살균** Pasteurization

증식형 세포의 대부분은 62.8℃, 30분의 습열에 의해 사멸한다. 이 방법은 예로부터 우유의 살균에 사용되어 왔다. 최근에는 우유의 살균에 71.7℃에서 15초간 high temperature short time(HTST), 또는 130~150℃에서 1~2초간 살균하는 초고온 순간살균방법 ultra high temperature(UHT)이 활용되고 있다. 물론 내열성 포자는 생존하고 있다.

(2) 가스멸균 Gas sterilization

가스멸균은 열이나 기타의 다른 방법에 비해 자재를 변질시키는 경우가 비교적 적기 때문에 최근 사용빈도가 급속하게 증가하였다. 특히 열에 약한 1회용 플라스틱제인 패트리 접시 petri dish, 피펫 pipette이나 의료기구의 멸균법의 필수불가결한 방법으로 사용되고 있다.

① **에틸렌옥시드** Ethylene oxide

$S(CH_2)_2O$의 구조를 갖는 가스로 세균의 고분자 물질(단백질, 핵산 등)의 -SH기, -OH기, $-NH_2$기 등을 알칼리화하여, $R-S-CH_2-CH_2-S-R$과 같이 2분자를 중합 변성시켜 살균한다.

살균력과 침투성이 우수하며 오늘날 가장 널리 이용되고 있는 멸균용 가스이지만 인화성이 있고 독성이 강하기 때문에 취급 시 신중한 주의가 필요하다.

에틸렌옥시드의 살균력은 습도 약 40%에서 가장 강하며, 화학반응이기 때문에 온도가 10℃ 상승함에 따라 살균력은 약 2배로 증가한다. 일반적으로는 밀폐된 내압솥에 자재를 넣고, 진공에 가까이 감압한 후 에틸렌옥시드

가스 10~20%와 탄산가스 80~90%의 혼합기체를 2~3기압 넣고 40℃에서 수시간 동안 보존하여 멸균한다. 이때 내압솥에 미리 적당량의 물을 넣어 습도를 40%로 유지시킬 필요가 있다. 가스의 배출은 흐르는 물속에서 이루어지며 물에 흡수되어 유독가스가 공중에 방출되는 것을 방지한다.

에틸렌옥시드 가스는 폴리에틸렌의 박막을 통과하므로 이것으로 포장한 의료기구 등의 멸균도 가능하지만, 가스의 출입을 원활하게 하기 위해서는 의료기구의 일부에 여과지 등을 끼워 봉하는 것이 좋다.

② 기타

포름알데히드formaldehyde(HCHO)나 프로필렌옥시드propylene oxide(CH_2CHCH_3O) 가스에도 살균력이 있지만 그 효력이 약하기 때문에 가스멸균에는 자주 이용되지는 않는다. 포름알데히드는 실내의 소독에 사용되기도 한다. 또한 최근 ClO_2와 같은 염소제제를 이용하는 방법에 대한 연구가 많이 이루어지고 있다.

(3) 방사선멸균Radiation sterilization

살균력이 있는 방사선으로는 전자방사선인 X선, γ-선, 입자방사선인 α-선, β-선, 중성자, 양자, 고속전자선이 있지만 장치의 경제성 등의 이유로 실용화되어 있는 것은 ^{60}Co의 γ-선에 의한 방사선멸균이다. 또한 살균과정 중에 열이 발생하지 않아 냉살균cold sterilization이라고도 한다.

방사선이 균세포에 흡수되면 그 에너지에 의해 균체를 구성하는 분자가 이온화된다. 이는 DNA나 효소의 변성분해를 일으키는 직접공격설directhit theory과 세포 주위의 물질이 이온화되어 간접적 살균효과를 내는 간접공격설indirecthit theory이 복합되어 있는 작용이다.

방사선멸균은 전항의 에틸렌옥시드 가스멸균에 비해 불완전멸균이 될 위험이 적고, 가스가 통과하기 어려운 재질로 이루어진 복잡한 형태의 의료기구의 멸균이 가능하며 가스멸균과 같이 유독가스가 재료에 잔류할 위험이 적은 점 등 많은 이점을 가지고 있다. 그러나 장치의 보안이 어렵고, 방사선량에 따라 재질이 변질될 수 있는 결함이 있다.

또한 1회용 주사기, 봉합사, 수술용 고무장갑, 채혈 세트 등의 멸균에 사용되고 있다. 최근에는 식품의 멸균에 활용할 수 있도록 일부 식품 품목에 한하여 허가되고 있다.

[출처] 방사선 멸균 안전성에는 아무런 문제가 없는 것일까?

그림 2-1-6 방사선 조사 살균을 거친 우주식품들

(4) 자외선멸균Ultraviolet light sterilization

자외선 중에서도 260~280nm 파장에 해당하는 자외선의 살균력이 가장 강하다. 이 파장의 자외선이 핵산 및 단백질의 자외선 최대 흡수파장에 해당하기 때문이다. 자외선에 의한 살균의 주된 기구는 DNA 사슬 중에 이웃하는 피리미딘pyrimidine 염기의 5, 6의 이중결합이 환상의 부탄결합으로 변해 이중합체dimer를 형성하고, 이 부분은 복제와 전사 또한 불가능해져 균이 사멸하게 된다.

자외선은 투과력이 약하기 때문에 감추어진 부분은 물론이고 물속에 있는 균도 선원에서 몇 센티미터 떨어지면 살균하기 어려워진다. 조사 후 완전 사멸되지 않은 균을 가시광선에 비추면 회복력이 급속하게 증가하는데, 이것을 광부활작용photoreactivation이라고 한다.

공중 또는 수면 2~3mm 깊이의 얕고 투명한 물속에 있는 균은 약 2,000erg/sec의 자외선을 조사(30W의 저압수은 등을 30cm의 거리에서 조사)하면 30~120초 정도로 사멸된다. 결핵균이나 바이러스에 대해서도 강한 살균작용을 나타내지만 포자는 단시간 조사로는 생존할 수 있다.

병동이나 수술실의 소독에 사용되지만 자외선이 직접 눈을 조사하지 않도록 주의하여야 한다. 그 밖에 실험실에서는 무균실, 종이의 표면 등의 멸균에 사용되는 경우도 있지만 광부활작용에 유의하여 자외선 조사 후 일정 시간 암소에 보관하여야 한다.

(5) 여과멸균Filter sterilization

가열할 수 없는 액체로부터 균세포를 제거하는 방법으로 직경 0.5㎛ 이하의 여과기를 통과시켜 제균한다.

여과기에는 도자기제의 샹베르랑Chamberland, 석면여과판인 자이츠 필터Seitz filter, 초자미립자를 용융시킨 신터드 유리sintered glass 및 셀룰로오스 아세테이드cellulose acetate의 박막인 밀리포어Millipore: 미국, 멤브레인Membrane: 독일 필터가 많이 이용된다. 자이츠 필터는 쉽게 막히지는 않지만 용질의 흡착이 많으며, 밀리포어 필터는 용질의 흡착은 거의 없지만 구멍이 막히기 쉬운 점 등 각각의 특징이 있으므로 목적에 맞게 선택할 수 있다. 밀리포어 필터는 공극도분포pore size가 0.025~14㎛까지 각 단계별로 갖추어져 있으며 바이러스까지 제균할 수 있기 때문에 널리 이용되고 있다.

비타민 C 주사액 등 가열할 수 없는 액체의 멸균에 사용할 수 있고 생맥주의 효모의 제거 등에도 응용되고 있다.

실험실에서는 혈청단백 용액의 제균이나 세균과 바이러스를 구분할 때에 사용되는 외에 밀도가 작은 수중 세균의 검출에도 이용된다. 예를 들면, 다량의 물을 밀리포어 필터로 집균한 뒤, 필터를 적당한 한천배지에 배양하면, 1L 내의 극히 적은 수의 균세포도 검출이 가능하다.

(6) 소독제Disinfectant

미생물을 사멸시키거나 증식을 억제하는 물질을 항미생물 물질antimicrobial agent이라고 한다. 항곰팡이antifungal, 항균antibacterial 및 항바이러스antiviral 물질로 나뉜다. 균세포를 죽이는 작용을 살균작용bactericidal effect이라 하고, 증식을 억제하는 것을 정균작용bacteriostatic effect이라 한다. 미생물의 종류에 따른 영향을 항균영역antimicrobial spectrum이라 하는데, 항균영역이 넓은 것이 좋은 소독제이다.

일반적으로 항균물질은 저농도에서 균의 발육을 일정 수준 촉진하기도 하며, 농도가 높아짐에 따라서 정균작용, 살균작용을 나타내는 경우가 많다. 그러나 이러한 작용도 물질에 따라 정도의 차이가 있으며 고농도에서도 정균작용밖에 나타내지 못하는 경우도 있다.

항균물질은 그 성질에 따라 소독제disinfectant, 보존료preservative 및 화학요법제chemotherapeutic agent로 나뉘어 사용된다.

소독제는 ① 저농도, 단기간으로 진균에서 바이러스에 이르기까지 살균작용을 나타낼 것, ② 약간의 독성이 있지만 경피독성, 최기형성, 발암성을 나타내지 않을 것, ③ 안정적이며 유기물의 혼입에 의해서도 살균력이 크게 저하되지 않을 것, ④ 경제적인 것이 좋다. 하지만 이상적인 소독제의 개발은 쉽지 않으므로 실제의 사용에 있어서는 각각의 소독제의 특징을 잘 파악하여 목적에 가장 부합하는 제품을 선택하는 것이 좋다.

3) 화학요법

병원미생물에 대해서는 강한 살균, 정균작용을 나타내지만, 인체에는 부작용이 적은 화학물질을 경구 및 주사 등으로 투여하여 감염증을 치료하는 것을 화학요법chemotheraphy이라고 한다. 화학요법제에는 설파제와 항생제가 있다.

설파제sulfonamide는 파라아미노벤조산Paminobenzoaldehyde(PABA) 구조와 유사하여 PABA가 결합하는 위치에 설파제가 결합되어 단백질의 합성을 방해함으로써 세균의 증식을 억제한다. 항생제는 세균을 즉각 제거하지 않고, 세균 세포벽의 합성 또는 RNA, DNA, 효소합성을 방해하여 세균 증식을 억제한다.

4) 식품저장, 유통을 위한 미생물의 관리

현대 식품의 유통기구는 복잡하여 소비자가 섭취하기까지 일정 시간이 소요되고 경제적인 이유 등으로 인해 장기간의 저장이 필요하게 되었다. 또한 해외로부터 식품의 원료나 제품의 수입 또한 증가되고 있기 때문에, 식품의 부패나 변질에 관여하는 세균은 물론 각종 병원세균의 검색이 매우 중요하다.

식품의 부패 원인에는 생물적, 순수화학적, 물리적 요인이 있으나 가장 중요한 것은 미생물학적인 요인이다. 식품에 미생물이 오염 증식하게 되면 변색, 변질, 가스 발생, 점질물 생성, 조직연화, 부패 등이 일어나므로 식품에 대한 미생물의 관리가 중요하다.

(1) 식품의 보존원리

식품의 보존원리는 다음과 같이 세 가지로 요약할 수 있다.

첫째, 미생물에 의한 분해를 방지 또는 지연시킨다. 미생물의 오염을 방지하고, 오염된 미생물은 여과나 원심분리, 변질부위 절단, 세척 등으로 미생물을 식품으로부터 분리시키는 방법을 사용한다. 이 밖에 온도와 pH 조절, 수분활성 저하, 진공포장, 화학적 합성품이나 천연식품 보존료를 첨가하는 방법으로 미생물의 발육조건을 악화시켜 증식을 막기도 한다. 그러나 보다 확실한 방법은 열을 가하거나 자외선, 방사선 조사로 균을 직접 사멸하는 방법을 이용하는 것이다.

둘째, 식품의 자체 분해를 방지 또는 지연시킨다. 항산화제 등을 첨가하여 지방산패와 같은 순수한 화학반응을 억제하거나 열처리blanching 등을 실시하여 식품에 포함되어 있는 조직효소를 불활성화한다.

셋째, 물리적인 손상을 막는다. 곤충이나 동물의 공격에 의한 손상이나, 파열, 압착, 동결 등 기계적인 손상을 막아 주어 식품의 보존기간을 연장시킬 수 있다.

(2) 미생물 관리방법

① 가열처리

식품 중의 부패균이나 병원균은 60℃에서 30분 가열하면 대부분 사멸하게 된다. 우유나 유제품의 살균으로 저온살균 방법을 활용해 왔으나, 근래에는 연속살균이 가능하고 영양분의 파괴는 적으며 세균의 사멸률이 높은 고온단시간살균HTST이나 초고온순간살균UHT 방법을 사용하고 있다. 살균조건은 HTST의 경우 71.7℃에서 15초간 시행하고, UHT의 경우

130~150℃에서 2~5초간 시행한다.

화학반응 속도는 10℃ 상승 시 2~3배 증가하지만 미생물의 사멸속도는 5~20배로 증가하기 때문에, 열에 의해 식품성분이 변화하기 쉬운 우유나 과즙 등의 살균에는 이 방법을 이용한다.

그러나 이 경우에는 세균의 포자가 사멸하지 않으므로 식품의 유통기간을 연장하기 위해 저온저장, 식품보존제 첨가, 진공포장 등의 방법을 병용한다.

산성영역에서는 세균의 사멸이 쉽게 이루어지므로 과일 통조림과 같은 산성 식품(pH 4.6 이하)의 경우에는 100℃ 부근에서 가열살균을 행하지만, 생선이나 육류와 같은 저산성 식품(pH 4.6 이상)의 경우에는 가압증기 멸균법을 사용하여 세균의 포자까지 사멸시킬 수 있는 멸균조건을 택한다.

식품의 살균온도 및 시간은 식품의 성질, 존재하는 미생물의 종류와 양, 산도, 함유된 당이나 소금의 농도에 따라 달라진다.

② 저온처리

냉장이나 동결은 본래 미생물의 사멸을 목적으로 하는 것이 아니고 식품에 존재하는 미생물의 증식을 저지 또는 지연시키는 것이다. 그러나 급속동결을 시행하거나 급속동결 후 -18℃ 이하 환경에서 식품을 장기간 저장하면 일부 세균이 사멸하게 된다.

일반적으로 0~10℃로 식품을 저장하는 것을 냉장이라 하고 0℃ 이하로 동결시켜 저장하는 것을 냉동저장이라 한다. 냉장은 채소, 과일, 곡류, 우유, 계란이나 가공식품의 저장에 사용되지만, 이러한 온도에서도 산화작용이나 식품자체의 효소작용은 계속되기 때문에 보존기간에는 한계가 있다. 그러므로 식품의 저장온도는 저온상태일수록 좋으며, 식품조직의 손상이나 단백질의 변성을 저하하기 위하여 약 -40℃에서 급속동결한 뒤 -18℃ 이하에서 저장하면, 미생물의 발육은 물론 효소의 작용이 나타나지 않아 장기간 보존할 수 있다. 이때 주의해야 할 점은 보존 온도를 일정하게 유지하여야 한다는 것이다.

③ 건조

식품에 함유되어 있는 수분을 제거하는 처리과정을 탈수dehydration 또는 건조drying라고 하는데, 이에는 수분을 증발시키는 방법, 압출하는 방법, 흡수제 또는 용제로 추출하는 방법 등 여러 가지 방법이 사용될 수 있다. 건조와 탈수는 엄밀한 의미에서 구별하기는 어렵지만 일반적으로 가공에는 건조, 보장에는 탈수라는 용어를 사용하는 경우가 많다. 건조에 의해서 식품이 저장성을 얻는 과정은 수분함량을 낮춤으로써 변패에 관여하는 미생물의 발육을 억제하는 것이다. 건조방법에는 천일건조, 동결건조, 열풍건조, 냉풍건조, 진공건조, 고주파건조, 분무건조, 동결진공건조, 적외선건조, 배건roast drying 등이 있다.

④ **Gas 저장**Controlled atmosphere storage(CA 저장)

Gas 저장은 식품이 저장되는 도중에 호흡작용을 지속하기 때문에 품질이 저하되는 현상을 막기 위해서 공기 속의 산소농도를 조절할 필요가 있다. 즉 공기 속의 CO_2나 N_2 가스농도를 높인 환경에서 저장하는 방법으로서 과실류, 채소류, 계란류 등의 저장에 이용된다.

Gas 저장은 식물성 식품에 대하여는 호흡작용을 억제하고, 동물성 식품에 대하여는 부착되어 있는 호기성 부패 세균의 증식을 저지하는 효과가 있다. Gas의 농도는 식품의 종류에 따라 조절하며 냉장법과 같이 사용하는 경우가 많다.

⑤ **염장처리**Salting

식염은 예로부터 식품 보존제로 많이 이용되어 왔다. 식염의 농도가 높아짐에 따라 삼투압이 높아지고 산소의 용해도는 감소되므로 호기성 세균의 발육이 억제된다. 10% 이상의 식염농도에서는 대부분의 미생물 발육이 억제된다. 식염을 첨가하였을 때 미생물 증식억제 효과는 다음과 같다.

- 탈수작용에 의한 식품 내 수분감소
- 산소의 용해도 감소
- 삼투압 증가
- pH의 변화에 의한 단백질 변성
- 식염의 용해에 의해 생성된 염소이온의 독작용
- 단백질 분해효소 작용의 억제 등을 들 수 있다.

⑥ **당장법**Sugaring

설탕의 농도가 높은 상태에서 삼투압에 의하여 일반 세균의 번식이 억제되는 이점을 이용한 방법이며, 50% 이상의 농도에서는 일반 세균의 증식이 이루어지기 어렵지만, 특수 곰팡이의 증식은 일어날 수 있다.

유제품 중 가당연유가 무당연유에 비해 보존성이 높은 것은 이와 같은 작용에 기인하였기 때문이다. 벌꿀이나 잼류에 미생물의 증식이 일어나기 어려운 것도 이와 같은 원리이다.

⑦ **기타**

이상 열거한 방법 외에도 식품보존료를 첨가하는 방법, 유기산을 이용한 산장법, 수분조절법, 훈연법 등이 있으며 식품에 따라 단독 또는 2가지 이상 병용하는 경우가 많다.

5. 감염과 면역

1) 미생물에 의한 감염

사람과 동물에 병을 일으키는 병원성을 가진 세균을 병원균pathogen이라 하고, 이러한 병원균이 숙주가 되는 생체 내에서 증식하는 것을 감염infection이라고 하는 반면, 단순히 미생물이 생물이나 무생물에 부착되어 있는 상태를 오염contamination이라고 한다.

병원균의 감염으로 인하여 숙주에 병적인 증상이 나타나며, 이러한 질환을 감염증infection disease이라고 한다. 미생물이 침입, 증식하여도 생체에 반드시 병적인 상태를 나타내는 것은 아니다. 감염되더라도 증세가 나타나지 않은 상태를 불현성감염latent infection이라고 하고, 불현성감염을 일으키고 병원균을 배출하는 사람은 건강보균자healthy carrier라고 한다. 감염 발증한 뒤 병적인 상태는 끝났음에도 불구하고 감염상태가 계속되면서 균을 배출하는 사람을 병후보균자postconvalescent carrier라 한다.

감염원infection source에는 환자와 보균자의 분비물이나 배설물, 병원미생물에 오염된 물이나 식품 또는 원인 세균의 포자spore를 함유한 토양 등이 있다. 감염경로는 접촉에 의한 감염, 전파체에 의한 감염, 공기전파에 의한 감염이 있다. 그리고 세균이 병을 일으키는 성질을 병원성pathogenicity이라 하고 그 정도를 독력virulence이라 한다. 세균의 독력이 생체의 방어능력보다 강하면 감염증세가 나타나고 그 반대일 경우 감염은 성립되지 않으며, 불현성감염은 그 중간의 경우이다.

병원세균이 감염되어 증세가 나타나는 대부분의 원인은 균에 의해 생산된 독소이다. 균이 생산하는 독성물질에는 균체와 강하게 결합되어 있는 내독소endotoxin와 균체 외에 분비하는 외독소exotoxin가 있다.

내독소는 주로 그람 음성균에서 생산되며, 균의 세포벽을 구성하는 하나의 인자인 지질다당류lipopolysaccharide(LPS)이다. 이 독소가 나타내는 독성은 생체에 대하여 발열성pyrogenicity, 내독소 쇼크endotoxin shock, 유산abortion 등이다. 외독소는 주로 그람 양성균에서 생산되지만, 음성균에서 생산되는 경우도 있으며 생산세포의 대부분은 분자량이 수만이나 되는 단백질이다. 외독소는 그 작용에 따라 신경독neurotoxin, 세포독cytotoxin, 장관독enterotoxin으로 구분한다.

2) 면역

(1) 면역의 뜻

면역immunity이란 본래 역병(감염증)을 면하는 것을 뜻하며, 똑같은 감염증에 재차 걸리지 않는다는 경험적인 사실을 나타내는 개념이었다. 그러나 그후 "면역"이라는 용어는 보다 광범위하게 사용되어 기생체에 대한 숙주의 일반적인 저항성을 나타내는 것뿐만 아니라 생명체의 내부에서 발생하는 종양(암세포)을 배제하는 일련의 작용까지도 내포하고 있다.

면역작용이 과학적인 연구대상이 된 후 과민증이나 알레르기의 존재가 알려졌으며 자기면역, 이식면역 등의 개념이 출현하여 이러한 개념들이 모두 광의의 면역 범주에 포함되었다.

면역의 형성은 병원미생물과 같은 이물이 생체에 들어와 체내 세포를 자극하는 현상이며, 이와 같이 면역성립의 자극이 될 수 있는 물질을 항원antigen이라고 한다. 또 항원에 대하여 생체가 면역을 획득함으로써, 체액 특히 혈청 중에 항원에 대응하는 물질이 만들어지는데 이것을 항체antibody라 한다.

(2) 면역의 종류

면역에는 질병의 여부와 관계없이 선천적으로 보유하는 있는 선천면역innate immunity 또는 natural immunity과 한 번 걸렸던 질병에 다시 걸리지 않는 획득면역acquired immunity(후천면역이라고도 함)이 있다.

선천면역은 소위 자연 저항성과 같이 유전적 소인, 액성 방어인자, 식세포가 관여되는 면역이다. 획득면역에는 감염이나 예방접종에 의해 생체가 면역능을 갖게 되는 능동면역active immunity과 γ-globulin과 혈청요법과 같이 다른 개체에 생긴 면역상태를 이용하는 수동면역passive immuinty이 있다(표 2-1-8).

표 2-1-8 면역의 종류

구분			
자연저항성 (natural resistance or natural immunity)	유전적 소인, 표피의 생리상태, 액상방어인자 식세포가 주로 관여하는 자연면역		
획득면역 (acquired immunity)	자연획득면역 (naturally acquired immunity)	능동면역	감염 후 얻게 되는 면역
		수동면역	모체로부터 항체이행, 모유에 포함된 항체의 신생아에의 흡수 등
	인공획득면역 (artificially acquired immuinty)	능동면역	예방접종
		수동면역	γ-globulin 투여나 혈청요법 등

(3) 예방접종과 백신

인위적으로 미생물 또는 미생물 유래의 항원을 생체 내에 접종하여 그 개체에 대하여 면역작용을 일으키는 것을 예방접종vaccination이라 하고, 여기에 사용된 미생물이나 항원을 백신vaccine이라고 한다. Vaccine의 어원은 Jenner가 천연두의 예방접종에 사용하였던 우두 vaccina에서 유래한다. 백신에는 독소toxoid, 사균 백신, 생균 백신, 다가 또는 혼합 백신이 있다.

① **톡소이드**Toxoid

외독소가 면역원성을 잃지 않은 상태에서 무독화한 액을 톡소이드toxoid

라 한다. 보통 독소에 포르말린formalin을 첨가하는 것에 의하여 톡소이드 된다. 디프테리아, 파상풍 등의 톡소이드에 면역되어 항독소가 충분히 생산되는 사람은 같은 질병에 잘 걸리지 않는다. 톡소이드에 명반 등을 첨가한 침강 톡소이드도 예방접종에 사용된다. 명반과 같이 항원에 첨가해서 면역원성을 높이는 작용이 있는 물질을 면역증강제adjuvant라고 한다.

② 사균 백신

사균 백신은 병원체를 56~60℃ 정도로 가열하거나 약품을 사용하여 약품 내의 병원체를 사멸시켜 만든 백신이다. 이러한 사균 백신을 접종하면 미생물에 대한 항체가 생산되어 면역성을 갖는다. 백일해, 콜레라, 장티푸스, 인플루엔자influenza, 일본뇌염, 광견병, 소아마비salk 백신이 여기에 속한다.

③ 생균 백신

고온배양, 약품처리 등의 처리에 의해 병원력은 잃었지만 면역원성만을 보존하고 있는 약독변이주를 백신으로 이용한다. BCG, 소아마비 백신polio vaccine: sabin, 황열 백신, 풍진 백신 등이 있다.

제2장 위해 미생물성(세균, 바이러스) 식중독

식중독food poisoning은 발생요인이 다양하기 때문에 정확히 정의하기는 어렵지만, 광범위한 의미로 식품기인성 질환foodborne disease에 포함되며 식품을 섭취함으로써 일어나는 질병을 지칭한다. 좀 더 구체적으로 정의하면 '어떤 음식을 먹은 사람이 열을 동반하거나 구토, 부기, 식욕부진, 설사, 복통 등을 동반하는 경우를 총칭하며, 식품에 오염된 세균, 유독물질(유기, 무기), 동식물의 독에 의한 이상과 함께 신경증상이 포함되어 있는 넓은 의미의 비정상적인 상태'를 말한다. 여기에서 기생충과 영양결핍에 의한 이상과 병원성 균에 의한 경구감염병 등은 식중독으로 분류하지 않는다.

식중독과 감염성 질병과의 차이는 원인균이 각각 다르고 식중독의 경우 상당량의 균을 섭취해야 발병하며, 발병원인으로는 균 자체나 균의 대사산물이 된다. 반면 감염성 질병은 소량의 균섭취에 의해 발병하며 미생물만이 발병의 원인이 된다.

1. 세균성 식중독

세균이 증식한 식품을 섭취함으로써 급성위장염 등을 주요 증상으로 하는 건강장애를 일으키는 것을 세균성 식중독bacterial foodborne diseases이라고 한다. 식중독의 15~20%는 병인 물질이 불분명하지만 역학적인 면을 고려할 때 대부분은 세균에 기인하는 것으로 여겨지므로, 식중독 발생에 있어서 세균이 차지하는 비중은 상당히 크다. 식중독의 경우에는 감염병과 달리 사람을 통해 전이되는 2차 감염이 일어나지 않으나, 최근 문제가 되고 있는 식중독 균인 *E. coli*

O157:H7은 예외적으로 사람을 통한 전이인 2차 감염이 일어나기도 하므로 식중독 균인 동시에 감염병으로도 분류되고 있다.

1) 세균성 식중독의 분류

세균성 식중독은 그 발병형태에 따라 감염형, 독소형, 기타(감염독소형)로 분류하는 것이 일반적이다. 감염형 식중독은 세균에 오염된 식품을 섭취할 때 세균이 장관 내에서 증식하여 일으키는 것으로 *Salmonella*, *V. parahaemolyticus*, *E. coli* O157:H7 등이 속한다. 감염형은 일반적으로 잠복기가 12~48시간이며, 일반증상으로 설사와 열을 동반하지만 항상 복통과 구토를 일으키지는 않는다. 독소형 식중독은 식품 내에 세균이 증식하면서 생산하는 독소를 섭취함으로써 발생하는 식중독이다. 이 경우에는 원인균이 식품 내에서 사멸되더라도 독소가 잔존할 때에는 식중독이 발생할 수 있으며, *S. aureus*, *Cl. botulinum* 등이 이에 해당된다. 독소형은 잠복기가 2~8시간이고 일반증상으로 설사, 복통과 구토를 동반하지만 항상 발열증상을 일으키지는 않는다. 이와 같이 세균에 의한 식중독이 일어나기 위해서는 발병량의 미생물이나 독소가 식품에 존재할 때에만 가능하다. 감염형 세균은 감염병에 비해 병을 일으키는 정도가 약하므로 대량의 세균을 섭취하여야 식중독이 발병된다. 식중독 발생에 필요한 세균 수는 균

표 2-2-1 발병을 유발하는 식품 중 식중독 균량

유 형	원 인 균	발병균량
감염형	*Salmonella* *Vibrio parahaemolyticus* *Campylobacter jejuni*	10^5~10^7cell/g : 사람 발병 수십 cell/g : 신생아 감염 10^4~10^7 cell/g : 사람 발병 10^2 cell/g : 사람(지원자) 10^6 cell/g : 사람(실험실 감염)
	Listeria monocytogenes	수 개 cell
	E. coli O157:H7	10~100 cell
독소형	*Staphylococcus aureus*	10^6~10^7 cell/g : 식품 중
기 타	*Clostridium perfringens* *Bacillus cereus*	10^8~10^9 cell/g : 사람 발병 설사형 : 10^7~10^8 cell/g : 사람 발병 구토형 : 10^6~10^7 cell/g : 식품 중

의 종류에 따라 다르나 보통 10^6~10^8 이상 필요하다고 알려져 있다. 그러나 *E. coli* O157:H7이나 *L. monocytogenes*의 경우에는 10~1,000개의 균수만으로도 발병 가능하므로 주의하여야 한다. 발병을 유발하는 식중독 균량은 표 2-2-1과 같다.

다음은 우리나라 식품위생의 규범이 되고 있는 식품공전에서 규정하고 있는 10종의 식중독 균과 그 외의 중요한 식중독 발생균에 대한 설명이다.

2) 감염형 식중독

(1) 살모넬라*Salmonella* 식중독

Salmonella 식중독은 감염형 중 가장 일반적이고 대표적인 식중독이다. 1885년 Salmon과 Smith에 의하여 돼지 콜레라의 원인균으로서 처음 분리되었고, 1888년 독일에서 폐사한 송아지 고기에 의해 식중독이 발생하였을 때 Gartner가 사망자의 시체에서 원인균을 분리하여 *Bacillus enteritidis*라고 명명하였다. 이후 유사한 세균이 계속적으로 발견되었으며, 1890년에 발견자의 이름을 따서 *Salmonella*라고 부르게 되었다.

*Salmonella*는 현재까지 2,500여 개의 혈청형이 알려져 있으며 이 중에서 실제 환자나 식품에서 분리되는 혈청형은 한정적이다. 국내에서는 *S. derby, S. schwarzengrund, S. typhimurium, S. choleraesuis, S. infantis, S. montevideo, S. thompson, S. tennessee, S. hadar, S. munchen, S. newport, S. berta, S. enteritidis, S. london, S. sneftenberg* 등이 있으며, 식중독과 관련된 가장 중요한 혈청형은 *S.* enteritidis와 *S. typhimurium*이다.

① 원인 세균

*Salmonella*는 매우 중요한 식중독 원인균으로서, 미국의 경우 캄필로박터Campylobacter에 이어 두 번째로 발병건수가 많은 식중독 균이며, 우리나라와 일본에서도 중요한 식중독 원인균으로 알려져 있다.

Salmonella 그림 2-2-1은 장내세균과의 *Salmonella*속 세균이며 그람 음성, 비아포성, 통성혐기성 간균(0.5~1.0×1~5㎛)으로, 주모가 있어 대부분 운동성이 활발하다. *Salmonella*는 L-arabinose, maltose, D-mannitol, Dmannose, L-rhamnose, D-sorbitol, trehalose, D-xylose 등을 발효하여 산과 가스를 생성하나 대장균군과 달리 락토오스lactose를 분해하지 못하는 특성이 있다. *Salmonella*의 발육 최적 pH는 7.0~8.0이고, 발육 적온은 37℃이지만, 열에 대한 저항력이 약하여 60℃에서 약 20분 가열하면 사멸되고 10℃ 이하에서는 거의 발육하지 못한다. 사람, 온혈동물, 냉혈동물, 식품 및 환경에서도 발생하여 사람 및 동물에 질병을 일으키는데, 동물의 경우 특히 닭과 돼지에 많이 분포한다. *Salmonella*가 존재하는 환경인자로는 물, 토양, 곤충, 동물의 분변, 날고기, 가금류, 해산물 등이 있으며, 분변이나 하수 속의 *Salmonella*는 물에서도 수주 간 생존할 수 있고 토양에서도 환경이 적절한 경우에는 수개월 간 생존할 수 있다.

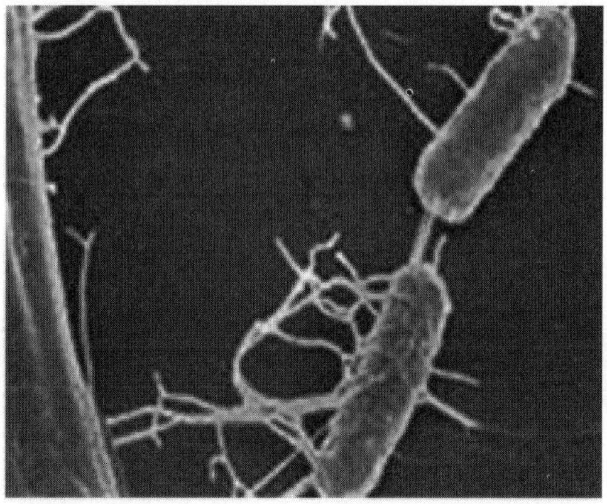

그림 2-2-1 *Salmonella*

② 오염경로

Salmonella 식중독은 *Salmonella*균에 오염된 식품을 섭취함으로써 감염된다. 소, 돼지, 말, 개, 고양이, 닭, 오리, 거위 등의 가축이 *Salmonella*균을 보균하고 있어 그 배설물이나 오염된 식육 · 육즙 등이 중요한 감염원이 된다. 또한 환자의 분변을 통해 균을 배설하며 감염원이 되기도 한다. 특히 계란은 알이 수란관을 거쳐 항문으로 나오는 과정에서 장관 내의 *Salmo-*

*nella*균이 부착되어 기공을 통해 감염되는 경우가 많다.

쥐에 의한 오염도 중요하게 여겨지고 있다. *S. enteritidis*나 *S. typhimurium*에 자연 감염된 쥐의 분변에 의해 식품이 오염되고(일반적인 쥐의 보균 2%, 음식점의 쥐의 보균 10%), 그 밖에 위생곤충류(파리, 바퀴 등)의 의해 오염되기도 한다.

③ 원인 식품

Salmonella 식중독의 원인 식품은 날고기, 가금류, 계란, 우유, 생선, 새우, 효모, 코코넛, 샐러드 드레싱, 케이크, 땅콩버터, 코코아, 초콜릿 등이며, 계란과 가금육이 사람의 살모넬라증과 관련된 중요한 매개 수단으로 인식되고 있다.

④ 잠복기 및 임상증상

다량의 균(보통 10^6마리/g 이상)을 섭취하여 발병하는 식중독으로 잠복기는 평균 24시간(8~48시간)이다.

주 증상으로 급성위장염이 나타나며 환자의 건강상태, 연령, 균량 등에 따라 다르다. 일반적으로는 두통, 식욕감퇴, 복통, 설사, 전신권태, 구역질과 구토 등의 증상이 보이며, 특히 38~40℃의 발열과 동시에 오한과 전율이 나타나고 4~5일이 경과하면 평열로 회복된다. 그 외에 요통, 관절통, 근육통, 현기증도 발생할 수 있으며, 심할 때에는 뇌증상과 더불어 불안, 경련, 의식혼탁, 혼수상태, 때로는 흥분상태를 일으키고 치사율은 약 0.1~0.3%이다. 모든 연령층이 식중독에 쉽게 감염될 수 있지만 노약자, 유아 특히 AIDS 환자들에게서 일반인의 20배나 많은 발병률이 나타난다.

⑤ 발생시기 및 예방

대체로 5~10월에 많이 발생하고 겨울철에는 발생빈도가 적게 나타나지만 최근에는 연간 발생하는 것이 특징이다. 식중독 균이 증식하기 위해서는 적절한 온도, pH 및 수분 활성도를 필요로 하므로, 이러한 요구조건의 일부를 조절함으로써 식중독 균을 관리하고 예방해야 한다.

예방법을 요약하면 다음과 같다.

- 감염원인 쥐, 곤충류(파리, 바퀴) 등 위생동물에 의해 일어나므로 조리장이나 저장고 등

에 방서 · 방충시설을 철저히 하고 항상 청결하게 유지해야 한다.

- 오염되기 쉬운 계란 및 가금육과 가공품에 주의해야 한다.
- 60℃에서 20분 이상 가열하면 사멸되기 때문에 식품을 섭취하기 전에는 반드시 가열하여야 한다. 불완전하게 가열하였던 식품을 다시 가열하는 경우에는 오염되어 있는 *Salmonella*의 내열성이 증가한 상태이므로 완전하게 재가열하여야 한다.
- 저온저장을 하되 장기간의 저장을 피해야 한다.

(2) 비브리오*Vibrio* 식중독

① *Vibrio parahaemolyticus*(장염비브리오균)

장염비브리오균은 해수와 각종 해산물에서 서식하는 저염도 호염성 균으로 한국, 일본을 비롯한 동남 아시아 각국에서 여름철에 빈번하게 발생하는 세균성 식중독 원인균으로 잘 알려져 있다. 이 균은 1950년 일본 오사카 지방에서 발생한 식중독에서 처음 분리 · 보고하였다. 원인 식품인 전갱이와 사망자의 장 내용물에서 균을 분리하여 *Pasteurella parahaemolytica*라고 명명되었다. 1955년 일본 요코하마 병원에서 발생한 식중독이다. 소금에 절인 오이에 의한 식중독 원인균을 분리하여 병원성 균을 확인하고 호염성 병원균 *Pseudomonas enteritidis*라고 이름 붙여졌다. 이후 분류학적 검토에 의해 *Vibrio*에 속하는 균종으로 밝혀져 *Vibrio parahaemolyticus*라는 학명을 사용하게 되었다.

㉮ 원인 세균

원인 세균은 호염성 균인 *Vibrio parahaemolyticus*(그림 2-2-2)이다. 해수세균의 일종으로 2~4%의 식염농도에서 쉽게 생육하며 해수온도가 15℃ 이상이 되면 급격히 증식한다. 10% 이상의 식염농도에서는 성장이 중단되고 보통 배지에서는 거의 발육이 이루어지지 않는다. 그람 음성 무아포의 간균으로 크기는 0.5~0.8×2.0~5.0㎛이며 편모가 있다. 발육 최적온도는 37℃로 비병원성 *Vibrio*의 최적온도인 25~30℃와는 대조적이다. pH 5.5~10.0에서 발육이 가능하며, 최적 pH는 7.5~8.0이기 때문에 산성조건에서는 증식이 쉽게 이루어지지 않으며 pH 4.0 이하에서는 사멸된다. 최적 조건하에서 *Vibrio* 균의 세대시간은 10~12분으로, 일반세균에 비해 증식속도가 매우 빠르기 때문에 2~3시간 이내에 발병 균량에 도달할 수 있다. 그러나 다른 세균에 비해 열에 대한 저항성이 매우 약하기 때문에 60℃에서 5분 가열하면 사멸하게 된다. 냉동, 냉장에 약하며 담수 속에서 생존력이 급격하게 떨어진다. 이 균은 혈청학적으로 12개의 O항원형somatic(균체)과 60여 개의 K항원형capsule(협막) 으로 분류되어 있고, K항원형은 매년 새로운 형이 추가되고 있으며 E항원flagella(편모)은 공통영역에 속한다. 이러한 혈청형은 식중독 발생 시 환자나 원인 식품 유래균주의 혈청학적 검사에 이용된다.

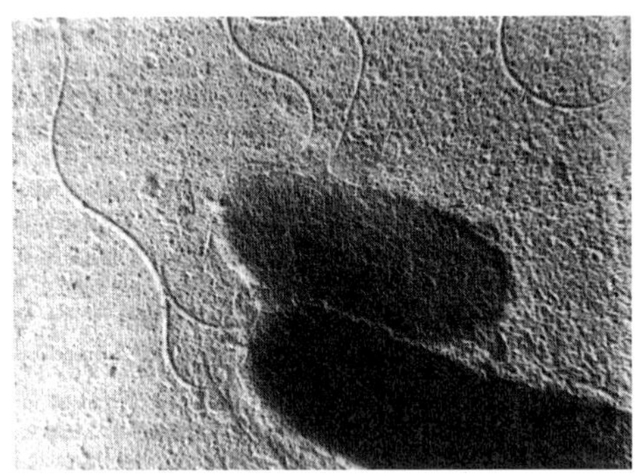

그림 2-2-2 *V. parahaemolyticus*의 전자현미경 사진

㈏ 발생현황 및 오염경로

*V. parahaemolyticus*는 해수역에 서식하는 호염성 세균이다. 수온이 17℃ 이상으로 상승하게 되면 해수에서 장염 비브리오가 검출된다. 온대지역에서는 여름철 해수에서 고빈도로 검출되지만, 수온이 10℃ 이하인 해수와 해저에서도 드물게 검출된다. 이는 해수 중의 장염 비브리오 분포와 동물성 플랑크톤의 관계에 대한 영향으로 나타나는 현상이다. 장염비브리오균은 해저에서 유출된 동물성 플랑크톤의 키틴질에 부착하여 이것을 영양원으로 하여 증식하고 월동한 뒤 봄이 되면, 해저에서 해수로 나와 동물성 플랑크톤에 붙어 수온 상승과 함께 증식한다. 따라서 연안 해수에서 포획되

는 어패류는 전부 장염 비브리오에 오염되어 있으며, 특히 여름철에는 오염정도가 현저하게 높다. 겨울철에는 생존하고 있지만 일반적인 방법으로 배양할 수 없는 상태viable but nonculturable(VBNC)의 세포로서 존재하고 있기 때문에 검출되는 경우는 드물다. 하지만 겨울철에도 동남 아시아나 인도로부터 수입되는 어패류에서 장염 비브리오가 종종 검출되고 있다. 우리나라에서는 1969년 6월 안동 지방에서 물치라는 바닷물고기를 먹고 273명의 식중독 환자가 발생한 사건이 있으며, 같은 해 9월 군산, 옥구, 서천 지방에서도 이 식중독이 발병하였다.

1971년 8월 인천 덕적도 서포리 해수욕장에서는 피서객들이 소라, 굴 등을 먹고 120명의 식중독 환자가 발생한 사건이 있었는데 22명의 환자의 분변, 소라, 굴, 해토 등에서 *V. parahaemolyticus*가 검출되었다. 1989년 7월에 울산시 현대자동차 소형 2공장에서 이 균에 오염된 문어회를 먹은 근로자 854명이 집단 식중독을 일으켰다. 또한 수산식품인 게장, 생선회, 오징어무침, 꼬막무침 등이나 도시락 섭취에 의해 191명이 집단 식중독을 일으킨 사례가 발생하였다. 최근 식약처가 발표한 자료에 따르면 그림 2-2-3과 같이 지난 4년간 전체 식중독 발생건수(604건)의 44%, 환자의 48%가 여름철(6~9월)에 발생하였는데, 이는 대부분 고온다습한 환경 여건에 의한 장염 비브리오 등 세균성 식중독이 원인이 되었으며, 특히 수산물에 의한 장염

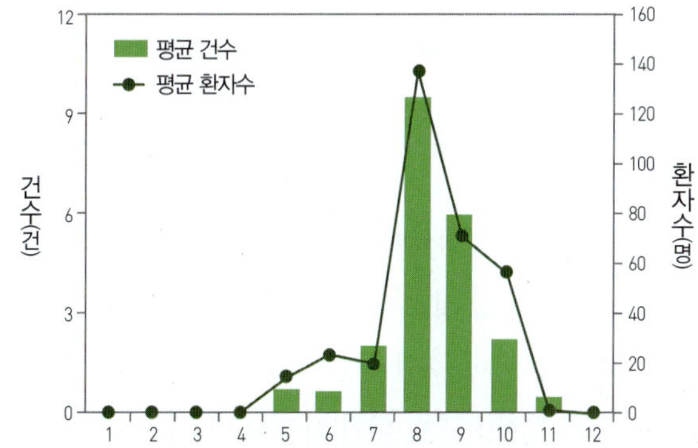

그림 2-2-3 4년 평균 장염 비브리오 식중독 발생현황

(식품의약품안전청, 2012)

표 2-2-2 장염 비브리오에 의한 월별 식중독 발생통계

연도	구분	계	1월	2월	3월	4월	5월	6월	7월	8월	9월	10월	11월	12월
2007	건	33	–	–	–	–	1	–	1	22	6	2	1	–
	명	634	–	–	–	–	44	–	15	322	118	132	3	–
2008	건	24	–	–	–	–	1	1	4	4	10	4	–	–
	명	329	–	–	–	–	9	70	32	42	129	47	–	–
2009	건	12	–	–	–	–	–	1	3	3	3	1	1	–
	명	106	–	–	–	–	–	16	32	29	13	10	6	–
2010	건	18	–	–	–	–	1	1	–	9	5	2	–	–
	명	223	–	–	–	–	6	6	–	153	25	33	–	–

비브리오 식중독(73건)이 7~9월에 집중 발생하였음이 밝혀졌다.

또한 표 2-2-2와 같이 월별 발생상황을 구체적으로 살펴보면, 4년 내내 1~4월 그리고 12월에는 장염 비브리오가 전혀 발생하지 않았고, 그 중에서도 6~9월 사이에 집중적으로 발생한 것으로 나타났다. 이와 같이 장염 비브리오균은 해수에 존재하는 식중독 균이며 해수온도가 15℃ 이상이 되면 급격히 증식하기 때문에, 여름철에는 어패류 섭취 시 수돗물로 2~3회 세척 후 충분히 가열 조리하여 섭취해야 한다.

하절기의 오염경로는 다음과 같다. 연안 해수나 해저 오니에서도 균이 검출되고 있어, 이 환경에 살고 있는 어패류가 오염을 받게 된다. 수온이 올라가면 오염 세균의 수가 증가하여 하절기에 최고 수치에 달한다. 오염된 어패류를 조리한 조리대, 도마, 칼, 행주 등이 2차 오염의 경로로서 특히 주목을 받고 있다.

㉰ 원인 식품

장염비브리오균은 해수세균이기 때문에 어패류가 대표적인 원인 식품(70%)이지만 복합식품인 젓갈류나 소금에 절인 식품도 원인이 될 수 있다. 특히 생선회나 초밥 등이 주된 원인이 되며, 그 외에도 2차 오염된 도시락, 야채 샐러드 등의 복합식품도 원인 식품이 된다.

㉱ 잠복기 및 임상증상

이 식중독은 복통, 설사, 구토를 주 증상으로 하는 전형적인 급성위장염으로 권태감, 오한, 발열, 두통 등이 나타난다. 잠복기는 8~20시간(평균 12시간)이며 보통 37.5~38.5℃ 정도의 미열을 나타나지만 고열을 일으키는 경우도 있다. 때로는 설사에서 혈액이 섞이게 되어 이질로 의심되기도 있다. 설사의 배변횟수가 많게는 20회에 달할 수 있으나 증상이 경미할 경우에는 약 1~2회 배변을 한다. 보통 2~3일 내에 경과가 회복된다.

V. parahaemolyticus 발병기작은 Kanagawa 현상을 일으키는 특수한 용혈독에 의한 것으로 알려져 왔다. 이 독소는 내열성 용혈독으로 분자량은 약 42KDa이며, 100℃에서 10분간 가열해도 활성을 잃지 않는다. 각종 배양세포에서 세포독소를 나타내며, 동물의 신체 내에 투여할 때 장관 내로 *V. parahaemolyticus*가 들어가면 내열성 용혈독이 분비되어 장관세포를 파괴하고 점혈변을 야기하며, 독소가 혈류 또는 림프관을 통해 심근세포에 이르게 되면, 수용기receptor인 강글리오시드ganglioside와 결합하여 심근세포막의 전기 저항을 낮추게 된다. 그 결과, 이온 투과성을 높여 Ca^{2+}과 Na^{+}의 유입 및 K^{+} 유출을 촉진시키며 세포의 자가 흥분력이 정지되어 심박동이 멈추어 죽음에 이르게 된다.

㉮ 발생시기 및 예방

주로 5~11월에 걸쳐 발생하는데, 특히 7~9월에 발생빈도가 가장 높다. 이러한 경향은 다른 세균성 식중독에서 볼 수 없는 특징적인 현상이다. 어패류의 생식이 주된 감염원이기 때문에 여름철(7~9월)에는 어패류의 생식을 금해야 한다. 이 균은 어체의 표면이나 아가미에 부착되어 있고, 육질 중에는 존재하지 않기 때문에 물로 깨끗이 씻어서 먹으면 어느 정도의 예방효과가 있다. 이 균은 가열에 의해서 쉽게 사멸하기 때문에, 가열조리 후 바로 섭취하거나 특히 2차 오염을 방지해야 한다.

예방법은 다음과 같다.

- 저온에서 발육이 불가능하고 4℃ 이하에서는 서서히 사멸되므로 식품을 냉장 보관한다.
- 조리기구, 용기, 조리자의 손 등에 의한 2차 오염을 방지하기 위해 철저한 살균을 한다.

- 어류의 내장을 제거하고 충분한 세척으로 아가미와 표피에 부착된 세균을 제거한다.
- 열에 매우 약하기 때문에 60℃에서 5분 이상 가열하면 사멸되므로 섭취 전에 반드시 가열한다.
- 어패류는 민물(우물물, 수돗물)에 약하므로 민물을 이용하여 깨끗이 씻는다.

② ***Vibrio vulnificus***

*Vibrio vulnificus*는 1970년 New England 해안에서 해수욕과 조개를 줍던 사람의 피부상처로 침입하여 괴저병을 유발한 원인균으로 처음 보고되었다. 그 후에는 피부에 다형성 홍반을 수반하고 패혈증의 발증으로 사망한 예가 보고되었다.

창상 및 혈액 중에서 분리한 균주는 명확하게 *V. parahaemolyticus*와는 다르고 특히 유당lactose를 천천히 분해한다는 점에 있어서 생화학적으로도 구별되기 때문에, 미국 질병관리센터Centers for Disease Control and Prevention(CDC, www.cdc.gov)는 이 균을 lactose-positive vibrio로 명명하였다. 그리고 이 균이 사람에게 창상wound, vulnus을 일으킨다는 점에서 *Benekea vulnificus* 라는 이름으로 불리었으며, 1979년 이후로는 *V. vulnificus*로 명명되어 현재에도 이 명칭이 사용되고 있다.

a. 원인 세균

*V. vulnificus*는 *V. parahaemolyticus, V. alginolyticus*와 함께 호염성 비브리오에 속하는 그람 음성의 만곡형 간균이며 극단모성 편모가 있다.

*V. vulnificus*는 sucrose, haptanose, L-serine, putresine은 이용하지 못하나 D-galactose, cellobiose, D-gluconate, L-tyrosine은 이용할 수 있다. 8% 이상의 식염농도에서 증식하지 않고 40℃에서 생육이 가능하며, arginine dehydrogenase와 acetoin 생산능이 있다.

b. 발생현황 및 오염경로

우리나라에서는 1979년 처음으로 패혈증 환자가 발생하였으나 정확한 원인을 찾아내지 못하였고, 1981년에 원인균이 *V. vulnificus*인 것으로 밝혀지게 되어 이 균의 분포와 특성 등에 관한 연구가 활발하게 진행되었다. *V. vulnificus*의 출현은 장염 비브리오와 마찬가지로 플랑크톤과 관계가 있으며 지중해에 서식하고 있는 플랑크톤과 병원성 세균의 연관성에 관한 결과들과 일치한다. 미국에서도 감수성 높은 환자들의 경우 *V. vulnificus* 감염으로 인한 치사율이 약 50%에 달하는 등 다른 세균에 의한 식중독보다 치사율이 높은 것으로 보고되고 있으며, 창상 감염환자가 바닷물이나 해산물을 취급할 때 이 균에 노출이 되면 치사율이 약 25%에 이른다. 생선회보다는 조개류, 낙지류, 해삼 등 가식부가 직접 해수와 접촉하는 수산물에서 검출빈도가 높으며 수온이 높은 여름철에는 조개류의 생식을 피하는 것이 좋다.

비록 산발적인 중독사례이긴 하지만 대부분의 환자나 사망자가 간질환, 알코올중독 등 기초 질환을 가지고 있던 것이 특징이다.

c. 원인 식품

일반적으로 병원체가 숙주에 감염되어 증상을 일으키기까지는 저항력의 저하 등 숙주의 요인 외에 병원체가 보유하고 있는 각종 인자가 관여한다. *V. vulnificus*의 균체 내 요인은 혈청의 식균작용에 저항성을 나타내는 물질로 협막의 다당체와 그람 음성균에는 공통된 성질이 있으며, 세포 구성 성분인 균체 항원(O 항원) 결정기인 당지질lipopolysaccharide(LPS)이 있다. 당지질은 내독소라고 불리어지며 격렬한 발열과 혈압강하 및 급성 쇼크 증상을 일으키는 경우도 있다. 균체 외로 분비하는 독성물질은 대부분 분자량 수만의 단백질인 용혈소hemolysin와 프로테아제protease 외에도 세균 증식에 필수적인 시데로포어siderophore 등이 있다. *V. vulnificus*가 생산하는 균체 외 독성요인과 독작용은 표 2-2-3과 같다.

표 2-2-3 *Vibrio vulinficus*가 생산하는 독성요인과 작용기작

독성요인	작용기작
Hemolysin	Cytolysis, Vascular permeability enhancing action, Lethal activity in mice
Protease	Proteolysis, Activation of kinin system, Degradation of mast cell(Vascular permeability enhancing action)
Phospholipase A2	Hydrolysis of phospholipids
Siderophore	Iron-chelator ; Stimulation of bacterial growth

d. 잠복기 및 임상증상

오염된 어패류의 섭취에 의해 발증하는 경구감염과 오염된 해수가 피부상처에 접촉하여 균이 침입함으로써 발증하는 창상감염의 두 가지가 있다. 경구감염의 경우 *V. vulnificus*에 오염된 어패류 섭취 후 24시간 이내에 발병하고 피부 병변을 수반한 패혈증에 이르는 경우가 있는데, 주로 당뇨병, 간질환, 알코올 중독 등 저항력이 떨어져 있는 만성질환자에서 나타나는 질환이다. 중증의 증상을 나타내는 경우가 많으며 발병 후 사망률은 50% 이상으로 매우 높다. 증상으로는 오한, 발열, 저혈압 등의 패혈증 특유의 병증이 나타나며 사지의 격통, 홍반, 수포, 출혈반 등 창상감염과 유사한 피부병변이 출현한다. 그러나 발병환자의 대부분은 기초질환(특히 간경변) 보유자이고 감염 정도가 일정하지 않다. 창상감염의 경우 해수에 접촉한 창상부위에 발적, 홍반이 나타나고, 이어서 심한 통증을 호소함과 동시에 수포와 괴사형성이 진행된다. 예후(병의 경과)는 비교적 양호하며 치사율은 패혈증보다 훨씬 낮다. 패혈증이 의심되는 경우에는 항균력이 뛰어나고 살균작용이 있는 항생제를 투여하면서 집중적인 보조치료를 해주는 것이 중요하다. 최근 창상감염의 신속한 진단법에 대한 개발이 시급하게 요구되고 있다.

e. 발생시기 및 예방

국내에서 이 균에 의한 패혈증 환자는 주로 여름철인 7~8월경에 나타나고 있으나, 1988년에는 3월, 1992년과 1993년에는 5월경에 첫 감염자가 발생한 경우도 있다. 특히 전남 지방에서는 매년 비브리오 패혈증 환자가 발생하고 있으며 사망률도 매우 높다.

비브리오 패혈증균은 갯벌이 있으며 하천수가 바다로 유입되어 유기물질의 오염도가 높고 염분이 낮은 지역에서 발생한다. 주로 수온이 높은 여름철에 문제가 되므로 이 지역에서 생산된 수산물(특히 생식용 패류)에 대한 특별한 관리가 요구된다. 비브리오 패혈증균의 예방법은 다음과 같다.

- 균의 생육이 왕성한 하절기에는 어패류의 취급에 각별한 주의와 철저한 위생관리가 요구된다.
- 어획에서 소비에 이르기까지 전 과정을 철저히 저온 저장하여 균의 증식을 최대한 억제한다.
- 하절기에는 가능한 어패류의 생식을 삼간다(특히 만성질환자 등).
- 생식할 경우 어패류를 담수에 일정 시간 담가 두었다가 깨끗이 씻는다.
- 활어패류를 취급하는 업소에서는 오염된 해수의 사용을 삼가고 소독수와 담수 등을 사용하여 주방을 철저히 소독한다.
- 피부에 상처가 있는 사람은 어패류 취급 및 조리를 하지 않는다.
- 몸에 상처가 있는 사람은 상처부위가 오염된 해수와 직접 접촉하지 않도록 주의한다.

③ 기타 비브리오

비브리오속 세균 중 콜레라균은 오래 전부터 감염병의 원인균으로 알려져 왔지만, 그 외의 균에 대해서는 알려지지 않은 부분이 많고 병인적 의의는 고려되지 않았다. 그러나 장염 비브리오가 발견되면서 어패류를 통하여 사람에게 감염되어, 급성위장염을 일으키는 다른 병원성 비브리오균이 존재한다는 것이 밝혀지게 되었으며 대표적인 것이 *V. cholerae* non-O1, *V. mimicus* 및 *V. fluvialis*이다.

a. *V. cholerae* non-01

*V. cholerae*는 혈청형(O군)에 의해 군별되며 일반적으로 알려져 있는 콜레라(*V. cholerae*-O1)가 혈청형 O1에 해당한다. 혈청형 O1 이외의 균 *V. cholerae* non-01은 콜레라라고 칭하지 않는다. 예전부터 콜레라가 유행하고 있는 장소에서는 콜레라균과 유사하지만 콜레라균 항혈청(항 O혈청)에 응집하지 않는 균군의 존재가 알려져 있어 nonagglutinable(NAG) 비브리오 또는 noncholerae vibrio(NCV)라고 불리우고 있다. 이후 NAG 비브리오는 학술적으로는 콜레라균의 학명이었던 *V. cholerae*로 통합되어 현재는 혈청형 O1 이외의 균군을 *V. cholerae* non-O1로 총칭하게 되었다. 한편 *V. cholerae* non-O1 중에 수크로오스sucrose 비분해성 균인 *V. mimicus*도 NAG 비브리오라는 명칭을 사용하였으나, 분류학적 연구 결과 신종인 *V. mimicus*로 분류되었다.

콜레라의 발증은 콜레라균이 생산하는 콜레라 독소cholera toxin(CT)에 기인한다. 감염병 예방법에서는 CT를 생산하는 콜레라균만을 감염병으로 취급하고 있다.

b. *V. mimicus*

*V. mimicus*는 1981년 Davis 등에 의하여 제안된 신종으로 수크로오스sucrose 발효성 및 몇 가지 생화학적 성상이 다른 점을 제외하고는 *V. cholerae*와 매우 유사하지만, DNA 상동성의 차이가 명확하다는 이유로 별도의 균종으로 구분되었다. 이 균은 *V. cholerae* non-O1과 동시에 NAG 비브리오로서 일본에서는 식중독 균으로 지정하고 있다.

c. *V. fluvialis*

*V. fluvialis*는 해수 중에 존재하는 호염성 비브리오균으로 1977년에 group F 비브리오로 가칭되었다. 같은 시기 방글라데시의 설사증 유행에서 동종의 균이 분리되어 Enteric group EF-6으로 가칭되었지만, group F 비브리오는 1981년 *V. fluvialis*로 명명되었으며, enteric group EF-6도 동일 균종인 것으로 확인되었다. 이 균은 생화학적 성상 중 일부 차이에 따라 생물형 1과 2로 구별되었지만, 그 후 DNA-DNA 상동성 차이를 기반으로 생물형 1은 *V. fluvialis*, 생물형 2는 *V. furnissi*로 분류되었다. 그러나 양쪽 균종의 유사성이 매우 높기 때문에 *V. furnissi*를 *V. fluvialis*와 동일하게 취급할 수 있다.

이 균은 아직 행정상 식중독 균으로 지정되지 않았지만 외국에서는 식중독 발생사례도 있으며, 계속해서 새로운 종류의 병원성 비브리오균이 확인되고 있다.

(3) 병원성 대장균 식중독Pathogenic *Escherichia coli*

사람이나 동물의 대장상재균*Escherichia coli*은 장관외 감염에 있어 화농성 질환 등의 원인이 될 수는 있지만 식중독의 원인이 되지는 않는다. 그러나 1920년대부터 특정 대장균의 종류가 유아 설사증의 원인이 될 수 있다는 가설은 존재해왔으며, 1945년 영국의 Bray가 유아에 대하여 설사를 일으키는 대장균이

*Bacterium coli var. neopolitanum*이라고 보고한 이래 유아뿐 아니라 성인에게도 급성위장염을 일으키는 특정의 혈청형을 가진 대장균이 발견되었다. 이에 이러한 대장균을 병원성 대장균이라 명명하여 일반 대장균과 구분하게 되었다. 같은 시기에 Kauffmann 등은 유아 설사증을 유발하는 대장균의 혈청형이 O항원형 55 또는 111에 해당한다는 사실을 밝혀냈다.

한편 1971년 Sack 등은 콜레라와 같은 엔테로톡신enterotoxin을 생산하는 대장균을 분리하여 이를 독소원성 대장균이라 지칭하였으며, 이질균처럼 장관세포 내에 침입하여 설사증을 유발하는 대장균도 발견하였다. 병원성 대장균 식중독은 병원성을 나타내는 각종 외래성 대장균이 오염, 증식된 식품을 섭취함으로써 발병한다.

① 원인 세균

병원성 대장균은 형태와 생화학적 성상이 비병원대장균nonpathogenic *E. coli*과 유사하다. 장내세균과에 속하고 0.4~0.7×1~30㎛의 그람 음성의 간균이며 주모성 편모가 있어서 운동성이 있으나, 편모가 없는 비운동성을 나타내기도 한다.

일반적으로 유당lactose 또는 프룩토오스fructose를 분해하여 산소과 가스(CO_2와 H_2)를 생산하는 호기성 또는 통성혐기성균이며 보통배지에서 발육이 용이하고 최적 온도는 37℃이다. 대부분의 대장균은 장내세균 감별배지인 MacConkey 한천배지에서 유당을 분해하여 핑크색 집락을 형성한다. 하지만 *E. coli* O157:H7은 소비톨sorbitol을 분해하지 못하기 때문에 Sorbitol MacConkey 한천배지에서 무색의 집락을 형성하므로 다른 병원성 대장균과 구별된다. EMB 한천배지에서 유당을 분해하여 그림 2-2-4와 같이 금속성 광택 청녹색 집락을 이루고 BTB 한천배지에서는 황색 집락으로 발육한다. Indole 시험양성, MR 시험양성, VP 시험음성, citrate 시험음성, urease 음성, ONPG 양성, KCN 발육음성, lysine 탈탄산 시험양성이다. 또한 화학요법제에 대한 내성균이 증가하며 ampicillin, tetracycline, chloramphenicol 등에는 40~60%가 내성을 보인다.

대장균의 종류에 따라 항원성의 차이가 있는데, 균체를 구성하는 항원성분

(균체항원: O 항원, 협막항원: K 항원, 편모항원: H 항원)의 면역학적 특이성에 의해 구별되며 180여 종류의 O 항원, 90종류의 K 항원, 50종류의 H 항원으로 분류하고 있다.

병원성 대장균에는 최근 일본 및 미국 등 전 세계적으로 새롭게 대두된 *E. coli* O157:H7과 같이 베로독소verotoxin를 생산하는 장관출혈성 대장균enterohemorrhagic *E. coli*(EHEC), 장관독enterotoxin을 생성하는 장관독소원성 대장균enterotoxigenic *E. coli*(ETEC), 대장점막의 상피세포에 침입하여 조직 내 감염을 일으키는 장관침투성 대장균enteroinvasive *E. coli*(EIEC), 성인에게 급성위장염을 일으키는 장관병원성 대장균enteropathogenic *E. coli*(EPEC)으로 분류된다.

그림 2-2-4 *E. coli* strain on EMB agar

a. 장관출혈성 대장균enterohemorrhagic *E. coli*(EHEC)

이 균에 감염되면 혈변과 심한 복통 등 일반적인 증상이 나타나며 장관출혈성 대장균의 감염은 약 2~7%가 혈전성 혈소판감소증 또는 용혈성 요독증후군과 같은 질병을 일으킨다. 이 경우의 사망률은 3~5% 정도로 매우 높으며, 인체 내에서 베로 독소를 생성하여 질병을 유발하지만, 식품 중에서 오염되어 있던 균이 생장하면서 생산한 베로 독소가 식중독을 일으킨다. *E. coli* O157:H7이 대표적으로 알려져 있다.

우리나라의 경우 장관출혈성 대장균에 의한 집단발생 사례는 없고, 몇 가지의 분리사례가 존재할 뿐이다. 임상가검물로부터 산발적으로 혈청형 O26, O25, O111 및 O157:H7이 분리 · 보고되었으나, 우리나라의 공식적인 환자 발생은 1998년 11월, 7세의 남아가 장출혈을 일으키는 베로 독소가 동반된 질병으로 서울대학교 병원에 입원하여 치료를 받은 사례가 있으며 원인 식품은 확인되지 않았다. 2000년에는 울산에서 대장균 O157:H7에 감염된 사례가 보고된 바 있다.

주요 오염원은 완전히 조리되지 않은 쇠고기 분쇄육이며, 칠면조, 샌드위치, 원유, 사과주스 등도 원인 식품이 된다. 또한 소독하지 않은 물을 음용한 경우나 오염된 호수에서 수영할 경우에도 감염될 수 있다. 이 질병은 사람을 통해 감염될 수 있는데, 특히 위생 상태나 손을 씻는 습관이 부적절할 때 감염된 환자의 변으로부터 다른 사람에게 전달될 수 있다.

b. 장관독소원성 대장균enterotoxigenic *E. coli*(ETEC)

콜레라와 유사한 독소enterotoxin를 생산하는데, 60℃에서 10분간 가열하여 활성을 잃는 이열성 독소heat-labile enterotoxin(LT)와 100℃에서 30분간 가열하여 내성을 나타내는 내열성 독소heat-stable enterotoxin(ST)로 나뉠 수 있다. 환자로부터 분리된 균은 보통 1~2종류의 독소를 배출한다. 증상은 콜레라와 유사한 특징을 나타내는데, 균이 소장 상부에서 증식하여 mL당 10^7~10^9의 균 농도에 도달하게 되면 콜레라와 같은 설사증을 일으킨다. 장염과 여행자설사증travelers diarrhea의 원인균으로 저개발국가의 신생아와 어린이에게 탈수를 동반한 설사증을 일으키는데, 오염된 물과 음식물에 의해 집단발생을 일으킬 수 있다. 증상은 수양성 설사, 복통, 구토, 산성증, 피로, 탈수 등이며 열이 없거나 미열이 있는 증상이 약 5일간 지속되고, 잠복기는 10~12시간이다. 혈청형 O6, O8, O15, O20, O25, O27, O63, O78, O80, O114, O115, O128, O148, O153, O159, O167 등이 이에 속한다.

c. 장관침입성 대장균enteroinvasive *E. coli*(EIEC)

발열과 복통을 주 증상으로 하며 환자의 약 10%가 합병증과 함께 혈액과 점액이 섞인 설사를 일으킨다. 이 균은 대장점막의 상피세포에 침입하여 감염이 나타나며, 세포 괴사 등에 의해 궤양이 형성되므로 혈액과 점액이 섞인 설사를 유발한다. 잠복기는 약 10~18시간이다. O28, O112, O124, O136, O143, O144, O152, O164, O167 등의 혈청형이 알려져 있다.

d. 장관병원성 대장균enteropathogenic *E. coli*(EPEC)

집단 설사증의 원인이며 소장에 감염하여 설사, 복통 등의 위장염 증상을 일으킨다. 보통 섭취 후 약 12~24시간의 잠복기를 거쳐 발병하며 주로 1세 이하의 신생아에서 발생한다. 구토, 복통, 설사, 발열증상과 대장점막에 대해 비침입성이 나타난다. 오염된 신생아용 분유와 유아음식이 원인 식품이며, 이에 속하는 혈청형은 O18, O20, O26, O28, O44, O55, O86, O111, O114, O119, O125, O126, O127, O142, O158, O159 등이다.

② 원인 식품 및 감염경로

자연환경에 널리 분포하므로 원인 식품은 매우 다양하다. 햄, 치즈, 소시지, 크로켓, 채소 샐러드, 로스트 비프roast beef, 분유, 도시락, 두부, 소간 등이며 유아에게는 오염된 우유가 원인이 된다. 식품에 오염을 일으키는 요인은 환자와 건강보균자의 분변으로, 특히 건강보균자가 식품조리에 종사할 경우에 손을 통하여 감염되는 경우가 많다.

③ 잠복기 및 임상증상

잠복기 및 증상은 원인균에 따라 차이가 있으나 일반적으로 잠복기는 10~30시간(12시간 정도)으로 연령이 낮을수록 잠복기가 짧고 심한 증상이 나타난다. 주 증상은 설사이며 심할 경우에는 혈이나 농이 섞여 나오는 경우도 있고 발열, 두통, 복통 등의 증상이 나타나기도 한다.

④ 발생시기 및 예방

병원성 대장균에 의한 식중독은 계절과 관계없이 발생하지만 주로 여름철에 많이 발생한다. 이 균은 감염자의 분변으로 전파될 수 있으므로 항상 위생상태를 청결히 하고 손을 깨끗이 씻는다. 특히 어린 아이의 경우 회복된 후에도 병원성 대장균이 1~2주일 정도 분변에 잔존하여 감염될 수 있으므로 가족 구성원이나 친구들에게 감염될 가능성이 높다.

예방법은 다음과 같다.

- 조리기구(칼, 도마 등)를 구분해서 사용하여 2차 오염을 예방해야 한다.

- 생육과 조리된 음식을 구분하여 보관해야 한다.
- 다진 고기는 중심부 온도 74℃에서 1분 이상 가열해야 한다.

이상 병원성 대장균 4종류의 특징을 정리하면 아래의 표 2-2-4와 같다.

표 2-2-4 병원성 대장균의 특징

특성	병원성 대장균			
	장독소형 대장균(ETEC)	장병원성 대장균(EPEC)	장침입성 대장균(EIEC)	장출혈성 대장균(EHEC)
독소	이열성 또는 내열성 독소(LT/ST)	–	–	베로독소(Verocytotoxin)
장관침입성	–	–	+	–
설사	수양성	수양성 또는 혈액성	점액 및 혈액성	수양성 및 심한 혈액성
열	낮음	+	+	–
주요 감염장관	소장	소장	대장	대장
주요 혈청형	O6:H16, O8:H9 등	O6:H11, O55:H6 등	O124:H7, O143:NM 등	O157:H7, O26:H11 등
감염량(infective dose)	많은 양	많은 양	적은 양	적은 양

(4) 리스테리아 식중독*Listeria monocytogenes*

과거에도 리스테리아균은 사람과 동물에 수막염 또는 뇌수막염, 감염성 단백증, 패혈증 등의 증상을 나타내는 리스테리아병의 원인균으로 알려져 있는 중요한 인축공통 감염균이었으나, 1980년대 유럽과 미국 지역에서 양배추 샐러드, 우유, 치즈 등의 식품을 매개로 하는 집단 발병사례가 확인되어 식중독 세균으로 주목받게 되었다. 이 균주는 1926년 *Bacterium monocytogenes*라고 명명되어진 이후 여러 명명법의 변화과정을 거쳐 1940년에 *L. monocytogenes*로 이름 붙여졌다.

① 원인 세균

리스테리아균은 그람 양성의 짧은 간균이며 포자를 형성하지 않는다. 통성 혐기성 또는 미호기적 조건에서 발육하기 쉬우며, 다발성 편모를 이용하여 움직인다. 20~25℃에서 운동성이 가장 크고 37℃에서는 운동성을 상실한다. 중성 혹은 약알칼리성 pH에서 생육이 가장 왕성하지만 pH 5.5 미만에서는 생장할 수 없다. 이 균은 저온에서 성장 가능하며 일반 병원균이 발육할 수 없는 5℃ 환경에서도 증식할 수 있는 특징이 있다. 자연환경 어디에나 존재하며 건조한 환경, 냉동조건, 가열 등 일반 미생물이 견디기 힘든 환경에서도 강한 생존력을 나타내는 특징이 있다. 생육 가능온도는 0~45℃이며, 최적온도는 30~37℃이다. 내염성이 있으며 세포 침입성이 매우 강한 특징이 있다. 참고로 주요한 발생사례는 표 2-2-5와 같다.

표 2-2-5 *Listeria monocytogenes*에 의한 식중독 발생사례

발생시기	발생지역	원인 식품	환자수	사망자수	혈청형
1993	프랑스	햄	38		4b
1998	미국	Hot dog 및 육제품	38	4	4b
1999	미국	Hot dog	79	12	
2000	프랑스	Jellied pork tongue		4	
2000	이태리	콘, 참치 샐러드, 고열, 설사	1,5000		1/2
2000	미국	Deli turkey meat	29		

② 발생현황 및 오염경로

1981년 캐나다에서 발생한 리스테리아증 연구에서 *L. monocytogenes*가 식품에 의해 매개된다는 점을 발견한 이래 1983년 미국의 Massachusetts 주에서 저온 살균된 2% 저지방 유제품에 의해 발병되었다. 이외에도 치즈, 양배추, 오이, 감자, 무 및 원유 등 다양한 원인 식품에 의하여 리스테리아 Listeria 식중독 발생사례가 보고되었다. 영국에서 1989~1990년에 일어난 식중독은 쇠고기 분쇄육에 의해 300건 발생되었으며, 1997년 스웨덴에서 훈제 송어에 의한 영향으로 9건 발생하였다. 오염경로는 토양, 하천, 하수, 야생동물, 가금류, 식물체 등의 자연환경이며 일부 사람(1~10%)과 동물, 새, 어패류에 의해서도 오염되기도 한다. 채소, 양배추 샐러드, 우유, 치즈, 아이스크림, 발효 소시지, 닭고기, 생선 등에서 세균이 검출되었으며 특히 식육 등 축산식품에 오염될 위험성이 높다. 저온에서 생육하며, 열악한 환경조건에서도 강한 생존력을 나타내는 특성으로 인하여 식품위생 관리를 통한 제어가 어렵다.

③ 원인 식품

미국과 유럽에서는 우유, 식육 등 축산식품, 어패류를 주원료로 하는 조리식품, 채소에 의해 발병하는 사례가 많다. 특히 채소 샐러드, 샌드위치, 가공우유, 천연 치즈, 발효 소시지, 훈제 연어, 아이스크림을 통한 집단 발병 사례가 보고되고 있다. 우리나라에서는 1993년 뉴질랜드산 수입 홍합에서 리스테리아균이 최초로 검출되었고 국내 식품을 검사한 결과 원유, 우유 등에서도 검출되었다. 특히 1997년에는 시판 중인 냉동 만두 및 시판 피자 등 냉동식품에서 이 균이 발견되었고, 미국에서 수입한 아이스크림에서도 검출되었으며, 2002년도에는 훈제 연어에서 *L. monocytogenes*가 검출되어 사회적으로 문제가 되었다. 식품공전(2013년)에 의하면 가열조리하지 않고 그대로 섭취하는 가공식품이나 집단급식소, 식품접객업소의 조리식품에는 *L. monocytogenes*의 검출을 엄격하게 규제하고 있다.

④ 잠복기 및 임상증상

잠복기는 12시간 이상(2일~3주)으로 범위가 매우 넓다. 리스테리아 식중독은 감염형 식중독으로, 발병을 유발하는 균의 양은 균종이나 환자의 상태에 따라 달라진다. 감염원으로 의심되는 식품의 오염균량은 10^2~10^7/g이며 범위가 매우 넓다. 식중독을 일으키는 정확한 오염균량은 명확하지 않지만 1,000개 이하의 세균으로도 발병이 가능할 것으로 추정되고 있다. 일단 균이 식품을 통해 섭취되면 상피세포에 부착, 침투하여 발열, 메스꺼움, 구토, 설사와 수막염, 유산 및 패혈증이 일어나고 치사율은 10~40%로 높은 수치를 나타낸다. 리스테리아증은 건강한 사람의 경우 증상이 없어 자각하지 못하는 경우가 많지만 임산부와 태아, 영유아, 고령자, 면역기능이 약화된 성인, 그 외에 기초질환을 앓고 있는 환자에게서 많이 감염된다. 발병 초기에는 인플루엔자 증상으로 인식되지만 후기 뇌수막염에 이르는 경우가 많다. 이 경우 사망률이 30~50%로 높아진다. 그 밖에 패혈증, 유산, 사산, 폐렴, 심내막염 증상이 함께 나타난다. 과거에는 급성위장염 증상이 없는 것으로 인식되었지만 최근 급성위장염 사례가 나타나고 있다.

⑤ 발생시기 및 예방

연중 내내 발생할 수 있으며 겨울에도 발생 가능하다. *L. monocytogenes*는 자연에 널리 분포되어 있고 성장조건이 까다롭지 않으며, 열악한 환경에서도 쉽게 적응하여 성장하기 때문에 균의 오염을 방지하기는 매우 어렵다. 식품 취급업소에서는 냉동, 냉장식품의 저장 시 철저한 온도유지 및 식육, 생선과 다른 제품을 분리 보관하여 2차 감염의 예방에 주의하여야 한다. 특히 저온에서 증식 가능하기 때문에 유통단계에서 냉동 · 냉장식품에 대한 저장온도 관리를 철저히 하고, 음식을 조리할 때 완전하게 가열 조리해야 한다. 또한 우유도 철저하게 살균과정을 거쳐야 한다. 리스테리아균을 예방하기 위해서는 HACCP 시스템 도입이 반드시 필요하다.

(5) 여시니아*Yersinia* 식중독

*Y. enterocolitica*는 다른 장내세균에 비해 분리율이 낮기 때문에 최근까지도 중요시 여겨지지 않았으나, 냉장온도와 진공포장 상태에서도 증식할 수 있는 특성이 있기 때문에 식품위생상 중요한 의미가 있다. 자연계에 광범위하게 분포하고 있으며, 특히 돼지의 보균율이 높게 나타나며, 급성위장염 증상 외에도 연령에 따라 다양한 증상이 발생한다. 돼지를 통한 식품과 물의 오염을 방지하고 개인위생과 충분한 가열조리를 하는 등의 위생관리가 필요하다. 또 냉장온도에서 돼지고기를 오래 보관하지 않도록 주의한다.

① 원인 세균

*Y. enterocolitica*는 통성혐기성균이다. 장내세균과에 속하며 아포를 형성하지 않는 그람 음성간균으로 편모를 가지고 있다. 발육 최적온도는 25~35℃, 최적 pH는 7.2~7.4이며 NaCl 5~7%의 농도에서 성장이 억제된다. 이 균은 다른 장내세균은 증식할 수 없는 0~5℃의 냉장고에서도 발육이 가능한 전형적인 저온세균이다. 또 진공포장에서도 증식이 가능한 균으로 알려져 있으며 높은 알칼리성 환경에서도 생존 가능하여 일반 장내세균과는 다른 특징이 많다. *Y. enterocolitica*에 의한 주요 집단발생 사례는 표 2-2-6과 같다.

표 2-2-6 *Yersinia enterocolitica*에 의한 식중독 발생사례

발생시기	발생지역	원인 식품	환자수	사망자수	혈청형
1975~1976	독일	미확인	102		
1976	미국	Chocholate milk	38		
1981	미국	Milk powder	239		
1981~1982	미국	Tofu(soybean curd)	50		0:8
1981~1982	미국	Tofu(packed), Unchlorinated spring water	87		
1982~1982	미국	Pasteurized milk	172		0:13, 0:18
1982~1982	미국	미확인	12		
1986	구 소련	미확인	187		05,27, 09
1987~1988		미확인	11		0:3, 0:6,30
1987~1988	미국	PRBC transfusion	4	2	0:3, 0:1,2,3
1988~1989	미국	Raw chitterlings	15		0:3
1989~1990	미국	Raw pork intestines	38		0:3
1989~1991	미국	미확인	6	4	0:5,27, 0:3, 0:20

② 발생현황 및 오염경로

1972년 일본에서 집단급식 결과 931건의 감염증 발생건수가 보고되었고, 그 후 1980년에도 가공 유제품의 집단급식에서 1,051건이 발생한 것으로 보고되었다. 1976년 미국에서는 *Y. enterocolitica* 균에 의해 오염된 초콜릿 우유에 의해 218건의 식중독 발생이 보고되었으며, 1989년 구 소련에서는 이 균에 오염된 오렌지와 귤의 섭취로 187건의 감염증 발생이 보고되었다. 현재까지 국내에서는 식품섭취와 관련되어 보고된 감염사례가 없으나 국내식품 검사결과 돼지고기, 닭고기, 쇠고기, 냉동식품 등에서 원인균이 검출된 바 있다. 이 균은 돼지, 소, 조류 등의 동물 및 하천 등 자연계에 넓게 분포되어 있기 때문에, 음료수나 식품으로부터 오염되는 것으로 추정된다. 오염원으로는 동물과의 접촉이나 오염된 우유, 식육 및 먹는 물에 의해 감염될 수 있으므로, 특히 학교 급식시설에 있어서 식품의 처리 및 보존에 각별한 주의가 요구된다.

③ 원인 식품

이 균은 돼지, 소, 조류를 포함한 많은 동물 및 하천 등 자연계에 넓게 분포하고 있기 때문에 음료수나 식품으로부터 오염되는 것으로 추정된다. 오염원으로는 돼지, 소, 쥐 등 동물과의 접촉이나 오염된 우유, 식육 및 먹는 물에 의해 감염될 수 있으므로, 특히 학교 급식시설에 있어서 식품의 처리 및 보존에 각별한 주의가 요구된다. 우리나라에서는 돼지고기, 닭고기, 쇠고기, 냉동식품 등에서 검출된 바 있다.

④ 잠복기 및 임상증상

평균 24~48시간의 잠복기를 거친 후 복통, 발열, 설사, 두통, 구토 등을 수반하는 급성 위장질환과 패혈증, 그리고 2차 면역질환으로 피부의 결절성 홍반, 다발성 관절염 등과 같은 여시니아증yersiniosis을 일으키는 병원균이다. 특히 어린이 및 노약자에게서 감염되기 쉽고 맹장염으로 오진되기도 한다. 감염 균량은 잘 알려져 있지 않으나, 적지 않은 균량으로도 감염이 성립될 수 있는 것으로 추정되고 있으며 사망률은 0.03%로 낮은 수치이다.

⑤ 발생시기 및 예방

발생시기는 다른 장내세균과는 달리 가을과 겨울철에 발생빈도가 가장 높을 수 있다. *Y. enterocolitica*는 식육, 물, 우유 및 유제품 등의 식품에서 분리되어지는데, 이는 주로 주위환경에 의한 오염으로 인해 나타난다. 돼지고기가 주 오염원이기 때문에 도살장 및 도살 처리과정에서 중점적인 위생관리가 요구된다. 도살장에서 쥐 등의 위생동물은 *Y. enterocolitica*의 운반역할을 할 수 있으므로 도살장 내에 쥐의 출입을 방지하고, 도살장에서 오염된 하수처리에 유의하여야 한다. 냉장온도(0~5℃)에서도 발육 증식하기 때문에, 일반적으로 냉장고를 많이 사용하는 현대사회에서는 식품저장 과정에서 이 균의 오염과 증식이 야기될 수 있어 냉장고를 과신하지 않도록 한다.

예방방법은 다음과 같다.

- 돼지가 주 오염원으로 도살장의 위생관리가 필수적이다.
- 도살장 내에 쥐의 출입을 방지하고 오염된 하수처리에 유의해야 한다.

- 저온에서 성장하고 증식할 수 있기 때문에 냉장고를 과신하지 않아야 하며 적절한 사용방법을 알아야 한다.
- 63℃에서 30분간의 저온살균에 의해서 사멸되므로 식품의 재료를 75℃에서 3분 이상 가열한다.
- 식품처리 종사자들의 철저한 개인위생이 필요하다.

(6) 캄필로박터 식중독*Campylobacter jejuni*

*Campylobacter*는 감염성 식중독으로서 미국에서 가장 많이 발생하는 식중독의 원인균으로 매년 2백만 명 정도가 감염되며 200~800명이 사망한다. 소, 염소, 돼지, 개, 닭, 고양이 등이 원인균을 보균하고 있으며, 완전하게 살균 처리되지 않은 우유나 오염된 음용수가 주 감염원이다. 또한 가금류를 비위생적으로 처리하여 요리한 음식이 원인이 되기도 한다. 이 균은 *Vibrio fetus*로 알려져 있었으나 1963년 *Campylobacter*로 명명되었다. *C. jejuni*의 존재가 처음으로 인식되기 시작한 시기는 약 80년 전이며, 처음에는 동물의 병원균으로만 연구되어 왔으나, 1975년에 이르러 인간의 질병과 밀접한 관련성, 즉 사람의 세균성 설사증을 유발하는 원인 중의 하나라는 것이 입증되었으며 세균성 위장염을 유발하는 가장 대표적인 원인균이다. 최근 캄필로박터 제주니로 인한 식중독 발생현황은 그림 2-2-5와 같다.

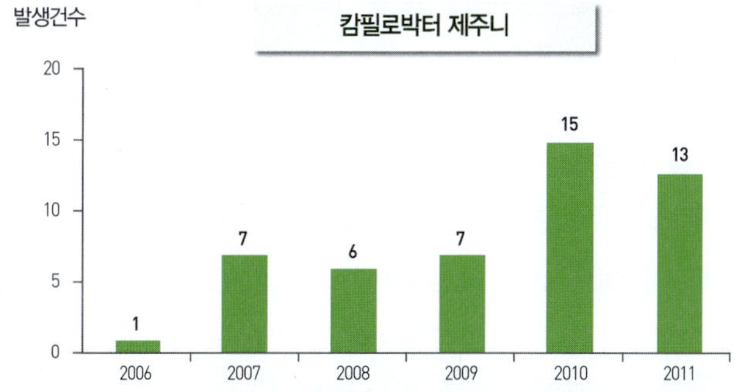

(식품의약품안전청, 2012)

그림 2-2-5 캄필로박터 제주니 식중독 발생현황('06~'11년)

① 원인 세균

이 균은 아포를 생성하지 않는 그람 음성의 간균이며 만곡형의 S자 또는 나선형을 띤다. 세포의 크기는 길이 0.5~8㎛, 넓이 0.2~0.5㎛로 다양하며 만곡형의 원형 세포에 기인한 극성편모를 가지고 있어 특유의 나선screw상 운동성을 나타낸다. 미호기성이기 때문에 5~10% 산소하에서 증식하고 호기성, 편성혐기성 조건에서는 증식하지 못하고 사멸한다. 생육 온도범위는 31~46℃이며, 다른 세균에 비해 생육 최적온도(42~43℃)가 높고 실온에서 사멸하기 쉽다. 또한 열에 약하기 때문에 63℃에서 30분 가열하면 완전하게 사멸한다. 동결조건에서 1개월 이상 생존 가능하나 건조한 환경에서의 생존 가능성은 낮은 편이다. 생육최적 pH는 6.5~7.5이며 pH 5 이하에서는 급격히 사멸하는 등 산성 환경에서는 생존력이 매우 약하다.

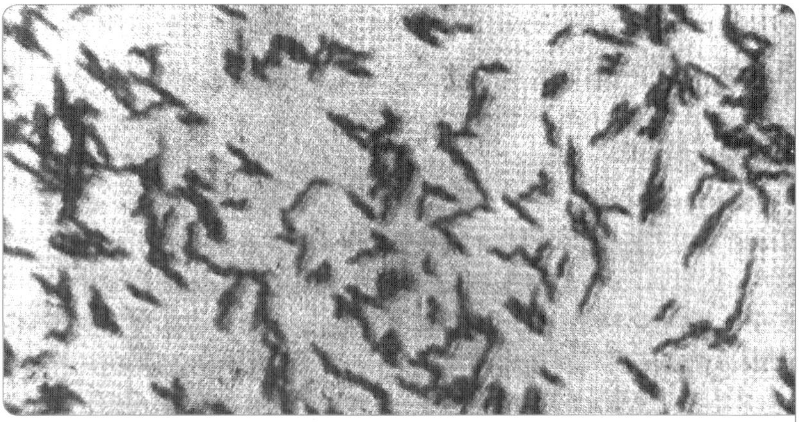

그림 2-2-6 만곡형의 *C. jejuni*

② 발생현황 및 오염경로

닭을 포함한 가금류를 비위생적으로 처리하여 요리한 음식이 원인이 되기도 한다. 그 예로 1978~1986년 미국 내의 *Campylobacter* 감염증 발생 건수의 79%가 식품이 원인이었으며, 분리된 균의 90%가 *C. jejuni*였다. *Campylobacter* 감염증의 사례 중 가장 많은 비중을 차지하는 것은 불완전 가열하거나 재 오염된 닭고기를 섭취한 경우이며 전체의 약 50%를 차지하고 있다. 미국에서 유통 중인 닭고기에서 *Campylobacter*가 검출되어 큰 파장이 일어나기도 했다. 또한 1997년 뉴욕타임즈는 미국 내에서 유통 중인 닭고기의 70~90%가 이 균에 오염되어있다고 보도한 바 있다. 우리나라의 경우에도 식품의약품안전청에서 2001~2004년 사이 국내 유통 중인 닭고기에서 *C. jejuni*를 조사한 결과 지역별로 닭고기의 30~60%가 이 균에 오염되어 있는 것으로 파악되었다. 오염경로는 식육의 도살, 해체 등 처리과정과 2차 오염에 의한 경우가 많은데, 그 중에서도 닭의 오염비율이 높아 식육처리, 유통, 조리과정에서 2차 오염 가능성이 매우 높다. 어린이의 경우 애완동물이나 어머니로부터 감염될 수도 있으므로 주의가 요구된다.

③ 원인 식품

원인 식품은 오염된 식수나 살균 처리하지 않은 원유, 오염된 식육 및 닭고기 등이며 위의 요인으로 2차 오염된 식품과 관련이 있다. 소, 돼지, 개, 고양이, 닭 등의 배설물은 식품이나 물에 오염을 나타내며 최근에는 2차 오염에 의한 채소 등 신선식품이 원인이 되고 있다. 건조한 환경에서 쉽게 사멸되기 때문에 습윤한 조건을 가지고 있는 우유나 물이 원인 식품이 될 수 있다. 때로는 버섯, 날생선, 조개 및 굴류 등이 원인이 되기도 한다. 유럽에서는 우유가 원인 식품으로 발병한 사례가 많으며 음료수에 의한 집단사례도 발견되었다.

④ 잠복기 및 임상증상

감염 균량이 400~500개/g 정도의 적은 균량으로도 발병될 수 있다. 잠복기는 2~7일이며 다른 식중독보다 잠복기가 긴 것이 특징이다. 주로 유아, 어린이 및 면역이 저하된 사람들에게 감염률이 높으며 대표적인 증상은 설사, 복통, 발열(38~39℃), 두통, 근육통 및 구토이고, 탈수증상 등을 수반한기도 한다. 아주 드문 경우이지만 신경계 질환인 Guillain Barre Syndrome[GBS]을 일으킬 수 있으며, 심한 경우 사망에까지 이를 수 있다.

⑤ 발생시기 및 예방

발생시기는 주로 여름철이며 5~7월 사이에 주로 발생한다. *Campylobacter*는 식육이 가장 중요한 원인 식품이다. 그런데 이 균은 산소와 건조한 환경에 대한 생존력이 매우 약하기 때문에 일반적으로 식품 내에서 증식하기 어렵다. 또한 다른 감염형 식중독에 비해 소량의 미생물로도 감염이 가능하기 때문에 예방대책의 기본은 식품에 오염되지 않도록 하는 것이다. 구체적인 예방법은 다음과 같다.

- 양계, 도계, 가공, 유통 및 최종 소비자에 이르기까지 HACCP에 의한 체계적인 위생관리가 중요하다.
- 가공공장에서 출하된 닭고기의 적합한 포장 및 온도의 관리가 필요하며, 최종 소비단계에서는 생닭고기와 접촉한 작업자의 손, 도마, 칼 등의 도구 및 용기의 세척 및 소독을 철저히 하여 ready-to-eat 식품과의 교차오염을 방지해야 한다.
- 가열에 의해 급속하게 사멸하기 때문에 육류를 중심으로 75°에서 3분 이상 가열하여야 하며 원재료와 조리한 식품을 분리 보관하여 교차오염을 방지하고, 뜨거운 음식은 65℃ 이상에서, 찬 음식은 10℃ 이하에서 보관하여야 한다.
- 이 균이 수중에서 장시간 생존할 수 있으므로 마시는 물도 끓여 마셔야 하고 조리 기구는 물로 끓이거나 소독하여 건조시켜야 한다.

3) 독소형 식중독

(1) 황색포도상구균*Staphylococcus aureus* 식중독

*Staphylococcus aureus*가 식품 중에 증식하여 생성된 enterotoxin(장독소)을 경구 섭취하여 일어나는 독소형 식중독이다. 사람이나 동물의 화농성 질환을 일으키는 대표적 원인균인 황색포도상구균에 의한 식중독이다. 1914년 M. A. Barder에 의해 필리핀 농장의 우유가 원인 식품으로 발생한 급성위장염 사례가 최초로 보고되었다. 1930년 Dack 등은 크리스마스 케이크에 의한 식중독 사례를 독소형으로 보고하였다. 같은 해에 Jordan이 치즈에서 분리한 황색포도상구균을 우유로 배양하여 인체 실험에서 식중독을 발생시키는 데 성공한 이후, 이 균이 독소형 식중독을 발생시키는 원인균으로 확인되었다.

① 원인 세균과 독소

S. aureus(그림 2-2-7)는 전형적인 구균으로 불규칙적인 포도송이 모양의 배열을 형성하는 무아포성의 그람 양성(0.5~1.5㎛)균으로 때로는 외층에 협막

형태의 점액층을 나타내는 비운동성의 통성혐기성균이다. 각종 배지에서 쉽게 발육하며 여러 가지 탄수화물을 발효하여 산을 생성하고 주황색 또는 황색의 색소를 생산한다. 병원성이 있는 균은 용혈작용과 혈장응고 작용이 있는 것으로 알려져 있지만 최근에는 혈장응고 작용이 없는 균도 병소에서 분리되었다.

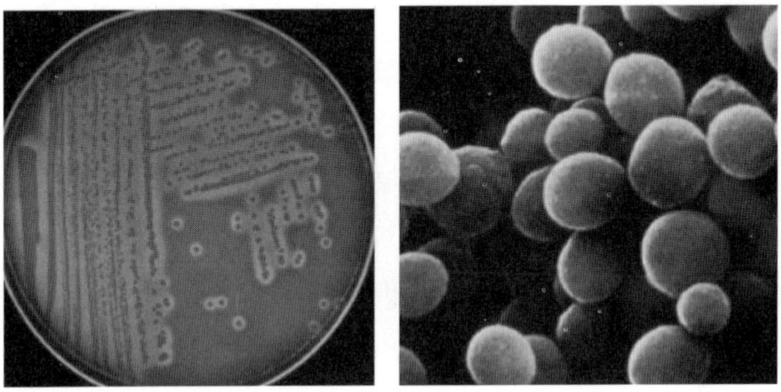

그림 2-2-7 황색포도상구균(*Staphylococcus aureus*)

발육온도 범위는 4~46℃로 비교적 넓다. 발육 최적온도는 35~38℃이며, 색소는 20℃에서 가장 잘 형성되며, 특히 식중독의 원인이 되는 장독소enterotoxin는 발육 최적온도인 35~38℃에서 쉽게 생성된다. 최적 pH는 7.0~7.5이며 pH 4.3 이하에서는 사멸한다. 하지만 독소생산은 온도에 민감하여 적합한 균 증식온도와 일치하며 저온한계는 10℃ 정도이고 고온한계는 43℃이다. 장독소는 면역학적으로 A, B, C, D, E, F의 6형이 있지만 A형의 독성이 가장 강하며 독소의 종류와는 관계없이 식중독을 발생시킨다. 독소는 단순단백질임에도 불구하고 단백질 분해효소인 트립신trypsin, 키모트립신chemotrypsin, 파파인papain 등에 대해 안정적이다. 또한 독소는 120℃에서 20분간 가열해도 완전히 파괴되지 않고, 218~248℃에서 30분간 가열함으로써 활성을 잃는다. 생성된 독소는 이처럼 내열성이 강하기 때문에 일반 조리과정에서는 파괴될 수 없다. 포도상구균의 오염을 받더라도 독소를 생산하지 못하게 하면 식중독이 발생하지 않기 때문에, 5℃ 이하에서 저장하면 독소의 생성을 억제할 수 있다.

② **발생현황 및 오염경로**

황색포도상구균 식중독은 1884년 Vaughn에 의해 최초로 체더 치즈cheddar cheese로 인한 식중독으로 보고되었다. 1914년 Barder는 필리핀에서 발생한 급성위장염이 유방염에 걸린 젖소의 우유에 의한 것임을 보고하였고, 최초로 포도상구균을 분리하였다. 또한 Barder는 임상실험을 통해 급성위장염을 일으킨 식중독의 원인이 포도구균의 감염에 의한 것이 아니라, 균이 증식하면서 생성시킨 독성물질임을 최초로 보고하였다. 1930년 Dack 등은 식중독에서 분리한 포도상구균의 배양액 중에서 구토를 일으키는 독소의 존재를 증명하였으며 독소의 명칭을 장독소enterotoxin라 하였다. 우리나라는 1977년 서울에서 5,575명의 환자가 발생한 학교급식 빵 식중독 사건도 황색포도상구균이 원인이었다. 이 균은 자연계에 널리 분포하며 저항성이 강하기 때문에 사람과 동물에게는 피부 및 비강점막과 장관 내 등 거의 모든 조직이나 기관에 침투하며, 특히 사람에게 감염되면 괴사 또는 화농성염증을 유발한다. 생체 외에서는 공기, 토양 등에 널리 분포하며, 특히 단백질, 탄수화물이 많은 식품이 오염될 가능성이 매우 높다.

③ **원인 식품**

원인 식품은 다양하여 미국과 유럽에서는 우유, 크림, 치즈 등의 유가공품과 식육, 햄 등의 식육가공품, 어육가공품 등의 단백질 식품 등에 의해 주로 발생하며, 우리나라는 식생활의 차이에 따라 김밥, 도시락, 떡, 빵, 과자류 등 전분질을 주원료로 하는 곡류 및 곡류 가공품에 주로 발생하며 때로는 어패류와 어패류 가공품, 두부 등이 원인 식품이 되기도 한다.

④ **잠복기 및 임상증상**

잠복기는 1~5시간, 평균 약 3시간으로 세균성 식중독 중 가장 짧다. 임상증상은 구토, 설사와 심한 복통을 유발하는 급성위장염 등이며 독소가 장의 신경 수용체에 작용한 다음 구토중추를 자극하기 때문에 구토가 발생한다. 이러한 임상증상은 독소섭취량과 개체 감수성에 따라 다르게 나타나지만 치사율은 낮아 사망하는 경우는 거의 없고 24~28시간 내에 회복된다.

⑤ **발생시기 및 예방**

황색포도상구균 식중독은 연중 발생하지만 기온이 높은 5~9월에 발생건수가 급격히 증가하는 경향이 있다.

원인균에 의한 식품오염, 증식, 증식 후 장독소enterotoxin 생산의 3단계 과정을 거친다. 이 균은 자연계에 광범위하게 분포하고 있기 때문에 예방대책이 어렵다. 주변 환경을 위생적으로 처리하여 감염원을 제거해야 하며, 2차 감염에 대한 대책이 필요하고 사용하는 모든 기구는 무균으로 취급하여야 한다. 장독소에 의한 식중독은 가열조리 후 바로 섭취한 식품이나 살균우유 등에 의해서도 발생되는데, 이는 독소가 100℃에서 30분간의 가열하더라도 파괴되지 않는 내열성을 갖고 있기 때문이다. 218~248℃에서 30분간의 가열하여야 독소가 파괴되기 때문에 보통의 조리에 의해서는 제거할 수 없다. 예방법은 다음과 같다.

- 식품 취급자는 손을 청결히 하며 손에 창상을 입거나 화농되었을 때, 또는 신체 다른 부위에 화농이 있다면 식품을 취급해서는 안 된다.
- 식품제조에 필요한 모든 기구와 기기 등을 청결히 유지하여 2차 오염을 방지한다.
- 식품은 적당량을 신속하게 조리한 후 모두 섭취하고, 식품이 남았을 경우에는 실온에 방치하지 않고 5℃ 이하에서 냉장 보관한다.

(2) 보툴리누스*Clostridium botulinum* 식중독

Botulinus(그림 2-2-8)균에 오염된 식품이 혐기적 상태로 보관될 때 생산되는 독소에 의해 발생하는 것으로 세균성 식중독 중 치사율이 가장 높다. *Botulinus*는 라틴어로 소시지라는 뜻으로, 18~19세기에 독일에서 소시지에 의한 식중독 사례가 많이 발생했기 때문에 일명 소시지 중독이라고도 하며, 유럽이나 미국에서 오래 전부터 알려져 온 식중독이다.

① **원인 세균과 독소**

이 균은 길이가 3~8㎛이며, 그람 양성의 편성혐기성 간균으로 내열성 아

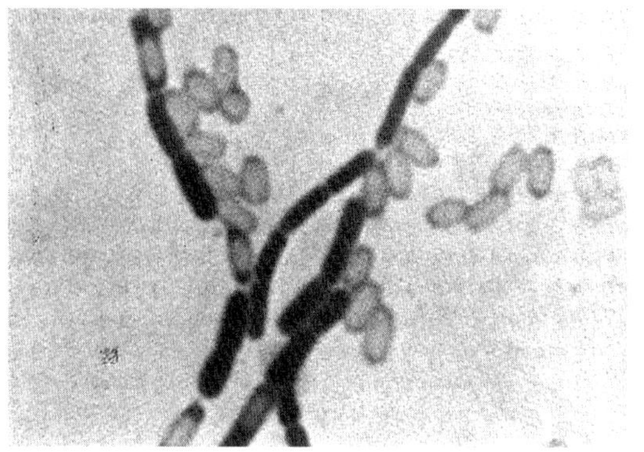

그림 2-2-8 Gram 염색한 *C. botulinum*이 영양세포와 포자

포를 형성하며 주모성 편모가 있어 활발한 운동성을 나타낸다. 주 서식처는 토양심층, 동물의 장관이다. *Botulinus*균의 독소는 항원형에 따라 A와 B의 두 가지 형으로 구분되었으나, 그 후 항원성이 다른 독소 생산균도 발견되어 현재에는 A, B, C1, C2, D, E, F, G 등 8종으로 분류하고 있다. 사람에게서 식중독을 일으키는 항원형은 주로 A, B, E 및 F형이다. A형 균은 야채, 과일, 육류, B형은 육류와 사료, E형은 주로 어패류, F형 균은 육류와 관련이 깊다. A, B, F형균의 포자는 일반적으로 내열성, 내구성이 매우 강하여 100℃에서 6시간, 120℃에서 4분 이상 가열해야 사멸되지만 E형 균의 포자는 비교적 약하기 때문에 90℃에서 5분, 80℃에서 20분 가열로도 사멸된다. 대부분의 균이 중온균인 것에 반해, E형 균은 5℃인 저온에서도 발육하는 특성을 가지고 있다. Botulinus 독소는 신경독neurotoxin으로 독력은 어떠한 독성 물질보다도 강하며 독버섯이나 복어의 독에 비하면 수만 배 이상의 독성을 나타낸다. 마우스 경구 치사량은 0.001μL이며 0.1μL 정도로도 인간에게 중독을 일으킬 수 있다. 독소는 콜린choline 작동성의 부교감신경 종말과 운동신경의 신경근 접합부에 작용하여 아세틸콜린acetylcholine의 유리를 억제함으로써 신경전달이 저해되며 신경지배를 받는 근육의 마비를 일으킨다. 중증의 경우 호흡근 마비에 의한 질식으로 사망한다.

② 발생현황 및 오염경로

보툴리누스 식중독은 세계적으로 발생되지만, 항원형은 나라와 지역에 따라 차이가 있다. 유럽과 미국에서는 A형, B형 균에 의한 것이 많고, E형 균은 북위 40℃ 이북인 일본, 캐나다, 러시아, 스칸디나비아 제국 등에서 발생하는 것이 보통이다. 미국에서는 1899~1967년 30개 주에서 640건이 발생하였으며, 환자 1,669명 중 사망자는 948명으로 치사율 56.8%이었다. 특히 1971년 12개월 이전의 유아에게 영향을 미치는 유아 botulism이 최초로 보고되었다. 러시아에서는 1880~1939년 163건이 발생하여 환자 1,283명 중 치사율 36%를 기록하였는데 대부분은 A형으로 추정된다. 또한 1958~1964년 발생한 95건 중 38건은 독소형이 동정되어 A형이 19건, B형이 17건, C형이 2건이었다. 프랑스에서는 1940~1944년 약 1,000건의 식중독 사건이 발생하여 2% 정도의 치사율을 나타냈다. 1951년에는 일본에서 최초로 E형 *Cl. botulinum* 식중독이 발생하였다. 일본에서는 1951~1970년 65건이 발생하여 환자 361명 중 사망자 94명으로 치사율이 26%이었고, 65건 중 64건이 E형이었다. 우리나라는 2003년 대구에서 소시지를 먹은 일가족이 보툴리누스 식중독에 걸려 우리나라도 더 이상 이 식중독의 안전지대가 아님을 보여주고 있다.

그림 2-2-9 클로스트리디움 보툴리눔균이 오염된 제품

지난 2011년 9월 15일의 식약청 발표에 따르면 프랑스 남부 카바용Cavallion 지역 라루쉬La Ruche사가 생산한 토마토소스 '레 델리스 드 마리클레르Les Delices de MarieClaire', '테르드 미스트랄Terre de Mistral', '레 스크레 다나이스Les Secrets d'Anais'제품이 클로스트리디움 보툴리눔균 오염으로 생산중지 및 회수 조치되어 당분간 해당 지역을 여행할 때 그림 2-2-9와 같이 클로스트리디움 보툴리눔균이 오염된 제품을 구입하거나 섭취하지 않을 것을 당부하였다.

③ 원인 식품 및 감염경로

원인 식품은 식생활 습관의 차이에 따라서 다르다. 주로 통조림, 병조림, 레토르트 식품, 식육, 소시지, 생선 등이다. 통조림, 햄, 소시지, 육제품의 소비가 많은 유럽과 미국에서는 A형, B형 균에 의한 식중독이 많고, E형 균은 일본, 캐나다, 러시아, 스칸디나비아 제국 등에서 주로 발생한다. 이 균에 오염되어 있는 육류, 채소, 어류 등의 식품 원재료를 부적절하게 처리하면 포자가 사멸되지 않고 생존하게 되며, 혐기적 환경조건에서 아포가 발아하여 증식하면서 식중독을 발생시킬 정도의 독소를 생산하게 되어 식중독을 유발한다.

④ 잠복기 및 임상증상

잠복기는 보통 12~36시간이지만, 2~4시간 이내에 신경증상이 나타나기도 하며, 72시간 후에 발병한 경우도 있다. 잠복기는 짧을수록 중증을 나타내며 E형의 경우 잠복기는 A형, B형보다 짧아서 30시간 이후에 발병한 경우는 거의 없다. 초기증상은 메스꺼움, 구토, 복통, 변비 등의 소화기 증상이지만 특이한 신경증상으로 탈력감, 권태감, 현기증이 동반된다. 신경계의 주증상은 시력장애, 복시, 동공산대, 안검하수, 타액분비 저하, 언어장애, 연하곤란, 호흡곤란 등이며, 발열이 나타나지 않고 의식이 명료하다. 심한 경우 호흡근, 횡격막 마비로 인한 호흡부진에 의해 사망한다. 조기치료를 받지 않으면 사망률이 50%에 이른다.

⑤ 발생시기 및 예방

*Botulinus*균은 토양, 바다, 개천, 호수 및 동물의 분변에 분포하며 어류, 갑

각류의 장관 등에도 널리 분포하고 있다.

예방법은 다음과 같다.

- 식품 원재료에는 포자가 있을 가능성이 높으므로 채소와 곡물을 반드시 깨끗이 세척하고, 어류 조리 시에는 장관 내용물이 육질에 오염되지 않도록 주의하여야 한다.
- A형 아포는 100℃에서 6시간 이하의 가열하더라도 파괴되지 않으므로 식품 원재료를 가공(조리) 및 기타 통조림, 병조림으로 제조할 때 120℃에서 30분 가열하여 포자를 완전히 소멸시켜야 한다(고압멸균기 사용).
- 100℃에서 5분간 가열하게 되면 E형 아포가 파괴되므로 충분히 가열하여야 한다. 또한 이 균의 독소는 단시간의 가열로도 불활성화되므로 통조림, 병조림 및 기타 저장식품도 반드시 가열하여 섭취해야 한다.
- pH 4.5 이하, 수분활성도 0.94 이하 및 항균제 첨가와 같은 화학적 방법으로 아포의 발아 및 균의 증식을 방지할 수 있다.
- 이 균은 약 20℃에서 쉽게 발육하며 독소를 생산한다. 특히 E형은 4℃에서도 증식 가능하고 독소를 생산하므로 식품을 4℃ 이하로 저장하여야 한다. 그러나 4℃ 이하에서도 균이나 독소는 사멸되지 않기 때문에 냉장 전후에 독소가 생성되지 않도록 주의하여야 한다.

4) 감염 · 독소형 식중독

(1) *Clostridium perfringens* 식중독

오래 전부터 *Clostridium perfringens* 식중독의 직접적인 발생원인은 상처감염증 가스괴저의 원인균으로 알려져 온 *Cl. perfringens*가 증식된 식품을 섭취함으로써 장관 내에서 이 균이 증식하면서 독소를 생산하는 것으로 생각되어 왔다. 1895년 Klein에 의해 처음 보고된 이래로 제2차 세계대전 이후 해당 식중독이 점차 증가하였다. 그리고 Hobbs 등에 의해 장염을 일으키며 식중독을 발생시킨다는 것이 알려졌다.

① 원인 세균

과거에 *Clostridium welchii*로 불려졌던 이 균은 사람이나 동물의 장관에 상재하며 물, 우유, 토양, 식품 등에 널리 분포되어 있다. 이 균은 포자를 형성하는 그람 양성의 간균이고 편모가 없는 편성혐기성균(그림 2-2-10)이다.

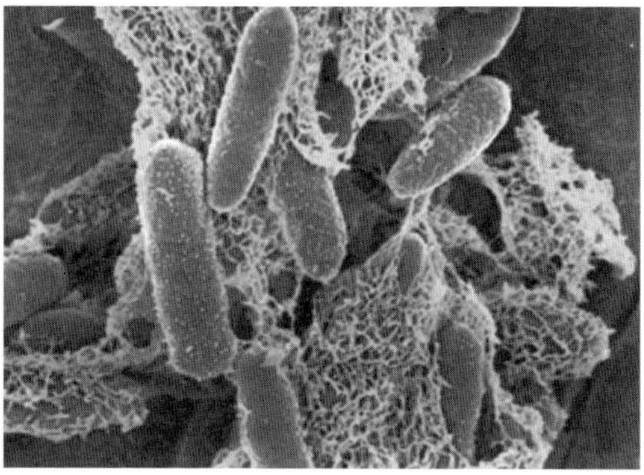

그림 2-2-10 *Cl. perfrigenes*

발육최적온도는 일반 세균보다 높은 37~45℃이며, 최적 pH는 6.0~7.0으로 5.5 이하에서는 발육이 억제된다. 유당Lactose를 비롯한 대부분의 당을 발효하여 산과 가스를 생성하고, 산에 의해 casein을 응고시키고 가스에 의해 붕괴된다.

독소는 생산능의 차이에 따라 A~F형까지 6형으로 분류되고, 식중독 중 99%가 내열성인 A형에 의한 것이다. 1947~1949년 독일에서 발생한 장괴저라고 하는 출혈성 장염은 사망률이 40%나 되었고 F형에 의한 것이었다. A형과 F형은 100℃에서 1~4시간을 가열하여도 포자가 파괴되지 않고 B, C, D 및 E형은 90℃에서 30분 또는 100℃에서 5분이면 파괴된다. A형균의 독소는 lecithinase C(독소)이다.

② 발생현황 및 오염경로

영국에서 1941년 이후로 이 균이 원인으로 보이는 식중독 사례가 최초로 보고되기 시작하였고, 1943년 Knox 등이 식중독 균이 원인인 것을 확인하였으며, 1945년 McClung은 미국에서 이 균이 원인인 것으로 추정되는 4건의 식중독 사례를 보고하였다. 1953년 Hobbs 등에 의하여 원인균은 *Cl. perfringens*의 특정 균주에 국한된다는 사실이 증명되었고, 일본에서는 1959년에 최초로 발병사례가 보고되었다. 이 식중독은 연중 발생하므로 계절적인 편중현상은 거의 찾기 어렵고, 다른 식중독에 비해 대규모의 집단발생을 특징으로 한다. 우리나라의 경우 2001년 레토르트 제품에서 *Cl. perfringens*가 검출되어 한국 최초로 식품 리콜이 이루어지기도 하였으며, 2004년 통계에 따르면 학교급식소가 *Cl. perfringens* 식중독 발생의 원인인 것으로 밝혀졌다. *Cl. perfringens*는 사람과 동물의 장관 내 또는 물, 우유, 토양, 식품 등에 널리 분포되어 있다. 특히, 분변에 10^2~10^4 cell/g 정도가 존재한다. 따라서 사람이나 동물의 분변이 식품의 주 오염원이 될 수 있다. 식품 중에도 식육, 육류가공품, 어패류 냉동품 등의 식중독 균 검출비율이 높다.

지난 2011년 1월 17일 식품의약품안전청은 홈플러스(주)가 동화식품(식품제조 · 가공업체)에 위탁 생산하여 판매하는 PB^{Private Brand} 제품인 '천일염으로 만들어 아삭하고 시원한 깍두기(기타김치)'에서 이 식중독 균이 검출되어 유통 · 판매 금지 및 회수조치 중이라고 밝혔다.

이번 부적합 제품은 식약청이 지자체와 합동으로 실시한 위생점검 시 수거 · 검사 계획에 따라 검사한 결과 식중독 균인 *Cl. perfringens*가 기준(g당 100 이하)을 초과하여 검출(g당 700개)된 것으로 밝혀졌다.

③ 원인 식품

이 식중독은 육류와 그 가공품을 비롯하여 기름에 튀긴 식품과 동 · 식물성 단백질 식품이 원인이다. 가열 조리한 식품을 실온에 5시간 이상 방치할 경우 발생빈도가 높다. 또 다른 특징은 가열조리식품이 원인 식품이 된다는 점이다. 대량의 식품을 한 번에 가열 조리하여 그대로 실온에서 자연적으로 방치할 경우에 해당 식중독의 가장 큰 발생 원인이 된다. 집단발생의 사례를 보면 원인 식품을 가열 후 하룻밤 방치한 경우가 있었다. 이때 식품의 가열조리에 의해 아포형의 내열성 *Cl. perfringens* 이외의 세균류가 사멸하고 식품 중의 산소가 제거되어 *Cl. perfringens*의 발육에 가장 알맞은 혐기성 상태가 된다. 식품을 발육온도인 실온에서 방치하게 되면 발아된 내열성 아포가 성장하게 되기 때문에, 가열 후 혐기성 상태가 유지되기 쉬운 대량 조리식품에 의한 식중독 발생 비율이 가장 높다. 레스토랑, 케이터링 및 뷔페식당 등의 대규모로 음식을 준비하는 업체에서는 식중독 발생을 특히 주의하여야 한다.

④ **잠복기 및 임상증상**

A형과 F형 식중독은 증상은 현저하게 차이가 난다. A형 식중독은 잠복기가 8~20시간, 평균 12시간이며 설사와 복통이 주증상이고, 구토와 발열 증상을 거의 찾아볼 수 없다. 설사는 1일 수회 정도로 나타나며 1~2일 후에 정상으로 회복된다. F형 식중독은 수시간의 잠복기가 지난 후 구역질, 구토를 일으키며, 어느 정도 경과되면 점혈이 섞인 심한 설사와 복통이 주증상으로 발병된다. 또한 설사가 심하면 탈수증상도 함께 나타난다. 식중독의 발생률은 일반적으로 낮은 수치이지만 발생 규모가 큰 경우가 많으며 증상이 가볍다.

⑤ **발생시기 및 예방**

연중 발생하고 대규모의 집단발생을 특징으로 한다. 집단발생의 사례의 원인은 원인 식품을 가열한 후 하룻밤을 방치하였기 때문이다. 그러므로 레스토랑, 케이터링 및 뷔페식당 등 대규모로 음식을 준비하는 업체에서는 특히 주의해야 한다.

예방법은 다음과 같다.

- 혐기성 균이므로 식품을 대량으로 큰 용기에 보관하면 혐기조건이 이루어질 수 있으므로 소량으로 용기에 담아 보관한다.
- 신선한 원재료를 필요 섭취량만 신속하게 가공 조리하여 남기지 않도록 한다.
- 부득이하게 남은 음식은 먹기 전에 충분히 가열한 후 섭취해야 한다.

(2) *Bacillus cereus* 식중독

*Bacillus cereus*는 포자를 형성하는 식품의 부패 원인균으로서 자연계에서 널리 분포되어 있다. Hauge가 1947~1949년에 노르웨이 오슬로 시내의 병원에서 발생한 사례를 보고한 것이 최초이다.

이 식중독에 의해 나타나는 증상은 서로 다른 대사산물에 의해 야기되는 설사형과 구토형이 있다. 감염 발병양상은 감염형과 독소형의 중간이다. 감염형 균은 장관 내에 증식하면서 여러 가지 대사산물을 배출하고, 이것이 흡수되어 여러 가지 생체장애를 일으킨다고 생각되므로 생체내 독소형이라고 할 수 있다. 바실루스 세레우스로 인한 최근 식중독 발생경향은 다음 그림 2-2-11과 같다.

① 원인 세균

*B. cereus*는 135℃에서 4시간을 가열하여도 사멸되지 않는 내열성 포자를 가진 그람 양성간균이다. 주모성 편모에 의한 운동성이 있고 통성혐기성균이며, 발육최적온도는 28~35℃이다. 장독소enterotoxin 생산에 의해 식중독이 일어난다.

혈액 한천배지에서 옅은 녹색의 집락을 보이고 pH 5.7과 7% NaCl 또는 0.001% lysozyme을 포함한 배지에서 생육가능하다. *B. cereus*는 페니실리나아제penicillinase 생성균주로서 페니실린penicillin에 대해 내성을 가지고 있고 VP 반응 양성, 시트로산염citrate 이용능 양성, 카제인casein과 티로신tyrosine을 분해하며 카탈라아제catalase를 생산하고 phenylalanine deaminase 반응에 음성을 나타낸다. 다른 *Bacillus*속과 구별되는 특징으로는 베타용혈 현상을 가지고 있으며 레시티나아제lecithinase를 생성하여 eggyolk 반응에 대해 양성을 나타낸다.

② 발생현황 및 오염경로

Hauge는 1950년 이 균에 의한 식중독을 보고하였고 병원에서 해당 식중독이 발생한 경우 추정 원인 식품은 소스였다. 1955년 노르웨이에서 식중독

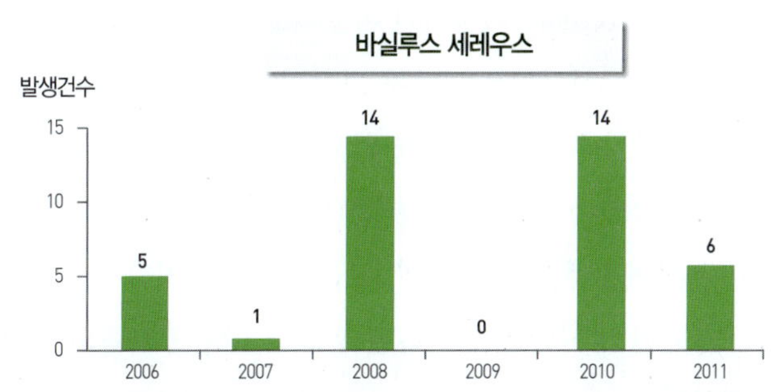

(식품의약품안전청, 2012)

그림 2-2-11 바실루스 세레우스 식중독 발생현황('06~'11년)

원인균으로 보고된 후 스웨덴, 헝가리, 미국, 일본 등 여러 나라에서 식중독 사례가 보고되었다. 1971년 *B. cereus*의 장독소enterotoxin가 분리되었고, 1972년 이 독소의 물리·화학적 성질이 밝혀지면서 *B. cereus* 식중독이 독소형인 것으로 확인되었다. 1980년에 9건의 발생보고는 쇠고기, 칠면조 그리고 멕시코 음식들이 관련이 있었다. 1981년에는 쌀과 새우 및 조개류를 원인 식품으로 하는 8건의 발생보고가 있었다. 이 균은 토양, 오수, 식물 등 자연계에 널리 분포되어 있으므로 식품에 오염되기 쉽다. 조리과정에서 식품의 실온방치, 조리환경이나 조리 기구에서의 2차 오염 등도 식중독을 일으키는 주 요인이다. 현재 미국 FDA에서는 식중독을 일으켜 건강에 해를 끼칠 수 있는 *B. cereus*의 수를 10^6 cell/g 이상이라고 발표하였다.

③ 원인 식품

주 원인 식품은 동·식물성 단백질 및 전분질 식품이다. 설사형은 향신료를 사용한 식품이나 요리로 육류, 채소수프, 바닐라소스, 푸딩pudding 등이 원인이고, 구토형은 주로 쌀밥, 볶음밥 등이 원인이다. 1993년 미국 버지니아에서는 도시락에 의한 발생보고가 있었는데, *B. cereus*에 오염된 도시락을 섭취한 67명 중 14명에게서 증상이 나타났으며 메스꺼움이 증상의 71%를 차지했다. 그러나 *B. cereus*에 의한 식중독은 *S. aureus*의 구토형 증상 또는 *Cl. perfringens*의 설사형 증상과 유사하여 잘못 판단이 되는 경우도 많으므로 항상 주의하여야 한다.

④ 잠복기 및 임상증상

*B. cereus*의 수가 10^6cell/g 이상이면 식중독을 일으키며 임상증상은 설사형과 구토형이 있다. 설사형은 고분자 단백질에 의해 발생되고 구토형은 열에 대해 안정적인 저분자 펩티드에 의해 발생되는 것으로 알려져 있다. 설사형은 잠복기가 6~15시간(평균 12시간)으로 설사 및 어지러움과 복통 등이 일어나고 메스꺼움과 설사가 동반하기도 한다. 그러나 구토 증상이 거의 나타나지 않으며 24시간 정도 지속된 후 회복된다. 구토형의 증상으로 5~6시간의 잠복기에 메스꺼움, 구토가 일어나고 가끔 심한 복통 및 설사를 일으키기도 한다. 해당 증상은 24시간 이내에 가라앉는다. 또한 이 식중독 증

상은 *S. aureus*에 의해 발생되는 식중독 증상과 유사하다. 현재 미국 FDA는 식중독을 일으켜 건강에 해를 끼칠 수 있는 *B. cereus*의 균수를 10^6cell/g 이상이라고 발표하였으며, 우리나라에서는 2005년부터 가공식품에 미생물 정량 규격을 도입하여 생식의 미생물 규격 중 *B. cereus*를 10^3cell/g 이하로 관리하고 있다.

⑤ 발생시기 및 예방

계절과 관계없이 발생하며 원료단계에서 오염되어 있는 경우가 많기 때문에 오염 자체를 완전히 차단하는 것은 현실적으로 불가능하다. 가열조리 시 일반세균은 사멸하지만 내열성 아포균은 생존하여 발육 증식하므로 조리한 식품은 신속히 섭취하거나 일시 보관한 식품은 재가열하여 섭취하여야 한다. 예방법은 다음과 같다.

- 곡류, 채소류는 세척하여 사용해야 한다.
- 조리된 음식은 장기간 실온 방치를 금지하고, 5℃ 이하에서 냉장 보관한다.
- 김밥과 같이 저온보존이 부적절한 식품은 조리 후 바로 섭취해야 한다.

5) 기타 세균성 식중독

(1) 알레르기Allergy성 식중독

*Morganella morganii*는 부패균의 일종으로 알려져 있지만 최근에는 식중독을 일으키는 원인 식품에서 발견되어 식중독의 원인균으로 등장하게 되었다. *Morganella morganii*에 의한 식중독은 부패산물의 하나인 히스타민histamine이 특유한 식중독을 일으키기 때문에 일명 알레르기성 식중독이라 한다. 표피가 청색이고 살코기가 적색인 어류인 꽁치가 가장 큰 원인 식품이고 그 외에 고등어, 정어리 등으로 알려져 있다. 잠복기는 식후 약 1시간 뒤에 발병하지만 빠르면 약 5분 뒤에 나타나기도 한다. 증상은 안부의 발열, 홍조와 함께 전신의 두드러기이다. 그 외에도 심한 두통, 오한, 구토, 설사가 일어나는데 1일 이내에 회복 가능하며 사망하는 경우는 거의 없다. 이러한 증상은 식이성 알레르기와 비슷하나 항 히스타민제의 복용으로 치료가 가능하다. 식중독은 *Morganella morganii*가 식품에 증식하여 히스티딘 탈탄산효소histidine decarboxylase를 생성하고, 이것

이 히스티딘histidine으로부터 생성된 히스타민이 methylguanidine, agumatin, arcaine 등의 아민amine류와 반응을 일으키게 된다.

(2) 장구균*Enterococcus faecalis* 식중독

이 균은 연쇄상구균이지만 성홍열, 화농의 원인이 되는 연쇄상구균과는 생물학적 성상이 다르므로 연쇄상구균 D군*Enterococcus group*으로 분류된다. 연쇄상구균 D군 중에 장내구균*Enterococcus faecalis*만이 식중독을 일으킨다. 이는 사람의 작은창자에 존재하는 세균으로서 장관의 정상적인 생리작용에 필요한 균이며, 주로 분변오염의 지표로 사용된다. 발육온도는 10~45℃이며 60℃에서 30분간 가열하여도 사멸되지 않고 식염농도 6.5%, pH 9.6의 배지에서도 발육이 가능하다. 이 균은 독소형 또는 감염형에 속하는지 분류를 하기 어려우나 장구균의 대사산물 중에 독소가 있는 것을 알 수 있다.

원인 식품은 쇠고기, 햄, 치즈, 분유, 코코아, 크림, 두부 등으로 추정되고 있다. 잠복기는 1~36시간(평균 5~10시간)이며 주요 증상으로는 소화기계 증상인 설사, 구토, 복통이 나타난다.

6) 세균성 식중독의 예방법

우리나라의 경우, 식품위생 수준이 예전에 비해 전반적으로 향상되었음에도 불구하고 식생활 형태의 변화로 식중독 발생은 해마다 증가하고 집단화되어 가는 추세이다. 식품으로 인한 위해의 80~90%가 식중독에 기인된다는 점을 감안하여 볼 때 식품의 제조 · 가공 · 조리자의 각별한 주의와 철저한 위생관리가 요구되고 있다. 식중독을 예방하기 위해서는 식품생산에서 유통, 조리, 섭취 등에 이르는 각 단계에서 식중독 세균의 오염을 방지하기 위한 노력이 필요하다. 예를 들면, 주요 식중독 원인 식품인 식육의 경우 도살 전 또는 도살 중에 식육 내로 세균의 침입과 다른 도체로의 세균의 이행 등을 최대한 줄여야 한다. 특히 병원균이 증식할 수 있는 모든 식품에 충분한 가열 및 냉각을 실시하고 교차오염cross contamination을 방지하여야 한다. 보존료의 사용 및 위생적인 시설의 이용도 중요한 방법이 될 수 있지만, 이는 어디까지나 보조적인 수단이며 조리자나 제조 가공자의 위생적 식품취급이 무엇보다 중요하다.

따라서 보다 안전한 식품을 조리 · 가공 · 생산하기 위하여 식품을 청결히 취급하고 조리식품은 가급적 빠른 시간 내에 섭취하며, 저장이 불가피한 경우 냉각 또는 가열 보관하여야 한다. 식품취급에 있어서 식중독 예방을 위해 청결의 원칙, 신속(시간)의 원칙, 냉각 또는 가열(온도)의 원칙의 3원칙을 지켜야 하며, 다음의 4가지 단계에서 특히 주의하여야 한다.

(1) 식품 및 시설기구, 종업원의 청결Cleaning

현대적인 시설을 갖추었다 할지라도 청결을 등한시한다면 안전한 식품의 생산은 결코 불가능하다. 식품위생에서 가장 중요한 '청결'은 단순히 깨끗함만을 뜻하지 않고 청결한 재료, 청결한 제조 · 가공 · 조리장소, 청결한 설비, 청결한 기구, 식품취급자의 개인위생 청결 등 포괄적이고 광범위한 청결을 의미한다. 구체적인 방법은 다음과 같다.

① 식품 자체가 신선한 것을 사용해야 하며 처리 · 조리 · 가공시간을 단축시키고 세균오염을 최대한 방지해야 한다.
② 식품을 취급할 때는 2차 오염 또는 교차오염이 발생하지 않도록 한다.
③ 교차오염을 방지하기 위하여 조리한 음식과 날 음식 간의 접촉을 피한다.
④ 도마는 음식 간의 오염을 매개할 수 있으므로 특별히 주의를 기울여 세제로 깨끗이 씻어야 한다.
⑤ 육류 및 해산물을 취급한 후 손을 청결히 하고, 주방기구 · 조리대를 물과 세제로 깨끗이 씻은 뒤 잘 말려서 사용하여야 한다.
⑥ 조리장과 가공공장에 방충 · 방서시설을 갖추고 천장의 구조 · 작업장의 바닥 · 채광 · 공지정화 등의 시설이 완벽히 이루어져야 하며 작업완료 후 살균할 수 있는 상태가 되어야 한다.
⑦ 급수 폐수시설이 완벽하게 설치되어야 하며 특히 폐수는 뚜껑을 설치한다. 또한 오물처리장 및 변소 등은 위생적 시설을 갖추고 있어야 한다.
⑧ 식품취급자의 손을 청결히 하고 작업복, 신발, 손톱과 두발상태가 위생적

이어야 한다.

⑨ 건강보균자나 환자, 특히 화농성 질환자의 경우는 작업에 종사하는 것을 금지해야 한다.

⑩ 종업원의 건강진단을 정기적으로 실시해야 한다.

(2) 분리보관Separating

식중독 세균의 교차오염을 방지하기 위하여 조리한 음식과 익히지 않은 날 음식간의 접촉을 피한다. 날 음식, 특히 육류에는 익힌 음식에 비해 많은 균을 가지고 있기 때문에 날 음식을 놓았던 곳에 익힌 음식이나 곧 섭취할 음식을 두지 말아야 한다.

냉장고 안에는 농산물 등에 붙어 있던 흙과 토양 미생물이 있을 수 있으므로 이러한 식품은 고기, 유제품 등과 따로 보관하여 교차오염을 방지해야 한다.

도마는 음식간의 오염을 매개할 수 있으므로 특별한 주의를 가하여 세제로 깨끗이 씻어야 하고 용도별로 구분해서 사용하는 것이 바람직하다.

또한 육류 및 해산물을 취급한 후 손을 청결히 하고, 주방기구 · 조리대를 물과 세제로 깨끗이 씻은 뒤 잘 말려서 사용하여야 한다.

(3) 조리Cooking

항상 음식은 완전하게 조리하여야 한다. 일단 해동된 후 조리하지 않은 음식은 다시 냉동하지 말고 조리 시 음식의 중앙까지 가열되었는지를 확인한다. 계란의 경우 날 계란을 먹는 것은 바람직하지 못하고, 또한 저항력이 약한 사람들은 계란 반숙도 삼가야 한다. 저장 후 섭취 시 음식이 충분히 재가열되지 않으면 조리 후 재 오염된 균이 증식할 수 있다. 음식의 중앙부분인 냉점cold point까지 충분히 가열되지 않으면 세균이 사멸되지 않는다. 가열 조리가 필요한 식품은 중심부 온도가 75℃ 이상이 되도록 조리하여야 한다.

(4) 냉각Chilling 및 저장

음식을 실온에 보관하면 세균이 증식하여 위험한 수준에 이를 수 있으며, 그

과정에서 독소를 생성할 수도 있으므로 항상 주의해야 한다. 구체적인 방법은 다음과 같다.

① 식품의 운반 · 유통과정이 저온상태에서 이루어져야 한다.
② 섭취하고 남은 음식은 조리 후 1시간 이내에 냉장 보관한다.
③ 동결식품은 절대로 상온에서 해동하지 않고 냉장고 안 또는 흐르는 물속에서 해동시킨다.
④ 냉장고에 식품을 보관할 때에도 냉장고를 과신하지 말고 식품의 특성에 따라 냉장고의 온도 · 보관량 및 보관기준을 적정수준으로 유지해야 한다.
⑤ 식품은 반드시 살균한 후 섭취해야 한다.
⑥ 조리된 음식은 5℃ 이하 또는 60℃ 이상에서 보관해야 한다.
⑦ 일반적으로 식품의 최적저장온도는 다음과 같다.

㉠ 7~10℃ : 과실류
㉡ 4~7℃ : 채소류, 알, 조리식품
㉢ 3~4℃ : 우유 · 유제품
㉣ 1~3℃ : 식육
㉤ 0~3℃ : 어패류, 닭고기
㉥ -18℃ : 냉동식품(냉동식육 포함)

이와 같이 우리는 식품을 위생적으로 제조 · 조리 · 보관함으로써 식품으로부터 발생할 수 있는 위험을 줄일 수 있다. 오염된 식품을 섭취하여 식중독과 유사한 증상이 나타나는 경우에는 자가진단을 하지 않고 병원을 방문하여 신속하게 치료를 받는 것이 바람직하다. 소비자들은 식중독 발생의 대부분의 원인이 부적절한 식품취급에 기인하는 것임을 인지하고 있으므로 가정에서 식품을 취급할 때 교차오염이 발생하지 않도록 위생적으로 안전하게 취급하여야 한다. 즉 세균성 식중독을 효과적으로 예방하기 위해서는 청결, 시간, 온도의 원칙을 철저히 준수해야 한다. 분야별로는 식품위생, 환경위생 그리고 개인위생의 3박자가 조화를 이룰 때 안전한 먹거리 확보가 가능하다. 참고로 세계보건기구WHO의 안전한 식품 조리를 위한 10가지 원칙은 표 2-2-7과 같다.

(세계보건기구)

표 2-2-7 안전한 식품 조리를 위한 10가지 원칙

'안전한 식품 조리를 위한 10가지 원칙' -세계보건기구(WHO)	
안전을 위하여 가공식품을 선택할 것	신선한 식품의 섭취가 좋으나, 생 · 과채류는 위해 미생물 등에 의한 오염도 있을 수 있기 때문에 적절한 방법으로 살균되거나 청결히 세척된 제품을 선택한다.
적절한 방법으로 가열 · 조리할 것	식중독 등을 유발하는 위해 미생물을 사멸하기 위해서는 철저히 가열하여야 한다. 고기는 70℃ 이상에서 익혀야 하고 뼈에 붙은 고기도 완전히 익혀야 하며, 냉동한 고기는 해동 직후에 조리한다.
조리한 식품은 신속히 섭취할 것	조리한 식품을 실온에 방치하면 위해 미생물이 증식할 수 있으므로 조리한 음식은 가능한 신속히 섭취한다.
조리식품을 저장 · 보관할 때에는 주의할 것	조리식품을 4~5시간 이상 보관할 경우에는 반드시 60℃ 이상이나 10℃ 이하에서 저장하여야 한다. 특히 먹다 남은 유아식은 보관하지 않고 버려야 한다. 조리식품 내부의 냉각속도가 느리기 때문에 위해 미생물이 증식될 수 있으므로 많은 양의 조리식품을 한꺼번에 냉장고에 보관하지 않는다.
저장하였던 조리식품을 섭취할 경우 재가열할 것	냉장보관 중에도 위해 미생물의 증식이 가능하므로 이를 섭취할 경우 70℃ 이상의 온도에서 3분 이상 재가열한다.
조리한 식품과 조리하지 않은 식품이 서로 접촉되어 오염되지 않도록 할 것	가열 조리한 식품과 날식품이 접촉하면 조리한 식품이 오염될 수 있으므로 서로 섞이지 않도록 한다.
손은 철저히 씻을 것	손을 통한 위해 미생물의 오염이 빈번하게 발생하므로 조리 전, 다른 용무를 본 후에는 반드시 손을 씻는다.
조리대는 항상 청결을 유지할 것	부엌의 조리대를 항상 청결하게 유지하여 위해 미생물이 음식에 오염되지 않도록 하여야 하며, 행주 · 도마 등 조리기구는 매일 살균 · 소독 · 건조한다.
쥐 및 곤충 등이 접근하지 못하도록 음식을 보관할 것	곤충, 쥐, 기타 동물 등을 통해 위해 미생물이 식품에 오염될 수도 있으므로 동물의 접근을 막을 수 있도록 주의하여 보관한다.
깨끗한 물로 조리할 것	

2. 바이러스성 식중독

최근 바이러스virus에 의한 식중독의 발생이 증가하고 있다. 바이러스성 식중독이란 바이러스에 오염된 음식물을 섭취하여 일어나는 건강상의 장애를 말하며, 사람에게는 주로 장염을 일으킨다. 주요 원인 바이러스는 노로바이러스norovirus 그룹이다. 노로바이러스는 매우 감염력이 강하여 사람을 매개로 쉽게 전파되어 집단 식중독을 일으킨다. 또한 이 외에도 아스트로바이러스astrovirus, 장관아데노바이러스adenovirus, 로타바이러스rotavirus A군 등에 의한 사례가 보고되고 있다. 노로바이러스는 1999년에 국내에 보고된 이래로 2003년과 2004년에 집단설사가 발생하면서 주목받기 시작했다. 특히 2006년 6월 노로바이러스에 의한 학교급식 사고를 계기로 하여 2006년 6월 이후로 노로바이러스를 비롯한 4개 바이러스를 감염병 예방법상 병원체 감시대상 지정감염병으로 분류·관리하고 있다. 최근의 연도별 발생현황을 보면 2009년에는 32건 568명의 환자, 2010년에는 31건 1994명의 환자, 그리고 2011년에는 9월까지 24건 1,257명의 환자가 발생하였다. 발생건수는 다소 감소하는 추세이지만 환자수는 오히려 증가하여 바이러스성 식중독의 대형화 경향이 뚜렷해지고 있어 앞으로 범정부 차원에서 바이러스성 식중독의 예방과 감시활동을 철저히 해야 할 필요가 있다. 이러한 바이러스성 식중독은 원인물질에 따라 생물학적 식중독으로 분류되며 감염형에 속하게 된다. 바이러스성 식중독과 세균성 식중독의 가장 큰 차이점은 바이러스성 식중독은 미량의 개체(10~100)로도 발병이 가능하며 2차 감염으로 인해 대형 식중독을 유발할 수 있는 가능성이 높은 점 등이 수인성 감염병과 유사하다는 점이다.

1) 노로바이러스

① 원인체

음식물이나 물 등을 통해 노로바이러스(그림 2-2-12)가 사람의 신체 내에 유입될 경우 감염성 위장염을 일으키는 장관계 바이러스enteric virus의 한 종류이다. 1968년 미국의 오하이오주 노워크Norwalk 지역 집단 식중독 환자 분변에서 최초로 분리된 바이러스이며 노워크바이러스, 캘리시바이러스calicivirus, 소형구형 바이러스small round structured virus(SRSV)라고도 지칭한다. 노로바이러스는 외가닥 RNA를 가진 껍질이 없는Non-envelop 바이러스이며 사람에게만 질병을 유발한다. 5개 유전자형Gi, Gii, Giii, Giv, Gv 중 2개 유전자형Gi, Gii이 식중독을 유발한다. 최근 한국과 일본에서 발생한 노로바이러스 식중독의 90% 이상이 Gii형이다. 바이러스는 크기가 매우 작고 항생제로도 치료되지 않으며 사람의 체외에서는 생장할 수 없는 등 세균과는 매우 다른 특징을 갖는다. 또한 미량(10~100) 개체로도 발병 가능하며, 10ppm 이하의 염소 및 냉동상태, 60℃ 가열 등에서 생존할 수 있어 식품조리자의 주의가 필요하다. 노로바이러스는 또한 오염된 물에서는 제거되기 어렵다는 문제점도 가지고 있다.

② 발생현황 및 오염경로

노로바이러스에 의한 식중독은 최근 크게 증가하여 2002~2009년 매년 평균 1,430명(전체 식중독환자의 19%)의 환자가 발생하였고 일본에서는 전체 식중독 환자의 25%의 환자가 발생하였다. 최근 우리나라의 사례를 연도별로 살펴보면 2006년 1,338명의 가장 많은 노로바이러스 식중독 환자가 발생하였다. 오염원은 사람의 분변이며 식품에 감염되는 경로는 다양하다. 즉 사람의 분변 또는 분변에 오염된 물에 접촉하거나 손을 포함하여 분변이 오염된 물건에 의한 경로, 구토물 또는 구토물이 오염된 물에 의한 발병, 감염자의 주변 환경이나 감염자에 의한 비말감염 등이다. 집단 식중독은 조리원, 조리기구, 물의 오염을 통해 일어난다.

③ 원인 식품

식중독은 주로 음식(패류, 샐러드, 과일, 냉장식품, 샌드위치, 상추, 냉장조리 햄, 빙과류)이나 물, 특히 사람의 분변에 오염된 물이나 식품에 의해 발생한다. 식품취급자가 바이러스 전파의 주 원인이라는 보고가 있는데, 증상을 보이는 감염자는 질환을 앓는 동안 바이러스를 배출하게 되며, 질병으로부터 회복되더라도 최소 3주간은 지속적으로 바이러스를 배출한다. 따라서 식품취급자가 바이러스에 감염되었다면 즉시 식품취급을 중지하고 치료 후라도 최소 3주간은 식품을 취급하여서는 안 된다.

④ **잠복기 및 임상증상**

식품 섭취 후 일반적으로 24~48시간 후의 잠복기를 거쳐 증상이 나타나는데, 감염력이 매우 강하고 사람을 통해 쉽게 전파되며, 분변과 구토물 또한 감염력을 나타내고 있다. 증상은 세균성 식중독과 유사하며 주로 메스꺼움, 구토, 설사, 위경련 등이 나타나며 때때로 미열, 오한, 두통, 근육통과 피로감을 동반한다. 대부분은 1~2일 이내에 호전되며 심각한 건강상 위해는 없으나, 간혹 어린이, 노인과 면역력이 약한 사람에게는 탈수증상이 나타나기도 한다.

⑤ **발생시기 및 예방**

바이러스성 식중독은 연중 발생하지만 일 년 중 온도가 낮은 겨울철(11~2월)에 발생건수가 증가하는 경향이 있다. 현재 바이러스성 식중독에 대한 치료법이나 감염예방 백신은 계발되지 못한 상황이다. 건강한 성인에게는 감염증상이 경미하나, 소아, 노인, 환자에게 발생하는 탈수증상은 생명에 치명적인 위해를 가져올 수 있다. 일반적 치료법이나 백신이 없기 때문에 예방이 가장 중요하다.

예방법은 다음과 같다.

- 개인위생의 준수: 조리 전, 식사 전, 화장실 사용 후 항시 손 세척할 것
- 위생적 식습관의 생활화: 과일과 채소는 흐르는 수돗물에 깨끗이 세척해야 하며, 굴은 가능하면 익혀서 먹는다.
- 정수처리 시설 관리: 물탱크, 저수조, 배관관리 등 위생적 식수 공급
- 감염 후 관리: 바이러스에 오염될 만한 옷과 이불 등의 소독 및 감염자와의 접촉을 피하여 2차 감염을 예방하도록 한다. 환자의 구토물은 적절히 폐기하고 주변을 청결하게 유지하는 것이 중요하다. 노로바이러스에 감염된 사람은 회복 후 3일 동안은 식품을 취급하지 않아야 하며 환자에 의해 오염된 식품은 적절한 방법으로 폐기 처리하여야 한다.

한편 식품의약품안전청은 지난 2012년 4월 19일 국내 식중독 발생 주요 원인인 노로바이러스가 식품에서 10일 정도 생존할 수 있는 것으로 확인되어 보다 안전한 식품 섭취를 위해서는 꼼꼼한 세척 습관을 갖추는 것이 중요하다고 발표하였다. 지난해 식품 내의 노로바이러스 감염성 유지기간을 확인하기 위해 토마토, 상추 및 얼음에 노로바이러스를 인위적으로 오염시켜 생존율을 측정한 결과는 다음과 같다. 즉 표 2-2-8에서 볼 수 있듯이 토마토 중 노로바이러스 생존율은 3일째 11%, 6일째 9%, 그리고 10일째에도 5%의 감염성을 유지하며, 상추의 경우도 3일째 27%, 6일째 11%, 그리고 10일째에 3%의 감염성을 유지하는 것으로 나타났다. 한편, 얼음 내의 노로바이러스 생존율은 17일 후에도 약 45%를 유지한다.

(식품의약품안전청, 2012)

표 2-2-8 토마토 및 상추에서의 노로바이러스 생존율

구분	생존율		
	토마토	상추	얼음
3일 경과	11%	27%	99%
6일 경과	9%	11%	–
10일 경과	5%	3%	85%
17일 경과	–	–	45%

또한 표 2-2-9에서와 같이 2010년의 식약청 보도자료에 따르면 과일 · 채소 등을 흐르는 물에 깨끗이 씻으면 다음 표와 같이 노로바이러스를 90% 이상 제거할 수 있기 때문에 토마토, 상추와 같이 가열 등의 조리과정이 없이 물로 씻어

표 2-2-9 세척방법에 따른 노로바이러스 제거율(%) 연구 결과

구분	생존율		
	양상추	깻잎	블루베리
세척 형태	45.1	77.2	94.5
담금 물	82.8	93.0	99.6
흐르는 물	87.5	94.8	100
담금 물 + 흐르는 물	–	–	45%

서 섭취하는 식품은 꼼꼼한 세척과정 뿐 아니라 보관 시에도 주의가 필요하다고 당부하였다.

이러한 실험 결과를 토대로 식약청은 노로바이러스 사고를 줄이는 방법을 다음과 같이 제안하고 있다.

- 노로바이러스는 낮은 온도에서도 생존율이 매우 높기 때문에 한 번 씻어서 냉장고에 보관 중인 식품(과일, 채소 등)이라도 섭취하기 전에는 다시 세척하는 것이 좋다. 또한 노로바이러스에 오염된 식품에서 다른 식품으로 교차오염 가능성이 있기 때문에, 식품별로 용기에 개별 보관하는 것이 바람직하다.
- 얼음 내에서 노로바이러스가 장기간 감염성을 지닐 수 있으므로, 식중독 예방을 위해서는 반드시 끓인 물을 얼린 얼음만을 섭취하는 것이 좋다.
- 참고로 식품에 오염된 노로바이러스를 제거하려면 물에 2분 이상 담가두었다가 흐르는 물로 충분히 세척하는 것이 효과적이다.

2) 간염바이러스

① 원인 바이러스

간염을 유발하는 바이러스 중에서 장으로의 감염이 되는 식품매개 바이러스는 간염 A 바이러스HAV, 간염 E 바이러스HEV가 있다. 간염 A 바이러스는 작고 외피가 없는 구형으로 직경 27~32nm의 크기를 갖는다. HAV는 장독소enterovirus와 폴리오바이러스poliovirus를 포함하는 picornaviridae계열 바이러스이나 HEV는 노로바이러스 그룹에 속하는 바이러스와 유사하지만 독특한 특성 때문에 현재까지 바이러스 계열에 포함되지 않는다.

② 발생현황 및 오염원인

간염 E 바이러스는 최근 파키스탄과 인도에서 수인성 감염이 크게 발생되었을 때 간염의 원인으로 발견되었다. 이 바이러스는 HAV가 풍토병인 동남 아시아, 인도네시아, 아프리카에서 나타나며. 산업국가에서의 HEV 감염은 거의 나타나지 않으며 대부분 여행과 관련이 있다. HEV 감염의 주요 원인은 분변으로 오염된 물이며 선진국에서는 거의 보고된 바가 없다.

③ 잠복기 및 임상증상

HAV에 감염이 되면 증상이 없거나 30일이 지난 후에 증상이 나타날 수 있다. HAV 감염이 되면 보통 1~2주 후에 고열, 두통, 피로, 메스꺼움 그리고 복부 통증을 동반한다. HAV 감염이 가지는 증상은 개별적인 감염시기와 연관이 있다. 6살 이하의 아이들 사이에서는 대부분 감염이 되어도 증상이 나타나지 않지만 드물게 황달로 진행될 수도 있으며 고학년 아이들과 성인들은 감염증상이 나타날 경우 대다수가 황달이 발생한다. 성인의 경우는 근육통, 두통, 식욕감퇴, 복부불쾌감, 발열, 황달, 독감 등의 증상이 나타난다.

④ 발생시기 및 예방

연중 나타나며 가장 감염성이 높은 시기는 임상증상 발현 전후인데 증상이 발현되기 전까지는 본인이 알 수 없기 때문에 더욱 위험하다. A형 간염 환자나 감염이 의심되는 사람은 증상발현 후 최소 7일간은 식품취급장에서 격리되어야 하므로 보건당국은 식품취급자를 격리하는 것과 더불어 기타 다른 조치(예: 작업장과 공동시설 소독, 오염위험이 있는 장소에 있는 식품폐기, 다른 식품취급자 및 소비자의 예방접종)의 필요 여부를 판단해야 한다.

제3장 감염병, 기생충 및 위생동물

1. 감염병

식품을 매개로 하여 발생되는 감염병은 그 원인에 따라 경구감염병과 인수공통감염병으로 대별된다. 경구감염병은 어떤 특정 병원체 또는 병원체의 독성물질로 인하여 발생되는 질병으로 병원체의 독성물질로 인하여 발생되는 질병으로 병원체가 식품, 음료수, 식기 손 등을 통하여 경구적으로 숙주(사람)에게 전파되는 질환을 말한다. 따라서 병원체가 숙주 내에서 분열 · 증식하여 사람이나 동물에게 질병이나 면역반응을 일으키게 하는데 소화기계 감염병 또는 감염병 infectious disease이라 한다.

인수공통감염병은 척추동물과 사람 사이에 자연적으로 감염되는 질병으로 식품위생상 문제가 되는 점은 질병에 걸린 동물의 고기나 젖을 섭취하거나 이러한 동물을 처리 · 가공할 때 부주의에 의하여 감염된다.

우리나라 감염병 관리 관련 법령은 감염병예방법(감염병의 예방 및 관리에 관한 법률), 결핵예방법, 후천성면역결핍증예방법, 검역법 및 각 법의 시행령, 시행규칙과 해외유입 감염병 관리규정, 위생분야 종사자 건강진단규칙 등이 있다. 최근 들어 전 세계적으로 사라졌던 콜레라, 말라리아 등의 감염병이 재유행하고 있어 감염병 관리가 중요시 됨에 따라 세계보건기구뿐WHO만 아니라 선진국 등지에서도 감염병예방법령의 재정비를 서두르고 있는 상태이다. 특히 감염병 중에서 다른 사람에게 감염력이 높아 이를 지역사회 수준에서 관리하지 않을 경우 국민보건에 영향을 미치는 질환을 법정감염병으로 지정하고 있다.

1) 감염병 발생과정

감염병이 집단적으로 발생하여 유행을 하는 데는 아래 세 가지 요건이 구비되어야 한다.

① 감염병(병원체) : 양적으로나 질적으로 질병을 일으킬 수 있을 만큼 충분해야 한다.

② 감염경로(환경) : 병원체에 감염될 수 있는 환경조건이 구비되어야 한다.

③ 숙주의 감수성 : 병원체에 대한 면역성이 없어야 하며 감수성이 있어야 한다.

그러므로 병원체, 환경(접촉기회), 숙주(감수성, 인간) 등 세 가지 요건이 갖추어지면 환자가 발생하여 감염병이 유행되는데, 이 세가지 요건을 세분화하면 아래의 6개 요인이 된다.

즉 감염병이 발생되는 과정은 대체로 병원체, 병원소, 병원소로부터 병원체의 탈출, 전파, 새로운 숙주의 침입 및 감수성의 6개 요인이 구비되어야 하며, 이 요인들이 연쇄적으로 이루어져 감염병이 발생된다. 이 중 어느 한 가지라도 빠지면 발생하지 않는다. 따라서 감염병을 예방하기 위해서는 이런 요인 중 하나라도 차단해야 한다.

(1) 병원체

숙주에 침입하여 질병을 일으키는 미생물을 말하며 세균류, 바이러스류, 진균류, 리케차, 기생충 등이 있다.

(2) 병원소

병원체가 생존하고 증식하여 새로운 숙주에게 전파될 수 있는 상태로 저장되어 있는 장소를 말한다. 병원체는 생체 밖에서 또는 자연상태에서 오랫동안 생존하거나 번식하지 못한다. 인간 병원소 환자, 무증상 감염자 및 보균자이다.

① 무증상 감염자 : 병원체를 보유하고 있으나 특정 증상을 나타내지 않으며 병원체를 배출하지도 않는 사람

② 보균자 : 증상은 없으나 병원체를 배출함으로써 다른 사람에게 질병을 전파

(3) 병원체의 병원소 탈출

① 소화기 계통 : 주로 분료를 통해 탈출하여 전파되며 상수도는 하수를 오염하여 우리가 음식이나 음료수를 섭취할 때에 감염된다.(예: 콜레라)

② 호흡기 계통 : 호흡기 계통에는 많은 병원체가 증식하고 있어 대화, 기침, 재채기를 할 때 병원체가 공중으로 전파된다.

③ 피부 비뇨기 계통 : 혈행성으로 비뇨 생식기계를 통한다.

④ 기계적 탈출 : 곤충 등의 직간접 탈출, 소독이 미비한 주사기, 태반(예: 간염 AIDS, 매독)

(4) 전파

배출된 병원체가 새로운 숙주에 운반되는 과정을 전파라 하며, 다음 두 가지 형태가 있다.

① 접촉 전파

㉠ 직접 전파: 신체적 접촉(성병, 나병)이나 기침, 재채기 등으로 인한 비말감염(감기, 홍역, 결핵)

㉡ 간접 전파: 배출된 병원체가 병원소 밖에서 오랫동안 생존할 수 있어야 전파된다. 매개체(병원체로 오염될 수 있는 의복, 침구, 식기)와 활성 매개체(곤충류)로 나눌 수 있다.

② 식품 감염에 의한 전파 : 식품물을 통하여 전파되는 경우이다.

(5) 침입 경로

병원체의 침입은 병원소의 탈출과 같이 소화기 계통(장티푸스), 호흡기 계통(감기), 비뇨기 계통(AIDS), 피부 계통(헤르페스), 태반(매독), 점막 및 피부를 통해서 침입한다. 병원체는 침입 경로가 정해져 있기 때문에 그 경로를 차단하면 감염되는 것을 예방할 수 있다.

(6) 숙주의 감수성과 면역

병원체가 새로운 숙주에 침입하여 체내에서 생존하고 증식을 하게 되면 이를 감염되었다고 하며 감염된 후 얼마 동안의 기간이 경과한 후에야 비로소 증상이 나타나기 시작하는데 이 기간을 잠복기라고 한다. 어떤 질병에 감수성이 있는 사람이란 그 질병에 대한 면역이 없어 저항력이 약한 사람을 말한다. 면역이 있는 사람은 감염되었다고 하더라고 병원체에 대한 저항력이 강하므로 질병으로 이행되지 않으며 감염병이 발생하는 상황에는 몇 가지 특징이 있다.

① 집단적인 발병이 쉽게 일어나며 폭발적인 유행을 한다.
② 환자의 발생은 계절적인 특성이 있는데, 특히 여름철에 많이 발생한다. 그 이유는 고온 다습하여 매개체(파리, 바퀴 등)가 발생하고, 식품 중의 병원체가 증식하기 알맞으며, 소화기계의 기능이 약해져서 병원체에 대한 저항력이 약화되기 때문이다.
③ 환경이 좋고 나쁨에 좌우되므로 지역적인 특성에 영향을 받는다.
④ 음식물에 대한 기호성과 경제적인 상태에 따라 발생되기도 한다.
⑤ 물로 인한 오염은 희석되어 잠복기가 길지만 음식물은 농후 오염될 때가 많으므로 잠복기간이 짧아진다.
⑥ 병원체가 식품 속에서 증식하기 때문에 발병률이 높다.
⑦ 물로 인한 경우에는 가족집적성이 인정되지 않으나 장티푸스나 이질은 가족집적성이 인정된다.

그러므로 감염병이 유행할 때는 병원균에 대한 저항력을 증대시키기 위해 예방주사를 접종시켜 면역을 증대시켜야 한다.

2) 감염병의 분류

감염병의 발생은 연쇄적이며 이 과정 중 어느 하나라도 결여되거나 방해를 받으면 새로운 감염병 발생은 일어나지 않는다. 모든 과정을 거쳤더라도 마지막 과정인 감수성 숙주가 면역성이 있다면 감염병은 발생되지 않는다. 이러한 병원체에 따른 감염병의 분류는 표 2-3-1과 같다.

표 2-3-1 병원체에 따른 감염병의 분류

병원체	감염병의 종류
세균	콜레라, 장티푸스, 세균성 이질, 파라티푸스, 성홍열, 렙토스피라, 수막구균성 수막염, 리프테리아, 백일해, 파상풍
바이러스	폴리오, 유행성간염, 인플루엔자, 유행성이하선염, 홍역, 일본뇌염, 천열, 감염성 설사
리케차	발진티푸스, 발진열, 쯔쯔가무시병, Q열
원생동물	아메바성 이질

또한 우리나라 법정감염병은 표 2-3-2에서와 같이 제1군에 6종, 제2군에 11종, 제3군에 19종 및 제4군에 17종의 감염병으로 분류되어 있다.

표 2-3-2 우리나라의 법정감염병

병원체	감염병의 종류
제1군 감염병[1)]	콜레라, 장티푸스, 파라티푸스, 세균성 이질, 장출혈성 대장균감염증, A형감염
제2군 감염병[2)]	디프테리아, 백일해, 파상풍, 홍역, 유행성 이하선염, 풍진, 폴리오, B형간염, 일본뇌염, 수두, b형헤모필루스인플루엔자
제3군 감염병[3)]	말라리아, 결핵, 한센병, 성홍열, 수막구균성 수막염, 레지오넬라증, 비브리오패혈증, 발진티푸스, 발진열, 쯔쯔가무시증, 렙토스피라증, 브루셀라증, 탄저, 공수병, 신증후군출혈열, 인플루엔자, 후천성 면역결핍증(AIDS), 매독, 크로이츠펠트-야콥병(CJD) 및 변종크로이츠펠트-야콥병(vCJD)
제4군 감염병[4)]	페스트, 황열, 뎅기열, 바이러스성 출혈열, 두창, 보툴리눔독소증, 중증 급성호흡기 증후군(SARS), 조류인플루엔자 인체감염증, 신종인플루엔자, 야토병, 큐열(Q열), 웨스트나일열, 신종감염병증후군, 라임병, 진드기매개뇌염, 유비저, 치쿤구니야열

1) 제1군 감염병이라 함은 마시는 물 또는 식품을 매개로 발생하고 집단 발생의 우려가 커서 발생 또는 유행 즉시 방역대책을 수립하여야 하는 감염병을 말한다.

2) 제2군 감염병이라 함은 예방접종을 통하여 예방 및 관리가 가능하여 국가예방접종사업의 대상이 되는 질환의 감염병을 말한다.

3) 제3군 감염병이라 함은 간헐적으로 유행할 가능성이 있어 계속 그 발생을 감시하고 방역대책의 수립이 필요한 감염병을 말한다.

4) 제4군 감염병이라 함은 국내에서 새롭게 발생하였거나 발생할 우려가 있는 감염병 또는 국내 유입이 우려되는 해외 유행 감염병으로서 보건복지부령으로 정하는 감염병을 말한다.

2. 경구감염병

1) 경구감염병의 개요

(1) 경구감염병의 특징

병원미생물이 음식물이나 손, 기구, 음료수 등을 통하여 경구적으로 체내에 침입, 증식하여 질병을 일으키는 것을 경구감염병이라 하며 주로 소화기 계통에 장애를 일으키기 때문에 소화기계 감염병이라고도 한다.

주요한 경구감염병은 세균성 이질, 장티푸스, 파라티푸스, 콜레라처럼 세균에 의한 것과 급성회백수염(소아마비), 감염성 설사, 유행성 간염과 같이 바이러스에 의한 것, 아메바성 이질과 같이 원충류에 의한 것으로 나눌 수 있다.

세균성 식중독도 경구감염병과 마찬가지로 병원미생물에 의하여 일어나지만 감염 양식 등에서 차이점이 있다. 특히 중요한 차이점은 감염성의 유무로서 경구감염병은 병원체가 사람에 대하여 강한 병원성을 갖고 있어서 미량의 균으로도 발병할 수 있고 사람→매개물→사람으로 2차 감염을 일으켜 감염환이 성립되지만, 세균성 식중독은 발병에 다량의 균이 필요하고 원칙적으로 사람에게 제2차 감염이 일어나지 않는 종말감염terminal infection이라는 점에 차이가 있다.

(2) 감염경로

① 음식물에 의한 감염

장티푸스, 파라티푸스, 이질, 콜레라, 병원성 대장균, 유행성간염, 급성회백수염, 성홍열, 감염형 황달Weil's disease, 식중독 등이다.

② 수인성 감염

장티푸스, 파라티프스, 이질, 콜레라, 병원성 대장균, 유행성간염, 급성회백수염 등이다.

③ 매개감염

파리와 바퀴가 매개하는 감염병은 음식물에 의한 감염병(경구감염병)이 대부분이다. 쥐 역시 경구감염병이 전부 가능하며 그 외에 페스트도 감염시킨다.

토양으로부터 감염되는 감염병으로는 구충증(십이지장충, 아메리카구충), 분선충증, 파상풍 등이 있다.

또한, 감염병이 어느 집단의 전원이 감염된다 하더라도 개인마다 그 감염병에 대한 감수성의 차이, 즉 면역과 저항력의 차이가 있기 때문에 모두 발병되는 것은 아니다.

그러므로 병원체, 환경(접촉기회), 숙주(감수성 인간) 등 세 가지 조건이 구비되어야만 환자가 발생하여 감염병이 유행하게 된다. 세균성 식중독과 경구감염병은 그 매개체가 식품이고 초기의 증상이 유사하나 그 차이점을 구별해 보면 표 2-3-3과 같다.

표 2-3-3 경구감염병과 세균성 식중독의 차이점

항목	경구감염병	세균성 식중독
감염원	물, 때로는 식품	주로 식품
식품의 역할	운반매체	증식매체
균체의 양	약 10^3 이하	약 10^6 이상
감염 형태	미량의 균체에 의해서도 발병	대량 증식한 균이나 독소섭취로 발병
병원균의 독력	강하다	약하다
감염성 2차 감염	많다. 병원체와 사람 사이에 감염환이 성립	적다. 종말감염이 사람이다
잠복기	일반적으로 길다	비교적 짧다
증상	장기간	일과성
면역성	있는 경우가 많다	없다
격리 유무	있다	없다
관련법	감염병예방법	식품위생법
식품의 신선도	관계 없다	관계 있다
유사점	소화기 계통의 증상을 나타냄	

(3) 경구감염병의 예방대책

경구감염병을 예방하기 위해서는 감염원, 감염경로, 숙주에 대하여 적절한 대책이 필요하다.

특히 식품위생학적 견지에서는 다음 사항에 주의하여야 한다.

① 환자, 특히 경증환자 또는 보균자를 조기 발견하여 식품의 제조, 취급, 조리 등에 종사시키지 말 것
② 식품의 원료는 위생적으로 처리한 신선한 것을 사용할 것
③ 식품의 보존에 주의하여야 하며 생식을 가능한 한 금지시킬 것
④ 사용하는 물에 주의하여야 하며 오염되었다고 생각되는 물은 사용하지 말 것
⑤ 식품을 취급하는 사람은 특히 손을 잘 씻고 소독을 철저히 할 것
⑥ 식품의 제조, 취급, 조리 등에 사용되는 기구, 식기는 깨끗이 씻고 소독할 것
⑦ 쥐, 파리, 바퀴 등의 침입을 방지하고 이들을 구제할 것
⑧ 작업장을 청결하게 할 것
⑨ 예방접종을 실시할 것

2) 주요 경구감염병

(1) 이질Dysentery

이질은 세균성 이질과 아메바성 이질로 구분되는데 그 대부분이 세균성이며 식품위생상 문제가 되는 것은 세균성 이질이다.

① **세균성 이질**Bacillary dysentery; shigellosis

중세 이후 유럽에서 이질이 발생하여 대유행을 하였다는 기록이 있으며, 우리나라에서도 상당히 오래 전부터 있었던 것으로 알려져 있다.

a. 병원체

세균성 이질Shigellosis의 원인균은 *Shigella dysenteriae*(A군), *S. flexneri*(B군), *S. boydii*(C군) 및 *S. sonnei*(D군) 등이 있으며, 이는 다시 40종의 혈청형으로 분류된다. 일반적으로 이들 이질균의 발생빈도는 개발국가에서는 D군, 저개발국가에서는 A군, 그리고 개발도상국가에서는 B군이 대부분을 차지하고 있다.

이질균은 그람 음성(0.5~0.7㎛×2~3㎛)의 단간균으로 아포, 협막이 없으며 운동성이 없다. 이 균은 물 속에서 2~6일, 바닷물 속에서 2~5개월간 생존

한다. 신선한 우유에서는 잘 증식하나, 열에 약하므로 가열살균법으로 살균할 수 있다. 1% 석탄산에서 16~30분에 사멸된다.

b. 감염경로

대부분의 감염은 환자와의 직접접촉에 의한 것이 많다. 균은 환자나 보균자의 장관에 서식하기 때문에 분변과 함께 배출된다. 이 균으로 오염된 의류, 기구, 손 및 음식물에 의하여 전파되며 쥐나 파리가 변소나 하수구 등 불결한 장소에서 균을 운반하여 식품을 오염시키는 경우도 있다.

c. 증상

잠복기는 1~3일이며 권태감, 식욕부진, 가벼운 복통 등의 전구증상을 거쳐 오한, 전율과 함께 설사가 따른다. 설사는 혈액과 점액이 섞이는 수가 많으며 38~39℃ 정도의 열이 난다. 이는 이질균이 대장점막에 침입, 증식하므로 장벽에 궤양을 만들고 점액혈변과 함께 악취를 발생시킨다. 이급후증 tenesmus(배설 후 불쾌한 동통)이 있으며 1회의 변량은 극히 적다. 일반적으로 2~3주 내에 치유되며, 경증인 경우에는 단시일 내에 치유된다. 사망률은 20~40%이다. 많이 발생하는 연령은 10세 이하(50%)의 어린이로서 전신증상이 강하게 나타나며 고열과 경련 등의 뇌신경증상을 일으킨다. 최근에는 예후가 매우 좋아져 치명률은 크게 낮아진 상태이다.

d. 예방법

세균성 이질 환자의 장관 배설물은 소량으로도 감염이 일어날 수 있으므로 설사가 완전하게 멈출 때까지 위생적 관리를 철저히 해야 한다. 또한 감염된 환자가 취급한 물건에 대한 철저한 소독이 필요하고 배변 후 손 세척은 필수적이다. 또한 감염경로를 차단하기 위하여 식품에 쥐나 곤충의 침입을 막고 오염된 식품은 60℃에서 10분 가열함으로써 병원체를 사멸시킬 수 있다. 오염된 식품은 저온살균으로 병원체를 사멸시킬 수 있지만 예방차원의 항생제 치료와 예방접종 백신은 아직 유용하지 않다.

② 아메바성 이질 Amoebic dysentery, amebiasis

a. 병원체

원충에 속하는 이질아메바*Entamoeba histolytica*의 감염에 의하여 일어난다. 아메바성 이질의 병원체는 발육기에 따라서 영양형vegetative form, 포낭전기형precystic form, 포낭형cystic form으로 나누어진다. 영양형의 아메바는 20~30㎛의 대형이며 이질환자가 배설한 직후의 분변 속에서 활발한 운동을 하나, 이것은 감염원이 되지는 않는다. 감염원은 운동이 정지된 포낭형이다. 경구 감염에 의하여 소화관에 침입하면 소장하부에서 탈낭한 후 분열증식하여 8개의 작은 영양형으로 되어 대장에 침입한다.

b. 감염경로

환자와 포낭보충자가 감염원이 된다. 영양형은 분변과 함께 배출되면 외계에 대한 저항성이 약하기 때문에 사멸한다. 사람의 감염은 포낭보충자가 감염원이 된다. 접촉, 음용수, 식품, 식품취급자, 곤충, 쥐 등에 의하여 감염된다.

c. 증상

잠복기는 수일 내지 수주일이며, 대장의 표층점막이 괴사 탈락되어 궤양이 생기며, 아메바가 증식함에 따라 병소가 확대되어 이질증상이 나타난다. 열은 없으나 분변에는 점액이 많고 분량도 많다. 예방법은 세균성 이질과 같으며, 특히 음료수의 위생에 유의하여야 한다.

d. 예방법

확진을 위해서는 대변에서 영양형trophozoite이나 낭자를 검출하면 되지만 임상적으로 이질 증세가 있으면 추정진단이 가능하므로 여러 차례 대변검사를 실시해야 한다. 일상 시에 아메바성 이질을 예방하는 방법으로는 상수원이나 상수의 인분오염을 차단하고 위생적 처리가 필수적이다. 염소소독으로 낭포가 완전 사멸되지 않기 때문에 반드시 물은 끓여서 먹어야 안전하다. 또한 배변 뒤 손 씻기, 식사준비와 먹기 전에 손 씻기 등 개인위생에 철저해야 한다.

(2) 장티푸스Typhoid fever

장티푸스는 우리나라의 제1군 법정감염병 중에서 높은 발병률을 차지하고 있다. 2004년의 경우 174명의 환자가 발생하였다. 과거에는 주로 8~9월에 발병하였으나, 최근에는 연중 발생하며 많이 발생하는 연령은 청장년층이고 성별로는 남성과 여성이 비슷하다.

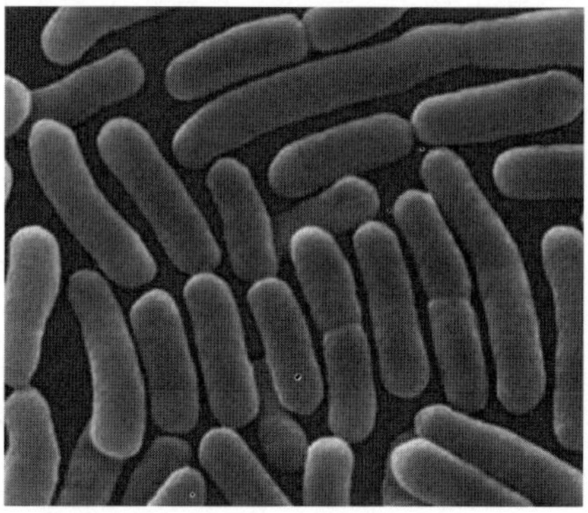

그림 2-3-1 장티푸스

① **병원체**

장티푸스균*Salmonella typhosa, S. typhi, Eberthella typhi*은 그람 음성의 간균으로서 주위에 8~12개의 편모가 있어 활발한 운동을 한다. 이 균은 사람이 유일한 숙주이며, 동물에게는 감염되지 않는다. 이 균은 탄수화물에서 가스를 생성하지 않으므로 *Salmonella*와 구별된다. 장티푸스균의 저항력은 비교적 강하여 일광이 없고 습한 환경에서 장시간 생존한다. 분변 속에서는 수주 이상 생존할 수 있으나, 깨끗한 물에서는 영양분이 없기 때문에 비교적 빨리 죽는다.

② **감염경로**

환자의 혈액, 분뇨 중에 장티푸스균이 배출되어 의복, 기구, 손, 음식물, 물 등을 오염시켜 입을 통하여 체내에 침입한다. 특히, 치즈나 버터에서는 1개월 이상 생존이 가능하다. 이 균은 담즙 속에서 증식을 계속하기 때문에 치유된 후에도 균을 배출하는 경우(병후보균자)와 건강보균자가 있다. 따라서 장티푸스의 관리에 있어서 가장 큰 문제점은 보균자carrier의 관리이다. 원인 식품으로서는 얼음, 어패류, 두부 등을 꼽을 수 있고 외국에서는 우유에서 많다.

③ **증상**

일반적으로 7~14일의 잠복기를 거쳐 전신권태 증상이 나타나고 40℃ 정도의 고열이 약 2주간 계속된다. 피부에 작은 붉은 발진(장미진)roseola이 생기고 두통이 심하며 헛소리를 한다. 열은 3주째부터 서서히 떨어지며, 맥박이 느려지고 백혈구가 감소한다. 사망률은 10~20%이나 최근에는 감소되었다. 병후 얻어지는 면역은 평생면역으로 강력한 면역체를 형성한다.

④ **예방법**

감염원이 되는 환자와 보균자를 색출하여 관리를 철저히 하고 오염된 매개물(곤충, 음식물, 물)의 전파경로를 차단한다. 그리고 예방접종 백신을 병에 걸릴 위험성이 높은 사람이나 타인에게 감염시킬 가능성이 높은 사람에게 실시한다. 환경위생 등이 좋지 못한 개발도상국에서는 계속적으로 발생되고 있고 우리나라의 발생률은 10만 명당 5~10명 정도로 추정되므로 개인위생과 공중보건 증진에 노력해야 한다.

(3) 파라티푸스Paratyphoid fever

파라티푸스는 세균성 이질, 장티푸스 등과 더불어 우리나라 제1군 감염병이다.

① **병원체**

파라티푸스균*Salmonella paratyphi*에 의하여 일어나며 A, B, C의 3형이 있다.

② **감염경로**

장티푸스와 동일하며 성별로 보면 남성에게 많다. A형은 청장년, B형은 청소년에게 많으며 C형은 우리나라에서 보고된 예가 없다. 우리나라에서 발생된 파라티푸스는 거의 B형이다.

③ **증상**

장티푸스와 같은 열병으로 나타나며 일반적으로 가볍다. B형은 발열증상을 나타내고 식중독과 같이 급성이나 가볍고 치사율도 낮기 때문에 그냥

지나쳐 버리는 경우가 많다. 잠복기는 1~10일로 장티푸스와 거의 같다. 타입별 발생은 A : B = 1 : 10~20이고, 계절별로는 여름철에 많이 발생한다. 감염경로는 장티푸스의 경우와 같다.

④ **예방법**

파라티푸스 환자는 격리해서 치료 · 관리해야 한다. 한 번 감염되고 나면 재감염이 잘 안 되며, 같은 균주에 대해서는 면역항체를 가지게 된다.

(4) 콜레라Cholera

콜레라는 우리나라 제1군 감염병이자 외래 감염병으로 경구감염병 중 가장 급성이며, 인도나 동남 아시아의 풍토병으로 알려져 있다.

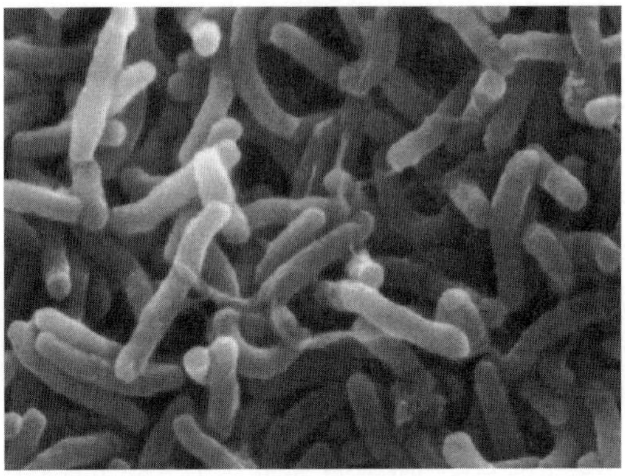

그림 2-3-2 콜레라

① **병원체**

콜레라균은 아시아형 콜레라균*Vibrio cholerae biovar cholerae*과 엘토르형 콜레라균*Vibrio cholerae biovar El Tor*으로 나눌 수 있다. 콜레라균은 작은 콤마 또는 바나나 모양의 균으로 한쪽 끝에 하나의 편모를 가지며 활발한 운동을 한다. 콜레라균은 열 저항력이 약하여 56℃에서 30분, 100℃에서 1~2분이면 사멸한다. 저온에 대한 저항력도 비교적 약하여 0~10℃에서 5~10일이면 사멸한다. 이러한 이유로 겨울철에는 우리나라에서 환자 발생 사례가 없는 것으로 생각된다. 분변 속에서 보통 1~2일 이내에 사멸하며 소독제에 대한 저항력도 약하다. 특히 산에 약하기 때문에 건강한 위의 유리염산 농도에서 사멸하지만 음식물과 함께 들어가면 산의 직접적인 작용을 받기 곤란하므로 위 내에서 생존할 가능성이 크다.

② **감염경로**

환자의 구토물, 환자나 보균자의 분변으로 오염된 음식물과 음료수 등에 의하여 감염된다. 근래에 유행한 콜레라는 어패류의 섭취에 의하여 감염된 예가 많다. 오염된 어패류의 생식에 의하여 감염되므로 콜레라가 유행할 때에는 유행지역의 선박검역에 주의하여야 하며, 일단 그 항구가 오염되었다고 생각될 때에는 그 부근의 어패류 채취를 금지시켜야 한다. 그리고 콜레라균에 노출된 사람 중에서 발병하지 않는 약 10%가 보균자가 될 수 있다.

③ **증상**

보통 10시간~5일의 잠복기를 거쳐 전구증상 없이 복통, 복명borborygmus, 설사가 일어난다. 하루에 10~30회의 쌀뜨물 같은 설사를 하며 구토도 일어난다. 일반적으로 발열 현상은 볼 수 없으며 설사와 구토가 심하므로 수분 손실이 많아 갈증, 탈수가 심하게 나타난다. 사망률은 60~70%이나, 근래에 발생하는 것은 10% 이내이다. Chloramphenicol의 항생제로 치유가 가능하나 사망의 원인은 대부분이 탈수이기 때문에 탈수증상이 나타나기 전에 많은 양의 수분을 공급하여야 한다.

④ **예방법**

콜레라는 외래 감염병이므로 항만의 검역이나 환자의 조기발견이 예방에 매우 중요하다. 콜레라균은 호염세균이기 때문에 오염된 해역의 어패류 생식을 금지하고 2차 오염에 주의한다. 물과 음식물은 반드시 끓이거나 익혀서 먹고 음식물을 조리하기 전과 배변 뒤에 손을 반드시 씻어야 한다, 사균백신에 의한 예방접종이 가능하지만 무엇보다 개인위생 관리를 철저히 하는 것이 바람직하다.

(5) 디프테리아Diphtheria

디프테리아는 우리나라 제2군 법정감염병에 속하므로 국가 예방접종사업의 대상이 되는 질환이다.

① **병원체**

간균인 디프테리아균*Corynebacterium diphtheriae*이고 그람 양성의 간균으로 편모는 없다. 이 균은 열이나 소독약에 비교적 약하여, 58℃에서 10분, 100℃ 1분 정도의 가열에 의해 사멸된다.

② **감염경로**

비말감염으로 코나 목의 분비물에 디프테리아균이 들어 있어 재채기나 기침을 할 때 튀어나온 분비물에 의해 감염되고 아이스크림, 생우유 등에 의해 집단으로 발생하기도 한다.

③ **증상**

보통 2~5일의 잠복기를 거쳐 급격히 고열이 나고 목이 아프며 연하곤란 및 기침을 한다. 코, 목, 특히 편도선에 디프테리아의 흰 위막pseudomembrane이 생긴다. 이 균은 이 막에서 번식하여 강한 체외 독소를 생산하고, 이 독소가 체내에 들어가 전신증상을 일으킨다. 위막이 후두부에 생기면 기도가 좁아지기 때문에 호흡곤란이 나타난다. 독소가 체내를 순환하면 근육을 마비시키는데, 특히 심장이나 음식물을 섭취하는 데 필요한 근육이 마비되기 쉬우며 이로 인하여 심장마비를 일으킨다. 어린이에게 많이 발생하며 사망자의 2/3가 5세 미만의 어린 아이로 보고되고 있다.

④ **예방법**

예방접종이 가장 중요하며 환자 및 보균자의 조기발견 및 격리, 음식물의 오염방지 등이 필요하다.

(6) 성홍열Scarlet fever

용혈성 연쇄상구균*Streptococcus haemolyticus*의 감염에 의한 것으로 우리나라 제3군 법정감염병으로 분류되고 있다. 병원체는 그람 양성이며 협막을 가지고 있는 것도 있다. 이 균이 생성하는 성홍열 독소 또는 발적독소라 부르는 균체

외 독소에 의하여 증상이 나타난다. 이 균이 편도선에서 증식하여 생성된 독소가 혈액 중에 이행되어 전신에 확산되는데, 특히 피부의 혈관에 충혈을 일으켜서 발적이 생긴다. 이 질병은 이른 봄이나 이른 겨울에 많이 발생한다. 성홍열은 5~10세의 어린이에게 잘 감염되며 전신에서 특징적인 발진을 볼 수 있는 혀가 딸기와 같이 증대되고, 특히 편도선이 종창되는 질병이다. 3~7일간의 잠복기를 거쳐서 급격히 40℃ 전후의 고열이 생기고 목이 아프며 전신에 걸쳐 담적색의 발진이 나타난다.

보균자나 환자의 비말을 통한 직접 접촉에 의해 전파되며 균에 오염된 우유 및 기타 음식물을 통해 전파될 수도 있다.

(7) 급성회백수염(소아마비)Poliomyelitis

① 병원체 및 감염경로

Poliovirus에 의하여 일어나는 급성열성 질환으로 6, 7월경에 많이 발생한다. 이 바이러스는 주로 분변에 배출되며 환자의 후두 분비물에도 들어 있다. 환자의 배설물과 관계가 있는 파리나 하수에서도 검출되는 일이 있으며 이들에 오염된 음용수나 식품을 통하여 감염된다. 이 바이러스는 입을 통하여 침입, 장관에서 증식, 림프절을 거쳐 혈액 속에 들어가 전신에 확산되는데, 특히 신경세포와 친화성이 있다.

② 증상

급성회백수염은 불현성감염이 많다. 가장 감염되기 쉬운 연령은 1~2세로서 환자의 50%를 차지한다. 전형적인 마비형은 잠복기가 7~12일(평균 10일 정도)이며 감기와 같은 증상으로 시작한다. 발열이 2~3일간 계속되며 두통, 인두통, 식욕감퇴, 구토, 설사, 복통이 있는 동안이나, 때로는 열이 떨어지기 시작할 무렵 사지마비가 돌연히 나타난다.

③ 예방법

생백신에 의해 강력한 면역을 얻게 되므로 생백신에 의한 예방접종을 하는 것이 가장 이상적인 방법이다. 면역을 얻기 위해서 생백신 예방접종을 하는 것이 가장 바람직한 방법이다. 예방접종은 신생아의 경우 생후 1개월부터 한 달 간격으로 3회 접종시키고, 추가접종은 18개월에 실시한다.

(8) 바이러스성 간염Viral hepatitis

바이러스성 간염이라는 것은 간염바이러스에 의한 감염증으로 현재 A형 간염바이러스에 의한 A형 간염(혈청 간염), B형 간염바이러스에 의한 B형 간염(유행성 간염)이 알려져 있으며, 이 외에 C, D, E형도 밝혀졌다.

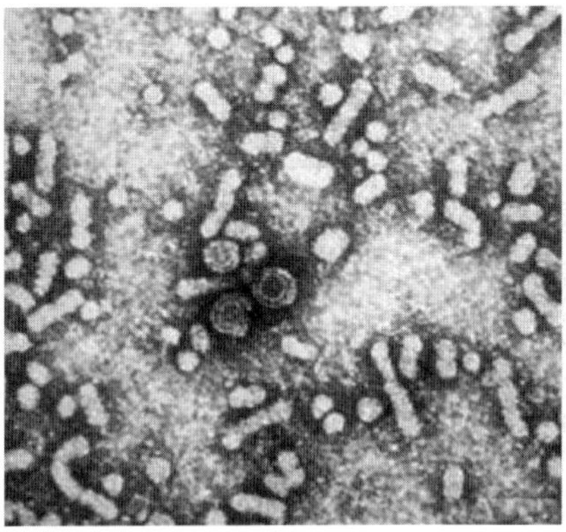

그림 2-3-3 바이러스성 간염

① A형 간염

a. 병원체

A형 간염바이러스hepatitis A virus(HAV)에 의하여 발병하며 이 바이러스는 직경 27nm의 구형 바이러스로 바이러스 핵산은 단일사슬 RNA이다. Ether, 산(pH 3.0)에 대하여 안정하지만 100℃에서 5분간의 가열처리에 의하여 불활성화된다.

b. 감염경로

환자 혹은 불현성감염자의 분변, 혈액 혹은 이들에 의하여 오염된 음식물이나 물건 등이 감염원이고, 발병 직후 타액으로도 감염이 된다.

c. 증상

대부분 38℃ 이상의 발열 증상을 나타내고 급격히 발병하는 것이 특징이며 전신권태감, 식욕부진, 오심, 구토, 황달 등과 일반적으로 복통, 설사, 두통, 인두통 등도 자주 나타난다. 일반적으로 예후가 좋아서 대부분이 1~2개월에 간 기능이 정상화되고, 특히 소아의 예에서도 예후가 좋다.

② B형 간염

a. 병원체

B형 간염바이러스hepatitis B virus(HBV)에 의하여 일어나며 여름철에 가장 많이 발생한다. 특히 청소년이 감염되는 경우가 많다.

b. 감염경로

수혈에 의한 감염은 수혈 시 검사로 거의 나타나지 않고, 주사침 사고, 약물남용자의 불결한 침, 장기이식, 성교접촉, 산모와 태아의 수직감염 등으로 보고되고 있다. 잠복기는 보통 15~50일이다.

c. 증상

일반적으로 전구기, 발열기, 황달기 및 회복기의 4기로 나누어진다. 전구기에 있어서는 특별한 증상은 없으나, 때로는 오심, 구토, 설사 등을 일으킨다. 발열기에는 급격히 오한이 나타나고 38℃ 정도의 열이 난다. 이 시기에는 식욕감퇴와 권태감이 심하며 인두염, 기관지염 같은 카타르성 증상이나 두통, 요통이 나타난다. 다음에는 간이 비대해지고 전신에 황달이 나타난다. 이 황달기는 2~4주간, 때로는 수개월간 계속되기도 한다. 황달은 서서히 없어지고 회복기에 들어가면서 2~6주에 치유된다. 일반적으로 발병이 잠행성으로 발열을 동반하는 것은 적고, 간기능장애로 가는 경향이 강하다. 이 바이러스는 열에 대한 저항력이 강하므로 60℃에서 30분간 가열해도 생존하며 1ppm의 염소를 함유하는 물에서도 사멸하지 않는다. 그리고 건조 조건에 대해서도 생존력이 강하다. 그러므로 배설물을 철저히 소독해야 한다.

③ C형 간염

a. 병원체

C형 간염바이러스hepatitis C virus(HCV)는 소형 RNA 바이러스로 크기가 35~65nm이다. 바이러스-RNA를 역전사효소를 이용하여 cDNA로 하

고 그 cDNA를 PCR법으로 증폭하여 존재를 증명할 수 있다.

b. 감염경로

C형 간염은 현재 수혈에 의한 감염의 90% 이상을 차지하고 있다고 알려진 nonA형과 nonB형 간염 중에서 커다란 비율을 차지하고 있는 간염이다. HCV를 함유한 혈액의 수혈이나 혈액제에 의해 전파된다. 주사침 사고, 약물남용자의 불결한 침, 장기이식, 성교접촉, 산모와 태아의 수직 감염 등으로 보고되고 있다.

c. 증상

발병은 통상적으로 잠행성이고 전신권태감, 식욕부진, 복부불쾌감, 오심, 구토 등의 증상으로 시작한다. 발병률은 B형 간염보다 조금 낮으나 만성화될 가능성이 높다.

④ 바이러스성 간염 예방법

간염바이러스의 예방법으로는 A형 간염은 γ-글로불린이나 A형 간염 예방접종을, B형 간염은 백신을 주사하여 잠정적인 면역을 얻을 수 있다. 간염바이러스는 위생상태가 나쁜 지역에서 전파가 잘 된다. 그러므로 상하수도 보급, 대변처리 등 위생상태를 개선하고 개인위생 교육을 철저히 하며, 감염자의 식품취급을 금지하고 물은 끓여서 마시고 , 손을 잘 씻는 등 전파경로의 차단이 중요하다.

(9) 감염성설사증

감염성설사증은 바이러스에 의하여 일어나며 그 성상은 분명하지 않다. 환자의 분변과 같이 배출된 바이러스가 음식물을 통하여 경구 감염된다. 2~3일의 잠복기를 거쳐 미열과 더불어 하루에 5~20회 정도의 특이한 수양성 설사를 일으킨다. 4~7일에 회복되며 예후는 좋다. 연소자에게는 거의 발병하지 않는다. 발생지역에서 환자의 분변처리를 철저히 하고, 음식물은 반드시 가열해서 먹는 것이 최선의 예방책이다.

(10) 병원성 대장균

병원성 대장균에 의하여 일어나는 것으로 보통 대장균 장염coli enteritis이라 부른다. 소아에게 많이 발생하고 성인에게는 발병하지 않는 경우가 많다. 소화되지 않은 분변에 농혈액 등이 혼합된 이질 모양의 설사를 하므로 집단적인 이질의 발생으로 오인될 경우가 있으며, 병원성 대장균에 오염된 음식물을 먹고 발병할 경우에는 세균성 식중독과 비슷한 발생상황이 나타나기도 한다. 주로 유아들에게 많이 발생되므로 유아에게 사용되는 수건이나 기저귀, 목욕물 등에서 병원성 대장균이 분리되고 있으므로 위와 같은 것들은 위생적인 관리를 철저히 해야 한다.

(11) 이즈미열Izumi fever

바이러스에 의한 발진성 질환으로 증상은 성홍열과 비슷하다(39℃ 발열). 1927년 일본 카네자와 시에서 유행한 것을 이즈미에 의해 보고되어 이즈미열이라고 부르게 되었다. 주요 증상은 발열, 발진, 위장증상을 나타내며, 열은 일시에 또는 2~3회 반복해서 나타난다. 잠복기는 2~10일이다. 음식물이나 물을 매개로 감염되는데, 접촉감염도 이루어질 수 있다.

(12) 후천성면역결핍증Aquired immuno deficiency syndrome(AIDS)

후천성면역결핍증은 감염성 바이러스에 의하여 발병한다. AIDS를 일으키는 바이러스는 백혈구를 파괴하여 면역기능에 문제를 일으키게 함으로써 질병을 유발하게 한다. 우리나라는 1987년 11월에 AIDS 예방법이 법률로 제정되어 예방과 감염자의 보호관리를 하고있다.

병원체는 HIVhuman immunodeficiency virus로서 알려진 레트로바이러스retrovirus로 동정되었다. 혈청학적으로 HIV-1과 HIV-2의 두 가지 형으로 나눈다. AIDS의 감염은 대개 바이러스나 바이러스에 감염된 세포가 포함된 혈액, 감염된 주사기의 반복 사용, 정액 등 체액의 교환을 통하여 이루어지며 AIDS에 감염된 산모는 유아에게도 감염시킨다.

증상은 AIDS는 HIV에 의한 감염의 최종단계에 나타나며, 고열과 초조함 등을 나타내는 감염성 단구 증가증과 비슷한 첫 증상은 감염 10년 후에 나타나기 시작한다. 그러나 잠시 동안 다시 이런 증상이 완전히 없어지기도 하나, ARC AIDS related complex로서 알려진 합병증으로 림프관이 부어오르고 식욕감퇴, 피로, 고열, 붉은 반점을 보인다. 그러나 죽음을 가져오는 직접적인 요인은 폐렴이나 악성종양, 특히 카포시육종Kaposi's sarcoma이다.

3. 인수공통감염병

인수공통감염병zoonosis이란 척추동물과 사람이 같은 병원체에 의하여 발생되는 질병을 말하며, 사람은 식육이나, 우유에 병원체가 존재할 경우 그것을 섭식하거나 감염 동물, 분비물 등에 접촉하거나 2차 오염된 음식물에 의하여 감염된다.

1959년 WHO에 의하면 '인수공통감염병이란 인간과 척추동물 사이에 전파되는 질병이다'라고 정의하였다.

인수공통감염병의 감염경로는 Direct zoonoses, Cyclo zoonoses, Meta zoonoses 그리고 Sapro zoonoses의 4가지로 나누어진다.

① Direct zoonoses : 병원체가 같은 종류의 척추동물에 전달되는 과정 중에 우연히 감염되어 문제를 일으키며 그 예로는 광견병 등이 있다.

② Cyclo zoonoses : 서로 다른 척추동물에 전달되는 과정 중에 우연히 감염되어 문제를 일으키며 그 예로는 조충, 포충 등이 있다.

③ Meta zoonoses : 병원체가 척추동물과 무척추동물을 이동하는 과정 중에 감염되며 뇌염, 황열 등이 여기에 속한다.

④ Sapro zoonoses : 병원체가 척추동물과 비 동물(식물, 무기물) 사이에서 이동하는 과정 중에 감염되며 구선병, 간질증 등이 여기에 속한다.

인수공통감염병은 약 200여 종이며, 이 가운데 공중보건상 중요 시 되고 있는 것만 하더라도 약 90여 종이다. 대표적인 인수공통감염병에는 세균성 질병으로 탄저, 브루셀라증, 살모넬라증salmonellosis, 야토병, 렙토스피라병, 리스테리아병, 서교증, 결핵, 고균증, 재귀열 등이 있고, rickettsiae 질병으로 발진열, Q열, 쯔쯔가무시병이 있으며, 바이러스성 질병으로 일본뇌염, influenza, 뉴캣슬병, 앵무병, 광견병, 천연두, 유행성출혈열 등이 있다. 이들 중에서 식품위생 문제와 관련되는 것은 식용으로 하는 동물에서 볼 수 있는 인수공통감염병으로, 이환 동물과의 접촉이나 처리, 조리 · 가공할 때에 감염되는 감염병이다. 우리나라에서 주로 문제가 되는 것은 결핵 · 탄저 · 브루셀라증 · 살모넬라증 · 야토병 · 돼지단독증 등이다.

1) 주요 인수공통감염병

(1) 결핵Tuberculosis

결핵균*Mycobacterium tuberculosis*에 의하여 일어나는 질병이다. 결핵균에는 주로 사람에게 감염되는 사람형human type, 소에 감염되는 우형bovine type, 조류에 감염되는 조형avian type과 사람과는 무관한 파충형reptilian type이 있다. 이 형들은 원래 모두 동일한 것이었는데, 각기 다른 숙주에서 오랫동안 서식함으로써 그 성질이 변환된 것이라고 생각된다.

우형은 우유에 의하여 사람에게 직접 감염되는데, 이 경우에 있어서는 주로 림프절이나 장, 폐, 골격, 관절에 침입한다. 우형 결핵균이 우유와 함께 탈출되

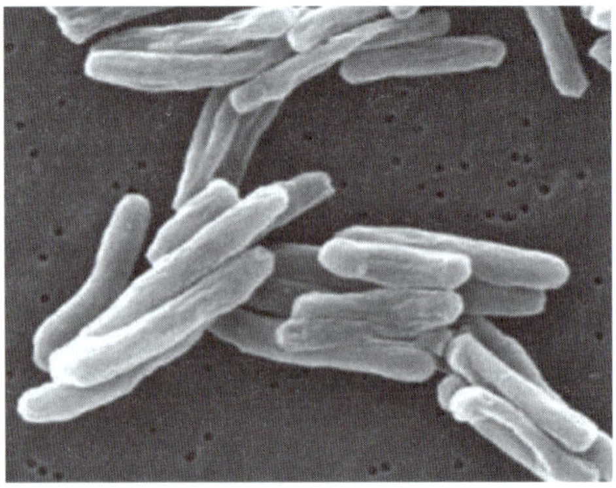

그림 2-3-4 결핵(Tuberculosis)

기 때문에 우유를 마시는 어린이에게 잘 감염되며, 우유에 결핵균이 함유되는 대부분의 경우는 젖소의 유방에 병소가 있을 때이며 착유 후에 분변으로 오염되는 경우도 있다. 우유뿐만 아니라 이환우의 고기나 이환계의 계란도 위험하며, 특히 우리나라와 같이 개방성 결핵환자open case가 많은 경우에는 개방성 환자가 젖소를 취급하지 않도록 하여야 한다. 잠복기는 4~6주이다. 예방법으로는 정기적인 OTold tuberculin 반응검사를 실시하여 음성자는 BCGBacillus Calmette Guerin 접종을 실시해야 한다. 이 결핵균의 오염을 막기 위해서는 식품을 충분히 가열 후 섭취해야 한다.

(2) 브루셀라증(파상열)Brucellosis, undulant fever

1887년 David Bruce가 발견한 브루셀라균은 그림 2-3-5와 같이 그람 음성의 작은 간균으로 운동성이 없고 아포를 형성하지 않는다. 이 균은 양, 산양, 돼지, 소에게 유산을 일으키고 브루셀라균이 사람에게 감염되면 파상열을 일으킨다. *Brucella*에는 소에 감염되는 *B. abortus*, 돼지에 감염되는 *B. suis*, 양 · 산양에 감염되는 *B. melitensis* 등이 있다. 세 가지 형의 균들은 다소 성상을 달리하며, 각 균종이 모두 감염하는 동물을 달리하고 있다.

우리나라에서는 2004년 47명의 환자가 발생한 바 있으며, 동물 브루셀라증은 1996년 620두, 1997년 912두, 1998년 988두, 1999년 666두, 2000년 1,249두,

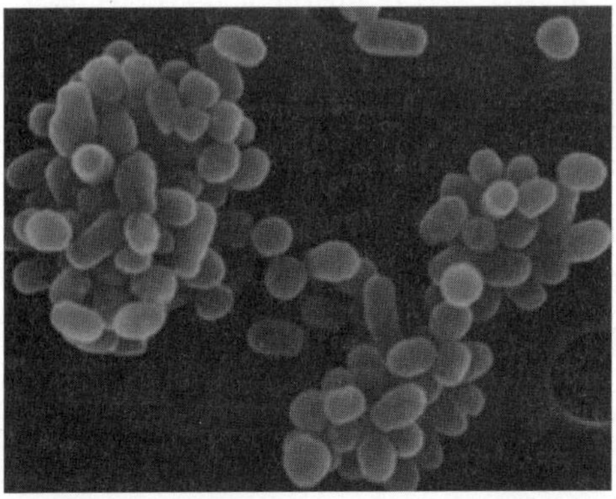

그림 2-3-5 브루셀라(파상열, Brucellosis, undulant fever)

2001년 754두로, 사람 특히 축산업 종사자에 대한 전파 가능성을 시사하고 있으나, 이에 따른 국내 환자 발생은 확실하지 않다.

각 균종이 다같이 사람에게 감염성을 가지며 양, 소, 돼지 등에서 자궁점막과 태막의 염증 그리고 유산을 일으키는 특징이 있다. 사람은 접촉이나, 우유 및 육류를 생식함으로써 감염된다. 사람은 세 가지 균에 모두 감염되나 *B. melitensis*에 의한 감염이 가장 심한 증상을 나타내고 *B. abortus*에 의한 것이 가장 가볍다.

*Brucella*균의 종류에 따라 다소 차이가 있으나, 보통 5~21일의 잠복기를 거쳐 파상열이 나타난다. 결핵, 말라리아와 비슷하여 보통 오후에는 38~40℃의 고열이 있으나 오전에는 평열을 나타내며 이런 상태가 2~3일간 계속된다. 경련, 관절염, 쇠약, 간 및 비장의 비대, 백혈구 수 감소, 발한, 변비, 신경성 동통 등의 증상을 볼 수 있다.

이 균은 열에 대한 저항력이 약하므로 58℃에서 10~15분으로 사멸되며 우유의 저온살균(60~63℃에서 30분간)에서는 3분 내에 사멸하나 건조 조건에서는 저항력이 강하다. 예방으로는 이환된 동물의 조기발견, 격리 또는 도살하도록 하고, 축사 및 도살장의 환경위생을 철저히 하여야 한다. 그리고 우유의 살균과 수육의 가열 조리 등도 철저히 하여야 한다.

(3) 탄저Anthrax

1877년 Robert Koch에 의해서 발견된 탄저균에 의하여 일어나는 가축의 급성감염병으로 사람의 경우 대부분 감염된 동물이나 그 동물의 부산물에 노출되었을 때 감염되는 치사율이 매우 높은 질병이다. 임상형은 균의 감염경로에 따라 흡입탄저, 피부탄저, 장탄저 등으로 나뉜다. 탄저는 과거 유럽 등 전 세계에 걸쳐 발생하였으나 감염경로나 예방대책이 알려진 이후로는 아프리카 등 일부 지역을 제외하고는 산발적 발생에 그치고 있다. 우리나라의 경우도 가축에 대한 예방백신 접종과 함께 발생빈도가 현저하게 감소하였다. 사람의 경우에는 1952년에서 1968년 사이에 4번의 집단발생에서 85명의 환자가 발생하였으나 그 후 발생보고는 없다. 탄저균 포자는 불리한 환경에서의 생존력과 독성이 강해 최근에는 생물학전이나 생물테러에 사용될 가능성 및 위험성이 가장 높은 위험 병원체로 관심이 집중되고 있다. 이에 따라 2000년 개정된 감염병예방법에서는 탄저를 제3군 감염병, 탄저균을 균 분리 신고대상 병원체로 분류하고 있다.

탄저균은 그람 양성의 대형 간균(2~3㎛×0.8~1㎛)으로 운동성이 없다. 산소가 있어야 아포를 형성하며 저항성이 매우 강하고 동물체 또는 혈액, 혈청을 함유한 배지에서 배양할 때 협막capsule을 형성하므로 100℃의 습열에서도 쉽게 사멸되지 않기 때문에 고압멸균이 필요하다. 여러 동물에 감염되나 감수성이 강한 것은 소, 양이며 말, 산양, 돼지로 가끔 이환된다.

사람의 탄저는 주로 가축 및 축산물로부터 감염되며 사람에서 사람으로 감염되는 경우는 극히 드물다. 사람의 탄저는 감염부위에 따라 피부탄저, 장탄저, 폐탄저로 나누어지며 대부분이 피부탄저이다. 피부탄저는 피부를 통하여 감염되는 경우인데, 건강한 피부에는 균이 침입할 수 없으나 상처가 있으면 침입한다. 잠복기는 보통 4일 이내이며 침입부위에 발적, 종창, 수포, 가피가 생기며 침윤 중심부에 궤양, 림프절염 등을 일으킨다. 폐탄저는 기도를 통하여 감염되는데, 털에 묻어 있는 아포나 탄저로 죽은 가축의 골분을 비료로 밭에 시비할 때 흡입된다. 급성폐렴을 일으키며 심하면 패혈증으로 사망한다.

장탄저는 입을 통하여 감염되는데, 이환 가축의 고기를 충분히 가열조리하지 않고 섭식하면 식중독과 비슷한 증상이 나타난다. 예방을 위해서는 병에 걸린 동물을 조기에 발견하여 격리, 치료하거나 도살해야 하며, 가축에 대한 예방접종을 철저히 시행하여야 한다.

(4) 야토병Tularemia

야토병균*Francisella tularensis*에 의해 감염되는데, 그람 음성간균이고, 피막을 형성하나 편모와 아포는 없다. 산토끼를 비롯한 설치류와 가축에 감염되는 질병이다. 저항력이 강하여 상온에서도 상당히 오래 생존한다. 50~60℃의 습열에서 10분 이내에 사멸되고, 0.1%의 formaldehyde 용액과 cresol 등이 효과적인 소독제이다. 산토끼 사이의 감염은 벼룩, 진드기 등 흡혈곤충의 매개에 의하며 사람에서는 흡혈곤충의 자상(刺傷)보다는 감염된 산토끼의 혈액, 오줌, 침 등에 병원

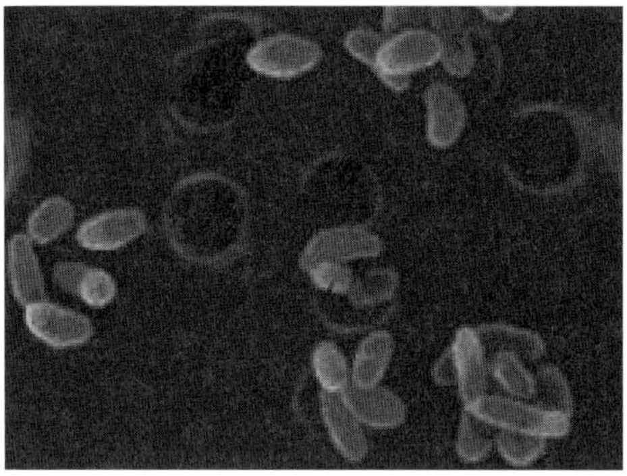

그림 2-3-6 야토병

균이 다량 함유되어 있으므로 상처가 있거나, 건강한 손으로 만지거나, 박피 또는 고기를 요리할 때 경피감염된다.

잠복기는 1~14일에 이르지만 보통 3~4일이며 이는 림프절형, 안림프절형, 장티푸스형, 편도선 림프절형 등이 있다. 흔히 오한과 발열이 있고 침입부위의 피부에 농포가 생기며 이것이 궤양으로 되고 국소의 림프절이 종창된다. 이 질병에 이환된 후에는 강한 면역을 얻는다. 사망률은 약 4%이며, 3~9개월 정도 경과 후 회복된다.

(5) 돼지단독Swine erysipelas

돼지를 비롯하여 양, 소, 말, 닭 등에 단독양의 피부염과 패혈증을 일으키는 질병으로서 우리나라에서는 돼지 사이에 많이 유행하고 있다.

병원체는 돼지단독균*Erysipelothrix rhusiopathiae, E. insidiosa*이며, 그람 양성의 무아포단간균으로 통성혐기성이며 협막과 운동성이 없다. 55℃에서 15분이면 사멸되며 석탄산에 대한 저항성은 강하다. 어패류에서도 이 균이 많이 검출된다. 돼지 등 가축의 고기, 장기 또는 이환 동물을 취급할 때 피부의 창상으로부터 사람에게 감염되며 때로는 경구감염도 이루어진다. 10~20일의 잠복기를 거쳐 경피감염일 때는 국소 병변으로서 발적, 종창, 작열감으로부터 시작하여 자홍색의 유단독반점을 볼 수 있다. 가끔 림프절염, 관절염, 심장장애를 동반하며 중증인 경우 패혈증을 일으켜 사망한다.

돼지의 예방접종에는 약독생균백신이 사용되며 치료제로서 항생물질이 효과가 있다.

(6) 리스테리아증Listeriosis

소, 양, 산양, 말, 돼지 등의 가축 및 닭, 오리 등의 가금에 감염되며 때로는 사람에게 감염된다. 병원체는 *Listeria monocytogenes*이며 그람 음성의 무아포간균이다. 사람은 감염 동물과의 직접접촉 및 오염된 식육, 유제품 등에 의한 경구감염이나 오염된 먼지의 흡입에 의하여 감염된다.

잠복기는 수일~수주라고 하지만 명확하지 않다. 증상은 다양하며 수막염의 경과를 취하는 예가 많다. 단핵구의 현저한 증가를 볼 수 있으며 패혈증을 일으킨다. 임신부는 자궁내막염endometritis을 일으킨다.

*L. monocytogenes*가 발육 가능한 온도는 0~45℃, 최적 증식 온도는 30~37℃이며 저온에서도 증식이 가능하고 10% 정도의 높은 염분농도에서도 증식이 가능하다. 식중독을 일으키는 주요 원인 식품은 우유, 식육 등의 동물성 식품, 비살균 우유로 만든 치즈, 야채 샐러드, 생선회, 냉동만두, 냉동피자, 소시지, 가열이 불충분한 식육이나 닭고기, 기타 즉석 섭취식품 등이다. 리스테리아증을 예방하기 위해서는 식육은 철저히 가열, 조리하여야 하며, 채소류는 깨끗이 세척하고 무엇보다도 손과 조리기구를 청결하게 하는 것이 중요하다.

(7) Q열Q-fever

Q열은 *Coxiella burnetii*Rickettsia burnetii에 의한 질병으로 소, 양, 염소의 젖에 배균되어 사람에게 감염될 수 있다. 사람 사이의 감염은 아직 증명되지 않고 있으며, 사람에의 감염은 아직 확실하지 않으나 공기감염에 의한 것으로 추정되며, 감염된 우유 또는 동물에 직접 접촉함으로써 감염될 수 있다. 증상은 급격한 오한, 발열, 두통이 있으며, 발열은 4~5일부터 2~3주간 계속된다. 예방은 감염경로가 분명하지 않으나 진드기 같은 흡혈곤충의 박멸이 필요하다.

(8) 렙토스피라병Leptospirosis

렙토스피라병은 일종의 작업인부들의 직업병이나 현재는 여가생활의 확대로 여성이나 어린이 등에게도 많이 발생한다. 전 세계적으로 분포하고 주로 늦여름에서 초가을 사이에 많이 일어나는 *Leptospira* 감염병으로서 *Leptospira canicola*(개), *L. pomona*(소, 돼지), *L. icterohaemorrhagiae*(생쥐) 등이 있다. 이 병은 Weil's disease, 출혈성 황달, mud fever, field fever 등의 다른 명칭으로 불려지고 있다. 사람은 대개 감염 동물의 오줌으로 균이 배출될 때 피부의 상처와 점막을 통해 감염되는데, 가축을 기르는 사람, 수의사, 농부, 하수도 인부 등과 같은 직업에 관련된 사람이 위험하다. 그리고 오염된 토양 물과 같은 매체로 인한 간접전파가 있을 수 있다, 사람간의 전파는 드물고 이 병원체는 위산에서 사멸되므로 경구 감염은 없다. 잠복기는 5~10일로 고열, 두통, 오한, 복통이 일어나는 인플루엔자와 같은 증상과 전신성 림프절의 증대, 발진 및 무균성 수막염이 나타난다.

(9) 광우병Bovine Spongiform Encephalopathy(BSE)

광우병은 성우(成牛)에서 느리게 진행되다 결국은 죽게 되는 신경병으로 영국에서 1986년 Wells 등에 의해 최초로 보고되었다. 증상은 건강한 소가 약해지고

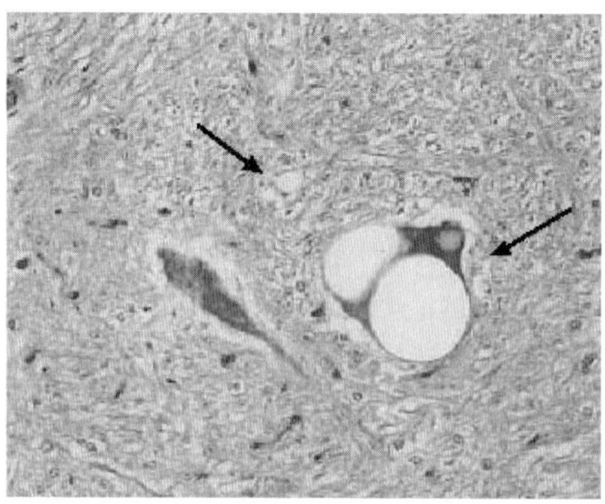

그림 2-3-7 BSE 감염 소 뇌조직 병변(H&E)
(소해면상뇌증에 걸린 소의 뇌간부위로 신경세포내 및 신경망내 1~2개의 공포(화살표)가 형성되는 등의 특징적인 해면상 소견 관찰)

신경질적이 되며, 다리에 이상을 보이고 결국은 매우 공격적이 된다. 특히 감염된 동물의 뇌는 뇌조직에 구멍이 나 있고 현미경으로 보면 스폰지와 같이 손상이 되어 있다. 이는 감염물질에 의해 일어나는 해면체 뇌병으로 알려진 중추신경계의 진행성, 퇴행성 질병에 속하는 것이다.

광우병의 원인은 양의 부산물이 함유된 소의 사료에서 기인한 것으로, 70년대 말 영국의 몇몇 공장은 죽은 동물 및 그 부산물을 동물사료로 가공하는 과정에서 저온 가공방법을 채택하고 고온 열처리를 하지 않았다. 광우병과 비슷한 질병으로 양의 scrapie, 사람의 Creutzfeldt-Jakob[CJD]병, 고양이의 광묘병 등이 있다. Scrapie는 250년 이상 가축(영국 지역의 양)에 퍼져 있는 질병으로 광우병의 감염원으로 추정되고 있다.

또한 CJD는 다른 해면상 뇌질환과 같이 병의 진행이 수년 간 걸리는 인간의 질병으로 증상은 기억력 상실, 이상행동, 정신지체, 치매, 수족의 무의식적 운동 등으로 나타나며, 현재 어떤 경로로 감염되는지 확인된 바 없다. 이 질병은 전세계적으로 분포되어 있으며 매년 인구 2백만 명 중 한 명꼴로 발생하고 있다. 따라서 사람의 CJD는 scrapie에 걸린 양 내장을 사료로 한 고기를 먹는 것과 연관성이 있는 것으로 추정되고 있다.

2) 인수공통감염병 예방대책

식품위생상 문제가 되는 인수공통감염병의 예방으로서는 동물 사이에서 유행하는 것을 예방하는 것으로 가축의 건강유지, 이환 동물의 조기발견, 도살, 혹은 격리, 소독, 예방접종 등 가축위생상의 조치를 항상 게을리 해서는 안 될 것이다. 또한 이환 동물을 식품으로 취급, 판매 · 수입하는 것을 방지해야 한다. 또한 이환 동물로부터 얻은 유나 유제품에 대하여서도 이와 같은 조치를 강구하여야 한다. 그러므로 도살장이나 우유처리장에 있어서는 검사를 철저히 하여야 하고 수입할 때에도 철저한 검역조치가 요구된다. 이상의 인수공통감염병을 요약하면 표 2-3-4와 같다.

표 2-3-4 중요 인수공통감염병

병명	이환되는 가축명	병원체
탄저(Anthrax)	포유동물(소, 양, 염소, 돼지)	탄저균(*Bacillus anthracis*)
야토병(Tularemia)	산토끼, 사향쥐, 다람쥐	야토병균(*Pasteurella tularensis*)
결핵(Tuberculosis)	소, 산양	결핵균(*Mycovacterium tuberculosis*)
파상열(Brucellosis)	소, 돼지, 양, 염소, 개	*Brucella melitensis, Brucella suis, Brucella abortus, Brucellacanis*
Q열(Q-fever)	소, 양, 사슴, 개, 고양이	*Coxiella burnetii*(*Rickettsia burnetii*)
렙토스피라증(Leptospirosis)	쥐, 소, 돼지, 개	*Leptospira interrogans*
리스테리아증(Listeriosis)	소, 양, 돼지, 조류	*Listeria monocytogenes*

4. 위해 기생충

자연계에서 독립된 생활로 영양을 섭취하지 않고, 타 생물에 침입하여 영양을 섭취하여 기생생활을 하는 생물을 기생충이라 하고 기생충이 기생하는 상대를 숙주host라 한다. 숙주는 기생충이 성주기를 거쳐 완전 발육하는 경우를 종말숙주final host, 어느 정도까지 발육하고 종말숙주로 감염되는 데 도움을 주는 것을 중간숙주intermediate host라 한다. 기생충에는 중간숙주를 전혀 필요로 하지 않는 것과 하나 혹은 두 개의 중간숙주를 필요로 하는 것이 있다. 2개의 중간숙주를 필요로 할 때 성장단계에 따라 제1 혹은 제2중간숙주라 부른다.

기생생활을 하는 기생충들은 분류학적으로 극히 수가 많고 그 생활사도 종류에 따라 다르며, 그 독특한 생활사 때문에 인체에 감염양식도 각각의 종류에 따라 다르다.

기생충parasites의 감염경로는 경구, 경피 및 태반감염 등으로 대별할 수 있으며, 특히 경구감염oral infection & infestation을 일으키는 기생충이 식품위생과 밀접한 관계에 있다.

식품과 밀접한 관계가 있는 기생충은 2가지로 나누어 생각할 수 있다. 하나는 기생충의 충란이나 유충이 오염, 부착된 식품을 사람이 섭취하여 감염되는 경우이며, 다른 하나는 기생충에 감염된 동물의 고기를 섭취하여 그 동물 체내의 기생충이 그대로 사람에게 감염되는 경우이다(표 2-3-5).

표 2-3-5 기생충 감염에 관계있는 식품과 기생충

식품의 유형	기생충의 종류
참게 등의 담수게 및 가재	폐디스토마(*Paragonimus westermani*)
붕어 등의 담수어류	간디스토마(*Clonorchis sinensis*)
은어	횡천씨이형흡충(*Metagonimus yokogawai*)
숭어	이형이형흡충(*Heterophyes heterophyes*)
가물치	유극악구충(*Gnathostoma spinigerum*)
대구, 청어, 고등어 등의 해산어	*Anisakis*
닭, 개구리, 뱀 등	Manson 열두조충(*Sparganum mansoni*)
소	무구조충(*Taenia saginata*)
돼지	유구조충(*Taenia solium*)
토끼, 개, 산양 등	*Toxoplasma gondii* 장관기생원충(protozoa) 회충(*Ascaris lumbricoides*)
야채류	구충(hookworm) 동양모양선충(*Trichostrongylus orientalis*)

1) 우리나라의 기생충 감염실태

우리나라의 기생충병은 그 병원체의 다양성, 분포양상 및 위해 등으로 보아서 중요한 풍토병endemic이 되어 있다.

과거에는 인분을 비료로 사용하고 토양이 기생충으로 오염되고, 그 오염된 토양으로부터 특히 채소나 과실 등을 오염시켜 기생충 감염의 악순환을 형성해 왔다. 1971년부터 5년마다 실시된 전국의 기생충 감염실태를 조사한 결과를 보면 표 2-3-6과 같이 급격히 감소하고 있다. 과거 한국인의 기생충 감염은 회충, 편충, 구충 등 토양매개성 기생충이 주종을 이루었으나, 최근 30년간 이들 기생충은 급격히 감소한 반면, 상대적으로 식품을 매개로 한 기생충의 중요성이 높아지고 있다. 더욱이 간흡충 등 식품매개성 기생충은 과거에 비해 감소하지 않았을 뿐 아니라 점차 증가하는 경향이 있다. 최근 결과를 보면 간흡충과 같은 식품매개성 기생충의 감염률이 아직도 2.5% 이상이 되어 이의 진단과 치료를 위해 지출되는 경제적 손실도 막대할 것으로 추정된다. 간흡충은 담수어류에 의한 감염이 문제가 되므로 감염경로를 차단하기 위해 잘못된 생식습관을 고치고, 예방법을 교육하는 것이 절실히 필요하다.

정확한 조사결과는 알려져 있지 않지만 담수어류를 통한 광절열두조충, 유극악구충, 장흡충 등도 관심을 갖게 하는 기생충이며 해산어류를 통한 감염인 아니사키스도 증가되고 있으며 스팔가늠과 같이 보신적인 동물의 생식에 따른 발병도 무시할 수 없는 숫자의 감염사례가 보고되어 있다. 이에 따라 식약청에서는 2005년도 수입 연어 중 아니사키스에 대한 감염실태를 전면 조사한 바 있으며 모두 검출되지 않아 안전한 것으로 확인한 바 있다.

표 2-3-6 장내 기생충 실태조사 연도별 감염현황(감염률)

(1971년~2004년, 총 7차)

연도	피검자수	충란	회충	구충	편충	간흡충	폐흡충	장흡충	유무구조충
제1차('71)	24,887	84.3	54.9	10.7	65.4	4.6	0.09	0	1.9
제2차('76)	27,178	63.2	41.0	12.2	42.0	1.8	0.07	0	0.7
제3차('81)	35,018	41.1	13.0	10.5	23.4	2.6	0	1.2	1.1
제4차('86)	43,590	12.9	2.1	0.1	4.8	2.7	0.002	1.0	0.3
제5차('92)	46,912	3.8	0.3	0.01	0.2	2.2	0.0	0.3	0.06
제6차('97)	45,832	2.4	0.06	0.007	0.04	1.4	0.0	0.3	0.02
제7차('07)	20,370	3.7	0.05	0.0	0.3	2.0	0.002	0.5	0.0

최근 식품의약품안전청은 국민이 자주 먹는 식품에 대한 안전성 확인을 위하여 국내 유통 김치류에 대한 기생충란 검사를 실시하였으며, 그 결과 수입 및 국내산 김치에서 회충란 등이 검출되었다고 밝힌 바 있다. 검출된 기생충란은 원재료로 사용되는 농작물의 재배과정에서 퇴비나 개 · 고양이 등의 배설물이 묻어 오염된 것으로 추정됨에 따라 위생적이며 안전한 김치가 생산, 유통되도록 하기 위하여 기생충란에 대한 검사 강화와 함께 제조업체에 대한 관리를 강화하였으며, 김치 출하 전 자가 품질검사를 통하여 기생충 및 기생충란의 잔류 여부를 확인하도록 하였다, 또한 김치 원재료 관리에 대한 안전수칙을 제작 · 배포하고, 농작물 재배 과정에서 기생충란에 오염되지 않도록 생산 및 유통과정의 위생관리를 철저히 하도록 한 바 있다.

2) 채소류를 통하여 감염되는 기생충

우리나라에는 과거에 분변을 채소의 재배에 이용하였기 때문에 분변 속에 존재하는 기생충란이 채소에 부착하는 기회가 많았으며 오염된 채소를 생식함으로써 기생충의 감염률이 높았다.

(1) 회충*Ascaris lumbricoides*

세계적으로 가장 보편적인 기생충으로 우리나라에도 농촌 지역에 특히 감염률이 높다. 인체에 기생하는 선충류 중 가장 큰 것으로 위생상태가 불량한 지역 및 어린이들에게 감염률이 높다.

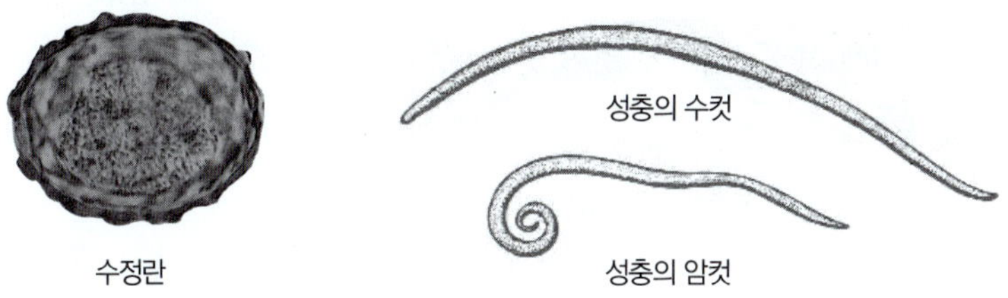

그림 2-3-8 회충의 수정란, 성충의 모양

① 병원체의 형태

사람에 기생하는 선충류 중 제일 큰 것으로 수컷의 크기는 15~31cm ×2~4mm이며 가는 뒤끝은 말려져 있고 교접자가 있다. 암컷은 20~35cm×3~6mm로서 앞쪽 1/3 부위에 생식공이 있고 그곳에 대상교착부가 있다. 일반적으로 소장에 기생하며 감염 후 산란까지 약 60~75일이 걸린다. 암컷 한 마리가 하루에 약 10~20만 개의 알을 낳는다. 토양 속에서 2~5년간, -15℃ 기온에서도 월동하여 봄까지 생존하였다는 보고와 여름 김치 속에서 40일 후에도 약 20%의 회충란이 생존하였다는 보고도 있다. 충란은 건조와 저온에 대해 저항성을 갖지만 열에는 약하여 75℃에서 2~3초, 65℃에서 10분 이상 가열하면 사멸된다. 각종 약품이나 소독제에 대해서는 상당히 저항력이 있는데 1% 승홍수에서는 30일간, 5% 알코올에서 10일간 생존 가능하다. 산장, 염장, 담장으로 식품을 저장하더라도 쉽게 사멸되지 않는다.

② 감염경로

분변과 함께 배출된 충란은 늦은 봄부터 초가을의 적당한 조건(22~23℃, 약 9~13일)에서 발육하여 난자 안에 자충이 형성된 감염성 성숙란이 된다. 음식물과 함께 섭취된 후 십이지장에서 부화하여 장간막, 정맥 또는 림프관, 간, 폐동맥, 폐를 거쳐 기관, 식도, 위를 통과하여 소장에서 성충이 된다. 분변액 중의 회충란은 평균 300일 정도 생존한다.

③ 병리 및 임상증상

회충감염으로 발생되는 일반적인 증상은 식욕부진, 체중감소, 권태, 복통, 구토 외에 신경증상으로 경련, 빈뇨, 두드러기, 불면증 등이 있다.

㉠ 유충에 의한 증상 : 간, 뇌, 척수, 폐, 내분선 등에 출혈, 기침, 객혈이 동반되고 가래에 유충이 나오기도 한다.

㉡ 성충에 의한 증상 : 복통, 장폐쇄증, 영양장애, 두통, 어지러움, 불면, 불안, 기침, 시력장애, 과민반응에 의한 두드러기 등이 나타난다.

④ 예방관리법

㉠ 인분비료의 사용을 삼가고 분변의 철저한 위생처리 실시

㉡ 위생적인 식생활과 청정채소의 장려

㉢ 효과적인 구충제 사용으로 감염방지

㉣ 개인위생의 향상을 위한 보건교육 실시

(2) 십이지장충(구충)*Ancylostoma duodenale*

십이지장충에는 듀비니구충Ancylostoma duodenale, old world hookworm과 아메리카구충Necator americanus, new world hookworm이 있는데 영양장애와 빈혈을 일으키는 대표적인 인체감염형 토양매개성 선충의 일종이다. 국내에서는 듀비니구충이 유행하였는데 일반적으로 구충hook worm이라고 부르고 있다. 주로 온대와 아열대 지역에 많이 분포하고 있고, 최근 우리나라에서는 이 기생충에 의한 감염이

그림 2-3-9 십이지장충의 알과 성충

급격히 감소하고 있는 추세이다. 구충은 회충보다 건강장애가 심하고 경구감염 뿐만 아니라 경피감염이 되는 것이 특징이다.

① 병원체의 형태

십이지장충의 길이는 수컷이 7~10mm×0.5mm, 암컷이 9~13mm ×0.7mm이며 충란의 크기는 0.05×0.03mm이다. 난각은 엷은 홍색을 띠는 원주상으로 이중막으로 되어 있다. 입에 예리한 절치가 있어 이를 이용하여 장벽에 교착하므로 이동하지 않기 때문에 항문으로 자연 배출되는 예가 거의 없다. 일반적으로 타원형을 띠고 있으며 듀비니구충은 60~40㎛, 아메리카구충 64~76㎛×36~40㎛ 정도의 크기인 충란을 공장에 산란한다. 분변 속에 있는 충란은 회충보다 저항력이 약하여 여름철에는 30~40일, 겨울철에는 10~30일간 정도 생존 가능하다. 70°C에서 1초 이내 가열하면 사멸되고 직사광선에서 24시간 내외에 죽는다. 소독제에 대해 저항성이 비교적 약한 편인데 70% 알코올에서 3~5분 이내 사멸한다.

② 감염경로

충란이 분변과 함께 배출되면 적당한 조건, 즉 습기와 30℃ 전후의 온도에서 2주 정도에 부화하여 자충이 된다. 그 후 2, 3일 경과 후 첫 번째 탈피를 하며 1주 정도 후에 약 2배의 길이가 되어 두번째 탈피 후 감염형의 피낭자충이 된다. 구충의 감염은 피낭자충으로 오염된 식품 및 물을 섭취하거나, 피낭자충이 피부를 뚫고 들어감으로써 성립된다. 이렇게 체내에 들어온 자충은 폐에 들어간 후 기관, 식도를 거쳐 소장에서 성충이 되어 기생한다. 경구 감염되었을 때는 직접 장관에서 발육하며, 감염된 후 성충까지 되는 데는 약 5~6주가 필요하며 평균수명은 5년 이상이다.

③ 병리 및 임상증상

a. 피부부위의 병변

유충이 침입한 피부부위에 피부염이 발생되고 침입부위는 발적되고 세균이 감염하여 궤양성 병변을 일으킨다.

b. 경구감염의 병변

십이지장충의 유충이 경구적으로 감염되었을 때 알레르기 증상에 의하여 구토, 인후통, 천식성 기침이 일어나는데 이러한 증상을 우리나라에서는 과거에 '채독증'이라고 하였다. 이 증상은 많은 수의 유충이 폐에 이행될 때 폐포가 터져 출혈이 일어나고 미열, 기침 등이 나타나는 폐렴 증상을 유발한다. 유충이 장점막에 도달하면 성충이 되어 흡혈을 심하게 하여 흡착부위에 출혈이 생기고 오심, 구토, 심한 복통이 일어나 설사와 장출혈이 나타나기도 한다. 병변의 정도는 전체 충체수에 따라 상이하게 발생된다.

④ 예방관리법

a. 오염지역 내 작업 시 보호 장화와 장갑을 착용하고 맨발로 다니는 것을 피한다.

b. 인분으로 재배한 채소는 철저히 세정을 하고 감염원을 제거한다.

c. 정기적인 대변검사와 개인위생을 준수한다.

(3) 편충*Trichostrongylus orientalis*

편충은 아열대와 온대지역의 습도가 많은 곳에 널리 분포되어 있는 기생충으로 우리나라에서 감염률이 높은 편이다. 이 기생충은 토양매개성 윤충으로 회충과 공존하는 경향이 있다.

편충은 우리나라에서도 감염률이 높은 기생충인데, 그 기생수가 보통 10만 마리 미만으로 증상이 거의 나타나지 않기 때문에 경시되고 있다. 충체가 작기

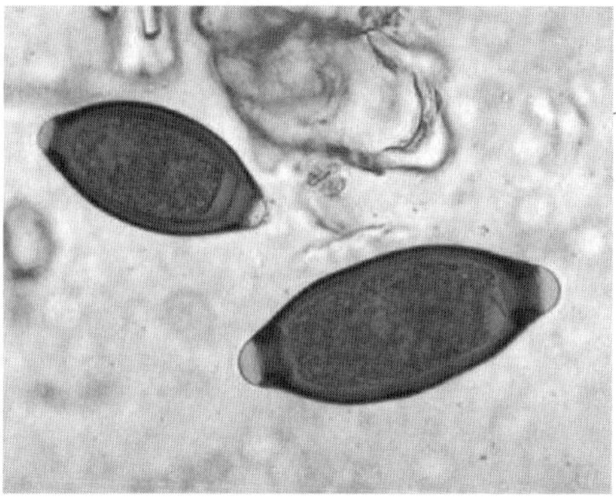
충란

성충의 수컷

그림 2-3-10 편충(*Trichostrongylus orientalis*)의 충란과 성충

때문에 소수가 기생하면 자각증상이 없는 경우도 많다. 다수의 충체가 기생하면 복통, 오심, 구토, 식욕부진, 설사, 빈혈 등을 보일 수 있다.

① 병원체의 형태

이 충체의 크기는 수컷은 30~45mm, 암컷은 45~50mm, 정방 3/5 정도는 가늘고 후방은 굵다. 그 가는 부분을 대장점막 내에 깊이 삽입시키고 있다. 보통 하루에 5,000~7,000개의 알을 하루에 낳는다. 알의 크기는 50~54㎛ ×22~23㎛이며 감염양상은 회충의 경우와 같다.

② 감염경로

충란이 발육하여 자충란이 되면 감염능력을 갖게 되는데 오염된 채소나 음식물을 통해 소장에서 탈각하여 맹장에서 성충이 된다. 기생부위는 대장 상부의 맹자의 충수돌기나 직장까지도 서식한다. 사람은 편충의 고유 숙주로 체내의 서식부위에서 2~3년간 기생한다.

③ 병리 및 임상증상

감염량이 적으면 별 증상 없이 지나가지만 다수의 충체가 기생하면 인체에 기계적인 자극과 유독작용 및 과민반응을 일으킨다. 주로 복통, 설사, 빈혈, 체중감소, 탈항, 복부팽만이 나타난다.

④ **예방관리법**

a. 채소류에 부착되어 인체에 감염되는 경우가 많으므로 채소류의 철저한 세척과 열처리가 중요한 예방 방법이다.

b. 정기적인 대변검사로 충란을 조기 발견한다.

(4) 동양모양선충*Trichostrongylus orientalis*

동양모양선충은 아시아 지역에서 주로 분포하고 우리나라에서도 비교적 발견되기도 한다. 주로 경구감염이지만 경피감염을 일으키기도 하는데 특이한 병리증상은 나타나지 않는다.

① **병원체의 형태**

충란은 구충란과 비슷한 형태로 길이가 길며, 크기는 0.08~0.09mm ×0.04mm이며, 인체에서 배출될 때 난세포를 가진다. 충체는 회색의 가늘고 섬세한 모양으로 수컷의 크기는3.8~4.8mm×0.07~0.02mm, 암컷은 4.9~6.7mm×0.075~0.87mm, 수컷은 교접낭이 있다.

② **감염경로**

분변에서 배출된 충란은 유충이 되어 감염유충으로 된다. 이 기생충은 채소나 음식물에 부착하여 경구감염되어 체내에서 폐 이행 없이 상부 소장에서 성충이 된다.

③ **병리 및 임상증상**

경구감염이 되면 메스꺼움, 구토, 인두의 가려움증, 기침 등의 증상을 보인다. 소장에서 성충이 기생하면 빈혈이 일어나기도 한다.

④ **예방관리법**

㉮ 오염된 음식을 먹지 않고 감염원을 제거한다,

㉯ 채소를 잘 세정하고 식사 전에 손을 잘 씻도록 한다.

(5) 요충*Enterobius vermicularis*

요충은 전 세계에 널리 분포되어 있고, 다른 선충류와는 달리 농촌뿐만 아니라 인구가 밀집되어 있고 생활환경 정도가 높은 도시 지역에서 많이 발생한다.

우리나라의 경우 토양매개성 기생충 중에서 높은 감염률을 보이고 있으며, 음식물과의 직접적인 관련보다는 생활양식에 큰 영향을 받아 집단감염이 잘되는 특징을 가지고 있다. 특히 침식을 함께 하는 사람을 통해 전파될 가능성이 높은 편이며 어른보다는 어린이에게 많이 감염된다.

① 병원체의 형태

소장하부에 기생하는 매우 작은 백색의 선충으로 수컷의 크기는 2~5mm×0.1~0.2mm 이하이며 꼬리가 말려 있어서 물음표를 거꾸로 한 모양과 비슷하다. 암컷은 8~13mm×0.3~0.5mm이며 꼬리가 뾰족하다. 충란은 수시간 내에 발육하여 자충란이 되고 감염능력을 가지게 된다.

② 감염경로

요충은 항문 근처에서 산란을 하여 발육하는데 성숙된 충란과 성충은 불결한 손이나 음식물을 통해서 경구적으로 침입한다. 충란은 위장과 십이지장에서 두 번 탈각하여 소장 상부에서 맹장에 이르러 성충이 된다. 이 암컷 성충은 자궁 속에 충란이 생성되면 직장에 기생하다가 이동하여 45일 전후 숙주가 잠자는 사이에 항문 밖으로 나와 산란을 시작한다. 감염 후 40일이면 성숙하고 11~35일간 생존한다.

③ 병리 및 임상증상

성충이 산란 시 항문 주위에 소양증(가려움증)이 있으며 긁게 되면 세균에 의해 2차 감염이 되어 염증을 일으킬 수 있다. 그 외 경련, 수면장애, 야뇨증, 체중감소 등의 증상이 나타난다.

④ 예방관리법

a. 가족감염 및 자가감염을 예방하기 위한 생활환경 개선
b. 식사 전 손 씻기, 항문 주변의 청결유지
c. 침구와 의복의 자비소독 및 구충제 복용

3) 식용동물에 의한 기생충 감염

많은 종류의 흡충과 조충 그리고 선충과 원충이 수육(獸肉)이나 어육을 통하여 감염된다. Toxoplasma를 제외한 모든 종류의 기생충은 이들 식품을 통해 감

염되는데 이들 식품은 채소와 달리 식품 속에 병원체가 있어 감염된다.

(1) 원충류

① **Toxoplasma증**Toxoplasmosis

Toxoplasma증은 *Toxoplasma gondii*에 의하여 사람이나 포유동물과 조류에 일어나는 질병으로서 감염경로는 분명치 않다. 고유 숙주는 고양이, 토끼, 쥐, 개, 양, 조류 등 광범위하고 중간숙주는 숙주 특이성이 없으며 사람을 포함한 거의 모든 온혈동물이다.

이 원충은 형태학상 두 가지 형태로 나누는데, 첫째는 증식형(영양형)으로 도말표본상에서 초승달 모양crescentic shape을 띤 4~8㎛×2~4㎛ 크기이다. Giemsa 염색 또는 Wright씨 염색으로 세포질은 청색, 핵은 적색으로 염색된다. 두 번째는 포낭형(위포낭, cyst형)으로 수많은 충체(2,000~3,000개)가 모인 주위에 포낭벽이 형성되어 있다. 위포낭의 크기는 8~100㎛까지 다양하며(6만 개의 충체를 가지고 있는 예도 있다) 감염과 관계가 많은 것으로 알려져 있다.

임산부에 있어서는 유산이나 조산의 원인이 되며 특히 임신초기에 감염되면 사산을 일으키는 경우가 있다. 기타 중추신경계에 친화성이 있으므로 뇌수종, 뇌석회화, 맥락망막염 등을 일으킨다.

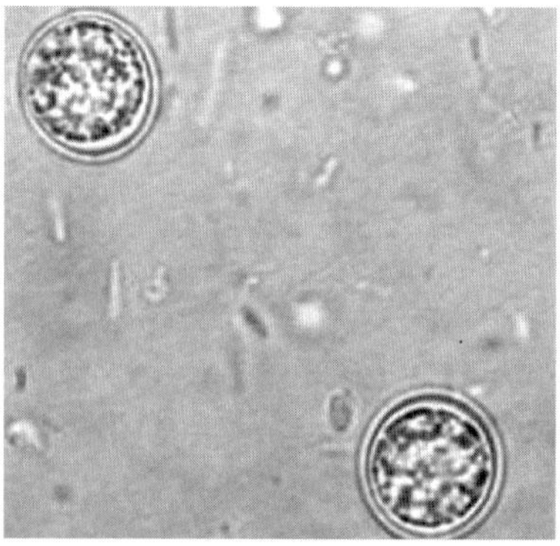

그림 2-3-11 톡소플라스마증(Toxoplasmosis)

인체 기생하는 심각한 사례는 모체로부터 감염된 신생아에서 볼 수 있으며 어른들은 거의가 불현성감염이다. 그리고 태아로 감염이 이행되었을 경우 불구아의 만출, 안저질환, 림프선염 등을 일으킨다. 여러 가지 경로를 거쳐 사람에게 감염될 수 있으나, 감염과 관계되는 식품으로서는 돼지고기(영양형 또는 포낭형)와 계란 등이 있다. 그리고 고양이의 분변과 함께 배출된 접합자낭Oocyst에 오염된 물이나 식품을 섭취함으로써 감염이 된다.

(2) 조충류

① 무구조충(민촌충)*Taenia saginata*

무구조충은 쇠고기를 생식하거나 불충분하게 가열조리 섭취 시 감염되므로 일반적으로 쇠고기를 먹는 나라에서 유행하며 우리나라에서의 감염률은 낮은 편이다. 머리부분의 흡반에 갈고리가 없기 때문에 일명 민촌충 또는 무구조충이라고 한다.

a. 병원체의 형태

전체 몸길이는 10~12m(보통 7~8m), 폭 1~2cm이며 두부에 4개의 흡반이 있고 1,200~1,300개 체절로 되어 있는 대형 기생충이다. 인체에 침입한 낭충은 반투명의 백색이고 크기가 7~8mm×5mm 정도의 구형이다. 낭충은 저온에 저항력이 강하며 고온에서는 71℃, 5분이면 사멸한다.

b. 감염경로

감염자의 분변 속에 충란이 섞여 있는 경우도 있으나, 대부분 떨어진 체절의 형태로 배출된다. 배출된 체절이 지면에서 파열되면 유리된 충란이 목초에 부착한다. 이 오염된 풀을 중간숙주인 소가 먹으면 혈류를 따라 소의 십이지장에 도달하여 무구유충이 되고 혈류, 림프류를 통하여 근육 기타 조직으로 운반되어 약 2개월 후에 무구조충으로 된다(표 2-3-7). 이 낭충은 조직 안에서 9개월 정도 생존하는데, 이를 사람이 섭취하면 감염된다. 소의 체내에서 낭충이 주로 기생하고 있는 부위는 요부, 설근, 심근 등이다.

표 2-3-7 한우에 있어서 무구조충의 분포

기생부위	기생률(%)	기생부위	기생률(%)	기생부위	기생률(%)
심장	75.2	림프절	6.5	폐	19.7
혀	30.7	신장	5.2	대망막	10.5
횡격막	20.3	방광	3.3	위벽	8.5
동피근	18.9	구간근	47.7	식도	5.2
심낭	9.1	저작근	23.5	췌장	3.9

c. 병리 및 임상증상

일반적으로 소화기계 증상은 식욕이상, 두통, 오심, 설사 등이 나타나고 심하면 장폐색증, 빈혈, 신경증상 등을 일으킨다. 낭충이 성장함에 따라 체절이 항문 밖으로 자동적으로 배출되어 심한 불쾌감과 불안감을 유발시킨다.

d. 예방관리법

㉠ 쇠고기의 위생관리를 철저히 하고 쇠고기 생식을 금하고 충분히 가열처리 후 섭취하는 것이 좋다.

㉡ 목초지 내 생분뇨가 오염되지 않도록 하여 감염을 방지한다.

㉢ 정밀 도축 검사와 인분의 위생적 처리가 필요하다.

㉣ 감염자에 대한 신속한 구충이 필요하다.

② 유구조충(갈고리촌충)*Taenia solium*

유구조충은 돼지고기를 생식하는 식생활 습성을 가진 사람들에 많이 감염되고, 머리부분에 갈고리가 있어 일명 갈고리촌충이라고 한다. 성충감염보다는 낭충증cesticercosis이 문제가 된다.

a. 병원체의 형태

이 유구조충의 길이는 2~7m, 폭 5~6mm 내외로 무구조충에 비하여 짧은 편이며 알의 크기는 31~43㎛이다. 무구조충과 비슷하나, 머리에 22~23개의 갈고리를 가진 점이 크게 다르다. 흡반과 갈고리를 이용하여 주로 소장의 상부 점막에 밀착되어 있으며 약 1,000개의 체절로 되어 있다. 분변과 같이 배출된 체절이나, 충란이 중간숙주인 돼지나 사람, 기타 포유동물에 섭취되면 소장에서 부화되어 유구유충이 유리되며 장벽을 뚫고 혈류를 따라 결국 각 조직으로 이동하여 유구낭충으로 된다. 이환된 돼지의 고기에서 많은 낭충이 발견된다.

b. 감염경로

소장에 기생하는 성충의 말단체절과 함께 배출된 충란을 돼지가 먹으면 소장에서 부화되어 혈액을 타고 근육에서 성장하여 유구낭충cysticercus cellulose이 된다. 사람이 돼지고기를 생식하거나 충분히 익혀 먹지 않으면 소장에서 2개월이 지나면 유구낭충이 성충으로 성장하여 체절이 분변으로 빠져나오면서 충란이 함께 배출된다.

c. 병리 및 임상증상

일반적인 증상은 두통, 복통, 설사, 식욕감퇴, 구토 등 소화장애를 일으키고 돼지고기 중의 낭충이 인체에 경구감염되면 장관벽 이외에 뇌, 심장, 신장 등에 기생하면서 종양과 같은 위험한 증상을 나타내기도 한다. 유충에 의한 낭미충증은 장기부위에 따라 증상이 다양하게 나타나는데, 주로 설근, 흉근, 안구, 피하조직에서 발생된다.

d. 예방관리법

㉠ 돼지고기의 생식을 금지하고 충분히 가열처리 후 섭취한다.
㉡ 돼지가 인분을 먹지 않도록 위생적으로 처리한다.
㉢ 감염자의 구충을 철저히 실시한다.

③ 광절열두조충(긴촌충)*Diphyllobothrium latum*

인체에 기생하는 조충 중에서 가장 긴 것으로 긴촌충이라고도 하며, 우리나라는 많은 예가 보고 되어 있지는 않으나 점차 증가하는 기생충 질환으로 알려져 있다.

a. 병원체의 형태

몸길이가 3~10cm, 폭 2~3cm이며, 체절이 3,000~4,000개에 각 체절의 길이가 2~3mm, 폭 10~12mm로 폭이 넓어서 광절이라고 한다. 머리부위에 두 줄기의 흡입구가 있어 숙주에 고정하여 흡착할 수 있다. 충란은 황갈색의 타원형으로 크기가 0.07mm×0.45 mm이고 다수의 난황세포로 가득 차 있다.

b. 감염경로

숙주로부터 배출된 충란은 물속에서(15~20℃) 약 11~15일 후에 부화되어 조충coracidium으로 된다. 이 조충coracidium이 제1중간숙주인 물벼룩(cyclops)에 먹혀 일정 생활사를 거친 후 제2중간숙주인 담수어 또는 반담수어(연어, 숭어, 농어 등)가 이 이 물벼룩을 섭취하고 이 어종들을 사람이 생식하면 감염된다. 한 마리의 어류에 기생하는 유충의 수는 보통 1~5마리, 많을 경우 15마리 정도이다.

c. 병리 및 임상증상

증상은 심하지 않은 것이 보통이나, 식욕감퇴, 복통, 오심, 구토, 설사 등의 증상과 가끔 빈혈을 일으킨다.

d. 예방관리법

㉠ 담수어 또는 반담수어의 생식을 금지한다.

㉡ 조리 시 내부까지 완전히 가열 조리하여 섭취한다.

(3) 선충류

① **선모충***Trichinella spiralis*

선모충은 우리나라에서는 보고된 사례가 없고, 주로 유럽, 미국, 중국에서는 주목을 받는 기생충이며 돼지, 개, 고양이 등의 여러 포유동물에 기생한다. 사람이 피낭유충의 형태로 기생하고 있는 돼지고기를 섭취하면 인체 기생이 이루어진다.

a. 병원체의 형태

인체에 기생하는 선충류 중에서 가장 작은 것으로 몸길이는 수컷이 1.5mm×0.04mm, 암컷이 4mm×0.06mm이며 자웅이체의 선충이다.

b. 감염경로

피낭유충이 있는 돼지고기를 생식하면 소장에서 성충이 되고 소장 상부의 점막 내에 기생하여 자충을 낳는다. 이 자충은 장관의 혈관과 림프관을 이행하면서 신체 각 부분의 근육과 근섬유 사이에 발육하고 피낭하여 기생한다. 쥐는 이 선모충의 중간 숙주이며 돼지가 피낭유충이 있는 죽은 쥐를 먹었을 때 감염된다. 사람은 주로 돼지고기에 의하여 감염되며 한 숙주에서 성충과 유충을 발견할 수 있는 것이 특징이다.

c. 병리 및 임상증상

선모충의 피낭유충이 인체의 소장벽에 침입하면 염증증상을 일으키고 미열, 오심, 구토, 설사, 복통 등이 나타난다. 심하며 고열(40℃)과 근육통을 일으키고 안검부종과 호흡기 근육 등에 운동과 신경장애가 발생되어 사망할 수 있다. 선모충증은 효과적인 치료법이 없으므로 예방에 중점을 두어야한다.

d. 예방관리법

㉠ 돼지의 사육을 위생적으로 하고 죽은 쥐를 돼지가 먹지 않도록 주의한다.

㉡ 돼지고기는 충분히 가열 조리하여 섭취한다(65℃, 1시간 동안 가열하면 사멸).

② 유극악구충*Gnathostoma spinigerum*

주로 태국, 인도, 말레이시아, 중국, 일본 등 극동지방에 분포하나 우리나라에서의 발생보고는 없다.

a. 병원체의 형태

크기는 15~12mm×2~3mm 정도이고 머리 부분에 갈고리 형태를 가지고 있다.

b. 감염경로

종말숙주인 개, 고양이 등의 분변으로부터 배출된 충란이 물속에서 제1기 유충으로 부화된 후 제1중간숙주인 물벼룩에 먹혀 제2기 유충으로 성장된다. 이것을 제2중간숙주인 담수어(뱀장어, 가물치, 미꾸라지, 조류 등)가 섭취하는데 이 어종을 생식한 사람이나 개, 고양이에게 감염이 된다. 이환 동물에는 성충이 기생하나 사람에게서는 성충이 되지 못하고 유충이 장관을 통해서 간으로 이행한 후 전신의 피하조직에서 십 수년 생존한다.

c. 병리 및 임상증상

사람의 경우 유극악구충의 제3기 유충이 위, 소장, 간으로 들어간 우 피하조직에서 기생하므로 피부종양을 일으킬 수 있고, 가려움증이 동반된다.

d. 예방관리법

담수어의 생식을 금지하고 섭취 시 가열 조리한다.

③ 아니사키스*Anisakis simplex*

아니사키스충은 고래, 돌고래, 참조기, 오징어 등의 해산어류에 의해 기생하는 선충류의 유충을 말하는 것으로 주로 위장에 기생한다. 우리나라와 일본에서는 바닷고기의 생식을 즐겨하는 이유로 보건위생상 문제시 되고 있다.

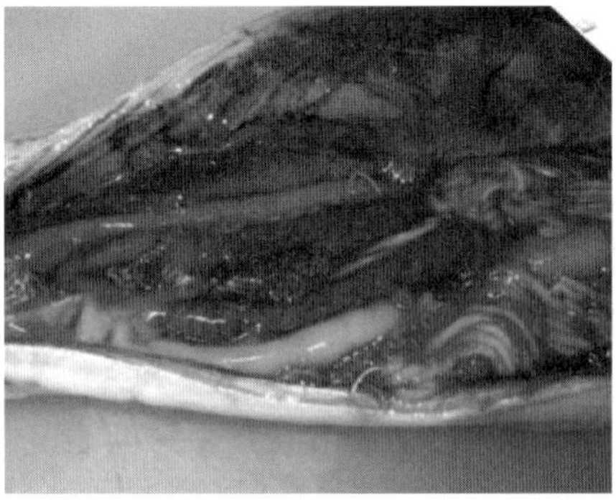

그림 2-3-12 아니사키스(*Anisakis simplex*)

a. 병원체의 형태

이 기생충의 병원체는 *Anisakis simplex*인데 사람에게서 발견되는 자충의 길이는 20mm 정도이며 성충으로 발육하지 못하고 유충상태로 기생한다. 충란의 크기는 0.05mm×0.05mm 정도이다. 사람에게 감염될 수 있는 유충은 *Anisakis simplex*(고래회충), *Pseudoterranove decipiens*(물개회충), *Anisakis physeteris*(향유고래회충) 등이 있다.

b. 감염경로

고래의 분변에서 배출된 충란은 제1중간숙주인 바다갑각류(크릴새우, 물벼룩 등)에 섭취되고, 이것을 제2중간숙주인 해산어류(대구, 오징어, 고등어, 조기 등)들이 다시 섭취하는데 주로 복강에서 발육한다. 이 해산어류들을 바다포유류(고래, 물개 등)가 섭취하면 위에서 성충이 되어 배출되는데, 사람은 종말숙주가 아니므로 제2중간숙주가 되어 기생하다가 조직 중에서 죽는다.

c. 병리 및 임상증상

사람은 이러한 생선이나 고래의 고기를 생식함으로써 감염되며 유충이 각 조직을 이행하며 장애를 일으킨다. 즉 Anisakis 유충은 주로 소화관에 궤양, 종양, 봉와직염phlegmon을 일으킨다. 위장벽의 점막에 콩알 크기의 호산구성 육아종이 생기는 것이 특징이다.

d. 예방관리법

㉠ 해산어류의 생식을 금하고 충분히 가열처리를 하여야 한다. 유충은 내열성이 약하여 50~60℃에서 6초 만에 사멸되고, 냉동에는 -20℃에서 7일 이상 두어야 사멸하기 때문에 열처리를 철저히 할 필요가 있다.

㉡ 생선의 신선도가 저하되면 유충이 일부 근육부위로 이행하므로 주의한다.

(4) 흡충류

① 간흡충(간디스토마) *Clonorchis sinensis*

동남 아시아, 극동 아시아에 주로 분포하며, 우리나라는 남부 지방 특히 낙동강, 영산강, 섬진강 등에서 민물고기를 생식하는 습관을 가진 지역주민들이 많이 감염된다.

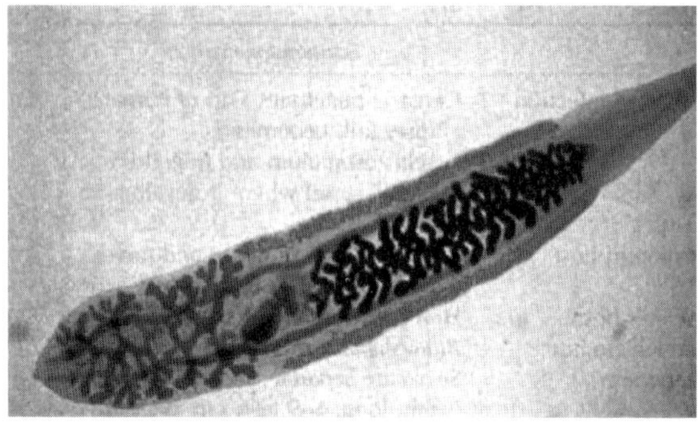

그림 2-3-13 간흡충(간디스토마, *Clonorchis sinensis*)

a. 병원체의 형태

이 기생충의 병원체는 *Clonorchis sinensis*인데 성충은 가늘고 납작한 꽃잎모양인데 크기는 10~25mm×3~5mm이고 충란은 타원형으로 크기는 1.12~0.03mm×0.03~0.04mm이다.

b. 감염경로

충란은 감염된 사람, 개, 고양이의 담관에 기생하면서 장관을 거쳐서 분변을 통해 강이나 호수로 유입되어 물속에서 부화된다. 이때 제1중간숙주인 왜우렁에 잡아먹혀 유미유충cercaria이 되어 성장한다. 유미유충은 왜우렁에서 탈출하여 제2중간숙주인 담수어(붕어, 향어, 잉어, 피라미 등)의 비늘 사이에 침입하여 피낭유충metacercaria이 되는데 근육조직 내에 분포한다. 피낭유충을 가진 담수어를 생식하면 인체에 감염되는데 피낭유충은 탈각하여 담관에 기생하면서 1개월 후 성충이 된다.

c. 병리 및 임상증상

유행 지역에서 감염이 되더라도 대부분의 환자들은 뚜렷한 증상이 없다. 감염량에 따라 증상에 차이가 있는데, 초기에는 소화불량에 따른 권태와 피로로 나타난다. 감염량이 100마리 이상이 되면 식욕부진, 황달, 복수, 복통, 설사 등의 증상이 있고 합병증으로 담석, 간경변, 담관암이 나타나 사망하는 수도 있다. 피낭유충의 저항력은 저온에 강하며 식초나 간에서는 단시간 내에 죽지 않으나, 열에는 약하여 55℃에서 15분, 끓는 물에서는 1분 이상 가열하면 죽는다.

d. 예방관리법

㉠ 제2중간숙주인 민물고기의 생식을 금지한다.
㉡ 조리용 칼이나 도마를 청결하게 유지하고 소독 · 관리한다.
㉢ 인분으로 인한 호수나 강의 오염을 차단시킨다.
㉣ 감염률이 높은 지역 주민에게 보건을 교육한다.

② **폐흡충(폐디스토마)***Paragonimus westermani*

폐흡충증은 우리나라의 산간지역에 분포되어 있으며 동아시아, 중국 등지에서 사람이나 개, 고양이 등이 감염된다. 폐에 충낭을 만들어 기생하며 만성질환의 원인이 되는 기생충증으로 조직부위에 따라 폐부폐흡충증, 뇌부폐흡충증, 복부폐흡충증, 안외폐흡충증 등이 있다.

a. 병원체의 형태

성충은 콩알 모양으로 크기는 7~13mm×3~6mm이고, 충란은 구형으로 크기는 0.05~0.08mm×0.05mm이다.

b. 감염경로

환자의 객담이나 분변 속에서 배출된 충란이 물속에서 수중온도 27℃가 되면 발육하여 2~3주 내에 부화되어 유충이 된다. 제1중간숙주인 다슬기에 침입하여 기생하는 유미유충cercaria은 제2중간숙주인 민물의 게, 가재 등의 아가미와 근육 내에 침입한 후 성장하면 피낭유충metacercaria이 된다. 이러한 민물의 게나 가재를 사람이 생식하거나 덜 익혀 먹었을 때 피낭유충이 소장에 침입하여 십이지장에서 탈낭한 후 소장벽을 뚫고 복장으로 나와 복벽 근육에 침입한다. 이곳에서 1주일간 발육하고 다시 횡격막을 통하여 폐에 침입하여 성충이 된다. 그러나 체내 이행 도중에 복강, 복벽, 정소, 음낭, 흉강, 뇌, 안구 등에 기생하며 특히, 뇌에 기생하면 간질epilepsy과 비슷한 증상을 나타낸다.

c. 병리 및 임상증상

폐흡충증의 가장 일반적인 증상은 기침, 녹색 가래, 전신쇠약, 흉통 등이 나타난다. 또한 합병증으로 기관지염, 기관지확장증 이외에 뇌를 침범하여 뇌부폐흡충증을 일으켜 반신불수, 국소마비, 시력장애 증상을 나타낼 수 있다. 우리나라에서는 홍역을 앓는 어린이에게 가재 생즙을 먹이는 습관이 있었는데, 이에 의하여 감염되는 예가 많았다.

d. 예방관리법

㉠ 가재의 생식금지와 참게를 게장으로 담가 먹을 때 주의한다.

㉡ 유행지역 내의 식수는 반드시 끓여 먹도록 한다.

㉢ 조리기구와 용기에 의한 2차 오염을 차단하기 위해 세척하고 살균한다.

㉣ 개, 고양이 등의 이환 동물 관리를 철저히 한다.

③ 요코가와흡충(횡천흡충)*Metagonimus yokogqawai*

요코가와흡충은 우리나라, 일본, 중국에 많이 분포하고, 특히 우리나라의 영산강, 섬진강 일대의 간디스토마 유행지역에서 감염이 나타난다. 다양한 장흡충 중에서 가장 흔한 것으로 감염률이 현저히 감소된 기생충증이다.

a. 병원체의 형태

인체 기생 흡충류 중 가장 작은 것으로 1~2mm×0.4~0.6mm, 평균 1.2mm이며 충란의 크기는 28~30㎛×16~17㎛이다. 장 내에 산란되므로 분변과 같이 배출된다.

b. 감염경로

소장에 기생하고 있는 성충에서 배출된 충란은 제1중간숙주인 다슬기 속에서 발육하여 유미유충cercaria이 된다. 유미유충이 제2중간숙주인 민물고기(양어과의 은어, 붕어, 잉어)에 침입하여 피낭유충metacercaria이 되는데 피낭유충에 감염된 민물고기를 생식하면 감염되어 소장에서 탈각하여 성충이 된다.

c. 병리 및 임상증상

장흡충에 감염되면 초기에 뚜렷한 증상이 없지만 소장점막에 침입하면 소화기계 장애나 복통을 일으키고 심할 경우 설사, 빈혈, 심근과 척추의 조직 변화를 나타난다. 진단은 대변검사로 충란을 검출할 수 있고 면역 혈청검사로 초기 감염 여부를 진단할 수 있다.

d. 예방관리법

㉠ 민물고기의 생식을 피하고 익혀서 먹도록 한다. 왜냐하면 피낭유충은 일반적으로 열이나 화학약품에 저항성이 강하여 식초 중에 1시간, 0.3% 염산 및 간에서 6시간 동안 두어도 죽지 않으며 70℃에서 15분간 가열하여도 피낭유충은 사멸되지 않기 때문이다.

㉡ 조리과정에서의 2차 오염을 차단한다.

4) 기생충병의 예방원칙

소화기계에 기생하는 많은 기생충은 동물성 또는 식물성 식품을 통하여 감염되기 때문에 식품위생상 기생충병의 대책은 매우 중요하다. 기생충증의 가장 흔한 감염경로는 음식, 물, 공기를 통하여 또는 절지동물에 물려서 감염된다.

그러므로 일반적인 예방원칙은 다음과 같다.

① 기생충에 감염되었거나 오염된 것으로 의심되는 식품의 섭취를 삼간다.
② 식사 전에 손을 항상 씻는 기본적인 위생습관을 가진다.
③ 충란이나 유충에 오염된 조리기구나 행주에 의한 2차 오염을 차단시킨다.
④ 절지동물에 의한 유행 감염지역에서는 살충제 사용 등으로 절지동물의 접근을 막는다.
⑤ 피부를 통한 기생충증 감염의 유행지에서는 맨발로 다니거나 강물에서 수영할 때 감염되므로 인체를 항상 청결히 유지한다.
⑥ 채소류는 흐르는 물에 충분히 세척하고 화학비료로 재배하여 섭취한다.
⑦ 민물고기이나 육고기의 생식을 피하고 충분히 가열 조리한다.
⑧ 분변을 완전 처리하여 기생충란을 사멸 또는 배제시킨다.
⑨ 정기적인 집단 검변검사로 조기에 구충을 실시한다.

5. 위생동물

식품위생상 유해한 동물은 쥐Rodent와 곤충 및 진드기류Arthropod 등이 있다. 바퀴, 파리 등은 병원성 미생물을 식품에 운반, 매개하여 인체에 감염시키며 쥐는 병원성 미생물을 자체 내에 보유하여 식품에 배설함으로써 사람에게 식중독을 발생시킨다. 이들 위생동물들은 식품 속에서 번식하거나 외부로부터 침입하여 식품을 오염시켜 경제적인 손실을 주거나 상품가치를 저하시킨다. 또는 식품 속에 있는 동물 자체는 물론 그의 사체나 배설물 등이 혼입되어 있을 때는 식품위생검사에서 이물의 혼입으로 부적합 판정을 받게 된다.

1) 쥐류Rats

쥐는 전 세계에 2,000여 종이 있으며, 우리나라에서는 20여 종이 알려져 있다. 가주성으로 식품위생상 문제가 되는 것은 그림 2-3-14과 같이 집쥐(시궁쥐)*Rattus norvegicus*, 곰쥐*Rattus rattus*, 생쥐*Mus musculus* 등이다.

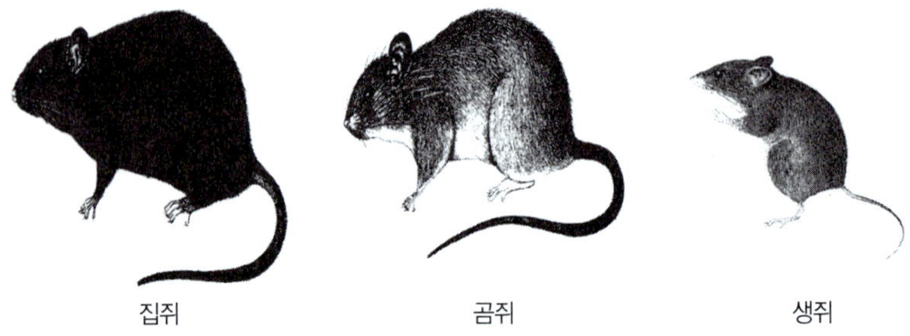

그림 2-3-14 중요한 쥐류

쥐의 특징을 보면 표 2-3-8과 같이 집쥐Brown rat, Norway rat는 3종 중에서 가장 크며, 성숙하면 체중이 300~400g에 달한다. 꼬리는 몸통의 길이보다 약간 짧고 귀는 작아서 접어 젖혀도 눈이 가리워지지 않는다. 마루 밑, 돌담 사이, 시궁창의 지하 등에서 생활하고 있다. 곰쥐는 집쥐보다 작고 체중은 250g 정도이다. 꼬리는 몸통의 길이보다 길고 귀는 커서 접어 젖히면 눈이 덮인다. 동작이 민첩하고 물건에 기어 올라가기를 잘 하여 천장이나 헛간의 구석 등 일반적으로 고층에 서식처를 만든다. 생쥐는 체중 50g 정도로 극히 적으며 꼬리가 대단히 길다. 물을 먹지 않아도 생존할 수 있으므로 식품창고에 있는 것은 구제하기가 쉽지 않다.

표 2-3-8 집쥐, 곰쥐, 생쥐의 특성

종류	집쥐(*Rattus norvegicus*)	곰쥐(*Rattus rattus*)	생쥐(*Mus musculus*)
1회 출산수	8~9마리	5~6마리	약 8마리
체중	300~400g	약 250g 정도	약 50g
형태	꼬리는 몸통에 비해 짧고 굵으며 귀는 작아서 접어 젖혀도 눈이 가리워지지 않는다.	꼬리는 몸통의 길이보다 길고 귀는 커서 접어 젖히면 눈이 덮인다.	크기는 작으나 꼬리가 대단히 길다.
행동	마루 밑, 돌담 사이, 시궁창의 지하 등에서 서식하고 있다.	동작이 민첩하고 물건에 기어 올라가기를 잘하여 천장이나 헛간의 구석 등 일반적으로 고층에 서식처를 만든다.	물을 먹지 않아도 생존할 수 있으므로 식품창고에 있는 것은 구제하기가 쉽지 않다.

(1) 쥐에 의한 피해

쥐는 사람이 사는 주변의 인공환경에 적응하면서 위생적인 피해와 경제적인 피해를 다음과 같이 주고 있다.

① 세균성 질환 : 흑사병, 이질, 살모넬라 식중독salmonellosis, 서교열rat-bite fever
② 바이러스성 질환 : 유행성출혈열epidemic hemorrhageic fever
③ 리케차성 질환 : 발진열, 쯔쯔가무시병, 리케차성 두창
④ 원충질환 : 아메바성 이질, 선모충증
⑤ 식량의 손실에 따른 경제상의 피해
⑥ 의류, 가구, 벽, 천장 등 파손으로 인한 기물파괴
⑦ 전선 파손과 가스유출로 인한 화재의 발생

표 2-3-9 쥐가 옮기는 질병과 원인균

질병	원인균
흑사병	*Yersinia pestis*
발진티푸스	*Rickettsia typhi*
감염형 황달(Weil disease)	*Leptospira* spp.
서교열	*Streptobacillus moniliformis*
선모충증	*Trichina spiralis*
라사열(Lassa fever)	virus
살모넬라증	*Salmonella* spp.
리케차증	*Richettsia akari*

(2) 쥐의 구제법

① 쥐의 서식환경 제거 : 쥐가 살 수 없도록 주변의 환경을 깨끗이 하고 쥐가 먹을 수 있는 음식물 관리를 철저하고 방서장치를 한다.

② 살서제 이용 : 독물살포, 독이법 등이 있는데 coumarin계의 만성출혈독제인 wafarin이 인축에 대한 안전성이 크고 살서율도 좋아서 잘 사용한다. 그 외에 비소화합물, 유기불소제 및 황인제 등이 사용된다.

③ 살서기 이용 : 쥐틀이나 기타 포서기를 이용하여 박멸한다.

2) 위생해충

위생해충은 대개 식품에 부착하여 영양을 취하므로 이들이 병원미생물을 오염시키는 운반자로서 식품위생상 문제가 되고 있다. 이들 중 위생상 문제가 되고 있는 중요한 곤충은 파리와 바퀴이다.

(1) 파리Flies

세계적으로 약 60,000여 종이 되는데, 집파리*Musca domestica*, 쉬파리*Sarcophaga* spp., 금파리*Lucilia caesar*, 큰검정파리류*Muscina stabulans* Fallen 등과 같은 대형의 파리 외에 초파리*Drosophila* spp., 벼룩파리과Phoridae와 같은 소형의 파리도 식품에서 흔히 볼 수 있다. 집파리는 성충이 약 6mm의 흑회색을 나타내며 1회의 산란수는 50~150개이고, 일생동안 5~6회 산란한다. 유충기간은 3~10일이며 성충의 수명은 계절에 따라 차이가 있으나 20~60일 정도이다. 식품위생상 파리가 문제가 되는 것은 유충(구더기)의 발생장소로서 퇴비를 쌓아둔 곳, 변소, 하수구, 쓰레기통, 동물의 시체 등 불결한 곳에서 많이 발생하고 있다.

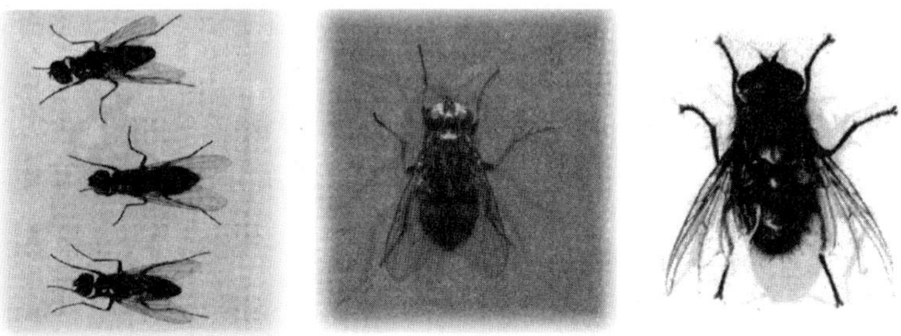

그림 2-3-15 여러 가지 파리류

① **파리에 의한 피해**

파리의 피해는 감염병과 기생충 질환의 물리적인 운반체로 작용함에 따라 다음과 같은 각종 질환을 전파하고 불쾌감 및 수면장애를 유발한다.

a. 호흡기계 질환 : 디프테리아, 결핵 등

b. 소화기계 질환 : 이질, 장티푸스, 파라티푸스, 콜레라, 소아마비, *Salmonella* 식중독 등

c. 기생충 질환 : 회충, 요충, 편충 등

② **파리의 구제**

a. 환경적 개선 : 파리의 번식을 억제시키기 위해 근본적으로 발생장소를 제거하고 특히, 변소, 하수구, 쓰레기장의 위생적인 관리가 필요하다.

b. 물리적 방법 : 파리채, 파리통 및 파리잡이 테이프를 이용한다.

c. 화학적 방법 : 주로 쓰레기장, 퇴비장에 malathion, diazinon 등의 살충제를 사용하고 변소 소독에 생석회 등을 이용한다.

(2) 바퀴Cockroaches

바퀴는 약 4,000종이 있는데, 그 중에서 전파체로 확인된 것은 16종이다. 우리나라에는 7종이 분포하고 있으며 그 중 다음 4종이 가주성으로 알려져 있다.

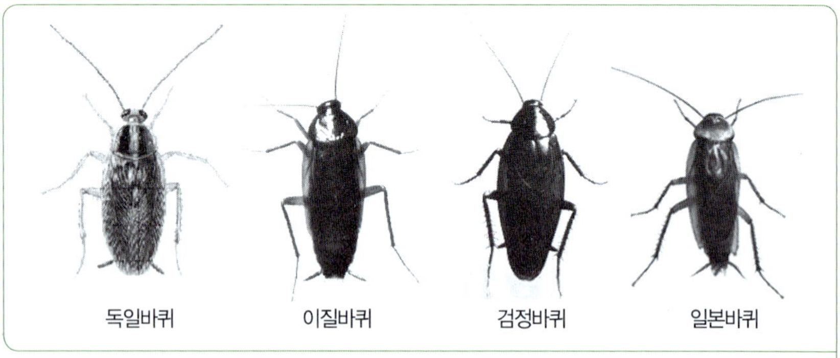

그림 2-3-16 여러 가지 바퀴류

표 2-3-10 독일바퀴, 이질바퀴, 검정바퀴, 일본바퀴의 특성

종류	특징
독일바퀴 (*Blattella germanica*)	바퀴 중에서 가장 흔한 것으로 몸길이가 1~1.5cm로서 다른 종에 비하여 매우 작으며 색깔은 황갈색이다.
이질바퀴 (*Periplaneta americana*)	가주성 4종 중에서 가장 큰 것으로 몸길이가 3.0~4.3cm이고, 색깔은 다갈색이며 광택이 있다.
검정바퀴 (*Periplneta fuliginosa*)	"먹바퀴", "검둥이바퀴"라고도 하며 몸길이가 3.0~4.0cm이고, 색깔은 흑갈색이며 몸, 날개 모두 강한 광택이 있다.
일본바퀴 (*Periplaneta japonica*)	검정바퀴와 아주 비슷하나 몸집이 작고 암컷의 날개가 짧아서 복부의 중앙까지 밖에 닿지 않으므로 쉽게 식별할 수 있다. 또한 수컷은 몸집이 가늘고 흉부배면이 약간 울퉁불퉁하므로 평범한 검정바퀴와 구별된다. 바퀴는 야간활동성이고 잡식성, 질주성이며 군거생활을 한다. 바퀴는 종류에 따라 다른데 100일~3년까지 산다. 한 마리가 일생동안 240~1,500개의 알을 낳는데 25~30℃의 고온다습한 기후조건을 좋아한다.

① 바퀴에 의한 피해

a. 주로 매개하는 질환은 소화기계 감염병, 디프테리아, 폐렴, 결핵 등 호흡기계 감염병, 피부병 질환 및 기생충 질환 등이다.

b.바퀴에 출현으로 공포감 및 불쾌감을 느끼게 한다.

c. 바퀴에 분변에 있는 병원체를 다른 곳으로 퍼뜨리고 알레르기 반응을 일으킨다.

d. 대형 바퀴류는 어린이를 물어 상처를 내기도 한다.

② **바퀴의 구제법**

a. 바퀴가 발생되기 쉬운 장소의 청결, 정돈 그리고 식품을 외부에 방치해 두지 않는 것이 좋다.

b. 연무법 : 밀폐된 실내 공간에 0.3% pyrethrins, 0.5% DDVP, DDT 등을 분무하고 훈연으로는 이황화 탄소, 40% pyrethrins, 40% DDVP를 사용한다.

c. 독이법 : 바퀴가 선호하는 감자, 빵가루 등에 50% 붕산이나 5% 아비산 석회 등 독극물을 혼합하여 바퀴가 잘 다니는 이동통로에 설치한다.

(3) 진드기류Mite & tick

진드기류는 몸길이 1mm 전후의 작은 진드기mite가 많고 큰 진드기(참진드기) tick는 1~2cm의 타원형의 체형을 하고 있다. 세계적으로 1만 여 종이 있으며 식품에 관계되는 것으로 100여 종이 있다. 주로 식품에 부착하여 그 곳에서 발생한 곰팡이 등을 먹고 생활하나, 각종 위해를 고려할 때 식품위생 차원에서 중요한 의의를 가지고 있다.

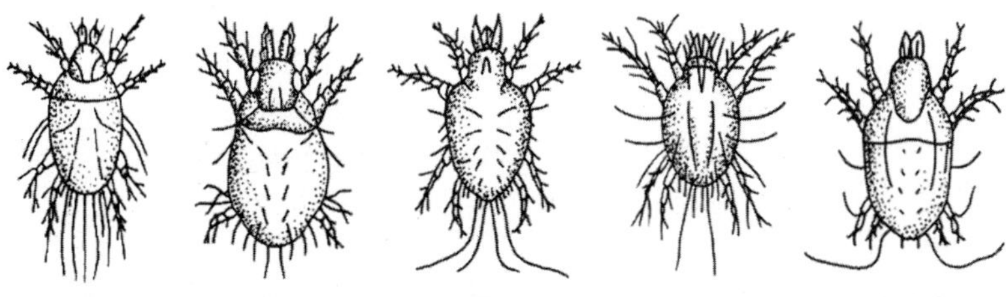

그림 2-3-17 가루진드기류

① **진드기 종류**

식품 중에서 볼 수 있는 진드기류의 주요한 종류는 다음 표 2-3-11과 같다. 한편 이들 진드기의 대표적인 종류의 모양은 그림 2-3-17과 같다.

② **진드기에 의한 피해**

a. 진드기는 야간에 피부에 심한 소양증을 일으키며, 2차 세균감염을 유발한다.

표 2-3-11 식품 중 진드기류의 종류와 특징

종류	특징
긴털가루진드기 (*Tyrophagus putrescentiae*)	우리나라 모든 저장식품에서 가장 흔히 볼 수 있는 것이며, 크기 0.3~0.5mm인 유백색 내지 황백색의 진드기로서 곡류, 곡분, 빵, 과자, 건조과실, 분유, 치즈, 건어물, 초콜릿 등에서 발견된다.
수중다리가루진드기 (*Acarus siro*)	크기가 약 0.4~0.6mm인 유백색의 진드기로, 다리와 협각 끝부분은 갈색이며 곡류나 건어물에서 발견된다.
보리가루진드기 (*Aleuroglyphus ovatus*)	크기 0.4~0.6mm의 타원형, 유백색으로 다리와 협각 끝부분은 갈색이며 곡류나 건어물에서 발견된다.
송곳다리고기진드기 (*Glycyphagus destructor*)	동부의 털이 매우 굵고 길어서 현저한 측지를 가지며 다리의 말단절에 칼집 모양의 털이 덮여 있다.
설탕진드기 (*Carpoglyphus lactis*)	동부 복면의 기절판이 좌우 융합해서 W자 형을 하고 있는 것이 특징이다. 설탕과 된장의 표면 등에 많이 번식한다.
집고기진드기 (*Glycyphagus domesticus*)	송곳다리고기진드기와 비슷하며, 다리에 칼집 모양의 털이 없고, 몸앞 부분 중앙에 홈이 있는데 그 중앙에 한 쌍의 털이 있다
작은가루진드기(*Suidasia nesbitti* ; *Chibidania tokyoensis*)	약간 소형이며 체표에 기와 모양의 무늬가 있고, 몸통의 털은 몸앞부분의 한 쌍과 뒷부분의 한 쌍이 길며 이외에는 모두 짧다.
고노수수렝이진드기 (*Lardoglyphus konoi*)	건어물에서 특히 많이 볼 수 있다.
가루살갗진드기 (*Dermatophagoides forinae*)	배합사료나 곡분에 많이 번식한다.
보리먼지진드기 (*Tarsonemus floricolis*)	크기 0.1~0.2mm이며, 암컷은 제1각과 제2각 사이에 고무풍선 모양의 기관이 한 쌍 있고, 제4각은 변형하여 끝에 2쌍의 긴털이 있다.
굵은발톱진드기 (*Chel yletus fortis*)	모두 촉지가 크고 끝에 굵은 발톱이 있으며, 손가락 모양의 제5절로부터 빗 모양의 털이 있다.
장다리발톱진드기 (*Cheletomorpha lepidopterorum*)	장다리 발톱진드기는 다리가 극히 길다.

b. 진드기에 의한 매개성 티푸스, Q열, 쯔쯔가무시병 등 병원소 및 매개물의 역할을 동시에 한다.

c.진드기에 배설물은 사람에게 알레르기를 유발시키고 기관지 천식의 원인이 된다.

d. 진드기의 기생 부위에 따라 복통, 설사 등을 일으키는 소화기계 진드기증, 혈뇨, 부종, 일과성 발열이 있는 비뇨기계 진드기증, 급성기관지천식이나 폐렴과 비슷한 증상을 나타내는 호흡기계 진드기증 등이 있다.

③ 진드기의 구제

a. 생활 환경 개선: 진드기는 건조한 상태에서는 번식하지 않고 온도 20℃ 이상, 습도 75% 이상, 식품의 수분함량 13% 이상일 때 잘 증식한다. 진드기의 발생을 방지하려면 평소에 환경을 깨끗이 하고 부엌, 천장, 식품의 저장장소 등의 통풍을 잘하여 방습에 힘쓰고 식품의 보관을 잘 하여야 한다. 곡분, 과자 등은 수분함량이 10% 이하가 되도록 충분히 건조시켜 방습용기에 보존하고 곡물 등은 습도를 60% 이하로 하여 보존한다.

b. 식품에 따라서는 가열, 냉동, 저온보존 등의 방법을 이용한다. 진드기는 50~60℃로 5~7분 동안 가열하면 사멸하고 냉동하면 대체로 죽으나, 0℃ 정도의 저온보존에서는 증식이 억제될 뿐 완전히 사멸되지는 않는다.

c. 독성이 약한 유기인제나 malathion, diazinon 등을 살포한다.

(4) 기타

① 개미류 Ants

식품에는 꿀벌 등 다른 종류의 벌이 날아드는 외에 다양한 종류의 개미가 침입하는 일이 많다. 흑색 대형의 일본왕개미*Camponotus herculeanus*, 소형이며 갈색의 고등털개미*Lasius niger*, 물엿 빛의 애기집개미*Monomorium pharaonis*를 비롯하여 많은 종류가 문제되고 있다.

② 바구미류 Weevil

초시목Coleoptera에도 많은 종류가 식품에 번식한다. 곡류에서는 바구미류 등이 흔히 발견된다. 이들의 성충은 앞날개가 단단해서 몸의 대부분을 덮고 있으며, 첫 날개는 날기 때문에 막상(膜狀)인 것이 많다. 유충은 구더기상이나 건조하여 털이나 돌기를 갖는 것이 많다.

③ **나방류**Moths

소형의 나방으로 유충은 식품 중에 발육하고 성충이 된 다음에 날개를 세우고 나는 것이 많다. 예를 들면, 쌀 · 보리 등의 곡물에는 화랑곡식나방*Plodia interpunctella*, 곡식점부채명나방, 그리고 초콜릿 등에서는 한점쌀명나방*Corcyra cephalonica*, 곡분 · 과자 등에서는 쌀겨얼룩명나방*Ephestia cautella* 등이 흔히 발견된다.

이상에서 언급한 것 외에 식품에서 발견되는 곤충류에는 가루다듬이벌레*Atropos pulsatorium*, 먼지다듬이벌레*Liposcilis divinatoria*류가 있는데 이들은 모양이 이와 비슷하고 운동이 활발하다. 또한 원시적인 곤충류인 좀과Lepismatidae에는 곡분 등의 저장이나 책의 풀을 먹는 것도 있는데, 예를 들면, 흰좀*Lebisma saccharina*, 얼룩좀*Thermobia domestica*, 남방좀*Ctenolepisma villosa* 등이 있다.

(5) 곤충의 병해 및 구제대책

곤충에 의한 병해는 곤충의 종류에 따라 다르나, 일반적으로 이질, 소아마비, 장티푸스, 파라티푸스, 살모넬라증 등 소화기계 감염병을 비롯해서 각종 감염병을 매개 · 전파시키며 식품을 오염 · 파손 · 변질시켜 식품 안전사고를 일으킨다.

식품해충의 피해를 경감시키기 위한 방충대책은 4가지로 분류할 수 있는데, ① 해충의 침입, 발생, 증식을 방지하기 위한 환경적 방법(온도, 습도조절, 발생원 제거 등), ② 물리적 방법(방충망, 주광성을 이용한 포충기 등), ③ 화학적 방법(살충제, 기피제 등), ④ 생물학적 방법(병원미생물, 천적 등)이 있다. 이 중에서 근본적인 대책으로는, 환경적인 면에 중점을 두어 부엌쓰레기, 분뇨처리, 청소, 잡초 등의 발생원과 서식장소를 제거하고, 기타 구제방법은 보조수단으로 생각하여야 한다. 곤충을 구제하는 약제는 농림해충을 대상으로 하는 농약용과 위생해충을 방제하는 목적으로 쓰이는 방역용으로 구별할 수 있다. 방역용은 생활환경에 쓰이므로 정제 및 탈취하여 농도를 낮게 하고 독성이 높은 것은 피해야 하며 전문 방제업체를 활용하는 것이 식품위생을 확보하고 식품안전 사고를 미연에 방지하기 위한 차원에서 바람직하다.

제3편

화학적 위해요소 관리

자연독 식중독
곰팡이 독소 식중독
화학성 식중독

제1장 자연독 식중독

동 · 식물체 중에는 자연적으로 생산되는 독성성분을 함유하고 있는 경우가 있으며 이런 독성성분 중에는 사람에게 발암성, 돌연변이 유발성, 기형유발성, 알레르기성, 영양장애 등을 일으키는 것이 있다. 유독성분의 생산량은 동 · 식물 자체가 생육하는 계절과 환경 등에 따라 영향을 받으며, 독성작용은 개인차에 따라 차이가 있는 경우가 많다. 자연독의 주축을 이루고 있는 것은 식물성 자연독과 동물성 자연독으로 구분할 수 있는데 식물성 자연독은 주로 육상식물에서, 동물성 자연독은 해산동물에서 대부분 나타나고 있다.

1. 식물성 자연독

식중독을 유발하는 식물로는 식용식물로 오용되기 쉬운 것과 유독성분을 함유하고 있는 식물들이 있다. 식용식물로 오용되기 쉬운 것에는 버섯류, 독미나리, 미치광이풀, 가시독말풀, 바꽃, 붓순나무, 독보리, 독곡목 등이 있으며, 유독성분을 함유하고 있는 감자, 면실유, 피마자, 청매, 오색콩, 꽃무릇, 고사리, 소철 등이 있다.

식물의 독성분으로는 오색두, 청매, 은행 등에서 발견되는 청산배당체, hyoscyamine 등 알칼로이드alkaloid를 함유하는 것, 고사리에서 발견되는 페놀성 화합물, 기타 감자 등에서 배당체를 함유하는 것 그리고 불명인 것 등이 있다. 참고로 시안생성 배당체를 함유하는 식용식물은 표 3-1-1과 같다.

표 3-1-1 시안생성 배당체를 함유하는 식용식물

식 품	부 위	HCN 생성량(mg/100g)
아몬드(bitter almond)	종자	290
	어린잎	20
살구(apricot) 종자	종자	60
복숭아(peach)	종자	160
	잎	125
수수(sorghum)	종자	0
	백색화된 새싹	240
	어린잎	60
카사바(cassava)	잎	104
	뿌리껍질	84
	뿌리 내부	33
라이마콩(lima bean)	Puerto Rico산, 흑색	400
	Java산, 착색	312
	Burma산, 백색	210
	Jamaica산, 백색	17
	Arizona산	17

1) 유독 성분

(1) 배당체

배당체란 당성분을 함유한 식물성분으로서 시안생성 배당체cyanogenic glycoside와 함황 배당체인 glucosinolate 등이 알려져 있다. 시안생성 배당체는 다음 반응식에서와 같이 식물체 내의 효소로 분해되어 시안화수소HCN를 생성한다(그림 3-1-1). HCN은 매우 유독한 성분으로서 사람에 대한 평균 치사량은 50~60mg이며 섭취량에 따라 여러 가지 증상을 나타낸다.

시안생성 배당체는 많은 식물에서 검출되었으며 26개 이상의 배당체가 확인

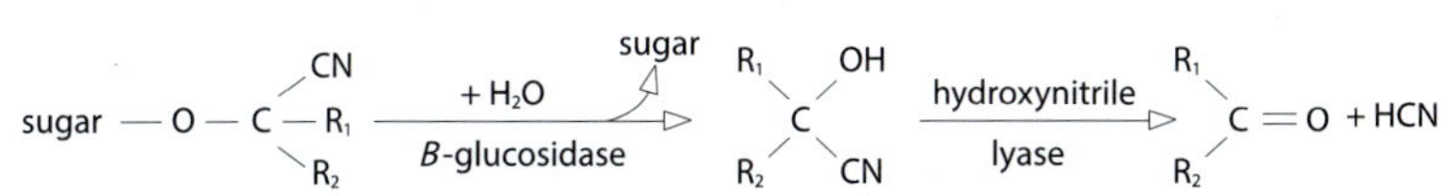

그림 3-1-1 배당체에서 HCN의 생성과정

되었다. 그러나 이들의 대부분은 비식용 식물에서 검출되고 있으며 시안생성 배당체를 함유하는 식용작물의 종류와 HCN 생성량을 보면 표 3-1-1과 같다.

Glucosinolate는 겨자나 고추냉이에서 자극취의 원인성분이며 순무, 양배추 등 채소의 특이취에 관련된 성분이다. 독성학의 관점에서는 glucosinolate가 thioglucosidase의 작용으로 분해되어 나오는 isothiocyanate와 thiocyanate가 실험동물의 갑상선 기능을 방해하여 여러 가지 생리적 영향을 가져오기 때문에 goitrogen(갑상선 자극물질)으로서 관심을 가지게 되었다. 사람의 정상적인 소비수준에서 glucosinolate가 유해하다는 증거는 아직 없다.

(2) 알칼로이드alkaloid

알칼로이드란 함질소염기인 식물성분으로서 동물체에 들어가 현저한 생리활성을 나타내며 쓴맛을 가진다. 알칼로이드에는 약 600종이 알려져 있고 식물종의 약 1/4에서 발견되고 있다. 가축은 여러 가지 식물을 먹기 때문에 알칼로이드에 의한 중독현상이 흔히 일어나지만 사람은 유독한 식물을 피하고 있는 탓으로 알칼로이드에 의한 독성은 큰 문제가 되지 않는다. 식품에서 문제가 된 것으로는 solanine 및 pyrrolizidine계 알칼로이드가 있는 caffeine이 연구의 대상이 되고 있다. 카페인계 알칼로이드 화학구조는 그림 3-1-2와 같다.

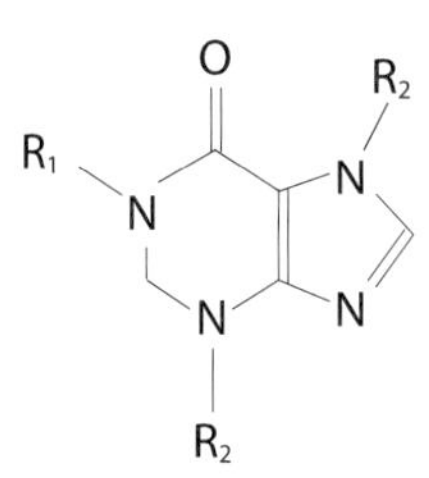

		R_1	R_2	R_3
Caffeine	:	CH_3	CH_3	CH_3
Theobromine	:	H	CH_3	CH_3
Theophyline	:	CH_3	CH_3	H

그림 3-1-2 카페인계 알칼로이드계의 화학구조

(3) 영양저해물질antinutritive substances

자연식품 중에는 영양결핍을 일으키거나 영양소의 이용과 기능을 억제시키는 유해성분이 존재할 수 있다. 이러한 물질은 소화기관이나 조직 안에서 또는 인체 외에서 그 영향을 나타내며 다른 유독성분과는 달리 다량 섭취했을 때 비로소 관찰될 수 있다. 영양억제 작용은 영양부족 상태에서 잘 일어나며 조건에 따라 크게 좌우되므로 일종의 potential toxicant라 할 수 있다. 최근에는 의약품, 항생물질, 농약, 식품첨가물과 같은 합성품에서도 이러한 작용이 관찰되고 있다. 최근 유행되고 있는 이른바 '건강식품'은 부유층에서 과영양상태를 억제코자 영양억제 물질이 함유된 자연식품을 섭취코자 하는 시도로 볼 수 있다.

(4) 페놀 화합물phenolic compounds

일상적으로 소비하는 식품에 존재하는 페놀성 물질에 의하여 어떤 심각한 중독증상이 발생하였다는 보고는 별로 찾아볼 수 없다. 그러나 페놀 화합물은 거의 모든 식물체에 자연적으로 존재하여 어떤 것은 강한 독성을 나타내기도 하고 동물에게서 중독반응을 나타내기도 하였다. 다른 한편 식물성 페놀 화합물의 어떤 것은 지방질에 대한 산화억제 작용을 나타내 식품이나 의약품에서 유익한 성분으로 알려져 왔다.

강한 독성이나 약리작용을 갖는 페놀 유도체로는 gossypol, phlorizin, catecholamine 등 여러 종류가 알려져 있다.

페놀성 물질이 나타내는 독성영향으로는 hypericin, kava 등과 같이 동물체 내에 들어가 흥분, 경련 등의 신경관련 징후를 나타내는 것도 있고, 이 밖에 tannin, catechin 등은 단백질, 효소, 막성분 및 미생물 표면에 결합하는 성질이 있어서 그들의 기능을 저하시키기도 한다.

2) 식물 종류에 따른 자연독

(1) 감자

감자의 발아부위와 녹색부위에 solanine($C_{45}H_{73}NO_{15}$)이라는 배당체를 가지고 있는데 보통 감자에는 함량이 2~13mg/100g이지만 광선에 쬐어 녹색이 되거나 발아부위에는 80~100mg/100g으로 증가하여 보건상 문제를 일으킨다(표 3-1-2).

Solanine은 solanidine이란 steroid계 alkaloid와 glucose, galactose, rhamnose가 결합한 배당체이다(그림 3-1-3).

표 3-1-2 감자의 부위별 solanine 함량

	부 위	Glycoalkaloid(mg/100g 생체 중)
괴근조직	괴근 전체	7.5
	표피(2~3%)	30~60
	껍질(10~15%)	15~30
	질, 눈(3mm 폭)	30~50
	살(flesh)	1.2~5
	쓴 감자 전체	25~80
	쓴 감자 껍질	150~220
식 물 체	싹	200~400
	꽃	300~500
	줄기	3
	잎	40~100

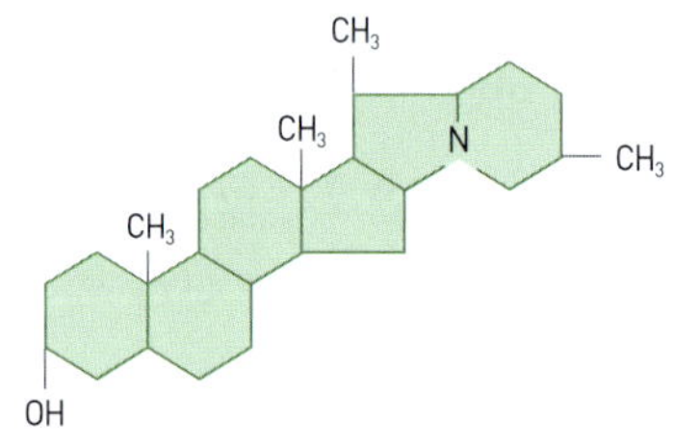

그림 3-1-3 Solanidine 화학구조

이 중독은 중추신경독으로 용혈성도 있으며 많이 섭취하면 섭취 후 수시간만에 복통, 두통, 현기증, 마비 등을 일으키는 수가 있다. 급성독성은 토끼의 경우 LD_{50} = 0.45g/kg이다.

예방법으로는 감자의 껍질을 발아부위까지 제거하거나 끓여 먹어야 한다. 또 부패한 감자에서는 sepsine($C_5H_{11}N_2O_3$)이란 독성물질이 생성되어 중독을 일으키는 경우가 있다.

(2) 청매

청매(미숙한 매실)는 청산배당체인 amygdalin을 함유하고 있다. 이 amygdalin은 효소emulsin에 의하여 분해되어 청산HCN을 유리함으로써 중독을 일으킨다. 중독증상은 두통, 소화기계 증상과 호흡곤란, 경련 등을 일으키고 심하면 호흡중추 마비로 사망한다. 중독을 예방하려면 오래 끓여서 휘발시키거나 수용성이므로 물에 담가 용출 제거시킨다. 치사량은 청산이 0.05g, 청산칼륨이 0.2g으로 알려져 있다. 청산배당체를 함유하여 식중독을 일으키는 식물로서는 은행, 수수, 오색콩 등이 알려져 있다.

그림 3-1-4 청매

(3) 피마자

아프리카 원산의 일년생 초목으로 종자에서 피마자유를 생산한다. 피마자*Ricinus communis*유는 ricinoleic acid를 다량 포함하며, 설사제로 사용된다. 종자 중에는 alkaloid인 ricinine 및 유독 단백체인 ricin과 allergen을 함유하고 있는데 보통 피마자기름과 유박에 의해서 중독이 일어나고, 중독증상은 복통, 설사, 알레르기성 증상이다. Ricinin은 독성이 크지만 열에 쉽게 파괴될 수 있으며 피마자뿐만 아니라 많은 식물의 잎, 뿌리, 구근 및 콩과식물의 종자에 널리 분포되어 있다. 또한 Ricinin은 적혈구를 응집시키는 식물성 hemagglutinin 또는 phytagglutinin 이라는 특수한 단백질로서 피마자 기름을 용매로 추출한 후 용매를 제거하는 과정에서 독성이 제거되는 것으로 알려져 있다.

그림 3-1-5 피마자

(4) 버섯류 중독

버섯은 분류학상 진균류에 속하고 5,000~6,000여 종에 달하지만 식용으로 이용되는 것은 100여 종에 불과하다. 식용버섯과 독버섯으로 구별하는 일은 전문가도 어려운 일이므로 버섯을 함부로 채취하여 먹어서는 안 된다. 특히 우리나라에서는 독버섯에 의한 식중독이 식물성 자연독 중 으뜸을 차지하고 있는데 주로 가을철에 발생한다. 이들 독버섯의 종류는 여러 가지가 있으나 특히 맹독성을 지닌 치명적인 독버섯은 알광대버섯, 독우산광대버섯, 흰알광대버섯, 광대버섯, 깔때기버섯, 마귀광대버섯, 싸리버섯, 어리알버섯, 삿갓외대버섯, 미치광이버섯, 담갈색송이버섯, 냄새무당버섯, 마귀곰보버섯, 안장버섯 등 20여 가지이다.

이들이 함유하고 있는 독성분은 버섯의 종류에 따라 다르며 지금까지 무스카린Muscarine, 무스카리딘Muscaridine, 콜린Choline, 뉴우린Neurine, 팔린Phaline, 아마니타톡신Amanitatoxin, 균독소, 아가리신산Agaricicand, 필즈톡신Pilztoxin 등이 알려져 있다.

주요 독버섯의 종류를 대별하여 중독 증세를 중심으로 구분하여 보면 다음과 같다.

- 알광대버섯(그림 3-1-6) · 흰알광대버섯 · 독우산광대버섯(그림 3-1-7) 무리 : 치명적인 독버섯들이다. 6~12시간의 잠복기를 거쳐 구토 및 설사가 나기

그림 3-1-6 알광대버섯

그림 3-1-7 독우산광대버섯

시작하고 간과 신장의 장애를 일으키며 경련과 혼수상태가 되고 사망률이 70%나 된다. 유독성분은 아마니타톡신amanitatoxin이다.

- 광대버섯 · 파리버섯(그림 3-1-8) · 땀버섯 무리 : 1~2시간의 잠복기를 거쳐 구토 및 설사가 나고 어지러우며 시력장애를 나타내고 흥분한다. 중증일 때는 의식불명이 된다. 유독성분은 무스카린muscarine이다.

그림 3-1-8 파리버섯

- 화경버섯 · 노란다발 · 외대버섯 무리 : 흔히 중독되기 쉬운 독버섯으로 독성이 강하여 심한 복통과 구토 설사가 나고 호흡장애를 일으킨다.
- 깔때기버섯 : 먹은 지 수일 후에 증세가 나타나고 손발 끝에 심한 통증이 오며 환부가 붉게 부어오르는데, 증세가 1개월까지 지속되기도 한다.
- 미치광이버섯 : 구역질이 나고 어지러우며, 신경계통을 자극하여 흥분상태로 된다. 또한 평형감각을 잃어 환각 및 광란이 일어나며 실신상태로 되었다가 하루가 지나면 회복된다.

이 외에도 아직 밝혀지지 않은 유독성분이 있을 것으로 생각되며 이러한 유독성분은 동일한 종류일지라도 산지나 시기에 따라 함량에 차이가 있고 조리방법에 따라서도 다르다.

독버섯 중독은 그 증상에 따라 위장형 중독을 일으키는 것과 뇌증형 중독을 일으키는 것으로 크게 나눌 수 있다. 무당버섯, 화경버섯 등의 독성분에 의한 중독은 구토, 복통, 설사 등과 같은 위장염 증상을 나타낸다.

알광대버섯, 독우산광대버섯 중독은 콜레라와 비슷한 증상을 나타내며 경련을 일으키고 혼수상태가 되어 사망하는 수도 있는데, 이들의 독성분은 phaline, amanitatoxin 등인 것으로 알려졌다.

뇌증형을 일으키는 대표적인 것은 파리버섯 중독인데 독성분은 muscarine이라고 한다. 광대버섯은 muscaridine을 함유하고 있어 산동(散瞳), 근육경직과 유사한 증상을 나타낸다. 식용 버섯과 독버섯을 정확하게 감별하기는 곤란하고 대개 경험적으로 구별하며, 일반적인 감별법은 다음과 같다.

- 버섯의 살이 세로로 쪼개지는 것은 무독하다.
- 색이 아름답고 선명한 것은 유독하다.
- 악취가 나는 것은 유독하다.
- 쓴맛, 신맛을 가진 것은 유독하다.
- 점성의 유액이 나오든가 또는 공기 중에서 변색되는 것은 유독하다.
- 버섯을 끓일 때 나오는 증기에 은수저를 넣었을 때 흑변이 되는 것은 유독하다.

(5) 콩류 중의 독성물질

대두, 완두, 땅콩, 강낭콩 등에는 단백질분해효소 작용을 억제하는 물질이 함유되어 있음이 알려져 있다. 이 protease inhibitor 중에서 대표적인 것이 trypsin inhibitor로, 여기에는 5~6종의 trypsin inhibitor가 존재하며, 그 중 가장 잘 알려져 있는 것이 Kunitz inhibitor이다. 그러나 protease inhibitor는 가열처리에 의하여 대부분 그 활성이 급속히 감소한다. 한편 콩류 중에는 protease inhibitor 외에 용혈작용이 있다고 알려진 saponin과 sapogenin이 함유되어 있다. Saponin은 혈액 등 각종 체액의 지방도를 낮게 하고, 각종 혈관질환 및 노화방지 효과도 있는 것으로 밝혀지고 있다.

(6) 독미나리*Cicuta virosa*

그림 3-1-9 독미나리

미나리과의 다년생 초목으로 미나리와 모양이 비슷하나 크기가 크다. 독 성분은 시쿠톡신($C_{17}H_{22}O_2$)cicutoxin으로 지방족 불포화 고급 알코올이며 주로 지하경(地下莖)에 많이 들어 있는데 성인의 경우 근경(根莖) 하나로 사망하기도 한다. 섭취 후 수분에서 2시간 이내에 발증하며 빠르면 10~20시간 후에 사망한다. 중독증상은 심한 위통, 구토, 현기증, 경련 등을 일으킨다. 예전에는 독미나리의 시쿠톡신을 화살촉에 발라 독화살로 사용하기도 하였다.

(7) 독보리(지네보리, 가라지)

벼과Gramineae의 독보리*Lolium temulentum*는 형태가 밀과 비슷한 일년생 초목으로 종자에는 수용성 유독 알칼로이드인 테물린temuline이 약 0.06% 들어 있으며, 밀과 혼입되어 중독을 일으키는 수가 있다. 중독증상은 소화기장애, 구토, 두통을 일으키며, 중증일 때에는 중추신경계에 영향을 미쳐 허탈, 혼수에 이어 사망한다.

그림 3-1-10 독보리

(8) 목화씨 기름

목화씨*Gossypium nanking* 기름인 면실유와 그 박에는 기름의 산화방지 작용이 있는 polyphenol 화합물인 고시폴($C_{30}H_{30}O_8$)gossypol이 함유되어 있으며, 박 중에 0.7~1.5%가 들어 있다. 고시폴은 면실유의 정제과정에 대부분 제거되나 정제가 불충분한 경우 중독의 원인이 된다. 기름을 짜고 난 후 면실박에는 다량의 단백질이 함유되고 있으나 고시폴 때문에 사용에 장애가 되고 있다. 고시폴의 중독증상은 식욕감퇴, 체중감소, 부종과 심부전 및 출혈성 신장염 등을 일으킨다.

그림 3-1-11 목화씨

(9) 고사리*Pteridium aquilinum*

우리나라 국민이 즐겨 먹고 있는 고사리의 새순을 가축이 섭식하고 비뇨기나 장관의 출혈을 일으키는 중독사고 사실이 있음이 영국에서 확인되었다. 그 원인 물질은 bracken fern toxin인데 장기간 급여하면 방광, 소장, 폐에 종양이 발생하며, mouse에서는 최기형성teratogenic이 인정되었다. 종양 원인물질의 분자식은 $C_7H_8O_4$로서 carboxyl기를 가지고 있으며, 고사리를 열탕으로 5~10분간 처리하면 발암성이 저하된다.

그림 3-1-12 고사리

(10) 미치광이풀

그림 3-1-13 미치광이풀

산골 음지에서 자생하며 가지과에 속하는 다년생 초목으로 마와 비슷하기 때문에 뿌리를 마로 잘못 알거나 어린 싹을 산나물로 잘못 알고 식용하여 중독을 일으킨다. 유독성분은 알칼로이드인 히오스시아민hyoscyamine이며, 잎, 뿌리에 들어 있다. 중독증상은 흥분, 호흡곤란, 동공확대 등이며, 흥분기에는 광란상태가 되어 뛰어 돌아다니는 일이 있으므로 이로부터 미치광이풀이라는 이름으로 불리었다. 한편, 미치광이풀의 근경은 생약으로도 사용되며, 아트로핀atropine의 제조 원료로 쓰인다.

(11) 가시독말풀

그림 3-1-14 가시독말풀

열대아시아가 원산이다. 줄기는 곧게 서며 높이 1m 정도 자라고 꽃은 담자색으로 깔때기 모양을 하고 있다. 열매는 계란 모양으로 가시로 싸여 있으며 갈색으로 마르면 넷으로 쪼개진다. 종자는 참개와 비슷해서 잘못 먹는 경우가 있고, 유독성분인 스코포라민scopolamine, 히오스시아민hyoscyamine, 아트로핀atropine이 잎이나 종자에 함유되어 있다. 중독증상은 섭취 후 30분만에 동공확대, 경련, 뇌 흥분 등 미치광이풀과 비슷하다.

(12) 꽃무릇

그림 3-1-15 꽃무릇

꽃무릇Lycoris radiata과에 속하는 다년생 식물로서 지하인경에는 전분이 약 8% 정도 함유되어 있어 전분원료로 이용되는데 정제가 불충분하면 맹독성 alkaloid인 lycorine($C_{16}H_{17}NO_4$)을 함유하게 되며 강한 구토작용을 일으킨다.

(13) 독공목

독공목과Coriariaccae에 속하며 키가 1.5m 정도 되는 낙엽관목으로 열매는 처음에는 적색이나 익으면서 흑자색이 되며 단맛을 내는 즙을 함유하고 있다. 독공목의 열매와 잎에는 유독성분이 코리아미르틴coriamyrtin과 루틴rutin이 들어 있어 이것을 먹으면 구토와 경련이 일어나며, 호흡곤란으로 사망하는 경우도 있다.

그림 3-1-16 독공목

(14) 붓순나무

붓순나무과(팔각과)Illiciaceae의 붓순나무속*Illicium*의 상록관목으로서 우리나라에는 제주도, 완도에 분포한다. 열매는 향미료로 사용되는 회향과 비슷하므로 잘못 알고 사용하여 중독을 일으키는 일이 있다. 열매에는 쉬키믹산shicimic acid, 쉬키미톡신shikimitoxin, 하나노민hananomin 등의 유독성분이 들어 있다. 중독증상은 구토, 경련, 허탈, 현기증을 일으키며 심하면 사망하는 경우도 있다.

그림 3-1-17 붓순나무

(15) 바꽃

한방에서 부자라고 부르기도 하는 바꽃*Aconitium japonicum*의 종류는 많으며, 모두 미나리아재비과에 속하는 다년생 숙근초본으로 산과 들에 자생한다. 뿌리와 줄기에 알칼로이드alkaloid인 맹독성의 alkaloid인 aconitine($C_{34}H_{47}NO_{11}$)을 함유하며 마비성 중독을 일으킨다. 바꽃은 산나물로 잘못 채취되어 식용하는 경우가 있으며, 또 가을에 자색의 꽃을 피우기 때문에 꿀벌이 바꽃의 꿀을 따고 이 꿀을 사람이 섭취함으로써 중독되는 일이 있다. 중독증상은 입술과 혀의 통증, 입과 얼굴의 저림, 복통, 구토, 사지마비, 언어장애 등을 일으킨다. 중증일 때에는 3~4시간 만에 인사불성이 되어 호흡마비로 사망한다.

그림 3-1-18 바꽃

그림 3-1-19 소철

(16) 소철

구황작물로 이용되는 소철Cycas revoluta의 줄기와 종자에는 전분과 배당체가 들어 있는데 정제가 불충분한 것을 섭취하면 중독을 일으킨다. 유독성분은 cycasin($C_8H_{16}N_2O_7$)이라는 배당체로 간, 신장 등에 종양을 발생시키며 근위축성측색경화증이나 운동실조를 일으키는 신경독 물질로 발암성이 있다.

(17) 기타

- 감귤류, 특히 레몬즙에는 미량의 유독성분인 isopimpinellin, furocoumarin이 포함되어 있다.
- 쥐방울풀에는 benzofuran toxol이 함유되어 있어 이것을 먹은 소의 우유에 혼입될 가능성이 있다.
- 방풍나물parsnip, 셀러리, 파슬리 등의 채소 중에는 myristicin이라는 환각작용을 일으키는 물질이 들어 있다.
- Sassafras oil(soft drink의 착향료)에 함유되어 있는 safrol은 간암과 식도암을 일으킨다.
- 명아주Chenopodium album var. centroriburum Markino를 다량으로 섭취 후 일광에 노출되면 부종, 소양감, 수포궤양성의 피부염을 일으킨다.
- 까마중Solanum nigrum의 침엽에는 독소가 함유되어 있어 구토, 설사, 복통, 경련, 혼수를 일으킨다.
- 디기탈리스Digitalis purpurea에는 강심 배당체인 digitoxin이 함유되어 과량 섭취하면 용혈작용, 오심, 구토를 일으킨다.
- 개쑥갓에는 phrrolizidine핵을 가진 alkaloid인 senecionine(간장독)을 함유하고 있다.
- 옻나무에는 urushiol이라는 피부병 원인물질이 함유되어 있다.
- 머위의 새순에는 petasitenine 이라는 발암성 물질이 있다.

2. 동물성 자연독

동물성 자연독 식중독은 주로 어패류에 의해서 일어나며 독소의 생산은 동물 자신에 의한 경우와 먹이에서 유래되는 경우가 많다. 어류에서는 복어중독이 대부분이지만 다른 어류에 의한 것도 일어날 소지가 있다. 조개류에 의한 것도 연안오염의 악화로 자주 발생되고 있는 데, 특히 조개류는 특이한 환경조건이나 특정한 시기에 독화되므로 양식환경의 정화와 채취시기에 주의하여야 한다.

1) 복어독

우리나라의 경우 독력이 강한 것은 복섬, 검복, 매리복, 졸복, 자주복 및 밀복 등이며, 난소에는 강한 독이 있으나 정소에는 독이 약하든지 없는 경우가 많고, 간장의 경우에도 수컷보다 암컷의 독력이 강하다. Tetrodotoxin은 물에 녹지 않고 100℃, 30분 가열에도 20% 정도밖에 파괴되지 않는 내열성이 있으며, 유기

표 3-1-3 복어의 종류와 독력

종 류				유독부위					
한국명	학 명	일본명	영명	난소	고환	간	피부	간	근육
복섬	*Takifugu niphobles*	kusa fugu	grass puffer	+++	+	+++	++	+++	+
흰점복	*Fugu poecilonotus*	komon fugu	fineppaterned puffer	+++	++	+++	++	++	+
매리복	*Takifugu vermicularis*	shosai fugu	vermiculated puffer	+++	−	+++	++	++	+
졸복	*Fugu pardalis*	higan fugu	globe fish	+++	+	+++	++	++	−
검복	*Takifugu porphyreus*	ma fugug	enuin fish	+++	−	+++	++	++	−
황복	*Takifugu obscurus*	Takifugu obscurus		+++	−	++	++	−	−
눈불개복	*Takifugu chrysops*	akame fugu	red eyed puffer	++	−	++	++	+	−
자주복	*Takifugu rubripes*	tora fugu	tiger puffer	++	−	++	−	+	−
까칠복	*Takifugu stictonotus*	goma fugu	spottyback puffer	++	−	++	+	−	−
까치복	*Takifugu xanthopterus*	shima fugu	striped puffer	++	−	++	−	+	−
밀복	*Logocephalus Lunaris spadiceus*	soba fugu	blow fish	−	−	−	−	−	−

+++ : 맹독성 생물로서 10g 이하 섭취로 치사적인 것.
++ : 강독성 생물로서 10g 이하 섭취로 치사적이 아닌 것.
+ : 약독성 생물로서 100g 이하 섭취로 치사적이 아닌 것.
− : 무독성 생물로서 1,000g 이하 섭취로 치사적이 아닌 것을 각각 나타내며, 계절에 따라 변한다.

용매에도 잘 용해되지 않는 약 염기성 물질인데 식초산 용액에는 잘 녹는다. 햇볕에는 안정하나 알칼리에는 약하여 4% NaOH 용액에 20분이면 무독화되며, 복어독의 존재 여부를 관능적으로는 감지할 수 없다. 복어 종류와 부위에 따른 독력은 표 3-1-3에서와 같다. 독은 주로 난소, 간에 분포하며 어피나 장에도 약간 함유되어 있고, 근육에는 거의 모든 종류에서 아주 약하든가 함유되어 있지 않다. 흡수된 tetrodotoxin은 신경극 접합부에 작용해서 자율운동신경의 흥분전달을 차단하게 되고 또 강한 독성을 나타낸다.

복어독의 단계별 중독증상은 다음과 같다.

① 제1도(중독의 초기증상) : 입술 주위나 혀끝의 지각이 마비되고 구토를 일으키기도 하며, 무게에 대한 감각이 둔화되고, 보행은 할 수 있어도 술에 취한 것 같이 비틀거린다. 구토가 없으면 일반적으로 뒤끝이 좋지 않다.

② 제2도(불완전 운동마비) : 지각마비가 진행되어 촉각, 미각 등이 둔해지는 한편 손발의 운동장애가 나타나고, 발성장애가 오며 호흡곤란을 느끼게 된다. 혈압도 현저하게 떨어지나 건반사는 그대로 나타나고 의식도 뚜렷하다.

③ 제3도(완전 운동마비) : 골격근의 완전 마비로 운동불능, 발성곤란, 연하곤란이 되고 호흡곤란과 혈압강하는 더욱 심해진다. 의식도 점점 혼탁해지며 모든 반사기능은 소실된다.

④ 제4도(의식소실) : 의식이 불명해지고 대개는 호흡이 정지되어 사망한다. 이 시기에도 심장박동은 미약하지만 그대로 유지된다.

일반적으로 치사시간은 4~6시간인데, 8시간 이내에 생사가 결정된다. 회복도 빠르고 후유증도 없다. 양식한 복어에서는 독이 없고, 또 독이 없는 복어에 유독한 복어의 간을 먹였을 때 쉽게 독화되며, *Vibrio*속이나 *Pseudomonas*속 등 해수에 널리 분포되어 있는 세균이 tetrodotoxin 1차 생산자라는 사실이 속속 밝혀지고 있다.

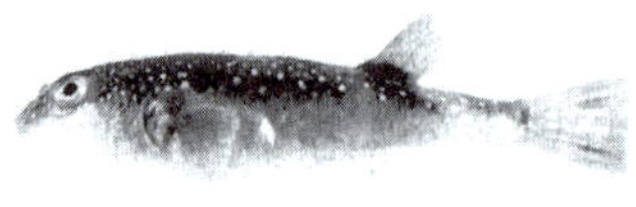

그림 3-1-20 복섬

그림 3-1-21 까치복

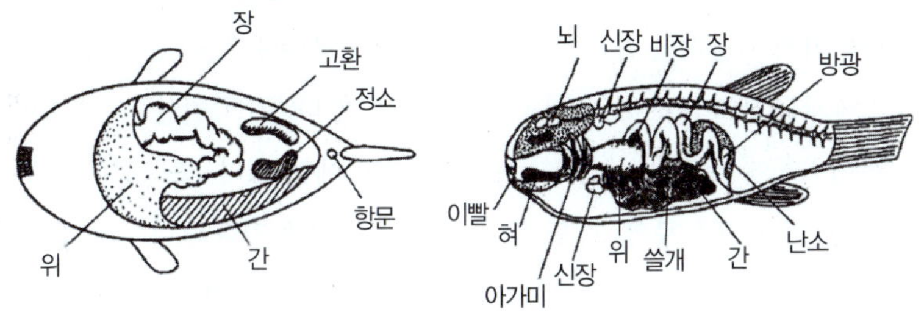

그림 3-1-22 복어의 해부도

복어독은 흥분 전달 시에 신경막의 sodium channel에 작용해서 Na^+의 세포막 내로의 투과를 특이적으로 막기 때문에 호흡마비를 일으킨다고 알려져 있으며, K^+의 투과성에는 영향을 미치지 않음이 밝혀져 이 독이 생리학이나 생화학 등 관련 분야에 좋은 연구과제를 던져주고 있다. 여러 가지 독소의 독성을 비교하여 보면 복어독은 NaCN의 1,000배에 달하는 저분자독이다.

복어독이 만약 단백질독이면 그 독을 항원으로 해서 항체를 만들 수 있겠으나 복어독이나 조개중독과 같이 peptide성이 없는 유독 저분자 물질에 대해서 항체를 만들기란 쉽지 않다.

저분자인 복어독이 특정의 장기에 특이적으로 존재하는 이유는 그것과 관련 있는 단백질의 존재를 추정하게 되었고, 실제로 어종에 따라 복어독에 대한 저항성이 차이가 나는 것에 관심을 가지고 조사하여 복어독과 결합하여 독력이 감소하는 특수한 단백질이 있음이 밝혀졌다. 앞으로 이 특수 단백질을 분리정제하여 항체로 만들 수 있고 면역화학적 방법을 써서 복어독 분석 시 동물실험이 아닌 효과적인 분석방법이 개발될 것이다.

2) 독꼬치에 의한 식중독

독꼬치는 꼬치과Sphyraenidae의 꼬치속*Sphyraena*에 속하는 독어로, 몸길이가 1m 이상이고 측선의 비늘수는 80개 정도이지만 보통 식용꼬치는 몸길이가 35cm, 비늘수는 90~95개이기 때문에 구별이 가능하다. 독꼬치는 태평양의 열대지방이나 인도양, 미주대륙의 대서양 쪽 열대 해안이나 아열대에 분포되어 있으며 부주의에 의해 식용하는 경우가 많다 독꼬치의 독성분은 아직 분명하지 않으나 일종의 염기성 물질인 tetrodotoxin과 유사하며 마비성 중독현상을 나타낸다. 그러나 복어중독에 비해 증상이 가벼우며 사망한 예는 없다. 중독증상으로는 잠복기가 30~90분 정도로 입술, 안면, 사지 또는 전신에 가벼운 마비와 때로는 언어장애, 연하곤란, 보행곤란, 의식장애, 구토, 설사가 나타난다.

3) 조개류 중독

(1) 마비성 조개중독Paralytic shellish poison(PSP)

마비성 조개중독은 *Alexandrium*속이나 *Pyrodinium*속 등 와편모조류에 속하는 유독 플랑크톤이 생산하는 독인데, 플랑크톤 feeder인 이매패류의 중장선(中腸腺)digestive gland에 축적되어 독화되는데 이렇게 독화된 패류를 많이 섭취하면 중독증상이 나타난다. PSP에는 현재 십수 종의 성분이 알려져 있으며 어느 것이나 기본골격은 비슷하고 이 중 고독성 성분의 독성은 복어의 독에 필적한다. 유독 플랑크톤에 있어서 PSP의 존재형태는 저독성의 형태로 존재하고 있다가 유독 플랑크톤이 패류에 섭취된 후에 종 특이적으로 sulfocarbamoyl기가 변환하고 최종적으로는 보통 saxitoxin으로 된다고 생각되어지고 있다. 그런데 패류의 독력이 주변해역 중의 유독 플랑크톤의 밀도와 반드시 일치하지 않기 때문에 PSP는 기생 또는 공생세균에 의해 생산된다는 설도 있다. PSP는 미국과 캐나다의 태평양과 대서양 연안에서 식중독이 발생한 이래 최근 세계 도처에서 문제

표 3-1-4 여러 가지 독소의 독성 비교

독 소	LD50 ㎍/kg mouse	원인 생물	분자량
Botulinus toxin A	0.00003	세균	900,000
Diphtheria toxin	0.3	세균	72,000
Saxitoxin	10	Alexandrium spp. 이매패류, 게	299
Gonyautoxin-2	12	Alexandrium spp. 이매패류,	395
Tetrodotoxin	8.7	복어, 도마뱀, 권패류, 불가사리류, 연체동물	319
NaCN	10,000	세균	49

시되고 있으며, 실제로 우리나라에서 1986년 3월 부산지역에서 폐선박 밑에 부착되어 있는 자연산 진주담치를 먹고 2명이 사망한 사고가 일어난 바 있었다. 참고로 여러 가지 독소의 독소 비교는 표 3-1-4와 같다.

우리나라에서는 PSP에 의한 중독사고를 예방하기 위하여 시기별, 지역별로 PSP를 조사하여 가식부 100g당 80㎍(식품위생법 규제 기준임) 이상인 지역에서는 패류의 채취를 금지하고 있으며 일본에서는 g당 4.0MUmouse unit 이상이면 패류의 출하를 금지하고 있다. 여기서 1MU란 20g되는 mouse를 15분에 죽일 수 있는 독량을 말한다.

우리나라의 경우 패류생산량은 매년 증가하고 있으며 국내 소비는 물론 수출 수산물로서도 각광을 받고 있다. 그러나 임해공업단지 및 인구의 증가로 인한 연안해수의 오염도는 증가하고 있으며, 마산만, 진해만 등에는 적조현상이 자주 일어나 패류의 독화에 많은 영향을 미치고 있다.

우리나라 남해안에서 생산되는 이매패류의 경우 검출시기는 지역에 따라 다소 차이가 있으나 주로 2월부터 5월까지에 자주 검출되며 ,종류별로는 진주담치에서 검출률이 높았으며, 부산, 통영, 마산, 여수, 목포 등 전 연안에서 검출되고 있다. 그 독력을 실험한 결과에 따르면 진주담치에서 규제치의 10배 이상이 검출된 예도 있어서 이른 봄에는 각별한 주의가 요망된다. 따라서 독화되는 해역과 시기를 밝히고 독화된 패류의 채취, 유통을 규제하면 PSP로 인한 식중독을 예방할 수 있고, 독화된 패류는 유독 플랑크톤이 없는 해역으로 이동시키거나 또는 여과해수를 이용해서 원인 플랑크톤이 없는 해수를 공급하는 조건하에서 양식하면 5일 이내에 크게 약화된다.

중독증상은 식후 30분 정도에서 입술, 혀, 안면에 저려오는 감각이 나타나고 이것이 목이나 팔, 수족의 말단으로 퍼지는 동시에 마비로 변하여 수의적 운동이 곤란하게 된다. 언어장애, 두통, 메스꺼움, 구토 등도 나타나고 의식은 있으나 호흡마비로 사망하게 된다. 보통 12시간 이내에 사망하게 되는데 이것을 넘어서면 비교적 순조롭게 회복한다. 마비성 조개중독의 구조 및 독성은 그림 3-1-23과 같다.

마비성 조개독소에는 그 구조적 특성에 따라 독성의 강도가 차이가 있는데

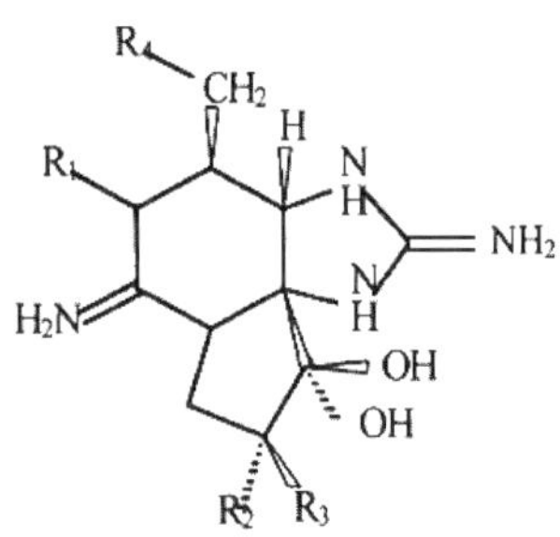

	R1	R2	R3	R4	Toxicity(MU/mg)
saxitoxin(STX)	H	H	H	$CONH_2$	5,500
neosaxitoxin(neoSTX)	OH	H	H	$CONH_2$	3,900
decarbamolysaxitoxin(dcSTX)	H	H	H	H	4,200
gonyautoxin-1(GTX1)	OH	H	OSO^{3-}	$CONH_2$	5,000
gonyautoxin-2(GTX2)	H	H	OSO^{3-}	$CONH_2$	4,200,
decarbamoylgonyautoxin-2(dcGTX2)	H	H	OSO^{3-}	H	unknown
gonyautoxin-3(GTX3)	H	OSO^{3-}	H	$CONH_2$	5,600
decarbomylgonyautoxin-3(dcGTX3)	H	OSO^{3-}	H	H	unknown
gonyautoxin-4(GTX4)	OH	OSO^{3-}	H	$CONH_2$	1,600
gonyautoxin-5(GTX5)	H	H	H	$CONHSO^{3-}$	280
gonyautoxin-6(GTX6)	OH	H	H	$CONHSO^{3-}$	290
C1(gonyautoxin-8, PX1)	H	OSO^{3-}	H	$CONHSO^{3-}$	30~40
C2(epi-gonyautoxin-8, PX2)	H	H	OSO^{3-}	$CONHSO^{3-}$	300~600
C3(PX3)	OH	H	OSO^{3-}	$CONHSO^{3-}$	unknown
C4(PX4)	OH	OSO^{3-}	H	$CONHSO^{3-}$	unknown

그림 3-1-23 마비성 조개중독의 구조 및 독성

mouse test에서의 독소 1mg당 비독성은 Saxitoxin이 5,500MU, GTX1Gonyautoxin 1이 5,000MU, GTX3가 5,600MU로 높은 편이다

(2) 설사성 조개중독diarrhetic shellfish poison; DSP

설사성 조개중독은 약 10년 전부터 알려진 수산동물 독으로서 설사를 주 증상으로 나타내는데 처음에는 지용성 독으로 이름 붙여졌으나 현재에는 DSP로 불리워지고 있다. 중독증상은 소화기계 장애를 주로 하는데 물 모양의 설사증세를 일으키고 메스꺼움, 구토, 복통 증세가 60% 이상이고 열은 나지 않는다. 3일 정도로써 완쾌하며 사망 예는 없다. 독은 중장선에만 존재하며 패류의 종류에 따라 독조성이 다르다. 즉 제1군의 독은 dinophysistoxinDTX으로서 okadaic acid와 그 유도체이며, 이 독을 생산하는 플랑크톤의 속명인 Dinophysis로부터 이름을 따서 붙였으며, 진주담치에서 분리된 독이다. 독화원인 플랑크톤으로는 Donophysis fortii가 대표종으로 알려져 있다.

(3) 기억상실성 조개중독Amnestic shellfish poison; ASP

기억상실성 조개중독은 이매패류, 게, 어류 등이 특정한 지역에서 발생하는 유독 규조류를 섭취하여 독소를 축적하고, 독소가 다량 축적된 수산물을 섭취함으로써 일어나는 식중독의 하나이다. 원인 플랑크톤은 다른 조개중독의 원인이 와편모조류인 것과는 달리 규조류이다. 지금까지 알려진 원인 플랑크톤으로는 *Pseudonitzschia multiseries, P. australis, P. delicatissima* 등의 *Pseudonitzchia* spp.이다.

우리나라에서는 이 식중독이 발생한 바가 아직 없으나 남해안에서 원인 플랑크톤이 분포하고 있으며, 일부 지역에서는 미량이지만 패류에서 이 독이 검출된 예가 있다.

기억상실성 조개중독으로 인한 식중독은 캐나다의 동부지역에서 1987년 처음 알려졌으며, 특이하게 다른 식중독과는 달리 단기 기억상실(건망증과 유사함) short term memory loss, 방향감각 상실 등과 같은 신경계 이상이 나타나며, 모든 중독에서 기억상실이 반드시 나타나는 것이 아니므로 원인물질에서 명명하여 domoic acid 중독증domoic acid poisoning이라고 부르기도 한다. 원인물질은 분자 내에 3개의 carboxyl기와 1개의 imino기를 함유하고 분자량 311($C_{15}H_{21}NO_6$)의 신경 흥분성 아미노산인 domoic acid로 밝혀져 있다.

(4) 시가테라Ciguatera 독

Ciguatera는 본래 카리브해에서 생산되는 권패, Turbopica의 쿠바말로 cigua를 어원으로 해서 cigua에 의한 중독을 의미하는 말이다. 그러나 태평양의 열대나 아열대 해역, 카리브해, 인도양 등의 산호초 주변에 서식하는 고기에서도 동종의 중독이 자주 발생하고 있다. 중독되면 소화기계, 신경계 등에 이상이 생기며 통상 dryice sensation이라는 온도감각 이상이 수반되나 치사율은 1% 전후로 낮고, 후유증이 있는 경우도 있다. 독성에는 심한 지역차, 개체차, 부위차 및 연변화도 심하다. Ciguatera 중독과 관계되는 독으로서 ciguatoxin, maitotoxin, scaritoxin, palytoxin 등이 있으며 이중에서 어떤 독은 Na^+의 세포 내 유입을 현저히 증가시키므로 복어독과 길항작용이 있으며 또 어떤 독은 혈관, 소화관 등 평활근에 있어서는 용량의존적인 수축을 일으키고, Ca^{2+}의 투과성을 증가시켜 특히 평활근 세포 내의 Ca^{2+}농도를 증가시키는 작용이 있음이 추정되고 있다.

(5) 바지락 독Venerupin

바지락중독이라고도 하며 이 중독의 원인물질인 venerupin은 바지락의 학명인 *Venerupis semidecussata*에서 유래한 것이다. 베네루핀 중독은 모시조개, 바지락, 굴 등의 이매패(二枚貝)에 의해 일어나며, 1942년 일본에서 모시조개에 의해 334명이 식중독을 일으켜 114명이 사망한 예가 있다. 우리나라에서도 1968년, 1969년 연이어 남해안의 거제도 앞바다에서 서식하는 바지락에 의한 식중독으로 한때 물의를 일으킨 적이 있었다. 베네루핀 독 성분은 아직 독 성분의 화학구조는 밝혀지지 않았으나 일종의 간장독으로 유독물은 주로 중장선(中腸腺, 조개의 간장)에 존재하며 열에 안정하다.

이 중독을 일으키는 조개는 어느 특정 시기(주로 2~4월), 특정의 해역에서 채취한 것에 한하며, 이 조개들을 유독지역에 옮기면 무독화되고 유독지역의 것을 유독지역에 옮기면 2주 정도에 유독화된다. 독화의 원인은 환경의 변화 또는 유독 플랑크톤 등에 의한 것으로 추정된다.

잠복기는 12~48시간이고, 주된 중독증상은 초기에는 불쾌감, 전신권태, 구토, 두통, 비열, 피아의 출혈반점으로 배, 목, 다리 등에 적색 내지 암갈색의 반점이 나타나고, 황달현상도 나타난다. 중증일 때는 뇌증상으로 의식혼란, 불안상태가 계속되며, 치아 출혈, 토혈, 혈변을 동반하여 10시간~7일만에 사망한다. 치사율은 44~55% 정도로 높다.

(6) 테트라민Tetramine

깊은 한해에 서식하는 육식성 권패류인 *Neptunea arthritica*(관절매물고동), *N. intersculpta*(조각매물고동) 등을 먹었을 때 종종 식중독이 발생하고 있다. 독은 tetramine이라고 하는 일종의 amine$(CH_3)_4N^+$이다. 사람에게 중독량은 10여 mg으로 추정되고 있다. 잠복기간은 약 30분인데 주된 증상은 두통, 배멀미와 같은 감정, 눈 밑에 통증이 나타나며 통상 2~3시간이면 회복되고 사망 예는 없다. Tetramine은 권패의 타액선에 국한되어 있다.

제2장 곰팡이 독소 식중독

최근 곰팡이 번식이 왕성할 수 있는 고온 다습으로의 기후 온난화가 우려되고, 이러한 기후를 가진 지역에서 수입 식품도 증가하고 있어, 곰팡이 독소에 대한 안전관리를 강화하고 있다. 특히 곰팡이 독소는 곰팡이가 생성하는 2차 대사산물로서 소량으로 발암성을 포함하여 독성이 높은 것으로 밝혀짐에 따라 국가적으로 관리 감독을 강화하고 있다. 무엇보다도 아플라톡신과 같은 곰팡이 독소의 위험성이 높은 것은 추출 후의 검색에서 일반 가시광선하에서는 관찰되지 않고 자외선에서 보이기 때문에 곰팡이 독소에 노출되었을 경우라도 쉽게 혼입될 가능성이 크기 때문이다. 무엇보다도 우리나라에서는 예부터 곰팡이를 이용한 발효식품을 널리 이용해오고 있기 때문에 곰팡이 독소에 노출될 확률이 서양보다도 높을 수 있기 때문에 엄격한 관리가 요구되고 있다.

1. 곰팡이 독소에 의한 식중독

1) 곰팡이 독소의 특성

곰팡이 독소는 mycotoxin이라 하며, 이는 곰팡이가 생산하는 2차 대사산물로서 사람과 가축에 질병이나 이상 생리작용을 유발하는 물질을 의미한다. 우리가 섭취하는 각종 식품은 항상 곰팡이에 오염될 가능성이 크며 특히 곡류의 경우 곰팡이의 생육조건에 적합하여 독성물질 생성 곰팡이에 오염될 기회가 더욱 많아 주식이 곡류인 우리나라의 경우 각종 독소의 섭취에 따른 문제 발생을 생각하지 않을 수 없다. 일반적으로 곰팡이의 섭취로 야기되는 질병은 mycotoxicosis(곰팡이 독소 중독증)이라고 하며 곰팡이의 감염으로 발생하는 진균증과 구별된다. 그런데 병원미생물학에서 독소라고 하며 고분자화합물로서 항원성을 가지는 것으로 정의가 되어 있으나 곰팡이 독소는 그 대부분이 저분자화합물이고 항원성을 가지지 않은 점이 특징이다.

J. Forgacs 등은 곰팡이 독소 중독증의 특징을 다음과 같이 요약하였다.

① 곡류, 목초 등 특정의 식물 또는 사료의 섭취가 원인이 된다.
② 원인 식물이 곰팡이에 오염되어 있다.
③ 계절과 깊은 관계가 있다.
④ 동물 또는 사람 사이에서는 전파되지 않는다.
⑤ 항생물질은 치료효과가 없다.

이러한 곰팡이 독소 중 가장 발암 유기력이 강한 aflatoxin의 경우 우리나라에서도 농산물에의 오염 가능성이 오래 전부터 예견되어 왔으나 안정성을 비롯한 분석의 어려움으로 체계적인 연구가 되지 못하고 실질적인 분석자료가 거의 없는 실정이다. 이러한 필요성에 따라 최근 국내 식품 중 곰팡이 독소오염 현황과 위해평가를 보고한 바 있고, 전통식품에서 독소생성 곰팡이를 분리하여 억제방안에 대해 발표하는 등 이 분야에서 상당한 연구가 진행되고 있으나 아직도 외국에 비하면 연구의 양이나 질적 수준에서 부족한 편이다. 따라서 많은 곡류를 비롯하여 대부분의 사료원료를 수입에 의존하고 있는 우리나라의 경우 이들 곰팡이 독소의 오염 여부를 정확히 판정함으로써 곡류에 의한 2차 오염을 예방하는 일이야말로 국내 농산물의 오염예방과 더불어 식품위생 차원에서 시급한 과제로 사료된다.

현재까지 알려진 곰팡이 독소는 100여 종 이상이 있으며, 그 중에서 인체나 가축에서 빈번히 나타나는 중요한 곰팡이 독소를 중심으로 장애가 일어나는 생체 내의 주된 기관이나 부위에 따라 Townsend는 다음과 같이 분류하였다.

① 간장독(Hephatotoxin) : 동물의 간경변, 간종양 또는 간세포의 괴사를 일으키는 물질군으로 간암을 일으키는 aflatoxin은 그 대표적인 것이다. 이 밖에 rubratoxin A, cyclopiazonic acid, sterigmatocystin, islanditoxin, luteoskyrin, ochratoxin A 등이 있다.
② 신장독(Nephrotoxin) : 신장에 급성 또는 만성 장애를 일으키는 물질군으로서 citrinin, citremycetin, kojic acid 등은 장기투여에 의하여 만성적 신장장애를 일으키는 것이 일반

적이다.

③ 신경독Neurotoxin : 뇌 및 중추신경계에 장애를 일으키는 곰팡이 독소군으로서 patulin, maltorzine, citreoviridin 등이 알려져 있다.

④ 광과민성 피부염물질Photodynamic dermatoxic metabolites : 햇볕을 쬐면 피부염 증상을 일으키는 원인물질로서 sporidesmin, psoralens 등이 보고되어 있다.

⑤ 기타 : 침흘림 유발물질인 slaframine, 발정유인물질인 zearalenone, 조혈조직장애를 일으키는 fusariogenin이나 방사선장해 병변을 일으키는 Fusarium 독소류, 광범위한 조직출혈stachybotryotoxicosis 요인물질 등이 있다.

일반적으로 곰팡이의 생육에 적합한 조건은 온도가 20~25℃, 상대습도가 80% 이상, 기질의 수분활성(Aw)이 0.80 이상이다. 곰팡이는 산성의 기질을 좋아하며 pH 4.0 부근에서 생육이 왕성하다. 또한 곰팡이류의 대부분은 호기성으로 공기에 노출되어 있는 기질의 표면에 많이 자란다.

따라서 곡물류는 수확 후 가능하면 빨리 건조시켜 수분활성을 0.70(수분 함량 13.5~14%)이하로 유지하는 것이 곰팡이의 발생을 막는 수단이다. 수확 후에는 상대습도가 60%를 넘지 않는 조건으로 저장하는 것이 곡류의 곰팡이 예방에 대한 최선의 대책이며 모든 식품을 저온 저습조건으로 보관하는 것이 미생물에 의한 변패를 방지하고 곰팡이 독의 위해를 예방하는 중요한 방법이다.

한편 다른 유해 화학물질보다 발암성이 강한 곰팡이 독소의 독성을 국제암연구소의 분류에 따라 살펴보면 다음 표와 같다. 표에서 보는 바와 같이 아플라톡신 B_1은 Group 1에 속하고 아플라톡신 M_1, 오클라톡신 A에 그리고 푸모니신은 모두 Group 2B에 속하는 것으로 분류되어 있다. 그 외 에도 제랄레논, 데옥시리발레논, 리발레논 및 파튤린은 Group 3으로 분류되어 있는 것으로 나타났다. 이와 같이 여러 개의 곰팡이 독소는 발암물질carcinogenic to human 또는 발암가능성 물질possibly carcinogenic to humans로 분류되어 있어 곰팡이 독소에 대한 엄격한 관리가 특별히 요구되고 있다.

참고로 독성의 분류에서 표 3-2-1에서와 같이 Group 1은 발암성 물질로서 인간에게 암을 일으킨다는 충분한 증거sufficient evidence가 있는 물질을 말한다. 예외적으로 인간 발암성에 대한 증거는 불충분less sufficient evidence하지만 동물실험에서 충분한 증거가 확보되어도 Group 1에 포함시키기도 한다. Group 2A은 인간에게 암을 일으킬 개연성(probably carcinogenic to human)이 있는 물질이다. 인간 발암성에 대한 증거는 제한적이지만 동물실험을 통한 충분한 증거가 확보된 물질이 여기에 속한다. Grou p3은 인간 발암성 정도에 대한 분류가 불가능한 물질not classifiable as to their carcinogenicity to human이다. Group 1, Group 2A, Group 2B, Group 4에 속하지 않는 것도 여기에 속한다. 이와 같은 등급은 고정되어 있는 것이 아니라 후속 연구결과를 통해서 얼마든지 자리 변동을 할 수 있다.

(국제암연구소)

표 3-2-1 곰팡이 독소 발암성 분류

곰팡이 독소	국제암연구소 분류(IARC group)
Aflatoxin B_1	Group 1 (carcinogenic to humans, 발암물질)
Aflatoxin M_1	Group 2B (possibly carcinogenic to humans, 발암가능물질)
OchratoxinA	
Fumonisin	
Zearalenone	Group 3 (not classifiable as to its carcinogenicity in to humans, 비발암물질)
Deoxynivalenol	
Nivalenol	
Patulin	

2) *Aspergillus*속 곰팡이 독소

(1) Aflatoxin에 의한 중독

Aflatoxin은 *Aspergillus*속 곰팡이의 2차 대사산물로서 사람이나 가축, 어류 등에 생리적 장애를 일으키는 물질이며, 특히 aflatoxin B_1은 사람에게 dimethylnitrosamine보다 약 3,750배나 높은 발암독성 물질로 알려져 있다. Aflatoxin은 1960년 영국에서 십만 마리의 칠면조가 간장애를 일으켜 대량 폐사한 사고가 발생하여 그 원인을 조사한 결과, 사료에 혼합된 브라질산 땅콩박에 *Aspergillus flavus*가 오염되어 그 생성물질의 원인임을 확인하고 곰팡이 이름을 따서 aflatoxin이라 명명하였다.

① 생성균주 및 종류

Aflatoxin을 생성하는 균주는 *Aspergillus flavus*, *A. parasiticus* 등으로 알려져 있으며 주로 열대지방에 많고, 동일 균주라 할지라도 환경의 변화에 따라 큰 차이의 aflatoxin 생성능을 보인다. Aflatoxin은 thin layer chromatography^TLC^상에서 자외선(365 nm)을 조사하면 청색(blue)의 형광을 발하는 B_1과 B_2, 녹색green의 형광을 발하는 G_1, G_2 및 자색형광을 발하는 M_1, M_2metabolite 등 13종이 알려져 있다.

② 생성조건

Aflatoxin 생성 최적조건은 수분 16% 이상, 온도 25~30℃, 상대습도 80~85% 이상이며 탄수화물이 풍부한 쌀, 보리, 옥수수 등의 곡류가 주요 오염원이 된다. 특히, 땅속에서 결실하기 때문에 aflatoxin 생성 곰팡이와 접촉할 기회가 많은 땅콩은 자연오염 농산물이라 할 수 있으며, 낮과 밤 기온차가 심한 경우에도 aflatoxin의 생성이 증가하는 것으로 나타나 있다.

③ 독성

특히, aflatoxin B_1은 강력한 발암성 물질이며, 강알칼리, 강산성하에서는 독성이 낮은 유도체로 변하고, 280~300℃에서 분해되며 일반식품과 같은 가공처리로는 파괴하기 어려운 점에 주목하여야 한다. 미국의 Wogan 등은 발암성 연구에서 쥐의 aflatoxin B_1 최소 발암량은 사료 중 15ppb(15㎍/㎏) 농도로 수컷은 68주, 암컷은 82주 이내에 100% 간암이 나타났으며 aflatoxin B_1 의 LD_{50}은 240ug/kg이다.

표 3-2-2 식품과 사료 중 곰팡이 독소 최소 허용 기준

곰팡이 독소	시료	허용치(ppb)	비 고
Aflatoxin B_1	식품	10	곡류, 두류 땅콩, 견과류 및 그 단순가공품
	사료	50	사료원료
Aflatoxin M_1	식품	0.5	제조가공 직전의 원유 및 우유류
Patulin	식품	50	사과주스 등

④ 농산물에서의 aflatoxin 오염 현황

최근 미국은 이상기온과 가뭄으로 인하여 옥수수를 비롯한 많은 농산물이 aflatoxin에 오염되었을 가능성에 대해 우려해 왔으며, 실제로 우리나라가 수입한 600만 톤 중 400만 톤의 옥수수가 aflatoxin에 오염되었음을 '워싱턴 포스트'지가 보도한 바 있고, 국내에서도 수입된 옥수수 중 aflatoxin이 오염된 것을 확인한 바 있다. 그리고 미국산 땅콩, 옥수수 및 그 제품을 비롯한 많은 사료에 aflatoxin이 높게 오염되어 있으며, 특히 사료용 옥수수의 경우 텍사스산은 74%가 aflatoxin을 함유하고 있었고, 애리조나 캘리포니아산 목화씨의 오염률은 80%를 나타내었다. 한편, 한국산 곡류를 중심으로 aflatoxin 오염 여부를 조사하여 본 결과 aflatoxin 생성 곰팡이의 분리는 물론 3.4%의 aflatoxin 오염률을 확인하여 보고한 바 있다. 참고로 옥수수를 원료로 한 가축사료 중의 aflatoxin 오염현황은 표 3-2-3과 같다.

표 3-2-3 옥수수를 원료로 한 가축사료 중의 aflatoxin 오염 현황

지역	aflatoxin이 검출된 시료					
	총제품/시료	제품수/시료	제품%/시료	평균치 (μg/kg)	최고치 (μg/kg)	20μg/kg 이상의 시료
Southeast	70	33	47	369	3,872	19
Corn belt	74	2	3	69	133	1
Virginia-Maryland	4	0	0	ND	ND	0
Arkansas-Texas	39	29	74	406	2,839	23
California	3	1	33	–	3	0
Rest of U.S.	13	0	0	ND	ND	0

(2) Sterigmatocystin류

Sterigmatocystin(그림 3-2-1)은 *Aspergillus versicolor, Aspergillus nidulans* 등의 곰팡이가 생성하는 독성물질로서 aflatoxin 생합성 경로 중 aflatoxin 생합성 전단계에 합성되어지는 것으로 알려져 있다. 일반적으로 *Aspergillus*속이 생성하는 곰팡이 독소 중 aflatoxin은 널리 알려져 있으나 sterigmatocystin류는 아직 연구가 미흡한데 최근 이 물질의 특성과 농산물 오염이 밝혀지면서 관심의 대상이

되고 있다. Sterigmatocystin류는 8개 이상의 이성체가 있으며 그 중 sterigmatocystin의 축적이 가장 크고 동물이 섭취하여 중독증을 일으킬 경우 간과 신장의 변성이 초래되고 발암성은 aflatoxin의 1/250배 정도로 보고되어 있다.

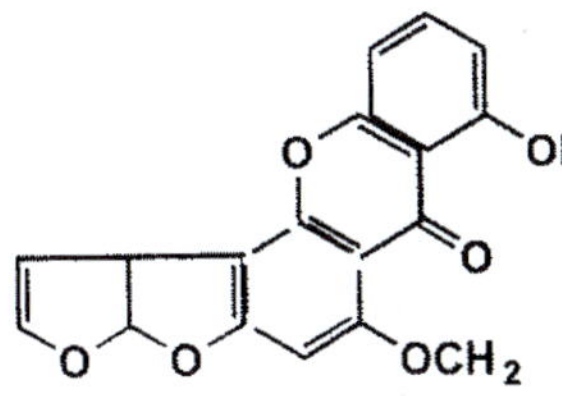

그림 3-2-1 Sterigmatocystin의 구조

(3) Ochratoxin

Aflatoxin류는 영국을 비롯한 유럽에서 발견된 반면에 ochratoxin(그림 3-2-2)류는 남아프리카의 과학자들이 독소생성 곰팡이의 검색 도중 밝혀진 후, 곡류에 오염된 곰팡이 독소 중 매우 중요한 물질로 많은 연구가 행하여져 왔다. Ochratoxin을 생산하는 곰팡이는 *Aspergillus ochraceus*가 주로 옥수수에 기생하여 생성하며 A, B, C 3종이 알려져 있다. 이 중에서 가장 독성이 강한 것은 ochratoxin A로 주로 간에 치명적인 손상을 주며 급성 지방변성이 확인되었으며 B와 C의 독성은 A의 약 1/1,000 이하이다. Ochratoxin을 생성하는 곰팡이는 자연계에 널리 분포되어 쌀, 보리, 밀, 옥수수, 콩 등에서 발견된다.

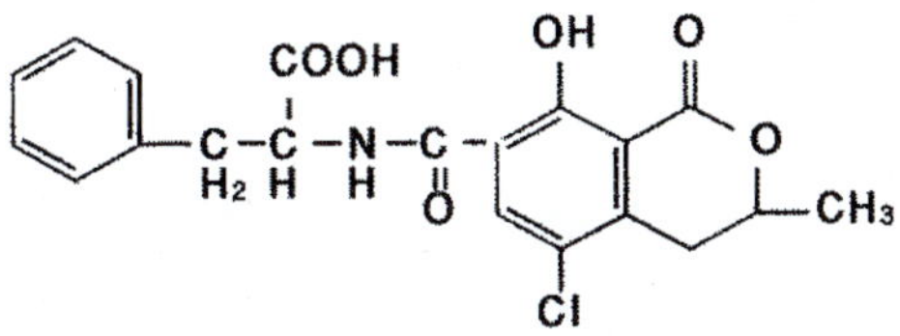

그림 3-2-2 Ochratoxin A의 구조

(4) Maltoryzine

맥아뿌리를 사료로 먹은 젖소 40마리가 maltoryzine에 중독된 경우가 1954년 일본에서 있었으며 그 원인균은 *Aspergillus oryzae var microsporus*에서 분리되었다. Maltoryzine은 중추신경계에 장애를 유발하는 신경독성물질로 그 중독증상으로는 상행성 마비, 호흡곤란, 간장애, 뇌출혈 등이 인정되고 있다.

이상에서 열거한 독소 외에도 *Aspergillus*속 곰팡이가 생성하는 독소가 많이 보고되어 있다. 예를 들면, austdiol은 *Aspergillus ustus*에 의해 생성되며 핵산에 관여한 변이원성 독성이 확인되었고, *Aspergillus fumigatus*는 A, B 두 종류가 밝혀져 있고 향신경성작용이 연구되고 있다. 그 외에도 kojic acid, fumigatin, aspergillic acid 등이 보고되고 있다.

3) *Penicillium*속이 생산한 독소

표 3-2-4 *Penicillium islandicum* 독소의 종류

독소명	분자량	화학식
Erythroskyrin	455	$C_{26}H_{33}O_6N$
Skyrin	538	$C_{30}H_{18}O_{10}$
Rugulosin	542	$C_{30}H_{22}O_{10}$
Luteoskyrin	574	$C_{30}H_{22}O_{12}$
Cyclochlorotine	571	$C_{24}H_{31}O_7N_5C_{12}$
Islanditoxin	571	$C_{24}H_{31}O_7N_5C_{12}$

(1) 황변미에 의한 식중독

저장 중의 쌀의 수분함량이 14~15% 이상 될 때에는 다양한 곰팡이류가 기생하여 쌀의 외관, 색, 맛 등을 변질시키고 유독한 독성물질을 생성하여 이로 인해 쌀이 적홍색 또는 황색으로 변하는 중독을 황변미에 의한 중독이라 한다. 특히 우리나라를 포함한 동남 아시아에서는 건조기후 때문에 저장곡류의 수분함량을 조절하기에 어려움이 있어 특히 황변미 발생이 많다. 지금까지 연구된 황변미는 3종에 이르며 다음과 같다.

① **Toxicarium 황변미**

*Penicillium toxicarium*Penicillium citreoviride에 의해 변질된 쌀로 주로 타이완 쌀에서 발견되었으며 독소는 citreoviridin으로 강한 신경독으로 상행성 마비, 호흡곤란을 일으키며 급성 심장성 각기 증세를 나타낸다. 주로 백미보다 현미에 많으며 15% 정도의 수분이 함유되어 있을 때 잘 발생한다.

② ***Penicillium islandicum*이 생산하는 독소**

*Penicillium islandicum*이 원인 곰팡이로 우리나라를 포함한 동남 아시아산의 쌀에 많고 간경변을 일으킨다. 이 곰팡이가 생성하는 독소는 속효성과 지효성이 있다.

속효성 독소는 islanditoxin이며 수용성 함염소 펩티드이며, 증상은 단시간 내에 간세포 변성 및 간경변과 간암이 있다.

지효성 독소는 luteoskyrin으로 지용성의 황색색소이며 그의 급성독성 발현은 염소 peptide에 비해서 늦어, 투여 후 2~3일경에 나타나며 장기간 투여로 간암을 일으킨다. 생쥐에 대한 LD_{50} = 147㎎/㎏(피하), 221㎎/㎏(경구)라고 보고되어 있다.

③ **태국황변미**

*Penicillium citrinum*에 의한 것으로 독소는 citrinin이고, 주증상은 신장독으로 급만성의 신장염을 일으키고 신장에서의 수분 재흡수가 억제된다.

(2) Rubratoxin

*Penicillium rubrum*으로 오염된 옥수수에 의하여 소 및 면양의 중독사고가 보고된 바 있고, 여러 가지 장기출혈과 간 및 위장에 조직장애가 일어난 중독사고가 보고(1957)Burnside된 이래, *Penicillium rubrum*의 대사산물에서 독성물질인 rubratoxin A 및 B가 분리되었다(R.J.Townsend), 이들 혼합물질의 생쥐에 대한 급성 독성은 LD_{50} = 3.7㎎/㎏으로 보고하고 있다. 간에 대한 작용은 현저하여 치사량 이하에서도 정상적인 간 기능을 억제하며, 신장이나 폐에 대해서도 장애를 일으킨다.

(3) Patulin

Patulin(그림 3-2-3)은 1954년 일본에서 발생한 젖소의 집단 중독사고가 그 중요한 사례이며, 원인은 사료인 맥아뿌리에 오염된 *Penicilliun patulum*이었다. Patulin은 *P. patulum* 외에 *P. expansum, P. lapidosum, Aspergillus clavatus, A. giganteus, A. terreus* 등 여러 종류의 곰팡이에서 분리된다. 이들 곰팡이는 널리 세계적으로 분포되어 있으며, 특히 *P. patulum*은 각종 과일을 비롯한 콩, 간장, 미역 등의 여러 식품에서 발견되어 분리되고 있다. 따라서 각종 과일주스에서 빈번한 오염으로 문제가 되고 있기 때문에, 과일주스의 수출입 시에는 반드시 검색하는 규제물질로 분류되고 있다. 국내에서도 aflatoxin B_1과 함께 규제대상이 되어 과일주스에서 50ppb 이하로 허용기준치를 설정해 놓고 있다. Patulin은 일종의 신경독으로 출혈성 폐부종, 간, 비장, 신장의 모세혈관 손상, 뇌수종을 일으키고 뇌와 중추신경에 출혈반이 생긴다.

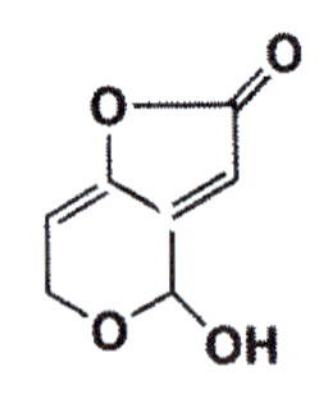

그림 3-2-3 Patulin의 구조

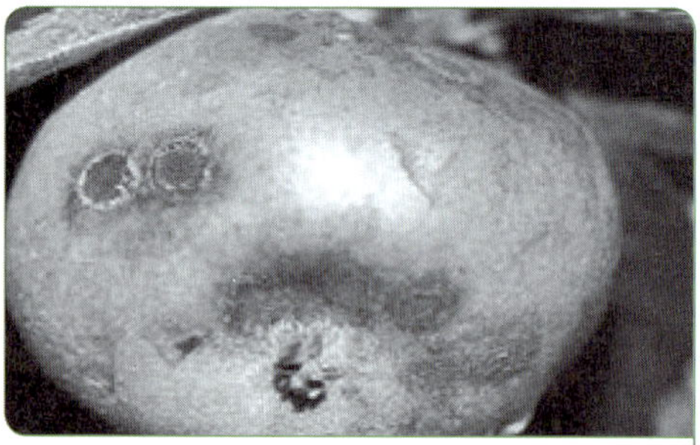

그림 3-2-4 Penicillium 곰팡이에 오염된 사과

(4) Citrinin

Citrinin은 aflatoxin이 발견되기 약 30년 전인 1931년 Hetherington에 의해서 *Penicillium citrinum*으로부터 분리되었다. 그 후 1941년에 citrinin이 항생활성을 가진다는 사실이 밝혀져 항생물질로 취급되었으나 독성이 강하여 항생물질로서 질병 치료제로서의 이용 가치가 없어지자 그 후부터는 진균독으로 취급되어 왔다.

1973년 Denmark에서 돼지의 신장증이 유행하였으며, 이때 citrinin과 ochratoxin A가 이 병을 일으킨 원인 독소였다는 것이 밝혀졌다. 그 후 citrinin은 여러 가지 *P. citrinum, P. implicatum, P. jensein* 등의 *Penicillium*속 곰팡이와 *A. terreus, A. niveus, A. candidus* 등의 *Aspergillus*속 곰팡이에 의해서도 생성된다는 사실이 밝혀졌다.

4) *Fusarium*속 곰팡이 독소

밀, 보리, 옥수수 등에 가 기생하여 발생하는 붉은 곰팡이병은 세계 각국에서 볼 수 있으며 이들 곡류를 식용 또는 사료로 하기 때문에 사람과 가축에 대한 중독이 발생한다.

(1) Trichothecene류

현재까지 곰팡이 독소 중 가장 다양하고 복잡한 것으로 알려진 trichothecene류는 주로 러시아, 독일, 미국, 캐나다 등지에서 많이 발견되며 *Fusarium tricinctum, Fusarium solani* 등의 *Fusarium arium*속과 *Trichoderma lignorum* 등의 각종 곰팡이가 생성하는 유해 대사산물로서 옥수수 등의 곡류에 오염되어 가축에 다양한 독성을 나타낸다. 대표적인 trichothecene류에는 T-2 toxin, nivalenol, fusarenone-X, deoxynivalenol, trichothecin, HT-2 toxin 등을 들 수 있으며 그 외에도 50여 종의 이성체가 밝혀져 있다. 우리나라 곡류의 경우 특히 문제가 되는 것은 T-2 toxin, nivalenol 및 deoxynivalenol인 것으로 알려져 있다. 중독증상은 육안으로 장출혈, 흉선의 위축출혈, 간 · 비장의 비대 등이 확인되었다. 병리조직학적 병변으로는 간의 점막상피, 흉선, 비장, 림프조직, 골수 등의 세포의 붕괴 및 괴사를 일으킨다.

(2) Zearalenone

Zearalenone(그림 3-2-5)은 *Fusarium*속이 생성하는 주요한 곰팡이 독소 중 가축의 사료나 축산물에 빈번히 나타난다. Zearalenone은 M.W. 318로서 *Fusarium graminearum*의 2차 대사산물로 F2 toxin 또는 FES fermentation estrogenic substance 라고도 한다.

옥수수, 보리, 목초 등에 잘 오염되며, 돼지와 양의 어린 암컷에서 이상발정을 일으키며 불임, 태아의 성장억제 및 유산 등의 생식장애를 유발한다.

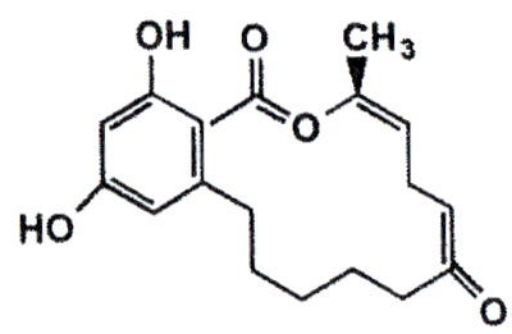

그림 3-2-5 Zearalenone의 구조

(3) Fumonisin

1904년 미국의 sheldon에 의해 *Fumonisin moniliforme*에 오염된 옥수수를 먹은 가축이 심한 독소 중독현상을 일으킨다는 것이 보고된 이래 그 원인물질인 Fumonisin B_1과 B_2를 비롯한 몇 가지 이성체가 있으며 그 중에서도 Fumonisin B_1(M.W: 721.8)은 오염빈도가 가장 높으며 독성이 강한 것으로 보고되고 있다.

Fumonisin B_1은 말의 뇌백질 연화증과 돼지의 폐수종을 유발하며, 쥐의 간암 원인 물질임이 보고되었다. 참고로 자연에서 발견되는 Fumonisin의 구조는 그림 3-2-6과 같다.

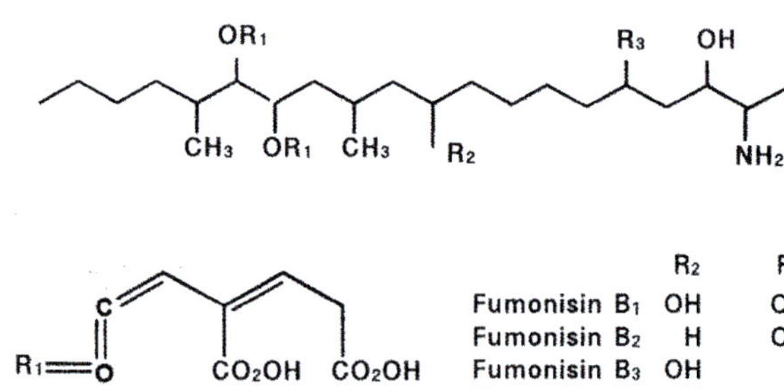

	R2	R3
Fumonisin B1	OH	OH
Fumonisin B2	H	OH
Fumonisin B3	OH	H
Fumonisin B4	H	H

그림 3-2-6 자연에서 발견되는 fumonisin의 구조

(4) 식중독성 무백혈구증(Alimentary toxic aleukia; ATA)

식중독성 무백혈구증은 기온이 낮고 강설량이 많은 지방에서 *Fumonisin sporotrichoides, Fumonisin epiphylum* 등에 의해 발생한다. 생성되는 독소는 sporofusariogenin, epicladosporic acid, fagicladosporic acid이고 중독증상은 구강과 소화기에 이상이 나타나며 만성중독일 경우 조혈기능장애, 소화관과 신장의 출혈, 림프샘의 증대, 백혈구의 감소, 혈액 응고시간 지연 등이 나타난다.

5) 기타 곰팡이 독소

(1) 광과민성 피부염 물질

두 종류의 전혀 다른 독성 기전에 의하여 일광피부염을 일으키는 물질군이 알려져 있다. 그 하나는 샐러리의 홍부병 원인균인 *Sclerotinia sclerotiorum*에서 유래되며, 이 병원균으로 오염된 샐러리를 수확할 때 접촉한 사람이 햇빛을 쬐면 피부염을 일으키는 원인물질인 psoralen이다. 다른 하나는 건초 등에 기생하는 곰팡이인 *Sporidesmin bakeri*의 대사산물이며, 뉴질랜드와 호주의 일부 지방에서 발견된 가축의 안면 일광피부염증의 원인물질이고, sporidesmin A, B, C 등 여러 종류가 알려져 있다. 동물은 이 물질에 의해 간기능 장애를 받아 간의 대사 이상을 일으킴으로써 일광피부염이 발생된다. Sporidesmin은 반추동물에 대하여도 간기능 장애를 일으키며, 체중감소, 황달, 광과민증을 유발하며, 2차적으로 간기능 장애에 의한 안면습진을 일으킨다.

(2) 맥각에 의한 중독

맥각은 라이맥 또는 화본과 식물의 꽃(자방의 주변)에 기생하는 *Claviceps purpurea*(맥각균)이 생성하는 ergotamine, ergotoxin 및 ergometrine 등으로 곡류 중에 맥각이 0.5% 이상 혼입되면 만성중독을 일으키며 곡류 중에 맥각이 7% 정도이면 치사량이 된다. 따라서 각 나라에서는 곡물 중에 맥각의 혼입량을 정하고 있으며 그 허용량은 러시아 0.15%, 캐나다 0.2%, 미국 0.3%이다. 맥각에 의한 만성중독에는 경련형 · 괴저형이 있다. 초기 증상은 일반적으로 소화관증상과 신경증상에서 시작된다. 경련형은 초기 증상 다음에 경련이 수주 동안 계속되며 강직성, 간헐성, 경련발작이 일어나며 마비를 일으키고, 중증은 정신장애를 일으켜 사망한다. 괴저형은 초기증상 후에 사지말단에 농포가 생기고 마지막에는 사지의 말단부터 썩어들어가게 된다. Claviceps toxin(맥각독)은 수확 전이 가장 심하고 저장기간이 길면 서서히 상실된다. 맥각의 알칼로이드는 표 3-2-5와 같다.

표 3-2-5 맥각의 alkaloid류

군	명칭	분자식	융점(℃)	비선광도
Ergotamine	Ergotamine	$C_{33}H_{35}O_5N_5$	180	−155°
	Ergosine	$C_{33}H_{37}O_5N_5$	228	−179°
	Ergotaminine	$C_{33}H_{35}O_5N_5$	241~243	+385°
	Ergosinine	$C_{33}H_{37}O_5N_5$	222	−226°
Ergotoxin	Ergotoxin	$C_{33}H_{39}O_5N_5$		−226°
	Ergocornine	$C_{31}H_{39}O_5N_5$	182~184	−188°
	Ergocryptine	$C_{32}H_{41}O_5N_5$	212	−187°
	Ergocristine	$C_{35}H_{39}O_5N_5$	100	−183°
	Ergotoxinine	$C_{35}H_{39}O_5N_5$		
	Ergocorninine	$C_{31}H_{39}O_5O_5$	228	+409°
	Ergocryptinin	$C_{32}H_{41}O_5O_5$	240~242	+408°
	Ergocristinine	$C_{35}H_{39}O_5N_5$	226	+336°
Ergometrine	Ergometrine	$C_{19}H_{22}O_2N_3$	162~163	−44°
	Ergobasinine	$C_9H_{23}O_2N3_1$	195~197	+414°

2. Mycotoxin의 관리현황

곰팡이 독소의 경우 미량으로도 독성이 강하기 때문에 정부에서는 CODEX 기준으로 기준을 정해놓고 엄격하게 관리하고 있다. 지난 2012년 2월 17일 식약청의 발표에 의하면 2012년부터 전국 16개 시 · 도(위생부서, 보건환경연구원)와 합동으로 곰팡이에 오염 가능한 쌀 등 곡류, 된장 등 장류, 땅콩 등 견과류 등 모든 식품을 대상으로 곰팡이 독소에 대한 수거 · 검사를 매년 8,000건씩 4년간 실시한다.

수거 · 검사하여 기준에 부적합한 제품에 대해서는 신속한 회수 · 폐기 및 정보공개 등으로 유통을 사전에 차단하는 조치를 취하게 되며, 부적합된 업체에 대해서는 생산 공정 중 곰팡이 독소 저감화 기술지원, 교육 · 홍보 등을 통하여 안전한 식품을 생산토록 유도할 예정이다. 또한, 이러한 사업 추진을 통하여 우리나라 유통식품의 곰팡이 독소의 전반적인 오염실태를 파악하여「유해 오염물질 안전관리 종합계획」에 따라 국민 식생활 변화 패턴을 반영한 노출량을 평가하여 기준을 설정 관리할 것이라고 발표하였다. 현재 정부가 중요하게 관리하고 있는 7개 그룹의 곰팡이 독소 관리현황은 다음과 같다.

1) 아플라톡신의 관리현황

먼저 식품 중의 아플라톡신의 기준현황을 살펴보면 다음과 같다. 우리나라에서는 아플라톡신을 표 3-2-6에서와 같이 아플라톡신 B_1, B_2, G_1 및 G_2의 합 또는 아플라톡신 B_2 단독의 함량으로 표시하여 기준으로 정해 놓고 있다. 예를 들면, 곡류가공품의 경우 총 아플라톡신으로 15ppb 또는 아플라톡신 B_1 단독으로는 10ppb 이하로 기준을 정하고 있다.

표 3-2-6 식품 중 총 아플라톡신(B_1, B_2, G_1 및 G_2의 합) 기준

대상식품	기 준(μg/kg)
곡류, 두류, 땅콩, 견과류 및 그 단순 가공품(분쇄, 절단 등)	15 이하 (단, B_1은 10 이하이어야 한다)
곡류 가공품 및 두류 가공(규격 외 일반 가공식품)	
장류 및 고춧가루 및 카레분	
육두구, 심황(강황), 건조 고추, 건조 파프리카 및 이를 함유한 천연향신료	
밀가루	
건조 과실류	
영아용 조제식, 성장기용 조제식, 영 · 유아용 곡류조제식, 기타 영 · 유아식	B_1으로서 0.10 이하
과자류(제 5. 1. 과자류: 땅콩 및 견과류 함유제품에 한함)	15 이하 (단, B_1은 10 이하이어야 한다)
땅콩 또는 견과류 가공품류(제 5. 29-1. 땅콩 또는 견과류 가공품류)	
팝콘용 옥수수 가공품(제 5. 29-11. 팝콘용 옥수수 가공품)	
찐쌀(제 5. 29-14. 찐쌀)	

2) 아플라톡신 M_1의 관리현황

식품 중 특히 제조 · 가공 직전의 원유 및 우유류 중의 아플라톡신 M_1의 기준은 표 3-2-7에서와 같이 일반식품에 비해 매우 낮은 0.5ppb이다. 그 이유는 아플라톡신 M_1이 국제 암연구소의 독성기준에서 Group 2A에 속하는 발암 가능성물질로 분류되어 있고, 특히 다른 아플라톡신의 경우는 곡류를 비롯한 일반식품에 잔류하는 것에 비해 아플라톡신 M_1은 아플라톡신 B_1의 대사산물로서 원유나 우유류에 존재하기 때문이다.

표 3-2-7 식품 중 아플라톡신 M_1의 기준

대상식품	기 준
제조 · 가공 직전의 원유 및 우유류	0.5μg/kg 이하

3) 파튤린의 관리현황

과일 속에 오염된 *Penicillium*속 곰팡이가 생성하는 곰팡이 독소로서 과일주스의 중요 관리대상 mycotoxin인 파튤린은 표 3-2-8과 같이 50ppb로 규정되어 있다. 또한 영아용 조제식, 성장기용 조제식, 기타 영 · 유아식에는 10ppb로 기준을 정해 놓고 관리하고 있다.

표 3-2-8 식품 중 파튤린Patulin의 기준

대상식품	기 준(μg/kg)
사과주스 사과주스 농축액 (원료용 포함, 농축배수로 사과주스 등에는 환산하여)	50 이하
영아용 조제식, 성장기용 조제식, 기타 영 · 유아식	10.0 이하

4) 푸모니신의 관리현황

*Fusarium*속 곰팡이가 생성하는 곰팡이 독소 중 발암성이 가장 높아 독성분류표에서 Group 2A에 속해 있는 푸모니신은 다양한 식품에 대한 기준을 정해놓고 있다. 즉 표 3-2-9와 같이 옥수수에는 4ppm으로 정한 것에 비해 소비량이

높은 옥수수 단순 가공품 또는 옥수수 가루를 합하여 50% 이상 함유한 곡류 가공품 및 시리얼류 팝콘용 옥수수 가공품에서는 1ppm이하로 관리하고 있다.

표 3-2-9 식품 중 푸모니신Fumonisin의 관리현황

대상식품	기 준(B_1 및 B_2의 합으로서)
옥수수	4mg/kg 이하
옥수수 단순 가공품(분쇄, 절단 등) 옥수수 가루	2mg/kg 이하
옥수수 단순 가공품 또는 옥수수 가루를 합하여 50% 이상 함유한 곡류 가공품 및 시리얼류 팝콘용 옥수수 가공품	1mg/kg 이하
과자류(제 5. 1. 과자류; 옥수수 50% 이상 함유제품에 한함)	1mg/kg 이하

5) 오크라톡신 AOchratoxin A의 관리현황

식품중의 오크라톡신 A의 관리현황은 다음 표 3-2-10와 같다. 즉 오크라톡신 A도 푸모니신 등과 같이 Group 2A에 속하는 발암가능물질로 분류되어 있는 유독한 물질이다. 외국에서는 커피의 품질평가에서 중요한 항목으로 지정되어 있다. 그 관리기준은 대부분이 5~20ppb 수준임에 비하여 포도주스, 포도주스

표 3-2-10 식품 중 오크라톡신 AOchratoxin A의 기준

대상식품	기 준(μg/kg)
곡류 및 그 단순 가공품(분쇄, 절단 등)	5 이하
커피콩, 볶은 커피	5 이하
인스턴트 커피	10 이하
메주	20 이하
고춧가루	7 이하
포도주스 농축액(원료용 포함, 농축배수로 환산하여), 포도주, 포도주스	2 이하
건포도	10 이하
영아용 조제식, 성장기용 조제식, 영 · 유아용 곡류조제식, 기타 영 · 유아식	0.50 이하

농축액(원료용 포함, 농축배수로 환산하여), 포도주에는 2ppb 이하로 그리고 영아용 조제식, 성장기용 조제식, 영 · 유아용 곡류조제식, 기타 영 · 유아식에는 0.5ppb로 낮게 기준을 정하여 관리하고 있다.

6) 데옥시니발레놀Deoxynivalenol의 관리현황

*Fusarium*속 곰팡이가 생성하는 또 다른 독소로서 중요하게 관리되고 있는 디옥시니발레놀은 표 3-2-11에서와 같이 대체로 0.2에서 2ppb 이하로 아래의 식품에서 관리되고 있다. 그 중 영아용 조제식, 성장기용 조제식, 영 · 유아용 곡류조제식, 기타 영 · 유아식에는 0.2ppb로 엄격하게 관리되고 있는 실정이다.

표 3-2-11 식품중 데옥시니발레놀Deoxynivalenol의 관리현황

대 상 식 품	기 준(mg/kg)
곡류 및 그 단순 가공품(옥수수 및 그 단순 가공품 제외)	1 이하
옥수수 및 그 단순 가공품	2 이하
시리얼류	0.5 이하
영아용 조제식, 성장기용 조제식, 영 · 유아용 곡류조제식, 기타 영 · 유아식	0.2 이하
면류	0.75 이하

7) 제랄레논Zearalenone의 관리현황

내분비장애 물질로 분류되어 특별히 가축의 사양 시 중요하게 관리되고 있는 제랄네논은 표 3-2-12에서와 같이 곡류 및 단순 가공품에서는 200ppb 기준을

표 3-2-12 식품 중 제랄레논Zearalenone의 기준

대 상 식 품	기 준(μg/kg)
곡류 및 그 단순 가공품	200 이하
과자	50 이하
영아용 조제식, 성장기용 조제식, 영 · 유아용 곡류조제식, 기타 영 · 유아식	20 이하
시리얼류	50 이하

정해놓은 데 비해 영아용 조제식, 성장기용 조제식, 영 · 유아용 곡류조제식, 기타 영 · 유아식에서는 20ppb 이하로 엄격히 관리하고 있다.

제3장 화학성 식중독

앞서 설명한 자연독을 제외한 여러 가지 화학적 위해요소에 의해 발생하는 화학성 식중독을 방지하는 것은 소비자의 안전을 확보하는 매우 중요한 일이다.

이를 위해서는 원인이 되는 위해요소를 정확하게 이해하고 예방하는 일이 무엇보다도 중요한 일이다. 본 장에서는 화학성 식중독의 원인이 되는 잔류 농약, 항생물질 및 합성 항균제, 중금속 유해성 식품첨가물, 기구, 용기, 포장재 등에서 용출되는 위해물질, 식품의 제조과정 중에 생성되는 위해물질, 제조과정 중에 혼입 또는 부정첨가 되는 유해물질, 방사성 물질 그리고 내분비장애 물질 등의 순으로 설명하고자 한다.

1. 농 약

1) 농약의 특성

농약은 병해충과 잡초 등 생물을 방제하는 약제로 독성을 지니고 있기 때문에 사용과 취급에 각별한 주의를 필요로 하고 있다. 따라서 소비자나 취급자의 안전을 증대시키기 위하여 농약의 독성을 표 3-3-1에 따라 등급화하고 포장지나 사용설명서에 필요한 내용을 표시하도록 하고 있다.

우리나라에서는 농약의 독성등급을 급성 독성시험에 따른 LD_{50}(실험동물 절반이 죽는 용량)에 의하여 결정한다. 그 결과 독성이 가장 큰 농약이 맹독성 농약이고, 그 다음이 고독성 농약이다. 2010년 현재 1,396품목의 등록되어 있는 농약 중 맹독성 농약은 하나도 없고 고독성 농약도 전체의 0.9%인 12품목에 불과하였으나, 2011년에는 고독성 농약 중 산림과 검역용 3종을 제외하고 모두 등록

표 3-3-1 WHO 및 우리나라의 독성 강도에 의한 농약의 분류

WHO 분류	우리나라 분류	정의
Ⅰa	Ⅰ급	맹독성(Extremly hazadous)
Ⅰb	Ⅱ급	고독성(Highly hazadous)
Ⅱ	Ⅲ급	보통독성(Moderately toxic)
Ⅲ	Ⅳ급	약독성(Slightly hazadous)

을 취소하였다.

농약의 급성독성을 살펴보면 표 3-3-2에서와 같이 고독성 농약의 경우로 담배의 니코틴, 고추의 캡사이신 및 커피와 차가 함유하고 있는 카페인의 독성과 같은 것으로 보고되고 있다. 한편 보통독성은 아스피린의 독성과 같으며 Chlorpyrifos 25WP를 비롯하여 182개 품목이 있다. 저독성 농약은 소금, 에탄올 및 설탕의 독성과 같이 매우 낮으며 Bensultap 50WP 등 1,237개 품목이 있다.

표 3-3-2 농약과 생활주변 물질의 급성독성 비교

독성분류	생활주변물질	LD_{50}	농 약
맹독성	보툴리누스(botulinus, 식중독 균의 독)	0.00000032	사용 농약 없음
	테트로도톡신(tetrodotoxin, 복어독)	0.0085	
	아마니타톡신(amanitatoxin, 광대버섯독)	0.3	
고독성	니코틴(담배의 성분)	24	Parathion 17EC 등 12품목
	캡사이신(고추의 매운맛 성분)	60~75	
	카페인(커피, 차의 성분)	174~192	
보통독성	아스피린(의약품)	1,000	Chlorpyrifos 25WP 등 182품목
저독성	소금	3,000~3,500	Bensultap 50WP 등 1,237품목
	에칠알코올(술의 성분)	7,000	
	설탕	29,700	

LD_{50} : 실험동물의 반수를 죽일 수 있는 양(mg/kg)

한편 농약은 화학구조에 따라 분해속도가 다르게 나타나며 잔류기간에 따라 비잔류성 농약, 중간잔류성 농약 및 잔류성 농약으로 분류한다.

농촌진흥청에서는 농약의 잔류성을 감안하여 농약 안전사용기준을 설정하였는데 제초제를 제외한 모든 등록 농약에 대하여 설정한다. 그림 3-3-1에서 보는 바와 같이 농약의 잔류허용기준보다 낮게 잔류하는 시기를 최종 살포일로 계산하여 살포한다.

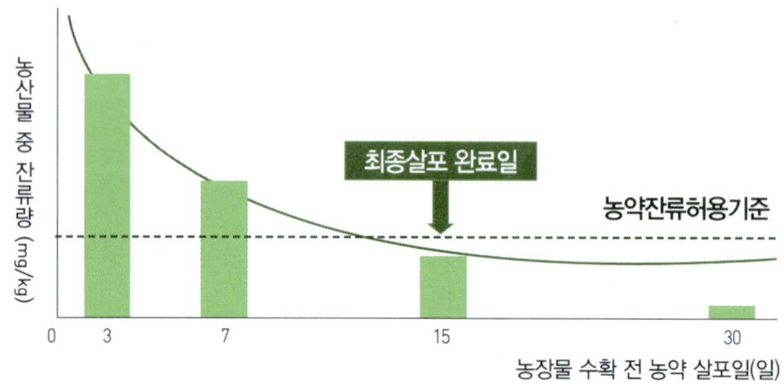

그림 3-3-1 작물별 농약의 안전사용기준 설정

잔류성 농약의 잔류기간은 1~2주 정도이며 주로 유기인계 농약 및 카바메이트계 살충제가 여기에 해당된다. 이에 비해 중간 잔류성 농약은 잔류기간이 1~14개월 정도 되는 농약이다. 반면 잔류성 농약은 2~5년 정도 잔류하며

표 3-3-3 살충제의 농약 안전사용기준

작물명	적용해충	사용적기	사용 약량	안전사용기준	
				시기	횟수
사과	진딧물	발생초기 (개화기간 제외)	20mL/20L	수확 7일 전 까지 사용	3회 이내
	사과굴나방	피해잎 발생초기부터 (5~8월)			
	복숭아심식나방	나방 발생최성기 (6월 상순 10일 간격)			
	잎말이나방	꽃이 피기 전과 진후 (6월 말경, 7월 말~8월 초)			

DDT, aldrin, dieldrine, BHC 등의 유기 염소계 살충제가 포함된다. 가령 예를 들면, 살충제인 알파사이퍼메트린유제화스탁, 핫코너, 바이엘아파스린, 시원탄, 영일알파스린 등의 경우 표에서 보는 바와 같이 수확 1주일 전까지 살포하면 안전하다고 하는 농약 안전사용기준을 마련하게 된다. 참고로 살충제의 농약 안전사용기준은 표 3-3-3과 같다.

지금까지 대부분의 소비자들은 안전한 농산물을 농약의 잔류 여부만으로 판단해왔다. 그러다 보니 유기농산물이나 무농약인증 농산물이 같은 여러 위해요소 중 농약만을 관리해온 농산물을 안전하다고 생각하는 잘못된 인식이 소비자들에게 널리 확산되었다.

다행히 GAP(농산물우수관리) 제도가 도입되면서 안전한 농산물에 대한 합리적 개념이 정립되고 있다. 즉 안전한 농산물이란 농약과 식중독세균을 비롯한 화학적, 물리적, 생물학적 위해요소가 없거나 있어도 정부가 정한 기준치 이하로 관리된 농산물을 말한다. 따라서 GAP 제도에서 농약의 경우 작물이 어릴 때는 저농약 개념으로 지혜롭게 사용하여 작물을 튼튼하게 키운 다음 수확기에 정부가 정한 농약안전사용기준을 철저히 지킴으로써 안전성과 생산성이 확보된 농산물을 생산할 수 있기 때문에 앞으로의 농산물안전성을 확보하는 국가의 중심 정책이 되고 있다. 필자도 작은 농장이 있다. 2~3년 전까지 농약을 전혀 사용하지 않았을 때는 정상적인 복숭아를 생산하는 것은 거의 불가능했다. 그러나 최

그림 3-3-2 안전한 농약관리를 통한 복숭아 수확

근 GAP 개념을 도입하면서 이른 봄부터 농약을 저농약 개념으로 사용하여 건강하게 복숭아 나무를 키운 다음 수확하기 1개월 전부터는 농약을 사용하지 않음으로써 그림과 같이 안전하고 먹음직스러운 복숭아를 생산할 수 있게 되었다. 위해요소가 제로일 때 안전한 식품이라는 생각은 잘못된 것이다. 농약을 한 번이라도 사용하면 안전한 농산물이 아니라는 생각도 바꾸어야 한다.

2) 농약의 분류

(1) 유기인계 농약

유기인계는 현재 가장 많이 사용되고 있는 살충효과가 뛰어난 농약으로 잔류성은 적으나 사람에 대한 독성이 강하고 살포 시에 급성중독의 위험이 따르므로 세심한 주의가 필요하다. 파라티온parathion, 말라티온malathion 등이 이에 속하며 잔류기간은 1~12주 정도이다.

유기인계에 의한 중독은 acetylcholine을 가수분해시키는 역할을 하는 효소인 cholinesterase의 활성이 억제됨으로써 내인성 acetylcholine이 과도하게 축적되기 때문에 일어난다. 즉 과도하게 축적된 acetylcholine에 의해 신경이 지나치게 자극되어 muscarine양 부교감신경증상(호흡곤란, 눈물, 발한, 축동 등), nicotine양 근육증상(연축, 경련, 근육마비), 일부 교감신경증상(혈압상승, 빈맥), 중추신경증상(두통, 현기증, 의식혼탁, 언어장애, 혼수) 등이 나타난다. 중독된 경우에는 아트로핀을 주사하며 섭취하였을 때에는 물이나 따뜻한 식염수를 먹어 토하게 하고 피부에 부착한 것은 비누로 씻어버린다.

과일은 유기인계 농약 살포 후 1개월 이후에, 채소는 15일 이후에 수확하여야 하고, 산성용액으로 세척한 후에 섭취하는 것이 좋다.

참고로 유기인계 농약에 해당되는 농약은 표 3-3-4와 같다.

표 3-3-4 유기인계 농약의 종류

사용목적	농약명
살충제	EPN(ethyl-p-nitrophenyl thionobenzene phosphate) Parathion, Methyl parathion, Malathion, sumithion, Scharadan, Diazinon, DDVP(dimethyl dichloro vinyl phosphate)

(2) 유기염소제

유기염소계 살충제는 염소를 함유하고 있으면서 강력한 살충효과를 나타내지만 분해기간이 길어 자연에 오랫동안 잔류되는 단점이 있다. 그 중 대표적인 유기염소제로는 DDTdichloro-dipheyl-trichloroethane, BHCbenzene hexachloride 및 cyclodiene 유도체chlordane, aldrin, endrin, heptachlor 등이 있으며 잔류기간은 2~5년이다. 다른 살충제와 비교하면, 급성중독은 강하지 않으나 환경 내에 오랫동안 잔류되고 생체 내에서도 분해가 잘되지 않아 장기간 체류함으로써 만성적으로 독성을 일으킬 수 있다. 우리나라에서는 DDT 사용을 1972년도에 금지시켰음에도 불구하고 1980년대 후반까지도 일부 식품에서 검출된 경우도 있다. 유기염소계 살충제의 작용기전은 DDT를 제외하고는 잘 밝혀져 있지 않으나 일반적으로 신경독성물질로서 중추신경계를 자극하거나 억제하는 것으로 알려져 있다.

유기염소계에 해당하는 농약을 정리하면 표 3-3-5와 같다.

표 3-3-5 유기염소계 농약의 종류

사용목적	농약명
살충제	DDT(dichloro diphenyl trichloro ethane), Aldrin, Heptachlor, Endrin, Dieldrin, r-BHC(benzene-hexachloride)
살균제	Captafol, Captan
제초제	PCP(pentachlorophenyl), 2,4-D(2,4dichloro phenoxy acetic acid)

(3) 유기수은제

유기수은제는 살균제로서 종자소독, 벼의 도열병 예방, 과수 · 채소의 각종 병해 방제용 살포제, 토양소독제 등으로 광범위하게 사용되어 왔으나 강한 축적성과 만성독성 때문에 종자소독용을 제외한 다른 목적에 사용하는 것을 금지한 경우가 많다. 우리나라의 경우 1970년부터 살포용 유기수은제의 사용을 금지시켰으며, 1978년부터는 종자소독용 유기수은제의 사용도 금지시킴으로써 현재는 사용이 전면 금지된 상태이다.

유기수은은 체내에 비교적 용이하게 흡수되는 반면 배설속도가 매우 느려 인체에 축적되어 만성중독을 일으키는데, 뇌신경세포를 침해하므로 사지마비, 언어장애, 시청각기능장애 등 중추신경증상이 현저하며, 뇌에 축적되기 쉽다. 우리나라에서는 유기수은제가 식품에 혼입되는 것을 막기 위해 1981년 7월 2일 자로 콩나물 등 두채류의 총 수은함량이 0.1ppm 이상 초과하지 않도록 규제하고 있다. 그러나 최근 콩나물의 방부와 윤택을 위하여 유기수은제를 사용하는 악덕 상인이 적발되어 물의를 일으킨 적이 있고, 또한 쌀 속에서도 수은이 발견되어 중대한 위생상의 문제로 등장하고 있다. 유기수은계 농약을 정리하면 표 3-3-6과 같다.

표 3-3-6 유기수은계 농약의 종류

사용목적	농약명
살충제	페닐초산수은(pheny mecuric acetate)
살균제	메틸요드화수은(methyl mecuric iodide), 메틸염화수은(methyl mecuric chloride), 인산에틸수은(ethyl mecuride phosphate), 페닐요드화수은(phenyl mecuric iodide), 픽스탄페닐수은(phenyl mecuric dinaphthyl methane disulfonate)

(4) Carbamate제

유기염소제의 사용이 금지됨에 따라 그 대용으로 만들어졌으며 살충제 및 제초제로 많이 사용되고 있다. 살충제로서 carbanyl sevin 등이 벼나 과수 등에 사용되고 있으며 살충제로 BPMC, CPMC 등이 널리 사용되고 있다. Carbamate계는 유기인제와 마찬가지로 각 부위에 작용하여 cholinesterase를 모두 억제하여 독작용을 나타낸다. 그러나 cholinesterase의 억제작용은 유기인제와는 달리 가역적이어서 독성이 상대적으로 적다. 또한 체내에서 쉽게 분해되므로 중독 시 회복이 빠르고 체내에 축적되어 만성중독을 일으킬 염려가 없다. 중독증상은 유기인제와 동일하나 carbamate계 살충제는 혈액-뇌 장벽 blood-brain barrier을 잘 통과하지 못하기 때문에 두통, 호흡마비 및 중추신경증상은 상대적으로 약한

표 3-3-7 카바메이트계 농약의 종류

사용목적	농약명
살충제	Aldicarb, Carbofuran, Methomyl, Aldoxycarb, Carbanyl

편이다. 그리고 중독 시에는 atropine이 치료에 매우 유효하다. 카바메이트계 농약을 정리하면 표 3-3-7과 같다.

(5) 유기불소제

대표적인 것은 쥐약인 fratol(sodium monofluoroacetate)과 깍지벌레나 진딧물 등의 살충제인 fussol(monofluoroacetamide), nissol(N-methyl-N-(q-napthyl) monofluoroacetamide) 등이 있으며, 모두 독성이 강하다. Fussol은 잔류성이 강한 침투성 농약이므로 잔류독에 의한 피해를 받지 않도록 주의하여야 한다. 이들은 체내에서 aconitase의 강력한 억제제인 mono-fluorocitric acid를 생성하여 Kreb's 회로 중에서 구연산이 cisa-conitic acid로 되는 것을 차단하므로 구연산이 체내에 축적되어 독성작용을 나타낸다.

중독증상은 심장장애와 중추신경증상으로 섭취 30분~2시간 후가 되면 경증인 때는 전신위화감 · 두통 · 위통 · 구토 · 현기증 등이 나타나고, 중증일 때는 보행장애 · 언어장애 · 간질 때와 비슷한 강직성 경련을 거쳐 의식혼탁 · 청색증 · 심장장애를 일으키고 심부전증으로 사망하게 된다.

치료제로서는 monoacetylglycine과 acetamide가 가장 좋으며, ethanol도 유효하다. 대표적인 유기불소계 농약을 정리하면 표 3-3-8과 같다.

표 3-3-8 유기불소계 농약의 종류

사용목적	농약명
살충제	Fratol(sodium monofluoroacetate), Fussol(monofluoroacetamide), Nissol[N-methyl-N-(q-napthyl) monofluoroacetamide]

(6) 금속 함유 농약

중요한 금속함유 농약을 보면 비소화합물이 많은데 살충제로 쓰이는 비산납(lead arsenate)($PbHAsO_4$: 1979년 생산금지, 1980년 사용금지), 비산석회(calcium arsenate)[$Ca_3(AsO_4)_2$] 등의 무기비소제와 벼 문고병 등의 살균제로 쓰이는 asozin(methylarsine sulfide), neoasozin(ferric ammonium salt of methyl arsonic acid), urbazid(methylarsine bis-dithiocarbamate 등의 유기비소제가 있다.

이 밖에도 황산동copper sulfate과 소석회calcium hydroxide를 혼합한 이른바 보르도bordeaux액은 거의 모든 농작물에 살균제로 사용되어 왔으며, 트리부틸타르타르산tributyltaryaric acid, 트리페닐타르타르산triphenyltartaric acid 등의 유기주석제 역시 농작물의 병해 예방에 널리 사용되고 있다.

또한 아연, 망간 등의 유기산염과 그 유도체가 과실, 야채의 병해방제에 사용되고 있다. 이들 금속함유 농약이 체내에 흡수되면 단백질의 변성을 일으키고, 원형질에 침해하여 -SH와 결합해서 단백질의 기능이나 특정 효소의 작용을 저해하므로 독작용을 나타낸다. 대표적인 금속함유 농약을 정리하면 표 3-3-9와 같다.

표 3-3-9 금속함유 농약의 종류

사용목적	농약명
살충제	비산납(lead arsenate, $PbHAsO_4$: 1979년 생산금지), 비산석회[calcium arsenate, $Ca_3(AsO_4)_2$] Fratol(sodium monofluoroacetate), Fussol(monofluoroacetamide),
살균제	Nissol[N-methyl-N-(q-napthyl) monofluoroacetamide] Asozin(methylarsine sulfide), Neoasozin(ferric ammonium salt of methyl arsonic acid), Urbazid(methylarsine bis-dithiocarbamate)

3) 농약의 관리

일반적으로 농산물에 대한 소비자의 안전성은 농약만 관리를 잘하면 되는 것처럼 잘못되어 있을 정도로 농약에 대한 소비자들의 관심은 매우 높다. 실제로 지난 2009년과 2010년에 한국 농촌경제연구원의 농촌정보문화센터에서 소비자를 대상으로 농축수산물 구매 시 가장 우려하는 요인에 대한 설문조사에서 58~60%가 잔류 농약으로 답하였고, 그 다음으로 22~23%가 중금속으로 답한 것으로 나타났다.

이러한 농약에 대한 안전성은 국민의 정서에도 큰 영향을 미치기 때문에 국가는 많은 시료를 지속적으로 모니터링하고 그 결과를 정부 홈페이지를 통하여 국민에게 알려주고 있다. 특히 과일의 경우 많은 양이 외국에서 수입하고 있어 소비자들의 안전성과 직결되기 때문에 이들 수입농산물에 대한 수출입 시의 농약오염 여부의 검색은 매우 엄격하게 관리되고 있다.

실제로 지난 2012년 7월 26일에는 대만산 애플망고에서 잔류 농약(에치온)이 초과 검출됨에 따라 유통 · 판매 금지하고 회수 조치 중이라고 식약청이 밝혔다. 해당 제품은 국내 수입업체인 리스마케팅사가 2012년 7월 9일 대만의 'Jun Han Fresh International Co. Ltd'사를 통해 수입하였으며, 시중에 유통 중인 제품을 수거하여 검사한 결과 '에치온Ethion'이 기준을 초과하여 검출(기준: 0.01ppm, 검출: 0.36ppm)되었다.

식약청은 관할 기관(충남 논산시)으로 하여금 시중에 유통 중인 부적합 제품을 즉시 회수하도록 관할 기관에 통보하였다고 밝히면서, 해당 제품을 구입한 소비자는 수입업소나 구입처에 반품하여 줄 것을 당부하였다.

(식품의약품안전청, 2012)

그림 3-3-3 농약이 초과 오염된 부적합 애플망고

뿐만 아니라 식약청은 수입한 인도산 건고추에서 잔류 농약이 기준을 초과하여 검출됨에 따라 해당 제품을 유통 · 판매 금지하고 회수 조치하였다고 밝혔다. 해당 부적합 제품은 표 3-3-10에서 보는 바와 같이 한국농수산식품유통공사가 2011년 10월과 11월 세 차례에 걸쳐 인도 'ASIAN FOOD INDUSTRIES'사로부터 수입한 건고추로, 농약 에치온Ethion의 건고추 잔류기준인

(식품의약품안전청, 2012)

표 3-3-10 부적합 제품현황

제품명	수입업소 (소재지)	포장 일자	수출회사	수입신고 (접수)일자	수입신고 수리번호	수입량 (톤)
건고추 (20kg)	한국농수산식품 유통공사 (서울시 서초구 강남대로 27)	2011.9.15	ASIAN FOOD INDUSTRIES	2011.10.28	11532-11-100250U	408
					11532-11-100251U	
				2011.11.4	11532-11-110027U	146
				2011.11.9	11532-11-110069U	200

0.07ppm을 초과(3건에서 각각 0.79ppm, 0.94ppm, 1.54ppm) 검출되었다.

그 결과를 토대로 유통되지 않고 창고에 보관 중인 약 220톤의 부적합 건고추에 대해 압류조치를 하고, 나머지 유통 · 판매 중인 부적합 건고추에 대해서는 관할 자치단체(서울시 서초구)에 회수명령 등 신속히 조치하도록 통보하는 등 농산물에 대한 농약관리에 많은 노력을 기울이고 있다.

2. 항생물질 및 합성 항균제

식생활의 서구화와 더불어 최근에는 육류 · 우유를 위시하여 수산물의 수요가 급증하고 있다. 이에 따라 가축의 사육이나 수산물의 양식과정에서 생산성을 향상시킬 목적으로 배합사료의 사용이 늘고 있다. 그러나 배합사료는 질병치료나 발육촉진을 목적으로 항생물질, 합성 항균제 및 합성 호르몬제가 첨가되고 있어, 이들이 식육 · 우유 또는 수산물에 잔류하여 식품을 통하여 인체에 이행될 가능성이 있다. 뿐만 아니라 농작물 병해방제나 동물용 의약품으로 사용되는 항생물질의 잔류 문제도 관심의 대상이 되고 있다.

1) 식품 중 항생물질의 잔류

(1) 동물(가축 · 어류)의 사료 및 의약품

가축의 질병예방과 치료 및 성장촉진을 위해 동물사료에는 tetracycline류와

tylosin, virginiamycin, ampicillin, streptomycin, monencin, chloramphenicol 등의 항생물질이 첨가된다. 또한 sulfadimethoxine 등의 합성 항균제가 사용되고 diethylstilbestrol(DES) 등의 성장호르몬제가 불법으로 쓰이기도 한다. 한편 치료용 동물의약품으로는 각종 항생제, corticosteroid, nitroxinil, bromophenophos 등이 자주 사용된다. 우리나라에서는 사료관리법에서 배합사료에 첨가되는 이들 물질의 사용량과 사용방법을 규제하고 있고, 식품위생법에서 항생물질, 합성 항균제 및 성장호르몬제의 잔류허용기준을 정하여 시행하고 있어 이들 물질의 과용 또는 남용을 제한하고 있다.

(2) 농용(農用) 항생물질

농약으로 사용되는 항생물질로 그 작용에 따라 항곰팡이성, 항세균성 및 항바이러스성의 3가지로 나눈다. 항생제는 수확 직전이나 수확 후의 생식용 채소 살균에 사용하는 일은 금해야 한다,

2) 잔류의 문제점과 대책

잔류의 문제점으로는 급 · 만성독성, 내성균의 출현, 균교대증(菌交代症), 알레르기의 발현 등이 지적되고 있다. 소비자들에게 폭로 가능성이 가장 높은 것은 동물사료 중 항생물질이고, 그 다음이 동물의약품이라 할 수 있다. 80% 이상의 동물이 항생물질 등이 첨가된 사료로 사육되고 있다. 현실적으로는 항생물질에 의한 내성균의 출현문제가 가장 중요한 과제이다. 우리나라 식품위생법에서 식품은 항생물질을 함유해서는 안 되며 식육류는 항생물질 및 합성 항균제(식품첨가물 제외)를 함유해서는 안 된다고 정해져 있다.

그러나 현재의 여건에서는 항생물질의 사용은 피할 수 없는 일어어서 식품에서 불검출을 기대할 수는 없다. 다만 잔류기준을 초과하지 않도록 안전사용기준인 휴약기간을 지키도록 지도하고 도살장, 식품처리장, 어시장 등을 중심으로 항생물질의 잔류를 감시할 수 있는 체계를 갖추어나감과 동시에 정확한 잔류량 측정을 위한 검출 · 정량법을 확립하여 보급할 필요가 있다.

3. 중금속

중금속은 비중이 4.0 이상의 금속을 말하며 식품의 오염과 관련이 있는 금속에는 금속과 비금속의 중간 성질을 나타내는 반금속metalloid도 포함된다. 중금속은 본래 지각의 구성성분으로서 천연에 상당량 존재하고 있는 것이므로 인간을 포함한 지구상의 생물 중에서 항상 일정량이 검출된다. 그러나 인체 내에 존재하는 금속은 대략 그 존재비가 정해져 있어 이러한 금속류의 균형 위에서 기능을 나타내고 있고 그 균형이 깨어지면 기능장애가 발생한다. 근대 산업화의 영향으로 매연 · 폐수 · 하수 · 고형 폐기물 등에는 각종 중금속이 함유되고 있고, 이것이 대기오염 · 수질오염 · 토양오염은 물론 식품에도 오염되어 먹이연쇄를 통하여 농축되고 최종적으로 인체에 흡수, 축적되어 만성중독을 일으키게 된다. 더욱이 산업화 과정에서 공업의 급속한 발전과 인간 활동의 증가는 중금속에 의한 환경오염을 가중시켰고 나아가 식품을 오염시켜 국민보건에 심각한 위협을 초래하기에 이르렀다.

식품오염과 관련하여 관심의 대상이 되는 것은 인체에 비교적 독성이 강한 As, Cd, Hg, Pb 등으로, 이들은 생물 본래의 구성성분이 아니고 동 · 식물의 생육과정이나 식품의 제조 · 가공 중에 외부로부터 오염되어 혼입되는 이른바 환경오염성 중금속이다.

중금속은 일반적으로 단백질의 변성제이다. 특히 단백질의 -SH기와 결합하여 구조단백질을 변성시키거나, 효소단백질의 활성을 억제하기도 한다. 또 생체에 필요한 금속의 대사에 영향을 주거나 치환에 의하여 영향을 주기도 한다.

1) 납

납의 함량은 토양에 약 10ppm이나 존재하기 때문에 육상 식물에 2.7ppm, 동물 2.0ppm, 어류에 0.5ppm이나 포함되어 있다. 일상 우리들이 섭취하고 있는 식품 중에도 납은 함유되어 있다. 따라서 사람들이 식품으로부터 섭취하는 평균적인 납 섭취량은 60~150μg인데 물 혹은 차 등의 음료에 의해 섭취되는 납량은 10~20μg이라고 한다. 소화관에서의 흡수는 5~10%이고, 기도를 통해서 노출된 경우의 흡수는 50%이다.

따라서 납중독의 발생은 거의 공장 등에서의 증기의 형태로 기도를 통하여 흡수되는 경우가 대부분이며, 수도의 납관에 의해 오염된 음료수, 납 용기에서 양조된 포도주, 납을 함유하고 있는 식기 등에 의해 중독이 발생한 사례도 있다. 농약성분으로 납을 사용한 것도 있기 때문에 이러한 납이 식품에 이행되어 중독을 일으킬 가능성도 있다. 납중독은 급성중독으로 발생하는 경우는 거의 없고 거의가 만성중독이다. 식품을 통해 섭취되어 흡수된 납은 간에 들어가, 대부분은 담즙으로부터 대변으로 배설되지만, 일부는 혈액에 들어가 뼈 등의 경조직에 침착한다.

뼈에 침착한 납은 여러 가지 조건에서 녹아 나오거나 또는 뼈에 침착할 수 없는 납이 혈액 중에 들어가 혈중 납 농도가 높아지면 표적조직인 골수에 대해 독

(식품의약품안전청, 2011)

표 3-3-11 식품섭취에 의한 우리나라 국민의 납 평균 노출량 및 위해도

식 품		1일 납 섭취량(μg/day)	% of PTWI	PTWI
농산물	곡류	5.3	2.7	25 μg/kg b.w./week
	두류	0.2	0.1	
	서류	0.5	0.3	
	채소류	1.2	0.6	
	과실류	0.9	0.5	
	유지식물류	0.03	0.02	
	버섯류	0.5	0.3	
수산물	어류	1.2	0.6	
	패류	1.3	0.7	
	해조류	0.2	0.1	
	갑각류	0.06	0.03	
	연체류	0.2	0.1	
	극피 & 척색류	0.4	0.2	
축산물	육류	1.0	0.5	
가공식품	다류	0.2	0.1	
	김치류	3.8	1.9	
	주류	0.6	0.3	
	인삼	0.02	0.01	
	기타*	1.7	0.8	
전체 식품		19.2	9.8	

* 두부, 면, 햄 등

성을 나타낸다. 즉 혈중농도가 400ng/mL(정상치 100~300ng/mL)을 넘으면 빈혈 등의 혈액장애가 발생한다. 납중독은 전신권태, 두통, 피로감, 식욕부진 등에 이어 변비, 납통증(배꼽 주위의 복부를 찌르는 듯한 통증), 납창백(모세혈관의 수축에 의해 얼굴이 창백해진다), 납연(잇몸의 가장자리가 황화납에 의해 흑자색으로 착색한다) 등의 전형적인 증상이 발생한다. 생화학적으로는 소변 속의 coproporyphyrin(150μm/L 이상)와 daminolevulinic acid(6mg/L 이상), 혈중납량(600ng/mL 이상)의 증가 등이 납중독의 진단기준이 된다.

한편 식품의약품안전청이 2011년 12월 22일 발표한 식품 중 납 오염도에 대한 발표를 보면 우선 식품 섭취를 통한 납 섭취량은 표 3-3-11에서 보는 바와 같이 19.2μg/day으로 PTWI(잠정주간섭취한계량) 대비 9.8% 수준인 것으로 나타났다. 우리나라 국민의 식품을 통한 납 섭취량은 곡류, 채소류 등 농산물이 전체 납 섭취량의 46%를 차지하였고, 김치 및 절임류도 19.7%에 달하는 것으로 조사되었다.

또한 우리나라 국민의 1일 납 섭취량(19.2μg/day)은 그림 3-3-4에서 보는 바와 같이 뉴질랜드(10.5μg/day)보다는 높았지만 영국(27.0μg/day), 프랑스(57.0μg/day), 독일(47.0μg/day) 등 국가보다는 낮은 수준인 것으로 나타났다.

(식품의약품안전청, 2011)

그림 3-3-4 국가별 납 노출량 비교

2) 카드뮴

카드뮴은 지각의 한 구성성분으로 150~500ppb가 아연과 함께 공존한다. 카드뮴은 공업제품이나 일상용품으로 널리 이용되어 환경이나 식량자원의 오염을 야기 시키고 있다. 특히 일본에서는 1940년대를 전후하여 도야마현 진즈강 유역에서 이타이이타이itai itai병이 발생하여 세계적인 관심을 끌게 되었다. 환자는 40세 이상의 비교적 고령의 출산 횟수가 많은 부인에게 많으며, 처음에는 신경통 같은 증상으로 발병하고 경과는 극히 완만하지만 더욱 진행되면 뼈의 만곡, 변형이 일어나고 보행이 불가능하게 된다. 동통이 격렬하여 겨우 몸을 움직이거나 기침을 하는 것만으로도 아픔을 호소하게 된다. 약간의 충격에도 쉽게 골절이 일어나며 기침을 해도 아픔을 느끼며 장시간 이러한 증상을 나타내면서 '이타이이타이'라고 말하면서 죽어가는 비참한 질병이다. 원인이 되었던 카드뮴은 도야마현 가도가와 상류의 금속광산의 폐수 중에 함유되어 있었던 것으로 그것이 하천에 들어가 그 물을 논의 관개에 사용하였기 때문에 논의 토양이 오염되어 그 논에서 생육한 쌀이 카드뮴에 의해 오염되어 그 쌀을 먹고 있던 주민에게 카드뮴 중독이 발생하였다.

카드뮴은 주로 벼와 같은 식물에 잘 흡수되므로 곡물류에 0.01~0.15ppm이 검출된다. 동물성 식품에서는 간이나 신장에 많고 조개, 가리비, 굴과 같은 어패류의 내장에 특히 많아 0.1~1.0ppm까지 함유되며 소라고등의 간에는 200ppm까지 검출된다.

우리나라에서는 현미의 카드뮴 함량을 1ppm 이하로 정하고 있으며 그 이상일 때에는 쌀의 재배를 제한하고 수확된 쌀은 수거, 폐기하도록 하고 있다. 또한 현미 중에 0.4ppm 이상의 카드뮴이 검출될 때에는 재배지역을 관찰대상으로 지정하고 수확미는 유통을 금하고 있다.

한편, 각종 식기, 기구, 용기에 도금되어 있는 카드뮴의 용출되어 중독이 일어나는 경우가 많으므로 식품위생법에서는 카드뮴을 함유한 금속으로는 음식용 기구, 용기, 포장 등으로 사용하지 못하도록 규정하고 있다.

카드뮴의 급성중독은 드물며 대개 만성중독이 일어난다. 중독증상은 구토, 설사, 복통, 허탈, 의식불명이 되고 만성중독의 경우에는 우선 신장 부근의 세뇨관 상피에 침착해 이 부위에 변성을 일으키고 세뇨관, 사구체에도 병변이 이행되어 발생하는 신장장애와 골연화증이 발생하는 것이 특징이다. 치사량은 명확하지 않으며 0.03g으로 중독을 일으킨다.

2011년 식품의약품안전청이 발표한 식품 중 카드뮴 오염도 자료를 보면 표 3-3-12에서 보는 바와 같이 식품 섭취를 통한 카드뮴 섭취량은 10.4μg/day으로 PTMI(잠정월간섭취한계량) 대비 22.7% 수준인 것으로 나타났다. 우리나라 국민의 식품을 통한 카드뮴 섭취량은 곡류가 전체 카드뮴 섭취량의 29.9%를 차지하였고, 패류와 연체류는 각각 12.4%, 6.3%인 것으로 조사되었다.

(식품의약품안전청, 2011)

표 3-3-12 식품섭취에 의한 우리나라 국민의 카드뮴 평균 노출량 및 위해도

식 품		1일 납 섭취량(μg/day)	% of PTWI	PTWI
농산물	곡류	3.1	6.8	25 μg/kg b.w./month
	두류	0.1	0.3	
	서류	0.4	0.8	
	채소류	0.8	1.6	
	과실류	0.8	1.8	
	유지식물류	0.03	0.1	
	버섯류	0.07	0.2	
수산물	어류	0.3	0.7	
	패류	1.3	2.8	
	해조류	0.6	1.2	
	갑각류	0.1	0.3	
	연체류	0.7	1.4	
	극피 & 척색류	0.01	0.0	
축산물	육류	0.3	0.7	
가공식품	다류	0.01	0.03	
	김치류	0.9	1.9	
	주류	0.3	0.7	
	인삼	0.01	0.03	
	기타*	0.6	1.3	
전체 식품		10.4	22.7	

* 두부, 면, 햄 등

또한 그림 3-3-5에서 보는 바와 같이 우리나라 국민의 1일 카드뮴 섭취량(10.4μg/day)은 일본(21.9μg/day), 미국(11.6μg/day) 등 국가보다는 낮은 수준인 것으로 나타났다.

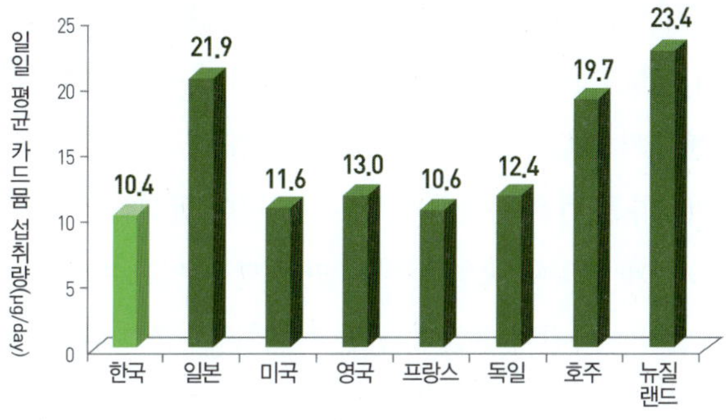

(식품의약품안전청, 2011)

그림 3-3-5 국가별 카드뮴 노출량 비교

3) 수은

수은은 지각의 구성성분이고 세계 연간 생산 사용량은 1만 톤 이상이며 주요한 용도는 가성소다 공업, 전기제품, 도료, 약품, 농약제조이다. 수은은 원소수은 elementary mercury, 무기수은inorganic mercury, 유기수은organic mercury으로 분류되며 무기수은에는 수은 증기(Hg^+), 수은 이온(Hg^{2+})이 있고 유기수은에는 메틸수은(CH^3Hg^+)과 같은 alkyl 수은과 페닐수은($C_6H_5Hg^+$)과 같은 aryl 수은이 있다. 수은은 상온에서 유일하게 액체로 존재하는 금속으로 독성이 강한 물질로서 치과용 아말감, 수은 체온계, 온도계, 기압기, 혈압계 등의 의료기기와 수은 전지, 농약 및 의약품제조, 수은등 또는 형광등 제조 등 많은 부분에서 활용되고 있다. 여러 산업용 공장에서 수은을 이용한 제품의 생산과정 중 직접 노출된다. 또한, 수은을 포함한 여러 폐기물, 과거 수은을 포함한 농약, 건전지 등에서 수은이 빠져나와 물이나 토양, 공기 등을 오염시키고 식물이나 생선 등에 축적되고 제거되지 않는다. 따라서 사람에게도 수은이 축적되고 심하면 중독 증상이 나타난다.

수은 중독과 관련된 큰 사건은 1956년 일본에서 인근 화학공장에서 방류한 유기수은에 오염된 조개와 어류를 먹은 주민들에게 집단적으로 발생한 미나마타minamata 병이 있다.

그 원인을 보면 미나마타만 상류에는 acetaldehyde를 합성하는 화학공장이 있었고, 촉매로 사용했던 염화제2수은($HgCl_2$)이 폐수 중에 방출되어 진흙 속의 혐기적 조건하에서 유기수은인 메틸수은으로 전환되었다. 해수나 하천 중의 메틸수은의 농도는 낮지만 어류는 호흡을 위해 대량의 물을 아가미를 통해 흡수하므로 지용성의 메틸수은은 쉽게 물고기의 체내에 흡수되어 축적되어 갔던 것이다. 물고기 체내의 메틸수은 농도는 물속의 농도의 100만 배까지 달하고, 이렇게 오염된 어패류를 먹은 사람에게 미나마타병이 발생한 것이다. 또한 이라크 등에서는 수은계 농약에 오염된 밀로 만든 빵을 먹고 수천 명이 중독되고 200여 명이 사망하는 사건이 있었다. 선진국에서는 수은의 위험성을 알고 사용을 줄이는 추세이며, 최근에는 참치나 황새치 같은 생선에 유기수은이 농축이 많이 되는 것으로 보고 있어 과량 섭취를 하지 않도록 주의를 주고 있다.

FAO/WHO에서 결정하고 있는 수은의 섭취허용량은 체중 60kg 성인의 경우 총 수은 43μg/day, 메틸수은 28μg/day로 되어 있다.

수은 중독의 원인은 산업현장이나 주변환경에서 우리 몸으로 직접, 간접적으로 흡수되는 수은이다. 원소성 수은은 주로 수은 증기가 호흡을 통해 흡수되어서 뇌혈관 장벽을 뚫고 중추신경계에 영향을 주어 여러 증상을 유발한다. 무기수은은 위장관을 통해 흡수되어 강한 부식성에 의한 위장관 손상과 급성세뇨관 궤사 등으로 신장기능 손상을 일으킨다. 유기수은은 주로 참치나 황새치 같은 수은이 함유된 음식을 섭취하면서 흡수되고 중추신경계 독성을 나타낸다.

수은 중독의 증상은 급성중독 증상과 만성중독 증상으로 구분할 수 있다. 급성중독 증상을 살펴보면, 높은 농도의 수은 증기에 노출되면 폐 기관과 중추신경계에 영향을 주어서 발열, 오한, 오심, 구토, 호흡곤란, 두통 등이 수 시간 내로 나타날 수 있다. 심하면 폐부종, 청색증, 양측성 폐침윤이 나타날 수 있으며 위장관에도 영향을 주어 금속성의 쓴맛, 인후 압박감, 가슴 통증, 위염, 괴사성 궤양을 일으킬 수 있다. 또한 24시간 내로 소변의 양이 줄어들거나 안 나오는 핍뇨와 무뇨가 나타나기도 한다.

만성중독 증상의 전형적인 세 가지 증후로는 구강염증, 진전(떨림), 정신적 변화가 있다. 구강염증으로 치은염, 과도한 타액분비, 구내염 등이 생길 수 있고 손, 눈꺼풀, 입술, 혀, 사지 등이 미세하게 떨리는 증상, 진행성 보행실조, 언어장애 등이 나타난다. 또한, 불면증, 식욕손실, 소심함, 기억력 소실, 지각이상, 과도

한 신경질, 정서불안 같은 정신적 변화가 나타날 수 있고 그 외 청력저하, 시야협착, 난청, 만성피로감, 피부염, 부정맥 등이 나타날 수 있다. 수은 중독의 진단은 혈액, 모발 및 요 중의 수은량을 측정함으로써 판단한다. 중금속의 오염기준은 국가별로 조금씩 차이가 있는데 FAO/WHO에서 설정한 주간 섭취허용량과 중금속과 유기수은의 1일 섭취량은 표 3-3-13와 같다.

(식품의약품안전청, 2011)

표 3-3-13 식품섭취에 의한 수은 평균 노출량 및 위해도

식 품		1일 납 섭취량(μg/day)	% of PTWI	PTWI
농산물	곡류	0.7	2.3	4 μg/kg b.w./week
	두류	0.01	0.04	
	서류	0.05	0.2	
	채소류	0.04	0.1	
	과실류	0.01	0.04	
	유지식물류	0.003	0.008	
	버섯류	0.03	0.1	
수산물	어류	2.8	8.9	
	패류	0.06	0.2	
	해조류	0.02	0.1	
	갑각류	0.07	0.2	
	연체류	0.1	0.3	
	극피 & 척색류	0.002	0.005	
축산물	육류	0.1	0.4	
가공식품	다류	0.01	0.02	
	김치류	0.09	0.3	
	주류	0.04	0.1	
	인삼	0.0001	0.004	
	기타*	0.2	0.6	
전체 식품		4.3	13.6	

* 두부, 면, 햄 등

정부에서도 수은의 모니터링을 계속하고 있으며 그림 3-3-6에서와 같이 2011년 식약청 자료에서는 식품 섭취를 통한 수은 섭취량은 4.3μg/day으로 PTWI(잠정주간섭취한계량) 대비 13.6% 수준인 것으로 나타났다. 또한 우리나라 국민의 식품을 통한 수은 섭취량은 어류가 전체 수은 섭취량의 63.9%를 차지하

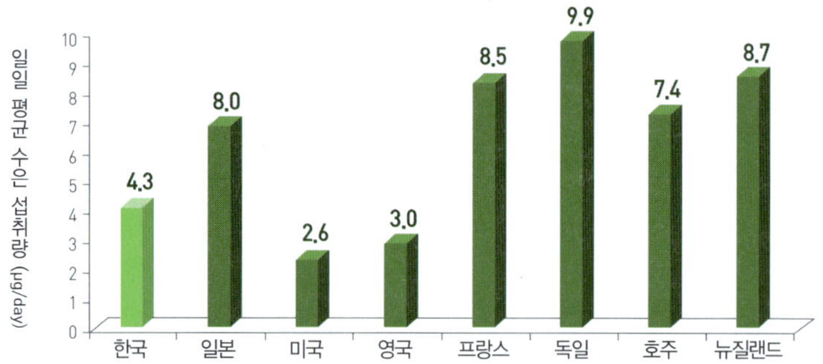

(식품의약품안전청, 2011)

그림 3-3-6 국가별 수은 노출량 비교

였고, 곡류도 16.7%에 달하는 것으로 조사되었다.

또한 우리나라 국민의 1일 수은 섭취량(4.3μg/day)은 미국(2.6μg/day), 영국(3.0μg/day)보다는 높았지만 일본(8.0μg/day), 프랑스(8.5μg/day), 독일(9.9μg/day) 등 국가보다는 낮은 수준인 것으로 나타났다.

4) 비소

비소는 자연계에서는 주로 As^{3+}, As^{5+}의 화합물로 존재한다. 오래 전부터 의약품으로도 안료, 방부제, 살서제, 농약으로 널리 사용되어 왔다. 일본에서는 1955~1956년 비소로 오염된 분유(25~28ppm As_2O_3)에 의하여 12,000여 명의 어린이 환자와 128명의 사망자를 낸 사고가 있었다. 그 원인은 원유의 산도를 안

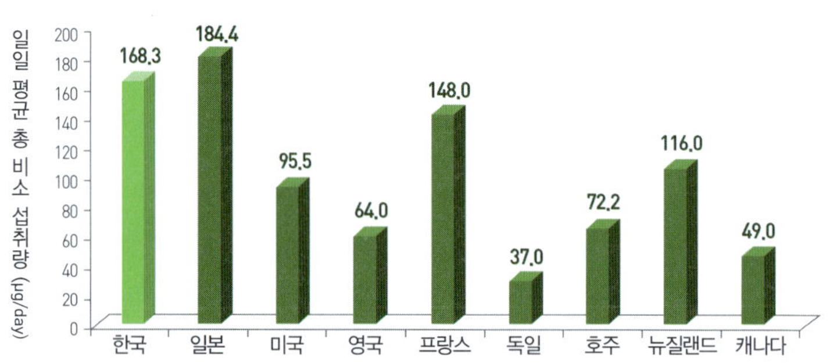

(식품의약품안전청, 2011)

그림 3-3-7 국가별 비소 노출량 비교

정시키기 위해 사용한 제2인산나트륨(공업용) 중에 불순물로 아비산이 3~9% 함유되어 있었기 때문이었다. 만성 비소 중독증상은 전신권태감, 구토, 오심, 복통, 설사 등의 위장증상을 나타내며, 또 유방, 겨드랑이 부분의 흑색색소의 침착, 손바닥과 발바닥의 각질화 등의 피부증상, 지각장애, 운동장애, 정신착란 등의 정신신경증상, 간장애, 신장장애 등 다양하다. 진단은 모발 중의 비소량(3μg/g 이상), 요 중 비소량(200μg/L 이상)이 상승하는 것으로 판단할 수 있다. 중독량은 아비산으로 5~50mg이고, 치사량은 100~300mg이다.

식약청의 2011년 발표에 의하면 그림 3-3-7에서와 같이 우리나라 국민의 1

표 3-3-14 식품섭취에 의한 우리나라 국민의 총 비소 평균 노출량 및 위해도

(식품의약품안전청, 2011)

식 품		1일 납 섭취량(μg/day)	% of PTWI	PTWI
농산물	곡류	15.3	0.6	350 μg/kg b.w./week
	두류	0.2	0.01	
	서류	0.4	0.02	
	채소류	1.0	0.04	
	과실류	2.5	0.1	
	유지식물류	0.07	0.002	
	버섯류	0.6	0.02	
수산물	어류	59.2	2.2	
	패류	7.9	0.3	
	해조류	33.6	1.2	
	갑각류	16.1	0.6	
	연체류	17.0	0.6	
	극피 & 척색류	1.3	0.05	
축산물	육류	0.7	0.02	
가공식품	다류	0.009	3.1×10^{-4}	
	김치류	4.7	0.2	
	주류	1.6	0.06	
	인삼	0.004	1.6×10^{-4}	
	기타*	6.2	0.2	
전체 식품		168.3	6.1	

* 두부, 면, 햄 등

일 총 비소 섭취량(168.3μg/day)은 미국(95.5μg/day), 영국(64.0μg/day), 독일(37.0μg/day) 등 국가보다는 높았지만 일본(184.4μg/day)보다는 낮은 수준인 것으로 나타났다.

또한 표 3-3-14에서와 같이 국민의 식품을 통한 비소 섭취량은 어류, 해조류가 전체 비소 섭취량의 35.2%, 20.0%를 차지하였으나, 어류 등에 존재하는 비소는 대부분이 인체에 독성이 낮은 유기비소 형태이었다고 한다.

5) 주석

주석은 통조림통을 만드는 데 사용되는 금속물질로서 통조림 식품, 특히 주스 통조림이나 산성 과일제품의 통조림에서 용출되어 중독이 발생하는 경우가 있다. 주스 통조림에서의 허용량은 한국과 일본은 150ppm, 영국은 250ppm, 미국은 300ppm으로 되어 있다. 주석은 관 내용물 중 질산이온이 있거나 산성식품에서 산소 존재하에서 용출량이 급격히 증가한다. 그러므로 음용수기준은 NO_3 10ppm 이하이지만 과실 통조림 용수는 1ppm 이하로 정하고 있다. 주석은 다름 금속에 비해 독성이 약하지만 어른에 대한 중독량은 100~300mg이며, 섭취 후 30분~1시간 30분만에 구역질, 구토, 복통, 설사, 두통, 권태감 등의 급성중독을 일으킨다. 또한 식품에 포함되어 있는 유해 금속의 독성과 건강장애를 알아보면 표 3-3-15와 같다.

표 3-3-15 식품에 포함되어 있는 유해 금속의 독성과 건강장애

유해금속	독 성	장애와 표적장기
Pb	LD_{50}: 125mg/kg (집토끼경구, $PbHAsO_4$) 치사량 >30g	• 급성중독 증상으로서 구토, 현기증, 구역질, 인사불명, 사지마비, 만성중독증상으로서 빈혈 등의 혈액장애, 식욕부진, 변비 등의 소화관장애, 신경계 및 신장의 현저한 장애가 나타난다. • 소아에서는 중추신경증상이 발생한다. • 조혈기관, 신장, 뇌에 장애를 일으킨다.
Hg	LD_{50}: 59mg/kg (rat경구, CH_3HgCl) 치사량 0.5g(HgC^{12})	• 무기수은염은 장의 작열감, 동통, 구토, 침흘림, 신장기능장애를 일으킨다. • 저급알킬수은 입술 주변 및 팔다리끝의 감각이상, 운동의 어려움, 발음장애, 청력장애, 시야협착, 정신장애 등의 신경계장애를 일으킨다. • 신장, 뇌에 장애를 일으킨다.
As	LD_{50}: 45mg/kg (rat경구, As_2O_3) 치사량 0.1~0.3g (아비산)	• 위장형 중독으로서 입이 마르고 삼키기가 어려우며 구토, 쌀뜨물과 같은 변, 경련 등의 증상을 나타내며 심근경색에 의해 수일 후 사망한다. • 발암성이 있으며, 간, 피부에 장애를 일으킨다.
Cd	LD_{50}: 88mg/kg (rat경구, CdC_{12}) 치사량 불명	• 급성중독 증상으로서 소화관장애(침흘림, 구토, 설사, 복통), 폐수종, 화학성 폐렴이 나타난다. • 가용성 카드뮴에 의해 침흘림, 구토, 복통, 설사, 허탈, 의식장애가 발생한다. • 육종, 전립선암과 관계가 있으며 간, 신장, 폐에 장애를 일으킨다.
Cr	LD_{50}: 3.3g/kg 〔rat경구, $Cr(NO_3)_3$〕 치사량 불명	• 급성중독 증상으로서 구토, 설사, 복통 등의 소화관증상, 소변이 줄거나 무뇨현상, 요독증 등의 신장장애, 황달을 수반하는 간염이 나타난다. • 발암성이 있으며, 폐, 호흡기, 피부에 장애를 일으킨다. (Cr^{3+}은 내당인자로서 필수성이 증명되어 있다.)
Cu	LD_{50}: 960mg/kg (rat경구, $CuSO_4$) 치사량 15~20g	• 구강의 작열감, 다량의 타액분비, 메스꺼움, 구토, 위통, 현기증, 경련을 일으킨다. • 간, 소화관에 장애를 일으킨다.
Zn	LD_{50}: 2.5g/kg 〔rat경구, $Zn(C_2H_3O_2)_2$〕 치사량 3~5g (가용성 Zn 화합물)	• 구토, 위통, 설사, 침과 눈물, 식은땀을 흘리기도 하며, 호흡곤란, 혼수, 경련, 허탈 등의 증상을 거쳐 사망하게 된다. • 신장, 간, 전립선에 장애를 일으킨다. (결핍증이 알려져 있으며, 필수성이 증명되어 있다.)
Mn	LD_{50}: 3.7g/kg 〔rat경구, $Mn(CH_3COO)_2$〕	• 만성중독 증상으로서 중추신경계의 진행성의 악화, 졸음증세 및 파킨슨증후군과 유사증상을 나타낸다.
Sn	LD_{50}: 불명(경구) 치사량 불명	• 메스꺼움, 구토, 설사, 복통, 두통, 권태감 비장, 심장, 폐, 뇌(유기주석화합물)에 장애를 일으킴.

4. 유해성 식품 첨가물에 의한 중독

식품첨가물로 사용되는 화학적 합성품은 식품위생법에 따라 규격, 기준을 정하고 있으며 허가된 식품첨가물이라도 유해성분을 함유하거나 대량 사용할 때는 중독이 일어나므로 식품제조업자는 사용하는 식품첨가물의 사용기준에 대해 유의하여야 한다.

1) 유해 감미료

설탕 대신 인공감미료가 널리 사용되었으나 그 유해성이 문제가 되어 사용 금지된 것이 많이 있다. 이것들은 영양가가 전혀 없으며, 허가된 것도 다량 섭취하면 만성중독을 일으킬 수 있으므로 주의하여야 한다.

(1) Dulcin

1883년 Berlinerblau에 의해 발견된 dulcin은 한 때 식품첨가물로 지정되어 청량음료수, 과자류, 절임류 등에 많이 사용되었으나 만성중독 때문에 우리나라에서는 1966년 11월부터 사용 금지되었다.

백색결정으로 냉수보다는 열탕에 잘 녹고 감미는 설탕의 250배이다. 장기간 사용하면 분해 시 생성되는 *p*-aminophenol 때문에 혈액독을 일으키게 된다. 동물실험 결과에서 간종양이 발생하였으며 소화효소의 작용을 억제하고 중추신경계에 자극을 주기도 한다.

(2) Cyclamate

1937년 Seveda가 발견하였으며 sodium cyclamate(sodium cyclohexyl sulfamate)와 calcium cyclamate(calcium cyclohexyl sulfamate)가 대표적이다. 무색~백색의 결정성 분말로 물에는 잘 녹으나 alcohol, ether, benzene, chloroform 등에는 잘 녹지 않는다. 감미도는 설탕의 40~50배인데, 열, 햇빛에 안정하고, 청량한 감을 주며, 설탕과 비슷한 감미를 갖고, 거의 무독하다고 하여 한때 가장 많이 사용되었던 인공감미료이다. 그러나 cyclamate가 장내세균에 의해 발암물질인 cyclohexylamine으로 대사되는 것이 밝혀져 각국에서 논의가 많이 되었으며, 우리나라에서도 1970년 4월부터 사용 금지되었다.

(3) *p*-Nitro-o-toluidine

융점 105℃의 황색 결정으로서 본래는 색소의 원료이고 mnitroaniline계의 대표적인 것으로 염료의 중간산물이다. 감미도는 설탕의 200배에 이르지만 독성이 강하고 중독사고가 많아 일본에서는 살인당이라는 별명이 생길 정도이다. 중독증상은 일반적으로 섭취 후 2~3일만에 위통, 식욕부진, 메스꺼움, 권태, 피로, 피부 및 점막의 황달(급성황색간위축증)을 일으켜 혼수상태에 빠져 사망에 이른다. 분자 내에 nitro기와 amino기를 가지므로 혈액독 및 신경독작용이 강하여 일본에서는 이 화합물로 감미를 낸 물엿을 먹고 2일 후 위통이 나고 4일 후 사망한 예가 있고, 수시간 후에 이상을 일으켜 5일 후 사망한 예 등이 있다.

(4) Ethylene glycol

원래 엔진의 냉각용수의 부동액으로 사용되는 ethylene glycol($HOH_2C \cdot CH_2OH$)은 무색, 무취의 점조성 액체로, 물에 타면 감미가 있고, 알코올처럼 취하는 감이 있으므로 감주, 팥앙금의 맛을 내는 데 사용된 적이 있다. 중독증상은 체내에서 산화되어 수산이 되고, 이 염류가 뇌나 신장에 석출하여 신경장애 등을 나타내며 치사량은 약 100mL로 알려졌다. 일본에서는 이 화합물을 물에 다섯 배 정도로 희석하여 먹은 직후부터 호흡곤란, 구토, 의식불명 및 자주 오줌이 마렵고, 거동이 불안한 증세를 나타내어 3명이 사망한 식중독 사례가 보고된 바 있다.

(5) Peryllartine

자소유 중의 성분인 peryllaldehyde에서 만들며, 융점이 120℃인 무색의 침상 결정으로 맛은 자극성이 매우 강하고 감미는 설탕의 2,000배이다. 이 화합물은 그 구조에 oxime기를 갖고 있어서 불안정하므로 쉽게 열이나 타액에 의하여 aldehyde로 분해된다. 동물실험에서 신장을 자극하여 염증을 일으키는 것이 확인되어 사용을 금지하고 있다.

2) 유해 착색료

식품의 제조가공 시 사용되는 합성착색료는 값이 저렴하고 색이 아름다우며 사용이 편리하기 때문에 많이 사용하고 있다. 대부분의 인공착색료는 사용량이 적기 때문에 급성중독보다는 만성중독이 일어날 가능성이 크다. 그러나 만성중독 등 안전성에 대한 검토가 불충분한 것이 많아 위생상의 문제로 지정이 취소된 것이 많으며 그 중 우리나라에서는 인체에 비교적 무해한 타르 색소 8종과 타르 색소의 알루미늄레이크 7종 및 그 외의 비 타르 색소 7종이 허용되어 있다. 법으로 지정되어 있는 식용 타르 색소는 독성이 낮은 산성 색소가 많은데 불허용품인 경우는 염기성 색소가 많이 쓰인다.

(1) Auramine

엷은 녹색을 띤 황색의 염기성 색소로 값이 싸고 착색성이 좋아 한 때 과자, 단무지, 팥앙금류, 카레가루 등에 광범위하게 사용되었다. 이는 독성이 강하여 다량 섭취하면 식후 20~30분 정도에서 피부에 흑자색의 반점이 생기고 두통, 구토, 사지마비, 맥박감소, 의식불명이 일어나며 쥐에 대한 반수치사량(LD_{50})은 0.48g/kg이다. 만성 독성시험에서는 10mg/kg을 투여했을 때 간 조직의 혈관확장, 액포지방변성 등이 나타났다.

(2) Rhodamine B

분홍색의 염기성 색소로서 과자, 어묵, 토마토케첩, 얼음 과자 등의 착색에 사용되어 문제를 일으키는 경우가 많다. 섭취하면 전신마비, 색소뇨를 나타내며, 심한 경우 오심, 구토, 설사, 복통을 일으킨다. 치사량은 쥐의 경우 0.1~0.2mg/kg이고, 사람의 경우는 0.1g/kg이다.

(3) *p*-Nitroaniline

황색의 유용성 합성착색료이며 거의 무미, 무취이고, 물에 불용이며, nitro기나 amine기를 갖는 방향족 화합물에 공통인 혈액독과 신경독이 있다. 일본에서는 이 물질로 착색한 과자를 먹고 20여 명이 중독된 예가 있으며, 증상으로는 섭취 후 10~30분에 두통, 청색증cyanosis, 혼수, 심계항진, 맥박감퇴, 동공확대, 황색뇨 배출 등을 나타내었다.

(4) Silk scarlet

붉은 색의 수용성 타르 색소로 색이 아름답고 안정하므로 식품에 사용하는 예가 있다. 일본에서는 이것으로 착색된 대구알젓을 먹고 중독된 예가 있는데 구토, 두통, 오한, 마비 등의 증상을 보였다.

(5) 기타 불허용 유해성 착색료

위의 4종 외에도 유해성 착색료는 황색계orange II, butter yellow, spirit yellow, 청색계methylene blue, 녹색계malachite green, 자색계methyl violet, crystal violet, gentian violet, 적색계fuchsin, sudan III, 갈색계bismark brown 등이 있다.

이들 유해성 타르 색소의 독성은 각 색소에 따라 다르나 일반적으로 장기, 혈액, 신경에 대하여 유해한 영향을 미치며, 특히 간과 신장에 대한 독작용은 공통적으로 나타난다.

유해 색소에 의한 급성 식중독은 최근 감소하고 있으나 지속적으로 소량 섭취함으로써 일어나는 만성중독과 발암성은 현재 중대한 문제점으로 부각되고 있다.

3) 유해성 보존료

보존료로서 지정되어 있는 품목은 비교적 독성이 낮은 것이나 모두 사용기준이 엄격히 정해져 있다. 지정되지 않은 것은 일반적으로 인체에 대한 독성이 심한 것이 많으므로 사용 시 기준을 유의해서 지키지 않으면 안 된다.

(1) 붕산H_3BO_3

백색결정으로 살균소독제로서 의약품으로 사용되고 있으며 햄, 베이컨, 과자 등에 사용된 적이 있으나 식품에는 사용이 금지되어 있으며 방부효과도 약하다. 붕산은 축적성이 있고 세포 원형질의 팽화, acidosis에 의한 대사장애, 소화효소작용을 억제하여 식욕감퇴와 소화불량을 일으킨다. 또한 영양소의 동화를 방해하고 지방의 분해를 촉진시켜 체중의 감소를 가져오며 장기출혈을 일으킨다.

사람은 1~3g으로 중독을 일으키고 8~17g을 섭취하면 사망한다고 알려져 있다. 다량 섭취한 경우는 구토, 설사, 허탈을 일으키고 홍피증이 생기고 혼수상태에 빠져 3~5일만에 사망한다.

(2) Formaldehyde

물에 녹기 쉬운 무색의 기체로서 강한 결정체를 가지며, 묽은 용액에서도 단백질의 변성을 일으킨다. 또한 살균 및 방부작용을 나타내는데 살균력은 0.1% 용액에서 아포생성균에 유효하고 0.002% 용액으로 세균의 발육이 저지된다. Formaldehyde는 알킬화제로서 핵산의 $-NH_2$, $-OH$기와 결합하여 단백질을 불활성화한다. Formalin(formaldehyde의 약 35% 수용액)은 방부력이 강해 주류, 장류, 시럽, 육제품에 사용되는 수가 있다. 수용액인 formalin은 독성이 강하여 소화작용을 억제하고, 두통, 구토, 현기증, 호흡곤란 등의 장애를 일으키므로 식품에 첨가하여서는 안 되며, 플라스틱 용기로부터 식품 중에 용출되는 것도 식품위생법상 규제대상이 되고 있다.

(3) 불소화합물

불화수소HF, 불화나트륨NaF 등은 상당히 강한 방부력이 있어서 공업용 풀의 방부 등에 이용되고 있다. 육류, 우유, 알코올 음료 등에 방부, 살균, 발효억제제로 첨가한 때도 있었으나 독성이 강하여 금지되고 있다. 급성중독의 증상은 구토, 복통, 경련, 호흡장애 등을 일으키며 장 및 방광의 점막이 손상된다. 급성중독의 경우는 1일 6mg 이상이면 반상치를 생성하고, 불소증(골연화증, 체중감소, 빈혈) 등을 일으키기도 하며 세포에 직접 작용하여 칼슘 대사를 억제한다.

(4) 승홍 $HgCl_2$

강력한 살균작용을 가지고 있어 의약품으로 쓰이고 있으며 방부력도 강하기 때문에 주류 등에 쓰는 경우가 있다. 체내의 －SH기와 결합하여 세포의 대사기능을 억제하며 사구체, 세뇨관에 변성을 일으킨다. 급성중독인 경우는 구토, 복통, 요독증 등이 일어나며 만성중독일 때는 신장장애, 구내염 등을 일으킨다.

(5) b-Naphthol

백색의 결정으로 찬물에 녹지 않고 열탕에 약간 녹고 알코올과 에테르에 잘 녹으며 곰팡이류에 0.005%로 유효하기 때문에 간장의 방부제로서 일시 사용한 적이 있으나 독성이 강하기 때문에 사용을 금지하고 있다. 세포 단백질의 변성, 점막이나 방광에 괴사를 일으키며 급성증상은 구토, 복통, 경련, 현기증 등을 나타낸다.

(6) Salicylic acid

백색의 침상결정 또는 결정성 분말로 약간 감미가 나면서 산미를 가진다. 알코올, 에테르에 잘 녹으며 물에는 녹지 않는다. 방부작용이 강하고 약산성의 배지에서 항균성을 나타낸다. 곰팡이, 효모, 세균류에서 약산성 조건일 때 발육억제 작용이 있고, 특히 화락균과 같은 유산균이나 초산균에 대하여 강한 항균작용을 나타낸다.

주로 청주, 과실주, 식초 등의 보존료로 널리 사용되었으나 우리나라의 경우 1973년 1월부터 사용이 금지되었다. 쥐에 대한 LD_{50}(경구)은 1.5~2.0g/kg이고, 만성 독성시험에서는 500mg/kg 이상이면 성장억제, 700mg/kg 이상에서는 위의 출혈, 신장장애가 인정된다. 사람이 다량으로 섭취하면 위점막의 자극에 의한 오심, 구토와 함께 격렬한 두통을 일으킨다.

(7) 기타

Phenol 및 그 유도체로서 resorcinol, hydroquinone, pyrogallol, cresol 등이 있는데 석탄산을 복용하면 구강, 인후, 위에 작열감을 주며 괴사, 구토, 현기증을 일으켜 실신, 허탈, 호흡마비가 나타난다. 만성중독 시 전신권태, 두통, 현기증, 구토를 일으키는데, 1~2g에서 중독이 일어나고 치사량은 10~15g이다.

Thymol은 무색의 결정으로서 특유의 향기와 자극성 맛을 낸다. 다량 섭취에 따라 phenol에 의한 중독의 경우와 같은 증상을 나타내는데 독성은 phenol의 약 1/10이다. 또 로단초산 에틸에스테르는 간장의 곰팡이 발육방지에 사용되기도 했으나 독성이 강하여 현재는 금지되어 있다.

Chloramine류는 과거에 허용되었던 품목이지만 독성이 문제되어 1972년 1월부터 금지되었다. Nitrofuran계 살균제에 속하는 nitrofurazon5-nitrofural semicarbazone은 황색 결정성 분말로서 다소 쓴맛이 있고 물과 alcohol에는 녹지 않으며 ether에도 녹지 않는다. 어육연제품에 살균제로 사용된 적이 있으나 1972년 1월부터 금지되었다. 0.02~0.0001% 농도에서 호기성 아포 형성균의 발육을 저지하고 강한 살균력이 있다. 포도상구균, 장티푸스균, 살모넬라균 등은 낮은 농도에서도 살균된다. 마우스에 대해서는 460~670mg/kg의 경구투여로써 사망하고 간장애, 구토, 식욕부진이 나타난다.

역시 1972년에 금지된 nitrofurylacrylamide는 일반적으로 zfuran이라고 불리며 담황색 결정성 분말로서 다소 쓴맛이 있다. 물에 약 1/3,000, 알코올에 약 1/300이 녹고 살균력이 강하다. 어묵, 어패류의 건제품, 팥앙금, 두부 등에 방부제로 사용한 적이 있으나 마우스에 0.677g/kg을 투여하면 치사한다. 만성중독으로서 신장종창을 일으킨다.

Tetracycline계 항생물질은 식품의 방부, 보존의 목적으로 사용될 수도 있으나 인체 내에서 항생물질에 대한 내성균의 발생, 균 교대증을 유발할 가능성이 있어 식품첨가물로서 항생물질의 사용은 금지되어 있다.

4) 유해성 표백료

일반적으로 표백은 산화 또는 환원반응을 이용한다. 그 작용에 의한 표백제 중 과산화수소와 아황산계통의 표백제는 사용기준이 엄격히 정해져 있다. 과산화수소는 발암성이 인정되고 있으므로 제품 가공 시에 반드시 제거하여야 하고 아황산계 표백제는 이산화황으로 최대 잔존량은 식품별로 규정되어 사용되고 있으나 다음과 같은 유해 공업물질이 쓰인 적이 있다.

(1) Rongalite

Formalin에 산성아황산나트륨을 축합시킨 다음 환원시켜 만든 것으로 sodium formaldehyde bisulfite와 sodiumformaldehyde sulfoxylate의 혼합물이다. 물 중에서 아황산이 유리되어 나오므로 표백력이 강하며 식품 중에 아황산 외에 상당량의 formaldehyde가 유리되어 신장을 자극하는 등 독성 때문에 식품에 사용을 금지하고 있다.

우리나라에서는 물엿의 표백제로 한때 사용되어서 사회적으로 큰 물의를 일으킨 일이 있으며 2004년에는 중국에서 수입되는 찐쌀의 제조과정 중 표백제로 사용된다는 정보에 따라 수거 · 검사하여 부적합한 제품을 적발한 사례가 있다.

(2) Nitrogen trichloride(NCl_3)

자극성이 있는 휘발성액체로 미국에서 밀가루의 표백과 숙성에 사용하였으나, 이것으로 처리한 밀가루로 개를 사육하였을 때 히스테리적인 증상을 나타내었으므로 현재는 사용이 금지되고 있다.

(3) 형광염료

형광염료는 diaminostilben계, benzidin계 등이 있는데 압맥, 국수, 어육연제품 등을 희게 보일 목적으로 형광염료를 사용된 적이 있으나, 독성 문제로 지금은 식품에 사용이 금지되고 있다. 형광염료로 사용될 가능성이 있는 것은 diaminostilben sulfonic acid와 그 유도체가 있다.

5) 증량제

곡분, 설탕, 어분, 향신료 등 분말상 식품에 증량할 목적으로 산성백토, bentonite, calcium carbonate, Mg-carbonate, kaolin 등 영양적으로 가치가 없는 물질을 가하는 경우가 있다. 이들은 흡착제, 양조용제로 식품첨가물로 지정을 받고 있으나 과량 섭취하면 소화불량, 설사, 구토, 복통 등 위장염 증상을 일으키는 수가 있어 식품위생법상 그 사용을 엄중히 규제하고 있다.

5. 기구, 용기, 포장재 등에서 용출되는 유독성분

식품은 그 상품적인 가치와 청결 및 위생을 유지하기 위하여 반드시 용기에 담고 포장을 한다. 용기 및 포장의 발달은 식품의 보존성을 높이고 대량 생산을 가능하게 하였으며, 상품의 가치를 향상시켜 식품공업의 발전에 크게 기여하였다. 그러나 식품의 가공, 저장 및 유통 중에는 기구, 용기나 포장 재료로부터 여러 가지 유해성분이 식품으로 이행하여 안전성의 문제를 일으킬 수 있다. 표 3-3-16에서와 같이 기구 및 용기포장 재질로부터 식품으로 이행될 수 있는 유해 물질의 안전관리를 위해 기구 및 용기포장의 기준 및 규격을 제정 및 개정하거나 기준 및 규격이 고시되지 않은 기구 및 용기 · 포장에 대한 한시적 기준 및 규격 인정을 통하여 관리하고 있다.

표 3-3-16 포장재료로부터 이행될 수 있는 물질

포장재료	이행물
종이류(셀로판 포함)	착색제(형광염료 포함), 충진제, 사이징제, 펄프용 방부제(잔류)
금속제품	납(땜납에서 유래), 도료성분(monomer, 첨가제), 주석(도금에서 유래) 납(유약, crystal glass 등), 그 밖의 금속(유약, 안료 등) 잔류 monomer(vinyl chloride, styrene, acrylonitrile 등)
법랑기구, 유리제품, 합성수지	첨가제(안정제, 가소제, 산화방지제 등), 잔류촉매(금속, 과산화물 등)

1) 용기

(1) 금속제품

음식물의 조리용 기구나 용기는 주로 금속으로 된 것이 많고 때로는 합금을 많이 사용한다. 금속으로는 은 · 구리 · 알루미늄 · 주석 · 철 · 아연 · 납 · 안티몬 · 카드뮴 등이 단독 또는 합금으로 사용되고 있다. 이러한 금속제 용기에서 식품위생상 문제가 되는 것은 금속 자체의 용출과 금속 중에 함유되어 있는 불순물의 용출이다. 현재 우리나라는 금속제 용기에 대하여 여러 가지 원재료의 규격을 설정하고 있다.

(2) 유리제품

유리는 내용물을 투시할 수 있고 위생적으로 술 · 간장 · 청량음료 등 액체식품의 용기로 많이 사용되고 있으며, 컵 · 전시 · 잔 등에도 유리제품이 많이 사용되고 있다. 유리 용기는 산성식품과 오랫동안 접촉되면 유리 중의 알칼리 성분이 용출되며, 또 산성성분인 규산이 유리 표면으로부터 떨어져 나와서 중독을 일으키는 수가 있다. 그러나 실제 유리제품에 의한 중독현상은 크게 나타나지 않는다.

(3) 도자기 및 법랑 피복제품

도자기와 법랑제품은 납, 아연, 카드뮴, 안티몬, 바듐, 크롬 등의 식품위생상 유해한 금속이 백색, 적색, 황색 등의 안료로 사용되며 이 안료로 내면에 그림을 그리기 때문에 소성온도가 충분하지 않으면 유약과 함께 안료가 용출되어 식품위생상 문제가 된다.

또한 유약의 소성온도가 낮으면 유약이 초자화되지 않으므로 산성식품에 의해 납 등이 쉽게 용출되어 중독을 일으키는 경우가 있다.

(4) 합성수지plastic

합성수지는 그 자체의 고유한 물성으로 식품의 보존성을 높이는 데 큰 효과가 있으며, 식품의 용기로도 많이 사용되고 있다. 합성수지가 식품용기 포장 재료로서 가장 중요한 점은 화학적으로 안정하여 유해하지 않다는 점이다. 그러나 합성수지는 제조 가공 중에 첨가제가 가해지고 중합공정상 약간의 단량체monomer가 잔존하여 용출되는 경우가 있다. 합성수지 중 phenol 수지, 요소수지, melamine 수지 등은 열경화성 수지로서 제조 시 가열, 가압조건이 부족할 때는 미반응 원료인 페놀, 포름알데히드가 유리되어 용출되는 경우가 있다.

열가소성 수지에는 polyethylene, polypropyrene, 염화 vinyl 수지 등이 있는데 제조 원료인 단량체와 가소제(可塑劑), 안정제, 착색제 등으로 첨가되는 물질이 식품에 이행되어 식품위생상 문제가 되는 경우가 있다.

2) 포장

(1) 종이 및 가공품

종이류는 모든 식품에 광범위하게 사용되는 포장 재료이다. 종이 자체는 위생상 문제가 되는 것은 별로 없으나 방수·방습 등의 목적으로 여러 가지 물질을 입힌 종이류가 위생적으로 문제가 되고 있다. 합성수지와 조합하여 가공한 가공지는 내수성·방수성·유연성·내유성이 강화되고 열접착heat seal도 가능하여 종이제조 시 목재펄프인 천연 cellulose와 사이즈size제, 전료(塡料), 점성물질 조절제slimicides, 착색제, 표백제 등을 첨가하게 된다. 따라서 착색료의 용출, 형광염료의 이행, 파라핀, 납 등과 최근에는 polychlorobiphenylPCB 등 유해 물질의 혼입도 우려되고 있다.

(2) 합성수지plastic

포장 재료로 사용되는 plastic은 열가소성 수지가 대부분이다. 이것은 단량체monomer를 중합하여 만들었기 때문에 일반적으로 내열성이 약하며, 종류에 따라서는 용매에 용해되는 결점이 있다. 열가소성 수지로서 보건상 문제가 되는 것은 단량체와 저분자량 물질의 혼입, 제조공정 중 가해지는 가소제·안정제 및 기타 첨가물의 용출이다. Polyethylene·polypropylene·polystyrene·polyvinyl chloride 등이 열가소성 수지에 속하며, 식품 포장용으로 많이 사용된다.

6. 식품제조, 조리 및 물소독 과정에서 생성되는 유독성분

1) 메틸알코올methyl alcohol

화학적 식중독으로 중요한 원인물질의 하나인 메틸알코올은 알코올 발효를 할 때 펙틴으로부터 생성되는 것으로 포도주, 사과주 등의 과실주와 정제가 불충분한 주정(情酒) 그리고 증류주에 미량 함유되어 있다. 따라서 식품위생상 메틸알코올을 0.5mg/mL(과실주는 1.0mg/mL) 이상 함유하는 주류는 판매나 제조를 할 수 없다. 메틸알코올의 중독량은 개인차가 많으나 5~10mL이고, 치사량은 30~100mL로 보통의 음주량 이하이므로 오용에 대하여 충분한 주의가 필요하다.

메틸알코올 독성의 원인은 체외로의 배출시간이 늦고, 체내에서의 산화가 불충분하여 개미산formic acid과 포름알데히드를 생성하기 때문이다.

중독증상은 섭취 후 몇 시간 이내에 일어나며 급성일 때에는 두통, 현기증, 구토, 복통, 설사 등을 일으키며 그 외에 시신경에 염증을 일으켜 눈을 멀게 하는 경우가 많다. 중증의 경우에는 마취상태에 빠져 호흡장애, 심장쇠약 등으로 사망한다. 만성일 때에는 두통, 흉통, 신경염 등이 나타난다.

2) 다환성 방향족 탄화수소polycyclic aromatic hydrocaborns(PAHs)

가열식품 중에는 강력한 발암성 또는 변이원성 물질이 포함되어 있음이 밝혀지고 있어 많은 관심의 대상이 되고 있다. 1964년 불에 구운 고기에서 benzo(a)pyrene이 분리된 이래 각종 다환성 방향족 탄화수소polycyclic aromatic hydrocarbons(PAHs)가 불고기, 불갈비, 훈제육 등에서 발견되었다. 다환성 방향족 탄화수소(PAHs) 중에서 1,2벤조피렌1,2benzopyrene과 3,4-벤조피렌3,4benzopyrene 등은 강력한 발암성 물질로 알려져 있으며 이들에 의한 식품의 오염에 주의해야 한다.

PAHs는 산소가 부족한 상태에서 식품이나 유기물을 가열할 때 생기는 tar상 물질의 구성성분으로서 300℃ 또는 그 이상의 고온에서 촉진되며 그 중 3,4-benzopyrene 이 가장 강력한 발암성 물질로 알려져 있다.

PAH는 유기물이 고온에서 분해되어 발생되는 ethylene, butadiene radical과 같은 C2, C4 단위가 일련의 중합반응에 의하여 생성되며 epoxidation 및 hydroxylation을 거쳐 DNA와 결합함으로써 발암작용을 일으키는 것으로 규명되고 있다. 참고로 식품 중의 benzopyrene의 농도는 표 3-3-17과 같다.

표 3-3-17 식품 중 benzo(α)pyrene의 농도

식품군	식품명	함량(ppb)
훈연어류	뱀장어	1.0
	청어	1.0
	송어	6.6
	대구	4.5
훈연육류	햄	0.7~55.0
	양고기	21~107
	소시지	0.7~2.9
	베이컨	3.6
직화구이육류	햄버거	11.2
	돼지고기	7.9
	닭고기	3.7
	불고기	5.8~8.0
	갈비	10.5
기타 식품	시금치	7.4
	콩	3.1
	곡류	0.2~4.1
	다류	3.9~21.3
	커피	0~15.0

3) 헤테로고리 아민류

1970년대에 들어와서는 발암성 물질로 알려진 benzo(α)pyrene 이외에 볶은 콩류와 곡류, 구운 생선과 육류로부터 새로운 돌연변이 유발물질인 헤테로고리 아민류heterocyclic amines가 발견되었는데, 이들은 식품 자체 또는 아미노산, 단백질을 300℃ 이상의 온도에서 가열할 때 생성되는 열분해산물pyrolysate로부터 분리·확인되었다.

Trp-P-1과 Trp-P-2는 트립토판tryptophane, Glu-P-1과 Glu-P-2는 글루탐산glutamic acid, Lys-P-1은 리신lysine으로부터 각각 생성되고 대두 글로불린의 열 분해산물에서는 AaC와 MeAaC, 불에 구운 정어리에서는 IQ와 MEIQ, 튀김한 쇠고기에서는 MeIQx가 각각 분리되었다.

헤테로고리 아민류는 구운 육류의 가열분해에 의해 생성되는 것 외에도 마이야르반응maillard reaction에 의해서도 생성된다. 이들 물질은 300℃ 이하의 일상적인 조리온도에서도 생성되고, 육류에 당분을 첨가할수록 돌연변이 유발 가능성이 높아진다는 사실에 근거한 것이다. 대부분의 헤테로고리 아민류는 생쥐에서는 주로 간에, 쥐에서는 간, 소장, 대장에 암을 유발한다.

4) 니트로소 화합물N-nitroso compound

Nnitroso 화합물은 nitrosamine과 nitrosamide로 구분된다. 전자는 dialkyl, diallyl 등의 제2급아민 외에 제3급아민 또는 제4급암모늄염 등이 산성에서 아초산과 반응하여 생성되며 후자는 *N*-alkyl 요소, *N*-alkylcarbamate, *N*-alkylamide 등이 아초산과 반응하여 생성된다(그림 3-3-8). 생성된 nitrosamine이나 nitrsamide는 동물실험에서 90% 이상이 발암성과 관련되어 있음이 증명되었고 사람에게도 암을 일으킨다는 간접적인 증거가 발견되었다. 식품의 안전성을 생각할 때는 N-nitrosamine뿐만 아니라 그 전구체가 되는 아질산염, 질산염, 아민의 존재에 대해서도 관심을 가지게 된다. 아질산염은 식육 및 어육제품의 가공 중에 첨가되어 식품 중에서 치사율이 높은 *Cl. botulinum*의 성장 및 독소생성을 억제할 뿐만 아니라, 근육 자체의 환원력과 첨가된 ascorbate 등의 환원제에 의해 일산화질소NO로 변환되어 육색소인 myoglobin과 작용하여 nitrosyl-hemochrome을 생성하여 발색을 양호하게 하며 지방의 산패도 억제하는 효과를 나타낸다. 이와 같이 아질산염은 식품의 첨가제로서 뿐만 아니라, 미량이긴 하지만 거의 모든 농산물에 함유되어 있다. 한편 질산염은 절임채소, 토마토, 오이, 아스파라거스, 무, 시금치, 상추 등과 같은 야채에 상당량 함유되어 있어 체내에 들어가 타

그림 3-3-8 nitrosoamine 생성과정

액 중에서 질산이온이 되고 구강 내 세균 또는 구강 내 조직의 효소에 의해 환원되어 아질산으로 된다. 한편, 아민은 식품 중 특히 어패류에 많으며 또한 아민은 식품성분인 트리메틸아민, 아미노산, 단백질, 인지질로부터 쉽게 생성될 수 있다. 식품 중 *N*-nitrosamine의 공급원으로는 맥주, 베이컨, 생선 등이 있다.

5) 지질의 산화생성물

유지식품은 섭취하기 전의 조리가공이나 저장중 화학적 변화가 일어나 기호성에 손상이 갈 뿐만 아니라 건강상 유해한 성분이 생기는 것으로 알려져 있다. 식품 중에 함유된 지질성분 중 불포화지방산은 산소에 의해 산화되면 과산화물, 분해산물, 중합체를 생성하는데, 이 중에서 지질의 과산화물인 히드록페록시드hydroperoxide류는 급성중독증으로 구토와 설사를 일으키고, 만성중독 시에는 동맥경화, 간장애, 노화를 일으킨다. 일본에서는 변질된 유지를 사용한 라면의 과산화지질에 의한 급성중독 사고를 일으킨 예가 있다.

지질의 또 다른 산화 생성물인 말론알데히드malonaldehyde도 발암성 물질이며, 이는 장기간 지나치게 가열된 유지에서 다량으로 검출된다. 그러나 정상적인 튀김 조건으로 생성되는 유해성분의 양은 독성 피해를 나타낼 정도는 아닌 것으로 알려져 있다.

6) 아크릴아미드

전분함량이 높은 식품을 고온 처리하는 과정에서 아크릴아미드가 생성됨을 스웨덴의 국립식품청Swedish National Food Administration(SNFA)에서 2002년 4월에 발표한 이래 우리나라를 비롯하여 영국, 노르웨이, 스위스, 독일, 미국, 일본, 캐나다 등에서도 이슈화가 되어 식품제조 · 가공 중 생성수준 및 저감화에 대한 연구가 진행되고 있다. 일반 소비자들이 TV나 라디오와 같은 매체나 신문 등을 통하여 이미 알고 있는 바와 같이 아크릴아미드는 120℃ 이상에서 생성되며 대부분의 아크릴아미드는 굽거나 튀기는 과정에 있어 식품 표면의 수분이 감소되고 표면의 온도가 상승하는 최종 단계에서 대부분 축적이 된다고 하나 커피의 경우에는 로스팅의 마지막 과정에서 많은 양이 감소된다고도 한다. 현재까지의 연구결과를 종합해 보면 당 함량이 높이며 고온에서 제조, 가공된 감자 가공식품, 빵, 시리얼, 비스킷, 쿠키, 스낵류, 커피 등에서 아크릴아미드가 주로 생성된다고 보고되고 있다.

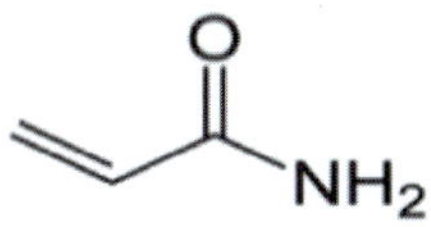

그림 3-3-9 Acrylamide의 구조식

감자나 곡류에서 아크릴아마이드는 글루코오스glucose와 같은 환원성이 있는 당류와 아스파라긴asparagine 사이의 Maillard 반응에 의해서 생성되는 것으로 밝혀졌다. 이 과정은 식품의 갈변화와 향미에도 영향을 끼치는 것으로 알려져 있다.

우리나라는 2002년 이후 지속적으로 식품 중 아크릴아미드 저감화 및 모니터링을 수행하고 있다. 그리고 식품업계에서도 한국식품산업협회를 중심으로 식품 중 안전 목표를 설정하고 진공 fryer을 이용하는 방법, 감자의 제조공정 중 세척, 침지, 튀김 온도와 pH 조절, 산미제 첨가 등 저감화를 지속적으로 추진하고 있다.

이러한 다각적인 노력 결과 식품 중 아크릴아미드는 식품에 따라 검출 수준에 차이가 있으나 대부분의 식품에서 안전 목표보다 낮은 수준으로 검출되고 있다. 그러나 국민건강에 있어 무엇보다 중요한 것은 지방이 적게 함유되어 있으며 섬유질이 많은 곡물, 과식, 채소류 등 다양한 식품을 선택하여 섭취하는 균형 잡힌 식생활을 실천하는 것이다.

7) 음료수 중의 발암성 물질

우리들이 매일 마시고 있는 수돗물 중에 발암성 물질이 있다면 여간 심각한 문제가 아닐 것이다. 환경오염 문제가 심각해진 이후로는 수돗물에 대한 우려가 많이 높아지면서 무분별한 지하수 개발과 그 여파로 정화수나 지하수의 오염도 사회문제로 대두되고 있다.

상수도 수원(水源)이나 정화수 등에서 문제가 되는 유기염소 화합물 중에는 특히 분해가 잘 안되거나, 생체 내에서 축적성이 커서 장기적으로 독성을 나타내는 물질이 식품위생상 문제가 크다.

음료수 중에서 발암성 물질로 알려져 있는 것은 trichloroethylene, tetrachloroethylene, 1,1,1-trichloroethane 등이며 모두 환경으로부터의 오염물질이다(표 3-3-18). 이에 반해서 강력한 발암물질인 트리할로메탄trihalomethane; THM은 methane의 4개 수소 중에서 3개의 수소가 halogen 원소로 치환된 것으로서 수도용 원수(原水)를 소독하기 위해 일반적으로 사용하고 있는 염소처리에 의해서 생성되는 물질이므로 문제는 더욱 심각하다. THM은 물을 염소 처리할 때 생성되는 물질이다. THM은 유기물의 함량이 높은 물(COD가 높은 물)을 원수로 사용하여 소독할 때 더욱 많이 생성된다.

표 3-3-18 먹는물의 일부 수질기준

구 분	기 준
미생물 기준	생균수가 1mL 중 100 이하일 것
	대장균은 100mL에서 음성일 것
유기염소화합물	물 1L당 trihalomethane 0.1mg 이하
	물 1L당 trichloroethylene 0.03mg 이하
	물 1L당 tetrachloroethylene 0.01mg 이하
	물 1L당 1, 1, 1-trichloroethane 0.1mg 이하
	물 1L당 phenol 0.005mg 이하

7. 제조 · 가공과정 중에 혼입 또는 부정 첨가되는 유해 물질

1) 조제분유 사건

1965년 일본 오카야마현을 중심으로 조제분유를 먹은 유아에게서 발생한 비소중독사건으로 원인은 분유의 안정제로 사용한 제2인산나트륨(Na_2HPO_4)에 불순물로 비소(As_2O_4)가 20~30ppm이 함유되었기 때문이었다. 증상은 식욕부진, 빈혈, 피부발진, 피부의 색소침착, 설사, 미열 등을 일으키다가 사망하는 경우까지 있었다.

이 사건은 일어난 지 14년 후에도 70~80% 정도의 어린이에게서 후유증이 나타나고 있었으며 그 증세로 보행불능, 언어장애, 피부종기, 난청, 약시(弱視), 복통 등이 있다.

2) 식품 중 부정 첨가 유해 물질

(1) 식품중 부정 첨가된 발기부전제

① 일반적 특성

식품으로 인한 위해를 방지하기 위하여 식품위생법은 기준 및 규격이 고시되지 아니한 화학적 합성품 및 이를 함유하는 물질을 식품첨가물로 사용하거나 이를 함유한 식품의 판매 등을 금지하고 있다. 최근 수입 또는 국내 유통식품 중에는 약리효능을 가진 의약품 성분 또는 불법 합성한 화학물질을 첨가하여 판매되는 사례가 증가되고 있어 국민의 건강을 위협하고 있다. 그 예로 의사의 처방에 의해서만 복용할 수 있는 성기능 강화 효과를 가진 호모실데나필 등을 첨가한 식품이나 설사제 등을 함유한 다이어트 식품 등이 무분별하게 유통되고 있으며, 심각한 부작용 등이 우려되고 있기 때문에 식품위생법에 따라 규제하고 있다. 현재까지 규명된 식품 중 부정첨가 성기능강화 치료제 유사물질은 검출되지 않도록 규정되어 있다(식품의약품안전처 고시 제2013-14호, 2013. 4. 5).

② 우리나라 규제현황

지난 2013년 1월 24일 식품의약품안전청은 그림 과 같이 ㈜케이앤제이스

포츠가 판매한 무신고 식품인 '그린밸리복합비타민 II'와 '지플로우 xr'에서 식품에 사용할 수 없는 발기부전 치료제 성분인 실데나필이 검출되어 판매금지 및 회수 조치한다고 밝혔다. 아울러 내츄럴라이프가 수입 · 판매한 건강기능식품인 '비타맥스 복합비타민 보충용 제품'에서도 유사 실데나필 성분이 검출되어 회수 조치하였다. 검사결과 '그린밸리복합비타민 II'와 '지플로우 xr'는 실데나필 성분이 1캡슐 당 각각 62mg과 90mg이 검출되었고, '비타맥스 복합비타민 보충용 제품'에서는 디메틸실데나필 성분이 1캡슐 당 41mg이 검출되어 시중에 유통 중인 제품을 회수 조치하였다.

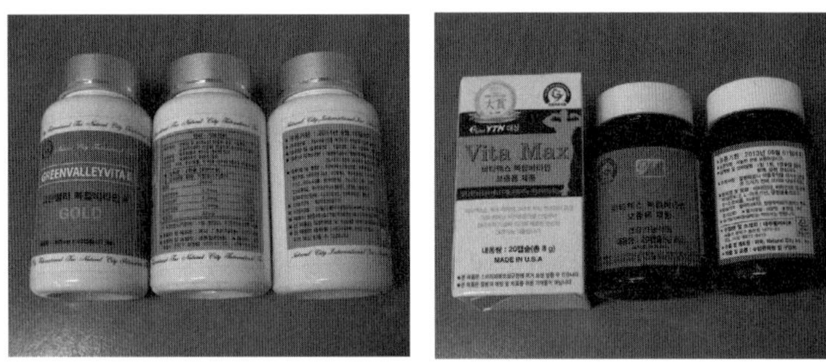

그린밸리 복합비타민 비타맥스 복합비타민

(식품의약품안전청, 2013)

그림 3-3-10 발기부전 치료제 성분 검출 무신고 식품

(2) 말라카이트 그린

① 일반적 특성

말라카이트 그린malachite green, $C_{23}H_{25}N_2$은 트리아릴메탄triarylmethane dye인데 밝은 청록색의 결정으로 물, 알코올에 용해된다. 일반적인 용도는 각종 섬유, 목재, 종이, 잡화 등의 염색에 사용되어 왔으며, 의약품으로서 국소 방부제로도 사용되어 왔다. 진균과 그람 양성균에 효과가 있어 어류를 양식할 때 수정란의 소독뿐만 아니라 연어, 송어, 뱀장어 같은 민물고기의 곰팡이 병이나 체외 기생충 질병이나 세균의 감염방지제로 사용되어 왔다.

말라카이트 그린은 아직까지 인체에 대한 직접적인 독작용은 보고된 바 없으나 동물실험 결과 발암성, 기형 유발성, 유전자 변형, 호흡기 장애 등이 의심되고 있기 때문에 미국, 영국, EU 등 여러 나라에서 공중위생학적 측면의 인체 유해 물질로 간주하고 있다.

말라카이트 그린은 1930년 이후 수산용 약제로 전 세계적으로 사용되어 왔다. 1970년도 이후부터 말라카이트 그린이 어류 및 여러 동물에서 다양한 부작용이 보고되고 있는데, 미국 FDA는 1994년에 식용어류에 대해서 미승인 수산용 의약품으로 분류하고 매년 모니터링을 실시하고 있다.

영국이나 EU에서는 1998년에 사용을 중지하였고, 일본에서는 2003년부터 사용을 금지시키면서 종묘사육에 한해서는 2005년까지 사용금지 조치를 유예한 바 있다. 홍콩에서는 2005년에 식품에 말라카이트 그린 사용을 금지하는 법률을 제정하였다.

말라카이트 그린에는 화학적으로 malachite green, $C_{23}H_{25}N_2$와 leuco-malachite green, $C_{23}H_{26}N_2$가 있다.

② 우리나라의 규제현황

2005년 7월 중국에서 수입한 뱀장어와 잉어, 붕어 등에서 말라카이트 그린이 처음으로 검출된 이후 국산 송어, 향어 등에서도 검출되어 큰 사회문제로 비화되었고 식품안전관리가 범국가적인 관심사가 된 바 있다. 사용이 금지된 성분이기 때문에 어느 나라에도 허용기준치가 없다. 유럽연합 EU에서는 0.005ppm, 우리나라에서는 0.005ppm 이상 나오면 검출된 것으로 보는데 당시 말라카이트 그린이 검출된 중국산 장어에서는 마리당 최고 1.9ppm, 양념장에서는 7ppm, 그리고 잉어에서는 각각 3ppm이 검출되었다. 그 사건 이후 당시 중국과 한국 정부가 중국산 활어를 들여올 때 말라카이트 그린이 들어 있지 않다는 위생증명서를 첨부하도록 약정을 체결하기도 했다.

8. 방사성 물질

1) 방사성 물질의 특징

핵폭발 실험 시의 방사성 물질의 강하에 의한 식품의 오염은 1954년에 태평양에서 핵폭발 실험으로 오염된 어류가 일본에서 발견된 것이 계기가 되었다. 실제로 지구상의 북위 30~60° 사이의 토양이나 해수에서 방사성 물질 농도가 높다는 사실이 밝혀져 있다. 뿐만 아니라 핵발전소의 폭발사고 또한 젯트기류를 타고 대기를 따라 방사성 물질이 인접 지역이나 국가에 환경오염을 야기시킴으로써 식품원료 오염으로 직결되는 것이다.

^{235}U가 핵분열하면 ^{137}Cs, ^{89}Sr, ^{90}Sr, ^{144}Ce, ^{131}I 등이 방출되는데 이 중 반감기가 짧은 ^{131}I(8일)이나 ^{89}Sr(51일) 등은 문제가 적은 편이나 반감기가 긴 ^{90}Sr과 $^{13}7Cs$은 문제가 크다.

^{90}Sr은 물리적 반감기가 28년이고 칼슘과 친화력이 강하기 때문에 bone seeker nuclide라고 하는데 사람이 섭취하였을 때 뼈에 침착하기 쉽고 배설이 늦다. 사람 체내에서의 반감기는 전신에서 약 35년, 뼈 중에서는 50년으로 추정하고 있는데 골수가 장기간 β선에 노출 조사됨으로써 백혈병이나 골육종이 발생하기 쉽다고 한다.

^{137}Cs은 물리적 반감기가 30년이나 되는데, 칼륨과 친화력이 있어서 식품과 함께 섭취되면 전신 근육에 분포되어 β선이나 γ선에 장기간 방사하게 되고 체세포, 특히 생식세포에 장애를 준다고 알려져 있다.

방사성 핵종이 방출하는 방사선의 종류에 따라 생체에 주는 장애의 정도가 달라지며 전리작용이 강할수록 장애도 크다. 체내에 들어갔을 때 장애를 주는 정도는 $\alpha > \beta > \gamma$의 순이며, 에너지는 강할수록 크다. 토양이나 수질의 오염 정도에 따라 농산물, 축산물, 수산물에 대한 오염 정도는 달라지는데 현재까지의 우리나라 식품이나 수돗물에서는 안전한 수준으로 알려져 있다.

2) 방사성 물질의 오염기준과 오염사례

우리나라는 지난 1989년 5월에 식품 중의 방사능 잠정허용기준을 표와 같이 정하여 발표하였다. 이러한 기준설정은 구 소련의 체르노빌 원전사고에 따라 FAO가 설정한 "음식물의 국제무역에 적용하는 잠정방사능기준International Radionuclide Action Level for Foods(IRALF)에 근거하여 마련한 것이다. 표 3-3-19에서 나타난 바와 같이 ^{131}I는 유 및 유가공품에서 100(Bq/kg, L)으로 정하였다.

표 3-3-19 식품 중 방사능의 허용기준

(단위:Bq/kg, L)

핵종	대상식품	기준(Bq*/kg, L)
^{131}I	우유 및 유가공품	100
	기타 식품	300
$^{134}Cs + ^{137}Cs$	모든 식품	370

지난 2011년 3월 11일 일본 동북부 지방 앞바다에서 규모 9의 강진이 발생하면서 인근 후쿠시마현에 소재하는 원자력발전소가 침수되어 발전중단 사태가 일어났다. 참고로 후쿠시마 원전사고 후 일본산 식품의 잠정 수입중단 조치 현황은 표 3-3-20과 같다.

원전에 전력공급이 중단되면서 가열로 수소폭발이 일어나면서 발전소가 파괴되고 그 결과 방사성 물질이 공기 중으로 누출되면서 인근 지역의 농수산물을 오염시켰다. 특히 원자로를 식히기 위해서 투입한 해수가 바다로 유입되면서 일본 동북부 근해를 오염시킴으로 인해 일본산 식품에 대한 우리 국민들의 불안감이 매우 커진 사건이 소위 일본 후쿠시마 원전사고이다. 우리 정부는 국민들을 안심시키기 위하여 신속히 일본 원전 관련 식약청 대응책을 수립하고 일정 기간마다 관리동향을 발표하여 식품의약품안전청 홈페이지에 게시하고 있다.

지난 2013년 1월 7일의 식품의약품안전청에서 발표한 제44차 동향에 따르면 일본 후쿠시마현의 팥과 이와테현 및 미야기현의 콩에 대하여 2013년 1월 7일부터 잠정 수입 중단 조치하였다고 밝혔다. 이 조치는 일본 정부가 섭취 또는

표 3-3-20 후쿠시마 원전사고 후 일본산 식품의 잠정 수입중단 조치 현황

(2012.9.21 현재)

순번	일 자	지역명	수입 잠정중단 품목
1	2011. 3. 25	• 후쿠시마현	• 엽채류, 결구엽채류, 순무
		• 도치기현, 군마현	• 시금치, 카키나
		• 이바라키현	• 시금치, 카키나, 파슬리
2	2011. 4. 4	• 지바현	• 엽채류, 엽경채류
3	2011. 4. 14	• 후쿠시마현	• 버섯류
4	2011. 5. 12	• 후쿠시마현	• 죽순, 청나래고사리
5	2011. 6. 3	• 이바라키현, 가나가와현, 지바현, 도치기현	• 차(茶)
		• 후쿠시마현	• 매실(梅實)
6	2011. 7. 4	• 군마현	• 차(茶)
7	2011. 8. 30	• 후쿠시마현	• 유자
8	2011. 9. 21	• 후쿠시마현	• 밤
9	2011. 10. 12	• 지바현	• 버섯류
10	2011. 10. 17	• 이바라키현	• 버섯류
11	2011. 11. 7	• 도치기현	• 버섯류
12	2011. 11. 18	• 후쿠시마현	• 쌀
13	2011. 12. 9	• 후쿠시마현	• 키위
14	2012. 1. 17	• 미야기현	• 버섯류
15	2012. 4. 6	• 지바현	• 죽순
16	2012. 4. 9	• 이바라키현	• 죽순
17	2012.4.16	• 이와테현	• 버섯류
18	2012.4.17	• 후쿠시마현	• 고추냉이
19	2012.4.30	• 미야기현	• 청나래고사리
		• 도치기현	• 두릅
20	2012.5.2	• 미야기현	• 죽순
		• 후쿠시마	• 두릅
		• 도치기현	• 죽순, 청나래고사리, 산초, 오가피
21	2012.5.3	• 후쿠시마현	• 오가피, 고비
		• 이바라키현	• 오가피
22	2012.5.8	• 도치기현	• 고비
		• 미야기현	• 오가피
23	2012.5.11	• 후쿠시마현	• 고사리
		• 이와테현	• 오가피
24	2012.5.14	• 미야기현	• 고비
25	2012.5.17	• 이와테현	• 고비, 고사리
26	2012.5.18	• 도치기현	• 고사리
27	2012.5.31	• 이와테현	• 미나리
28	2012.6.1	• 이와테현	• 죽순
29	2012.9.17	• 도치기현	• 밤
30	2012.9.21	• 나가노현	• 버섯류

출하를 제한하는 품목에 대해서 잠정 수입중단 대상에 포함하기로 한 이후 38번째 추가 수입중단이다.

참고로, 2012년 9월까지 일본 원전사고로 잠정 수입이 중단된 농산물은 후쿠시마, 도치기, 이바라키, 지바, 가나가와, 군마, 이와테, 미야기, 나가노 등 9개 현(縣)의 엽채류, 엽경채류, 순무, 죽순, 버섯류, 매실, 차(茶), 유자, 밤, 쌀, 키위, 고추, 냉이, 두릅, 산초, 오가피, 고비, 고사리, 미나리 등 23개 품목이다.

특별히 식약청은 잠정 수입 중단된 식품 이외에 일본에서 수입되는 식품 등에 대하여 매 수입 시마다 방사능 검사를 실시하며 그 검사결과를 홈페이지(www.mfds.go.kr)를 통해 지속적으로 제공하고 있다.

한편, 방사성 오염을 최소화하기 위해서는 먼저 오염이 예상될 때 장독대나 우물물 등의 뚜껑을 철저히 덮고, 빗물을 직접 사용하는 것을 피하며, 과일이나 채소 등의 농작물의 표면을 물이나 중성세제로 철저히 씻어서 먹는 것이 필요하다.

9. 내분비장애 물질EDCs

1) 내분비장애 물질의 개념

환경오염이 날로 심각해짐에 따라 예상되지 않았던 생태계 파괴현상이 도처에서 일어나고 있다.

내분비장애 물질endocrime disruption chemicals(EDCs)이란 사람이나 동물의 내분비 호르몬과 비슷하게 작용하는 외인성 화학물질로 사람이나 동물의 내분비계에 영향을 미쳐 인간이나 동물의 번식장애 등 건강에 위해를 주는 물질을 말하며 환경호르몬이라고 표현하기도 한다.

미국 EPAEnvironmental Protection Agency는 내분비장애 물질을 항상성homeostasis 유지와 발육과정의 조절을 담당하는 체내의 자연 호르몬의 생산, 방출, 이동, 대사, 결합, 작용 혹은 배설을 간섭하는 체외물질이라고 정의하고 있다(An exogenous agent that interferes with the production, release, transport, metabolism, binding, action, or elimination of natural hormones in the body responsible for the maintenance of homeostasis and the regulation of developmental process).

2) 내분비장애 물질의 특성

내분비장애 물질은 일반적으로 합성 화학물질로서 의약품, 식품, 산업물질, 일반 가정물품 등 거의 모든 분야에 존재하여 이러한 물질들이 수질이나 토양에 축적되어 분해되지 않은 채로 식물이나 어패류를 주원료로 하는 식품이나 동물성 식육 등에 그대로 잔류하여 사람에게 섭취되어 여성 호르몬과 같은 역할 또는 그 역할을 방해하는 작용을 한다. 또한 내분비장애 물질은 물질의 종류에 따라 억제호르몬의 종류 및 억제방법이 각각 다르다. 그러나 수많은 화학물질 중 명확하게 내분비 교란물질로 밝혀진 것은 극히 일부분이며, 대부분의 물질이 잠재성 위험성이 있는 것만으로 알려져 있다. 생체 내에서 합성되는 호르몬과 비교하여 내분비계 교란물질의 특성은 다음과 같다.

① 내분비계에 작용하므로 극미량으로 생식기능 장애를 유발한다.
② 강한 지용성으로 자연의 먹이사슬을 통해 동물이나 사람의 체내에 축적된다.
③ 생체 호르몬과는 달리 자연환경이나 생체 내에서의 반감기가 길어 쉽게 분해되지 않고 안정하다.

3) 내분비장애 물질의 종류

세계야생생물보호기금World Wildlife Fund(WWF)에서는 내분비장애 물질로 총 70여 종의 화학물질을 선정하였는데(1998년), 내분비장애 물질의 수는 이에 대한 연구가 가속화 되어감에 따라 더욱 늘어날 것으로 예상되고 있다. 여기에는 dioxin류 등 유기염소 물질 6종, 농약류 44종, penta~nonyl phenol류, phthalate류 등 8종, 수은 등 중금속 3종, 기타 bisphenol, styrene dimer, styrene trimer, benzopyrene이 포함되어 있다.

한편, 일본 후생성에서는 가소제, 플라스틱 물질, 산업장 및 환경오염 물질, 농약류, 중금속, 식품첨가물과 기타 의약품 및 식물 유래의 호르몬 유사물질 등 모두 140여 종의 물질을 내분비계 장애물질로 분류하기도 하였다. 그러나 이 중에서 연구결과에 의해 원인적 연관성 면에서 내분비장애 물질로 확인된 대표적인 경우는 식품 혹은 음료수 캔의 내부 coating 물질 등으로 사용되는 bisphenol A와 농약으로 빈번하게 사용되었던 DDT(혹은 대사체인 DDE), 쓰레기 소각장 등

표 3-3-21 내분비장애 물질의 종류

(세계야생동물보호기금 지정)

확인물질	미확인 물질
환경오염물질 dioxin/furans, PCBs, benzo-α-pyrene, pentanonyl phenol, PBBs, octachlorostyrene, tributylyin oxide(TBT)	2,4-dichloropheno, diethylhexylladipate, benzophenone, N-buty benzene
살충제 2,4D, 2.4.5-T, alachlor, aldicarb, amitrole, atrazime, benomyl, carbaryl, chloridane, cypermethrin, DBCT, DDT, DDE, dicofol, dieldrin, heptachlor, h-epoxied, captafol, kepone, malathion, mancozeb, maneb, methomyl, methoxychlor, metribuzin, synthetic, pyrethroids, hexachlorobenzene, pentachlorophenol, toxaphene, trasnonachlor, trifluralin, vinclozolin, zineb, ziram	
플라스틱 가소제 diethylhexyl, phthalate(DEHP), dihexyl phthalate(DHP), butyl benzyl phthalate(BBP), dipropyl phthalate(DprP), di-n-butyl phthalate(DBP), diethyl phthalate(DEP), dicyclogexyl phthalate(DCHP),di-n-pentyl phthalate(DPP), styrene dimers and trimers	

에서 발생되는 dioxin류이다.

이들 성분에 대한 정확한 위해도 평가가 신속하게 이루어져야만 하겠으나, 그 전까지는 이들 물질의 사용에 따른 유익성을 평가하는 것도 필요하며, 확정되지 않은 영향에 대하여 과민하게 반응하는 자세도 지양되어야 할 것으로 생각된다. 내분비장애 물질의 종류는 표 3-3-21과 같다.

위의 여러 가지 내분비장애 물질 중 대표적인 다염화비페닐PCBs, dioxin, 브롬화합물PBDEs, 비스페놀 ABisphenol A 및 프탈레이트phthalates 등에 대해서만 간단히 설명하고자 한다.

(1) PCBsPolychlorinated biphenyls

PCBs는 그림 에서 보는 바와 같이 biphenyl에 염소가 하나에서 10개까지 치환될 수 있으므로 이론상 210개의 이성체가 가능하지만 실제로는 2~6개 염소화합물이다. 산, 알칼리 및 고온(650℃)에도 매우 안정하고 불연성이며 비전도체로서 증기압이 매우 낮기 때문에 1930년대부터 공업용으로 널리 이용되어 왔다. 난분해성인 이 PCBs는 1977년까지 전 세계적으로 약 60만 톤이 생산되어 유통되어 왔으나 생산이 중단된 지금까지도 식품에 잔류되어 있어서 문제가 되고 있다. DDT도 자외선을 쪼이면 PCBs로 전환된다는 것이 인식됨에 따라 PCBs 오염은 전 세계적인 관심사로 대두되고 있다.

PCBs에 의한 인체의 중독사고는 1963년 일본의 서부지방 일대에 손톱, 발톱, 잇몸에 색소의 침착, 여드름 모양의 피부발진, 과다의 땀흘림, 털구멍의 확대, 피부의 각질화 등이 나타나고 몸이 나른하고 피곤하며, 식욕부진 등의 전신증상이 나타나는 괴병이 발생하였다. 조사결과 미강유의 탈취공정 중에 열매체로 사용된 폴리클로로 비페닐polychlorobiphenyl(PCB)이 스테인리스강제 열교환 파이프에 생긴 미세 구멍pin hole을 통하여 새어 나와 오염된 미강유(米糠油)를 사람들이 먹고서 14,320명에게서 독성영향을 나타내었다. PCB는 비점이 높고 불활성으로 산 · 알칼리 · 산화제 등에 내약품성 · 내열성 · 내염성이 강하다. 또한 폭발성이 없고 전기절연성이 우수하며, 지용성이어서 고무 · 플라스틱 등과 혼합이 잘 되어 많이 사용된다. PCB는 DDT, BHC와 같이 안정하고 지용성이어서 인체의 지방조직에 축적되며 배설속도가 아주 느리기 때문에 만성중독을 야기한다.

표 3-3-22 PCBs 분자구조

염소수		분자식	이성체수	염소 함량(%)
1	mono	$C_{12}H_9CL_1$	3	18.79
2	di	$C_{12}H_8CL_2$	12	31.77
3	tri	$C_{12}H_7CL_3$	24	41.30
4	tera	$C_{12}H_6CL_4$	42	48.56
5	penta	$C_{12}H_5CL_5$	46	54.30
6	hexa	$C_{12}H_4CL_6$	42	58.93
7	hepta	$C_{12}H_3CL_7$	24	62.77
8	octa	$C_{12}H_2CL_8$	12	65.98
9	nona	$C_{12}H_1CL_9$	3	68.73
10	deca	$C_{12}HCL_{10}$	1	71.18
Total			209	

(2) Dioxin

① Dioxin의 개념과 구조

다이옥신dioxin이라 부르는 화합물은 화학적으로는 그 명칭이 정확하지 않다. 이 물질은 비교적 안정하면서도 발암성이나 기형아 유발작용이 있는 독성이 극히 강하여 지상 최악의 물질 중의 하나라고 알려져 있다.

Dioxin은 dibenzordioxinDD이 골격이 되는데 두 개의 benzene ring이 2개의 산소와 결합해서 3개의 ring을 가지는 구조이다

따라서 DD의 염소화합물인 dioxon은 75개의 이성체가 가능하다. 2, 3, 7, 8-tetrachlorodibenzo-r-dioxin2, 3, 7, 8-TCDD은 그 중의 하나인데 극히 강한 최기성형이 있는 것으로 알려져 있다. 2, 3, 7, 8-TCDD는 *C. botulinum* A 독소에는 미치지 못하지만 NaCN의 1,000배나 되는 복어독보다도 100배 이상 강한 독성을 가지고 있다. 일일 섭취허용량은 1~4pg/kg(body weight)

표 3-3-23 베트남에서 양친이 고엽제 피폭에 의한 임신 이상

임신결과	양친 피폭 없음	양친 피폭(1,000명당)
유산	36.3	80.3
사산	0.3	8.1
포상기형	3.9	18
선천이상	4.3	11

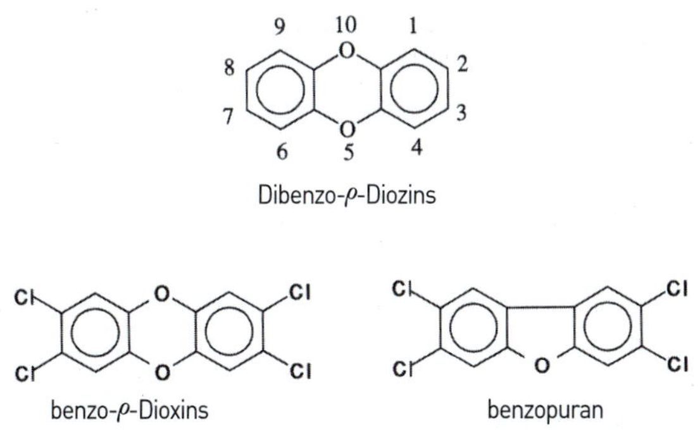

그림 3-3-11 Dioxin의 구조와 유사 화합물의 구조

이다. Polychlorodibenzodioxin^PCDD^는 상온에서 무색이며, 물에는 녹지 않으나 유기용매에 잘 녹는다. 염소가 3개까지의 저염소 화합물일 때 비교적 휘발성이 있고 염소수가 증가하면 비휘발성으로 된다.

표 3-3-23에서와 같이 베트남 전쟁 시에 고엽제로 사용된 2, 4-D, 2, 4-T에는 2, 3, 7, 8-TCDD가 1.98ppm이나 함유되어 있었는데 지금도 그 후유증이 여러 나라에서 나타나고 있다.

② Dioxin의 생성

Dioxin의 생성은 제초제인 2, 4, 5-trichlorophenoxy acetate(2, 4, 5-T)를 제조할 때 부산물로 TCDD^tetrachlorodibenzo-r-dioxin^가 생성되고, trichlorophenol을 제조할 때에도 생성될 가능성이 있으며 석탄, 석유 등을 쓰는 발전소, 자동차나 도시가스 염소 등의 세정수에서도 dioxin이 검출된다.

Dioxin은 본래 자연계에는 존재하지 않는 물질로 인간이 만들어 낸 화학물질 중에서 사상 최악의 독극물인 셈이다. Dioxin의 발생은 석유화학공업의 발전과 밀접한 관계가 있다. 구체적으로 말하면 석유화학 공업 원료로 제품을 만들 때 흔히 HCl이 사용되는데 이때 잉여물질로 대량의 염소가 생성된다. 이 염소의 배출구로서 유기염소화합물이 만들어지고 그 폐기물을 연소, 소각, 가열하는 과정에서 dioxin이 발생한다. 또 석유화학 제품인 폴리염화비닐, 폴리염화비닐리덴, 유기염소계 농약 등 유기염소 화합물은 폐기물로 처리되는 단계에서 850℃ 이하의 온도에서 소각하게 되면 뜻하지 않게 dioxin이 발생된다.

현재로서는 석유화학공업에서 dioxin이 발생하여도 조업을 모두 중지시킬 수 없으며, 앞으로 석유화학 제품에 대한 수요는 계속 늘어날 추세이므로 그에 대한 대책이 필요하다.

Dioxin의 전구물질로는 chlorophenol을 갖는 물질, chlorobenzene을 갖는 물질 그리고 연소에 의해서 활성염소나 phenol을 생성하는 물질 등을 들 수 있다.

③ Dioxin에 대한 오염현황

Dioxin은 주변 환경으로부터 오염될 가능성이 많기 때문에 국민들에게 막연하게 불안감을 줄 수 가 있는 물질이다. 따라서 정부는 dioxin의 모니터링을 지속적으로 실시하여 오염실태를 발표해오고 있다.

지난 2011년 5월 2일 식품의약품안전평가원은 우리 국민들이 식품을 통해 노출되는 다이옥신류의 1일 노출량을 연구 · 조사한 결과, 유해영향이 없는 수준이라고 발표하였다.

발표내용은 2010년 6월부터 11월까지 6개월간 국내 유통 14개 식품군(42개 품목, 210건)에 대한 dioxin류의 오염실태를 조사한 결과로서 우리나라 국민들이 식품을 통한 다이옥신류의 노출량은 약 0.4pg TEQ/kg · bw/day로 WHO와 우리나라에서 설정한 일일섭취한계량(TDI)의 10% 수준에 불과하며, 우리나라 국민의 1일 다이옥신류 노출량(0.4pg TEQ/kg bw/day)은 표 3-3-24에서 보는 바와 같이 외국과 비교할 때 낮거나 유사한 수준이었다.

(식품의약품안전청, 2011년)

표 3-3-24 국가별 Dioxin 일일노출량

국가별	다이옥신 노출량 (pg TEQ/kg bw/day)	참고문헌
한국	0.4	2010년 식품의약품안전청 연구보고서(2010)
일본	0.8	일본 후생노동성(2010)
중국	1.4	Jianqing Zhang et al., Environment International, 34, 799-803(2008)
영국	1.8	영국식품안전청(Food standard agency, FSA)(2003)

※ pg TEQ/kg bw/day: 1일당 섭취하는 다이옥신의 노출량

④ Dioxin에 대한 대책

석유화학 제품의 사용을 일상생활에서 없앨 수 없으므로 dioxin에 의한 환경오염 방지를 위해서는 현재로서는 이 물질의 배출을 억제하는 길밖에 없다.

Dioxin의 발생을 최소화하기 위해서는 ㉠ 염화비닐이나 염화비닐리덴 등의 염소가 들어간 것은 태우지 않는다. ㉡ 불완전 연소를 시키지 않는다. ㉢ 850℃ 이상의 고온에서 태운다. ㉣ 집진기의 온도를 200℃ 이하로 한다.

염소가 들어간 것을 태우지 않는 것은 이론적으로는 가능하지만 실제로는

불가능하다. 염소가 들어간 것을 태우면 다량의 dioxin이 발생한다. 소각로가 작으면 작을수록 소각능력은 낮아지고, 불완전 연소가 되기 쉬워 소각 중에 염화벤젠이 잘 만들어져 dioxin이 많이 발생한다. 작은 소각로의 경우 대부분 연소온도는 dioxin이 가장 발생하기 쉬운 300~600℃이다. 또, 젖어 있는 쓰레기를 태울 때나 불을 끌 때도 온도가 내려가기 때문에 dioxin의 발생이 우려되므로 위에서 언급한 주의사항을 잘 지켜 dioxin의 생성을 최소화하도록 노력해야 할 것이다.

(3) 브롬화합물PBDEs

브롬화합물은 많은 동족체로 구성되어 있으나 그 중에서도 그림 과 같은 구조를 가진 약 26종의 화합물이 대표적으로 있다. 브롬화합물은 난연성 성질을 가지며 주로 전기전자, 건설 분야에서 널리 사용되고 있으며 그 중에서도 tetra-bromobisphenol A가 가장 많이 사용되고 있다. 브롬화합물은 대표적인 화합물로서 뇌 발육과 갑상선 호로몬계에 영향을 미쳐서 성적으로 성숙되기 이전 단계의 어린이의 정상적인 발육을 억제하며 생체 축적성이 높은 편이어서 축산물의 안전성을 억제하는 것으로 알려져 있다.

(4) 비스페놀A Bisphenol A

폴리카보네이트, 에폭시수지 등 일부 플라스틱 원료로 사용되는 물질인 비스페놀 A는 그림 과 같은 구조를 가진 내분비계 장애물질로 추정되는 물질 중의 하나이다. 그 중 폴리카보네이트는 젖병, 물병 등에 쓰이기 때문에 관심의 대상이 되고 있다.

반면에 에폭시 수지는 와인 저장고의 코닝제나 캔, 금속뚜껑 등의 내부에 주

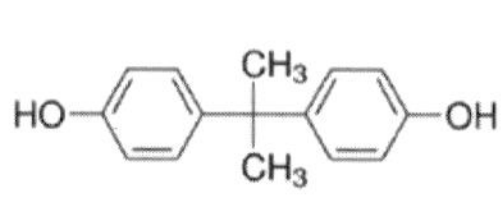

그림 3-3-12 비스페놀 A의 구조식

로 사용된다. 식기용으로 가장 많이 사용되는 폴리프로필렌에는 비스페놀 A가 들어있지 않다. 국내에서는 2008년 기구 및 포장에 대한 기준을 강화하여 기구 및 포장에 대한 기존의 비스페놀 A, 페놀 및 p-터셔리부틸페놀p-tert-butylphenol의 총합으로 2.5ppm이었던 것을 비스페놀 A에 대한 독립규격으로 0.6ppm 이하로 강화하였다. 또한 용출 기준규격도 3mg/kg으로 규정하였다.

(5) 프탈레이트phthalates

프탈레이트는 플라스틱 가소제로서 디에틸헥실프탈레이트diethylhexylphthalate: DEHP, 디메틸프탈레이트DMP 등을 비롯하여 여러 가지가 있으나 생산되는 전체 가소제의 1/4 가량이 그림의 구조를 가진 DEHP이다. DEHP는 DOP라고도 부르며 국내에서 1997년 대형사고를 일으킨 물질이다.

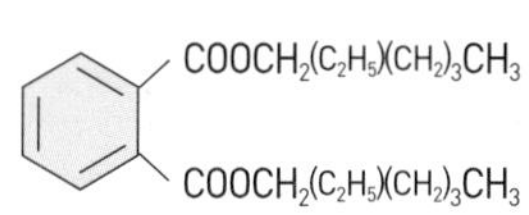

그림 3-3-13 프탈레이트의 구조식

당시 유아용 분유에서 발암성 물질인 DOP가 들어 있다는 보도가 나오면서 전국에 큰 파장을 불러일으켰다. 그 당시는 환경호로몬이 국내에서 잘 알려져 있지 않아 그냥 발암물질로 표현되었다. DEHP는 플라스틱 가소제로 주로 PVC 제품에 사용된다. 따라서 국내에서는 식용품 기구 및 용기, 포장 제조시에는 사용을 금지하고 있다. 프탈레이트의 인체 유해성으로는 생식기능 저하 및 생식기관 기형, 호로몬 분비의 불균형, 성장억제 및 암 발생, 면역기능 저하 및 피부, 기관지 질병 유발 등으로 나타나 있다. 국내에서는 염화비닐수지 재질의 규격으로 프탈레이트의 용출규격을 설정하여 기구용기 포장을 관리하고 있다. 이때의 용출규격은 DEHP는 1.5mg/L, 디-엔-옥틸프탈레이트DNOP는 5mg/L, 디부틸프탈레이트DBP는 0.3mg/L 그리고 벤질부틸프탈레트BBP는 0.3mg/L 등으로 각각 정해져 있다.

4) 내분비장애 물질의 작용

내분비계 장애물질들은 기존의 독성 화학물질보다 훨씬 낮은 농도에서도 생체에 영향을 미칠 수 있으며, 먹이사슬을 통해 농축되기 때문에 더욱 위험하다. 더구나 생체 그 자신은 물론 그 자손의 건강에도 악영향을 줄 수 있다. 내분비장애 물질은 특히 성호르몬의 기능에 많은 영향을 주기 때문에 수컷의 암컷화, 생식력 감소, 생식기관 및 신체 기형 유발, 면역기능 저하로 감염성 질환에 대한 감염률 증가 등을 통해 생물군의 개체수를 감소시킬 수 있다. 따라서 내분비장애 물질은 현대 인류의 질병 중에서도 정자 수의 감소 추세를 비롯하여 유방암, 전립선암, 고환암의 증가 추세, 불임과 기형아의 증가, 주의력 결핍 및 학습장애 어린이의 증가 추세 등의 주요 요인으로 밝혀지고 있다.

호르몬이 체내에서 영향을 나타내기 위해서는 호르몬의 합성, 분비과정, 표적장기로의 이동, 표적장기의 수용체 결합에 의한 내부이동, 유전적 발현과정을 거치게 된다. 내분비장애 물질은 이러한 각 단계의 작용을 교란하게 되는데 요약하면 표 3-3-25와 같다.

표 3-3-25 내분비계 작용과정 및 내분비장애 물질의 작용 예

호르몬 작용단계	내분비장애 물질의 작용 예
1. 호르몬 합성 2. 내분비선에서 호르몬 방출 3. 표적장기로 혈액을 통해서 이동	뇌하수체에서의 호르몬 합성 억제 styrene dimers and trimers
4. 호르몬 수용체의 인식, 결합 및 활성화	유사작용 PCBs, nonyl phenol, 비스페놀 A, 프탈레이트 봉쇄작용 DDE, vinclozolin(농약의 일종)
5. DNA에 작용하여 기능단백의 생산 또는 세포분열을 조절하는 신호 발생	Dioxin류(촉발작용) 유기주석화합물(TBT, TPT)

5) 내분비장애 물질에 대한 이해와 예방

일상생활 속 식품 및 환경 등을 통해 쉽게 노출되어 있는 내분비계 장애물질은 앞서 설명한 다이옥신류, 프탈레이트류, 비스페놀 A, 중금속 등이 대표적이며, 올바른 식 · 생활습관을 통해 충분히 노출을 최소화할 수 있다고 강조하였다. 이러한 내분비물질은 그 중요성이 너무 강조된 결과 대부분의 국민들은 막연하지만 식품 중에 오염되어 있지 않을까 하는 불안감이나 오해하고 있는 경우가 많다. 그러나 이들 내분비계 장애물질에 대해 정확히 알고 합리적인 식습관 등으로 오염을 최소화하는 것이 필요하다.

실제로, 지난 2012년 6월 식품의약품안전청에서 서울 등에 거주하는 임산부 및 어린이 2,500명을 대상으로 일상생활 속 내분비계 장애물질의 인지도 등에 대해 설문조사한 결과 대부분이 막연한 불안감을 가지고 있는 등 우려 정도가 큰 것으로 나타났다. 내분비계 장애물질에 대한 우려도는 다음 그림 에서 보는 바와 같이 '어느 정도 우려한다'는 응답자가 63.9%로 가장 높았고, 매우 우려한다(32.1%), 우려하지 않는다(4%)가 뒤를 이었다(그림 3-3-14).

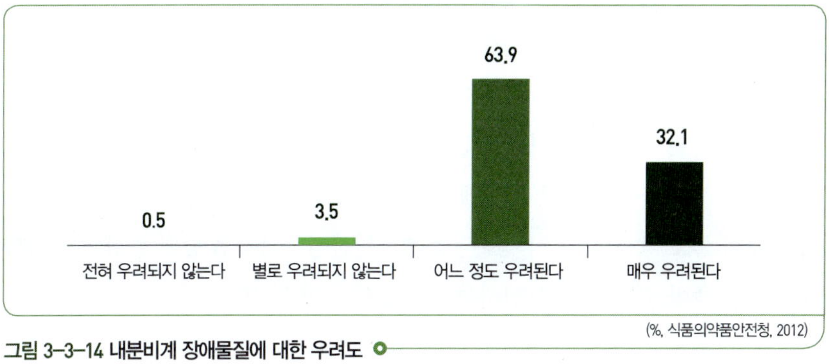

그림 3-3-14 내분비계 장애물질에 대한 우려도

기타 생활 속 위험요소에 대한 인지도의 경우 '원전사고로 인한 식품의 방사능 노출 우려' 응답자가 36%로 가장 높았고, 다음으로 내분비계 장애물질 노출 우려(28.9%)이었으며, 여름철 식중독사고(19.2%)는 세 번째로 나타나 내분비장애 물질에 대한 인식이 생각보다 높았다(그림 3-3-15).

그러나 식품이나 환경을 통해서 쉽게 노출될 수 있는 각종 내분비계 장애물질 등은 다음과 같은 올바른 식습관을 통해 노출을 최소화할 수 있다.

첫째, 가정에서 조리 시 고기나 생선의 내장은 제거하고 일회용품의 사용은 제한해야 하며, 전자레인지는 전용 용기를 사용하여 배기가스, 폐기물 소각 등

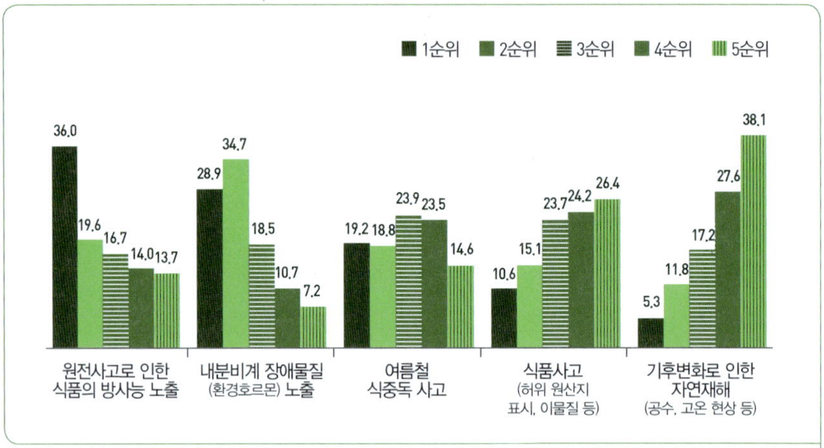

(%, 식품의약품안전청, 2012)

그림 3-3-15 생활 속 각종 위험과 인지순위

을 통해 환경 중에 존재하는 다이옥신의 노출을 줄일 수 있다.

둘째, 어린이 장난감, 문구제품, 유아용품 등의 가소제로 사용되는 프탈레이트류 및 비스페놀 A에 노출을 줄이기 위해서는 가정에서 어린이가 장난감 및 문구류 등을 만진 후 손 씻기를 습관화할 수 있도록 교육한다.

셋째, 뜨거운 음식을 담을 경우에는 가급적 유리, 도자기제, 금속제 등을 사용하는 것이 좋고 제품 구입 시 성분 · 소재 · 원산지 · 사용법 등에 관한 표시사항과 안전 인증마크KC 마크를 확인하는 생활습관이 필요하다.

넷째, 식품용 기구 및 포장재에 디에틸헥실프탈레이트DEHP는 사용이 금지되어 있고 비스페놀 A는 지난 2012년 7월부터 영 · 유아의 건강보호를 위해 젖병의 제조 및 수입에 사용이 금지되었다.

마지막으로, 식품 중 카드뮴, 납, 수은 등과 같은 중금속의 노출을 저감화하기 위해서는 이들의 체외 배출을 돕는 영양소가 풍부한 우유, 계란, 채소류와 같은 식품을 골고루 섭취함으로써 내분비장애 물질의 노출을 감소시킬 수 있다.

제4편

물리적 위해요소(이물) 관리

지난 2008년, 새우깡 이물사건 이후 참치통조림에서 칼날이 발견되고, 냉동 야채에서 쥐가 발견되는 사건들이 연이어 발생되면서 식품안전에 대한 국민의 불신과 불안감이 극도로 증가하였다. 이에 따라 정부는 업계의 안이한 위생관리 의식과 취약한 관행들을 전반적으로 개선하여 소비자의 피해를 사전에 예방하고, 안전한 식품 공급을 해야 한다는 필요성과 함께 물리적 위해요소(이하 "이물"이라 한다)의 합리적 관리를 위한 법적 보완을 하기 시작하였다.

그 결과 연 매출 500억 원 이상의 기업을 대상으로 이물 보고를 권장하는 식품이물 보고 및 조사지침을 시행하였고, 이어서 인터넷을 통한 24시간 이물 보고체계 구축을 위한 식품안전 소비자 신고센터도 마련하였다. 이러한 노력을 토대로 2009년 2월에는 식품위생법을 전부 개정하면서 식품위생법 제46조에 영업자의 이물 발견보고를 의무화 사항을 첨가하였고, 이어서 개정된 식품위생법 시행규칙 제60조에 보고대상 이물의 범위를 규정하는 등 정부차원의 이물 관리를 강화해 오고 있다.

본 장에서는 이물의 정의, 분류, 이물 저감화 방법, 이물사고 대처방안 등에 대해 설명하고자 한다.

1. 이물의 정의

식품의 이물 발견보고 및 조사지침에 따르면 식품 중 이물이라 함은 식품의 제조 · 가공 · 조리과정에 정상적으로 사용된 원료 또는 재료가 아닌 것으로서 제조 · 가공 · 조리, 유통 및 사용 각 단계에서 혼입 또는 발생되어 섭취할 경우 위생상의 위해가 발생할 우려가 있거나 섭취하기에 부적합한 물질을 말한다.

다만, 다른 식물이나 원료식물의 표피 또는 토사 등과 같이 실제에 있어 정상적인 제조 · 가공 상 완전히 제거되지 아니하고 잔존하는 경우의 이물로서 그 양이 적고 일반적으로 인체의 건강을 해할 우려가 없는 정도는 제외한다.

지금까지 보고된 소비자들의 식품에 대한 클레임을 유형별로 조사해 본 결과 이물 혼입, 품질 불량, 포장 불량, 표시 불량 등으로 나타났으며 그 중에서도 이물 혼입에 의한 소비자의 신고가 가장 많은 것으로 나타나 정부나 생산자 모두 이물 관리에 많은 노력을 기울이고 있다. 실제로 곤충이나 이물이 혼입된 가공식품들은 소비자에게 불쾌감을 주며 이물 혼입에 따른 상품가치의 상실과 이미지 실추에 따른 경제적 손실이 막대하게 발생하기 때문에 정부에서는 식품 등 이물 보고의 기준, 대상, 절차 및 조사에 대한 기준을 마련하였다. 이러한 정부 방침이나 소비자들의 이물에 대한 민감성 때문에 HACCP식품안전관리인증제, Hazard Analysis Critical Control Point을 적용하고 있는 업체 중 대부분이 금속성 또는 비금속성 이물의 관리 공정을 CCP중요관리점로 지정하여 대단히 중요하게 관리하고 있다.

패스트푸드 햄버거 패티에서 금속 검출(2008. 05)

그림 4-1-1 이물사고 사례

이러한 이물은 오염된 원료, 시설 장비, 종업원의 개인위생 부족 등 모든 제조 · 유통 및 소비과정에서 혼입될 수 있기 때문에 100% 차단하는 것은 현실적으로 어려워 정부, 업계, 소비자를 만족시킬 수 있는 다양한 노력이 필요하다. 식품업계에 따르면 이물은 건강상 피해를 주는 식중독 균 등 생물학적 위해요소 혹은 농약 · 중금속 등 화학적 위해요소가 아닌 대부분 단발성으로 그치며 식중독 · 경구 감염병과는 달리 동일 제품으로 한 번에 많은 피해자가 발생하는 사례가 거의 없다. 식품의 이물 혼입은 대부분 불가항력적인 경우도 많은 데도, 주로 영업자가 의도적으로 법규를 위반해 부당 이득을 취하려고 할 때 적용되는 '영업정지' 처분은 현실적으로 수용하기 어려울 뿐더러 형평성 원칙에도 어긋나는 과도한 조치라고 업계의 입장을 설명하고 있다.

2. 이물의 분류

식품에 잔존할 수 있는 이물은 크게 종류별, 유래별, 비중별 및 위해독성별로 나누어 생각할 수 있다. 먼저 혼입된 이물이 쥐 털 등의 동물성 이물인지, 지푸라기 등의 식물성 물질인지, 돌, 금속 등의 광물성 이물인지를 종류별로 조사할 수 있다. 또한 해당 이물이 식품의 원료에서 비롯되었는지, 식품의 제조공정에서 혼입 되었는지, 아니면 유통과정 중에 혼입 되었는지 등의 혼입 유래를 분류할 수 있다. 뿐만 아니라 비중에 따라 무거운 이물인지, 가벼운 이물인지를 구분해 볼 수 있고 유리조각, 쇳조각 등의 위해성 이물인지 종이, 벌레 등의 비위해성 이물인지를 구분할 필요가 있다.

1) 종류별 이물의 분류

식품 중 이물을 종류에 따라 분류하면 앞서 언급한 바와 같이 동물성, 식물성, 광물성 및 기타 이물로 나눌 수 있으며 이를 자세히 언급하면 표 4-1-1와 같다.

표 4-1-1 이물의 종류 및 정의

분류	정의
동물성	머리털, 혈액, 손톱, 치아, 파리, 모기, 바퀴벌레, 벌레, 털, 쥐의 분, 뼈 등 동물 및 곤충으로부터 유래되는 물질을 말함.
식물성	종류가 다른 식물 및 그 종자, 곰팡이, 짚, 겨, 나무조각, 종이, 실, 천 등의 식물 및 미생물로부터 유래되는 물질을 말함.
광물성	못, 바늘, 유리, 토사, 도자기, 비닐, 플라스틱, 고무 등의 금속, 광물, 수지 등으로부터 유래되는 물질을 말함.

먼저 동물성 이물이라 함은 머리카락, 혈액, 손톱, 파리, 모기 등 동물 및 곤충으로부터 유래되는 물질을 들 수 있고, 식물성 이물은 나무조각, 종이, 실, 곰팡이 등 식물 및 미생물로부터 유래되는 고형물을 말한다. 한편 이물 중 위해성이 큰 이물로는 금속조각, 유리, 도자기, 모래, 은박지 등이 있으며 이들은 금속 광물에서부터 유래되기 때문에 광물성 이물이라 부를 수 있다.

참치에서 칼날 검출(2008. 03)

국내산 포도주스에서 곰팡이 이물(2008. 06)

그림 4-1-2 이물사고 사례

식약청의 자료에 의하면 지난 2011년에 총 160건의 이물사건이 접수되었으며, 그 내용을 종류별로 분석한 결과는 그림 4-1-3과 같이 나타났다. 즉, 전체 접수건수 중 85건이 금속으로 53%를 차지하였고, 32건이 기타로 분류되었으며 그 내용을 살펴보면 전선조각, 단백질 변성 물질, 부유물, 담배, 벌레 등으로 나타났다.

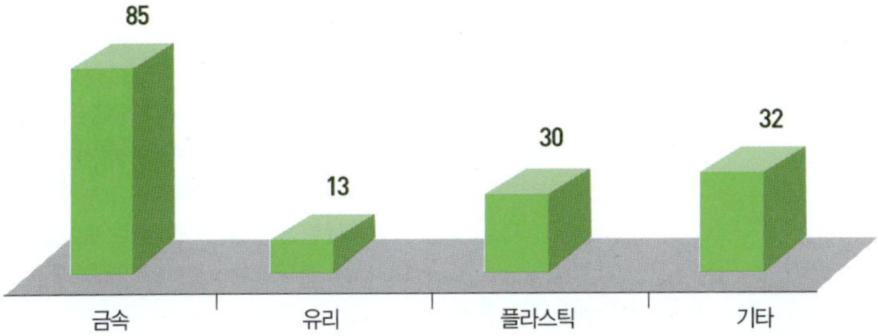

(식품의약품안전청, 2011)

그림 4-1-3 이물 종류에 따른 신고건수

식품산업에서 이물 사건의 중요성 때문에 지난 2010년 1월에는 보고대상 이물의 범위와 조사 결과에 대한 규정을 제정, 고시하여 식품업계의 이물 보고를 의무화하였다. 이물 발견보고 대상 영업자는 식품제조 · 가공업자, 식품첨가물 제조업자, 식품 등 수입판매업자, 유통전문판매업자 등이며, 이물 보고 제외 대상 영업자는 즉석판매제조 · 가공업자, 식품접객업자(일반음식점, 휴게음식점, 제과점 등), 건강기능식품에 관한 법률에 따른 영업자 등이 포함되어 있다.

아울러 보고 대상 이물은 표 4-1-2에서 나타난 바와 같이 인체에 직접적인 영향을 줄 수 있는 유리 · 플라스틱 · 사기 또는 금속성 재질로서 3mm 크기 이상의 유리조각 · 플라스틱 조각 · 사기조각 · 알루미늄 조각, 칼날, 못, 스테플러침, 클립, 철사, 바늘, 철수세미, 나사, 볼트, 너트, 베어링 등과 쥐 등 동물의 사체 또는 그 배설물과 파리, 바퀴벌레 등 위생해충 및 곤충류를 포함한 기생충 및 그 알 등으로서 혐오감을 주는 이물들이 있고, 아울러 곰팡이류, 컨베이어벨트 등

표 4-1-2 보고대상 이물의 범위

분류	정의
인체에 위해를 줄 수 있는 이물	• 유리 · 플라스틱 · 사기 또는 금속성 재질로서 3mm 이상 크기의 유리조각 · 플라스틱 조각 · 사기조각 · 알루미늄 조각, 칼날, 못, 스테플러침, 클립, 철사, 바늘, 철수세미, 나사, 볼트, 너트, 베어링 등
혐오감을 주는 이물	• 쥐 등 동물의 사체 또는 그 배설물 • 파리, 바퀴벌레 등 위생 해충 및 곤충류(유충 포함) • 기생충 및 그 알
섭취하기에 부적절한 이물	• 곰팡이류 (유통 중 파손되거나 개봉하여 보관 중인 식품에서 발견되는 경우는 제외한다.) • 컨베이어벨트 등 고무류 • 이쑤시개(전분재질은 제외) 등 나무류 • 동물의 뼛조각, 이빨 • 돌, 모래 등 토사류(다만, 「식품위생법」제7조에 따라 식품공전에서 정한경우로서 다른 식물이나 원료식물의 표피 또는 토사 등과 같이 실제에 있어 정상적인 제조 · 가공상 완전히 제거되지 아니하고 잔존하는 경우의 이물로서 그 양이 적고 일반적으로 인체의 건강을 해할 우려가 없는 것은 제외한다) • 식품등의 제조 · 가공 과정에서 발생하였다고 판단되는 탄화물 (법 제7조에 따라 식품공전에서 탄화물의 기준과 규격이 정하여진 식품에 한한다) • 담배꽁초 • 그 밖에 위 각 항목에 준하는 것으로서 식품의약품안전청장이 인정하는 이물

고무류, 이쑤시개(전분재질은 제외) 등 나무류, 동물의 뼛조각, 이빨, 돌, 모래 등 토사류 등의 섭취하기에 부적절한 이물이 포함되어 있다.

아울러 보고 제외 대상 이물로는 인체에 위해를 주는 정도가 낮은 다음과 같은 물질이 나열되어 있다.

- 머리카락(동물의 털을 포함한다.)
- 비닐 및 종이류
- 씨앗 등 풀씨류 및 줄기
- 참치 껍질, 가시 또는 혈대(혈관)
- 실, 끈류(금속성 재질은 제외한다), 낚시줄
- 고압멸균 등의 가공과정을 거쳐 연화된 동물의 뼛조각 또는 돼지고기의 연골로서 위해 우려가 없는 것.
- 통조림이나 염장 제품에서 발견되는 원생물에 기생하는 기생충으로서 제조 · 가공과정에서 사멸되어 인체의 건강을 해칠 우려가 없는 것.
- 제조과정 또는 유통 중에 원료 성분의 변화 등으로 발생하여 침전 · 응고되거나 뭉쳐 있는 형태의 이물로서 인체의 건강을 해칠 우려가 없는 것.

한편, 소비자로부터 신고된 이물의 보고체계는 표와 같이 보고기관이 식약

표 4-1-3 이물 보고 체계

신고자	보고기관	정 의
식품업체	식약처	• 회수등급 1등급에 해당하는 이물 – 인체에 직접적인 손상을 줄 수 있는 금속성 이물, 유리조각 등 – 사람에게 심한 혐오감을 주는 이물(위생동물의 사체 등) – 인체 기생충 및 그 알 • 회수등급 1등급 이외의 보고대상 이물 중 전국적인 회수조치가 필요한 대량 생산 제품(동일 법인체의 연간 총매출액이 500억 원 이상 식품제조업체 및 식품유통업체)에서 발견된 이물 • 보고대상이 아닌 이물인 경우에도 악의적인 소비자(블랙컨슈머, Black consumer)가 신고하는 이물
	시 · 도	• 회수등급 3등급에 해당하는 이물 – 제조과정 중에서 파리, 바퀴벌레, 1등급 외의 기생충 및 그 알 등 위생곤충이 혼입되어 인체의 건강을 해할 우려가 있는 경우 • 기타 식약처 보고대상이 아닌 이물
소비자	행정기관	• 동일하게 식약처 또는 시 · 도에 보고하여야 함

처와 시 · 도로 이물의 범위에 따라 나누어져 있다. 만약 소비자가 시 · 도, 시 · 군 · 구 및 지방 식약처에 직접 신고하는 경우에는 표 4-1-3에 나타난 규정에 따라 식약처 및 시도에 보고해야 하며 영업신고 및 인 · 허가기관에 관계없이 규정에 따라 보고하는 것으로 되어 있다.

2) 혼입 유래별 분류

식품 중 이물을 혼입 유래별로 분류하면 원료 · 포장재료에서 유래한 경우, 종업원의 개인위생에서 유래한 경우 및 제조공정에서 유래한 경우 등으로 분류할 수 있으며 이를 요약하면 표 4-1-4와 같이 나타낼 수 있다.

먼저 원료와 포장재료는 다시 농산물, 1차 가공품, 수산물, 축산물 및 포재료로 세분할 수 있고 이들 원료 · 포장재료로부터 혼입될 수 있는 이물은 지푸라기, 나무, 모래, 벌레, 플라스틱, 비닐, 돌, 금속, 유리, 고무, 종이 등을 들 수 있다. 또한 종업원에 의해 유래될 수 있는 이물은 종업원의 신체 · 복장 및 소지품에서 혼입 될 수 있는 것으로서 머리카락, 손톱, 끈, 실, 담배, 라이터, 장신구, 소지

표 4-1-4 제조단계별 이물 클레임 오염원 및 관리장비

오염원		오염물질
원료 · 포장재료	농산물	지푸라기, 나무, 모래, 벌레, 플라스틱, 비닐, 돌, 금속, 유리, 고무, 종이 등
	1차 가공품	
	수산물	
	축산물	
	포재료	
종업원	신체	머리카락, 손톱, 끈, 실, 담배, 라이터, 장신구, 소지품, 동전, 고무줄, 필기용품 등
	복장	
	소지품	
제조환경	설비 · 부품	볼트, 너트, 고무패킹, 쇠구슬, 메쉬(mesh)조각, 식용 구리스 등
	사용도구	칼, 주걱, 빗자루, 스크랩퍼, Pallet 등
	건물부식	벽, 천정, 바닥의 시멘트, 페인트, 녹, 에폭시 등
	작업환경	비래, 보행해충, 설치류 등

품, 동전, 고무줄, 필기용품 등이 있다. 제조환경의 경우 설비 · 부품, 사용도구, 건물 부식 및 작업 환경에서 혼입될 수 있는 이물로는 볼트, 너트, 고무패킹, 쇠구슬, 메쉬mesh 조각, 식용 구리스, 칼, 주걱, 빗자루, 스크랩퍼, Pallet, 벽 · 천정 · 바닥의 시멘트, 페인트, 녹, 에폭시, 비래, 보행해충, 설치류 등이 혼입될 수 있다.

지난 2012년 3월 16일의 식약처 발표자료에 의하면 대전 유성구 소재 '○○식품'에서 제조한 '창란젓(유통기한: '12.8.20)' 제품에서 그림 에서 보는 바와 같이 유리조각(약 15mm 크기)이 발견되어 관련 제품을 판매중단 및 회수 조치하였다고 밝혔다.

이물 혼입 원인조사 결과, 해당 제품의 포장 용기인 유리병의 선별과정 중 깨진 유리병의 유리조각이 튀어 해당 용기에 혼입되었으나 이를 미처 제거하지 못하여 혼입된 것으로 확인되어 주의를 환기시켰다.

- ▶ 제조원 : ○○식품
- ▶ 유통기한 : 2012.08.20까지
- ▶ 생산량 : 81.6kg(0.5kg, 160개)

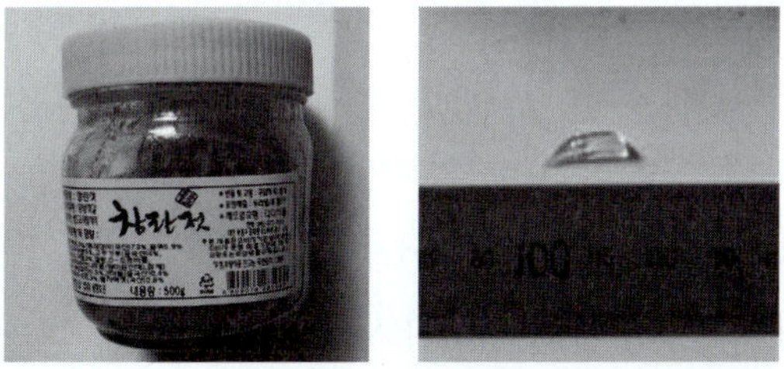

(식품의약품안전청, 2012)

그림 4-1-4 유리조각 혼입 '창란젓' 제품

그러나 사용하는 제품의 제조공정에 따라 설비장비, 사용도구 등이 상이하므로 나타나는 이물은 다를 수 있다.

3. 이물 저감화 방법

식품 중의 이물 혼입을 막기 위해서는 제조업체의 노력으로 어느 정도는 감소시킬 수 있지만 100% 제거하기는 사실상 어렵다. 따라서 농산물, 축산물 및 수산물이 식품의 원료가 되기 때문에 이들 원료의 생육 · 수확 및 가공처리 과정에서 가급적 이물 혼입이 최소화되도록 노력하는 것이 무엇보다도 중요하다. 특히 원료를 납품하는 회사의 경우 제조업소보다 위생관념이 다소 부족한 면이 있기 때문에 납품과정에서 이물의 혼입을 배제할 수 없다. 따라서 제조회사뿐만 아니라 원료를 준비하여 납품하는 회사의 이물관리가 매우 중요하며 체계적인 이물의 혼입을 줄이기 위한 방법을 제조환경, 종업원 및 원료 · 포장재료 관리로 나누어 설명하면 다음과 같다.

1) 제조환경

앞서 제조환경에서 유래될 수 있는 이물은 설비 · 부품, 사용도구, 건물부식 및 작업환경 등으로 나누어 설명하였다. 이러한 요인들은 철저한 관리가 부족하여 생길 수 있기 때문에 원료 자체에서의 이물과는 달리 관련 종업원의 관심과 노력에 따라 관리가 가능하다. 따라서 위생적인 제조환경을 유지하는 것이야 말로 이물에 대한 소비자의 불만을 줄이는 가장 좋은 방법이 될 것이다. 그러나 현실적으로 우리나라 식품업계의 영세성을 고려해 볼 때 위생시설을 철저히 갖추고 있는 업체를 제외하면 제조환경에서의 이물관리가 실질적으로 어려울 수밖에 없다. 제조환경에서 유래되는 이물 사건의 발생 원인을 살펴보면 대체로 원료 · 포장재료, 작업자(사람), 설비 · 부품, 작업환경, 사용도구, 건물부식 등에 의해 이물이 오염되고 있는 것으로 조사되었다.

그 중에서도 제품의 원료 · 포장재료, 기계 부품의 정리 정돈 미흡은 종업원의 인식 부족으로 가장 큰 문제가 될 수 있다. 현실적으로 이들 원인에 의해 이물

표 4-1-5 제조환경에서의 오염원 및 관리장비

오염원		오염물질	관리장비
제조환경	설비 · 부품	볼트, 너트, 고무패킹, 쇠구슬, 메쉬(mesh)조각, 식용 구리스 등	스크린망, Magnatic Seperator, 금속검출기, X-ray 선별기
	사용도구	칼, 주걱, 빗자루, 스크랩퍼, Pallet 등	스크린망, Magnatic Seperator, 금속검출기, X-ray 선별기
	건물부식	벽, 천정, 바닥의 시멘트, 페인트, 녹, 에폭시 등	스크린망, X-ray 선별기
	작업환경	비래, 보행해충, 설치류 등	세척기, 집진기

사건이 발생했을 경우 경각심을 가졌다 할지라도 시간이 지나면 곧 잊어버리는 것이 문제이다. 이러한 점을 방지하기 위해서는 발생 가능한 이물에 대한 목록을 작성하여 제조공장 내에서 꼭 필요한 공구만을 효율적으로 관리하는 것과 작업장 환경에 대한 정기적인 검증이 필요하다고 여겨진다. 제조환경에서의 오염원과 오염물질의 관리 장비를 정리하면 표와 같이 나타낼 수 있다.

작업환경에 의한 이물 감소를 위해 복지시설을 위생적으로 갖추는 것은 기본이며 그 중 화장실을 위생적으로 마련하는 것은 HACCP 제도를 도입하는 경우 더욱 중요하다. 위생적인 화장실의 기본개념을 정리하면 다음과 같다.

- 작업에 영향을 미치지 아니하는 곳에 위치하여야 한다.
- 작업원이 위생적으로 이용할 수 있도록 충분한 시설을 갖추어야 한다.
- 바닥, 벽과 천장은 내수성, 내부식성 자재로 만들어져 쉽게 청소할 수 있어야 한다.
- 내부 공기를 작업장 외부로 배출할 수 있는 별도의 환기시설을 갖추어야 한다.
- 손을 사용하지 않고 개폐 가능한 뚜껑 있는 휴지통(다만, 휴지나 휴지통을 사용하지 않을 수 있는 경우는 제외)을 비치하여야 한다.
- 화장실에는 페달식 또는 전자 감응식 등 손으로 직접 접촉하지 않고 물을 사용할 수 있는 세척 시설과 손을 건조시킬 수 있는 시설(일회용 티슈를 사용하는 경우를 제외)을 설치하여야 한다. 상기 설비의 배수관은 하수구와 직접 연결되어야 하며 트랩이 설치되어야 한다.
- 화장실에서 나가는 문은 가능한 손을 사용하지 않고 개폐가 가능한 구조로 하여야 한다.
- 화장실 외부에는 손 소독 장치를 설치하여야 한다.
- 바닥 배수를 갖추어야 한다.

아울러 효과적인 해충 관리도 제품에 해충 이물이 혼입되는 것을 막기 위해서 다음과 같이 운영 · 관리하는 것이 반드시 필요하다. 바퀴벌레나 파리는 음식에 병원성 세균을 오염시켜 이것을 섭취한 사람에게 질병을 유발시킬 수 있고, 식품에 혼입되면 치명적인 클레임이 되기 때문에 철저한 관리가 필요하다. 식품공장의 해충관리는 기본적으로 해충의 특성을 파악하여 방지할 수 있는 시설 및 환경구비와 각각의 제조공장에 맞도록 운영되는 관리 시스템 구비로 나눌 수 있다. 즉 효율적 해충관리를 위해서는 식품에 혼입된 해충 클레임의 발생 원인을 정확히 파악하고 해충유입 방제대책(시설, 환경, 폐기물 관리)을 종합적으로 고려한 해충관리 방제 시스템을 제조공장에 맞도록 운영 · 관리해야 한다.

지난 2010년 8월 20일 식약청은 김치에서 쥐가 발견되었다는 신고와 관련하여 이물 혼입과정을 조사한 결과 김치 제조과정에서 혼입된 것으로 조사되었다고 밝혔다. 해당 제조업체가 생산하는 김치는 경북지역 군부대 등의 주문에 의하여 생산 · 판매하는 제품으로 일반 소비자를 대상으로 판매되지 않으며, 이물 클레임 접수 즉시 업체가 관련 제품을 전량 폐기하였다. 이물 혼입 원인을 조사한 결과 배추 제조공정에 인위적으로 실험 쥐를 투입하여 검증한 결과 배추 절단과정에서 쥐가 혼입되어 절단기 칼날에 의하여 몸통 일부분이 절단된 것으로 밝혀졌다. 그림 4-1-5에서 보는 바와 같이 발견된 쥐의 자상 흔적이 절단기의 칼날에 의한 것으로 조사되었고, 제조공정에는 이물을 선별하는 별도의 과정이 없어 문제점으로 지적되었다. 또한, 제조업체는 제조가공실 출입구가 밀폐되어 있지 않고 제조시설 일부가 외부에 상시 노출되어 있는 등 방서관리가 미흡하였으며, 공장 주변은 농경지, 버섯재배지 등으로 쥐의 서식 가능성이 높은 것으로 조사되었다.

▶ 제품명 : 막김치
▶ 업체 : ○○종합식품

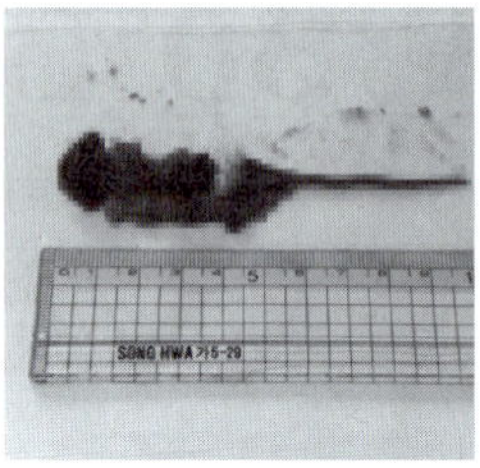

(식품의약품안전청, 2012)

그림 4-1-5 군납 김치에서 이물(쥐) 발견 조사결과

2) 종업원

앞에서 설명한 바와 같이 종업원으로부터 유래되는 이물을 살펴보면 모발이 대표적이고, 그 외 눈썹, 치아, 손톱, 속눈썹 등 인체의 일부분과 종업원이 사용하고 있는 장신구와 작업 신발을 통해 기인되는 흙, 모래, 돌, 위생복으로부터 기인되는 단추, 실 등이 있다. 먼저 종업원 복장을 올바르게 착용하여 제조현장

에 이물 발생 원인이 되는 이물질을 작업장 출입 전에 완전히 할 수 있는 것으로 머리카락, 손톱, 끈, 실, 담배, 소지품, 동전 등(개인 소지품)을 들 수 있다. 또한 작업장 내에서 필요 이상의 동작이나 위생관리규정을 불이행하는 행위나 작업도구 및 설비를 손상시키는 행위를 방지함으로써 제거할 수 있는 것으로는 볼트, 너트, 고무패킹, 쇠구슬, 메쉬망 조각, 식용 구리스, 칼(현장 작업도구) 등을 들 수 있다. 마지막으로 작업 중 주의를 기울여 육안으로 확인되는 이물질을 즉시 제거 할 수 있는 것으로는 현장 내에서 확인되는 모든 이물을 들 수 있다. 종업원 유래 이물 발생을 최소화하기 위해서는 종업원의 교육, 종업원의 출입을 규정, 소지품 관리 및 작업장 출입 관리 평가를 함으로써 가능할 것이다. 그 중 종업원에 대한 위생관리 항목은 표 4-1-6과 같다.

표 4-1-6 종업원의 위생관리 항목

구분	내 용
개인위생	• 손톱은 짧게 깎고, 손톱 밑의 때 제거, 매니큐어 제거 • 머리카락 수시 세발, 머리카락 보호망(hair net) 착용 • 작업 전, 용변 후, 미생물 오염물에 접촉했거나 오염지역에서 돌아왔을 경우에는 반드시 손을 씻음
위생복, 위생모	• 위생복, 위생모, 마스크는 항상 청결 유지 • 식품을 직접 접촉 시에는 깨끗한 살색 또는 백색의 고무장갑 착용
소지품 관리	• 반지, 팔찌, 시계 등 장신구 착용 금지
외부인 출입제한	• 작업장에는 외부 방문자가 가능한 출입하지 않도록 하고, 부득이하게 출입할 경우에는 종업원과 동일한 위생규칙 적용

아울러 올바른 위생복 착용을 위해서 다음과 같은 내용을 체크하여 효율성을 높일 수 있다.

- 모자는 머리카락이 나오지 않도록 완전히 눌러 썼는가?
- 마스크는 코까지 완전히 덮었는가?
- 신발은 청정도 규정대로 깨끗하게 신었는가?
- 소매 끝, 바지 끝의 고무줄은 느슨하지 않고 끝까지 잘 내려가 있는가?
- 의복은 깨끗하게 규정대로 세탁된 것인가?

이러한 종업원을 통한 오염물질 및 관리장비로 정리하면 표 4-1-7와 같다.

표 4-1-7 종업원을 통한 오염물질 및 관리장비

오염원		오염물질	관리장비
종업원	신체	머리카락, 손톱, 끈, 실, 담배, 라이터, 장신구, 소지품, 동전, 고무줄, 필기용품 등	정전기 이물제어기, X-ray 선별기, 금속검출기
	복장		집진기, X-ray 선별기, 금속검출기
	소지품		X-ray 선별기, 금속검출기, 스크린망

3) 원료 · 포장재료

식품의 제조 · 가공 시에는 원료 · 포장재료의 품질이 제품의 품질에 결정적인 영향을 미칠 뿐만 아니라, 제조원가에도 큰 비중을 차지하기 때문에 생산 전(공장입고 전)에 필요로 하는 품질 · 위생 수준을 확보하여야 한다. 이러한 품질 · 위생 수준 중 필수적으로 확보하여야 할 중요한 요소가 이물 관리이다. 모든 식품회사들이 원료 · 포장재료에서 기인하는 이물 때문에 골머리를 앓고 있는 것이 현실이며, 최근 일련의 대형 이물사고들이 원료 · 포장재료에서 기인했거나 기인할 개연성이 있는 것으로 밝혀지고 있다. 이와 같은 이물 혼입을 감소시킬 수 있는 원료 · 포장재료의 관리는 원수 원료 · 포장재료를 공급업체를 선정한다든지 원료 · 포장재료의 효과적인 검사 및 원료 · 포장재료의 보관 관리에 의해 가능하다.

그 중 우수한 원료 · 포장재료 공급업체를 찾아 거래하는 일은 쉬운 일이 아니지만 최근 소비자의 먹을거리에 대한 안전의식과 요구가 향상됨에 따라 중소 규모의 업체에서도 위생관념이나 식품지식 등의 수준이 과거보다 향상된 것이 사실이다. 따라서 요구하는 수준을 명확히 정립하여 우수한 원료 · 포장재료 공급업체를 선택한다면 좋은 품질의 원료 · 포장재료를 공급받을 수 있다. 참고로 우수한 원료 · 포장재료 공급업체를 선정하기 위해 관리 할 사항은 다음과 같다.

- 견실하고 신뢰할 수 있는 공급업체인지의 여부(인허가 사항 포함)
- 품질관리에 필요한 시설이 구비되어 있는지의 여부

- 종업원의 위생관리 및 건강관리가 체크되고 있는지의 여부
- 원료 · 포장재료 보관창고 시설 및 보관상태의 적정 여부
- 품질 관리능력, 작업성(생산성), 단가, 과거의 품질 및 납기 등 실적

아울러 입고된 원료 · 포장재료는 식품공장 내에서 보관 및 취급에 보다 많은 주의가 필요하다. 이를 위해서는 충분한 기능이 있고, 위생적이며, 원료의 특성에 맞는 조건에서 보관해야 한다. 사용되는 원료 · 포장재료의 종류는 다양하기 때문에 원료별로 구분해서 보관해야 한다. 또한 외관상 유사한 원료는 장소를 구분하거나 포장이나 표시를 정확하게 해서 보관해야 한다. 보관시설은 항상 청결을 유지하고 원료만 적재하되, 쥐나 바퀴벌레 등의 발생상황을 조사하여 방충 · 방서 관리를 실시한 후 모니터링 결과를 기록 보관한다. 또한, 냉동 · 냉장실이 있는 경우에는 그 실내의 온도를 수시로 점검하거나 자동적으로 온도를 체크, 기록할 수 있는 장치를 설치하는 것이 관리상 필요하다. 참고로 원료 · 포장재료의 보관시설 구비조건은 다음과 같다.

- 원재료 보관 장소는 다른 장소와 구분관리 한다.
- 바닥 및 벽은 내수성으로 청소가 용이하여야 한다.
- 쥐, 벌레가 침입하지 못하도록 한다.
- 먼지가 들어가지 않도록 한다.
- 햇볕이 직접 쪼이지 않도록 한다.
- 온도 · 습도를 조절할 수 있는 장치를 설치하여 원료의 특성에 맞게 보관한다.

표 4-1-8 원료 · 포장재료를 통한 오염물질 및 관리장비

오염원		오염물질	관리장비
원료 · 포장재료	신체	지푸라기, 나무, 모래, 벌레, 플라스틱, 비닐, 돌, 금속, 유리, 고무, 종이 등	석발기, 집진기, 세척기, 분립기, 스크린망, Magnatic Seperator, 색차선별기, 롤선별기
	1차 가공품		원심분리기, 필터프레스, 필터하우징 막분리
	수산물		영상검출기, 금속검출기, X-ray 선별기
	축산물		금속검출기, X-ray 선별기
	포재료		정전기 이물제어기, 영상검출기

- 원재료가 직접 바닥에 닿지 않도록 한다.
- 필요한 원료를 냉동 · 냉장할 수 있는 시설이 설치되어 있어야 한다.

이러한 원료 · 포장재료를 통한 오염물질 및 관리 장비를 정리하면 다음 표 4-1-8과 같다.

4. 이물사고 대처방안

1) 소비자

식품에서 이물이 나왔을 경우 발견한 소비자는 먼저 이물이 무엇인지를 자세히 살펴보고 이물이 식품의 보관 또는 조리 중에 들어갈 가능성이 있는지를 검토한 다음 발견일시를 확인한다. 이때 이물이 발견된 제품은 잘 밀봉하여 냉장고 등의 서늘한 곳에 보관한다. 왜냐하면 발견된 이물을 분실 또는 훼손했을 경

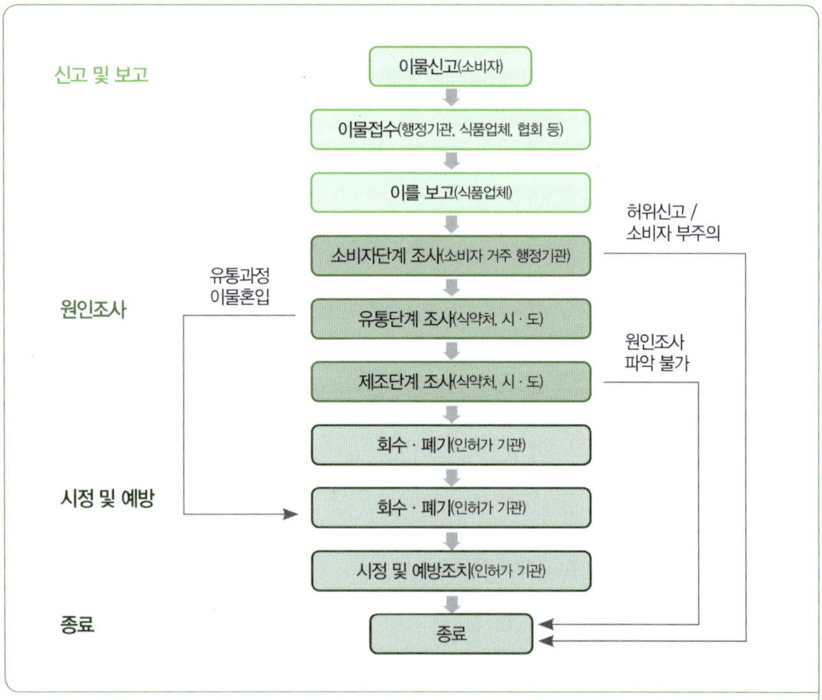

그림 4-1-6 이물의 신고접수 및 조사처리 흐름도

우 정확한 원인 파악이 어렵기 때문이다. 식품 포장지, 구매영수증 등은 함께 보관하고, 가능하다면 이물과 남은 식품의 사진을 함께 찍어 두어야 한다. 특히 식품의 포장지는 해당 제품이 어디에서 만들어졌는지를 확인하기 위한 중요한 자료가 된다. 이렇게 준비가 되면 해당 제품회사의 고객센터에 전화 또는 인터넷으로 신고를 한다. 이를 위하여 미리 해당 제품의 포장지에 표시된 연락처를 확인해 두어야 한다. 아울러 인터넷 사용이 불편한 경우는 국번 없이 1399로 신고하고, 인터넷 사용이 자연스러운 경우는 www.mfds.go.kr/cfscr/로 식약처 또는 행정기관에 신고한다. 업체의 수거 방문 시에는 반드시 제품수거 인수증을 받고 업체에 이물을 전달해야 한다. 이때 이물의 신고접수 및 조사처리 흐름도를 정리하면 그림 4 -1-6과 같다.

2) 식품업체

식품이물에 대한 소비자의 불만을 접수한 식품업체는 소비자 불만 접수 · 조사표에 신고 내용을 6하 원칙에 따라 자세히 기록하고 식약처 또는 시 · 도에 소비자 불만 접수 · 조사표 및 신고된 이물, 관련 증빙자료를 보고 · 제출해야 한다.

3) 행정기관

소비자로부터 직접 이물신고를 받거나 소비자 단체, 언론기관에서 정보를 입수한 행정기관(시 · 군 · 구)은 소비자 불만 접수 · 조사표에 신고된 내용을 이물 보고체계에 따라 소비자 불만 접수 · 조사표, 신고된 이물 및 관련 증빙자료를 첨부하여 식약처 또는 시 · 도에 이첩하게 된다. 이때 소비자에 대한 조사가 필요한 경우 소비자 거주 해당 기관에 소비자에 대한 조사를 요청한다. 소비자 조사를 요청받은 행정기관은 소비자 조사를 실시하고 그 결과를 이물보고체계에 따라 식약처 또는 시 · 도에 통보하게 된다. 일반적으로 식품이물의 원인조사는 표 4-1-9와 같이 소비단계, 유통단계 및 제조단계로 나누어 조사하게 된다.

이물의 혼입원인에 대한 조사가 끝나면 행정기관에서는 시정 및 예방 조치를 다음과 같이 실시하게 된다. 먼저 해당 제품을 위해식품 회수지침에 따라 회

표 4-1-9 식품 이물 혼입 원인조사

구분	내 용
소비단계 조사	• 제품 정보 : 제품명, 유통기한, 이물 종류 • 제품 구입 · 보관 등 이물 발견 경위, 온도 등 제품 보관 환경 • 소비자의 피해보상 요구사항 등 조사
유통단계 조사	• 보관 · 진열환경 : 직사광선 노출, 냉장 · 냉동 등 보관기준 준수 등 • 제품 보관 주변 환경 : 농산물 등과 보관하여 위생동물 · 곤충 침입 가능성 • 유통과정에서의 유사한 이물 발견 이력
제조단계 조사	• 제조환경 : 작업장, 주변 창고, 공장 주변 환경 등 • 제조과정 : 원료, 제조공정, 제조설비, 품질관리 등 • 작업자 개인위생 관리, 과거 유사 이물발견 사실 등

수를 진행하고 시정 및 예방 조치가 끝난 이물은 폐기하게 된다. 다만 이물의 종류, 상태 등을 객관적으로 확인할 수 있는 사진 등의 관련 증빙자료는 2년간 의무적으로 보관해야 한다. 해당 회사에서는 시설개수, 작업장 교육 강화 등의 조치결과를 즉시 행정기관에 보고해야 한다. 이때의 행정처분 기준은 이물 혼입이 객관적으로 이루어진 경우 행정처분 기준에 따라 처분한다. 다만, 회수진행 중 또는 시정 및 예방조치 진행 중 발견된 동일 또는 동종의 이물에 대해서는 처분을 면제한다. 아울러 자발적으로 행정기관에 즉시 보고하고 시정 및 예방조치를 성실히 이행한 업체에 대해서는 가중 처분을 면제하게 한다. 결론적으로 식품의 이물 관리는 국가, 소비자, 업체 모두가 중요한 사항으로 다음과 같은 기준에서 관리해야 할 것이다.

- HACCP의 기본 원리를 철저히 지켜서 예방 시스템을 철저히 가동한다.
- 가장 위생적이며 안전한 식품을 만든다는 원칙을 지킨다는 것에 강한 자부심을 가질 수 있도록 한다.
- 식품의 이물관리는 검출이 되고 나서 그에 대한 조치를 하는 것이 아니라 사전에 혼입되지 않도록 관리하는 것이 가장 중요하다.
- 원재료 공급업자, 작업자 등에 대한 철저한 교육과 정기적인 점검과 관리로 사전에 예방하는 것이 가장 효과적인 대응 방법이다.
- 작업자 등에 대한 교육은 이물이 발생했을 때도 하지만 사건이 터질 때만이 아닌 정기적인

교육이 중요하다.

- 이물사고가 유발되었을 때는 가장 적극적 대응으로 회사의 경영상 심각한 손실과 이미지 추락을 막아야 한다.
- 소비자 센터의 원활한 운영을 통하여 소비자의 목소리에 귀를 기울여야 한다.

제5편

HACCP: 식품안전관리인증제

1. HACCP의 개념

HACCP(햇썹)이란 Hazard Analysis and Critical Control Point의 약칭으로 '식품위해요소중점관리기준'으로 번역하여 지금까지 사용되어 왔다. 그런데 한글 명칭인 위해요소중점관리제도는 너무 길고 사용하기 불편하여 시행 초기부터 바꾸어야 한다는 의견이 많이 제기되어왔다. 그러던 중 지난 2009년 9월에 식품의약품안전청에서는 여러분들의 의견을 받아들여 HACCP의 새로운 한글 명칭을 공모하게 되었다. 그 결과 기존의 위해요소중점관리제도보다 안전식품인증제란 명칭이 바람직하다는 가장 의견이 많았다. 그 후 많은 토론을 거쳐 HACCP의 한글 명칭은 '식품안전관리인증제'로 정하여 사용하고 있다.

이 제도는 식품제조 · 가공공정의 모든 단계에서 위해를 끼칠 수 있는 요소를 공정별로 분석하고 각 과정에서 이들 위해물질이 해당 식품에 혼입되거나 오염되는 것을 사전에 방지하기 위하여 이를 중점적으로 관리하는 예방적 위생관리 체계로서, 식품의 안전성을 최대한 확보하기 위하여 개발된 집중적 관리

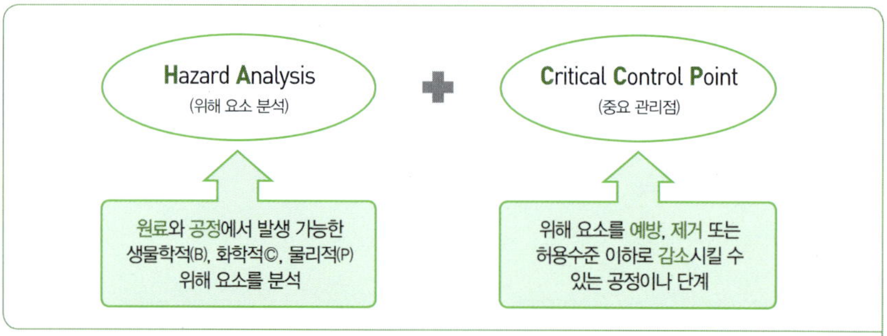

그림 5-1-1 HACCP 시스템의 구성요소

방식이다.

HACCP는 식품의 원재료 생산에서부터 제조, 가공, 보존, 유통단계를 거쳐 최종 소비자가 섭취하기 전까지의 각 단계에서 발생할 우려가 있는 위해요소를 규명하고, 이를 중점적으로 관리하기 위한 중요관리점을 결정하여 자주적이며 체계적이고 효율적인 관리로 식품의 안전성safety, 건전성wholesomeness 및 품질quality을 확보하기 위한 과학적인 위생관리방법이다. 종전의 위생관리방법과 달리 원료에서 제품에 이르기까지의 모든 공정에 있어서, 특히 중점적으로 관리할 필요가 있는 곳을 집중적, 연속적으로 관리하며, 또한 관리내용을 전부 기록함으로써 제조공정 전반에 걸친 제품의 안전성 확보를 기하는 방법인 것이다.

우리나라에서 HACCP 제도의 도입(1995년 12월) 법적 근거는 식품위생법 제48조 및 같은 법 시행규칙 제62조로부터 제68조까지 및 건강기능식품에 관한 법률 제38조에 두고 있다.

2. HACCP의 역사

HACCP은 1959년 미국에서 우주용 식품을 개발하기 위하여 참여한 Pillsbury사, 미 육군U.S. Army/R&D Natick Labs, NASANational Aeronautics and Space Administration에 의해 처음 시도되었다. Pillsbury사는 우주비행 중 식품으로 인해 우주비행사가 질병과 상해를 입지 않도록 완제품 검사 결과 'Zero defects'인 안전한 식품을 제조하기 위한 각종 생산방법을 모색하게 되었다.

그러나 기존 제품생산 과정의 형태인 최종 제품이 식품의 기준 규격에 적합한지를 알아보는 검사방법만으로는 생산에 한계를 겪을 수밖에 없었다. 다시 말해, 완제품을 만드는 과정에서 병원성 미생물 등 심각한 질병을 유발하는 유해물질이 전혀 들어있지 않은 식품을 제조하기가 어려웠다. 또한 완제품 검사에 통계적 품질관리방법을 이용할 경우 한 로트제품의 상당 부분이 검사에 소요됨으로써 검사를 합격한 제품은 얼마 남지 않게 되었다. 결국 100% 안전성을 보장하는 제품을 만들기 위해서는 원부재료, 공정, 환경, 종사자 등 식품생산 시스템을 처음부터 끝까지 전반에 걸친 관리방안을 다시 수립하지 않으면 안 되었다.

이렇게 개발된 새로운 품질관리방법을 초기에는 'Modes of Failure'라고 했으나 이후에는 'Hazard Analysis and Critical Control Point'라고 부르게 되었다. Pillsbury사는 안전한 식품을 관리하는 방법인 HACCP 개념을 1971년 공식적으로 Conference of Food Protection에서 발표하고 그 후 식품생산 시스템 내 해당 공정 및 단계에 미생물학적, 화학적, 물리적 위해요소에 대한 관리방안이 수립되면서 HACCP의 근간이 되는 3가지 원칙, 즉 위해분석 CCP 결정 및 CCP 모니터링 등을 공표하였다.

그림 5-1-2 아폴로 계획에 의한 HACCP 제도와 우주식품 개발

그림 에서 나타내고 있는 바와 같이 1970~1980년대 초 이러한 HACCP 개념을 토대로 몇몇 주요 식품제조 가공업체들이 HACCP 제도를 도입 적용하기 위한 많은 연구와 시행착오를 통해 그 기초를 마련하였다.

1991년 NACMCF National Advisory Committee on Microbiological Criteria for Foods는 HACCP Working Group을 재소집하여 1989년도의 HACCP 문서와 식품위생에 관한 국제식품규격위원회 CODEX Alimentarius Committe HACCP Working Group의 초안을 비교 검토하였다. 이를 토대로 1992년 3월 NACMCF는 'Hazard Analysis and Critical Control Point System'문서를 발간하였고, 1992년 4월 CODEX는 HACCP 7원칙을 재확인한 'Draft Principles and Application of the Hazard Analysis and Critical Control Point System' 문서를 소개하였다.

그리고 1993년 6월 CODEX는 절차 8단계 개정안을 승인하고 'Guidelines for

the Application of the Hazard Analysis and Critical Control Point System'을 발간하였다. 그 결과 HACCP 7원칙은 현재 HACCP에 근거한 식품안전관리 시스템 프로그램의 개발, 실행, 검증에 대한 지침으로 사용하게 되어 많은 노력과 연구로 식품안전성 확보를 위한 중요한 시스템으로 발전되어 왔으며 그 내용을 정리하면 그림 5-1-3과 같다.

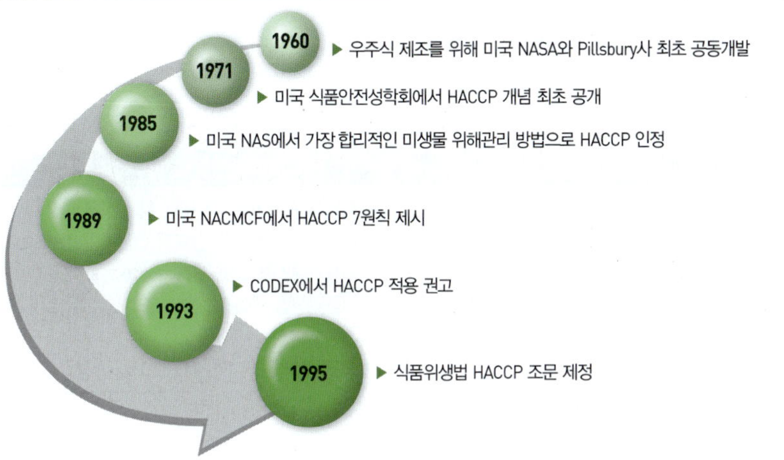

그림 5-1-3 HACCP의 역사

3. 국내외 HACCP 적용현황

1) 국내의 HACCP 적용현황

1993년 CODEX에서는 165개 회원국에 HACCP 제도를 도입하여 적용할 것을 권고하였고, 우리 정부도 HACCP 제도를 도입하기 위해 대통령 공약사항에 포함시키는 등 제도의 도입을 위한 다각적인 노력을 하게 되었다. 당시 EU는 이미 자국으로 수입하는 어육제품에 대해서는 교역 상대국 정부에게 HACCP 적용공장에서 생산했다는 증빙서류를 요구함에 따라 정부는 향후 국가 간 식품교역을 대비하기 위해서라도 HACCP 제도는 반드시 도입해야 한다고 판단하였다. 표 5-1-1에서 나타난 바와 같이 일반모델 연구사업과 시범사업을 거쳐 보건복지부는 1995년 12월 29일 식품위생법을 개정하여 동법 제32조의 2에 HACCP 제도의 근거규정을 신설하였고, 1996년 12월에는 『식품위해요소중점관리기준(HACCP)』을 고시하였다. 동 고시에서 HACCP은 식품의 원료관리, 제조 · 가공 · 조리 및 유통의 모든 과정에서 위해물질이 식품에 혼입되거나 오염되는 것을 방지하기 위하여 각 과정을 중점적으로 관리하는 기준이라 규정하고 축산물가공품 이외의 식품과 식품첨가물의 식품제조 · 가공업, 식품접객업, 단체급식소 등을 관리대상으로 하고 있다.

표 5-1-1 우리나라의 HACCP 적용현황

제도 도입	HACCP 활성화 및 의무적용 추진
• 일반모델 연구사업, 시범사업 실시(1992~1995년)	• 자율적용 + 의무적용 병행 확대 적용
• 식품위생법 제32조2 신설(1995. 12)	• 중장기 발전계획 및 전략적 접근방안 연구(2002)
• 식품위해요소중점관리기준 고시 제정(1996. 12)	• 식품위생법(2002. 8), 시행규칙(2002. 8) 개정
• 중소규모 업체를 위한 HACCP 적용 지침서 (2008. 6)	• 식품위생법 제48조(위해요소중점관리기준)로 개정(2009.8)
	• 최근 : 2012. 05. 17 HACCP 고시 개정

농림수산식품부는 국립수산물품질검사원과 국립수의과학검역원에서 HACCP을 관리하고 있다. 국립수산물품질검사원은 유럽연합(EU)의 수출수산가공식품 등록기관으로 지정되어 해외로 수출하는 수산물과 그 가공품에 대한 HACCP을 관리하고 있다. 국립수의과학검역원은 '축산물가공처리법'에 의거하여 축산물과 그 식품에 대한 HACCP 제도를 관리하고 있으며 동법에서의 축산물위해요소중점관리기준이란 축산물의 원료관리, 처리 가공 및 유통의 전 과정에서 위해물질이 해당 축산물에 혼입되거나 오염되는 것을 사전에 방지하기 위하여 각 과정을 중점적으로 관리하는 기준이라고 규정하고 있다. 관리대상은 도축장 및 축산물가공품, 집유장, 축산물운반업소, 축산물판매업소, 사료업체 등이다.

식품위해요소중점관리기준은 1996년 12월 3일 보건복지부 고시 제1996-75호로 제정된 이후 2005년 10월 23일 식품의약품안전청 고시 제2005-58호에 전문개정 되었고, 2009년에는 세 번의 고시가 개정되었으며, 최근에는 2012년

5월 17일 식품의약품안전청 고시 제2012-19호가 고시된 바 있다.

그 동안의 HACCP 식품적용업체 현황을 살펴보면 그림 5-1-4에서와 같이 시행 초기 10년간은 겨우 107개 업체와 HACCP을 지정받았지만 점차 증가하여 2010년에는 434업체가 지정받았고, 2012년 한해에는 무려 1,274개 업체가 지정을 받아 그 증가 폭이 급격히 상승하여 2013년 6월 30일 현재 모두 3,630개의 업체가 HACCP을 지정받았다.

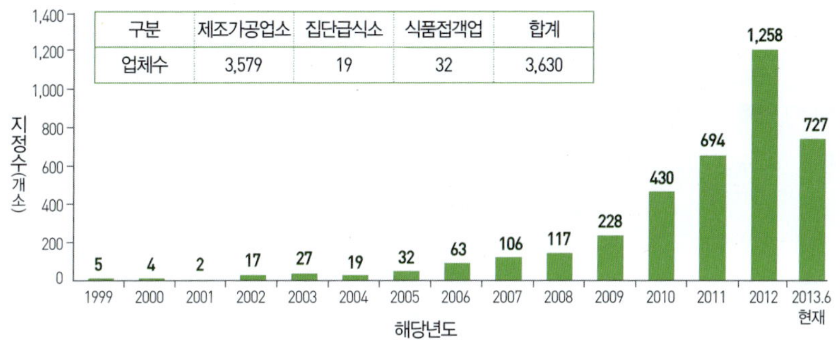

구분	제조가공업소	집단급식소	식품접객업	합계
업체수	3,579	19	32	3,630

(식품의약품안전청, 2012)

그림 5-1-4 HACCP 적용업체 현황

이러한 경향은 의무적용 품목의 경우 2012년 12월 1일부터 연 매출액 1억원 미만 또는 종업원 5인 이하의 모든 업소에 대해 의무적용이 실시됨에 있고, 아울러 종업원 20인 이하 소규모 업소에 대한 HACCP 지정평가 항목이 일반업소에 비해 대폭 감소되어 HACCP 지정에 많은 소규모 업소가 참여했기 때문으로 생각된다.

2) 국외의 HACCP 적용현황

HACCP 제도가 미국에서 개발되어 CODEX 등의 국제기구에서 각국에 적용을 권장한 결과 표 5-1-2에서 보는 바와 같이 현재 선진국을 중심으로 전 세계의 여러 나라에서 도입을 의무화 또는 임의로 적용하고 있다.

미국은 1997년 7월에 식육과 그 제품에 의무 적용을 하였고, 같은 해 12월에는 어육 등의 수산식품에도 의무 적용을 하는 등 모든 식품업소가 보편적으로 HACCP 제도를 받아들이고 있는 추세이다. 한편, 선행요건인 우수제조시설기준(GMP) 대신 CGMP(품목별 GMP)를 선행요건으로 바뀌어야 한다는 주장이 식품전문가 그룹을 중심으로 주장이 대두되고 있다.

표 5-1-2 각국의 HACCP 적용 실태

국가	내용
미국	HACCP이 가장 먼저 보급되었고 1997년 7월부터 식육 및 식육제품, 1997년 12월부터 수산식품의 위생관리에 각각 HACCP이 법적으로 적용
EU	각국 정부가 수산식품, 유·유제품, 식육제품 등 동물성 식품을 중심으로 HACCP 적용을 강하게 요구
캐나다, 호주, 뉴질랜드	식육, 수산물 등을 중심으로 HACCP의 법적 도입 적용을 추진
동남 아시아 및 기타 지역	수출 식품을 중심으로 HACCP에 의한 일반적인 관리 요구
일본	1995년에 개정된 식품위생법에 '總合衛生管理製造過程'으로 HACCP의 승인제도를 도입, 법적으로 정해진 HACCP 기준에 의해 제조. 현재는 유·유제품, 식육제품, 어육연제품 등 대상이나 후생노동성에서는 모든 식품의 위생관리에 HACCP의 도입을 권장하고, 향후 모든 식품업에 HACCP을 적용할 예정

캐나다는 보건후생성, 수산해양성, 소비자보호성에서 식품위생 관련 업무에 HACCP 원칙을 반영하고, 농무성 산하의 식품감시청CFIA에서 주로 제도 시행을 담당하였으나, 1997년부터는 캐나다 식품감시청CFIA으로 HACCP의 제도개발 및 시행을 일원화하였다. 미국과는 달리 HACCP 제도를 실행하기 위한 선행 프로그램Prerequisite Program이 적절히 수행되고 있는지의 여부 등을 먼저 평가하며 미국에 비하여 HACCP 시행에 대한 감시 혹은 평가Auditing 기능을 더욱 강조하고 있다. 국제 추세에 맞추어 각 식품별로 약 40여 개의 HACCP 적용 모델을 개발하였으며 모든 식품에 완전도입을 계획하고 있다. 일본은 1996년 5월에 식품위생법의 일부를 개정하여 제조 또는 가공 방법 및 그 위생관리방법에 대한 식품위생상의 위해를 방지하기 위한 조치가 종합적으로 취해진 제조 또는 가공의 공정인「총합위생관리제조과정의 승인제도」가 신설되어 1996년 5월부터 실시하고 있다. 지자체와 민간기업(ISO 등)도 시행하고 있으나 일본에서 공식

인정되는 HACCP은 후생노동성에서 총합위생관리제조과정을 승인하여 인증하고 있으며 HACCP 적용은 의무사항이 아닌 각 회사의 자율적 선택사항이다. HACCP 적용대상은 유(乳), 유제품, 청량음료수, 식육제품, 어육냉동제품 및 레트르토 식품 등 6가지 관련 제품이다.

EU(유럽연합)는 92/46/EEC 규정에서 HACCP 시스템을 모든 식품에 적용토록 요구하고 있어 HACCP을 적용하지 않은 수산물 가공품은 수입을 금지하고 있다. 따라서 유럽을 대상으로 하는 우리나라의 수산가공품 수출업체에서는 모두 HACCP 시스템을 도입하여 적용하고 있다.

이 외에 호주, 뉴질랜드, 중국, 태국 및 말레이지아 등 세계 여러 국가에서도 미생물오염이 우려되는 식육제품, 유제품 등의 동물성 식품과 어육제품을 중심으로 HACCP을 의무적용하거나 수출식품부터 실시하는 등 HACCP 제도의 적용이 확산되고 있는 추세이다.

4. HACCP 시스템의 이해

1) HACCP 원리

HACCP 시스템은 식품의 원 · 부재료에 포함된 위해요소를 공정 중에서 예방, 제거 혹은 허용 수준으로 감소시키도록 관리하고, SSOP(표준위생관리기준)는 외부 오염원이 식품에 유입되는 것을 철저히 방지한다. 이러한 HACCP은 12절차를 포함한 선행요건을 중요한 2개 축으로 삼고 있다. 모든 국가의 HACCP 시스템은 CODEX 지침을 따르고 있으며, HACCP 시스템은 7원칙 12절차로 이루어져 있다.

HACCP 시스템은 SSOP와 지원 프로그램의 선행조건하에서 효과적으로 운영된다. 지원 프로그램이란 HACCP과 SSOP가 가능하도록 조성되는 제반 환경이다. HACCP 시스템은 지원 프로그램을 갖추면서 해당 영업장에 맞는 HACCP 관리계획서와 SSOP 문서를 작성해서 그대로 실천하는 것으로서 다음의 그림 과 같이 설명하고 있다. 다시 말해, 그림 5-1-5에서의 SSOP와 GMP의 지원 프로그램은 필수적인 선행요건으로 이 프로그램이 갖추어진 조건에서 HACCP

그림 5-1-5 HACCP의 구성요건

시스템의 7원칙 12절차가 효율적으로 운영될 수 있다.

HACCP이란 표 5-1-3에서 나타난 바와 같이 원료와 공정에서 발생 가능한 생물학적, 화학적, 물리적 위해요소를 분석하고 중요관리점을 설정한 다음 위해요소를 사전에 예방, 제거 또는 허용수준 이하로 감소시켜 안전한 식품을 생산하는 시스템이다.

표 5-1-3 인체에 위해를 줄 수 있는 생물학적, 화학적, 물리적 요소

위해요소 구분	종 류	원인
생물학적 위해요소	식중독 균(살모넬라, 황색포도상구균, 장염비브리오) 진균류(곰팡이, 효모), 바이러스, 기생충 등	• 원료오염 및 환경오염 • 원료취급 부주의 • 공정결함 • 작업환경 및 시설 미흡 • 비위생적 행동 • 교차오염
화학적 위해요소	중금속(수은, 납, 카드뮴), 천연 독소(패독, 버섯독), 다이옥신, 잔류 농약, 허용외 식품첨가물, 알레르기 물질 등	
물리적 위해요소	이물 : 금속, 돌, 유리, 모발, 곤충, 설치류 분변 등	

2) HACCP 특성

이러한 HACCP 시스템을 기존의 위생관리 시스템과 비교하여 정리하면 표 5-1-4와 같다. 그 중 가장 강조할 수 있는 항목은 기존의 시스템이 문제발생 후의 관리 시스템이라고 하면 HACCP 시스템은 문제발생을 사전에 조치하여 안전성이 확보된 식품을 생산할 수 있는 점이다.

표 5-1-4 기존의 위생관리 시스템과의 비교

항 목	기존방법	HACCP 시스템
조치단계	문제발생 후의 관리	문제발생 전 조치
숙련 요구성	시험결과 해석에 필요	불필요
신속성	장시간 소요	즉각적 조치 가능
소요비용	제품분석에 많은 비용 소요	저렴
공정관리	현장 및 실험실 관리	현장관리
평가범위	최종제품	작업공정
위해요소관리범위	최종 제품불량 최소화	전 제품의 안전성 관리

지난 2012년 5월 17일에는 HACCP 적용업소 또는 HACCP 적용을 원하는 업소가 선행요건을 포함하는 자체 위생관리기준을 작성 · 비치하는 경우에는 별도의 HACCP 선행요건관리기준서를 작성 · 비치하지 아니할 수 있도록 하여 업소의 부담을 완화하는 등 현행 제도를 개선 · 보완하기 위하여 HACCP 고시를 일부 개정 고시하였다.

HACCP 적용대상 영업자는 HACCP을 준수하여야 하는 영업자, HACCP 준수를 원하는 영업자, 국외 소재 식품제조가공 영업자 중 희망자가 된다. 아울러 '건강기능식품에 관한 법률'에 의하여 영업허가를 받은 자 또는 수출을 목적으로 하는 자 중 이 기준의 준수를 원하는 영업자도 포함된다.

또한, HACCP 적용품목은 식품위생법 제48조제1항에 따라 식품별 기준이 고시되어 다음 표에 나타난 어느 하나에 해당하는 고시 품목이거나 아직 일반 모델이 개발되지 않거나 영업자 자체 기준이 마련된 비고시 품목에 적용할 수 있다.

특히 표 5-1-5에서 나타난 바와 같이 고시품목 중 영양가가 높고 많은 사람들이 선호하는 식품으로 식중독 발생했을 경우 여러 사람이 동시에 사고가 날 가능성이 높은 7가지 식품을 의무적용 품목으로 지정하고 이들의 의무적용 시기를 연도별로 연매출액과 종업원 수에 기초하여 표 5-1-6과 같이 단계별로 시행하도록 규정하였다. 그 결과 지난 2012년 12월 1일부터 해당업소 모두가 의

표 5-1-5 고시품목 및 의무적용품목

의무적용 품목		
1. 어육가공품 중 어묵류	2. 냉동수산식품 중 어류, 연체류, 조미가공품	
3. 냉동식품 중 피자류, 만두류, 면류	4. 빙과류	
5. 비가열 음료	6. 레트로트식품	7. 김치류 중 배추김치

자율 품목		
8. 과자류, 빵 및 떡류		9. 수산가공품(패류, 갑각류)
10. 냉동식품 중 기타빵 및 떡류, 일반가공품의 기타 가공품		
11. 두부류, 묵류, 다류, 빙과류		
12. 집단급식소, 식품접객업소의 조리식품		
13. 도시락류	14. 음료류(가열, 과실류, 두유류)	15. 생식류, 조미식품, 인삼류
16. 생식류	17. 고춧가루	18. 면류(국수, 냉면, 당면, 유탕면류)
19. 신선편의	20. 단순전처리식품	21. 기타 가공품
22. 냉장수산물 가공품		23. 기타 식품판매업소 판매식품
24. 식품접객업소(일반음식점 · 휴게음식점 · 제과점)의 조리 · 제조식품*		
25. 식품소분업소의 소분식품(HACCP 적용품목을 소분한 경우에 한함)*		
26. 과자류* 27. 음료류 *	28. 다류 *	29. 주류(탁주) *
30. 건강기능식품 *	31. 집단급식소 식품판매업소의 단순전처리식품	

표 5-1-6 업소별 의무적용 시기

연 매출액과 종업원수 규모에 따라 4단계로 실시	
1단계 2006.12.1	연 매출액 20억 이상이면서 종업원수 51인 이상
2단계 2008.12.1	연 매출액 5억 이상이면서 종업원수 21인 이상
3단계 2010.12.1	연 매출액 1억 이상이면서 종업원수 6인 이상
4단계 2012.12.1	연 매출액 1억 미만 또는 종업원수 5인 이하

※ 배추김치 4단계 : 2014.12.1(2008년 4월 28일 보완)

무적용을 하는 것으로 로드맵을 발표하여 시행할 예정이었으나 준비가 미흡한 소규모 영업장이 많아 정부에서는 아직 준비가 부족한 회사에 대하여 1년의 준비기간을 주어 사실상 2013년 12월 1일부터 모든 의무적용 품목 해당업소에 대하여 전반적으로 실시하도록 준비하고 있다.

5. HACCP 관리계획

1) HACCP의 12절차

앞서 HACCP 시스템의 중요한 기본이 되는 것은 HACCP 관리계획서와 선행요건이라고 설명하였으며, 먼저 HACCP 관리계획에 대해서 설명하고자 한다. HACCP 적용업소는 다음의 HACCP 적용 12단계와 HACCP 적용 순서도에 따라 식품에 사용하는 원·부재료와 해당 공정에 대한 적절한 HACCP 프로그램을 관리하는 계획을 수립 운영해야 하며 그 구체적 방법으로 HACCP 적용을 위한 12단계가 제시되어 있다.

그림 5-1-6 HACCP 12단계

이때의 HACCP 관리계획은 과학적 근거나 사실에 기초하여 수립·운영하여야 하며, 공정 또는 원재료 등의 변경사항이 있는 경우에는 이를 재검토 하여야 한다. 적용업소가 HACCP 관리계획을 적절히 운영하기 위하여 작성 후 비치해야할 HACCP관리 기준서는 기존의 식품제조·가공업소, 건강기능식품제조업소, 집단급식소 및 집단급식소판매업소 외에 기타 식품판매업소 및 식품접객업소(일반음식점, 휴게음식점, 제과점) 및 식품소분업소로 크게 세 가지로 구분하여 작성하여 비치하도록 규정하고 있다. 이때 세 가지 경우 모두 HACCP 적용 7원칙은 공통으로 포함하나 예비절차는 다음에 설명한 바와 같이 모두 다르게 구성되어 있다.

본 장에서는 대표적인 식품제조 · 가공업소, 건강기능성 식품 제조업소, 집단급식소 및 집단급식소 식품판매업소에 대한 HACCP 관리계획서 작성에 대하여 설명할 것이다.

2) 예비절차 5단계

HACCP을 적용받고자 하는 영업자는 우선적으로 HACCP이 무엇인지, 어떻게 적용하고 운영해야 되는지 등에 관한 기본적인 이해를 가져야 한다. HACCP을 지정받고자 하는 영업자는 무엇보다도 자발적인 의지가 중요하며 전문교육기관을 통한 기본지식의 습득이 필요하다.

HACCP은 생산품목, 작업현장의 특성에 따라 다양하기 때문에 일괄하여 말하기는 어려우나 HACCP을 운영하기 위해서는 우선 현장의 특성에 맞는 선행요건인 일반위생관리기준서와 HACCP 관리기준서를 작성하고 그 영업장의 관리기준에 따라 실제 현장 근무자가 실행할 수 있는 시스템을 만들어야 한다.

HACCP을 실행하기 위해 필수적인 위해요소분석이나 중요관리점을 결정하기 전에 5개 예비단계를 미리 준비해야 한다. 앞서 언급된 바와 같이 5개 예비단계는 HACCP팀 구성, 제품설명서 작성, 용도확인, 공정흐름도 작성, 공정흐름도 현장 확인 등이다. 먼저 영업자나 공장장 등을 HACCP 팀장으로 하여 HACCP에 대한 이해도가 높고 제조, 시설설비, 물류, 품질관리 등에 책임이 있는 사람을 중심으로 HACCP 팀을 구성하고 생산하는 제품의 사용용도 등 제품의 특성을 고려하여 제조공정 및 식품유형별로 제품설명서를 상세히 작성해야 한다.

그런 후에 제조공정도를 작성하고 현장을 고려한 공정흐름도와 비교하여 현장과 일치하는지를 확인한다. 이때 제조공정흐름도, 작업장 평면도, 공조 또는 환기 시설계통도, 용수배수처리 계통도 등을 작성한다. 이러한 공정흐름도와 평면도는 원료의 입고에서부터 완제품의 출하에 이르기까지 해당 식품의 공급에 필요한 모든 공정별 위해요소의 교차오염 또는 2차 오염, 증식 등의 가능성을 파악하는데 도움을 준다.

HACCP을 실행하기 위해 위해요소를 분석하고 중요관리점을 결정하기 전에 먼저 예비단계를 준비해야 되는 사전임무를 식품의약품안전처에서는 5개 단계로 HACCP 고시 제6조에서 세부내용을 열거하고 있으며 그 내용을 좀 더 자세히 설명하면 다음과 같다.

(1) HACCP 팀 구성(1절차)

HACCP 관리계획서의 수립에 있어 첫 번째 예비단계는 업소 내에서 HACCP 관리계획을 주도적으로 담당할 HACCP 팀을 구성하는 것이다. HACCP 팀은 12절차 7원칙을 포함하는 HACCP 관리기준서를 작성 비치하는 중요한 역할을 하게 된다.

HACCP 관리계획의 수립과 운영에 필요한 HACCP 팀의 규모는 업소의 규모나 여건에 따라 다를 수 있으나 일반적으로 HACCP 팀장은 영업자 또는 공장장이 되는 것을 권장하며 식품을 직접 취급하고 관리하는 공정, 생산, 연구개발과 지원부서로 인사 및 예산 등의 책임자를 포함시키도록 한다.

HACCP 팀에는 각 팀원들에게 HACCP의 관리계획과 관리기준서 작성, 교육훈련 등에 대하여 업무를 각각 분장하고 명확한 권한과 책임을 부여하여 HACCP 시스템이 올바르게 운영 발전되도록 해야 한다.

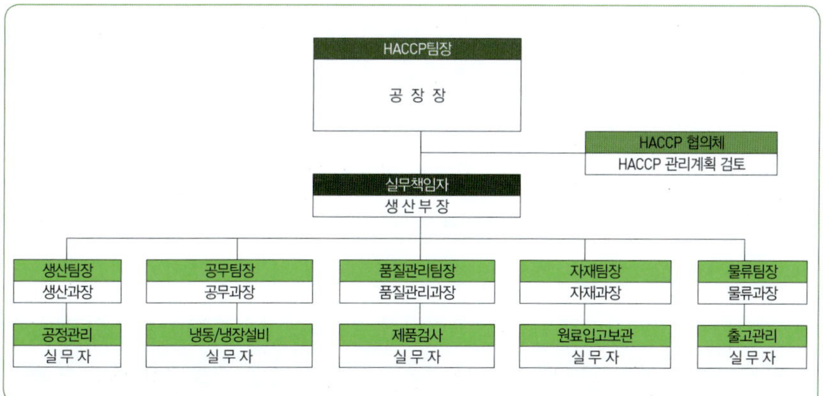

그림 5-1-7 HACCP팀 조직도 구성예시

HACCP 팀에게 책임과 권한을 부여할 때에는 개개인의 책임과 권한을 구체적으로 기술하되 팀원의 개개인의 책임과 권한보다 팀원이 속한 부서의 책임과 권한을 먼저 기술하고, HACCP관리에 중요한 모니터링 담당자 등은 따로 구분하여 책임과 권한을 기술해야 한다.

(2) 제품설명서 작성(2절차)

두 번째 예비단계는 해당 제품에 대한 제품설명서를 작성하는 것이다. HACCP 팀은 생산품목 각각에 대해 제품의 제조 및 가공에 사용되는 원료, 포장재, 공정방법, 원재료 및 공정 등의 모든 항목을 포함하는 구체적인 설명서를 만들어야 한다. 관련 규정은 식품의약품안전처 HACCP 고시 제6조의 제3항 나항에서 제품설명서 작성 시 포함사항을 열거하고 있으며 구체적 법적 요구사항은 표 5-1-7와 같다.

표 5-1-7 제품설명서 구성요소

(식품위해요소중점관리기준, 제2012-19호)

• 제품명 • 식품 유형 • 품목제조보고, 연, 월, 일 • 작성자 및 작성 연, 월, 일 • 성분배합비율 • 제조단위	• 완제품의 규격 • 보관 및 유통상 유의사항 • 포장 방법 및 재질 • 표시사항 • 제품의 용도 • 유통기한

제품설명서 작성 시 고려할 사항으로는 작성요령을 숙지하고 관련 자료를 충분히 확보해야 한다. 제품설명서는 팀원, 외부 전문가(심사원 포함)의 이해가 쉽도록 작성하고, 형태는 쉽고 일목요연하게 그리고 정확하게 작성해야 한다. 또한 위해요소 분석에 필요한 모든 정보를 반드시 포함하여야 한다.

필요한 관련 자료로는 품목제조보고서, 식품 등의 표시에 관한 기준, 식품의 가공기준 및 성분규격, 유통기간 및 기간설정 사유서, 품질관리자료(제품 규격서, 원부자재 규격서, 검사관리 규정), 생산관리자료(작업 또는 생산 표준서) 등이 있으며, 이들을 바탕으로 제품설명서 작성 시 다음과 같은 사항을 고려해야 하며 그 예시는 표 5-1-8과 같다.

표 5-1-8 두부 제품설명서 예시

1. 제품명	OO두부(실제 제품명을 기재)		
2. 식품 유형	두부		
3. 품목제조 보고연월일	2011. 1. 1.		
4. 작성자 및 작성연월일	홍길동, 2011. 1. 1.		
5. 성분배합 비율	대두(원산지: 국산00%, 수입산 00%)00%, 응고제(글루코델타락톤 00%), 소포제(식물성 유지 00%, 글리세린지방산에스테르 00%, 레시틴 00%, 탄산마그네슘 00%)		
6. 제조(포장)단위	00g, 00g, 00g		
7. 완제품의 규격 (식품공정상 규격)	구 분	법적규격	사내규격
	성상	고유의 색택과 향미를 가지고 이미 · 이취가 없어야 한다.	
	생물학적 항목	· 대장균군 1g당 10 이하(충전, 밀봉한 제품에 한한다.)	
		–	*Listeria monocytogenes* : 음성
		–	장출혈성 대장균: 음성
	화학적 항목	· 중금속(mg/kg) : 3.0 이하 · 타르 색소 : 검출되어서는 아니 된다.	
	물리적 항목	· 이물 불검출	
8. 보관 · 유통상 주의사항	· 직사광선을 피하여 냉장(10℃ 이하) 보관 · 개봉 후 가급적 빠르게 섭취		
9. 포장방법 및 재질	· 포장방법 : 내포장(실링), 외포장(테이프) · 포장 재질 : 내포장(PE, PP), 외포장(골판지)		
10. 표시사항	"식품 등의 표시기준"에 준함		
11. 제품의 용도	찌개용, 부침용, 생식용		
12. 섭취방법	그대로 섭취 또는 조리하여 섭취		
13. 유통기한	제조일로부터 00일		

(3) 사용용도 확인(3절차)

세 번째 예비단계는 소비자가 어떤 용도로 제품을 이용하는지 파악하는 것이 사용용도 확인Identify intended uses이다. 해당 식품의 소비자 조리 및 섭취방법 등의 사용방법과 일반건강인, 노약자, 환자, 임산부 등으로 구분되는 소비대상을 파악하여 사용방법과 대상에 따른 제품용도를 확인해야 한다. 제품의 용도확인을 합리적으로 하기 위해서는 먼저 해당 식품의 의도된 사용방법 및 대상 소비자를 파악하는 것이다. 또한 그대로 섭취할 것인가, 가열조리 후 섭취할 것인가, 조리 가공방법은 무엇인가, 다른 식품의 원료로 사용되는가 등 예측 가능한 사용방법과 범위, 그리고 제품에 포함될 잠재성을 가진 위해물질에 민감한 대상 소비자(예, 어린이, 노인, 면역관련 환자 등)를 파악하는 것이다. 이런 자료는 위해평가와 위해요소의 한계기준 결정에 중요한 자료가 될 수 있다.

(4) 공정흐름도 작성(4절차)

네 번째 예비단계로 공정흐름도 작성은 HACCP 팀이 업소에서 직접 관리하는 원료의 입고에서부터 완제품의 출하까지 모든 공정단계들을 파악하여 공정흐름도Flow diagram를 작성하고 각 공정별 주요 가공조건의 개요를 기재한다. 식품위해요소중점관리기준(고시)제6조 3항의 공정흐름도면 관련 법적 요구사항은 표 5-1-9와 같이 제조, 가공, 조리 공정도를 작성해야 하며, 다음은 작업자의 구획, 기구 등의 배치, 제품의 흐름과정, 세척 소독조의 위치, 작업자의 이동경로, 출입문과 창문 등을 표시한 작업장 평면도를 작성하고 공조시설 계통도, 용수 및 배수처리 계통도를 작성해야 한다.

표 5-1-9 공정흐름도 작성을 위한 법적 요구사항

가. 제조 · 가공 · 조리 공정도(공정별 가공방법)
나. 작업장 평면도(작업특성별 구획, 기계 · 기구 등의 배치, 제품의 흐름과정, 세척 · 소독조의 위치, 작업자의 이동경로, 출입문 및 창문 등을 표시한 평면도면)
다. 공조시설 계통도
라. 용수 및 배수처리 계통도

(5) 공정흐름도 현장확인(5절차)

다섯 번째 예비단계는 작성된 공정흐름도 및 평면도가 현장과 일치하는지를 검증하는 것이다. 공정흐름도 및 평면도가 실제 작업공정과 동일한지 여부를 확인하기 위하여 HACCP 팀은 작업현장에서 공정별 각 단계를 직접 확인하면서 검증하여야 한다. 공정흐름도와 평면도의 작성 목적은 각 공정 및 작업장 내에서 위해요소가 발생할 수 있는 모든 조건 및 지점을 찾아내기 위한 것이므로 정확성을 유지하는 것이 매우 중요하다. 따라서 현장검증을 통해 변경이 필요한 경우에는 수정하여 정확한 공정흐름도 및 평면도가 완성되면 본격적인 HACCP 계획을 수립할 수 있다.

3) HACCP 7원칙

(1) 위해요소분석(6절차, 1원칙)

HACCP 관리계획의 수립을 위한 첫 번째 원칙은 위해요소분석을 수행하는 것이다. 위해요소분석이란 식품안전에 영향을 줄 수 있는 위해요소가 존재하는지 여부를 판별하기 위하여 필요한 정보를 수집하고 평가하는 일련의 과정을 말한다. 위해요소분석은 HACCP 팀이 수행하며, 제품설명서에 파악된 원 · 부재료별로 공정흐름도에서 파악된 공정 단계별로 분리하여 실시한다. 이 과정을 통해 원 · 부재료별 또는 공정 단계별로 발생 가능한 모든 위해요소를 파악하여 목록을 작성하고, 각 위해요소의 유입경로와 위해요소를 예방할 수 있는 예방수단을 기재한다. 위해요소 유입경로와 예방수단을 고려하여 위해요소의 발생 가능성과 발생 시 그 결과의 심각성을 감안하여 위해Risk를 평가한다. 위해요소분석의 마지막 단계는 도출된 잠재적 위해요소에 대한 발생원인과 각 위해요소를 예방하거나 제거 또는 허용 가능한 수준까지 감소시킬 수 있는 예방조치 방법을 확인하여 기재하는 것이다.

예방조치 방법에는 한 가지 이상이 있을 수 있으며 어떤 한 가지 예방조치 방법으로 여러 위해요소를 예방할 수도 있다. 위해요소의 예방조치는 각종 정보를 근거로 합당한 방법과 기준을 반영해야 하고 법적 기준 및 규격에 대한 면밀한 검토를 하여 이상적으로 접근해야 한다. 이러한 일련의 위해요소분석 내용을 정리하여 나타낸 예시는 표 5-1-10과 같다.

참고로 Hazard와 Risk를 우리말로는 똑같이 위해라고 표기하는데 Risk를 위험이라고 표기하기도 한다. Hazard는 식품제조공정 등을 관리하지 않았을 때 질병이나 상해를 일으킬 가능성이 있는 생물학적, 화학적, 물리적 인자를 말한다. Risk는 식품 중의 위해요소가 인체에 부정적 영향을 줄 가능성과 그 부정적 영향의 심각성의 상호관계를 말한다.

표 5-1-10 원 · 부재료 위해요소분석(쇠고기)

<table>
<tr><th rowspan="2">원 · 부재료</th><th rowspan="2">구분</th><th rowspan="2">위해요소
(생물학적 : B, 화학적 : C, 물리적: P)</th><th rowspan="2">발생원인</th><th colspan="3">위해평가</th><th rowspan="2">예방조치 및 관리방법</th></tr>
<tr><th>심각성</th><th>발생 가능성</th><th>결과</th></tr>
<tr><td rowspan="13">쇠고기</td><td rowspan="8">B</td><td>대장균균</td><td rowspan="8">원료자체 및 사육과정 관리 부족으로 오염
협력업체(생산자) 관리 부족으로 교차오염</td><td>2</td><td>1</td><td>2</td><td rowspan="8">입고검사
협력업체 시험성적서 확인
원료사육과정 관리
협력업체(생산자) 점검/교육관리</td></tr>
<tr><td>Staphylococcus aureus</td><td>1</td><td>2</td><td>2</td></tr>
<tr><td>Salmonella</td><td>2</td><td>1</td><td>2</td></tr>
<tr><td>Bacilus cereus</td><td>1</td><td>1</td><td>1</td></tr>
<tr><td>Listeria monocytogenes</td><td>3</td><td>1</td><td>3</td></tr>
<tr><td>E. coil 0157:H7</td><td>3</td><td>1</td><td>3</td></tr>
<tr><td>Vibrio parahaemolyticus</td><td>3</td><td>1</td><td>3</td></tr>
<tr><td>진균</td><td>2</td><td>2</td><td>4</td></tr>
<tr><td rowspan="2">C</td><td>항생물질</td><td rowspan="2">협력업체(생산자) 관리 부족으로 항생물질 및 농약 등 오염</td><td>2</td><td>1</td><td>2</td><td rowspan="2">입고검사
협력업체 시험성적서 확인
협력업체(생산자) 점검/교육관리</td></tr>
<tr><td>잔류 농약</td><td>2</td><td>1</td><td>2</td></tr>
<tr><td rowspan="3">P</td><td>나사, 못, 칼날</td><td rowspan="3">협력업체(생산자) 관리 부족으로 혼입</td><td>3</td><td>1</td><td>3</td><td rowspan="3">입고검사
협력업체 시험성적서 확인
협력업체(생산자) 점검/교육관리</td></tr>
<tr><td>돌, 모래, 플라스틱</td><td>2</td><td>2</td><td>4</td></tr>
<tr><td>머리카락, 비닐, 지푸라기</td><td>1</td><td>2</td><td>2</td></tr>
</table>

(2) 중요관리점Critical Control Point; CCP결정(7절차, 2원칙)

HACCP 관리계획의 수립을 위한 두 번째 원칙은 중요관리점을 결정하는 것이다. 위해요소분석이 끝나면 해당 제품의 원료나 공정에 존재하는 잠재적인 위해요소를 관리하기 위해 중요관리점을 결정한다. 중요관리점이란 원칙 1에서 파악된 위해요소를 예방, 제거 또는 허용 가능한 수준까지 감소시킬 수 있는 최종단계 또는 공정을 말한다. CCP 결정은 위해요소분석 결과 위해가 있다고 평가된 원료나 공정을 대상으로 그림 5-1-8과 같이 CCP 결정도에 의해서 CCP 여부를 찾게 된다. 일반적으로 식품의 제조 · 가공 · 조리공정에서 CCP가 될 수 있는 사례는 다음과 같으며 동일한 식품을 생산하더라도 제조 · 설비 등 작업장 환경이 다를 경우 서로 상이할 수 있다.

중요관리점인 CCP는 가장 중요한 식품안전 위해요소를 다루며, 제품의 안전성에 결정적이고, 직접적으로 관련된 위해요소이다. CCP가 될 수 있는 공정으로는 생물학적 위해요소의 성장을 최소화할 수 있는 냉각공정, 이를 제거하는 가열처리공정이 있고, pH와 수분활성도의 조절이나 제품성분의 배합공정이 있으며, 캔의 충전이나 밀봉 같은 가공처리공정, 금속이물 검출공정, 여과공정 등이 될 수 있다.

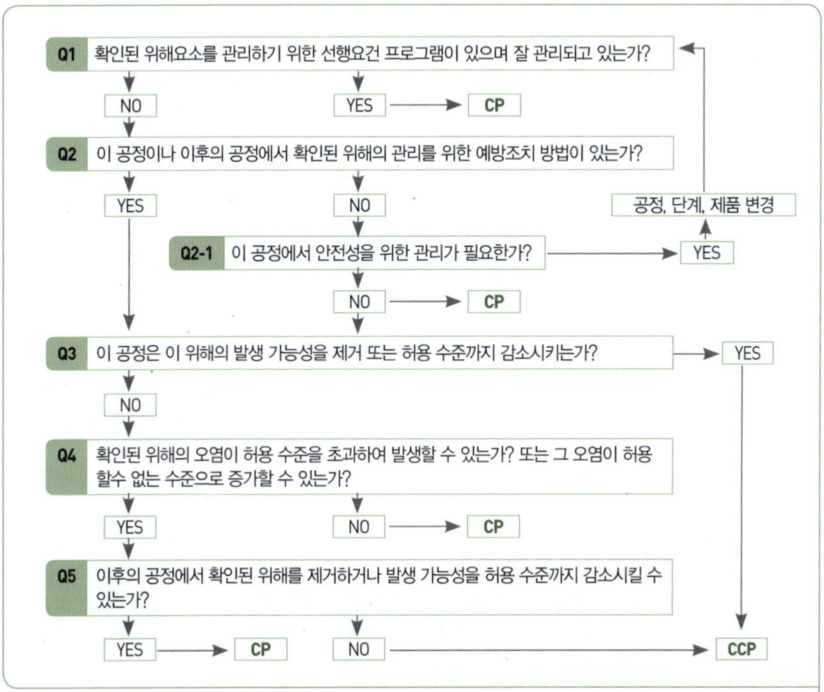

그림 5-1-8 CCP 결정도

CCP의 번호 부여방법은 CCP-2BCP 등으로 표시 되는데 '2'는 CCP의 순서를 나타내고 'B'는 생물학적 위해요소, 'C'는 화학적 위해요소, 'P'는 물리적 위해요소를 나타낸다. 가령 CCP-1B란 표시는 생물학적 위해요소가 문제가 되는 첫 번째 CCP란 뜻을 나타내고 있다.

(3) 한계기준 설정(8절차, 3원칙)

HACCP 관리계획의 수립을 위한 세 번째 원칙은 각 CCP의 예방조치 방법에 대하여 한계기준을 설정하는 것이다. 한계기준이란 CCP에서 관리되어야 할 생물학적, 화학적, 물리적 위해요소를 예방, 제거 또는 허용 가능한 수준까지 감소시킬 수 있는 최대 또는 최소의 기준치를 말하며, 안전성을 보장할 수 있는 과학적 근거에 기초하여 설정해야 한다.

한계기준을 설정할 수 있는 자격을 지닌 사람은 우선 CCP 관리와 관련된 장비와 절차에 대한 전문지식을 가지고 있어야 하며, 한계기준설정에 적합한 장비 및 설비를 다룰 수 있어야 한다. 또한 CCP와 같은 특정 요소를 규명하고 한계기준을 정의하며, 모니터링 결과를 기록하여 문서화할 수 있어야 한다. 한계기준은 현장에서 쉽게 확인할 수 있도록 육안관찰을 하거나 간단한 측정을 통해 수치 또는 지표로 나타내어야 하는데 보통 온도 및 시간, 습도(수분), 수분활성도Aw, 염소, 염분농도, pH, 금속검출기 감도 등으로 나타낼 수 있고 그 예시는 표 5-5-11과 같다.

표 5-1-11 한계기준 예시

공정명	CCP	위해요소	위해요인	한계기준
가열	CCP −1B	*Listeria monocytogenes*, *E. coli* O157:H7	가열온도 및 가열 시간 미준수로 병원성 미생물 잔존	85~120℃, 3~5분(품온 80~110℃, 품온 유지시간 3~5분) 등
세척	CCP −1BCP	*Listeria monocytogenes*, *E. coli* O157:H7 돌, 흙, 모래, 잔류 농약	세척방법 미준수로 병원성 미생물, 잔류 농약, 이물 잔존	가수량 3~4배 세척시간 5~10분
금속 검출	CCP −1P	금속 Fe 2.0mm, SUS 2.0mm 이상, 쇳가루	금속검출기 감도 불량으로 이물 잔존	금속 Fe 2.0mm, SUS 2.0mm 이상 불검출.

한편 중요관리점을 감시하는 중에 관리항목이 한계기준에 가까이 접근해 갈 때 작업자는 한계기준을 이탈하기 전에 조치를 해야 한다. 이와 같이 CCP에서의 관리 실패를 예방하기 위해 실제 작업시에는 표 5-1-12와 같이 한계기준보다 높은 기준을 정하여 작업을 하게 되는데 이를 작업기준Operating limit이라 한다.

표 5-1-12 한계기준과 작업기준

공정	한계기준	작업기준
산 첨가	pH 4.6	pH 4.3
건조	Aw 0.84	Aw 0.80
Hot filling	80℃	85℃

(4) 모니터링 방법수립(9절차, 4원칙)

HACCP 관리계획의 수립을 위한 네 번째 원칙은 CCP를 효율적으로 관리하기 위해 모니터링 방법을 수립하는 것이다. 모니터링이란 CCP 공정이 한계기준을 벗어나지 않고 정상적인 운영이 되도록 관리하기 위해 종업원이 관찰하거나 기계적 방법으로 측정하는 일련의 수행과정이다.

모니터링 방법을 수립하여 시행하면 첫째, 생산과정에서 문제가 발생했을 경우 위해요소 추적이 용이하며 둘째, 작업공정 중 CCP에서 발생한 기준이탈 deviation 시점을 확인함으로써 문제 발생을 사전 차단할 수 있으며 셋째, 문서화된 기록을 제공하여 검증 및 식품사고 발생 시 원인규명과 책임소재를 가리는 증빙자료로 활용할 수 있다. 또한 모니터링 결과는 향후 위생관리에 활용할 수 있다.

HACCP 팀은 가급적 연속적인 모니터링 활동을 하며, 불가능한 경우 비연속적인 모니터링 절차와 주기(빈도수)는 CCP를 한계기준 범위 내에서 관리할 수 있도록 정확하게 설정한다. 모니터링 결과는 개선조치를 취할 수 있는 지식, 경험, 권한을 가진 담당자가 평가한다. 한계기준 이탈 시 신속하고 정확한 판단에 의하여 개선조치가 취해져야 하는데, 일반적으로 물리적 · 화학적 모니터링이 미생물학적 모니터링 방법보다 신속한 결과를 얻을 수 있으므로 우선 적용된다.

모니터링 절차를 확립하기 위한 Key Points는 6하 원칙에 따른 방법 및 절차 확립, 감시 신속성, 기록서식의 간단명료성, 사실적이고 정확한 기록, 기록결과 활용성 그리고 검증 및 감사와 구분을 들 수 있다.

그림 5-1-9 그림 자석의 기능검사(한계기준: 10,000 가우스 이상)

(5) 개선조치 방법 수립(10절차, 5원칙)

개선조치란 모니터링 결과, 회사에서 정한 중요관리점의 한계기준을 초과 또는 미달하였을 경우 소비자에게 위해가 되거나 위해의 가능성이 있는 제품이 출하되지 않도록 취하는 일련의 조치로서 식품이 소비자에게 위해가 되거나 위해의 가능성이 있는 제품이 생산 출하되지 않도록 관리하는 중요한 단계를 말한다.

HACCP 관리의 구성요소로 정해져 있음에도 불구하고, 회사에서 한계기준을 이탈하여 개선조치를 하면 해당 개선조치 자체로 종료하지 않고 개선조치를 하게 된 근본원인을 분석하도록 규정하고, 재발을 방지하는 필요한 조치를 취하도록 규정해야 한다. 이러한 일련의 절차와 행위에 따른 결과는 향후 HACCP 시스템의 개선과 발전에 중요하므로 그 내용을 기록 보관함으로써 주기적인 검토, 평가, 검증 등에 활용할 수 있다.

HACCP 관리계획은 제품에 위해요소가 발생하기 전에 문제점을 미리 파악하고 시정하는 예방체계이다. 따라서 모니터링 결과가 한계기준을 벗어난 경우 신속한 대응조치가 이루어지도록 사전에 개선조치 방법을 설정해야 한다.

개선조치 담당자는 이탈을 야기한 원인, 이탈 재발방지를 위한 효과적인 개선조치 방법, 취한 개선조치에 대한 효과 및 유효성을 포함하여 개선조치 사항을 설정하며 그 내용은 아래의 표 5-1-13와 같다.

표 5-1-13 한계기준과 작업기준 개선조치 사항 설정내용

- 기준 이탈 전/후 신속한 원상 조치 : 기기보정 등
- 작업 중단
- 제품보류 및 부적합 제품 처리(재처리, 폐기 등)
- 다른 공정 대체
- 단기적 응급조치와 장기적 수리
- 재발방지 위한 원인규명 및 개선조치
- 의문제품의 특별관리
- 필요 시 HACCP 계획 검토 및 개선
- 조치 기록 유지, 관리
- 사후조치 : 근본적 원인규명, 모니터링 빈도 증가

(6) 검증절차 수립(11절차, 6원칙)

HACCP 관리계획의 수립을 위한 여섯 번째 원칙은 HACCP 시스템이 적절하게 운영되고 있는지를 확인하기 위한 검증절차를 수립하는 것이다. 검증이란 HACCP 관리계획의 효과성 및 실행 여부를 정기적으로 확인 · 평가하는 활동이다.

HACCP 팀은 HACCP 시스템을 수행하는데 효과적인지, HACCP 관리계획에 따라 제대로 실행되는지, HACCP 관리계획을 변경할 필요성이 있는지를 확인하기 위한 검증절차를 수립한다. HACCP 시스템이 올바르게 수행되고 있는지 여부를 판단하기 위해 검증 및 검사방법, 절차, 실험(무작위 시료채취 및 분석 등) 등이 이용될 수 있다.

검증은 HACCP 계획이 올바르게 수립되어 있는지 그리고 계획을 시행하면 목적한 식품안전이 확보될 수 있는지를 과학적 · 기술적 자료 수집과 평가를 통해 확인하는 유효성 평가Validation와 실행성 검증Implementation으로 구분한다. 이때 실행성 검증은 표 5-1-14과 같이 요약할 수 있다.

특히 검증은 HACCP의 효과적인 사후관리를 위해 매우 중요한 절차로서 HACCP의 지속적 관리 여부를 판가름한다. 따라서 지정평가 시는 전체 평가점수 200점 가운데 20점이 검증에 할애된 반면 사후관리 평가 시는 50점의 평가점수가 배점되어 검증의 중요성을 나타내고 있다.

표 5-1-14 실행성 검증(Implementation)

- 작업자가 CCP 공정에서 정해진 주기로 측정이나 관찰을 수행하는지 확인하기 위한 현장검증
- 한계기준 이탈시 개선조치를 취하고 있으며, 개선조치가 적절한 지 확인하기 위한 기록의 검토
- 개선조치 실제 실행 여부와 개선조치의 적절성 확인을 위하여 기록의 완전성 · 정확성 등 자격 있는 사람의 검토 여부
- 검사 · 모니터링 장비의 주기적인 검 · 교정 실시 여부
- 원료, 공정, 제품 등의 검사 등에 대한 확인 등

(7) 문서화 및 기록유지 방법 수립(12절차, 7원칙)

HACCP 관리계획의 수립을 위한 일곱 번째 원칙은 HACCP 시스템을 효율적으로 운영하기 위해 문서화 및 기록유지 방법을 설정하는 것이다.

국가는 법령을 만들고 정부와 국민은 국가의 법령을 준수해야 질서와 안녕을 확보할 수 있듯이 회사 또한 사규를 정하고 이를 회사와 직원들이 준수해야 회사가 정상적으로 운영된다. HACCP 시스템을 제대로 운영하기 위해서는 HACCP 시스템 관련 규정을 정하고, 이를 종사자들이 준수해야한다.

HACCP 시스템은 절차, 방법, 기준 등의 문서화를 원칙으로 한다. 정부에서 정하는 HACCP 시스템 관련문서인 선행요건 프로그램과 HACCP 관리기준서를 식품업체에서는 회사가 준수해야 할 내부 규정처럼 지켜야 한다. 기록은 기준서, 표준, 지침이나 양식에 의해서 종사자들이 활동내용과 그 결과를 종이 또는 전자 매체에 표현하는 것이며, 기록유지는 이들 기록을 관리하는 것을 말한다. 즉 HACCP 시스템은 구축, 운영, 개선에 대한 절차, 방법, 기준 등을 문서화하고, 문서화된 규정에 따라 제반 양식, 점검표 등을 HACCP 팀원들과 관계 종사자들이 기록 유지해야 한다.

이러한 문서화 및 기록유지는 HACCP 시스템을 올바르게 운영한다는 것을 입증하는데 필수적이며, 시스템을 개선하기 위한 핵심사항이다. HACCP 시스템은 문서화, 문서관리, 기록유지 등의 제반사항을 정하고 반드시 이를 준수해야 한다. 또한 문서화 및 기록유지는 회사의 규모 및 공정의 특성에 따라 적절하게 수행해야 한다. 다시 말해, 다음 표 5-1-15에서 나타내는 것 같이 문서에는 지사, 약속, 계획, 지침 등이 작성된 것이며 기록에는 행위의 결과, 증거자료 등

이 작성되어진 것이다.

표 5-1-15 HACCP에서의 문서와 기록의 성격적 차이

구분	문서(Document)	기록(Record)
내용	지시, 약속, 계획, 지침 등	행위의 결과, 증거자료 등

특히 모니터링, 개선조치 결과 등의 기록은 식품 안전성 확보를 위한 노력과 신뢰를 증빙하는 중요한 자료이며, 경우에 따라서는 법정 증거자료로 제출될 수 있으므로 실시간 내용을 사실적으로 정확하게 기록하는 것이 매우 중요하다. 따라서 모니터링 결과치, 점검표 등의 모든 기록지에는 날짜, 시간, 장소, 담당자명, 담당자 서명, 제품명(필요시 라인/기계명), 로트번호(또는 고유번호), 책임자명, 책임자 서명이 있어야 효력이 발생되며, 절대로 허위로 기재하거나 수정테이프를 사용해서 처리해서는 안 된다. 참고로 위해분석 근거 자료, 한계기준 설정 근거 자료 등도 기록에 해당된다.

HACCP 시스템 관련문서 및 기록은 최소한 2년간 보관해야 하나 제품의 유통기간이 2년 이상인 경우에는 그 이상의 기간 동안 보관해야 한다. 이러한 문서 및 기록은 별도로 정하는 장소에 비치 · 열람이 가능하도록 해야 하며 문서는 항상 최신본이 유지되도록 해야 한다.

보관이라 함은 문서, 자료 등이 보고 및 참고 절차가 끝난 후 빈번하게 열람하거나 참고할 목적으로 각 부서 내 지정된 장소에 집합하여 관리하는 것이고, 보존이라 함은 업무수행 중 작성도니 문서 중 활용도는 낮으나 추후 증거의 역할 및 기타 장래 업무에 필요하여 회사가 정한 장소에 보존 연한에 의거하여 관리하는 경우를 뜻한다.

6. 선행요건 관리

HACCP 관리계획은 안전하고 위생적인 식품의 생산에 필요한 기본적인 환경 및 작업 활동을 보장하는 선행요건 프로그램의 튼튼한 기초 위에서 수립 ·

시행되어야 한다. 선행요건 프로그램Prerequisite Programs(PP)은 1993년 캐나다 농업식품성AAFC의 식품안전성 강화 프로그램Food Safety Enhancement Program에서 유래되었다.

선행요건 프로그램은 공장의 환경요인과 운영 상태를 관리하기 위하여 계획한 프로그램으로서 완벽한 식품 위생관리 프로그램의 기초와 기반이 된다. HACCP을 적용하고자 하는 업소의 영업자는 식품위생법 등 관련 법적 요구사항을 준수하면서 위생적으로 식품을 제조 · 가공 · 조리하기 위한 기본 시스템을 갖추기 위하여 작업기준 및 위생관리기준을 포함하는 선행요건 프로그램을 먼저 개발하여 시행하여야 한다.

선행요건 프로그램에 포함되어야 할 사항은 표 5-1-16에서 보는 바와 같이 영업장 · 종업원 · 제조시설 · 냉동설비 · 용수 · 보관 · 검사 · 회수관리 등 영업장을 위생적으로 관리하기 위해 기본적이고도 필수적인 위생관리 내용이다. 영업자는 이들 분야별로 작업담당자, 작업내용, 실시빈도, 실시상황의 점검 및 기록방법을 정하여 구체적인 관리기준서를 작성하여 종업원이 준수하도록 시행하고 이에 대한 기록을 보관 · 유지하여야 한다.

표 5-1-16 유형별 선행요건

(식품위해요소중점관리기준, 제2012-19호)

식품제조 · 가공업, 건강기능식품 제조업, 집단급식소식품 판매업용 (52항목)	단체급식업소 (집단급식소, 식품접객업소, 도시락제조 · 가공업소용) (71항목)	기타 식품판매업소 (36항목)
가. 영업장 관리	가. 영업장 관리	가. 입고관리
나. 위생관리	나. 위생관리	나. 보관관리
다. 제조 · 가공시설 · 설비관리	다. 제조 · 가공시설 · 설비관리	다. 작업관리
라. 냉장 · 냉동시설 · 설비관리	라. 냉장 · 냉동시설 · 설비관리	라. 포장관리
마. 용수관리	마. 용수관리	마. 진열 · 판매수리
바. 보관 · 운송관리	바. 보관 · 운송관리	바. 반품 · 회수관리
사. 검사관리	사. 검사관리	
아. 회수 프로그램 관리	아. 회수 프로그램 관리	

선행요건은 식품가공과 관련된 위해요소의 약 80~90% 정도를 관리할 수 있도록 계획된다. 일반적으로 선행요건에서 관리하는 위해요소는 위해도 및 심각

성이 낮은 범주에 속하는 것이며, 식품의 안전에 직적접이거나 심각한 영향을 주지 않는 것을 대상으로 한다.

앞서 설명했듯이 선행요건은 표준위생관리기준Sanitation Standard Operation Procedure(SSOP)와 위생적인 식품생산을 위한 시설 · 설비 요건을 포함하는 우수제조기준Good Manufacturing Practice(GMP)로 구성되어 출발하였다. 그러나 그 내용이 엄격하게 구분되어 있지 않고 중복되는 내용이 있어 이해하기가 복잡하게 받아들여졌다. 따라서 우리나라에서는 HACCP을 실시하면서 두 가지 시스템에서 나타내고자 하는 모든 내용을 8가지로 이해하기 쉽게 정리하였다. 정리된 선행요건에는 영업장 관리, 위생관리, 제조 및 가공시설 · 설비관리, 냉장 · 냉동시설 · 설비관리, 용수관리, 보관 · 운송관리, 검사관리, 회수 프로그램 관리를 포함한다. 최근에 개정된 고시에서는 업소의 유형별로 선행요건을 세분하여 다음 표와 같이 나타내고 있다.

본 장에서는 일반 식품제조업소의 8가지 선행요건을 중심으로 설명하고자 한다.

1) 영업장 관리

영업장 관리기준은 HACCP의 지정평가 및 사후평가에 있어서 아주 중요한 사항이다. 공장의 전반적인 시설 및 부대시설을 설치함에 있어서 영업장 관리기준이 정하고 있는 기준에 맞게 설치되어야 한다. 특히 작업장, 건물의 바닥 ·

무허가 건축물 사용 금지

영업장 주변 조경 지양

그림 5-1-10 HACCP 시스템에서 영업장 관리

벽 · 천장, 배수 및 배관, 출입구 통로, 창, 화장실이나 탈의실 등의 부대시설 등이 주요한 시설물로서 모두 12개 문항으로 관리기준이 설정되어 있다.

예를 들면, 제1번 문항의 경우 작업장에 대한 기준으로 '작업장은 독립된 건물이거나 식품 취급 외의 용도로 사용되는 시설과 분리(벽, 층 등에 의하여 별도의 방 또는 공간으로 구별되는 경우를 말한다. 이하 같다)되어야 한다'이며 3점을 배점하였다. 즉 영업장 주변에 이물혼입, 해충 등의 서식지가 되는 조경을 피하며 관리대책을 수립했는지의 여부를 평가한다.

2) 위생관리

제조가공업소와 단체급식업소의 위생관리기준은 시설 설비의 관리기준 못지않게 중요하다. 동선 계획 및 공정 간의 오염을 방지하고 온도 및 습도관리, 환기시설 및 방충 · 방서 관리 등의 작업환경관리를 위한 위생관리기준이 작업장 내에서 지켜져야 한다. 그리고 손 씻기나 위생적인 복장착용 등의 개인위생관리는 항상 청결하게 유지해야 한다. 사업장의 폐기물 관리와 기계 설비 등의 세척 소독도 항상 위생관리기준에 맞도록 관리되어야 한다. 더욱이 단체급식업소에서의 전처리, 조리, 완제품 관리, 배식, 검식, 보존식 등의 급식업소 내의 작업위생관리도 기준에 맞게 관리되어야 한다.

위생관리기준은 앞서 설명한 바와 같이 작업환경관리를 포함하여 모두 16개항의 내용으로 구성 되어 있으며, 특히 개인 위생관리의 경우 "작업장의 종업원

개인장신구 및 매니큐어 사용금지 / 작업장 복장착용 규정에 따라 착용

그림 5-1-11 HACCP 시스템에서 개인위생관리

등은 위생복, 위생모, 위생화 등을 항시 착용하여야 하며, 개인용 장신구 등을 착용하여서는 아니 된다."의 문항으로 0~2점이 배정되어 있다. 아래 그림 5-1-11에서 보는 바와 같이 청결구역 등은 제품을 보호하기 위해 마스크 등이 필요하며, 먼지가 많은 일반구역 등은 작업자를 보호하기 위해 마스크 등의 착용이 필요하고 위생복, 마스크, 앞치마 등을 부적절하게 착용할 경우 교육훈련을 통해 개선할 수 있다.

3) 제조 및 가공 시설 · 설비관리

제조 · 가공업소의 제조시설 및 기계기구류 등의 설비관리와 단체급식업소용의 조리장비는 제조 · 가공시설설비관리기준의 적용을 받는다. 식품제조 · 가공업소의 경우 제조시설 및 설비는 제조 · 가공공정 간 또는 취급시설 · 설비 간 오염이 발생되지 않도록 공정의 흐름에 따라 적절히 배치한다. 공업용 윤활유나 물리적 위해요인에 의한 오염이 발생하지 않도록 위생적으로 설치 · 운영한다. 또한 인체에 무해한 내수성 · 내부식성 재질로 세척이 쉽고 열탕, 증기, 살균제 등으로 소독 · 살균이 가능하여야 하며, 청소가 용이한 구조로 이루어져야 한다. 기구 및 용기류는 용도별로 구분하여 사용 · 보관하며, 온도를 높이거나 낮추는 처리시설에는 온도변화를 측정 · 기록하는 장치를 설치 관리한다. 이 모든 사항은 주기적으로 점검하여 유지 · 보수 등 개선조치를 취해야 한다.

제조 및 가공 시설 · 설비관리 기준은 모두 4개의 문항으로 구성되어 있고

모니터링 기구 살균보관함

디지털 자동 온도기록 장치

그림 5-1-12 HACCP 시스템에서 제조 및 가공 시설 · 설비관리

그 중 온도 관리 기준은 "온도를 높이거나 낮추는 처리시설에는 온도변화를 측정 · 기록하는 장치를 설치 · 구비하거나 일정한 주기를 정하여 온도를 측정하고, 그 기록을 유지하여야 하며, 관리계획에 따른 온도가 유지되어야 한다."로 규정되어 있고 0~2점이 배정되어 있다. 아래 그림 5-1-12에서 보는 바와 같이 HACCP 계획에 따라 실제 운영 · 관리되고 있는지에 대한 현장기록을 반드시 확인해야 한다.

4) 냉장 및 냉동 시설 · 설비관리

냉장시설은 내부의 온도를 10℃ 이하(다만 신선편의식품, 훈제 연어는 5℃ 이하 보관 등 보관온도 기준이 별도로 정해진 식품의 경우에는 그 기준을 따른다), 냉동시설은 -18℃ 이하로 유지한다. 또한 외부에서 온도변화를 관찰할 수 있어야 하며, 온도 감응 장치의 센서는 온도가 가장 높게 측정되는 곳에 위치하며, 정기적으로 점검 정비를 실시하며 그 결과를 기록 유지한다. 단체급식업소의 경우 추가적으로 냉장고와 냉장실은 냉장 식재료 보관, 냉동 식재료의 해동, 가열 조리된 식품의 냉각과 냉장보관에 충분한 용량이 되어야 한다. 시설 · 설비관리기준은 33번 문항 하나로 0~2점이 배정되어 있고 아래 그림 5-1-13과 같이 냉장 및 냉동 시설 · 설비는 효율적으로 설치될 것을 요구하고 있다.

외부에서 온도변화 확인 가능

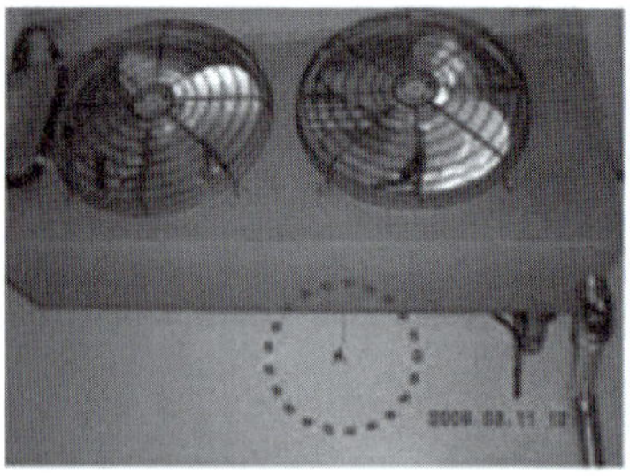

온도가 가장 높게 측정되는 곳에 센서 위치

그림 5-1-13 HACCP 시스템에서 제조 및 가공 시설 · 설비관리

5) 용수관리

식품제조 · 가공에 사용되는 용수는 수돗물이나 먹는 물 수질기준에 적합한 지하수이어야 한다.(지하수의 경우 취수원은 화장실, 폐기물, 폐수처리시설, 동물사육장 등 기타 지하수가 오염될 우려가 없도록 관리, 효과가 입증된 용수살균/소독장치 설치) 먹는 물 수질기준 전 항목 검사는 연 1회 이상(음료류 등 직접 마시는 용도의 경우는 반기 1회 이상), 미생물학적 항목 검사는 월 1회 이상 실시한다.

용수저장탱크, 배관 등은 인체에 유해하지 않은 재질을 사용하며 외부로부터의 오염물질 유입을 방지하는 잠금장치를 설치한다. 또한 용수 저장탱크는 반기별 1회 이상 청소와 소독을 실시하고 그 결과를 기록 유지하며, 비음용수 배관은 음용수 배관과 구별되도록 표시하고 교차되거나 합류되지 않도록 관리한다. 단체급식업소의 경우 지하수 취수원은 오염 우려 장소로부터 20미터 이상 떨어진 곳에 있어야 한다.

용수관리는 모두 5개 문항으로 구성되어 있고 그 중 용수관리 기준은 "저수조, 배관 등은 인체에 유해하지 아니한 재질을 사용하여야 하며 그림 5-1-14과 같이 외부로부터의 오염물질 유입을 방지하는 잠금장치를 설치하여야 하고, 누수 및 오염 여부를 정기적으로 점검하여야 한다."로 1점이 배정되어 있다. 특히 용수탱크나 보관실에는 그림 과 같이 잠금장치가 설치되어 있어야 한다.

장금장치 미 설치

장금장치 설치

그림 5-1-14 HACCP 시스템에서 용수관리

6) 보관 · 운송관리

제조 · 가공업소와 단체급식업소에서는 원 · 부자재의 구입 및 입고, 운송, 보관과 제조 · 가공업소에서의 협력업체 관리 시에는 보관, 운송관리기준을 준용해야 한다.

보관 · 운송관리 기준은 모두 8개의 문항으로 구성되어 있으며 특히 운송차량에 대한 기준은 '운송차량은 냉장의 경우 10℃이하, 냉동의 경우 -18℃이하를 유지할 수 있어야 하며, 외부에서 온도변화를 확인할 수 있도록 온도 기록 장치를 부착하여야 한다'로 규정되어 있고 그 구체적 사례는 다음 그림 5-1-15과 같다.

운반용 지게차에 대한 세척 소독 및 위생관리 부적절

외부에서 온도변화 확인 및 인위조작 방지된 온도 기록장치 부착

그림 5-1-15 HACCP 시스템에서 보관 · 운송관리

7) 검사관리

제조 · 가공업소와 단체급식업소의 제품검사와 시설설비기구 등의 검사 관리를 실시해야 한다. 제품검사는 자체 실험실에서 검사계획에 따라 실시하거나 검사기관과의 협약에 의하여 실시하여야 하며 냉장 · 냉동 및 가열처리 시설 등의 온도측정 장치는 연 1회 이상, 검사용 장비 및 기구는 정기적으로 검 · 교정하여야 한다. 이때 자체적으로 검 · 교정하는 경우에는 그 결과를 기록 · 유지하여야 하고, 외부공인 검 · 교정기관에 의뢰하여 검 · 교정하는 경우에는 그 결과를 보관하는 것으로 규정하고 0~2점을 배정하고 있다.

8) 회수 프로그램Recall 관리

회수 프로그램 관리는 구체적인 회수절차나 방법을 기술한 회수 프로그램을 수립 · 운영해야 한다. 생산 장소, 일시, 제조라인 등 해당 시설 내의 필요한 정보를 기록 · 보관하며, 제품 추적을 위한 코드 표시 또는 로트 관리 등의 적절한 확인 방법을 강구해야 한다.

회수 프로그램 관리를 위한 기준은 2개의 문항으로 구성되어 있고 이를 위해서는 거래처와 비상연락망 구축과 원 · 부재료를 선입 · 선출 및 제품생산 로트 관리를 요구하고 있다.

참고로 식품의 자진회수제도란 판매를 목적으로 식품 등을 제조 · 가공 · 소분 또는 수입한 영업자가 당해식품 등으로 인한 위생상의 위해가 발생하였거나 발생할 우려가 있다고 인정하는 때에는 그 사실을 국민에게 알리고 유통 중인 당해식품을 회수하도록 노력하여야 하는 제도로서 우리나라에는 1995년 12월에 도입되었다. 식품의 자진회수제도를 이해하기 위해서는 다음의 용어를 이해하여야 한다.

① "회수"란 영업자가 상품화된 식품 등을 제거하는 것을 말한다.
② "회수상황"이라 함은 식품 등으로 인한 위생상의 위해가 발생하였거나 발생할 우려가 있다고 인정되는 경우를 말하며, 긴급상황과 일반상황으로 분류한다.
③ "긴급상황"이라 함은 식품 등에 병원성미생물, 유독 · 유해 물질이 들어 있거나 묻어 있어 인체 건강에 악영향을 주거나 죽음에 이르게 할 가능성이 있는 때를 말한다.
④ "일반상황"이라 함은 긴급상황이 아닌 회수상황으로서 식품 등의 소비나 사용으로 건강에 위해 가능성이 있는 경우를 말한다.
⑤ "영업자"라 함은 식품 등을 제조 · 가공 · 보존 · 운반 · 소분 · 판매 또는 수입한 자를 말한다.
⑥ "자진회수"라 함은 영업자가 스스로 하는 회수를 말한다.
⑦ "강제회수"라 함은 특별시장, 광역시장, 도지사, 지방식품의약품안전청장, 시장, 군수 또는 구청장의 명에 의하여 영업자가 하는 회수를 말한다.
⑧ "회수 공표문"이라 함은 회수사실을 알리기 위하여 중앙일간지에 게재하는 공표문을 말한다.
⑨ "건강 위해성 평가"라 함은 위해가 발생하였거나 발생할 우려가 있는 식품에 대한 평가이며

식품회수평가위원회에 의해 평가된다.

⑩ "공표"라 함은 회수되고 있는 제품이 심각한 건강 위해를 나타내거나 이러한 공표가 일반대중의 관심사라고 생각될 때 국민에게 경각시키기 위하여 회수광고를 중앙일간지 등에 게재하는 것을 말하여 언론공개는 사건에 따라 결정된다.

7. HACCP 지정과 사후관리

1) HACCP의 지정

HACCP 적용업소로 지정받고자 하는 업체는 적용하고자 하는 식품 및 영업장 특성에 맞는 해썹(HACCP) 관리계획을 수립하여 시행규칙 별지 제52서식의 HACCP 적용업소 지정신청서를 작성하여 지방식품의약품안전청장에게 제출하여야 한다. 민원서류는 지정신청일로부터 40일(법정 공휴일 및 보완기간 제외) 이내에 처리된다. 먼저 신청인이 제출한 HACCP 계획서의 서류를 검토한 후 보완이 필요할 경우 자료 등을 통하여 이를 보완한다. 최초 지정신청 품목에 대하여 식품위생심의위원회의 회의개최를 통해 업소가 자체적으로 마련한 HACCP 적용기준의 적정성 및 타당성을 심의한다. 실제 평가자가 현장평가일자를 통보하며 이때「식품위해요소중점관리기준」중 실시상황평가표에 의거하여 현장평가가 이루어진다. 마지막으로 현장평가에서 적합 판정을 받게 되면 HACCP 적용업소 지정서가 발급된다.

실시상황평가점수표는 아래의 표 5-1-17과 같으며 선행요건의 경우 각 항목에 대한 취득점수의 백분율이 85점 이상일 경우에는 적합, 84점 이상에서 71점 이하는 보완, 70점 이하이면 부적합으로 판정한다. 평가 제외 항목이 있을 경우 평가제외 항목을 제외한 총 점수 대비 취득점수를 백분율로 환산하여 85%(소수 첫째자리 반올림 처리) 이상일 경우에는 적합, 71%에서 84% 이하는 보완, 70% 이하이면 부적합으로 판정한다. 그리고 HACCP 관리는 지정평가표에 의해 총 점수 200점 중 170점 이상은 적합, 160점 이상 169점 이하는 보완, 159점 이하이면 부적합으로 판정한다.

HACCP 업소로 지정된 회사가 지정사항을 변경하고자 할 때에는 소재지의

표 5-1-17 HACCP 지정평가 판정기준

(식품위해요소중점관리기준, 제2012-19호)

	일반업소 (식품제조가공,단체급식 식품접객업소)	기타식품판매업소	소규모 업소
판정 기준	• HACCP 프로그램 관리 – 적 합 : 170점 이상 – 보 완 : 160~169점 – 부적합 : 159점 이하 • 선행요건 관리 – 적 합 : 85% 이상 – 보 완 : 71~84% – 부적합 : 70% 이하	• HACCP 프로그램 관리 – 적 합 : 85점 이상 – 보 완 : 71~84점 – 부적합 : 70점 이하 • 선행요건 관리 – 적 합 : 85% 이상 – 보 완 : 71~84% – 부적합 : 70% 이하	• 총 20개 항목 중 – 보 완 : 17개 이상 – 보 완 : 15~16개 – 부적합 : 14개 이하

이전 및 CCP 변경(추가 또는 삭제)의 경우는 반드시 변경 신청을 하고 해당 지방식약청에서는 서류검토나 현장조사 등의 방법으로 변경사항을 확인하고 HACCP 적용업소 지정서에 변경사항을 기재하여 재교부를 해야 한다.

2) 사후관리

HACCP 지정업소는 식품위생법 시행규칙 제66조에 근거하여 1년에 1회 이상의 사후관리를 받아 HACCP 시스템이 원래 지정받을 때와 같은 방향으로 유지하고 있는지, 혹은 문제점이 있으면 찾아내어 HACCP 시스템이 올바르게 진행 되도록 해야 한다. 사후관리는 HACCP 평가단이 현지조사 및 평가를 실시하여 선행요건, HACC P 관리로 나누어 HACCP 실시상황평가를 한다. 이때의 판정기준은 다음 표 5-1-18에 나타난 바와 같다.

즉 각 항목에 대한 취득점수의 합계가 85% 이상일 경우에는 수정 · 보완하도록 조치하되, 84점 이하이면 부적합으로 판정한다. 다만, 평가 제외 항목이 있을 경우 평가제외 항목을 제외한 총 점수 대비 취득점수를 백분율로 환산하여 85%(소수 첫째자리 반올림 처리) 이상일 경우에는 적합, 84% 이하이면 부적합으로 판정한다. 한편 소규모 적용업소의 경우는 각 항목에 대한 준수항목의 개수가 17개 이상일 경우에는 적합, 16개 이하이면 부적합으로 판정한다. 다만, 평가 제

(식품위해요소중점관리기준, 제2012-19호)

표 5-1-18 HACCP 사후관리 판정기준

	일반업소 (식품제조가공, 단체급식 식품접객업소)	기타 식품판매업소	소규모 업소
판정 기준	• HACCP 프로그램 관리 – 적 합 : 총점수 200점 중 170점 이상 • 선행요건 관리 – 적 합 : 85% 이상 – 부적합 : 84% 이하	• HACCP 프로그램 관리 – 적 합 : 총점수 100점 중 85점 이상 • 선행요건 관리 – 적 합 : 85% 이상 – 부적합 : 84% 이하	• 총 20개 항목 중 – 적 합 : 17개 이상 (85% 이상) – 부적합 : 16개 이하 (84% 이하)

외 항목이 있을 경우 평가제외 항목을 제외한 총 항목 대비 준수항목을 백분율로 환산하여 85%(소수 첫째자리 반올림 처리) 이상일 경우에는 적합, 84% 이하이면 부적합으로 판정한다. 그 결과 부적합 시 시정조치를 하고 연속 2회 이상 시정조치를 이행하지 않는 경우 지정취소를 하는 등 적극적 사후관리를 하여 HACCP 시스템의 올바른 운영을 유도하고 있다.

참고로 지난 2011년 식품의약품안전청의 정기평가 지적률을 살펴보면 그림 5-1-16에서 보는 바와 같이 위해요소분석이 가장 높게 나타났다. 그 이유는 일본 후쿠시마 원전사고를 비롯한 새로운 위해요소 발생 시 적절한 위해요소분석

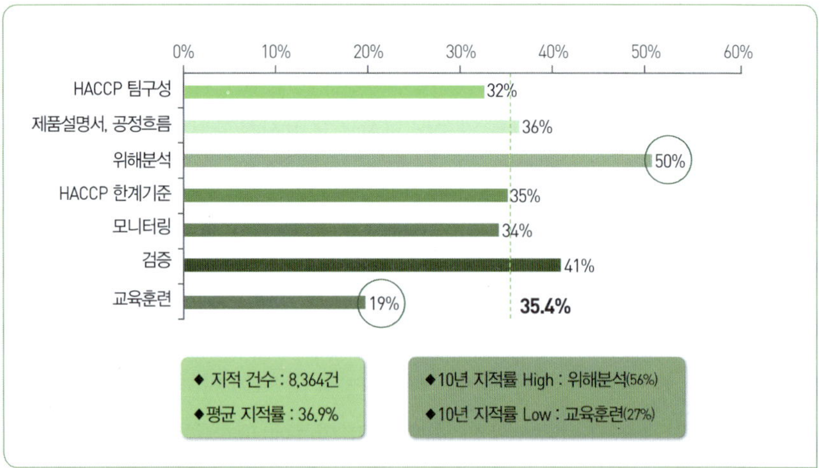

(식의약품안전청, 2012)

그림 5-1-16 2011년 정기평가 지적률

이 되지 않았기 때문으로 생각된다.

지난 2012년 5월 17일 개정된 고시에서는 그 동안 문제점으로 지적 되어온 획일적인 사후관리 방안을 다음과 같이 보완하였다.

① 정기 조사 · 평가 점수의 백분율이 95% 이상인 경우 1년간 정기 조사 · 평가를 하지 않을 수 있으며, 해당업소가 자체적으로 조사 · 평가 실시
② 정기 조사 · 평가 점수의 백분율이 95% 미만에서 85% 이상인 경우 연 1회 이상 정기 조사 · 평가 실시
③ 정기 조사 · 평가 점수의 백분율이 85% 미만에서 70% 이상인 경우 연 1회 이상 정기 조사 · 평가 및 연 1회 이상 기술지원(이하 'HACCP 지원사업 위탁기관에서 실시하는 지원'을 말한다) 실시
④ 정기 조사 · 평가 점수의 백분율이 70% 미만인 경우 연 1회 이상 정기 조사 · 평가 및 연 2회 이상 기술지원 실시

사후관리평가 후 위반사항이 있을 경우 아래의 표 5-1-19와 같은 행정제재가 있으며, 시정의 경우는 HACCP 기준을 준수하지 않았을 때와 영업자 및 종업원이 교육훈련을 받지 아니한 때이며, 지정 취소는 영업정지 2월 이상의 행정처분을 받았거나 시정조치를 계속하여 2회 이상 이행하지 않은 경우이다.

표 5-1-19 HACCP사후관리 행정제재

기준	위반사항
시정	- 식품위해요소중점관리기준(HACCP)을 - 준수하지 아니한 때
	- 영업자 및 종업원이 교육 훈련을 받지 아니한 때
지정 취소	- 영업정지 2월 이상의 행정 처분을 받을 때 - 또는 그에 준하는 과징금을 부과 받을 때
	- 시정조치를 계속하여 2회 이상 이행하지아니한 때

한편, 의무적용 대상 업체가 의무적용 시행기한 내에 HACCP 적용을 하지 않은 경우 1차는 영업정지 7일, 2차는 영업정지 15일, 3차는 영업정지 30일을 그리고 4차는 영업취소 및 3년 이하의 징역 또는 3천만 원 이하의 벌금에 해당하는 행정제재를 받도록 정해져 있다.

8. HACCP의 도입효과

1) 정부 측면

식품업소가 식품제조 내역에 대한 기록을 유지하게 됨으로써 식품위생감시원이 정기 또는 수시점검 시 일일이 제조공정을 확인하는 번거로움 등을 방지하게 되어 식품감시활동의 효율성을 기할 수 있다. 또한 위생적이고 안전한 식품을 제조하는 여건과 환경을 조성함으로써 국민들이 안전한 식품을 섭취하게 되어 공중보건을 향상시키고 의료비를 절감하는 효과를 가져다준다. 그리고 기업들이 HACCP 제도를 적용함으로써 국제식품교역 시 원활한 교역여건을 조성하게 된다.

2) 소비자 측면

HACCP 시스템을 통하여 생산된 식품은 안전성과 위생을 최대한 보장하였다고 볼 수 있으므로 소비자들이 안심하고 섭취할 수 있으며 식중독의 위험을 감소시킬 수 있다. 또한 식품에 표시된 HACCP 마크를 보고 소비자는 정부

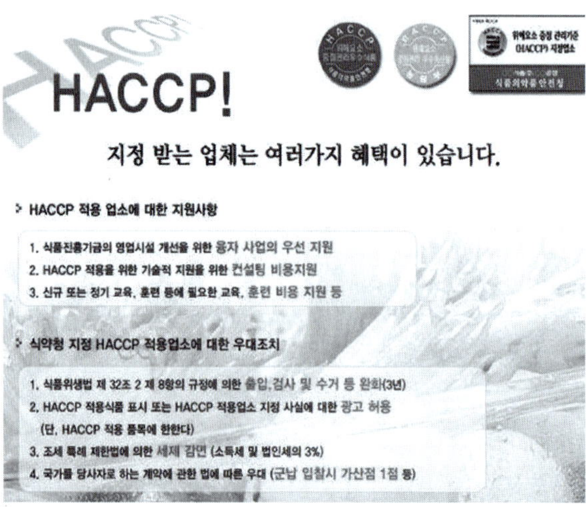

그림 5-1-17 HACCP 지정업소의 혜택

가 지정한 HACCP 적용업소에서 생산한 제품임을 확인할 수 있으므로 식품의 안전여부를 판단할 수 있다. 소비자는 HACCP 마크를 통해 스스로 안전식품임을 알 수 있는 정보를 제공받아 식품을 선택할 수 있으므로 안전한 식생활 유지와 삶의 질을 개선하는 계기가 된다.

3) 식품업계 측면

식품업소 측면에서 볼 때 정부 주도형 위생관리에서 벗어나 자율적으로 위생관리를 수행할 수 있는 체계적인 위생관리 시스템의 확립이 가능하다. 그리고 예상되는 위해요소를 과학적으로 규명하고 이를 효과적으로 제어함으로써 위생적이고 안전성이 충분히 확보된 식품생산이 가능해진다.

뿐만 아니라 기존의 위생관리방법과 같이 모든 단계를 광범위하게 관리하는 것이 아니라 위해가 발생될 수 있는 단계를 사전에 집중적으로 관리함으로써 위생관리 시스템의 효율성을 극대화시킬 수 있다. HACCP 적용 초기에는 시설 · 설비보완 및 집중관리를 위한 많은 인력과 예산투입으로 부담이 되나 장기적으로 보면 관리인원이 줄어들고 제품의 불량률, 소비자 불만, 반품, 폐기물 등의 감소를 통해 소비자의 평가가 향상되고 경제적인 이익을 가져다준다. HACCP 적용품목에 대한 HACCP 마크 부착과 이에 대한 광고가 가능함으로써 효과적인 마케팅 수단이 되고 소비자들에게 회사의 이미지와 신뢰성을 높일 수 있다. 나아가 종업원들의 안전의식이 향상되고 자연적으로 법규를 준수하게 되며 제조물책임법에 의한 소비자 보상 요구 시 이에 대응할 수 있는 체계를 갖추게 된다.

제6편

식품첨가물 및 특수 식품의 위생관리

식품첨가물

방사선 조사 및 유전자 재조합 식품

건강기능식품

제1장 식품첨가물

근래에는 생활 수준의 향상과 더불어 가공식품의 수요가 증대되고 있는데, 특히 고영양식품, 기호식품, 즉석식품, 인스턴트 식품 등이 다량으로 생산, 공급되고 있다. 식품공업의 발달과 더불어 식품의 상품적 가치나 영양적 가치 및 위생적 가치를 높이거나 식품의 제조, 가공을 위해 식품첨가물의 사용량이나 사용빈도가 점차 증가되고 있다.

이러한 식품첨가물에는 화학적 합성품, 천연 첨가물, 혼합 제제류, 기구 등의 살균 소독제가 있는데 식품의 품질을 향상시키고 외관을 좋게 하는 것 이외에도 작업의 능률화, 경제화를 도모할 수 있으므로 응용범위가 넓다. 그러나 화학적 합성품은 대개가 독성을 갖고 있으며 안전한 것이라고 하더라도 순도나 사용법 등에 따라 인체에 해로운 영향을 끼치는 경우도 있어 주의가 필요하다.

식품첨가물은 식품 본래의 성분은 아니지만 음식물을 통하여 계속적으로 우리 체내에 섭취되는 것이므로 인체에 대한 안전성이 높은 것이어야 한다. 현대의 식생활에서 필수 불가결의 요소로 되어가고 있는 식품첨가물에 대한 법적 규제사항과 기타 전반적인 문제에 대하여 살펴보고자 한다.

1. 식품첨가물의 정의 및 의의

1) 정의

식품첨가물은 여러 가지로 정의되고 있는데, 우리나라의 식품위생법 제2조 제2항에 '식품을 제조 · 가공 또는 보존함에 있어 식품에 첨가 · 혼합 · 침윤 · 기타의 방법으로 사용되는 물질(기구 및 용기 · 포장의 살균 · 소독의 목적에 사용되어 간접적으로 식품에 이행될 수 있는 물질을 포함한다)을 말한다(2003 개정)'라고 정의하고 있다.

FAO와 WHO의 합동전문위원회Joint FAO and WHO Expert Committee on Food Additives(JECFA)에서 「식품첨가물이란, 식품의 외관 · 향미 · 조직 또는 저장성을 향상시킬 목적으로 보통 적은 양이 식품에 의도적으로 첨가되는 비영양물질」이라고 정의하였다.

그리고 미국의 식품보호위원회Food protection Committee of the National Academy of ScienceNational Research Council에서 식품첨가물이란 생산 · 가공 · 저장 또는 포장 등의 과정에서 식품 중에 첨가되는 기본적인 식품 이외의 물질 또는 이들의 혼합물로서, 여기에는 우발적인 오염물은 포함되지 않는다고 정의하고 있다.

첨가물은 식품의 제조, 가공, 보존상의 목적하에서 첨가하는 의도적 식품첨가물intentional food additive과 고의적이 아닌 경로로 식품에 축적, 혼입 또는 이행에 의하여 식품 중에서 검출되는 비의도적 식품첨가물(식품오염물)unintentional food additive로 구분되는데, 보통 첨가물이라 하면 전자를 말한다.

따라서 식품첨가물은 식품과 공존함으로써 그 의의를 갖는데 식품첨가물 자체를 식품으로 섭취하지는 않으므로 단독으로는 식생활과 관계가 없으며 비식품이라고 할 수 있다. 식품첨가물은 제조과정에서 가공상의 목적 또는 보존상의 목적으로 사용하는데, 그의 역할과 효과는 ① 식품제조공정의 능률화와 품질안정 효과, ② 식품의 기호성을 높이는 효과, ③ 영양강화의 효과, ④ 식품의 손실을 방지시키는 효과 등을 들 수 있다.

2) 식품첨가물의 구비조건

어떤 물질이 식품첨가물로서 취급되려면 다음 2가지 조건이 만족되어야 한다. 첫째 조건은 그 물질이 식품의 제조과정 또는 식품의 가공 및 보존의 목적으로 식품에 사용되어야 한다는 것이고, 둘째 조건은 식품에 첨가, 혼합, 침윤, 훈증 등의 방법에 의하여 사용되어야 한다는 것이다.

식품첨가물을 사용하면 일반적으로 그 대부분이 식품 중에 오랫동안 잔존하여 효과를 발생하나 어떤 종류의 첨가물은 사용할 때만 작용하고 그 후에는 잔류하지 않는 것도 있다.

그리고 어떤 물질이 식품첨가물로 사용되기 위해서는 다음의 구비조건에 적합하여야 한다.

① 인체에 유해한 영향을 미치지 않을 것
② 사용목적에 따른 효과를 소량으로도 충분히 나타낼 것
③ 식품의 제조가공에 필수불가결할 것
④ 식품의 영양가를 유지할 것
⑤ 식품에 나쁜 이화학적 변화를 주지 않을 것
⑥ 식품의 화학성분 등에 의해서 그 첨가물을 확인할 수 있을 것
⑦ 식품의 외관을 좋게 할 것
⑧ 식품을 소비자에게 이롭게 할 것

3) 식품첨가물 사용의 기술적 필요성 및 정당성

식품첨가물로 사용 시 다음 각 호 중 1가지 이상을 확인하며, 이들 목표가 경제적이나 기술적으로 실현 가능하고 다른 방법으로는 달성하지 못하는 경우인지를 확인한다.

① 식품의 품질을 보존하거나 안정성을 향상하는 것 또는 관능적 성질을 개선하는 것. 다만, 식품의 특성, 본질 또는 품질을 변화시켜 소비자를 기만할 우려가 없는 것
② 식품의 영양성분을 유지하는 것. 다만, ③항에 해당하거나 일반적으로 섭취되는 식품이 아닌 경우에 식품 중의 영양성분을 의도적으로 저하시키는 것이 정당하다고 인정될 때에는 포함할 수 있음
③ 특정 목적으로 소비자를 위하여 제조하는 식품에 필요한 원료 또는 성분을 공급하는 것. 다만, 질병 치료 및 기타 의료효과를 목적으로 하는 경우가 아닐 것
④ 식품을 제조, 가공, 저장, 처리의 보조적 역할을 하는 것. 다만, 식품을 제조, 가공과정 중 결함이 있는 원재료나 비위생적인 제조 방법을 은폐하기 위하여 사용되지 않을 것

2. 식품첨가물의 안전성 검토와 그 평가

1) 식품첨가물의 안전성

식품첨가물은 인체에 무해하여야 하는 것이 무엇보다도 중요하다. 과학이 발달되지 못한 과거에는 식품첨가물로서 주로 경험적으로 식품가공 등에 유용한 천연물을 사용하였으나, 오늘날에는 과학의 발달과 더불어 필요한 화학물질을 합성하여 식품에 사용하고 있다. 화학적 합성품이란 화학적 수단에 의하여 원소 또는 화합물에 분해반응 이외의 화학반응을 일으켜 얻은 물질을 말한다. 이러한 화학적 합성품은 인체에 유해하거나 유해할 우려가 있는 것이 다수 있다.

그러므로 화학물질은 식품첨가물로 사용하는 데 있어서는 충분한 독성시험을 거쳐 안전성이 확인되지 않는 한 사용이 허가되지 않는다. 신규 식품첨가물을 지정하기 위해서는 식품첨가물로서의 필요 타당성, 용도, 안전성 및 기준규격 등을 검토하게 된다. 안전성에 대하여는 동물(쥐, 토끼, 개, 원숭이 등)이 이용되며, 급성, 아급성, 만성독성, 특수독성(발암성, 변이원성, 최기형성 등) 시험에 대한 결과로서 무작용량의 섭취수준에서 안전계수 1/100을 적용하여 사람에 대한 1일 허용섭취량ADI(mg/kg, body wt./day)을 설정하게 된다. 식품첨가물의 규격은 개별 품목의 안전성 및 품질관리 등을 위한 순도확보를 위해 원재료, 추출 · 정제과정에 사용된 물질의 잔류량, 특히 합성품의 경우 생성된 부성분, 사용된 기구 · 용기에서의 용출의 잔류 등에서 유래하여 이행될 수 있는 물질의 관리를 위해 규격항목과 허용수준이 검토 설정된다.

2) 식품첨가물의 안전성 평가

일반적으로 식품첨가물의 안전성은 보통 ① 그 물질의 독성과 ② 이것을 식품에 사용하였을 경우 어느 정도 체내에서 흡수되느냐 하는 2가지 관점에서 평가된다. 식품첨가물의 독성에 관한 평가는 과거에는 주로 ① 급성독성과 ② 아급성 독성에 의하여 판단되었으나 최근에는 ③ 만성독성도 함께 시험하고 있다.

특히, 식품첨가물은 인체에 미치는 만성적인 악영향에 대해서 구체적인 예가 적을 뿐 아니라 바로 중독증상이 나타나는 급성독성의 경우와는 달리 그 증상이 나타난다 하더라도 그것이 도대체 무엇에 기인하는지 판단하기가 어렵다. 따라서 만성독성에 대해서는 철저히 연구할 필요가 있으며, 의약품 이상으로 엄격한 규정이 식품첨가물에 대하여 마련되어 있어야 한다. 또한 식품첨가물의 안전성은 동물실험을 통하여 그의 독성을 성장률, 사망률, 생화학 및 병리학적 검사로 평가하지만, 동물실험의 결과가 인체에서도 똑같은 결과를 초래한다고는 말할 수 없으며, 또한 동물실험에 따른 기술적인 문제, 인력의 부족, 시설 설비의 부족, 많은 연구 경비가 소요되는 등 여러 가지 문제점을 내포하고 있다. 식품첨가물은 사회가 점점 복잡해지고 산업이 발달하면서 다양하게 요구되어지고 있으나 그에 대한 안전성 검사가 미비한 것들이 대부분이다. 그러나 중요한 것은 식품첨가물의 유용성이냐 안전성이냐는 동전의 양면과 같은 성질의 것이 아니기 때문에 나아가야 할 방향 모색이 절실하다.

3. 식품첨가물의 분류 및 지정

1) 식품첨가물의 분류

식품첨가물은 합성 여부, 제품의 형태, 용도 및 목적, 사용 방법에 따라 다음과 같이 다양하게 분류할 수 있다.

(1) 합성 여부에 따른 분류

① 화학적 합성품

화학적 합성품이란 화학적 수단에 의하여 원소 또는 화합물에 분해반응 이외의 화학반응을 일으켜 얻은 물질을 말하며, 식품첨가물의 대부분은 화학적 합성품이다. 화학적 합성품은 화학물질 등으로부터 화학적으로 합성된 것뿐만 아니라 동물, 식물, 광물 등 천연물 또는 그 추출물을 원료로 하여 이에 화학반응을 일으켜서 얻은 것도 포함된다. 이러한 화학적 합성품은 적은 양이라도 장기간에 걸쳐 섭취할 경우에는 인체에 해를 끼칠 우려가 있으므로 주의해서 취급해야 한다. 따라서 식품위생법에서는 화학적 합성품에 대해 보다 엄격한 규제를 하고 있다.

② 천연 첨가물

일반적으로 천연의 동 · 식물 및 광물 등을 추출한 다음 첨가물로서의 유효 성분만을 분리 · 정제하여 얻어지는 것으로, 발효시켜 얻어진 효소류 등도 포함된다. 우리가 매일 섭취하는 식품이 모두 천연의 동 · 식물에서 유래하고 있으며, 천연에 존재하는 유독한 동 · 식물은 조상들의 오랜 경험을 통하여 분별 · 제거되었기 때문에 화학적 합성품보다는 안전한 것으로 생각되고 있다. 천연 첨가물의 경우도 화학적 합성품과 같이 식품의약품안전처장이 지정 고시한 것만 사용 · 판매할 수 있다. 다만, 천연 첨가물은 화학적 합성품과 동일한 지정 고시 절차에 의한 방법 이 외에도 제조 · 가공업자로 하여금 성분규격, 제조, 가공, 사용 및 보존 등의 방법을 제출하게 하여 식품위생검사기관의 검토를 거쳐 식품의약품안전처장이 당해 제품에 한해서 한시적으로 인정하는 '한시적 기준규격 인정' 제도가 있다.

(2) 제품의 형태에 따른 분류

① 개별품목

개별품목이란 혼합제제를 제외한 식품첨가물 공전에 기록되어 있는 화학적 합성품과 천연 첨가물을 말한다. 2012년 현재 등록된 식품첨가물은 그림 6-1-1에서 보는 바와 같이 총 647개 품목이다.

그 중 화학적 합성품이 436 품목 그리고 천연 첨가물이 211 품목인 것으로 나타냈다.

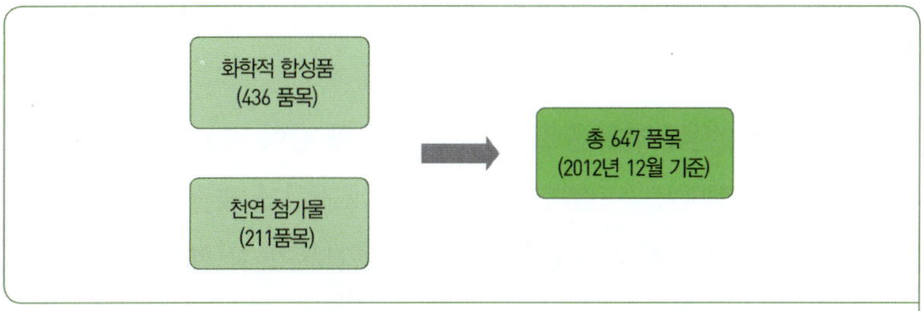

그림 6-1-1 화학적 합성품 및 천연 첨가물 품목 수

② **혼합제제**

식품첨가물을 2종 이상 혼합하였거나 1종 또는 2종 이상 혼합한 것을 희석제와 혼합 또는 희석한 것 등을 말한다. 단, 혼합제제에 속하는 것이라도 따로 규격이 정해진 것은 이 규격의 적용을 받지 않는다.

(3) 사용방법에 따른 분류

① **직접첨가물**Direct additive

제조과정 중 직접 식품에 첨가하여 사용하는 것으로 식품에 잔존해도 된다.

② **2차적 직접첨가물**Secondary direct additive

제조, 가공과정 중에 사용하는 것으로 사용 후 잔존해서는 안 된다.

③ **간접첨가물**Indirect additive

기구, 용기, 포장에 살균 등의 목적으로 사용하며, 사용 후 식품에 이행하여 잔존한다.

2) 식품첨가물의 지정

우리나라의 경우 처음 지정제도가 채택된 1962년 이후 수차에 걸쳐 안전성, 필요성 등의 문제로 지정품목의 삭제와 추가를 거쳐 2012년 12월 현재 화학적 합성품 436 품목, 천연 첨가물 211 품목으로 총 647 품목 및 혼합제제류 7 품목이 지정되어 있으며, 매년 식품첨가물의 기준 및 규격 제 · 개정이 이루어지고 있다. 이미 지정되어 있는 물질 중에서도 재검토한 결과 위생상 유해함이 판명되거나 안전성이 보장되지 않는다고 인정될 때에는 이를 삭제하며, 새로운 합성품으로 위생상 안전하며 식품에 첨가물로서 사용이 필요하다고 인정될 때에는 이를 지정한다.

식품첨가물의 신규 지정은 그림 6-1-2에서와 같이 식품의 제조가공상 지정의 필요성이 인정되거나 민원인 및 사용자가 요청하면 제출된 자료와 식품의약품안전처 등의 연구 검토 내용을 종합하여 보건복지가족부장관의 자문기관인 식품위생심의위원회의 자문을 얻어 지정하게 된다.

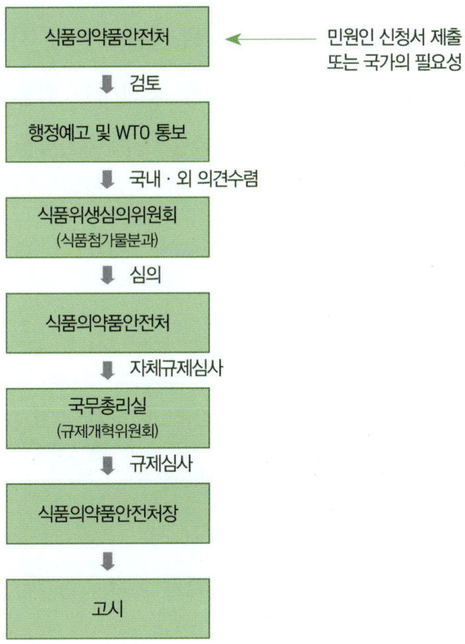

그림 6-1-2 식품첨가물의 기준 및 규격 성정에 관한 절차

이 때 검토되는 사항은 첨가물의 안전성(독성시험 자료), 지정의 필요성, 1일 섭취 허용량, 외국의 사용 실태 등이다. 어느 나라든지 일반적으로 식품첨가물의 지정 시 필요성에 따라 안전성을 기초로 하여 지정 사용되고 있다. 이는 식품에 첨가물로 사용할 수 있는 화학적 합성품을 정부가 엄격히 통제하여 위생상 안전하거나 첨가물로서의 사용에 적합한 것만을 선정하여 사용하게 함으로 국민의 식품첨가물 안전성 확보 및 일반식품제조업자가 임의로 어느 물질이나 사용함을 금지시키는 데 목적이 있다.

식품첨가물로 지정되려면 독성시험 등 안전성 평가 자료와 함께 국제기관인 FAO/WHO 합동 식품첨가물 전문가위원회JECFA(FAO/WHO)의 과학적 평가를 거쳐 안전성이 확인된 품목이어야만 한다.

이렇게 안전성이 확보된 식품첨가물이라도 자유롭게 사용할 수 있는 것이 아니라 각 품목마다 사용기준을 정해 그 기준에 따라서만 식품 제조 시 첨가할 수 있게 된다. 다시 말하면 지정된 화학적 합성품 등 식품첨가물에 대하여 위생상의 품질규격 및 적정한 사용을 위해 성분규격 및 사용기준 등의 규격기준을 정하여 관리하고 있다. 즉 식품첨가물 공전에는 허용된 개별 식품첨가물 품목에 대하여 정의, 성분규격(함량, 성상, 확인시험, 순도시험 및 정량법 등)이 있으며 개별 식품의 사용기준 설정의 필요성이 있는 식품첨가물에 대해서는 사용기준이 설정되어 있다.

표 6-1-1 식품첨가물 지정의 기본원칙

- 식품첨가물은 식품을 제조 · 가공 · 보존함에 있어 식품에 첨가, 침윤, 기타의 방법으로 사용하는 것으로 사람의 건강을 해 할 우려가 없으며, 이를 사용함으로써 소비자에게 이익을 주는 것으로써 다음 사항에 대하여 과학적인 평가를 수행한다.

1. 안전성
   – 신청된 식품첨가물의 안전성을 입증 또는 확인한다.
2. 사용의 기술적 필요성 및 정당성
   –식품첨가물의 사용목적은 다음 각 호 중 어느 하나에 부합하여야 한다.
   가. 식품의 품질 유지, 안정성 향상 또는 관능적 특성 개선
   (다만, 식품의 특성, 본질 또는 품질을 변화시켜 소비자를 기만할 우려가 있는 경우에는 제외)
   나. 식품의 영양가 유지
   (다만, 일상적으로 섭취되는 식품이 아닌 경우에는 식품중의 영양가를 의도적으로 저하시키는 경우에도 정당성이 인정될 수 있음)
   다. 특정 식사를 필요로 하는 소비자를 위하여 제조하는 식품에 필요한 원료 또는 성분을 공급
   (다만, 질병치료 및 기타 의료효과를 목적으로 하는 경우는 제외)
   라. 식품의 제조, 가공, 저장, 처리의 보조적 역할
   (다만, 식품의 제조, 가공과정 중 결함있는 원재료나 비위생적인 제조방법을 은폐할 목적으로 사용되는 경우는 제외)

4. 식품첨가물의 용도별 종류와 그 특성

식품첨가물의 사용은 개별 첨가물의 안정성, 식품에의 사용량, 사용되는 식품의 종류, 첨가물이 사용된 식품의 섭취량 등을 감안하여 ① 용도만 제한하거나, ② 사용가능 대상 식품 또는 사용할 수 없는 대상 식품을 지정하여 제한하거나, ③ 대상 식품과 사용량을 제한하는 사용기준을 정하여 관리하고 있으며, 개별의 사용기준이 설정되어 있지 아니한 경우라도 무제한 사용할 수 있는 것이 아

니며 식품을 제조 · 가공 시 효과를 나타낼 수 있는 최소량으로 사용토록 공통의 사용기준에서 규정하여 관리하고 있다.

현재, 우리나라에서 지정된 식품첨가물을 사용목적에 따라 구분하여 보면 식품의 변질 · 변패를 방지하는 첨가물, 식품의 품질개량 · 품질유지를 위한 첨가물, 식품의 제조에 필요한 첨가물, 관능을 만족시키기 위한 첨가물 및 식품의 영양가치를 강화하기 위한 첨가물의 5가지 용도로 크게 나눌 수 있다.

- 식품의 변질 · 변패를 방지하는 첨가물 : 보존료, 살균료, 산화방지제
- 식품의 품질개량 · 품질유지를 위한 첨가물 : 품질개량제, 밀가루개량제, 호료, 유화제, 이형제, 피막제
- 식품의 제조에 필요한 첨가물 : 추출제, 용제, 소포제, 껌 기초제, 팽창제
- 관능을 만족시키는 첨가물 : 조미료, 감미료, 산미료, 착색료, 착향료, 발색제, 표백제
- 식품의 영양가치를 강화하기 위한 첨가물 : 강화제

이 책에서는 이를 기초로 재분류하여 현재 지정된 436종의 화학적 합성품과 211종의 천연품을 주된 용도로 나누어 설명하고자 한다.

1) 보존료Preservative

보존료란 미생물의 증식에 의해서 일어나는 식품의 부패나 변패를 방지하기 위하여 사용되는 식품첨가물이다. 보존료는 식품 중에서 식품의 부패나 변패의 원인이 되는 미생물을 사멸시키거나 그 증식을 억제하는 작용이 있어서 그 사용목적은 살균료와 같지만, 식품에 대한 보존기구는 살균작용보다는 부패 미생물에 대한 정균작용이나 효소의 작용억제에 있다.

현재, 화학적 합성품으로써 허용된 보존료는 데히드로초산류, 소르빈산류, 안식향산류, 파라옥시안식향산에스테르류, 프로피온산류 등으로 표 6-1-2와 같다.

보존료는 단지 허용된 최고량을 첨가한다고 만족한 보존효과를 기대할 수 있는 것은 아니며, 보존이 된다고 하더라도 경우에 따라서는 그 첨가량이 너무 많아져서 경제적이지 못하거나 식품의 풍미에 악영향을 줄 수도 있으므로 주의해야 한다. 보존료는 미생물의 발육을 저지하므로 오 · 남용 시에는 사람에 대해

서도 바람직하지 않은 작용을 갖기 때문에 보존료는 사용대상 식품과 사용량의 양쪽에서 엄격하게 규제되어 있다.

보존료의 효과에 영향을 주는 중요한 인자는 다음과 같다.

(1) pH

식품의 pH는 보존료의 작용에 영향을 주며 산형보존료의 효과를 크게 좌우한다. 산형보존료는 산성영역에서 그 보존효과를 발휘하는데 그 pH가 낮을수록 효과가 크다. 즉 산형보존료는 식품의 pH가 낮을수록, 즉 비해리형 쪽이 항균력이 강하다. 이는 비해리형 분자 쪽이 미생물의 세포막을 투과해서 작용부위에 도달하기 때문이다. 이들 보존료를 사용하는 경우에는 식품이 산성이면 효과가 크다.

(2) 미생물의 오염도

보존료의 항균작용은 식품의 미생물 오염도에 의해서도 좌우되므로 식품 중에 이미 존재하거나 혹은 2차적으로 오염된 미생물의 수가 많을수록 효과가 저하되며, 부패 또는 변패 직전에 있는 식품에는 효과가 없는 것이 보통이다.

(3) 가열

모든 생물에 온도를 가하게 되면 제대로 활동하지 못하고, 심하면 죽게 된다. 따라서 가열에 의한 미생물의 소독이나 살균법은 널리 실용되고 있다. 이렇게 가열할 때 보존료를 첨가하면 사멸에 소요되는 시간이 더욱 단축된다.

(4) 용해도

미생물은 그 발육에 필요한 영양분을 반드시 물에 녹아 있는 것으로 섭취하므로, 보존료가 그 효과를 제대로 발휘하려면 식품 중의 수분에 균일하게 미생물의 발육정지농도 이상으로 용해되어 있어야 한다.

표 6-1-2 허용보존료와 그 사용기준

보존료명	사용기준	
	사용식품	사용량
데히드로초산 (dehydroacetic acid) 데히드로초산나트륨 (sodium dehydroacetate)	• 치즈, 버터, 마가린	데히드로 초산으로서 0.5g/kg 이하
소르빈산 (sorbic acid) 소르빈산칼륨 (potassium sorbate) 소르빈산칼슘 (calcium sorbate)	• 치즈 • 식육가공품, 경육제품, 어육가공품, 성게젓, 땅콩버터, 모조치즈 • 젓갈류(식염 8% 이하), 고추장, 된장, 청국장, 혼합장, 어패 건제품, 팥 등 앙금류, 식용 알로에 겔 농축액, 알로에 겔 가공식품(식용 알로에 겔 포함), 절임류(당절임, 식초절임 제외), 잼류, 플라워 페이스트, 마가린, 당류가공품 • 건조 과실류, 토마토케첩, 식초절임, 당절임(건조당절임 제외) • 과실주 • 발효음료류(살균한 것 제외)	3g/kg 이하 2g/kg 이하 1g/kg 이하 0.5g/kg 이하 0.2g/kg 이하 0.05g/kg 이하
안식향산(benzoic acid) 안식향산나트륨 (sodium benzoic acid) 안식향산칼륨 (potassium benzoate) 안식향산칼슘 (calcium benzoate)	• 과실, 채소류 음료, 탄산 음료류(탄산수 제외) 기타 음료, 인삼 및 홍삼음료, 간장 • 식용 알로에 겔 농축액 및 알로에 겔 가공식품 • 마가린류, 마요네즈, 오이초절임 잼류 • 망고처트니	0.6g/kg 이하 0.5g/kg 이하 1g/kg 이하 0.25g/kg 이하
파라옥시안식향산메틸 (methyl p-hydroxy benzoic acid) 파라옥시안식향산에틸 (ethyl p-hydroxy benzoate) 파라옥시안식향산프로필 (propyl p-hydroxybenzoate) 파라옥시안식향산이소부틸 (isobutyl p-hydroxybenzoate) 파라옥시안식향산이소프로필 (isopropyl p-hydroxybenzoate) 파라옥시안식향산 부틸 (butyl p-hydroxybenzoate)	• 캅셀류 • 간장 • 식초 • 과실채소류 음료(비가열제품 제외), 기타 음료, 인삼음료, 홍삼음료 • 소스류 • 과실 및 채소의 표피 • 잼류(병용 시 합계가 1.0g/kg 이하) • 망고처트니	1.0g/kg 이하 0.25g/L 이하 0.1g/L 이하 0.1g/kg 이하 0.2g/kg 이하 0.012g/kg 이하 1.0g/kg 이하 0.25g/kg 이하
프로피온산 (propionic acid) 프로피온산나트륨 (sodium propionate) 프로피온산칼슘 (calcium propionate)	• 빵 및 케이크류 • 치즈 • 잼류	2.5g/kg 이하 3.0g/kg 이하 (소르빈산 및 소르빈산칼륨, 데히드로초산 및 데히드로초산나트륨과 병용할 때에는 그 합계가 3.0g/kg 이하) 1.0g/kg 이하

2) 착색료Coloring matter

식품의 색은 맛이나 향과 더불어 식품에 매력을 느끼게 하며 기호상 대단히 중요한 요소이기 때문에 인공적으로 식품을 착색시킨다. 식품가공상 식품에 착색료를 첨가하는 경우가 많은데, 그 목적에 따라 ① 단순히 색채를 아름답게 하여 식욕을 자극할 목적으로 하는 착색, ② 원래 천연색소로 착색되어 있는 식품인데, 가공 · 보존 중에 변색 · 퇴색하기 때문에 이를 보충하기 위하여 착색, ③ 원래 식품에 생겨 있어 착색시킬 필요가 없으나, 제조조건이나 원료가 다르므로 일정한 색이 나타나지 않기 때문에 균일한 색을 내게 하기 위한 착색, ④ 대용품을 진품과 같이 보이기 위하여 착색하는 경우 등으로 분류할 수 있다.

식품의 착색에는 인체에 해가 없는 천연색소를 사용하는 것이 바람직하나, 경제성, 안정성 등 이유 때문에 합성 착색료가 널리 사용된다. 16종의 타르 색소와 기타 착색료가 지정되어 있는데, 타르 색소는 초기에 석탄에서 얻은 콜타르로부터 제조되어 유래된 명칭이나 현재는 합성에 의해서 제조되며 그 종류는 매우 많다. 그 중에서 안전성이 확보된 것만이 식용색소로 지정되어 있다. 표 6-1-3는 허용된 합성 착색료 및 그 사용기준이다.

착색료를 사용할 수 없는 식품 : 면류, 다류(분말청량음료 제외), 단무지, 생과일, 주스, 묵류, 젓갈류, 천연식품(식육, 어패류, 채소, 과일 등과 같이 가공하지 않은 것), 벌꿀, 장류, 식초, 소스, 케첩, 고춧가루, 카레, 식육제품(소시지 제외), 식용유, 버터, 마가린 등이 있다.

3) 살균제Bacteriocide

살균제는 미생물을 단시간 내에 사멸시키는 작용을 가지는 식품첨가물이다. 미생물을 죽이는 화학물질은 많으나 그 작용이 강한 만큼 유독한 것이 많다. 따라서 식품첨가물로는 독성이 적고 식품에 악영향을 주지 않으면서도 살균력이 강한 것이 바람직하다. 그러나 이러한 조건을 갖춘 것은 흔하지 않으며, 현재 허용되고 있는 살균제는 차아염소산나트륨sodium hypochlorite, 표백제bleaching powder, 고도표백분calcium hypochlorite, 과산화수소hydrogen peroxide 및 이염화이소시아눌산나트륨sodium dichloroisocyanurate 등이 있다.

표 6-1-3 착색료의 종류와 사용기준

착색료명	사용기준	
	사용식품	사용량
식용색소 녹색 제3호(fast green FCF) 식용색소 녹색 제3호 알루미늄레이크 식용색소 적색 제2호(amaranth) 식용색소 적색 제2호 알루미늄레이크 식용색소 적색 제3호(erythrosine) 식용색소 청색 제1호(brilliant blue FCF) 식용색소 청색 제1호 알루미늄레이크 식용색소 청색 제2호(indigo carmine) 식용색소 청색 제2호 알루미늄레이크 식용색소 황색 제4호(tartrazine) 식용색소 황색 제4호 알루미늄레이크 식용색소 황색 제5호(sunset yellow FCF) 식용색소 황색 제5호 알루미늄레이크 식용색소 적색 제40호(alura red) 식용색소 적색 제40호 알루미늄레이크 식용색소 적색 제102호(new coccine)	– 다음 식품에 사용불가 – 면류, 단무지, 특수영양식품, 건강기능식품, 유가공품, 두유류, 유산균 음료, 과실 · 채소류 음료, 인삼제품류(정제의 제피 또는 캅셀, 인삼과자류 제외), 두부류, 묵류, 젓갈류, 김치류, 절임류, 조림류, 천연식품, 벌꿀, 버터류, 마가린류, 다류, 식빵, 마요네즈, 카스테라, 레트로트 식품, 장류, 식초, 소스류, 토마토케첩, 잼류, 고춧가루 및 실고추, 후추가루, 향신료가공품, 향미유, 카레, 식육가공품, 어육가공품, 식용유품, 즉석건조식품, 복합조미식품, 메주, 코코아 버터, 땅콩 및 견과류 가공품, 수프류, 코코아 분말, 조미김, 과 · 채가공품, 추출가공식품, 알가공품	
삼이산화철 (iron sesquioxide)	바나나(꼭지 절단면), 곤약 이외 식품에 사용불가	
수용성 안나토(annato water sol.) β-아포-8′-카로티날(β-apo-8′-carotenal) β-카로틴(β-carotene)	– 다음 식품에 사용금지 – 천연식품, 다류, 고춧가루 또는 실고추, 김치류, 고추장, 식초	
철클로로필린나트륨 (sodium iron chlorophylline)	사용기준 없음	
동클로로필린 나트륨 (sodium copper chlorophylline)	채소류 또는 과실류의 저장품 다시마(무수물) 껌, 인삼껌 및 캔디류 완두콩 통조림 중의 한천	0.1g/kg 이하 0.15g/kg 이하 0.05g/kg 이하 0.0004g/kg 이하
이산화티타늄 (titanium oxide)	– 다음 식품에 사용불가 – 면류, 단무지, 특수영양식품, 건강기능식품, 유가공식품, 두유류, 유산균 음료, 과채류 음료, 인삼제품류(정제의 제피 또는 캅셀, 인삼과자류 제외), 두부류, 젓갈류, 김치류, 절임류, 조림류, 천연식품, 벌꿀, 장류, 식초, 소스류, 토마토케첩, 잼류, 고춧가루, 실고추, 후추가루, 천연향신료, 카레, 식육가공품, 알가공품, 어육연제품, 식용유지, 버터 · 마가린류, 다류, 식빵, 마요네즈, 카스테라, 레토르트 식품, 즉석건조식품, 복합조미식품, 메주, 코코아버터, 땅콩 및 건과류 가공품, 수프류, 코코아 분말, 조미	

4) 산화방지제Antioxidant

식품을 보존할 때 미생물에 의한 부패 외에 공기 중의 산소에 의해 맛이 변하고 색이 변하며 악취가 나서 먹을 수 없게 된다. 산패가 일어난 유지의 산화물은 식품의 풍미를 해치며 산화물이 갖는 독성 때문에 식중독을 일으킬 수 있기 때문에, 유지 및 유지를 함유하는 식품은 용기에 넣어서 공기와의 접촉을 물리적으로 차단하거나 식품에 산화방지제를 첨가하여 화학적으로 산화를 방지하는 등의 방법을 취해야만 된다. 현재 지정된 산화방지제 중 에리소르빈산erythorbic acid, 아스코르빈산ascorbic acid 등의 수용성인 것(색소 산화방지에 이용)과 몰식자산프로필propyl gallate, 부틸히드록시아니졸butylated hydroxy anisole(BHA), 디부틸히드록시톨루엔butylated hydroxy toluene(BHT) 등의 지용성인 것이 있는데 지용성인 것은 유지 또는 유지를 함유하는 식품에 사용된다.

새로 지정된 아스코르빌팔미테이트ascorbyl palmitate 및 아스코르빌스테아레이트ascorbyl stearate는 비타민 C의 효력을 겸한 유지용 산화방지제이다. 허용된 산화방지제와 사용기준은 표 6-1-4와 같다.

산화방지제는 단독으로 사용하기도 하고 병용하기도 하는데, 일반적으로 병용할 때 작용이 증강되는 경우가 많다. 이러한 효력증강제synergist로서는 구연산, 사과산 등의 유기산류나 폴리인산염, 메타인산염 등의 축합인산염류 등이 있다. 이러한 물질은 촉매역할을 하는 금속을 불활성화시키고, 산화된 산화방지제를 안정시키는 작용이 있는 것으로 생각된다.

산화방지제는 신선한 유지에 사용하였을 때 유도기간을 어느 정도 연장할 수 있을 뿐, 이미 산패가 진행된 유지에서는 효과를 기대할 수 없으며 오히려 산화방지제를 과용하면 역효과가 나기도 한다.

표 6-1-4 허용산화방지제와 그 사용기준

산화방지제명	사용기준	
	사용식품	사용량
디부틸히드록시톨루엔 (dibutyl hydroxy toluene; BHT) 부틸히드록시아니솔 (butyl hydroxy anisole; BHA)	식용유지류, 식용우지, 식용돈지, 버터류, 어패건제품, 어패염장품	0.2g/kg 이하 (부틸히드록시아니솔 또는 터셔리부틸히드로퀴논과 병용할 때에는 디부틸히드록시톨루엔으로서 사용량, 부틸히드록시아니솔로서 사용량 및 터셔리부틸히드로퀴논으로서 사용량의 합계가 0.2g/kg 이하)
몰식자산프로필 (propyl gallate)	어패냉동품(생식용 냉동선어패류, 생식용 굴은 제외)의 침지액, 고래냉동품(생식용은 제외)의 침지액	1g/kg 이하 (부틸히드록시아니솔 또는 터셔리부틸히드로퀴논과 병용할 때에는 디부틸히드록시톨루엔으로서 사용량, 부틸히드록시아니솔로서 사용량 및 터셔리부틸히드로퀴논으로서 사용량의 합계가 1g/kg 이하)
에리소르빈산 (erythorbic acid) 에리소르빈산나트륨 (sodium erythorbate)	추잉껌	0.4g/kg 이하 (부틸히드록시아니솔 또는 터셔리부틸히드로퀴논과 병용할 때에는 디부틸히드록시톨루엔으로서 사용량, 부틸히드록시아니솔로서 사용량 및 터셔리부틸히드로퀴논으로서 사용량의 합계가 0.4g/kg 이하)
L-아스코르빈산(비타민 C) (L-ascorbic acid) L-아스코르빈산나트륨 (sodium L-ascorbate) 아스코르빈산칼슘 (calcium ascorbate) 아스코르빈산스테아레이트 (L-ascorbyl stearate) 아스코르빌팔미테이트 (ascorbyl palmitate)	체중조절용 조제식품, 시리얼류	0.05g/kg 이하 (부틸히드록시아니솔과 병용할 때에는 디부틸히드록시톨루엔으로서 사용량과 부틸히드록시아니솔로서 사용량 합계가 0.05g/kg 이하)
DL-α-토코페롤(비타민 E) (DL-α-tocopherol)	마요네즈	0.06g/kg 이하(디부틸히드록시톨루엔) 0.06g/kg 이하(부틸히드록시아니솔)
이.디.티.에이.이나트륨 (disodium ethylenediamine tetraacetate) 이.디.티.에이.칼슘이나트륨 (calcium disodium ethylene diamine tetraacetate)	마가린류	0.1g/kg 이하(이.디.티.에이.칼슘이나트륨과 병용할 때에는 무수 이.디.티.에이.이나트륨으로서 사용량의 합계가 0.1g/kg 이하)
	건조과실류(바나나에 한한다)	0.265g/kg 이하(이.디.티.에이.칼슘이나트륨과 병용할 때에는 무수 이.디.티.에이.이나트륨으로서 사용량의 합계가 0.265g/kg 이하)
	서류가공품(냉동감자에 한한다)	0.365g/kg 이하(이.디.티.에이.칼슘이나트륨과 병용할 때에는 무수 이.디.티.에이.이나트륨으로서 사용량의 합계가 0.365g/kg 이하)
	땅콩버터	0.1g/kg 이하(이.디.티.에이.칼슘이나트륨과 병용할 때에는 무수 이.디.티.에이.이나트륨으로서 사용량의 합계가 0.1g/kg 이하)

5) 발색제Color fixative

발색제는 색소와는 달리 그 자체에는 색이 없어서 식품을 직접 착색시킬 수는 없으나 식품 중에 존재하는 유색물질과 작용하여 그 색을 안정시키거나 선명하게 하거나 발색 또는 발색을 촉진시키는 첨가물을 말한다. 신선한 육류는 일반적으로 선홍색을 나타내지만 시간이 지날수록 적갈색을 거쳐서 갈색으로 변색하게 된다. 고기 제품을 선홍색으로 고정시키기 위해 아질산염을 사용하면 산화질소가 결합하여 고운 색깔을 유지하게 된다. 또한, 질산염은 세균의 환원작용을 받아 아질산염이 되고 동일한 작용을 하게 된다. 가지와 같은 채소에는 황산제일철이 사용되어 채소와 결합해서 청록색의 고운 색을 나타내는 작용을 하기도 한다. 현재 허가되어 있는 발색제와 그 사용기준은 표 6-1-5와 같다.

표 6-1-5 발색제와 그 사용기준

발색제명	사용식품	사용량
아질산나트륨(sodium nitrite) 질산나트륨(sodium nitrate) 질산칼륨(potassium nitrate)	식육가공품(포장육, 식육추출 가공품, 식용유지, 식용돈지 제외) 및 경육제품 어육소시지류 및 어육햄류, 치즈 대구 염장품	0.07g/kg 0.05g/kg 0.2g/kg
황산제일철(건조) (ferrous sulfate exsiccated) 황산제일철(결정) (ferrous sulfate)	사용기준 없음	
황산알루미늄칼륨(소명반) (Aluminum potassium sulfate)	된장에 사용하여서는 안됨	

6) 표백제Bleaching agent

식품을 가공하거나 제조할 때 식품 중의 색소가 산화 등에 의하여 퇴색, 변색 또는 착색되어 식품의 외관을 나쁘게 하는 경우가 종종 있다. 이와 같은 경우에 일반색소 및 발색성 물질을 무색의 화합물로 변화시키고 식품의 보존 중에 일어나는 갈변, 착색 등의 변화를 억제하는 데 사용되는 첨가물을 말한다.

표백제는 그 작용에 따라 산화표백제와 환원표백제의 2종으로 구별된다. 산화표백제는 산화작용에 의하여 착색물질을 불가역적으로 파괴하여 무색 또는 백색으로 되는 것으로 식품의 조직이 부분적으로 파괴되고 손상될 뿐 아니라 비타민 등의 영양성분의 손실을 가져올 우려가 있으며, 과산화수소, 과산화벤조일, 차아염소산나트륨 등이 있다. 환원표백제는 색소를 환원작용에 의하여 파괴하여 표백한다. 즉, 색소 중의 산소를 빼앗아 표백하는 것인데, 식품 중에 표백제가 없어지면 공기 중의 산소에 의하여 색이 다시 복원되는 경우가 많은 것이 결점이다. 메타중아황산나트륨sodium metabisulfite, 아황산나트륨sodium sulfite, 산성아황산나트륨sodium bisulfite, 차아황산나트륨sodium hyposulfite 등이 허용된 환원표백제이다. 허용된 표백제와 그 사용기준은 표 6-1-6과 같다.

표 6-1-6 표백제와 그 사용기준

표백제명	사용식품	사용량
메타중아황산나트륨		이산화유황으로서 최대 잔존량
(sodium metabisulfite)	박고지	5.0g/kg 이하
메타중아황산칼륨	설탕	0.02g/kg 이하
(potassium metabisulfite)	양조식초	0.17g/kg 이하
무수아황산(sulfur dioxide)	당밀, 물엿	0.3g/kg 이하
아황산나트륨	건조과실류	2g/kg 이하
(sodium sulfite)	곤약분	0.9g/kg 이하
산성아황산나트륨	과실주	0.35g/kg 이하
(sodium bisulfite)	새우살	0.1g/kg 이하
차아황산나트륨	기타 식품[참깨, 두류, 서류, 과일류,	0.03g/kg 이하
(sodium hyposulfite)	채소류 및 그 단순가공품(탈피, 절단 등) 제외]	
	농축과실즙 및 과·채 가공품(5배 이상 희석하여 음용하는 것)	0.15g/kg 이하
	과실주스	
	엿	0.4g/kg 이하

7) 밀가루 개량제Maturing agent

밀가루는 제조 직후 바로 사용하면 카로티노이드 등의 색소를 함유할 뿐만 아니라 숙성이 안 되어 있으므로 좋은 제품을 얻을 수 없다. 종전에는 밀가루를 저장하여 공기 중의 산소와 밀가루 중의 효소에 의한 표백과 성숙을 시켰으나 그 진행이 완만하고 실용적이지 않아서, 화학물질을 사용함으로써 표백과 성숙 기간을 단축시키고 제빵억제물질을 파괴시켜 분질을 개량하도록 하고 있다. 이와 같은 목적에 사용되는 화학물질을 밀가루 개량제 하는데, 현재 허용되고 있는 밀가루 개량제와 그 사용기준은 표 6-1-7과 같다.

과산화벤조일benzoyl peroxide diluted은 산화작용에 의한 표백작용을 주로 하는 것이고, 과황산암모늄ammonium persulfate은 표백작용이 약하지만, 글루텐의 성질을 좋게 하여 제빵효과를 좋게 하는 것이다. 과산화벤조일, 과황산암모늄, 염소chlorine, 이산화염소chlorine dioxide 등은 밀가루에 직접 첨가하여 표백효과를 낸다.

표 6-1-7 밀가루 개량제와 그 사용기준

밀가루 개량제명	사용식품	사용량
과산화벤조일(희석) (benzoyl peroxide)	소맥분	0.3g/kg 이하
과황산암모늄 (ammonium persulfate)	소맥분	0.3g/kg 이하
염 소(chlorine)	소맥분(케이크 및 카스테라 제조용에 한함)	2.5g/kg 이하
이산화염소(ghlorine dioxide)	소맥분(케이크 및 카스테라 제조용에 한함)	30mg/kg 이하
스테아릴젖산칼슘 (calcium steroyl lactylate)	빵류 및 이의 제조용 믹스, 난백, 식물성 크림, 과자(한과류 제외) 이외 사용금지	
스테아릴젖산나트륨 (sodium steroyl lactylate)	빵류 및 이의 제조용 믹스, 식물성 크림, 면류, 소스류, 자연치즈, 가공치즈, 과자(한과류 제외) 이외	

8) 유화제Emulsifier

서로 혼합이 잘 되지 않는 2종류의 물이나 기름을 액체에 분산시키는 기능을 가지고 있는 물질을 유화제 또는 계면활성제라고 한다. 유화란 어떤 액체를 불용성의 다른 액체 중에 미세한 입자로 분산시켜 분산입자를 강한 흡착막으로 쌓아서 입자의 병합을 막아 안전한 emulsion을 얻는 것이다. 유화제를 사용할 때에는 hydrophilic lipophilic balance(HLB), 겔화 성능 등의 성질을 종합하여 적절한 품목을 선택하여 사용하는 것이 좋다. 식품제조 · 가공상 물과 기름을 유화시키는 경우에 쓰이는데 아이스크림, 마요네즈, 빵 등에 많이 사용한다. 글리세린지방산에스테르glycerin fatty acid ester와 소르비탄지방산에스테르sorbitan fatty acid ester 같은 경우 실용상 독성문제가 없는 유화제이다. 그 밖에 단독으로 잘 사용하지 않고 독성이 거의 없는 프로필렌 글리콜 지방산 에스테르propylene glycoly fatty acid ester 그리고 천연유화제인 레세틴lecithin 등이 있다.

9) 호료Gelling agent

호료는 콜로이드 성질을 가지고 있어 이것을 식품에 첨가하면 매끈하고 점성이 생기며 분산안정제, 결착보수제, 피복제 역할도 하여 그 용도는 광범위하나 사용량이 규제되어 있다. 현재 식품에 사용할 수 있게 지정되어 있는 품목 중에 천연물은 카제인casein, 그 밖에 알긴산나트륨sodium alginate, 카제인나트륨sodium casein 등이 있다. 허용된 지정 호료는 표 6-1-8과 같이 사용기준이 있는 것도 있고, 없는 것도 있다.

표 6-1-8 허용된 호료의 사용기준

호료명	사용식품	사용량
폴리 아크릴산 나트륨 (sodium ppolyacrylate)		0.2% 이하
알긴산 프로필렌 글리콜 (propylene glycol alginate)		1% 이하
메틸 셀룰로스(methyl cellulose) 카르복시 메틸 셀룰로스 나트륨 (sodium carboxymethyl cellulose) 카르복시 메틸 셀룰로스 칼슘 (calcium carboxymethyl cellulose) 카르복시 메틸 스타아치 나트륨 (sodium carboxymethyl starch)	사용기준 없음	2% 이하 병용할 때에는 그 합계가 2% 이하
알긴산나트륨(sodium alginate) 카제인(casein) 카제인나트륨(sodium caseinate)	사용기준 없음	

10) 소포제Defoaming agent

소포제는 식품의 제조공정 중 발효농축공정에서 기포로 인하여 작업이 지연되거나, 제조용기가 협소하여 반응을 제대로 일으킬 수 없을 때 기포를 없애거나 억제시켜 작업을 원활히 진행이 되도록 하는 물질이다. 지정된 품목은 규소수지silicon resin만으로 식품 1kg에 대하여 0.05g 이하를 사용하되 거품을 없애는 목적 이외에는 사용하여서는 안 된다.

11) 착향료Flavoring agent

향료는 합성향료와 천연향료로 구분되고 천연향료는 식물성인 것과 동물성인 것으로 분류된다. 착향료는 천연향료이건 합성향료이건 단독으로 사용되는 일은 거의 없고 향기가 약한 천연향료에 합성향료를 배합하여 증강하거나, 천연향료에 가깝게 하기 위하여 여러 합성향료를 혼합하여 사용한다.

(1) 수용성향료

물에 녹지 않는 유상의 방향성분을 알코올, 프로필렌글리콜 등의 혼합용액에 녹여서 물에 잘 녹게 만든 것이다. 이것은 주로 청량 음료수나 냉과에 사용되나 방향성분이 건조하기 쉬우므로 가열하는 식품이나 수분을 꺼리는 식품에는 부적당하지만 방향성분이 그대로의 형태로 함유되어서 신선한 풍미를 내는 장점이 있다.

(2) 유성향료

천연의 정유 또는 합성향료를 조합한 것으로 지용성인 향료이다. 이것은 비교적 내열성이 있으므로 캐러멜, 드롭프스, 비스킷 등 가열처리하는 식품에도 사용할 수 있으나 그 내열성에는 한도가 있으므로 너무 장시간의 가열은 피하는 것이 좋다.

(3) 유화향료

향료를 유화제를 사용하여 물속에 분산 유화시킨 것인데, 그 사용목적에 따라 음료에 유화와 혼탁을 주는 cloudy flavor와 향료를 유화하기 위하여 유액으로 한 것으로 나눌 수 있다. 이것은 내열성과 물에도 잘 섞이는 성질을 가지기 때문에 내열성이 없는 수용성 향료나 수분이 많은 식품에는 사용할 수 없는 유성향료 대신 사용할 수 있다.

(4) 분말향료

향료를 포도당이나 유당 같은 수용성 부형제의 용액과 유화액을 사용하여 분무 건조한 것으로, 향료는 부형제로 피복된 미세한 분말로 되어 보존되므로, 장기보존에 견딜 수 있다. 또한 분말은 취급하기가 편리하고, 열이나 광선 등에 안정하며, 식품에 첨가할 때 계량하기도 쉽다.

분말향료는 그대로는 향이 약하거나 전혀 느껴지지 않지만, 입 속에 넣거나 물에 녹이거나 하면 강한 냄새를 느끼게 한다. 이 분말향료는 그 제조공정 중에 순간적이기는 하지만 열을 받으므로 향료의 신선미가 약간 떨어지고 또 다른 향료보다 값이 좀 비싼 것이 결점이다. 착향료는 유형별로 구분하는 것이 있고 개별로 성분규격을 관리하는 것으로 나누어져 있으며 유형별로 에스테르류, 고급케톤류, 지방산류 등이 있으며 개별 성분규격이 있는 품목은 D, L-멘톨, 아니스알데히드 등이 있다.

12) 강화제Dietary supplement

비타민, 무기질, 아미노산 등은 미량으로 식품의 영양 강화를 위하여 첨가되는 물질로서 강화제라 한다. 이러한 물질들은 식품의 종류에 따라서 부족한 것도 있고, 때로는 제조 · 가공 · 조리 · 보존과정에서 소실될 때도 있다. 그러므로 영양소를 보충하거나 원래 함유하지 아니한 것을 첨가하여 식품의 영양가를 높이기 위하여 강화제가 사용된다. 우리나라에서 지정된 강화제는 비타민류, 필수아미노산류, 칼슘제 및 철제 등의 무기염류가 강화제로 사용된다. 또 이들 강화제 중에는 산화방지제(비타민 C, L-아스코르빈산나트륨, 비타민 E), 발색제(니코틴산아미드, 황산 제1철), 합성팽창제 원료(제1인산 칼슘), 두부응고제(황산칼슘, 염화칼슘) 등 다른 용도로 사용되는 것도 있다.

13) 껌 기초제Chewing gum base

껌의 기초제는 천연의 치클껌과 합성 고분자화합물인 초산비닐수지, 에스테르껌, 폴리부텐 등이 사용되고 있으며 지정품의 사용기준으로 껌 기초제 이외의 용도로는 사용하지 못하도록 규제하고 있다.

14) 피막제Coating agent

과실이나 야채의 선도를 장기간 유지하기 위하여 표면에 피막을 형성시켜 호흡작용을 적당히 제한하고 수분의 증발을 방지하는 목적으로 사용되고 있다. 현재 호흡작용을 억제하는 것에는 몰포린지방산염과 초산비닐수지가 허용되어 사용하고 있고 수분증발 방지용으로는 쉘락이 사용되고 있다.

15) 조미료Seasoning

조미료는 식품첨가물로서 사용량이 아주 많은 것 중의 하나이다. 조미료는 식품의 기호에 적합한 맛을 주며 식욕을 증진시켜 식생활을 즐겁게 하는 것이며, 맛의 종류에 따라 함미료, 산미료, 감미료, 지미료, 신미료 등으로 구분한다.

또한 합성감미료nonnutritive sweetener는 당질 성분 이외의 물질로 제조된 단맛 물질을 총칭하며, 이는 영양가치가 전혀 없으나 설탕 대용으로 많이 사용되고 있다.

(1) 정미료

글루탐산염(다시마), 이노신산염(청어, 가다랑어), 숙신산염(조개) 등 지미료라 할 수 있는 것과 감미료, 산미료에 포함되지 않는 조미료를 정미료라 한다. 특유한 지미를 나타내는 첨가물로는 이노신산나트륨, 구아닐산나트륨, 글리신, 숙신산염과 테아닌 등이 있으며, 화학적으로는 비타민계, 아미노산계, 핵산계, 유기산염류로 분류된다. 또한 인산콜린, DL-알라닌, 글리신, 구연산나트륨 등은 발효성 식품에, L-아스파르트산 나트륨은 강화제로도 이용된다.

① **핵산계**

5′-아미노산 나트륨, 5′-구아닐산 나트륨, 5′-리보뉴클레오티드 나트륨 및 칼슘

② **아미노산계**

D-글루타민산 나트륨, DL-알라닌, 글리신

③ **유기산계**

D-주석산 나트륨, DL-주석산 나트륨, 구연산 나트륨, DL-사과산 나트륨, 호박산 나트륨, 호박산

(2) 감미료

감미료에는 설탕, D-자일로오스, 포도당, 글리실리진 등의 천연감미료 외 D-솔비톨과 같이 합성물이나 천연에 존재하는 것과 순합성 감미료인 사카린류가 있다. 인공감미료로서는 과거에 감미료의 부족으로 인하여 생산하게 된 사카린나트륨, 덜신, 사이크람산염 등이 있었으나 둘신과 사이크람산염의 사용은 금지되었고 반면 글리실리진산나트륨의 사용이 허가되기도 하였다. 표 6-1-9에는 허용 감미료와 그 사용기준을 나타내었다.

표 6-1-9 허용 감미료와 그 사용기준

감미료명	사용식품	사용량
삭카린나트륨 (sodium saccharin)	김치 · 절임식품(김치류 제외) 김치류 음료류(발효음료류 제외) 어육가공품 영양보충용 식품, 환자용 등 식품, 식사대용식품 뻥튀기	1.0g/kg 이하 0.2g/kg 이하 0.2g/kg 이하(5배 이상 희석하여 사용하는 것은 1.0g/kg 이하) 0.1g/kg 이하 1.2g/kg 이하 0.5g/kg 이하
글리실리진산이나트륨 (disodium glycyrrhizinate) 글리실리진산삼나트륨 (trisodium glycyrrhizinate)	한식되장, 된장, 한식간장, 양조간장, 산분해간장, 혼합간장 이외의 식품에 사용불가	
D-솔비톨 (D-sorbitol)	사용기준 없음	
아스파탐 (aspartame)	빵류, 건과류 및 이의 제조용 믹스 기타 식품	0.5% 이하 제한 없음

16) 팽창제Leavening agent

팽창제는 빵, 과자, 비스킷 등에 연하고 맛이 좋고 소화되기 쉬운 것으로 만들기 위해서 사용되며 가스를 발생하는 성질을 가진다. 천연품으로는 이스트가 있고 화학적 합성품으로 탄산수소나트륨을 비롯하여 혼합된 합성팽창제로 사용되고 있다. 현재 허용된 합성 팽창제는 표 6-1-10과 같다.

표 6-1-10 허용 합성 팽창제

팽창제명	사용식품	사용량
명반(alum)	빵, 과자 등	산제
소명반(burnt alum)	빵, 과자 등	산제
암모늄명반(ammonium alum)	빵, 과자 등	산제, NH_3
소 암모늄명반(burnt ammonium alum)	빵, 과자 등	산제
염화암모늄(ammonium chloride)	빵, 과자 등	
D-주석산수소칼륨(potassium D-bitartrate)	빵, 과자 등	산제
DL-주석산수소칼륨(potassium DL-bitartrate)	빵, 과자 등	산제
탄산수소나트륨(sodium bicarbonate)	빵, 과자 등	CO_2
탄산수소암모늄(ammonium bicarbonate)	빵, 과자 등	CO_2, NH_3
탄산암모늄(ammonium carbonate)	빵, 과자 등	산제
탄산마그네슘(magnesium carbonate)	빵, 과자 등	CO_2
산성피로인산나트륨(disodium dihydrogen pyrophosphate)	빵, 과자 등	산제
제일인산칼슘(calcium phosphate, monobasic)	식품의 1% 이하	산제
글루코노 델타 락톤(glucono delta lactone)		

17) 용제Solvent

착색료, 착향료, 보존료 등을 식품에 첨가할 경우 잘 녹지 않으므로 용해시켜 식품에 균일하게 흡착시키기 위하여 사용하는 것을 용제라 한다. 독성이 약하고 첨가물을 잘 용해하며 풍미에 영향을 주지 아니하고 물에 잘 녹아 유지와도 잘 섞이는 등의 성질이 필요하다. 현재 허용되어 있는 용제는 글리세린glycerine과 프로필렌 글리콜propylene glycol이다. 또, 이 중 프로필렌 글리콜propylene glycol은 습윤제 또는 신전제로 이용되는데 그런 경우에는 사용기준이 견과류 가공품에 5% 이하, 만두 및 만두피에는 1.2% 이하, 아이스크림류에 2.5% 이하 그리고 기타 식품에는 2% 이하로 규정되어 있다.

18) 추출제Extracting agent

일종의 용제로서 어떤 성분을 추출할 목적으로 사용하는 것이며, 현재 지정된 것은 핵산Hexane으로서 핵산은 식품에서 유지성분 추출 목적으로만 사용하여야 하며, 잔류량은 식용유지 및 건강보조식품에 사용되는 원유의 0.005g/kg 이하이어야 한다.

19) 이형제Release agent

빵의 제조과정에서 빵반죽을 분할기에서 분할할 때나 구울 때 달라붙지 않게 하고, 모양을 그대로 유지하기 위하여 사용되는 것으로 유동파라핀이 허용되어 있다. 그 사용기준은 이형과 과채류의 피막제로서만 사용하며, 그 사용량은 빵에 대해서 0.15%, 캅셀류에 0.6% 그리고 건조과실류 및 건조채소류에 0.02% 이하이다.

20) 식품제조용제 및 기타

식품의 제조공정에 있어서의 가수분해, 중화, 응고, 여과, 흡착, 기타 물질제거를 목적으로 사용하는 산, 알칼리, 불용성 광물질 등으로 최종 식품 완성 전에 제거 또는 중화시켜 식품에 남지 않도록 하여야 한다.

21) 기구 등 살균소독제

최근 식약처가 식품용 기구 등의 살균소독제 성분을 식품첨가물로 인정한 것과 관련해 이들 제품에 대한 개별제품인정제도가 본격 시행되고 있다. 식약처는 단체급식과 외식인구 증가 등에 따른 대형 식중독 발생 예방을 위해 식품용 기구 등의 살균소독제 제품에 사용할 수 있는 성분을 고시한 데 이어 이들 성분으로 제조한 제품에 대한 개별제품인정제도를 2006년 2월부터 시행하고 있다.

살균소독제 제품은 유효성분 및 보조성분의 종류 및 배합비율에 따라 매우 다양한 종류의 제품 조합이 가능하고 각각의 제품별로 사용기준에 따른 안전성과 살균소독력이 다르므로, 살균 소독제 인정제도는 제품명과 함께 성분 및 배합비율, 제조방법, 기준 및 규격(안전성 및 살균 소독력) 등에 대한 근거자료를 제출한 경우 해당 제품의 한시적 기준 및 규격을 인정해 주는 것을 말하는 것으로 식약처는 식품첨가물의 기준 및 규격에 기구 등의 살균 · 소독제에 사용되는 초산, 염화암모늄 등 유효성분 123종과 보조성분을 신규 지정하였다.

개정안은 또 그 동안 한 차례 정밀검사를 받은 뒤 재수입되는 동일 회사, 동일 식품 등에 대해선 서류검사만 받도록 했으나 앞으로는 3년이 경과할 때마다 정밀 검사를 거치도록 했으며 농 · 임 · 수산물의 경우 매년 정밀검사를 받도록 하고 있으며, 이와 함께 식품의 안전성 등을 생산국 현지에서 검증받을 수 있도록 하는 '수입 식품 사전 확인등록제'를 도입하는 한편 다른 용도로 사용될 우려가 있는 수입 식품 및 식품첨가물을 유통관리대상으로 지정, 체계적인 사후관리가 이뤄질 수 있도록 했다. 개정안은 아울러 위해 발생 가능성이 높은 어묵류와 피자류, 만두류, 면류 등을 제조 · 가공하는 업소에 대해 위해요소중점관리기준을 지키도록 의무화하고 있다.

기구 등의 살균소독제 종류는 염소계, 이산화염소, 요오드계, 4급암모늄염, 과산화물계 등이 주를 이루고 있으며 그 종류 및 특성은 다음과 같다.

(1) 염소계

염소계는 가장 흔히 사용되는 살균소독제로 염소가스, 차아염소산나트륨, 차아염소산, 이염화이소시아뉼산나트륨, 클로라민 등 성분이 이에 속한다. 염소계 살균소독제의 최대 장점은 세균, 진균류, 박테리오파지를 포함한 바이러스 등 적용범위가 넓다는 점이다. 염소계 살균소독제의 살균기작은 aldolase의 -SH기를 산화하여 포도당 대사를 억제하고, 단백질 합성을 억제하며, 핵산과 반응하고 산소 흡수를 방해하여 미생물을 사멸시키는 것으로 알려져 있다. 어떤 형태의 염소계 살균소독제이든 용액에서 최대 살균력을 나타내는 차아염소산HOCl을 형성하며, 차아염소산 생성량은 pH에 따라 달라진다. 일반적으로 pH가 낮으면 더 많은 양의 차아염소산을 생성하나, 만일 pH가 4.0 이하로 내려가면 독성과 부식성이 강한 염소가스(Cl_2)를 생성하게 된다. 반면에 pH가 높아지면 염소는 더욱 안정해지지만 살균효과는 떨어진다. 희석용액의 pH가 급격히 높지 않는 한 희석용액의 경도에 따라 살균력이 변하지 않으며, 온도의 영향도 비교적 적은 편이다. 염소계 살균제는 가격이 저렴한 반면 금속 부식성이 있고 고무나 플라스틱에도 영향을 미친다. 액체 염소계 살균소독제는 저장기간에 따라 효과가 저하되며, 효력의 상실은 저장온도에 비례하여 커진다. 따라서 염소계 살균제는 필요할 때마다 그때그때 조제하여 사용해야 하며, 유효 염소 농도가 유지되도록 사용 농도를 확인하여 사용하여야 하는 단점이 있다. 또한 염소계 살균소독제는 humic acids와 반응하여 trihalomethane compounds[THM]와 같은 발암성 유기화합물을 형성하여 환경에 영향을 미친다.

(2) 이산화염소Chlorine dioxide

이산화염소chlorine dioxide는 차아염소산나트륨을 염소 또는 산과 반응시켜 얻는다. 이산화염소는 높은 pH에서도 살균소독력을 나타내며 저농도에서도 살균소독력을 나타내며 유기물 존재 시에도 살균소독력을 유지하는 장점이 있다. 그러나 기체로 소실되므로 수송 및 저장이 어려워 사용 장소(현장)에서 생산하여야 하고, 염소계 화합물에 비해 가격이 높다는 단점이 있다.

(3) 요오드계Iodophor

요오드계 살균소독제는 흔히 Iodophor라고 불리우며 1940년대부터 사용되어 왔다. Iodophor는 통상 요오드를 비이온성 계면활성제 또는 용해제(산)와 섞어 조제하는데, 요오드 이온을 생성하고 요오드 이온이 산과 반응하여 hypiodous acid와 유리 요오드를 생성한다. 제품에 첨가된 계면활성제는 희석을 용이하게 하고 용액의 안정성을 증진시키며 요오드의 방출을 조절하고 유기물계 오염물 내로 침투를 쉽게 하는 기능을 한다. Iodophor는 살균소독 스펙트럼이 넓고, 저농도에서도 활성을 나타내며 피부를 자극하지 않는 장점이 있다. Iodophor는 동일 농도에서 가장 강력한 살균소독력을 보이며, 특히 효모나 곰팡이 등 진균류와 바이러스에도 효과를 보인다. Iodophor는 약산성이며 스케일 제거 효과가 있고, 염소에 비하여 독성, 부식성과 피부자극이 적으며, 적용 pH 범위가 넓다는 장점이 있다. 요오드계 살균소독제는 pH 2~5에서 최대효과를 보이며 약알칼리 pH에서도 살균소독 효과를 나타낸다. 아울러 염소에 비하여 유기물에 의한 살균소독 효과 감소가 적고 저장 안정성이 우수한 장점도 있다. Iodophor의 단점은 진한 농도에서 살균소독 대상물질의 표면을 변색시킬 수 있고, 용수의 경도에 따른 영향을 받으며, 박테리오파지에 대한 효과는 상대적으로 적다. 또한 저온에서는 활성이 감소하고, 50℃ 이상의 온도에서는 증발하며 부식성이 강한 증기를 발생시켜 스테인리스스틸을 포함한 기구를 부식시킬 수 있다.

(4) 4급 암모늄화합물

4급 암모늄화합물은 통상 Quat로 불리우는 양이온계 계면활성제형 살균소독제이다. 분자 내에 친수기와 소수기를 함께 가지고 있는 양이온계 계면활성제를 물에 용해한 제품이다. 따라서 대상물질에 잘 침투하며 미생물의 세포막에 작용하여 세포내 물질을 유출시키고, 대사효소를 저해하여 미생물을 사멸시킨다. Quat는 독성이 적고, 색, 부식성 및 냄새가 없는 편이며, 열, pH 및 유기물에 대한 안정성이 뛰어난 장점이 있다. 대부분의 경우 약알칼리성에서는 그람 양성균에, 중성 또는 산성에서는 그람 음성균에 효과가 크다. 특히 *Listeria monocytogenesis*에 대한 살균소독 효과가 탁월하다. 아울러 계면활성을 갖고 있으므로 약간의 세척 효과도 있고, 효모, 곰팡이를 포함한 넓은 살균소독 스펙트럼을 보이며, 살균소독 효과가 지속적이고 탈취 효과를 갖는 장점도 있다. Quat의 단점은 살균소독 스펙트럼이 넓지 않아 *Salmonella*와 *E. coli*를 제외한 Gram 음성균과 박테리오파지에 대한 효과가 적고, 용수의 경도에 의해 영향을 받으며, 저온에서는 효과가 감소한다는 단점이 있다. 또한 거품을 발생시키므로 장치 내 살균소독에는 적합하지 않다.

(5) 과산화물 살균소독제Peroxy acid compound

과산화물 살균소독제peroxy acid compound인 과초산peroxyacetate은 초산과 과산화수소를 반응시켜 얻는데 인산을 함유하지 않아 물, 산소, 초산으로 분해되어 환경친화적 살균소독제로 인식되고 있다. 과초산은 살균소독력이 강하고 신속하며, 저온에서도 살균소독력을 나타내며, 유기물에 의한 영향이 없어 biofilms에 대한 효과가 탁월하다. 그러나 무기물에 의해 영향을 받으며, 구리, 청동 등 일부 금속에 대한 부식성이 있고, 효모나 곰팡이에 대한 효과는 염소, Iodophor, Quat에 비하여 떨어진다.

(6) 카복실산 살균소독제Carboxylic acid

1980년대에 개발된 새로운 살균소독제인 카복실산 살균소독제carboxylic acid는 지방산 살균소독제로 불리우기도 하는데 유리지방산, 설폰화지방산 및 유기산, 무기산으로 구성되어 있다. 카복실산 살균소독제도 살균소독과 산세척 효과를 동시에 거둘 수 있으며, 거품을 거의 형성하지 않아 식품 기구 및 장치 내 살균소독에 적합하다. 이 살균소독제의 장점은 살균소독 스펙트럼이 넓고, 유기물 및 온도에 대한 안정성이 크며, 저장 안정성이 있고, 가격이 적당하는 점이다. 단점은 효모에 대한 효과는 크지 않으며 곰팡이에 대해서는 pH 3.5 이하에서만 사멸효과를 보인다는 점이다. 또한 양이온계 계면활성제에 의해 효과가 저하되고 저온에서는 효과가 떨어진다. 아울러 스테인리스스틸을 제외한 금속에 대해 부식성이 있으며 고온에서는 플라스틱과 고무도 변성시킨다.

5. 식품첨가물의 안전성에 관한 법적 규제

식품첨가물은 인체에 무해하여야 한다는 것이 무엇보다도 중요하므로 식품에 사용하기 위하여 충분한 독성시험을 통해 그 안전성이 확인되어야 한다. 이들이 첨가된 식품을 장기간 섭취, 또는 첨가물 과용 · 오용 시 인체의 위해를 가져올 수 있으므로 식품첨가물의 안전성은 무엇보다도 중요 시 되고 있다. 엄격한 의미에서 식품첨가물은 식품의 본래 성분이 아닌 이물이며 의약품과는 달리 미량이지만 음식물을 통하여 일생동안 섭취하게 되는 점에서 식품첨가물의 안전성을 평가 검토하고 있으며, 그 안전대책으로 여러 가지 법적 규제조치가 취해지고 있다. 따라서, 식품첨가물을 사용할 때는 그 식품첨가물에 대한 올바른 지식을 갖고 그 사용방법을 잘 파악하여 그 효능이 제대로 발휘되도록 하는 한편 법의 규정에 어긋나지 않도록 적절하게 사용해야 한다. 식품첨가물의 안전성에 관한 일반 용어를 보면 다음과 같다.

1) JECFA 평가 리스트

JECFA에서는 식품첨가물을 실용성과 독성학적으로 A, B 및 C의 3군으로 분류하고 있다. 그 중에서 A군은 다시 A(1)과 A(2)의 2종으로 나누고 A(1)군의 식품첨가물은 JECFA에서 충분히 검토되어 1일 섭취허용량이 결정된 것 또는 독성학상 제한이 없는 것을 말하며, A(2)군의 식품첨가물은 사정이 완료되지 않거나 잠정적으로 식품에의 사용이 허용되고 있는 것이다. B군의 식품첨가물은 JECFA에 의해 사정이 결정되지 않은 것이나 기술적인 관점에서 필요한 자료가 충분하지 않아 1일 섭취허용량이 결정되지 않은 식품첨가물이다. C(1)군의 식품첨가물은 JECFA의 데이터에 근거하여 식품에 사용이 안전하지 않은 것으로 된 것이며, C(2)군의 식품첨가물은 건강에 대한 안전성 또는 기타 이유에 의해 그 사용이 제한되고 있는 것을 말한다.

2) GRAS Generally Recognized As Safe

일반적으로 식품첨가물은 그 독성toxicity과 빈번한 사용에 의한 누적효과를 고려하여 그 사용목적에 따라 최대허용량the maximum tolerable allowance을 정하여 주는 것이 원칙이다. 미국에서는 독특한 제도로서 장기간 사용되어 왔고, 정상적인 사용량과 또 정상적인 사용방법을 통해서 사용될 경우에는 그 안전성safety이 충분하다고 판단되는 식품첨가물에 대해서는 GRAS 목록(일반적으로 안전하다고 인정되는 식품첨가물)에 등재한다. 여기에 수록된 식품첨가물에 대해서는 사용최대허용량을 정하지 않고 자유로이 사용케 하고 있다.

다음 사항 중의 어느 한 사항에 속하는 식품첨가물들은 일반적으로 안전하다고 인정되는 식품첨가물로서 GRAS 목록에 등재한다.

① 어떤 식품에 자연적으로 이미 존재하는 성분
② 정상적인 식품 중에 함유된 정도의 양이라면, 체내에서 쉽게 신진대사가 될 수 있는 성분
③ 안전하다는 사실이 확실히 알려진 것과 그 구조가 매우 유사한 성분
④ 광범위하게 그리고 다년간 사용되어 온 성분으로서 그 안전성이 경험적으로 확립되어 있는 성분
⑤ 다음과 같은 조건을 동시에 만족시키는 성분
- 두 개 이상의 식품회사에서 적어도 10년 이상 사용되어 왔다.
- 가공식품에 함유된 평균적인 최고 사용량이 10ppm을 넘지 않는다.

- 연간 소비량이 모두 1,000파운드 미만인 경우
- 안전성에 의심이 가는 징후를 가지고 있지 않은 경우

식품첨가물은 천연물이든지 화학적 합성품이든지 유독 또는 유해하여서는 안 되고, 비위생적이어서도 안 된다. 또 필요 이상으로 남용하거나 과용하는 것도 인체에 해를 끼치는 원인이 된다. 그러므로 이러한 것을 방지하고 식품첨가물의 안전성을 확보하기 위하여 여러 가지 법적 규제조치가 취하여지고 있다. 식품위생법에 의하여 식품첨가물은 비위생적인 것을 판매하거나 사용할 수 없도록 금지하고 있다. 또한 식품의약품안전청장의 지정 없이는 식품첨가물로 판매하거나 사용할 수 없고 지정되지 않은 것이 첨가된 식품은 제조 · 가공 · 판매할 수 없게 되어 있다. 즉, 그것이 비위생적인 것이 아닐지라도 식품의약품안전청장의 지정이 있어야 판매 또는 사용할 수 있다. 또한, 판매나 영업용을 목적으로 식품첨가물을 수입하고자 하는 자는 그때마다 절차에 따라 식품의약품안전청장에게 신고하도록 규정하고 있다. 수입 식품첨가물의 검사는 각 지방식품의약품안전청, 한국보건산업진흥원이나 시 · 도 보건환경연구원 등 식품위생검사기관에서 담당하고 있다.

제2장 방사선 조사 및 유전자 재조합 식품

1. 방사선 조사 식품

1) 식품조사의 정의

식품조사란 방사선을 식품에 조사하여 발아억제나 숙성지연을 통해 식품의 보존성을 향상시키거나 병원균, 기생충 및 해충을 사멸시켜 위생적인 식품을 만드는 것이라 할 수 있으며, 온도를 높이지 않고도 살균이 가능하여 'cold sterilization'으로 일컬어진다.

방사선은 전자선이나 X선을 생성할 수 있는 전자선 기계에서 생성되거나 ^{60}Co 같은 방사성 동위원소의 감마선으로부터 생성되는데 이런 류의 전리방사선ionizing radiation에 대해 식품이 흡수하는 에너지의 양을 조절하여 식품에 방사선장을 통과시키는 것이다. 그런데 방사성 동위원소를 사용하는 경우가 전자선 기계를 사용하는 것보다 훨씬 더 경제적이다.

1896년 방사성 물질이 발견되면서 방사선 조사는 식품 중의 미생물을 사멸시킬 수 있다는 가능성이 제시되었고, 1921년 방사선 조사가 육류의 기생충 오염 문제해결을 위해 미국에서 특허를 얻은 후 최초로 사용하게 되었다. 1930년에는 프랑스에서 식품의 장기 안전보관을 위해 사용되었고, 네덜란드에서는 제2차 세계대전 동안에 긴급구호물자인 분유와 채소류의 안전성과 저장을 위해 방사선 조사를 사용하였으나 비경제적이었다. 그러나 1950년대에 들어서 대량의 방사성 물질의 생산과 이용이 가능해지면서 본격적인 연구가 시작되었고, 1980년대에 들어서 방사선 조사기술은 안전성에 대한 과학적 뒷받침과 WHO(세계보건기구)World Health Organization, IAEA(국제원자력기구)International Atomic Energy Agency,

FAO(국제식량농업기구)Food and Agriculture Organization 등의 국제기구와 선진국의 보건당국의 주도에 의하여 실용화 기반을 마련하였다. 따라서 식품조사 방사선의 선원 및 선종은 거의 ^{60}Co의 감마선으로 행해지고 이 감마선은 우리나라에서 허용한 방사선원이다. 방사선 식품조사는 식품의 발아억제, 살충, 살균 및 숙도 조절의 목적에 한하여 식품에 사용하게 되고 가열, 냉장, 냉동, 화학약제에 의한 처리와 동일한 이유로 사용된다.

2) 방사선의 조사방법, 종류 및 선량

방사선 조사는 국가에서 허가를 얻고 면허를 받은 방사선 조사시설에서 행해지며 이 시설에는 정치형식과 연속식의 2종류가 있는데 규모의 장점 때문에 연속식 조사시설이 일반적으로 식품산업에서 포장이 종료된 식품에 대해 사용되고 있다.

방사선은 방사성 동위원소로부터 방출되는 α(알파), β(베타), γ(감마)선 외에도 기계적으로 발생되는 X선, 전자가속기에서 나오는 전자선electrons, 원자로에서 만들 수 있는 중성자선 등이 있다. 방사선은 물질을 통과할 때 물질의 원자나 원자단, 분자 등을 전리시켜 이온을 발생시키는데, 이러한 성질을 가진 방사선이 전리방사선ionizing radiation이다. 이러한 전리방사선에는 γ선, 전자선, X선, 자외선, α선, 중성자선 등이 있는데, 이들 중 X선과 감마선은 매우 짧은 초단파장이고 높은 에너지를 갖는 전자기파이다. 이는 우리가 일상생활에서 쉽게 접하고 있는 전자파microwave나 라디오, TV전파, 자외선, 가시광선, 적외선 등과 같은 범주에 속한다.

표 6-2-1 방사선량과 방사능의 단위

	흡수선량	방사능
단위	gray(Gy)	becquerel(Bq)
정의	1Gy = 1J/kg	1Bq = 1disinteration/sec
이전 단위	rad	curie(Ci)
변환	1Rad = 0.01Gy 1krad = 10Gy 1Mrad = 10KGy	1Ci = 3.7×1010Bq = 38GBq 1 kCi = 37TBq 1mCi = 37PBq

식품조사에서 피조사체 식품에 대한 방사선 조사량은 국제단위계SI의 방사선 흡수선량absorbed dose으로 나타내며, 그 단위는 Gy(그레이)gray가 사용된다 1Gy = 100rad = 1joule/kg. 1radradiation absorbed dose는 피조사체의 종류에 관계없이 물질 1g당 100erg의 에너지를 흡수하였을 때를 의미한다. 식품조사에서 조사량의 단위는 표 6-2-1에서와 같이 흡수선량으로 rad가 사용되었으나 현재는 Gy가 사용되고 있다.

식품조사에 이용되는 특정 종류의 방사선원으로는 표 6-2-2에 나타나 있다. 즉 ^{60}Co 또는 ^{137}Co 방사성 동위원소에서 방출되는 감마선이나 전자가속기에서 발생되는 10Mevmega electron volt 이하의 전자선 및 기계적으로 발생되는 5Mev 이하의 X선이 식품조사에 안전하게 이용될 수 있다. 이 중 감마선은 전자선에 비해 고유의 에너지를 가지며 경제적이어서 식품조사의 대부분을 차지하며 ^{60}Co은 ^{137}Co에 비해 침투력, 조사 균일성, 용이성이 좋고 환경 유해성이 적어 실제로 식품조사에 주로 사용되고 있다. ^{60}Co은 조사시설 내에서 스테인레스 캡슐

표 6-2-2 식품에 이용될 수 있는 방사선의 종류

방사선	선 원	반감기	이용 에너지(MeV)	용 도
γ선	^{60}Co	5.3년	1.17, 1.33	식품조사 80% 이상 차지
	^{137}Cs	30년	0.66	
전자선	전자가속기에서 발생		10 이하	식품조사 20% 미만 차지
X 선	기계적으로 발생		5 이하	의료 진단용

표 6-2-3 조사선량에 따른 방사선의 살균효과

명 칭	조사량(kGy)	사용 목적
방사선 완전살균 (Radappertization)	30~40	미생물을 완전히 살균(sterilization) 예) 통조림 식품
방사선 병원균 살균 (Radicidation)	2.5~10	비 포자형성 병원균(virus)의 살균(pasteurization) 예) 닭고기, 쇠고기, 어패류 등에 오염된 병원성 미생물
방사선 부분 살균 (Radurization)	0.75~2.5	특정 부패균의 상당수 감소로 인한 보존기간 연장 예) 신선육, 가금류, 어패류, 채소, 과일 및 곡류

속에 봉입되어 비 사용 시는 수중 pool에 저장되어 있다. 방사선의 조사선량에 따라 식품에서 발생하는 살균효과를 분류하면 표 6-2-3과 같다.

3) 식품조사의 이용효과

(1) 발아 억제

세계적으로 이용되는 식품조사 분야와 선량에 따른 이용 효과를 표 6-2-4에 나타내었다.

먼저 저선량의 감마선을 조사하면 감자, 고구마, 양파, 마늘, 생강, 밤 등의 발아가 억제된다. 감자의 경우, 0.05~0.15kGy(일본 등) 정도 사용하는데, 발아의 완전 억제는 0.15kGy로도 세포분열이 억제되기 때문이고 이렇게 조사된 감자는 수확 후 1년간 저장이 가능하다. 0.5kGy로 조사한 양파는 저장기간이 1개월에서 5개월로 연장 가능하게 되었고 수확 후 곧바로 0.02~0.04kGy 정도 조사하면 가장 좋은 결과를 얻을 수 있다. 대맥아의 경우 0.25~0.50kGy 정도로 발아가 억제되는데 0.01~0.1kGy의 극히 소량의 감마선량을 조사하게 되면 오히려 발아가 촉진되어 맥아 제조기간을 단축하게 된다.

표 6-2-4 선별량 방사선 조사 대상식품 및 조사효과

	조사목적	조사선량(kGy)	대상식품	조사효과
자선량조사	발아/발근 억제	0.05~0.15 (0.25)	감자, 양파, 고구마, 파, 마늘, 생강, 밤 등	저장기간 연장, 공급 안정화
	해충/기생충 방제	0.15~1.0	곡류, 콩류, 신선 과채류, 건조과일, 건조생선, 건조육, 돼지고기, 대추, 야자, 카카오, 육류 등	저장기간 연장, 위생화, 유통 확대
	숙도지연	0.5~2.0	바나나, 파파야, 망고 등 신선 과일, 채소, 버섯 등	유통확대, 저장기간 연장
중선량조사	부패균/병원균 살균	1.0~10.0	생선, 딸기, 수산가공품, 육류가공품, 냉동새우 등 생선, 냉동 개구리 다리, 가금육 등	위생화, 저장기간 연장
	식품특성 개선	1.0~10.0	건조곡류, 야채, 위스키, 포도주스 등	가공 에너지 절약, 생산성 향상
고선량조사	식품소재/첨가물 살균	3.0~50.0	향신료, 건조채소류, 효소제재, 천연검 등	위생화, 저장기간 연장
	살균	3.0~50.0	육류, 가금육, 수산가공품, 환자식, 우주식 등	위생화, 저장기간 연장

(2) 해충 및 기생충 제거

해충 및 미생물의 식품조사에 대한 감수성은 표와 같이 0.5kGy 이하의 저선량의 감마선은 해충의 유충, 난(알)을 포함하여 모든 경우의 저장 해충을 살충 혹은 불임화시킬 수 있다.

아울러 기생충의 오염을 차단할 수 있다. 참고로 식품에 존재하는 기생충 사멸을 위한 방사선 조사선량은 아래의 표 6-2-5와 같다.

표 6-2-5 기생충 사멸을 위한 방사선 조사량

학명	일반명	적용선량(kGy)
Toxoplasma gondii	톡소포자충	0.25
Trichinella spiralis	선모충	0.30
Cysticercus bovis	무구낭미충	0.4~0.6

(3) 식품의 보존성 연장

식품의 부패라든가 변질을 일으키는 미생물의 멸균을 위해 식품조사를 사용한다. 미생물을 억제한다든가 완전히 없애는 데 필요한 선량은 대상이 되는 미생물의 감마선 감수성과 식품의 미생물 오염 정도에 따라 결정된다. 많은 과실, 채소, 육류, 닭고기, 생선, 해산물의 보존성 연장은 냉장과 저선량조사를 병용함으로써 크게 연장할 수 있으며, 이와 같은 처리를 하여도 맛과 향에 변화가 일어나지 않는다. 특히, 곡물과 곡물 제품은 훈증제의 환경오염 문제로 국제적으로 화학훈증제의 처리가 규제되고 있기 때문에 조사가 더욱 용이하다.

(4) 과실, 채소의 숙도지연

어떤 종류의 과실이라든가 채소에 저선량의 감마선을 조사하면 숙도가 지연되어 보존성이 연장된다. 조사에 의한 성숙지연의 정도라든가 조사에 의한 숙도가 촉진되느냐 억제되느냐 하는 것은 선량이라든가 조사시의 성숙도에 따라 차이가 있다.

(5) 식중독의 억제

미생물에 의하여 발생되는 식중독을 막기 위하여 방사선 조사를 이용한다. 감마선 조사를 통하여 동물육의 고체식품이라든가 건조식품을 살균할 수 있다. *Salmonella, Campylobacter, Listeria, Yersinia* 등 식품 중의 아포 비생성 병원균은 저선량으로도 살균할 수가 있어 이와 같은 저선량조사는 이들 미생물에 의한 중대한 공중위생상의 문제를 해결하는 데 대단히 유용하다. 실제로 1997년 12월 미국 FDA는 쇠고기, 양고기 등 적색육류를 오염시킬 수 있는 *E. coli* O157:H7과 같은 유독성 박테리아, 기생충 등을 제거하기 위해 가공과정의 최종단계에서 낮은 단위의 감마선을 조사하는 것을 허용하기로 결정한 바 있다. 식품 속에 바람직하지 않은 변화를 일으키지 않을 정도의 선량을 조사함으로써 쇠고기, 돼지고기, 가금육, 어류 속의 무아포형성균도 살균할 수 있으며 특히, 냉동한 육류식품을 조사하는 데 아주 실용적이다. 참고로 미생물 및 해충의 식품조사에 대한 감수성은 다음 표 6-2-6과 같다.

표 6-2-6 해충 및 미생물의 식품조사에 대한 감수성

감수성	해충 > 대장균군 > 무아포형성균 > 아포형성균 > 아포 > 바이러스				
종류	화랑곡나방	대장균	비브리오균	포자	구제역
	권련벌레	살모넬라	녹농균	endotoxin	에볼라
	가루진드기	장티푸스균	탄저균	exotoxin	각종 바이러스
	바퀴벌레	리스테리아	고초균	mycotoxin	
	딱정벌레	이질균	포도상구균	아플라톡신	
	바구미 등	폐렴균	연쇄상구균	보툴리눔독소 생성억제	
	저곡해충류	(레지오넬라)	각종 곰팡이		
소요선량	0.5~3 kGy	1~5 kGy	5~10 kGy	10~20 kGy	30 kGy 이상

4) 식품조사의 영향

(1) 영양학적인 변화

동일한 목적으로 사용되는 다른 식품가공법이나 보존방법보다 영양학적인 변화가 오히려 적다. 단백질, 탄수화물, 지방과 같은 일반성분인 거대분자 영양물질은 10kGy까지의 선량에서 비교적 안정하다는 것이 그 동안 포괄적인 연구로 증명되었다. 무기질 같은 경우도 방사선 조사에 의한 변화가 일어나지 않는다. 특수성분인 분자량이 적은 영양물질인 비타민과 같은 경우에는 1kGy 이상 처리 시 높은 온도 및 산소 존재 하에서는 약간의 비타민 손실이 생기며 비타민 종류에 따라 차이가 있다. 그러나 일반적으로 낮은 온도와 산소가 없을 때에는 비타민의 손실을 막을 수 있고 방사선 조사 식품을 밀폐포장해서 낮은 온도에서 보관하면 비타민 손실을 막을 수 있다.

다양한 종류의 비타민의 방사선 조사에 대한 민감성은 제각각이다. 방사선 조사에 대한 비타민의 민감성은 식품 시스템의 복잡성, 수용성 또는 지용성 등에 따라 다르다. 순수한 비타민 용액의 방사선 조사 결과 이들 화합물의 파괴가 상당하여 일부 문헌에서는 그 손실이 과대평가되었다. 예를 들어, 수용성의 비타민 B_1(티아민)은 0.5kGy의 방사선 조사 후 50%가 손실되었으나 건조된 전란Whole egg의 방사선 조사에서는 비타민 B_1의 손실량이 5% 이하였다. 냉동상태의 식품 또는 질소 충전 등의 포장을 한 식품을 조사(照射)함으로써 비타민 손실을 최소화할 수 있다. 비타민 중에서도 특히 B_1, C(아스코르브산), A, E(α-토코페롤) 등 4종의 비타민이 방사선 조사에 민감하다. 그러나 B_1은 방사선 조사보다 열에 더 민감하다. 방사선 조사된 돼지고기와 쇠고기가 멸균 열처리된 통조림의 고기보다 비타민 B_1이 더 많이 함유되어 있음이 증명되었다.

비타민 E와 A의 방사선 조사로 인한 손실의 중요성은 그다지 크지 않다. 이들 비타민의 주요 공급원은 버터나 우유 같은 것이며, 이들 식품은 방사선 조사에 적합하지 않기 때문이다. 방사선 조사는 비타민 A의 전구체인 베타카로틴과 기타 카로티노이드의 수준에 거의 영향을 미치지 않는다.

전반적으로 식품의 영양가에 대한 방사선 조사의 영향은 아주 적으며, 이 사실은 방사선 조사 식품의 건전성을 입증하기 위한 많은 식이 연구결과에서 증명이 되었다. 방사선 조사 식품은 혼합식이의 일부로 섭취될 것이며, 그러므로 방사선 조사가 특정 영양소의 총 섭취량에 거의 영향을 미치지 않는다는 점을 기억해야 한다.

FAO, WHO, 국제원자력기구IAEA의 합동 전문가 위원회는 이러한 이슈를 조사하고, 1980년에 방사선 조사가 식품에 특정 영양적 문제를 일으키지 않는다고 결론내렸다. 또 1997년 스위스 제네바에서 개최된 FAO, IAEA, WHO 전문가 회의에서 고선량 방사선 조사의 영향을 조사한 후, 10kGy 이상의 선량dose이 개인이나 집단의 영양상태에 부정적 영향을 나타낼 정도로 영양적 손실을 일으키지는 않을 것이라고 결론내렸다.

(2) 화학적 변화 및 방사선 분해산물

식품을 조사할 때 생성되는 화합물의 종류 또는 방사선 분해산물의 생성에 영향을 주는 요인으로 온도, 습도, 효소 등이 관여한다. 물론 가장 중요한 것은 선량이며 곡물의 해충방제에 필요한 선량 0.5kGy 이하로 조사한 식품 속의 화학적 변화는 발견되지 않았다. 그러나 멸균에 필요한 선량 30kGy과 같은 고선량에서는 많은 화학적 변화가 일어나지만 그 양은 소량이었으며, 조사하지 않은 식품에서도 이런 화합물들이 검출되었다. 어떤 연구에 따르면 60kGy로 조사한 식품 속에 약 60종류의 방사선 분해 생성물이 검출되었으나 대부분 소량만 생성되었을 뿐이며, 이러한 화합물들 모두가 여러 조사하지 않은 식품 중에서도 검출되었다고 한다. 또한 아미노산, 비타민, 당 등 개개의 식품성분은 감마선 조사에 의하여 분해되나 복합계인 식품에 조사되었을 때에는 이와 반대로 보호적인 효과가 나타난다는 사실이 관찰되고 있다.

(3) 미생물에 대한 영향

전리방사선은 미생물을 죽이거나 불활성화시킬 수 있는 화학적 변화를 미생물 내부에 일으켜서 식품 내의 미생물의 수와 종을 상당히 감소시키며, 또한 생존하는 병원균의 유독성을 더 감소시킨다. 3~7kGy의 선량은 식품에 흔히 있는 미생물을 광범위하게 파괴시킬 수 있으며 실제적으로 살모넬라 같은 미생물을 사멸시킬 수 있다. 국제적으로 권고되고 있는 10kGy 이하 선량의 조사가 모든 병원성 균을 사멸시키지는 못하므로 다른 살균식품처럼 적정제조기준에 따라서 취급, 포장, 저장해야 한다. 이렇게 함으로써 병원성 미생물의 독소생산을 저지할 수 있다.

(4) 관능적 변화

식품에 대하여 저선량이라 할지라도 조사하면 바람직하지 않은 반응을 야기시킬 때도 있다. 우유 및 유제품의 경우 저선량이라도 감지할 수 있는 이상한 냄새를 형성하고 육류 또한 멸균에 필요한 고선량의 방사선을 조사하면 바람직하지 않은 냄새를 형성한다. 육류의 경우에는 백색육보다 적색육, 돼지고기보다 쇠고기에서 더 많이 발생한다. 이러한 냄새 변화는 조사직후 높아지고 식품 저장 및 요리하는 동안에 감소하거나 소멸한다. 저온에서 육류를 조사할 경우에는 냄새의 변화가 적으며 효소를 실활시켜 -30℃에서 50kGy로 조사한 육류에서는 어떠한 냄새의 변화도 감지할 수 없다. 전체적으로 현재의 식품조사에 이용되는 10kGy 미만의 선량은 식품의 관능적 품질(색, 맛, 풍미) 등에 아무런 영향도 미치지 않는다고 WHO에서 발표하였다.

5) 조사 식품의 안전성

FDA는 식품조사의 안전성 확보를 위하여 필요한 모든 정보를 총체적으로 검토하였는데, 다음 표 6-2-7과 같이 크게 네 가지 범주에서 방사선 조사 식품의 안전성을 검토하였다.

1992년 5월 제네바에서 과거 40년간의 식품조사에 관한 다양한 연구보고서를 토대로 WHO, FAO, IAEA 등을 비롯한 국제기구와 IOCUInternational(국제

표 6-2-7 방사선 조사 식품의 안전성을 위한 검토사항(U.S. FDA)

구 분	의 문 사 항
방사선적 안전성	• 조사 식품에서 유도방사능이 생길 수 있나?
독성적 안전성	• 식품을 방사선 조사하였을 때 생성될 수 있는 독성물질이 어떤 유해한 독성학적인 영향을 가져오는 증거가 있는가? • 이를 확인하기 위하여 어떠한 시험이 이루어져야 하는가? • 어떠한 시험에 독성학적인 안전성 검토에 필요한 유용한 정보를 제공해주는가?
미생물적 안전성	• 방사선 조사가 미생물에 돌연변이를 유발하여 더 유독한 병원성 미생물을 생성시키는가?
영양적 안전성	• 방사선 조사가 식품의 영양소의 심각한 손실을 초래하는가? • 방사선 조사될 식품이 영향을 받기 쉬운 영양소의 주요한 급원인가?

소비자연맹)Organization of Consumers Union 등은 다음과 같은 결론을 내렸다.

① 식품조사는 인간의 건강에 유해한 영향을 미칠 수 있는 식품성분 중의 독성학적인 변화를 초래하지 않는다.
② 조사 식품은 위생적인 측면에서 안전하며 미생물학적 위험은 증가시키지 않는다.
③ 조사 식품은 인류의 영양상태에 부작용을 줄 수 있는 영양소의 손실을 초래하지 않는다.
④ 조사 식품은 어떠한 유전적인 영향도 미치지 않는다.

6) 조사 식품의 검지방법

(1) DNA 측정법

식품의 이온화 처리는 핵산의 변화를 야기하므로 DNA 변화에 기초한 검지법이다. 이 DNA 측정법은 방사선 조사에 의해 변형된 미생물 혹은 식품 DNA를 측정함으로써 방사선 조사 식품의 검지기술로 사용될 수 있는 가능성이 제안되어 왔지만 DNA 검지기술은 많은 측정시간을 소비하고 고도의 숙련된 기술자를 필요로 한다는 문제가 있다.

(2) 생물학 및 미생물학적 측정법

방사선 조사 처리된 식품의 검지를 위한 정성분석인 미생물학적 측정법의 발전은 방사선 조사처리 전후의 미생물 양의 비교가 이론상으로 가능하다는 데 기초를 두고 있다. 방사선 조사처리에 의해 미생물의 양이 줄어들게 됨으로써 언제나 조사처리 전보다 조사 후의 미생물량이 감소하게 된다.

(3) 화학적 방법

지방이 함유된 식품을 방사선 조사 처리할 경우 방사선 조사처리의 확인물질로써 이용될 수 있는 많은 양의 휘발성 물질이 형성된다. 휘발성 탄화수소, aldehydes 혹은 butanones과 같은 지방으로 야기된 방사선 분해산물의 함량은 지방의 화학적 구성과 직접적으로 관련이 있다. 이것은 다른 처리에서와는 달리 높은 에너지의 방사선 조사처리에 의해 ester carbonyl 영역에서 지방산이 우선적으로 분해되어 용출되어지기 때문이다.

(4) 물리적 방법

① **열 발광 측정법**Thermoluminescence(TL)

방사선 조사는 고체와 건조식품의 안전성과 관련된 이온 및 자유전자에 영향을 미치는데 이들 입자에 의해 에너지가 흡수되어질 때, 이온과 전자의 재조합은 빛(냉광)을 발산한다. 즉 이러한 현상은 식품이 물(화학적 발광)이나 열(열적 발광)에서 용해되어질 때 발생하므로 이러한 발광을 측정하는 방법이다.

② **전자회절공명**Electron Spin Resonance Spectroscopy(ESR)

ESR은 방사선 조사 처리에 의해 생성되는 짝짓지 않은 전자들, 특히 자유라디칼들을 분광학적으로 관측하는 방법이다. ESR은 방사선 조사 식품의 자유라디칼들이 상업적 저장기간 동안 안전할 경우 검지기술로 사용할 수 있다. 자유라디칼의 활성이 물에서는 매우 낮기 때문에 이러한 자유라디칼은 고체와 건조식품에서만 발생하며 더욱이 방사선 조사에 의해 형성된 신호는 대조구 시료의 신호와 뚜렷이 구별되어야만 한다. 뼈 있는 고기류, 향신료, 과채류, 어류, 조개류 등에 광범위하게 이용될 수 있다.

그 밖의 방법으로 점도를 확인하는 방법이 있다. 방사선 조사 식품(특히 향신료)의 혼탁액에서 방사선 조사 처리하지 않은 시료와 점도의 차이가 있음이 관측되어져 왔다. 어떠한 식품의 경우에서는 점도가 감소하고, 또 다른 경우에서는 증가하는 경향을 보여 측정을 위한 적정상태와 경험적 측정이 필요하기 때문에 매우 제한적으로 사용되는 방법이며 측정을 위해서는 측정 전의 균질화 정도, 온도, pH, 침지시간, 농도 등을 중요하게 고려해야 한다.

7) 식품조사의 기준, 규격과 관리

식품조사를 절대적으로 안전한 것으로 하기 위하여 각국 정부는 조사 식품 또는 식품조사에 관한 법률을 제정하고 있으며 규제 당국은 조사하는 종류와 목적을 결정하여 개개의 식품조사 목적에 부합되는 정확한 방사선량을 결정하고 있다. 또한 규제 당국은 식품조사의 표시에 기재되어야 할 식품조사에 관계되는 정보의 종류에 대해서도 규정하고 있으며 이 사항에 대해서는 포장식품의 표시에 관한 국제일반규격Codex Alimentarius General Standard for the Labeling of Prepackaged Foods이 전리방사선으로 처리한 식품에 대하여 '조사처리' treated with radiation, treated by irradiation라고 문구로 표시하거나 마크를 표시하게끔 명확하게 규정하고 있다(그림 6-2-1). 검사를 받음은 물론, 감마선 조사 사항의 안전성에 대하여 책임을 맡고 있는 당국에 의한 규제나 감독을 받아야 한다. 이와 같은 관리를 행함으로써 식품조사에서 종사자, 소비자, 환경이 부당한 위험에 직면할 수 있는 것을 예방할 수 있다.

그림 6-2-1 국제 통용 방사선 조사처리 마크

FAO/WHO 식품규격위원회의 식품위생에 관한 일반규정General Principle of Food Hygiene은 식품을 처리하는 조사시설에 대하여 위생적인 식품을 처리, 가공하기 위한 기본적인 사항을 제시하고 있으며, 우리나라에서는 식품위생법과 식품공전에 조사 식품 규정을 규정해 놓고 관리하고 있다. 또한, 방사성 동위원소 등에 의한 방사선 장해 방지에 관한 법률에 의거하여 조사시설의 안전성 확보를 위한 규제가 이루어지고 있을 뿐 아니라, 산업안전보건법에 의해 조사시설에서 작업하는 종업원의 건강진단 등의 건강관리가 실시되고 있다. 식품조사는 세계 39개국 이상에서 200여 개의 시설이 약 230종의 식품군에 대해 다양한 목적으로 이루어지고 있는데, 미국은 55종, 영국은 47종, 프랑스는 41종, 네덜란드는 20종의 다양한 식품품목군에 대해 허가하고 있는 실정이다.

8) 국내 방사선 식품조사의 문제점 및 개선방안

(1) 국내 방사선 식품조사의 안전성 확보에 따른 법적 근거 미흡

식품조사 설비 및 공정과정을 효과적으로 관리하기 위하여서는 구체적인 법령마련이 요구되며 방사선 식품조사에 관한 전반적인 사항에 대한 관리체계를 일원화할 필요가 있다. 현행 우리나라의 방사선 식품조사 기준은 현행 식품공전 중 '식품의 방사선 조사기준'에 의하여 관리 운영되고 있으며, 식품조사 처리 기준의 각종 준수사항 위반에 따르는 행정처분은 식품위생법 시행규칙 제89조에 의거 영업정지 등의 조치를 취하고 있다. 식품조사처리업을 위한 식품보존업의 시설기준은 원자력법 시행령 및 원자력법 시행규칙 각 조의 규정에 따르도록 규정하고 있어 조사시설의 식품위생과 관련하여서는 안전성 확보관리 측면에서 이원화되어 있기 때문에 조사시설기준에 부적합할 경우 식품위생법상 관리제제 방법이 없고, 이러한 사항은 과학기술부의 지도감독과 처벌규정에 따르도록 되어 있다. 참고로 국내 방사선 조사 허용 식품 및 흡수선량 기준은 표 6-2-8과 같다.

표 6-2-8 국내 방사선 조사 허용 식품 및 흡수선량 기준

허용 식품	흡수선량
감자, 양파, 마늘	0.15KGy 이하
밤	0.25KGy 이하
생버섯, 건조버섯	1KGy 이하
난분, 가공식품 제조원료용 곡류, 두류 및 그 분말, 조미식품 제조원료용 전분	5KGy 이하
가공식품 제조원료용 건조식육 및 어패류분말, 된장분말, 고추장분말, 간장분말, 가공식품 제조원료용 건조채소류, 효모 · 효소식품, 조류식품, 알로에분말, 인삼(홍삼포함)제품류	7KGy 이하
건조향신료 및 이들 조제품, 복합조미식품, 소스류, 침출차, 분말차, 2차살균이 필요한 환자식	10KGy 이하

(2) 방사선 식품조사의 검지기술 표준화

외국에서 수입되는 식품 및 원료제품의 상당량이 방사선이 조사되어 통관되고 있음에도 불구하고 식품조사의 검지기술이 실용화되어 있지 못해 현재 위

법 조사, 부정수입, 재조사 유무 등을 검사할 방법이 없다. 또한 방사선 조사기술이 앞으로 국내 · 외적으로 점점 확대되고 있는 추세로서 이미 선진 외국들은 식품의 방사선 처리 여부를 조사하는 기술을 개발하여 수입 식품검사 등에 활용하고 있으나 우리나라의 경우는 한국원자력연구소와 대학 교수진에 의해 이루어지고 있을 뿐이다. 따라서 방사선 조사 적용이 가능한 품목들에 대해서는 검지기술의 표준화가 시급하고 정부주도하에 전문인력 확보, 기술 확보 및 법령체제 재편 · 보강 등을 통하여 수입 식품에 대한 검역관리체계의 강화가 필요하다.

(3) 방사선 식품조사에 대한 효과적인 홍보

우리나라 소비자들의 경우에는 성별, 학력, 연령에 관계없이 대부분이 방사선 식품조사에 대해 정확히 알지 못하고 있었으며 부정적인 입장을 나타내었다. 특히, 방사선 식품조사를 방사능 오염 식품으로 오해할 가능성이 있으므로 앞으로 방사선 식품조사의 산업화, 실용화를 위해서는 소비자의 이해가 선행되어야 하므로 사실에 입각한 진실된 홍보가 필요하고 이를 위해서는 국민들에게 신뢰성과 공신력을 부여할 수 있는 방사선 식품조사의 검지기술 개발과 효과적인 사후관리가 뒷받침되어야 한다.

9) 방사선 조사 식품의 안전성에 대한 소비자의 이해

최근 후쿠시마 원전사고 이후 식품의 방사능 오염 여부가 소비자들의 중요 관심사가 되면서 많은 소비자들은 방사선 조사 식품과 방사능 오염 식품을 비슷하게 인식하면서 방사선 조사 식품의 안전성에 대한 불신이 증가하지 않았나 생각하는 전문가들이 있다. 이는 대단히 잘못된 일이다.

방사능 오염 식품이란 원폭실험이나 후쿠시마 원전사고 등으로 생긴 방사능 물질에 오염된 식품을 말한다. 그러나 방사선 조사 식품은 인위적으로 방사선을 식품에 노출시켜 살균, 살충, 발아 억제, 숙성지연 등을 유도하게 한 식품이다. 대개는 식품 내에 존재하는 식중독 균 등 유해 세균을 없애기 위해 방사선을 식품에 투과시키는 것이다. 방사선 조사 식품은 방사능 오염 식품과는 달리 방사선이 식품에 잔류하지 않는다.

여러 번 반복해서 쬐지 않고 10KGy(법적한계) 이하 쬐는 한 방사선 조사 식품은 안전하다는 것이 세계보건기구WHO, 국제식량농업기구FAO, 미국식품의약청FDA 등의 공식 입장이다. 우리 정부도 감자, 건조향신료, 환자식 등 26개 식품에 대해 방사선 조사를 허용하고 있다. 우리나라에서 방사선을 쬔 식품에 대한 소비자의 인식은 매우 부정적이다. 2009년 3~4월 서울과 수도권 거주 주부 275명을 조사한 결과에 따르면 '방사선을 쬔 식품은 안전문제를 일으키지 않는다'고 응답한 사람의 비율은 42.9%에 불과했다(한국식품영양학회지 2010년 39호). 또 '식품에 방사선을 쬐면 방사능 때문에 위험한가?'라는 질문에 아니요라고 응답한 비율은 29.9%에 그쳤다. 이는 소비자 10명 중 약 7명이 방사선 조사 식품을 방사능 오염 식품으로 오인하고 있음을 시사한다.

유전자 재조합 식품과 더불어 방사선 조사 식품의 안전성 논란은 오랫동안 이어졌고 앞으로도 진행될 것이다. 아직은 누구도 안전성에 대한 100% 확실한 판단을 하기에는 시기적으로 어려움이 있고, 정부도 방사선 조사 식품에 대해 표시제를 강화하면서 한편으로는 소비자에 대한 과학적인 홍보와 교육이 병행해야 할 것이다.

막연한 추측이나 언론의 부추김에 국민의 정서가 따라다녀서는 안 된다. 더욱 연구하고 노력하면서 경제성과 안전성을 동시에 고려하면서 국가나 국민 모두에게 보탬이 되는 지혜로운 방향을 모색해야 할 것이다.

2. 유전자 재조합 식품

1) 유전자 재조합 식품의 정의

인구증가에 따른 식량수요 증가로 식량증산을 위하여 경지면적을 확대하고, 화학비료와 농약을 사용하며 통일벼와 같은 다수확 품종을 재배하는 방법들을 이용해 왔다. 그러나 이용할 수 있는 농지면적은 한정되어 있으며, 화학비료나 농약 사용은 잔류 농약 등에 의한 안전성 문제도 있어 이러한 방법에 의한 식량증산에는 한계를 보이게 되었다. 또한 소비자의 식품기호에 대한 욕구도 증가하여, 식량자원의 품종개량에 대한 중요성과 필요성이 증가했다. 이에 육종학자들은 새로운 품종을 효율적으로 개발하기 위하여 유전자 재조합 기술을 이용하게 되었다.

유전자 재조합 기술(유전자 조작, 유전자 변형으로도 표현)이란 어떤 생물의 유전자에서 원하는 유용한 유전정보(N 내한성, 내병성 등)를 갖는 부분을 효소 등을 사용하여 절단, 연결하여 재조합 DNA를 만들고 이것을 생세포에 이입하여 신품종을 만들거나 이 신품종을 이용하여 유용한 물질을 생산하는 기술을 말한다. 품종개량에서 유전자 재조합 기술을 이용하면 목적하는 유용한 유전자를 좀 더 정확하게 도입할 수 있어, 농작물 등의 계획적인 개량이 가능하도록 할 뿐만 아니라 안전성이 확인되면 식품 또는 식품첨가물로 이용할 수 있다. 이러한 유전자 재조합 농작물과 식품은 전 세계적으로 Genetically Modified Organism[GMO]으로 통용되고 있다.

종래의 품종개량과 유전자 재조합에 의한 품종개량은 유전자를 재조합시켜 유용한 성질을 갖는 품종을 만든다는 점에서 동일하다. 그러나 유전자 재조합 기술의 특징은 목적하는 유전자만을 선택하여 재조합한다는 점이며, 종래의 품종개량은 교배나 육종 중에 생기는 유전자 재조합 또는 돌연변이를 이용하는 것이다. 새로운 유전자 재조합 기술에 의한 품종개량도 유전자를 재조합시켜 유용한 형질을 얻는다는 측면에서 동일하며, 따라서 종래의 품종개량의 연장선상에 있다고 할 수 있다.

2) 유전자 재조합 식품의 개발과정

(1) 유전자 재조합 식품의 개발과정

유전자 재조합 식품의 개발과정은 그림 6-2-2에서 보는 바와 같이 보통 5단계로 나눌 수 있으며 1단계는 도입하려는 유전자를 선정하는 단계이다. 이것은

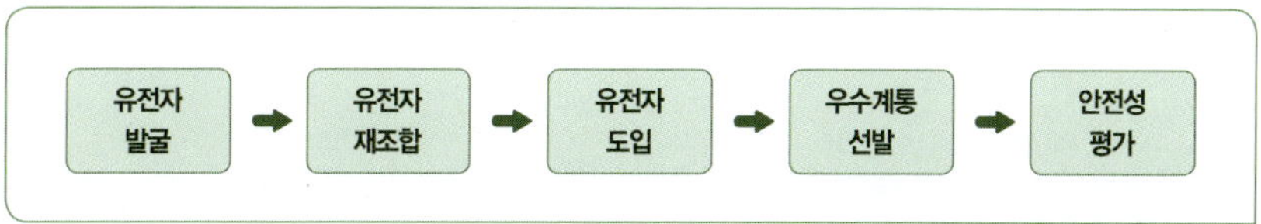

그림 6-2-2 유전자 재조합 식품의 개발과정

식물체에 원하는 특성을 추가하거나 원하지 않은 특성을 제거하기 위하여 유전자를 분리, 재조합하여 도입한다.

2단계는 유전자의 효과를 높이기 위하여 분리한 유전자를 재조합하는 단계이다. 이것은 여러 가지 생물체에서 분리한 유전자가 효과적으로 발현되도록 하기 위하여 유전자의 일부를 잘라 내거나 서열을 변경하는 등 유전자를 재조합하는 과정이다.

3단계는 적절하게 재조합된 유전자를 식물 세포에 넣어주는 유전자 도입단계이다. 이 부분은 아래의 유전자 도입방법에서 자세히 설명하고 있다. 4단계는 우수한 계통을 선발해서 재분화된 식물체의 세대를 진전시키면서 원하는 유전자가 안정적으로 도입되어 발현되고 도입된 형질 이외의 다른 농업적인 형질이 변화되지 않은 계통을 선발한다. 때로는 상업적으로 우수한 품종과 교배하기도 한다. 5단계는 이를 대상으로 인체와 환경에 대한 안전성을 평가하려는 단계이다. 즉 유전자 재조합 작물을 재배하고 그 생산물을 식품으로 사용하기 위해서는 사전에 안전성 심사를 거쳐야 하는(식품위생법, LMO 법) 등 5단계로 구분된다. 2010년 기준으로 전 세계 GM 농산물 재배면적은 표 6-2-9에서 보는 바와 같이 1억 4,800만 ha이다. 이중 미국이 6,680만 ha(45.1%)를 점유하고 있으며, 브라질 2,540만 ha(17.1%), 아르헨티나 2,290만 ha(15.5%), 인도 940만 ha(6.4%), 캐나다 880만 ha(6%), 중국 350만 ha(2.4%), 파라과이 260만 ha(1.8%), 파키스탄 240만 ha(1.6%), 남아공 220만 ha(1.5%) 등 9개국이 전체 재배면적의 97.4%를 점유하고 있다.

표 6-2-9 세계 GM 농산물 재배면적

(1ha=1만m²)

국가	면적(백만 ha)	재배작물
미 국*	66.8(45.1%)	옥수수, 콩, 면화, 유채, 사탕무, 알팔파, 파파야, 호박
브 라 질*	25.4(17.1%)	콩, 옥수수, 면화
아르헨티나*	22.9(15.5%)	콩, 옥수수, 면화
인 도*	9.4(6.4%)	면화
캐 나 다*	8.8(6%)	캐놀라, 옥수수, 콩, 사탕무
중 국*	3.5(2.4%)	면화, 파파야, 포플러, 토마토, 피망
파라과이*	2.6(1.8%)	콩
파키스탄	2.4(1.6%)	면화
남아프리카공화국*	2.2(1.5%)	옥수수, 콩, 면화
우루과이*	1.1(0.7%)	콩, 옥수수
볼리비아*	0.9(0.6%)	콩
호 주	0.7(0.5%)	면화, 캐놀라
필 리 핀	0.5(0.3%)	옥수수
미 얀 마	0.3(0.2%)	면화
부르키나파소	0.3(0.2%)	면화
스 페 인	0.1(0.1%)	옥수수
멕 시 코	0.1(0.1%)	면화, 콩
콜롬비아	< 0.1	면화
칠 레	< 0.1	옥수수, 콩, 캐놀라
온두라스	< 0.1	옥수수
체 코	< 0.1	옥수수, 감자
폴 란 드	< 0.1	옥수수
이 집 트	< 0.1	옥수수
슬로바키아	< 0.1	옥수수
코스타리카	< 0.1	옥수수, 콩
루마니아	< 0.1	옥수수
스 웨 덴	< 0.1	감자
독 일	< 0.1	감자

출처 : ISAAA(2010)

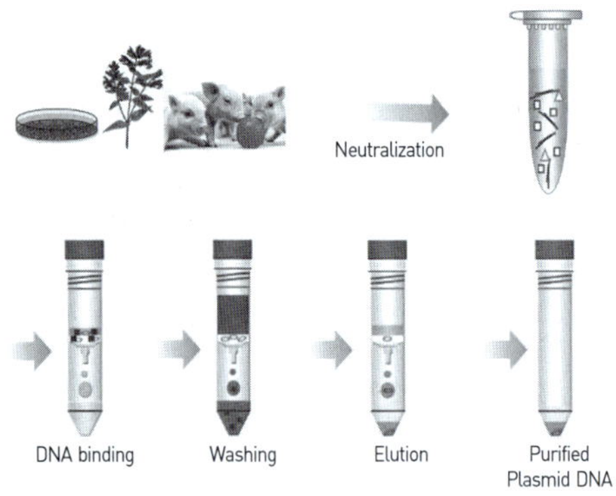

(출처:Bioneer)

그림 6-2-3 유전자의 분리과정

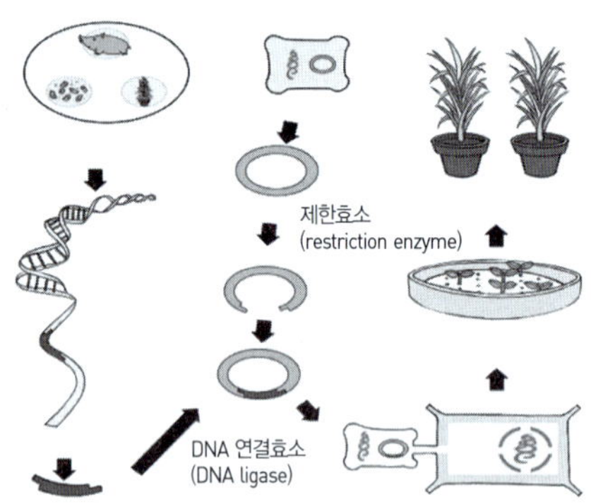

(출처:국립농업과학원 기관홍보 블로그)

그림 6-2-4 유전자 절단과 연결

(2) 유전자 도입방법

생물로부터 목적하는 유용한 유전자를 취하여, 이를 대상이 되는 농작물의 세포에 삽입한 후 재배하여 만드는 것으로 제작방법에는 '아그로박테리움Agrobacterium법', '원형질세포Protoplast법'과 '입자총Particle-gun법'이 있다.

① **아그로박테리움Agrobacterium법**

이 방법은 그림 6-2-5와 같이 아그로박테리움이라는 미생물이 식물 세포에 자신의 유전자를 이입시키는 성질(근류를 만드는 방법으로)을 이용한 것으로, 우선 아그로박테리움의 유전자에 목적하는 유용한 유전자를 삽입시킨

후 이것을 식물체에 감염시켜 궁극적으로 식물체 내에 그 유전자가 들어가도록 하는 방법이다.

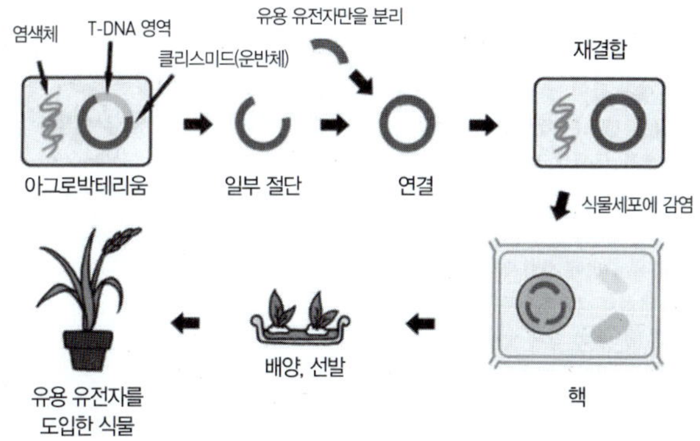

그림 6-2-5 아그로박테리아를 이용한 유전자 도입

② **원형질세포 융합**Protoplast fusion**법**
식물체의 세포벽을 효소나 화학물질로 용해시켜 유전자가 들어가기 쉽도록 세포벽이 없는 원형질체로 만들어, 조직 배양 시 단세포 유래 식물체를 만들거나 유용한 유전자를 식물 세포 내로 도입시킬 때 사용하는 방법이다.

③ **입자총**Particle-gun**법**
금속의 미립자에 유용한 유전자를 결합시켜, 그 미립자를 고압가스 등의 힘으로 농작물의 잎절편 등에 밀어 넣어 유전자가 들어가도록 하는 방법이다.

3) 유전자 재조합 식품의 개발현황

(1) 유전자 재조합 기술을 이용하여 개발된 식품

FDA가 1992년 정책방향에 의해 사전협의 종결한, 새로운 식물종으로부터 생산된 식품의 예는 표 6-2-10에 나타난 바와 같다. 이들은 DNA 재조합 기술을 이용하여 제조된 새로운 식물종이고 미국 FDA로부터 시장 출하를 위한 사

표 6-2-10 국가별 유전자 재조합 식품 안전성 심사체계

	한국	유럽연합(EU)	일본	미국
승인기관	식약처	유럽 집행위원회 (EC)	후생노동성	FDA
평가기관 [위해평가자]	식약처 [GMO 안전성 평가 자료 심사위원회]	유럽 식품안전청 (DFSA) [자문위원회(GMO expert panel)]	식품안전위원회 [유전자 재조합 식품 전문조사회]	FDA [정부과학자(BET)]
심사시간(일)	270	360 (평가기간은 180일)	360	120
심사결과 공람여부	○	○	○	○
안전성 심사 근거규정	유전자 재조합 식품의 안전성 평가심사 등에 관한 규정 (식약처고시 제2013-80호)	EU regulation on genetically modified food and feed(1829/2003)	• 재조합 DNA 기술 응용식품 및 3첨가물의 안전성 심사 절차 • 유전자 재조합 식품(종자식물)의 안전성 평가기준 • 유전자 재조합 미생물을 이용하여 제조된 첨가물의 안전성 평가기준	Notices 92N-0139

전 검토가 완료되어 시장 출하가 허용되었다.

(2) 유전자 재조합 기술을 이용하여 제조될 수 있는 식품

유전자 재조합 식품의 범위가 토마토, 옥수수, 대두, 감자, 채종, 면실 등으로 다양하므로, 이를 이용하여 제조할 수 있는 식품도 대단히 다양하게 될 것으로 보인다. 따라서 이에는 유전자 재조합 농작물을 주원료로 사용하는 식용유, 두부, 장유, 마가린 등이 있다. 뿐만 아니라, 부원료로 사용하는 경우까지 포함하면 모든 가공식품에 이용 가능하다고 할 수 있다.

4) 외국에서의 유전자 재조합 식품 개발 및 관리현황

(1) 미 국

유전자 재조합 식품을 위한 별도의 법률을 제정하지 않고「미연방 식품의약품 및 화장품법」중 일반식품 관련 규정과 식품첨가물 관련 규정에 의해 관리하고 있다. 다만, 1992년 미국 식품의약국은 새로운 식물 품종에서 생산된 식품에 대한 정책성명을 발표한 데 이어, 2001년에는 유전자 재조합 식품을 시장에 유통시키기 120일 전에 안전성 심사를 받도록 의무화하고 있다. 유전자 재조합 식품의 표시와 관련하여서는 안전성이 확인되어 안전하고, 따라서 특별한 표시가 필요 없다고 보고 있다. 다만, 식품의 영양성분이 종래의 것과 다르거나, 알레르기를 일으킨다고 알려진 생물의 유전자를 도입하는 경우에는 표시가 필요하다는 입장을 취하고 있다.

참고로 각국의 유전자 재조합 식품의 안전성 심사체계는 다음 표 6-2-10과 같다.

(2) 유럽연합EU

유럽연합의「유럽위원회」의 식품산업총국에서 유전자 재조합 식품의 관리를 하고 있다. 유럽위원회의 식품산업총국에서 유전자 재조합 식품의 관리를 담당하고 있다. 1997년 신규 식품 및 신규 식품성분에 관한 규칙을 제정하였다. 유전자 재조합농산물의 식품으로서의 허용을 위한 안전성 평가기준은 일본 및 미국과 유사하다. 2000년 기준으로 10여 종의 농산물 및 가공식품 첨가물의 시장유통이 승인되었다. 유럽연합 규칙에서는 신규 식품 및 신규 식품 성분에 대한 표시를 의무화하고 있으며, 1998년 제정된 세부규정에 의하면 유전자 재조합 농산물을 원료로 한 식품 중에 DNA나 새로운 단백질이 가공과정에서 파괴된 경우를 제외한 모든 가공식품에 표시를 하도록 의무화하였다. 이와 함께 유전자 재조합 식품에 대한 효과적인 표시관리와 모니터링 및 사고발생 시 신속한 회수가 가능하도록 '추적장치trace ability'를 도입하여 효과적인 사후관리가 이루어지도록 하였다.

(3) 영국

농업 · 어업 및 식품부MAFF와 보건부가 협력하여 유전자 재조합 식품을 관리하고 있다.「식품안전법」에 의해 관리되고 있으며 이는 유럽위원회의 2개 규정에 근거를 하고 있다. MAFF는 생명공학기술로 생산된 식품의 판매에 대한 인

허가시 「식품자문위원회」, 「신규 식품과 그 가공에 관한 자문위원회」, 「소비자용 식품과 환경의 화학물질 독성에 관한 위원회」 등 독립된 전문가 자문위원회의 자문을 받는다. 그리고 자문위원회는 엄격한 안전성 평가를 실시한다.

유럽연합 규정을 근거로 1999년부터 식품 표시규정을 별도로 제정하여 시행하고 있으며 식품 표시는 식품규격청에서 관리한다. 표시관리는 주로 분별유통이 되고 있는지 여부를 검사하며 GMOfree 표시는 현실적 어려움과 가격인상을 이유로 인정하고 있지 않다.

(4) 일본

유전자 재조합 식품의 안전성은 후생성이 1991년 「재조합 DNA 기술응용 및 식품첨가물의 제조지침」과 「재조합 DNA 기술응용 식품 및 식품첨가물의 안전성평가지침」에 의해 2000년까지 29품목의 안전성을 확인했으며, 2001년 4월부터 안전성 심사를 의무화하였다. 또한 농림수산성에서 유전자 재조합 식품의 표시 의무화를 시행하고 분별유통 증명서 확인에 따른 표시 관리를 시행하고 있다.

5) 우리나라 유전자 재조합 식품 수입현황

콩 · 옥수수의 2000년도 수입한 콩의 89%, 옥수수의 31%를 미국으로부터 수입하였다. 국립농산물 품질관리원은 수입하여 원료상태로 판매되는 콩 · 옥수수 · 콩나물콩의 표시를 관리하며 식품의약품안전청은 식용으로 수입되어 직접 가공되는 가공식품의 표시 관리를 하고 있다. 즉 콩 · 옥수수 수입신고 시 GMO 포함 여부가 표기되었는가를 확인하고 관리한다. 우리나라에서 안전성 심사를 거쳐 수입이 승인된 것은 2012년 7월에는 7개 작물(콩, 옥수수, 면화, 캐놀라, 알파파, 감자, 사탕무) 82품목이나 점차 증가할 전망이다.

우리나라에 수입되는 유전자 재조합 농산물의 품목과 사용현황은 표 6-2-11과 같다.

표 6-2-11 안전성 심사가 완료된 유전자 재조합 농산물의 현황

(2012. 7, 식품의약품안전청)

분류	품목	신청자	특성
콩	GTS40-3-2	몬산토코리아(주)	제초제 내성
옥수수	MON810	몬산토코리아(주)	해충 저항성
옥수수	1507	듀폰코리아(주)	해충 저항성 및 제초제 내성
옥수수	GA21	몬산토코리아(주) 신젠타종묘(주)	제초제 내성
옥수수	NK603	몬산토코리아(주)	제초제 내성
옥수수	Bt11	신젠타종묘(주)	해충 저항성 및 제초제 내성
면화	531	몬산토코리아(주)	해충 저항성
면화	757	몬산토코리아(주)	해충 저항성
면화	1445	몬산토코리아(주)	제초제 내성
캐놀라	GT73	몬산토코리아(주)	제초제 내성
옥수수	T25	아벤티스	제초제 내성
면화	15985	몬산토코리아(주)	해충 저항성
옥수수	MON863	몬산토코리아(주)	해충 저항성
기타	69개 품목		
계	82개 품목		

한편 안전성 심사가 완료된 유전자 재조합 식품첨가물의 현황은 표 6-2-12와 같다.

6) 유전자 재조합 식품의 안전성 평가

(1) 평가항목

① 신규성

유전자 재조합 기술을 이용한 식품이나 식품첨가물이 기존의 것과 비교할 때 성분 종류가 동일하고, 그 함량도 기존 품종의 오차범위에 있을 때에는 기존의 것과 동일한 것으로 간주한다.

유전자 재조합 식품은 크게 재조합 미생물이 생산하는 효소, 아미노산 등과 같은 식품첨가물로 유전자 재조합체 그 자체를 먹지 않는 경우와 유전

표 6-2-12 안전성 심사가 완료된 유전자 재조합 식품첨가물의 현황

(2012. 7. 식품의약품안전청)

제품	신청자	특성
말토게닉아밀라아제	노보자임스코리아(주)	matogenic amylase
α-아밀라아제	노보자임스코리아(주)	α-amylase
Promozyme	노보자임스코리아(주)	pullulanase
Lipozyme RM IM	노보자임스코리아(주)	lipase
Novoshape	노보자임스코리아(주)	pectin esterase
Riboflavin	Roche	Vitamin B_2
Maturex L	노보자임스코리아(주)	α–acetolactate decarboxylase
lecitinase ultra / lipopan H BG	노보자임스코리아(주)	lipase
lecitinase Novo / lipopan F BG	노보자임스코리아(주)	lipase
Optimax L-1000	(주)옥전바이오텍	pullulanase
Lipopan 50BG / lipozyme TL IM	노보자임스코리아(주)	lipase
ChyMax	크리스찬 한센 A/S	chymosin
Pentopan Mono BG	노보자임스코리아(주)	xylanase
Shearzyme 2X /Shearzyme 500L	노보자임스코리아(주)	xylanase
글루코아밀라아제	노보자임스코리아(주)	glucoamylase
리파아제	노보자임스코리아(주)	lipase
풀루라나아제	노보자임스코리아(주)	pullulanase
트랜스글루코시다아제	(주)옥전바이오텍	transglucosidase
Branching glycosyltransferase	노보자임스코리아(주)	Branching glycosyltransferase

주) 1 : 10년이 경과되어 안전성 재심사를 실시하여 승인된 것임

자 재조합 농작물과 같이 재조합체 그 자체를 먹는 경우로 나눌 수 있다.

a. 유전자 재조합체 그 자체를 먹지 않는 경우

효소 등은 추출과 정제에 의하여 불순물을 제거한 것이므로, 순도, 불순물, 물질 자체의 안정성을 평가한다. 효소와 같은 단백질은 기존의 단백질과 기능적으로 동일하다면, 아미노산의 서열이 조금 달라져도 기존의 것과 동일한 것으로 평가될 수 있다.

b. 유전자 재조합체 그 자체를 먹는 경우

새롭게 삽입된 유전자에 의한 기능 이외에 유전자 재조합 식품 자체의 안전성도 고려하여, 식품군으로서가 아니고 개별식품으로서 다음과 같은 사항을 판단한다.

- 유전적 소재
  - 숙주, 유전자 공여체의 종류 및 유래
  - 발현되는 양, 발현부위, 발현시기
  - 종래의 육종방법으로도 도입이 가능한지 여부
- 식품으로 섭취해온 경험
- 식품의 구성성분 등
- 기존의 품종과 신품종의 사용방법의 차이
  - 수확시기 및 저장방법
  - 가식부위 및 섭취량
  - 조리 및 가공방법 등

② 알레르기성

현재 알레르기를 유발하는 식품으로는 땅콩, 쌀, 계란, 우유, 대두, 포도, 어패류 등 그 종류가 매우 다양하며 대체로 단백질이 알레르기원인 경우가 많다. 식품 알레르기란 대부분의 사람은 섭취하여도 문제가 없는 성분을 일부 사람이 섭취할 경우에 비정상적인 면역반응을 일으키는 것을 말하며, 이러한 식품 알레르기는 민감한 사람에게는 문제가 될 수도 있다. 그러나 지금까지 유전자 재조합 그 자체가 원인이 되어 알레르기를 유발한 유전자 재조합 식품의 예는 없다. 또한 새로운 유전자의 도입에 의해 농작물 중 유전자 발현이 변화되거나 또는 알레르기원이 생성될 가능성은 없는 것으로 알려지고 있다.

- 신규 도입 단백질의 특성
  - 알려져 있는 알레르기원과 분자량, 아미노산 배열, 단백질의 구조(allergenic determi-

nants/IgE binding sites) 등의 유사성 여부
- 사람에게의 신규 도입 단백질의 특이성
- 신규 도입 단백질의 물리화학적 특성, 조리가공에서의 열에 대한 안정성이나 소화과정에서의 효소나 산에 대한 안전성

- 신규 도입 단백질의 섭취량과 형태
  - 식품 중 해당 단백질 섭취량이 크게 변할 경우, 알려져 있는 알레르기원이 유의하게 증가하는지 여부를 확인하여, 그 단백질을 분리, 정제하여 감수성이 있는 환자의 혈청으로 알레르기 반응검사
  - 1일 단백질 섭취량에서 차지하는 비율과 가식부위, 수확시기, 저장방법, 조리, 가공방법
  - 식품으로 이용된 경험과 섭취량, 가식부위, 수확시기, 저장방법, 조리, 가공방법
- 대표적인 알레르기원과 구조적 유사성이 있는 경우 ELISA나 Western blot을 사용하여 IgE 항체와의 결합성 검토

③ 항생제 내성

식품으로 이용되는 모든 동 · 식물 원료에는 유전자가 함유되어 있으며, 이 유전자는 대부분 위장에서 효소나 위산에 의해 분해된다. 뿐만 아니라 식물과 미생물의 유전자 간에는 제어하는 기작이 서로 다르므로 식물의 유전자가 미생물에 이전되어 발현될 가능성은 없다. 그러므로 항생물질 내성 유전자에 의해 장내세균들이 항생물질 내성을 획득할 가능성은 없다.
항생제 내성에 대한 안전성을 평가하는 데 필요한 항목은 다음과 같다.

- 유전자 재조합 식품의 섭취량, 조리, 가공방법 및 구성성분
- 유전자 및 그 산물의 특성
  - 구조 및 기능
  - 내성을 나타내게 되는 대사경로 등
  - 확인 및 정량방법
  - 조리가공 중 열이나 물리적 압력 등에 대한 안전성
  - 소화관 내에서 산이나 소화효소에 대한 안전성
- 안전성 평가
  - 예상 섭취량
  - 관련 항생물질 사용현황(사용량, 사용방법)

- 식품이나 사람의 소화관 내에 존재하는 항생물질 내성균의 양 및 특성과 유전자 재조합 식품을 섭취할 때 발생하는 항생물질 내성균의 양 및 특성 비교
- 경구 투여된 항생물질의 불활성화 추정량 및 이에 수반되어 문제가 발생할 가능성

④ 독 성

해충에 내성을 갖는 유전자 재조합 식품은 유전자 재조합에 의해 만들어진 물질이 해충 소화관 내의 효소에 의하여 해충에 유해한 독소로 전환되어 살충효과를 보인다. 이런 물질을 식품으로 섭취했을 때 사람에게 해가 될 수 있다는 우려가 있다. 그러나 이들 해충 내성을 나타내는 단백질에 대한 각종 실험을 통하여 사람의 건강에 악영향을 주지 않는다는 것이 확인되고 있으며, 현재 시장에 유통되고 있는 유전자 재조합 식품이 건강에 나쁜 영향을 주었다는 어떤 사례도 보고되고 있지 않으나 만성독성이나 유전독성 등과 같은 독성실험에 의한 안전성 확인이 중요하다.

이렇게 유전자 재조합 식품개발사가 준비한 안전성 평가자료를 근거하여 식품의약품안전처에서는 표 6-2-13과 같이 구성된 유전자 재조합 식품 안전성 평가자료를 심사위원회에서 안전성 평가를 실시한다.

표 6-2-13 GM 식품 안전성 평가자료 심사위원회 구성

분과위원회	평 가 항 목
식품일반분과	GM 식품의 건전성, 제외국의 허가, 식용현황 등
분자생물학분과	형질전환에 이용된 소재, 방법 및 결과 등
독성분과	독성 등
알레르기분과	알레르기성 등
영양분과	GM 식품의 영양성 등

안전성 평가는 먼저 기존의 일반 식품과 GM 식품이 차이가 있는지를 검토하며, 차이가 있다면 그 물질이 독성이나 알레르기성이 있는지, 영양적 측면에서 영향을 미치는지 여부에 대해 평가한다. 즉, 유전자 재조합으로 새롭게 도입된 단백질 등이 이미 알려진 독성물질 또는 알레르기 유발물질과 비교하여 유사성이 있는지를 조사하고 실험(단백질 소화성, 단회 투여 독

성, 90일 반복 투여 독성시험, 혈청실험 등) 자료를 통하여 독성이나 알레르기를 일으킬 가능성을 평가한다. 또한 GM 식품의 탄수화물, 단백질, 지방 등의 영양성분 함량이 일반 식품과 차이가 있는지를 비교하여 식품으로 섭취 시 영양적인 불균형을 일으킬 가능성에 대하여 평가한다. 이러한 방법은 유럽, 일본, 미국 등 다른 나라에서 GM 식품의 안전성을 평가하는 것과 동일하다.

7) 유전자 재조합 식품의 표시

(1) 유전자 재조합 식품에 대한 표시의 필요성

현재 유전자 재조합 식품에 대한 표시문제는 통상마찰과 관련되고 있다. 즉 미국, 일본에서는 의무화하고 있지 않으나, EU에서는 일부에 대하여 의무화하고 있으며, 스위스에서는 유전자 재조합을 이용한 식품, 예를 들어 대두종자, 대두음료 및 대두유 등에도 표시를 의무화하고 있다. 또한 'CODEX 국제식품규격위원회'의 식품 표시분과위원회에서는 유전자 재조합 식품의 표시에 관한 지침 작성에 대한 작업이 진행되고 있다.

EU의 경우, '신종 식품 및 규격Novel Foods and Regulation'에서 살아있는 세포를 함유하고 있는 식품에는 표시가 의무화되어 있으나 그 가공품은 제외된다. 따라서 대두에는 표시가 필요하나 대두유에는 표시가 필요 없다. 그러나 EU 회원국인 프랑스, 네델란드, 덴마크에서는 표시를 의무화할 예정인 것으로 알려지고 있다.

(2) 유전자 재조합 식품의 표시의 합리성

유전자 재조합 식품의 표시는 식품의 유통과정을 고려할 때 현실적으로 불가능하다. 또한 유전자 재조합 농작물은 종래의 농작물과 같이 안전한 것으로 확인되고 있어, 단지 유전자 재조합 기술을 이용하여 생산되었다는 이유 때문에 유전자 재조합 농작물이라는 표시를 의무화하는 것은 안전성이라는 관점에서 과학적인 근거가 없다고 미국 등 일부 국가들은 주장하고 있다. 기술적으로는 유전자 재조합 농작물이 종래의 농작물과 같이 생산, 집하되고 있어 표시작업이 불가능하다. 즉 미국의 대두 재배농가의 경우 통상 평균 4~6가지의 품종을 재배, 수확하고 있고, 전 세계에서 사용되고 있는 약 98% 이상이 혼합되고 있어 이를 구분하여 유통한다는 것은 기술적으로도 불가능하다.

(3) 표시에 의한 소비자의 알권리와 선택의 기회

소비자의 알권리란 당연히 존중되어야 하지만, 유전자 재조합 농작물은 종래의 농작물과 같이 생산, 집하되고 있어 혼입량을 추정한다는 것이 현실적으로 불가능하다. 만약 표시를 한다고 하여도 '원료에 유전자 재조합 농작물이 함유되어 있을 가능성이 있음'이라는 표시밖에는 불가능하며, 이와 같은 표시를 한다는 것이 소비자에게 아무 의미도 가질 수 없다는 점도 있다. 일부 유전자 재조합 농작물이 포함되지 않은 농작물을 분리, 유통시킬 수는 있으나, 이와 같은 분리, 유통에 소요되는 비용은 소비자가 부담하게 된다는 문제를 야기하게 된다.

결론적으로 유전자 재조합 농작물은 종래의 농작물과 영양성분, 조성 등에서 기본적으로 동일하고 식품으로의 안전성이 확인된 것이므로, 표시를 강제화하는 것은 '안전한 것은 표시하지 않는다'는 식품 표시관리의 기본원칙에 위배된다고 보인다. 다만, 임의로 표시하는 것을 막을 필요는 없으나, 이 경우 유전자 재조합 농작물이 혼입되지 않았다는 확인 자료를 확보하고 있어야 할 것이다.

한편, 유전자 재조합 식품 표시는 다음과 같이 하여 소비자에게 알 권리를 제공하여야 한다.

① 제품의 용기나 포장에 바탕색과 구별되는 색깔과 활자(10포인트 이상)
② 제품의 주 표시면
③ 원재료명 옆
④ 유전자 재조합 여부를 알 수 없는 경우에는(유전자 재조합 OO 포함 가능성 있음)으로 표시할 수 있음
⑤ 즉석에서 만들어 판매하거나 두부류 등을 위생 상자를 사용하여 판매하는 경우에는 진열 상자나 별도 게시판에 표시할 수 있음

(4) 우리나라의 표시 제도

유전자 재조합 식품의 표시 제도의 목적은 소비자에게 올바른 정보를 제공하여 알고 선택할 권리를 보장하기 위함이다. 유전자 재조합 식품의 표시 제도에 대한 법적 근거로는 에서 보는 바와 같이 식품위생법 제12조의 2(유전자재조합식품등의 표시) 단서에서 '생물의 유전자 중 유용한 유전자만을 위하여 다른 생물체의 유전자와 결합시키는 등의 유전자재조합기술을 활용하여 재배 · 육성된 농 · 축 · 수산물 등을 주요 원재료로 하여 제조 · 가공한 식품 또는 식품첨가물은 유전자재조합식품임을 표시하여야 한다'고 되어 있다. 식품의약품안전청은 '유전자 재조합 OO포함 가능성 있음'으로 표시하거나 제품에 사용된 당해 제품 원재료명 바로 옆에 괄호로 '유전자 재조합 OO포함 가능성 있음'으로 표시해야 한다는 유전자 재조합 식품 등의 표시기준을 개정 · 고시했다.

표 6-2-14 GMO 식품 및 농산물 표시제

소관 관서	농림부	식품의약품안전처
관련 규정	농산물품질관리법 제56조 (유전자 변형 농산물 표시 요령)	식품위생법 제12조의 2 제1항 단서 (유전자 재조합 식품 등의 표시기준)
시행일	2001년 3월 1일	2001년 7월 13일
표시대상 품목	콩, 옥수수, 콩나물	콩, 옥수수, 콩나물을 원료로 제조 · 가공한 27개 식품

표시대상 품목으로는 농수산물품질관리법 제56조의 규정에 의해 유전자 변형 농수산물임을 표시하여야 하는 농 · 축 · 수산물을 주요 원재료로 1 이상을 사용하여 제조 · 가공한 식품 또는 식품첨가물 중 제조 · 가공 후에도 유전자 재조합 DNA 또는 외래 단백질이 남아있는 식품으로 정하였다. 식품의약품안전청 및 시 · 도보건환경연구원의 시험방법 검토 결과를 토대로 안을 마련하고 유전자 재조합 식품 검사법 연구회의 의견을 수렴하여 유전자 재조합 식품 검사법 지침을 2001년 7월 확립하였다. 식품의약품안전처 및 6개 지방청, 시 · 도보건환경연구원의 표시제도 감시 시 활용할 것이다. 개발된 검사방법이 국제적으로 표준화되어 있지 않은 상태이므로 CODEX 등에서 표준화 작업을 진행 중에 있다.

참고로 유전자 재조합 표시대상 식품은 다음과 같다.

① 콩가루, 두부조림, 두부, 전두부, 가공두부, 두유류, 콩가루 함유 두류가공품
② 된장, 고추장, 청국장, 혼합장, 조림류, 메주, 영양보충용 식품
③ 기타 영 · 유아식, 옥수수가루, 옥수수통조림, 옥수수가루 함유 곡류가공품
④ 옥수수 전분, 팝콘용 옥수수가공품, 빵 및 떡류, 견과류
⑤ 영아용 조제식, 성장기용 조제식, 영 · 유아용 곡류조제식
⑥ 기타 콩, 옥수수 및 콩나물을 주요 원재료로 사용한 식품
⑦ 기타 콩가루 또는 ⑥의 식품을 주요 원재료로 사용한 식품

8) 유전자 재조합 식품에 대한 소비자의 이해

대부분 소비자들은 유전자 재조합 식품의 안전성에 대해 불확신을 가지고 있다. 따라서 과학적 자료 없이도 누군가가 위험하다고 하면 모두가 유전자 재조합 식품을 먹으면 마치 암이 생길 것 같은 불안감으로 유전자 재조합 식품을 배척하는 갖게 된다. 그래서 식품공전에서는 오직 유전자 재조합 식품과 방사선 조사 식품에 대해 함유 여부를 표시하도록 하고 소비자가 스스로 선택하도록 조치해 놓고 있다.

안전성에 대한 과학적인 확실한 인증 없이 유전자 재조합 식품은 해롭다는 막연한 인식이 소비자들에게 인식되어 있다. 더욱 아이러니칼한 것은 이미 가공식품 중 많은 부분이 유전자 재조합 원료를 사용하고 있다는 것이다. 현 시점에서 유전자 재조합 식품의 안전성에 대해 어느 쪽으로 판정을 내리는 것은 무의미하다. 영국의 목장 주인 존 험프리스는 '위험한 식탁'이라는 그의 저서에서 '유전자 재조합 식품으로 건강상 피해를 본 경험이 있으면 신고하라고 주장하는 유전자 재조합 지지자들과 피해사실을 인증할 수 없지만 무해하다는 것을 무엇으로 증명할 수 있느냐'라고 묻는 '유전자 재조합 식품 반대파 사이의 논쟁은 늘 공전한다'라고 쓰고 있다.

곡물의 자급률이 25% 정도이고 그 중 콩이나 옥수수는 10%도 안 되는 우리에 현실에서 유전자 재조합이 아닌 작물만을 고집하기란 경제적으로나 현실적으로 거의 불가능하다. 미국과 아르헨티나 같이 우리나라에 곡물을 수출하는

나라의 경우 대부분이 유전자 재조합 작물이어서 유전자 재조합이 아닌 작물 자체를 수입하기가 어렵고, 수입할 경우라도 막대한 추가 비용이 발생하기 때문에 소비자의 부담은 크게 늘어날 것이다.

따라서 정부와 농민 모두가 노력하여 꾸준히 식량 자급률을 높이고 안전성에 대한 과학적 자료가 나올 때 까지 차분히 기다리는 지혜가 그 어느 때보다 요청된다.

제3장 건강기능식품

1. 건강기능식품의 국내외 현황

건강에 대한 소비자들의 높은 관심과 식품산업 분야 과학기술의 발달에 힘입어 식품의 다양성을 추구하게 되고 식품소비형태의 변화에 발맞추어 건강에 도움을 준다고 알려진 건강기능식품의 개발에 국내 식품산업계에서 많은 노력을 기울여 오면서 시장규모가 수입제품을 포함하여 2조 원대로 커지고 있다. 미국의 경우 건강기능식품시장은 1996년에 10억불을 초과함으로써 1992년과 대비하여 40% 이상의 판매율 신장을 보였다(2001)Greger. 일본과 서유럽에서도 유사한 추세를 보이고 있다. 미국, 일본 등 선진국에서도 국가적 차원에서 식품의 기능성에 대한 연구와 제품의 개발을 체계적으로 관리하는 한편 일반식품과는 별도로 관리할 수 있는 각종 제도와 정책을 마련하고 건강기능식품시장의 선점을 위한 경쟁력 향상에 투자와 지원을 아끼지 않고 있다. 기능성 식품에 대한 규정은 국가별로 차이를 나타내고 있다. 그러나 전반적인 경향은 기능성 식품에 대한 정의 및 분류가 점차 엄격해지고 있다는 것이다. 즉 선진국들은 과학적 효능과 안전성이 입증된 제품만을 기능성 식품으로 허가하는 추세이다.

일본의 경우, 1980년대 초 이미 기능성 식품에 대한 개념을 정립하여 1989년에는 기능성 식품이라는 용어를 법적으로 사용하기 시작하였다. 그러나 일본은 1990년 기능성 식품이 식품의 기능적 차원만을 강조한다는 측면을 고려하여 '특정보건용 식품Food for Special Health Use(FOSHU)'이라는 용어로 변경하였다. 일본의 특정보건용 식품은 엄격한 과학적 근거에 바탕을 둔 개별적인 건강표시를 의무화하도록 하고 있다.

미국에서는 영양표시 및 교육법Nutrition Labeling Education Act(NLEA)과 건강보조식품 및 교육법Dietary Supplement Health & Education Act(DSHEA)에 근거하여 기능성 식품과 관련한 기준을 운영하고 있다. 1994년 제정된 DSHEA에서는 기능성 식품을 허브, 비타민, 미네랄, 아미노산 등의 영양성분을 한 종류 이상 함유하는 영양보급을 위한 제품으로 정의하고 있다.

미국, 유럽, 일본이 세계 기능성 식품시장의 80% 이상을 차지하고 있어 기능성 식품시장은 산업화된 선진국가를 중심으로 발달되어 있는 것을 알 수 있다. 이러한 시장 분포는 각 국별 소득 수준이나 경제성장 정도 등을 고려해 볼 때 당분간은 큰 변화 없이 유지될 것으로 보인다. 그러나 장기적으로는 경제성장과 함께 아시아, 남미 등 지역에서 기능성 식품시장의 성장이 두드러질 것으로 예측된다. 제품 측면을 살펴볼 때 국가별 기능성 식품에 대한 분류체계와 상관없이 시장의 주류를 이루는 제품의 종류는 대부분 비슷하다. 비타민, 미네랄을 비롯하여 허브, 녹차, 인삼과 같은 천연식물, 식이섬유 제품, DHA 등이 기능성 식품의 주요 성분으로 이용되고 있다.

2. 건강기능식품의 시장과 관리

선진국에 비해서는 역사가 매우 짧지만 국내 건강기능식품도 최근 들어 빠른 성장세를 보이고 있다. 국내 건강기능식품 시장은 1990년대 후반 이후 계속하여 두 자릿수의 성장률을 기록하여 왔으며, 2012년 현재 약 2조 8,000억 원 규모에 이르는 것으로 추정되고 있다. 제품 측면에서는 홍삼, 비타민 및 무기질, 알로에, 오메가-3 등을 이용한 건강보조식품류가 전체 매출의 절반 가량을 차지하고 있다. 국내 기능성 식품 관련 연구는 콜레스테롤 저하제, 식이섬유, 항암소재, 장내 균총조절제 등의 분야에 집중되고 있다.

이제는 일반 영양성분뿐만 아니라 각종 생체조절 기능을 목적으로 하는 기능성 식품이 개발 유통되고 있는 것이 국제적인 추세이다. 건강기능식품은 그 특성상 식품과 의약품의 중간영역에 해당하며 기능성을 가진 원료를 사용하므로 많은 신소재 개발의 가능성이 있는 분야인 동시에 새로운 소재의 기능성과 안전성에 대한 과학적인 평가가 필요한 분야이다. 각 국가별로 실정에 맞는 기능성 식품과 관련한 법령이나 제도를 정비하거나 새로이 도입하고 있으며, 우리나라도 기존의 식품위생법에 의해 관리하던 건강보조식품 등을 시대변화에 따라 우리 실정에 맞게 관리하기 위하여 '건강기능식품에 관한 법률'을 2002년 8월 26일 제정, 공포하였다.

'건강기능식품에 관한 법률'의 내용에서 가장 중요하고 핵심적인 사항 중의 하나는 건강기능식품의 안전성과 기능성의 확보이며, 이러한 안전성과 기능성은 건강기능식품의 기준과 규격 안에서 관리되어야 한다는 점이다. 이에 근거하여 건강기능식품의 기준 규격과 안전성 및 기능성의 평가와 관련한 각종 규정들이 2004년 1월 31일 고시되었다.

3. 건강기능식품의 정의

기능성 식품에 대하여는 나라마다 관리하는 법이 다르고 정의를 내리고 특징지우는 내용이 달라 쉽게 정의를 내리기는 어렵다. 우리나라의 '건강기능식품에 관한 법률'에서 건강기능식품은 인체에 유용한 기능성을 가진 원료나 성분을 사용하여 정제 · 캅셀 · 분말 · 과립 · 액상 · 환 등의 형태로 제조 가공한 식품을 말한다. 또한 '기능성'이란 인체의 구조 및 기능에 대해서 영양소를 조절하거나 생리학적 작용 등과 같은 보건용도에 유용한 효과를 얻는 것을 말한다. 이와 같이 건강기능식품은 의약품의 질병을 치료하는 효과가 아니라 인체에 유용한 기능성을 가진 원료나 성분을 사용하여 제조 · 가공한 식품이다.

일반적으로 식품은 영양공급의 1차 기능, 맛 등의 기호충족의 2차 기능, 생리활성 및 생체 조절의 3차 기능으로 나누고 있으며, 3차 기능을 가진 건강기능식품은 의약품과 식품의 중간영역에 해당하고 그 형태가 정제 · 캅셀 · 분말 · 과립 · 액상 · 환 등의 의약품과 유사하지만 그 기본적인 성질은 식품에 가까운 것으로 보고 식품관리차원에서 법으로 명시하고 있는 것이다.

건강기능식품과 기존의 식품과의 가장 큰 차이점은 인체에 유용한 기능성을 가진 원료나 성분을 사용한다는 점이다. 기능성은 안전성과 밀접한 관련이 있으므로 안전성을 기본으로 한 기능성을 과학적인 체계하에 관리하려는 것이 이 법의 가장 기본적인 취지라 할 수 있겠다.

1) 건강기능식품의 분류

건강기능식품의 분류를 기능성별로 분류하면 소비자들 및 제조자들이 매우 편리할 것으로 예상되나 이는 현실적으로 불가능한 일이다. 왜냐하면 동일한 기능성을 나타내는 원료나 성분이 다양하고 이에 따라 제조방법과 제품의 형태가 다양하여 일정하게 규정할 수 없으며, 수많은 기능성을 획일적으로 구분짓는 것은 과학적으로 불가능하기 때문이다. 반면 기능성 소재별로 분류하는 것은 원료, 제조방법 등이 비교적 명확하여 일정한 틀을 구성하기 쉽다.

건강기능식품은 크게 고시형과 개별 인정형으로 구분할 수 있으며, 고시형 건강기능식품은 총 32개 품목으로 식품위생법상에 존재하던 특수영양식품 중 영양보충용 식품, 건강보조식품 및 인삼제품과 홍삼제품의 일부로 구성되어 있으며, 개별인정형 건강기능식품이란 기준과 규격이 고시되지 아니한 식품의 기준과 규격에 대하여 영업자가 해당 식품의 기준 규격, 안전성 및 기능성 등에 관한 자료를 제출하여 검사기관의 검사 후 건강기능식품의 기준과 규격으로 인정할 수 있는 제품을 말한다.

건강기능식품의 가장 중요한 점은 건강기능식품은 식품이므로 기본적으로 안전성에 바탕을 두어야 하며, 그 다음에 기능성이 과학적으로 입증되어야 한다는 점이다. 제출되어야 할 기능성 자료는 그 자료들 모두가 일관성이 있는 결과를 보여주어야 하고 결과가 명확하여야 하며, 인정받을 원료의 기능성에 대한 긍정적인 결과와 부정적인 결과 모두를 보고 판단할 때 긍정적인 결과가 훨씬 우세하여야 한다. 또한 제출된 자료들의 원료규격과 기능성을 인정받을 원료 규격이 일치하여야 하며 그 기능성을 과학적으로 입증할 수 있어야 한다. 자료들을 검토할 때에는 기능성 자료들의 양과 질, 일관성 등을 가지고 종합적으로 판단하며, 이들 모두를 종합하여 기능성 인정 여부를 결정한다.

2) 건강기능식품의 원료 또는 성분으로 사용할 수 없는 것

의약품의 용도로만 사용하는 것, 섭취방법 또는 섭취량에 대한 전문적인 지식이 필요한 것, 원료의 특성상 심각한 독성이나 부작용이 있는 것으로 알려진 것 또는 인체의 구조 및 기능에 위해를 가할 우려가 있는 것은 건강기능식품의 원료 또는 성분으로 사용할 수가 없다.

건강기능식품은 의약품과 그 영역이 겹쳐지는 부분이 많아 의약품의 원료가 건강기능식품으로 혼입될 가능성이 매우 높으므로 앞으로의 계속된 연구를 통하여 의약품의 용도로만 사용하는 원료 목록을 확대하며, 의약품과 중복 사용되는 원료에 대해서는 별도의 관리방안을 마련해야 할 것이다.

4. 건강기능식품의 안전성

건강기능식품은 인체 건강에 유용한 작용을 나타내는 것이지만 의약품과는 달리 소비대상이 일정하지 않으며, 소비자가 자율적으로 선택하여 섭취할 수 있는 식품이기 때문에 무엇보다도 안전성 확보가 매우 중요하다. 제품의 제조기준, 규격화된 표준물질의 성분 및 특성, 식용근거자료, 제조공정을 고려한 기존제품과의 비교, 사용용도 및 노출도 등이 안전성 평가에 중요한 자료가 될 수 있다.

원료 및 제품의 안전성 평가는 현재까지 알려진 관련 정보를 이용하여야 하며, 식용경험이 있는 한 가지 이상의 적절한 비교물질과 함께 비교하여야 한다. 이러한 접근방법은 잠재된 위험성을 확인하고 독성시험 자료를 추가적으로 제출해야 하는지를 결정하는 데 있어서 좋은 출발점이 될 것으로 판단된다. 신제품과 전통제품을 비교하려면, 신제품에 대한 상세한 배경 및 조성에 관한 자료, 전통제품의 사용이력에 대한 평가, 신제품의 사용용도 및 예상되는 노출량 자료가 필요하다. 이 자료의 적절성에 따라 시험관 시험*in vitro* 시험, 동물시험 및 인체시험 등 필요한 자료가 달라질 수 있다. 의사결정분지도decision tree는 원료에 따라 안전성 평가에 필요한 자료를 결정하는 데 도움이 된다.

궁극적으로 안전성 평가는 예상되는 섭취량(노출량)과 잠재된 위험성을 고려하여 적절한 안전역safety margin을 설정하는 것이다. 간혹 사후 모니터링post launch monitoring 프로그램을 이용하여 예상되는 노출량과 적절한 안전역을 설정할 수도 있다.

새로운 건강기능식품의 원료 또는 성분은 '건강기능식품원료 또는 성분 인정에 관한 규정(식약처 고시 제2013-10호)'에 따라 개별적으로 인정받을 수 있으며 이때 반드시 안전성에 관한 자료를 제출하도록 되어 있다. 각종 추출방법에 따라 원료의 안전성과 기능성에 영향을 주는 주요 성분의 양과 비율이 유의적으로 변화될 수 있다. 또한 기능성을 나타내는 성분과 부작용을 일으키는 성분이 서로 다를 수 있고, 생물체 내에서도 서로 다르게 대사될 수 있으며, 외부 환경의 영향에 대해서도 서로 다르게 영향을 받을 수 있다. 결과적으로 제품의 안전성은 그 기능성과는 별개로 독립적으로 변화될 수 있다. 식물성 원료를 이용한 건강기능식품은 독특한 생물학적 활성 때문에 특별히 안전성을 고려하여야 한다.

식품에 함유된 첨가물이나 잔류 농약에 대한 안전성 평가방법은 국제적으로 표준화되어 있으며, 일반적으로 일련의 시험관시험*in vitro* 시험과 동물시험*in vivo* 시험 연구를 기반으로 하고 있다. 이를 기준으로 하여 식품에 함유되거나 잔류된 성분의 안전성을 확보할 수 있는 최대허용기준치Acceptable Daily Intake(ADI)가 산출된다. 최대허용기준치를 산출하는 과정에는 큰 값의 불확실계수가 적용되고 넓은 안전역이 적용된다.

그러나 이러한 접근법이 건강기능식품의 사례에는 적합하지 않을 수도 있다. 왜냐하면 부작용을 나타내는 용량과 원하는 기능성을 나타내는 용량의 비율이 일반적인 안전역에 비해 더 낮을 수도 있기 때문이다. 즉, 가공하지 않은 식물성 원료에 큰 값의 안전계수를 적용하면, 실제로 기능성을 나타낼 수 있을 만큼의 충분한 양을 사용할 수 없게 된다. 그러나 순수하게 정제된 물질의 경우에는 큰 값의 안전계수를 적용할 수 있다.

1) 섭취량

안전성을 평가할 때 고려해야 할 사항은 특정한 대상군에서 기능성이 보고된 바 있는 제품이 다른 인구 대상군에서도 확실히 안전할 수 있는가 하는 것이다.

이런 관점에서 불특정 인구 대상군에 대한 위해성을 최소화할 수 있도록 섭취량을 조절하는 것이 중요하다. 따라서 원재료는 식용 근거가 있어 안전성 자료를 제출할 필요가 없더라도 원재료에서 추출 혹은 농축한 원료의 섭취량이 증발원료보다 얼마나 많아졌는지 확인할 수 있는 섭취량 평가에 관한 자료를 제출하여야 한다. 또한 섭취량이 많아졌다면 높은 섭취량에서 안전성을 확인할 수 있는 모든 자료를 제출하여야 한다.

2) 위험성 확인 및 결정

일단 식품에 사용되는 모든 물질은 안전하여야 한다. 이를 위하여 ① 위험성 확인hazard identification, ② 위험성 결정hazard characterization, ③ 노출(섭취)량 평가exposure(intake) assessment 및 ④ 위해성 결정risk characterization 단계를 통한 위해성 평가방법은 식품 분야에서 널리 수용되고 있으며, 이러한 평가방법은 건강기능식품의 식물성 원료 및 성분의 안전성 평가에서도 유용하게 사용될 것이다.

특정 성분의 노출에 의한 위해성을 결정하기 전에 위험성이 확인되고 결정(인체상관성 및 용량반응 평가)되어야 하며, 위험성에 대한 정보는 다양한 방법으로 얻을 수 있다. 건강에 이로운 생리적 기능이 있는 것, 부작용 없이 단순히 생리적 변화만 주는 것, 위험성을 나타내는 것으로 명확하게 구분하기는 어렵지만, 이런 구분은 안전성 평가의 기본이 된다. 안전성 평가는 섭취대상 물질에 대하여 실시되어야 하므로, 완제품에 적용 가능한 자료가 준비되어야 한다. 만일 독성연구의 시험물질이 유통되는 제품이 아니라면, 시험결과와 완제품이 서로 상관있음을 입증하는 자료가 충분히 있어야 한다. 독성시험을 계획하고 시험물질의 특성을 고려할 때에는 식물 전체를 사용한 경우와 동량으로 활성물질을 추출한 경우에 흡수율 및 흡수량, 약리, 독성 등의 체내 동태학적 양상이 매우 다를 수 있음을 알아야 한다.

(1) 인체시험 자료

동물시험에서 관찰된 독성과 기능성 결과를 가지고 인체 건강에 미치는 영향을 평가할 때에는 비교독성 동태시험이 필요하다. 동태연구는 알고 있는 활성성분 이외의 다른 물질이 가지는 잠재적 작용을 알아낼 때에도 중요하다. 그러나 독성 동태시험은 독성과 기능성을 나타내는 활성성분이 확인되고 측정되어야만 의미 있는 자료가 될 수 있다. 사람을 대상으로 하여 신제품의 안전성을 시험하는 것은 윤리적으로 문제가 될 수 있다.

시험대상자들이 예상치 않은 위험에 노출되지 않도록 하여야 하므로, 필요한 경우 동물시험을 통해 안전성을 평가하는 등 충분한 예비실험이 선행되어야 한다. 만일 인체시험이 필요하다면, 기타 예비시험 방법으로 얻어진 안전성을 확인하기 위한 목적으로만 수행되어야 하며, 신제품의 독성학적 특성을 결정하기 위한 의도로는 수행할 수 없다.

(2) 역학조사 자료

역학조사의 결과는 인체에 대한 기능성과 부작용을 간접적으로 증명할 수 있는 자료로 사용할 수 있다. 노출량과 기능성의 관계를 설정하기 위하여 다양한 방법으로 연구할 수 있다. 역학조사 자료를 해석할 때에는 노출량 평가와 편견의 가능성 및 혼동 요인의 배제 등이 필요하며 식품의 사용 경험과 관련된 자료는 섭취량뿐만 아니라 부작용을 확인할 수 있는 연구를 고려하여 주의 깊게 평가되어야 한다. 이런 자료들이 충분하다면 역학조사는 안전성 평가에 있어 중요한 자료로 사용될 수 있다.

(3) 동물시험 자료

인체시험만으로 제품의 안전성을 보장하기에 부족한 경우, 기타 추가적인 자료가 이용될 수 있다. 즉 실험동물을 대상으로 한 *in vivo* 시험이 위험성 확인 및 결정에 필요할 수 있다. 독성시험 연구는 일반적으로 설치류나 기타 작은 실험동물을 이용하여 수행한다.

동물시험의 목적은 위험성 확인과 위험성 결정 두 가지이다. 위험성 확인은 고용량을 사용하여 독성이 발생하는지를 확인하는 것이며, 위험성 결정은 고용량 노출 시 독성이 나타나지 않는 용량(무독성량)No Observed Adverse Effect Level(NOAEL)을 체중에 대한 용량으로 결정하는 것이다. 안전성 평가의 기초로 사용되는 무독성량은 가장 감도가 높은 시험법 및 동물 종으로 산출해야 하며, 식품첨가물(4)이나 농약(7)의 ADI는 NOAEL보다 100배 낮은 수준으로 설정한다. 그러나 신소재 식품과 제품에서의 함량이 높은 성분은 아주 다른 접근방법이 필요하다. 왜냐하면 이런 물질은 일반적으로 사람이 섭취하는 양의 100배에 해당하는 양만큼 실험동물 식이에 넣으면 영양적으로 불균형 상태가 되거나 독성과는 무관한 생리적 변화가 일어날 수 있기 때문이다.

인체시험 연구결과와 동물시험 연구결과는 상호 보완적으로 이용해야 한다. 왜냐하면 인체시험 자료가 있으면 일부 동물시험 연구가 필요 없을 수 있는 반면, 동물시험을 통해 위험성이 확인되면 추가적인 인체시험이 필요할 수 있기 때문이다.

건강기능식품의 안전성을 보장하려면 예상되는 섭취량과 섭취기간과 관련된 안전성을 입증할 수 있는 충분한 안전성 자료가 필요하다. 만약 임신기와 같이 특별히 취약한 생의 주기에 대한 독성자료가 있어야 한다면 이는 사람을 대상으로 하는 것이 적절하지 않으므로 특정한 동물시험을 수행할 필요가 있다. 기능성과 작용기전이 이해되면 섭취량을 더 높이거나 특정 대상군 또는 특정 생의 주기를 선택하여 추가 시험연구를 수행할 필요도 있다. 단기간에 부작용을 일으킬 수 있는 활성성분을 함유한 식물이라면 급성 독성시험이 요구될 수 있다.

표 6-3-1 주요 독성시험

독성시험의 종류	특 성
단회 투여 독성	다른 데이터 없이 독성의 정도를 정의내리기 위한 단일 용량에 대한 연구
아만성 독성시험	설치류에게는 3개월간, 비 설치류에게는 1년간 매일 용량을 반복하여 실험
만성독성 및 발암성 독성시험	비 설치류에 1년 동안, 설치류에 2년 동안 매일 용량을 반복하여 실험, 식품화학물질의 위험평가에 자주 사용
생식발생 독성시험	태아(fetus)와 신생아(neonate)의 발달과 가능한 유전적 영향을 알아보기 위해 임신 전, 중, 후에 매일 용량을 반복하여 실험
면역 독성시험	면역반응에 대한 활성과 보전에 관련된 조직과 세포의 구조 및 기능을 조사, 단기와 아만성독성연구를 통합
유전 독성시험	다양한 종말점에서의 활성을 평가하기 위해 단기간의 실험, 박테리아와 포유류계 모두 사용

사용한 원료 또는 성분의 특성에 따라 단회 투여 독성시험(설치류, 비설치류), 3개월 이상 반복 투여 독성시험(설치류, 비설치류), 생식발생 독성시험, 발암성 시험, 면역 독성시험, 유전 독성시험(복귀 돌연변이 시험, 염색체 이상 시험, 소핵 시험) 중 해당하는 시험항목 자료를 제출하여야 하며 주요 독성시험은 표 6-3-1에 설명되어 있다.

3) 위해성 결정

식품에 함유된 화학물질의 노출에 대한 위해성 평가의 마지막 단계인 위해성 결정은 식물 및 식물성 제품의 섭취와 관련된 부작용의 위해성을 정량적으로 평가할 수 있으며, 또한 심각한 부작용을 나타내지 않는 섭취량으로 결정할 수 있다. 심각한 부작용을 나타내지 않는 섭취량은 ADI나 내용일일섭취량Tolerable Daily Intake(TDI)을 구할 때 적용되는 방식이다. 식물이나 식물 추출물의 경우, 전체 데이터베이스는 예상되는 섭취량과 사용기간에 대한 안전성을 충분히 확보해야 한다.

CODEX에서도 지적되었듯이, 전반적인 안전성과 위해성 평가(위해성 결정)에는 건강기능식품의 사용으로 인한 노출도에 대한 자료와 부작용에 대한 적절한 용량-반응 자료가 필요하다. 식품에 첨가하는 식물성 원료의 경우 가장 중요한 문제는 부작용이 나타나는 용량(동물이나 사람에서)과 건강기능식품으로 섭취하는 용량 사이에서 적절한 안전역을 결정하는 것이다. 안전역을 평가할 때에는 고용량으로 섭취하는 사람들이 있음이 고려되어야 한다.

표 6-3-2 위해성 결정 및 안전역 설정요소

- 데이터베이스상에서 무독성량과 예상 섭취량의 차이(안전역)에 대한 적절성을 평가할 때에는 가능한 모든 자료가 검토되어야 한다.
- 안전역의 적절성을 평가할 때에는 모든 독성의 특성을 고려하여야 한다.
- 용량에 따라 효과가 변한다면, 즉 저용량에서는 유용하였으나 고용량에서는 부작용을 나타낸다면 안전역이 매우 좁아질 수 있다는 점을 인식하여야 한다.
- 안전역을 설정할 때에는 의도적인 소비자뿐만 아니라 비 의도적인 소비자도 고려하여야 한다.
- 식물성 원료를 식품에 첨가하는 경우, 개인차와 취약한 대상(영유아 등)을 고려하여 안전역을 설정하여야 한다.
- 노출되었을 때 생리학적으로 효과를 얻을 수 없는 대상에 대한 부작용이 고려되어야 한다.

기능성 식품에 사용되는 식물성 원료에 대한 적절한 안전역을 설정하는 것은 간단한 일이 아니다. 이는 혈압을 낮추는 것이 정상인에게는 부작용이지만 혈압이 높은 사람에게는 필요한 기능인 것과 같이, 어떤 사람에게는 부작용이지만, 다른 사람에게는 기능성이 될 수 있기 때문이다. 따라서 이런 경우 제품의 표시에 부작용을 표시하는 방법으로 위험성을 설명할 수 있다. 위해성 결정 및 적절한 안전역 결정 시 고려하여야 할 점을 표 6-3-2에 나타내었다.

4) 사후 모니터링과 조사

실험실 연구대상자와 식사행동을 조절하기 힘든 자유생활자 간에는 상당한 차이가 있다. 이와 같이 다양한 이유 때문에 신제품의 섭취에 따른 부작용의 유무는 사후 모니터링을 통해 확인하는 것이 바람직하다. 그러나 부작용의 원인은 매우 복잡하므로 신제품과 건강에 미치는 효과를 연결하는 것은 매우 어렵다. 따라서 사후 모니터링 방법으로 심각한 급성 부작용이나 유통 전 연구에서 우려되었던 문제 등을 관찰하는 것은 가능하지만 만성 부작용을 파악하기 위해서는 많은 연구와 투자가 필요하다.

5. 건강기능식품의 올바른 선택

과거의 건강보조식품이 2004년 건강기능식품법이 제정된 후 건강기능성 식품으로 이름이 바뀌었다. 그러나 건강기능식품의 과대, 허위광고에 따른 피해가 계속되고 있다. 이것은 효능과 기능성을 잘못 이해한 데서 비롯된다.

일반적으로 어떤 기능성 식품이 건강에 유익하다는 사실이 밝혀졌다 하더라도 효능, 효과가 있다고 표시해서는 안 되고 기능성이 인정된다고 표시해야 한다. 따라서 정부에서는 다음과 같은 내용을 건강기능식품 광고에 사용할 수 없도록 하고 있다. 즉 질병을 예방하거나 질병을 치료, 의약품을 대체한다는 내용, 정부 수상 · 인증했다 등의 내용 그리고 의사추천, 약사가 기능성 보증, 감사장, 체험기, 단체추천 등의 표현을 사용할 경우 단속 대상이 된다고 정해 놓고 있다.

따라서 올바른 건강기능식품을 선택하기 위해서는 다음 사항을 참고하기를 바란다.

① 건강기능식품 판매업 신고업체인가를 확인한다.
② 건강기능식품이라는 표시 사항을 확인한다.
③ 허위, 과대광고가 아닌지 확인한다.
④ 섭취량, 섭취방법을 확인하고 부작용에 주의한다.

결론적으로, 건강기능식품 산업은 새로운 성장 산업으로 계속 발전되어 나갈 것이다. 이러한 시대에 살고 있는 대다수의 소비자들이 보호 받기 위해서는 우선 생산자가 기능성을 가진 안전한 식품을 생산하는 철학을 가져야 하며, 소비자들도 선정적인 광고에 휘말리지 않고 합리적인 자세로 기능성 식품을 구매하도록 노력해야 할 것이다. 아울러 정부도 지속적으로 허위, 과대광고 등을 단속하여 소비자를 보호하도록 최선을 다해야 할 것이다.

제7편

식품 및 단체급식 영업장의 위생관리

식품 영업장
단체급식 영업장

제1장 식품 영업장

식품 영업장의 위생관리 개념은 HACCP 시스템이 도입되면서 기존의 시설 유지 개념에서 위해요소의 교차오염과 혼입을 방지하는 위해요소 관리에 기초한 영업장 준비로 변화하고 있다. 따라서 HACCP 시스템 구축 시의 선행요건에서 영업장 관리 내용이 기본 틀이 될 것이다. 영업장 관리는 HACCP에서도 일반제조업소와 단체급식업소를 비롯한 식품접객업소 등의 영업자 관리로 구분하여 기준을 정해 놓았기 때문에 제7편에서도 일반업소의 영업장과 단체급식업소의 영업장으로 나누어 설명하고자 한다.

1. 위생계획 수립

식품가공 공장의 위생계획은 근본적으로 위생적인 원료로 우수하고 안정된 기법을 동원하여 안전하고 건전한 가공식품을 만든다는 개념을 바탕으로 한다. 이와 같은 개념은 모든 종업원이 잘 알고 이를 실천할 수 있는 제도적 뒷받침이 되어 있어야 한다. 위생계획은 세세한 사항까지 기록하여 수행되어야 하며 계획 자체는 최고 관리자가 누구보다도 잘 인식하고 있어야 한다.

위생계획은 공장의 규모나 생산하는 품목에 따라 크게 다를 수 있으며 운영하는 방법에 따라서도 다를 수 있다. 그러나 공통적인 기준은 위생적으로 문제가 없고, 규정에 맞는 원 · 부재료를 이용하여 정상적인 방법으로 안전하고 건전한 제품을 생산할 수 있도록 구성되어야 한다는 것이며, 공장 건물의 관리 및 가공기계의 위생기준, 종업원의 개인위생 등 모든 사항이 완전한 제품생산에 필수 구비요건이 되므로 이들 기준이 포함되어야 한다.

2. 공장 건설

앞으로의 식품공장은 HACCP 원리에 기초하여 건설되어야 한다. 따라서 시설과 설비는 HACCP의 선행요건에 준하여 준비하는 것이 바람직하다. 우선 식품공장 부지는 주위환경이 산뜻하고 깨끗해야 하며, 잘 정돈되어 있어야 한다. 흙먼지 발생을 막기 위해 공터는 잔디가 가꾸어져야 하며, 잘 관리하여 잡초가 자라는 것을 막고 서류나 곤충의 서식지가 되지 않도록 해야 한다. 공장 주위에는 포장된 주차공간을 확보하고 공장 건물은 깨끗이 도장되어야 한다. 또한 해충이나 미생물 서식지가 되는 웅덩이는 없애고 폐수는 고여 있지 않고 바로 배출되도록 고안되어야 한다.

특별히 관리해야 할 장소는 원료를 싣거나 내리는 장소이다. 이곳에는 토양, 오물, 원료의 부스러기 등이 항상 함께 있을 수 있으므로 원료처리가 끝나면 바로 정리하여 오염원을 제거할 수 있도록 장치가 되어 있어야 한다. 출입구에는 방충, 방서를 위한 문이 있어야 하며, 작업에 어려움을 줄 경우 에어커튼도 구상되어야 한다. 기타 공장 건설에 구체적 사항은 HACCP 선행요건을 참조하여야 한다.

1) 기본사항

건물 부지는 주위환경이 산뜻하고 깨끗해야 하며 잘 정돈되어 있어야 한다. 흙먼지 발생을 막기 위해 공터는 잔디가 가꾸어져야 하며, 잘 관리하여 잡초가 자라는 것을 막고, 서류나 곤충의 서식지가 되지 않도록 해야 한다. 공장 주위에는 포장된 주차공간을 확보하고 공장 건물은 깨끗이 도장되어야 한다. 또한 해충이나 미생물 서식지가 되는 웅덩이는 없애고 폐수는 고여 있지 않고 바로 배출되도록 고안되어야 한다.

위생관리상 식품가공 공장이나 식당이 위치해야 할 장소는 다음의 조건이 구비되어야 한다.

① 주위 환경의 공기가 맑고 깨끗하며, 환경적 오염이 발생되지 않는 곳

② 좋은 물이 풍부하게 공급되는 곳
③ 폐수와 오물처리가 편리한 곳
④ 전력사정이 좋고, 교통이 편리한 곳

이상의 4가지 조건을 모두 갖춘 장소가 가장 이상적이지만 그중에서도 가축 사육 시설, 쓰레기 야적장, 공중 화장실 등과 멀리 떨어져 있고, 좋은 물을 충분히 공급받을 수 있는 곳을 택하는 것이 특히 중요하다.

2) 건물의 층수

만약 대지가 충분하다면 공장은 단층이 가장 바람직한데 그 이유는 건축이 쉽고 유지관리비 절감, 설비의 직선화로 전 공정의 관리가 쉽기 때문이다. 그러나 단층인 경우 위생적인 측면에서 기계의 운송거리가 길어지고 높이가 높아져서 세척의 어려움이 뒤따르기도 한다. 다층일 경우 자연낙하를 이용할 수도 있으나 지상면적이 좁아져 관리하는 데 어려움이 있을 수 있다.

건물의 층수에 관계없이 외벽은 서류나 해충이 서식할 수 있는 공간을 주어서는 안 되며 곤충을 차단할 수 있도록 해야 한다.

3) 기초와 벽

건물 기초의 깊이는 1m 이상으로 하며 서류가 침범할 수 없도록 하고 기초용 콘크리트를 시공해야 한다. 지하실이 있다면 튼튼한 기초에 직접 연결되도록 하며 지하실이 없는 경우 전체적으로 지표로부터 1m 이상의 기초가 되어야 한다. 전체적으로 쌓아올릴 층수에 비례하여 충분한 강도의 기초가 되어야 하며 가건물이나 헛간의 경우 쇠로 된 뼈대를 세울 수도 있으나 충분한 강도가 있어야 한다. 그 중 벽체를 만들 경우 공간에 서류가 서식할 수 없도록 특별한 배려가 필요하다. 바닥과 이어지는 곳은 틈새가 전혀 없도록 해야 하고 하역대의 높이는 보통 1m 이상으로 하여 서류가 뛰어오르지 못하도록 하며 층계가 지표에 접하여 하역대와 연결될 수 없도록 해야 한다. 필요한 경우 사람이 오르내릴 수 있도록 벽에 의지하는 사다리는 놓을 수 있을 것이며 하역대의 밑은 밀폐되지 않도록 설계한다.

4) 출입문과 창문

출입문, 창문, 채광창, 중간창, 환기구 등은 완전히 밀착되어 구멍이 없어야 하며 밖으로 뚫린 구멍은 방충망, 환기팬이나 기타 적절한 장치를 하여 해충이 출입할 수 없도록 한다. 자동 폐쇄식 문을 사용할 때는 문을 닫았을 때 간격이 0.6cm 이하로 하여 쥐나 곤충이 들어오지 못하도록 해야 한다. 창문턱이나 문틀을 시설 안쪽의 벽 높이와 같게 해야 하고 밖의 문 바깥쪽은 적어도 20cm 이상을 금속으로 덧붙여 서류의 침범을 막아야 한다. 창문틀이 벽과 같은 높이가 아닌 경우 45° 경사를 주어 먼지가 끼거나 이물질이 축적되지 않도록 한다.

그림 7-1-1 적절한 출입문 밀폐관리

모든 창문은 일정규격(No. 16 mesh)의 방충망을 하고 방충망은 완전히 부착하여 틈새가 없도록 하며 필요에 따라 교체가 가능하도록 설치한다. 하역용 문을 제외하고 모든 문은 자동폐쇄형을 채택하고 하역용 문은 날짐승이 통과할 수 없도록 장치를 해야 한다.

쓰레기 취급설비는 쉽게 제거할 수 있도록 고안되어야 하며 쓰레기통이 건물 안에 있을 때는 서류가 들어갈 수 없도록 해야 한다. 적절한 배수관이 있어 설비 주위의 모든 물이 잘 흘러내릴 수 있게 해야 한다.

5) 내부 구조

내부 구조는 세척이 쉬워야 하고 먼지가 쌓일 수 없도록 하여 곤충이 그 곳에서 부화되는 것을 막아야 한다. 내부 벽은 금이 가지 않아야 하며 표면은 타일을 붙이거나 에폭시 코팅을 하는 것이 좋다.

6) 공장 바닥과 배수관

공장 바닥은 콘크리트, 타일 혹은 공인된 재질로 하고 장부촉 이음으로 모든 벽면까지 접해 있어야 한다. 바닥과 벽면이 이어지는 곳은 큰 반경을 이루는 곡선을 이루어야 하고 바닥은 배수로를 향하여 0.6cm 정도의 경사에 6m 이상 떨어지지 않도록 한다. 개방형 배수관은 직경 30cm 정도의 반원형 혹은 큰 타일로 만들고 잘 맞는 창살형 덮개로 덮되 쉽게 열어서 청소할 수 있어야 한다. 또한 모든 바닥 배수관은 최소 8cm 정도의 물막이 트랩을 갖추고 있어야 한다. 바닥, 천장 혹은 벽을 통과하는 파이프가 있는 경우 이들이 뚫린 곳에 공인된 서류 방지용 주환을 설치해야 한다.

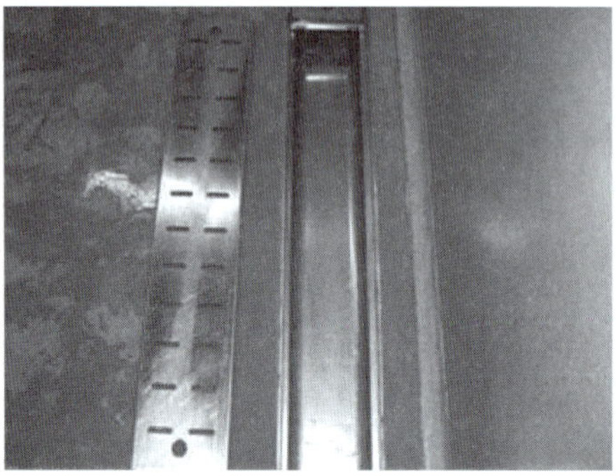

그림 7-1-2 적절한 배수시설

7) 배선과 조명

전기선, 스위치 박스, 케비넷 그리고 기타 벽에 고정되는 부착물은 회반죽으로 밀봉하거나 벽으로부터 8cm 이상 띄워놓아 곤충이 서식하지 못하도록 한다.

조명은 작업하기에 충분한 밝기이어야 하며 일반적으로 바닥으로부터 76cm(30인치)에서 측정했을 때 20 촉광20 foot candle 이하가 되어서는 안 된다. 검사실과 사무실의 촉광은 150 촉광150 foot candle은 되어야 한다. 그러나 조명은 보아야 할 물건의 크기, 대상물의 명암 정도, 관찰시간, 밝기 등에 따라서 달라질 수 있다. 조명기구는 파손되었을 때 식품에 유리가 튀지 않도록 수지로 보호장치를 해야 한다. 식품공장의 조명은 우수한 공장관리와 깊은 상관관계가 있다. 조명이 잘못되었을 경우 구석에 먼지나 이물질이 쌓이게 되고 이들이 식품을 오염시켜 문제를 일으키게 된다. 모든 조명기구는 정기적으로 청소하고 유지관리가 잘 되어야 한다.

8) 천장처리와 환기

천장처리 역시 식품공장에서 대단히 중요하다. 식품공장에서는 일반적으로 증기를 많이 사용하고 외부온도와 상당한 차이가 나므로 응축수가 맺히고 이들이 식품에 떨어져 큰 오염원이 될 수 있다. 또한 흡수되는 재질을 사용하는 경우 젖은 상태로 오래 지속되면 미생물 증식 및 부식에 의한 오염물질 발생이 가능하다. 흡습되지 않고 부식되지 않는 재질들이 상품화되어 판매되고 있다.

적절한 환기는 식품공장의 위생관리에서 기본사항이며 응축수의 발생을 방지할 수 있고, 잘 고안된 환기장치는 공장 내부의 습기제거 및 불쾌취를 없앤다.

그림 7-1-3 적절한 환기시설

더 나아가서 여과된 공기를 공장 내부로 불어넣는 경우 먼지나 공기에 의해서 전파되는 오염물을 제거할 수 있다.

9) 배관

배관, 특히 급수, 폐수 그리고 증기관들은 상호 오염되지 않게 설계되어야 하고 용도별로 배관의 색깔을 달리한다. 즉 방화수 적색, 폐수관 흑색, 음용수관 녹색, 비음용수관 흑색, 공기 백색 등으로 구분한다.

3. 장비 디자인

미국의 식품공장 GMP 규정에 따르면 모든 공장의 장비와 기구는 충분히 세척하고 적절히 유지 관리할 수 있는 재질을 사용하고 디자인되어야 한다고 명시하고 있다. 이와 같은 기본조건을 제시하면 다음과 같다.

① 모든 식품과 접촉하는 기구의 표면은 정상적인 이용상태에서 매끄럽고, 비투과성, 무독성, 비부식성, 비흡수성 및 내구성이 있는 스테인리스나 다른 재질로 제작되어야 한다.

② 식품과 접촉하는 표면은 쉽게 세척할 수 있고 파손되거나 접합부위가 벌어지지 않고 금이 간 부위나 유사 결점이 없어야 한다.

③ 식품과 접촉하는 표면은 어떤 냄새나, 색소, 맛 혹은 식품을 변질시키는 물질을 함유해서는 안 된다.

④ 식품과 접촉하는 표면은 CIP 세척을 포함한 손 세척도 쉽게 할 수 있어야 한다.

⑤ 모든 연결부위와 조립부위는 위생적으로 디자인되고 설치되어야 한다.

식품공장 기계의 디자인이나 설치는 가공하는 품목에 따라서 다양하게 구상할 수 있으나 기본적으로 깨끗하고 건전하며 안전한 식품을 만드는 데 문제가 될 수 있는 사항은 피해야 한다. 식품공장의 디자인에서 장비는 바닥면적의 20% 이상 차지하지 않도록 하고 창고가 아니라면 식품공장의 건조장 면적은 25%를 넘으면 안 된다. 가능하면 곧 바른 가공공정이 세척 및 관리에 좋으나 특정 기계를 조합 혹은 이중으로 사용해야 하는 경우 T, V, Y, M 혹은 U자형으로 배치할 수 있다.

현실적으로 식품가공 공장에서는 대부분 가공기계에 스테인리스를 사용하는데 스테인리스 재질은 18.8로 탄소의 함량이 0.08%를 넘지 않는 것이 바람직하다.

각각의 가공기계를 디자인할 때는 쉽게 세척할 수 있게 하고 여분의 공간이나 끝이 막히는 구석이 없도록 한다. 기계의 주위에는 적어도 1m 정도의 공간을 두어야 하므로 바닥으로부터 15cm는 띄워야 한다. 모든 움직이는 부위는 밀폐되도록 하고 자체 윤활유가 있는 베어링을 사용해야 한다. 솥이나 조리기구는 뚜껑이 있어야 하고 자체로 비울 수 있는 장치가 있어야 한다. 식품공장에서는 목재나 침투성이 있는 재질은 사용해서는 안 되고 기구나 기계의 받침도 먼지나 식품의 찌꺼기가 끼지 않도록 부착해야 한다.

그 밖에 식품가공 기계는 오염을 최대한 방지하고 세척하기 쉬우며 실수에 의해 문제가 발생되지 않도록 디자인되고 설치되어야 한다.

4. 공기위생

현대 식품가공 공장에서는 품질 수준을 높이고 법적 사항에 저촉되지 않기 위해서 각종 위해 미생물을 포함한 오염물질을 최소화하기 위한 다양한 방법들이 강구되고 있다. 이와 같은 조치의 하나로 공장 내에 유입되는 공기까지도 관리하는 경우가 많다. 공기 중 미생물 관리는 감염병 방지를 위하여 병원에서 도입했으나 이제는 식품가공 공장에서도 자주 이용되고 있다. 특히 포장 후 가열처리 등 살균처리를 충분히 할 수 없는 육가공 제품이나 유가공 제품의 경우 공장 내 미생물 관리는 필수사항이 되고 있다. 식품가공 공장의 환기는 자연적인 방법과 강제적인 방법이 있는데 어느 방법이든 공장 내 공기 중 미생물 수준을 낮추기 위해 필요하다.

1) 공기공급

식품공장 내에서 필요한 공기의 양은 처리되는 식품의 종류, 종업원 수 등에 따라 크게 차이가 나지만 보통 공기공급량은 1,500ft^3/분/인으로 알려지고 있다.

예를 들면, 식품건조와 같이 증기가 많이 발생하는 공장의 경우 많은 양의 공기 공급이 필요하며 그렇지 않을 경우 높은 습도 때문에 기계에 녹이 슬거나 페인트가 벗겨지고 천장이나 파이프에 생긴 응축수가 식품에 떨어져 큰 오염이 될 수 있다. 공장에 따라서는 환기의 횟수를 정하는데 증기발생이 많은 경우 계속 환기를 하거나 필요에 따라 수 회에서 수십 회에 이르기도 한다. 보통 공장 내부에 공기압을 약간 높게 유지하면 오염물질을 밖으로 배출시키는 데 도움이 된다.

일반적으로 식품공장에 공기공급이 중요하지 않다고 생각하기 쉬우나 가공공정이 까다로워지고 우수한 제품을 생산하기 위하여 미생물 수를 극히 제한하고 있는 제품의 경우 공기 중 미생물 관리가 필수적이며 이에 따라 공장에 공급하는 공기 중 미생물 수를 규제해야 한다. 특히 저온유지가 필요한 가공공장의 경우 냉각된 공기를 공급해야 하는 바 이때 공기의 온도와 미생물 오염 정도가 관리대상이 된다.

공기공급 방법은 자연유입 방법과 강제공급 방법을 사용할 수 있다. 한 건물 내에서 대량생산 운영체제를 유지하는 공장의 경우 대부분 강제공급 방법을 채택하고 있으며, 이때 공급되는 공기의 양은 단위시간당 ft^3 혹은 m^3로 표시한다.

외부로부터 유입되는 공기는 주위환경에 따라 오염 정도가 크게 다른 데, 포장되지 않은 공터나 차량 통행이 많은 지역에서 공기가 유입되는 경우 심각한 오염물질이 공장에 들어올 수 있으며, 반대로 공장에서 밖으로 내보내는 공기의 경우도 많은 작업자로부터 발생한 여러 종류의 미생물 중 심각한 병원성 미생물이 함유될 수도 있다. 위생상태가 좋지 않을 경우 많은 종류의 미생물이나 바이러스가 축적되어 공장 내 공기를 오염시키고 이에 따라 제품이 오염된다.

식품가공 공장의 주위에서 발견되는 입자의 종류와 크기를 보면 표 7-1-1과 같다.

(1) 외기

공장 주변에서 공기를 공장 안으로 유입시킬 때는 공기 중에 먼지, 곰팡이 포자, 꽃가루 그리고 여러 종류의 미생물이 존재할 수 있으므로 이들을 제거할 수

표 7-1-1 식품공장 주변에서 발견되는 입자 종류와 크기

입 자	크 기(nm)	입 자	크 기(nm)
연무질(aerosol)	0.005~50	분무건조 분유	1~10
안개(물)	00.1~40	밀가루	1~8
연무(물)	0.4.0~500	머리카락	5~500
담배연기	0.01~0.4	육안으로 볼 수 있는 것	>10
세균	0.03~2	설탕(제당용)	5~15
바이러스	0.002~0.05		

있는 적절한 방법이 강구되어야 한다. 대부분의 물질들은 무해하나 그 중 일부는 심각한 문제를 일으킬 수 있는 미생물이 함유되어 제품에 오염원이 될 수 있다.

(2) 가열, 환기, 에어콘 공기

공장 내부의 온도관리를 위하여 가열 혹은 냉각공기를 공급하는 경우 공기공급 라인에 먼지와 함께 각종 이물질이 축적되어 공기 중에 유입되고 이들이 제품에 이행될 수 있으므로 각별한 주의가 필요하다. 특히 공기유입 장치를 가동 후 30~35분 사이에 공기 중 미생물 수가 급격히 증가한 후 감소하는 현상이 실험결과 밝혀지고 있어 이를 방지하기 위해서는 공기공급 라인의 닥트 등을 세심히 관리할 필요가 있다.

냉각공기 공급을 위하여 사용하는 유니트 쿨러에는 응축수가 생길 수 있고, 이에 따라 미생물이 증식할 수 있는 좋은 조건이 되므로 여기로 통과하는 공기에 많은 양의 미생물이 혼입되어 제품을 오염시킬 수 있으며, 증발기의 경우도 같은 조건으로 미생물 증식이 일어날 수 있다.

(3) 압축공기

많은 식품공장에서는 압축공기를 여러 용도로 사용하고 있다. 가공기계를 작동시키거나 식품의 이송, 식품 자체의 한 구성분으로도 사용한다. 압축공기는 공장기계 표면세척에도 사용하는데 이들 공기에 의해서 많은 먼지나 미생물이 공기를 오염시킬 수 있다.

압축공기를 만들기 위하여 사용하는 압축기(콤퓨레서)는 왕복운동, 스크류 그리고 원심력(보통저압)을 이용하는 3가지 종류가 있는데 윤활유를 사용하거나 윤활유 없이 작동된다. 윤활유가 있는 경우 압축공기에 윤활유가 빨려 들어갈 수 있으므로 식품용 윤활유를 사용해야 하며 조심해야 할 것은 이들 윤활유의 발화점이 낮아 많은 양이 혼입될 경우 화재 위험성도 있다는 것이다.

압축공기에는 2가지 오염원이 있는데 윤활유와 물이다. 윤활유는 압착분리기로 자동적으로 분리할 수 있는 장치를 부착해야 하고 또는 유리섬유 여과기를 이용하기도 한다. 수분은 제습제를 통과시키거나 이슬점 이하로 온도를 낮춰 제거하는데 이때 분리된 수분을 잘 제거하지 않으면 미생물 증식조건에 맞아 오염원이 될 수도 있다. 비용이 들기는 하지만 식품공장에서는 스크류 형태의 압축기를 선호하는데 이는 오염원을 쉽게 차단할 수 있기 때문이다.

(4) 배출공기

공장에서 배출되는 공기는 다시 공장에 유입되지 않도록 해야 한다. 따라서 공기배출구와 공기흡입구는 상당히 떨어져 있어야 하며 공장 내부와 인접지역의 공기압력 차이는 0.05~0.08inch/수면 정도 유지하는 것이 좋다.

증기를 많이 쓰는 공장이나 그렇지 않은 경우라 하더라도 물세척 등으로 수분이 많이 함유된 공기를 배출하는 경우 찬 외기와 접촉하면 배출구에서 결로현상으로 닥트에 수분이 많이 발생하여 미생물이 증식하게 된다. 이를 방지하기 위해서는 제습장치를 부착하거나 온도차를 줄일 수 있는 장치를 갖추어야 한다.

2) 오염원과 그 성질

식품가공 공장의 공기 중에서는 쉽게 오염원을 검출할 수 있으며, 특히 가동 후 처음 얼마 동안이 오염 정도가 가장 심하다. 이는 배기 혹은 흡입 등 환풍장치를 가동함에 따른 것으로 가동 중에는 감소하는 경향이다. 가공원료가 건조된 가루인 경우 분진에 의한 오염이 심해질 수 있는데 분진관리 장치 없이 사별

그림 7-1-4 적절한 환기 장치 및 배기구 방충망 설치

기, 가루혼합기 등을 사용하게 되면 공장 내 공기에 상당한 오염이 일어난다.

바닥으로 배수가 되는 경우도 공기 중에 미생물 수를 높이는 결과를 초래하며 철망으로 덮여 있는 홈통의 배수로에서 물보라가 일어나면 비산되어 연무질로 되면서 공기 중에 미생물을 오염시키게 된다. 따라서 공장 내에서 배수는 홈통보다는 트랩형 배수관이 바람직하다.

물을 튀기면서 바닥을 청소하는 경우도 공기 중 미생물 오염 정도를 높이는 요인이 된다. 공기로 이송되는 건조분말의 경우 공기 중 오염 미생물에 의해서 쉽게 노출되는데 물을 튀겨 세척한 후 제품 중 미생물 수가 크게 증가되는 것을 볼 수 있다.

사람도 상당한 오염원이 되는데 특히 피부 각질층이 계속 떨어져 나와 오염시킬 수 있으며 더 큰 문제는 *Staphylococcus aureus*와 같은 식중독 미생물이 사람의 인후관을 통하여 비산되고 이들이 식품이나 공기를 오염시킬 수 있다(표 7-1-2). 또한 기계에 묻어있는 각종 먼지들도 그 자체의 오염과 함께 각종 미생물을 전파시키는 매체가 되고 있다.

식품공장에 있는 물질은 그 크기가 공기 중에 부상될 수 있다면 모두 오염원이 될 수 있으며 특히 주의해야 할 것은 공장 내 어디에서나 쉽게 증식할 수 있는 곰팡이가 만들어 내는 포자들에 의한 오염이다.

표 7-1-2 입과 코의 동작으로 발생한 연무의 특징

입과 코의 동작	미생물 수	
	저	고
숨쉬기(코, 입)	0	9
휘파람 혹은 대화	0	22
기침	33	1,200
재채기	770	2,700

3) 공기의 용도

식품공장에서는 이미 설명한 바와 같이 여러 용도로 공기를 이용하고 있다.

(1) 이송

건조된 분말의 이송에 압축공기를 사용하고 있는데 보통 밀폐된 도관을 이용하기 때문에 위생적 문제는 크게 없으나 공기 자체의 안전성이 확보되어야 하고 분말이 완전 건조되어 미생물 증식이 일어나지 않아야 된다.

(2) 청소

압축공기를 이용하여 공장 내에서 청소하는 것은 바람직하지 않다. 공기를 청소에 사용함으로써 가라앉은 먼지를 다시 공기 중으로 부상시켜 결국 식품에 오염을 일으킨다. 예외적으로 여과된 공기를 통조림 공관에 불어넣어 이물을 제거하거나 유연 포장재를 벌리는 데 사용할 수는 있다.

(3) 공기내장

공기를 식품에 불어넣어 거품을 만드는 데 사용한다. 이때 공기는 완전히 무균화되어 안전성이 확보되어야 저장수명을 연장시킬 수 있다. 용기에서 거품을 낼 때는 외기의 미생물 오염 정도를 낮추는 방안이 마련되어야 하며 가능하면 여과된 공기가 주입되도록 해야 한다.

(4) 기계 작동에 이용

식품가공 공장에서 이용하는 각종 기계는 공기를 이용하여 작동하거나 조작하는 경우가 많다. 식품과 직접 접촉되지 않기 때문에 위생적인 문제는 크게 없다. 예를 들면, 살균 솥의 압력관리, 통조림 혹은 병조림 살균 후 냉각 시 공기 가압 등은 식품과 직접 접촉하지 않고 단지 공기의 압력만을 이용하는 경우이다.

(5) 기타 식품과 접촉하는 경우

건조, 가열 및 냉각, 교반 등은 공기가 식품과 직접 접촉하여 물리적 작용을 하므로 공기 중 미생물 오염 정도가 관리되어야 하며 여과된 공기를 사용하여야 한다.

5. 용수의 위생

HACCP 시스템을 구축함에 있어서 선행요건에서의 용수위생은 매우 중요하다. 특히 식품가공 공장은 어느 제조업보다도 많은 양의 물을 사용하며 가장 양질의 물을 필요로 한다. 따라서 식품공장 건설 위치선정에서 가장 중요하게 검토하는 것이 양질의 물을 충분히 얻을 수 있는가 여부이다.

물은 생명유지에 필요 불가결한 것이나 다른 한편으로는 인간의 역사와 함께 각종 질병, 특히 콜레라와 같은 수인성 질병을 전파시키는 매체로서 인간을 괴롭히기도 하였다. 또한 각종 중금속 등 유해 물질을 함유할 수 있어 건강을 해칠 수도 있다. 이와 같은 위험성 때문에 식품공장에서 물의 관리는 무엇보다도 중요하고 위생관리 측면에서 크게 신경을 쓰는 분야이다.

식품가공 공정에서 앞으로 물의 사용량은 계속 늘어날 추세인데 그 이유는 ① 매년 식품생산량의 증가, ② 가공 정도의 상승, ③ 청결과 위생의 강조, ④ 원료의 기계 수확으로 더 많은 세척 필요, ⑤ 식품 이송에 물 사용량 계속 증가 등을 들 수 있다.

대표적인 식품가공 공장의 하나인 통조림 가공공장에서 제품별 물 사용량을 보면 표 7-1-3과 같다.

표 7-1-3 통조림 가공 제품별 물 소요량 비교

통조림 제품	통조림 크기	물량(L)/케이스
아스파라가스	No. 2	246~720
당근	No. 2	151~190
옥수수(크림형)	No. 2	151~190
사과	No.10	284~568
복숭아	No. $2\frac{1}{2}$	114~1,211

1) 용수 공급원

(1) 지표수

지표수는 하천, 호수, 저수지에 있는 물로서 상당히 풍부한 양을 구할 수 있으나 물에 함유된 불순물의 함량이 식품공장 용수로서 적합한지 여부를 결정짓는다. 하천수보다는 호수나 저수지 물이 긴 침전기간을 거쳤기 때문에 여과 정제에 훨씬 용이하다.

지표수는 많은 유기물이 분해되어 혼입되고 비료, 농약, 산업폐기물, 생활하수 등이 유입되어 지표수를 오염시킬 수 있어 지표수를 직접 식품공장 용수로 사용하는 것은 여러 검사를 통하여 안전성이 확보되기 전에는 바람직하지 않다.

(2) 해수

해수는 수산물 가공 시 원료의 이송 혹은 세척에 사용한다. 보통 간단한 여과를 거쳐 수산물 가공공장에서 제한된 용도로만 이용하고 있다.

(3) 지하수

지하수는 크게 우물과 샘의 형태가 있다. 지하수는 지상으로 퍼 올리는 과정 혹은 퍼 올린 다음 오염이 되지 않도록 해야 한다. 지하수는 지표에 시궁창이나 분뇨통, 폐수 등이 있을 경우 오염될 수 있으며 구멍을 통하여 각종 지표 오염물이 혼입될 수도 있다. 홍수가 났을 경우 쉽게 지표수가 지하수와 섞여 오염되기도 한다. 또한 지하수 자체나 지표수의 여과나 삼투작용이 충분치 못하여 오염이 일어나는 경우도 있다.

보통 지하수를 채취하는 파이프의 위치는 지상으로부터 60cm 이상 올라와야 되고 주위는 콘크리트로 밀폐하여 지표수가 스며들지 않도록 해야 하며 지붕을 만들어 주어야 한다. 지하수를 채취하는 곳은 토양이나 여건에 따라서 다르지만 보통 폐수나 정화조 등에서 70m 이상 떨어져 있어야 한다. 지하수 채취 장소의 조건은 표 7-1-4에 나타내었다. 또한 지표로부터 3m 이내에서는 지하수가 채취되지 않도록 해야 한다.

적절한 위치에 공장용 지하수 채취장을 만들 경우 안전한 물 공급원을 마련할 수 있을 것이며 지표수의 오염을 막을 수 있도록 충분한 조치를 하고 채수에 따른 내부 진공을 막기 위하여 별도의 공기 인입관을 넣고 위에는 U자 관으로 하여 빗물이 들어가는 것을 막아야 한다.

지하수는 철저한 위생검증을 받아 식품공장에 사용 여부를 결정해야 하며 염소처리 방법 등도 오염 정도에 따라 정해야 한다. 지하수는 일반적으로 지표수보다 양이온 함량이 높기 때문에 이를 처리해야 하는 경우도 있다.

표 7-1-4 지하수 채취 장소로부터 오염원의 거리

오염원	지하수 채취 장소로부터 거리(m)
정화조	70
하수	30
가축사육장	70
화학물질 폐기장	23~70
시냇물	23
매립지	70

2) 용수의 처리

우물의 사용량이 많아지고 지표수는 물론 지하수까지 오염되는 경우가 많아 지하수나 지표수를 사용하는 경우 상당한 비용을 들여서 철저한 수질분석을 할 필요가 있다. 법적으로도 식품공장 용수는 음용수로서 적부검사를 정기적으로 받게 되어 있으므로 법 이전에 안전하고 건전한 제품을 생산해야 한다는 기본이념에 따라 적절한 물의 검사가 필요하다. 식품공장에서 사용하는 물은 아래와 같은 단일 혹은 복합처리 방법을 거쳐 안전성을 확보한다.

(1) 침전

가장 쉽고 경제적인 방법으로 물보다 무거운 물질을 분리하는 방법이다. 자연낙하에 의한 침전방법과 부유물 응집제(명반)ferric chloride를 넣어서 분리를 촉진하는 방법이 있다. 보통 침전조는 개방식을 사용하기 때문에 공기로부터 지표수가 오염될 수도 있다.

(2) 여과

침전이나 응집시킨 물을 여과장치에 투입한다. 효과적인 여과를 위하여 표면에서 걸리는 것보다 내부로 침투해 들어가 여과체에 걸리도록 하고 있으며 가장 많이 사용하는 것이 모래여과조이며, 이어서 몇 단계의 활성탄층을 통과토록 한다. 활성탄은 냄새, 색깔을 제거하고 유기용매를 흡착하는 데 효과가 있다.

(3) 연화

금속이온이 많이 함유된 경우 zeolite를 처리한다. Zeolite 수지는 calcium, magnesium, ion과 manganese iron을 제거한다. 연화된 물은 식품공장의 세척에 대단히 중요하다. 그 밖에 보일러에 사용하는 물은 적절한 이온 교환수지를 사용하여 금속염을 제거하기도 한다.

(4) 소독

물에 의해서 전파되는 수인성 감염병은 물의 처리가 적절치 못하여 발생하는데 식품공장에서 사용하는 물은 병원성 미생물이 존재하면 사용할 수 없으므로 적절한 방법으로 소독 처리를 해야 한다. 소독하는 방법을 들면 다음과 같다.

① 염소처리

세계적으로 물 소독에 가장 많이 사용하는 방법이다. 대부분의 수돗물은 염소로 소독하고 있으며, 공장용수도 규모의 차이는 있지만 염소처리를 한다. 염소소독 후에는 살균력을 유지시키기 위하여 적절한 양의 유리염소가 있는지를 주기적으로 검사해야 한다. 용도별 유리염소량은 표 7-1-5와 같고 또 염소에 대한 미생물의 감수성 차이를 표 7-1-6에 나타내었다.

표 7-1-5 용도별 용수의 권고 잔류 염소량

용 도	농 도(ppm)
음용수	0.2
가공수	0~0.5
세척수	10~20
위생수	100~250
냉각수(통조림)	0~0.5
수송용수	0.5~5.0
벨트 세척	1.5~3.0
수침냉각(육류)	5.0~200
해동(어류)	5.0~10.0

표 7-1-6 균종별 효과있는 잔류 염소의 농도

미생물	농 도(ppm)
Algae	2.0
Bacteria : Vegetative form	2.0~5.0
: Spore form	150~250
Mold : Hyphae	100
: Spore	135~500
Viruses	0.2~3.25

염소를 물에 처리하면 물에 들어있는 여러 성분에 의하여 1차로 흡착되고 이들이 완전히 포화되면 유리염소로 남아 소독력을 갖게 된다. 일반적으로 염소 처리했을 때 처음은 결합형태로 되다가 포화되면 유리형태의 염소가 증가하게 되는데 이 시점을 break point라고 한다. 염소처리 시 염소소비량은 유기물질의 양, 온도, pH에 따라 다르며 생필름이 존재하는 경우 미생

물 저항력은 크게 높아져 같은 염소처리에서도 효과가 나타나지 않을 수 있다.

② **Chloramine** $C_7H_7ClNNaO_2S$

수돗물 소독에 무기형 chloramine을 사용하는 경우도 있다. 일차적인 장점은 유기물질이 존재하는 경우 효과가 높다는 것인데 염소보다 유기물에 의한 break point가 낮아 저농도에서도 소독이 된다. 또 다른 장점으로 염소처리 시 유기물과 반응하여 생성되는 trihalomethane이 생성되지 않는다는 것이다. 염소처리 중 chloramine을 생성시킬 수도 있는데 보통 염소처리 방법으로 염소를 주입하고, 다음 가스형태의 ammonia를 주입하면 chloramine이 생성되어 chloramine 처리와 같은 효과를 얻는다.

③ **Chlorine dioxide** ClO_2

비용과 독성 때문에 널리 사용되지는 않고 있다. 이와 같은 단점에도 불구하고 chlorine dioxide는 trihalomethane을 생성하지 않고 냄새와 풍미 제거효과 등이 우수하여 각광받는 살균제이다. 각 소독제의 소독력은 ozone > chlorine dioxide > hypochlorous acid > hypochlorite ion > dichloramine > monochloramine 순이다.

④ **Ozone**

처음 유럽에서 널리 사용되었으나 미국에서도 물의 살균처리에 사용하는 양이 많아지고 있다. 이 가스는 불안정하고 물에 잘 녹지 않는데 고전압 상태 하에서 생성된다. 장점으로는 break point가 낮고 온도에 큰 상관이 없다는 것이다.

6. 공장의 위생처리와 방법

공장의 위생처리란 공장 내 모든 곳의 위해 미생물 수를 줄이고 오염물질을 제거하는 광범위한 뜻을 내포하고 있다. 위생처리를 하는 목적은 항상 공장과 가공기계 그리고 종사자를 깨끗하고 청결하게 유지, 관리함으로써 안전하고 건전한 가공식품을 생산하기 위함이다. 위생처리 목적을 달성하기 위해서는 관리, 사람, 재료 및 방법이 적절히 운영되어야 하며 이를 통하여 공장의 위생관리가 합리적이고 경제적으로 이루어져 안전제품을 생산함으로써 기업의 번영을 기할 수 있다.

소비자가 기대하는 식품공장의 위생 수준은 시대와 여건에 따라 크게 차이가 나는데 공장위생 상태의 수준 향상은 기업의 사활이 달린 과제가 되고 있다.

위생처리의 기본은 공장청소와 밀접한 관계가 있고 청소를 위하여 여러 위생처리제와 다양한 기구가 사용되고 있다. 청소는 청결성을 높이는 과정인데 청결성이란 다음과 같이 구분할 수 있다. 즉 물리적 청결성은 화학적 잔류물이 남아있지 않는 상태로 보통 위생처리제나 세제를 사용하고 이들을 물로 완전히 씻어낸다. 다음으로는 미생물학적 청결성으로 부패성 혹은 병원성 미생물을 제거하는 과정으로 나눌 수 있다.

1) 위생처리제의 종류와 성질

식품공장에서 사용할 수 있는 위생처리제는 크게 4종류로 구분할 수 있다. 즉

표 7-1-7 여러 위생처리제의 장단점 비교

위생처리제	장 점	단 점
Hypochlorite	사용범위 넓음, 비용 저렴, 사용 용이	부식성, 탈색성, 유지의 산화 가능성 유기물질에 활성 감소, 냄새, 피부자극
Quats	비부식성, 피부자극 없음 냄새 없음	그람 음성균에 비효과 피막형성, 생물에 저항성 발현
Iodophors	비부식성, 사용 용이 피부자극 없음, 사용범위 넓음	냄새, 전분과 자줏빛 화합물 발현, 중간 정도 비용
Acid-anionics	증식세포에 넓게 작용 포유동물에 독성발현	낮은 pH 1.9~2.5에서 효과 부식성

염소를 함유한 화합물, 옥소를 함유한 화합물, 제4암모늄 화합물quarternary ammonium sanitizersquats 그리고 일종의 계면활성제 등이다. 이 4종류의 화합물 군에는 대단히 많은 화합물이 있으므로 용도에 맞게 선택하여 사용할 수 있을 것이다. 대표적인 위생처리제의 장단점을 제시하면 표 7-1-7과 같다.

(1) 염소가스와 hypochlorite

많은 종류의 염소와 염소를 함유한 화합물이 식품공장의 위생처리제로 승인되었다. 염소제제를 보면 표 7-1-8과 같다. 염소제제는 1894년 독일에서 처음으로 물처리에 사용하였으나 상업적 이용은 18세기 말 직물산업에서 탈색에 이용하였고 미국에서 물의 살균에 사용한 것은 19세기 초이다. 1916년에는 유가공에서 살균제로 사용하였다. 염소제제의 항균 기전은 hypochlorite(OCl)에 의해서 일어나는데 이 물질이 생성되는 과정은 다음과 같다.

$Cl_2 + H_2O \longrightarrow HOCl + H^+ + Cl^-$

$NaOCl + H_2O \longrightarrow HOCl + Na^+ + OH^-$ *hypochlorous acid(HOCl)

$HOCl \rightleftharpoons H^+ + OCl^-$ *hypochlorite(OCl⁻)

여기서 HOCl는 H^+와 OCl^-로 해리된다(즉, $HOCl \longrightarrow H^+ + OCl^-$). 이 반응의 평형은 pH 의존성이 크며 낮은 pH에서는 왼쪽으로 이동하여 HOCl 형태로 존재하기 때문에 미생물에 대한 활성이 커지나 불안정해진다. 염소제제는 살균력

표 7-1-8 염소를 함유한 위생처리제의 종류

화합물	유효염소(%)
가스상 염소	100
Sodium hypochlorite	1~7
Calcium hypochlorite	35
Chloramire – T	25
Chlorine dioxide	–
Cyanurates	70

과 광범위한 적용범위로 식품공장의 위생처리제로서 아직까지도 가장 많이 사용하고 있다. 염소가 항균활성을 갖는 이유는 ① 산화적 기전, ② 독성이 있는 chloramine, ③ 세포 투과성의 변화, ④ 세균 단백질의 침전, ⑤ 효소의 재생산 및 활성방해, ⑥ DNA base nucleotide와의 반응 등으로 설명하고 있다.

(2) Chlorine dioxide(ClO_2)

Chlorine dioxide는 hypochlorite와 비슷한 살균특성을 갖지만 pH 상승에 의해서 활성을 잃지 않고 유기물질에 의하여 비활성화되지 않으며 점질물질이 생성되지 않는 장점과 값이 비싼 단점이 있으나 사용범위가 넓어지고 있다.

(3) Organic chlorinated sanitizer

이 분류에 속하는 대표적인 4종류의 cyanurate의 성질을 비교해 보면 표 7-1-9와 같다. 대표적인 dichloroisocyanurate의 Na 혹은 K염은 그림 7-1-5과 같은 구조식을 갖고 있다. Cyanurate 화합물의 특징은 염소 방출이 서서히 일어나 지속성이 있고, 농도 관리가 쉬우며 늦기는 하지만 살균력이 우수한 장점이 있다. 공장에서 손의 살균에 이용한다. 기타 관련 물질로는 chloramine T와 halozone이 있다.

표 7-1-9 Chlorinated cyanurates의 특성

화합물	용해도(%)	유효염소(%)	pH
Sodium dichloroisocyanurate	25	60	5.9
Potasium dichloroisocyanurate	9	59	5.9
Dichloroisocyanuric acid	2.6	70	2.9
Trichloroisocyanuric acid	1.2	90	2.9

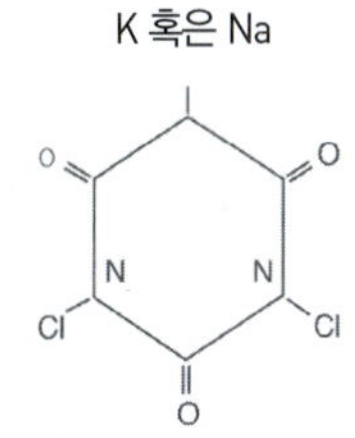

그림 7-1-5 Dichloroisocyanurate의 염 구조

(4) Iodinebased sanitizer(Iodophor)

일반적인 위생처리제로서 Iodophor는 단연 식품공업에서 많이 사용하고 있는데 생장세포 사멸능력이 우수하고 피부자극이 없고 내성이 생기지 않기 때문

이다.

Iodophor는 polyvinylpyroliodone이나 계면활성제인 akylphenoxypolyglycerol ether를 운송체로 하여 옥소와 조합한 것이다. 이 조합액은 휘발성인 옥소 단독으로 사용했을 때보다 방출속도를 조절할 수 있어 효과가 좋다. 옥소를 계면활성제와 조합했을 때 생성된 Iodophor는 염소제제와 같이 그람 음성 및 양성에 효과가 있고 효모와 곰팡이에도 살균력이 있으나 아포에는 효과가 없다. 넓은 범위의 pH에 효과가 있고 인산과 혼용할 수 있어 유가공 기계의 세척에 사용한다. 값이 좀 비싸고 전분함유 제품의 가공 시 자주색 복합물을 생성하므로 사용할 수 없다. 여러 생장세포에 대한 살균력을 비교해 보면 표 7-1-10과 같다.

표 7-1-10 Iodophor에 의한 미생물의 사멸속도 비교

미생물	pH	농도(ppm)	90% 감소 소요시간(초)
Vibrio parahemolyticus	7.0	13	15
Escherichia coli	6.9	6	5
Streptococcus lactis	6.8	6	13
Lactobacillus plantarum	6.7	6	11
Pediococcus cereviseae	6.9	6	10
Salmonella derby	6.7	12.5	3

(5) 제4암모늄 화합물Quaternary ammonium compound

이 화합물은 quats라 부르는데 젖은 특성을 갖고 주로 위생처리제로서 유가공 및 식품산업에서 사용하고 있다. Quats의 화학구조는 그림 7-1-6과 같다.

보통 3급 아민이 alkylhalide와 반응하여 생성되고 반응방법에 따라 다양한 제품이 존재한다. 수분이 있는 상태에서 양 이온적 성질을 갖고 있어 미생물에 분자단위로 부착되므로 다른 위생처리제와는 다른 양상을 보인다. 주로 살균효과가 있고 그람 양성균에 강한 살균력을 보이나 식품에서 문제가 되는 그람 음성균에는 탁월한 효과는 없다. 보통 사용하는 농도는 150~200ppm이고 살균효과를 비교해 보면 표 7-1-11과 같다.

Quats는 유기물질에 방해를 받지만 고온이나 높은 pH에서도 효과가 좋은 편

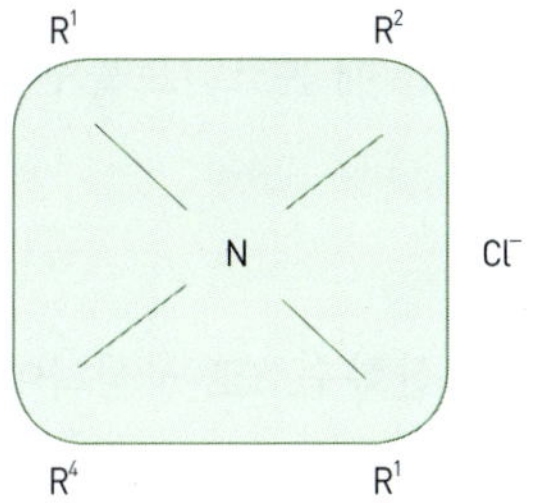

그림 7-1-6 Quats의 화학구조

표 7-1-11 여러 미생물에 대한 quats의 최소억제농도

Quat	Pseudomonas flourescens	Staphylococcus aureus	Aspergillus niger
Dodecyl trimethyl ammonium chloride	500	5	500
Dodecyl benzyl dimethyl ammonium chloride	750	2	75
Cocobenzyl dimethyl ammonium chloride	225	2	20
Dodecyl dimethyl ammonium chloride	750	7	75

이다. 그러나 quats는 열저항 미생물의 증식을 촉진하거나 저항성을 높이는 역할도 한다.

(6) 산음이온 계면활성제Acid-anionic surfactant

산음이온 계면활성제는 보통 인산과 같은 산과 보통 alkyl aryl sulfonate 같은 음이온 계면활성제를 혼합한 것을 말하는데 오랜 연구결과 이들은 혼합에 의하여 시너지 효과가 있음이 밝혀졌다. 이 계면활성제는 그람 양성균과 그람 음성균의 살균에 관여하고 바이러스에도 효과가 있으나 세균이나 곰팡이 포자에는 효과가 없다.

낮은 pH 2~3.5 상태에서 효과가 가장 높아 유가공공장에서 사용할 수 있으며 사용농도는 보통 100ppm 정도이다. 염소제제보다는 비싸지만 quats나 Iodophor보다는 낮아 경제성이 있으며 강한 산성 때문에 잘못 다루는 경우 안전성에 문제가 있고 바닥에 떨어졌을 때 콘크리트를 손상시킬 수 있다.

(7) Oxidant sanitizer

이 위생처리제는 초산과 과산화수소로 구성하여 평형상태에 이르는 시스템을 이용하는 것으로 peroxyacetic(peracetic) acid를 생성시켜 스테인레스나 알루미늄 표면의 위생처리에 주로 사용하고 있다. 반응기전은 다음과 같다.

$$H_2O_2 + CH_3COOH \longrightarrow CH_3COOOH + H_3O \quad \text{(peroxy acetic acid)}$$

농도는 보통 0.25~0.40%를 사용하고 있으며 처리시간은 2시간 이하여야 한다. Peroxyacetic acid는 저온에서 활성이 있고 고온이 되면 분해되어 활성을 잃는다. 그람 양성과 그람 음성에 효과가 있고 포자에는 효과가 떨어진다.

다른 산화형 위생처리제로는 오존이 있는데 음용수의 처리에 주로 사용하고 있으며 염소처리와 같이 부산물이 생성되지 않는 장점이 있고, 휘발성이 강하며 높은 전압에서 사용할 때 이용한다.

(8) 기타 위생처리법

약 2,500Å의 자외선 조사방법이나 증기소독이 위생처리 방법으로 도입될 수 있으며 공장 여건에 따라 여러 가지 방법을 채택할 수도 있다.

2) 살균소독제

안전한 식품을 생산하기 위해서는 식품의 원료와 처리하는 가공 기계류 그리고 포장 등의 위생측면에서의 안전성이 함께 검토되어야 한다.

식품가공 혹은 처리 중 기구, 용기, 포장재 등 식품과 직접 접촉하는 경우 1차적으로 물 세척을 통하여 오염물질을 제거하나 이들 접촉면에 부착되어 있는 미생물은 완전하게 제거하기는 어렵다. 따라서 식품과 접촉하는 기계류, 용기, 포장 등의 표면에 존재하는 미생물을 최대한 제거하기 위하여 기구 등의 살균소독제를 사용하고 있다. 이들 살균소독제는 식품공장에서 사용하는 위생처리제를 망라하고 있으나 표면 처리가능 살균소독제를 분리 제시하고 있다.

(1) 미국 살균소독제의 종류

미국 FDA에서 승인된 식품 접촉 표면 살균제는 ① 염소계, ② 이산화염소 또는 산화염소 혼합물, ③ 요오드계, ④ 4급 암모늄염, ⑤ 산음이온계 계면활성제, ⑥ 카르복실산제, ⑦ 과산화물계, ⑧ 페놀 화합물 등 8개 부류로 분류된다.

이들 중 주류를 이루는 것은 ① 염소계(이산화염소 포함), ② 요오드계, ③ 4급 암모늄염, ④ 산음이온계 계면활성제, ⑤ 과산화물계 등 5종이다.

(2) 한국의 살균소독제의 종류와 제품

우리나라는 기구 등의 살균소독제를 한시적 기준 및 규격으로 인정하여 관련 규정을 2003. 8 공포하였다. 현재(2013.4), 활성성분으로 과산화수소 등 100종을 인정하고 있으며, 한시 기준으로 활성성분을 이용한 제품은 71종 허가되고 있다. 활성성분은 미국 FDA가 인정한 활성성분과 함께 에탄올 계를 살균소독제로 포함시키고 있다. 에탄올계는 미국의 경우 보조제로 인정하여 활성성분으로 제시하지 않고 있으나 우리나라의 경우 살균소독제로 포함시켜 관리하고 있다.

3) 공장청소 방법

식품공장의 청결성 유지는 위해 미생물을 제거하며 건전하고 안전한 식품을 생산한다는 절대적 필요성과 함께 공장 전체 이미지에 있어 소비자에게 신뢰를 주는 계기가 된다. 따라서 식품업체는 공장 내부는 물론 건물이나 주변 경관까지 세심한 배려를 하여 소비자에게 깨끗하고 청결하다는 인상을 심어주기 위하여 노력한다.

여기서는 공장 외부보다는 공장 내부의 청결성 유지를 위한 청소방법을 구체적으로 제시한다. 청소방법은 기구, 세제, 위생처리제 등의 선택과 청소할 기계, 기구 및 장치의 종류에 따라 다를 수 있다. 근래 식품공장에서 청소는 대부분 기계를 이용하는 데 시간절약 및 효율면에서 경제적이고, 노동력을 50% 이상 절감할 수 있어 시설 투자비용을 3년 이내에 회수할 수 있기 때문이다.

(1) 청소비용

공장의 청소비용에 대한 개략적인 구성은 인건비(46.5%), 물 및 오수(19.0%), 에너지(8.0%), 세제 및 위생처리제(6.0%), 부식손실(1.5%), 기타(19.0%)로 구분할 수 있으며 인건비가 주요 비용을 차지한다. 이 부분을 기계로 대치하여 상당히 절감할 수 있을 것이다.

식품공장은 거의 모든 공정 중, 그리고 세척과정에서 많은 물을 사용하고 이 물이 폐수로 되고 있어 처리비용도 만만치 않다. 세척할 때 가열된 물을 쓰거나 증기를 사용하는 경우 이에 따른 에너지 소요도 상당한 비중을 차지한다. 세척 시 고온보다는 저온(55℃)을 사용하는 데 침적물의 세척이 용이하고 에너지가 절감되며 화상을 막을 수 있고 부착된 오물이 열에 의하여 응고되는 것을 방지할 수 있기 때문이다. 세척제와 위생처리제는 비용은 들지만 적절히 선택하는 경우 세척 및 살균 효율을 높여 가공기계와 공장의 위생상태를 개선하는 데 큰 도움이 된다.

(2) 청소용 기구

청소를 효율적으로 하기 위해서는 적절한 세제나 위생처리제와 함께 공장성격에 맞는 청소기구가 갖춰져야 한다.

① 기계적 연마방법으로 쇠수세미 등을 써서 수작업으로 오물을 제거하는 것은 효과면에서 좋으나 쇠수세미의 파편이 식품에 혼입될 수 있으므로 주의해야 한다.

② 물 호스로 청소할 때는 공장 내부 모든 곳에 닿을 수 있도록 충분한 길이어야 한다. 여러 형태의 노즐을 쉽게 부착할 수 있으며 세척 대상에 따라 교환할 수 있고 자동 개폐장치가 같이 있어야 한다.

③ 브러시를 사용하는 경우 기계 표면에 잘 맞아야 하고 물이 분무되면서 브러시로 세척하면 효율을 높일 수 있다. 브러시는 말이나 돼지 털, 섬유 혹

은 나일론을 쓸 수 있으며 흡수되지 않는 것이 좋다.

④ 긁는 기구는 딱딱하게 굳어 보통 세척방법으로 씻어지지 않는 것을 제거하기 위하여 사용한다.

⑤ 고압의 물을 이용하여 세척하는 방법은 이동식 펌프나 중앙공급식을 사용할 수 있다.

⑥ 증기분사기는 보통 물이나 세제를 혼합하여 사용하고 있으며 많은 물을 사용하여 안개가 일지 않도록 한다. 효율이 좋은 세척 방법이나 에너지가 많이 들고 안개가 생길 경우 벽이나 천장에 습기가 차서 곰팡이 증식의 원인이 된다.

⑦ 고압증기는 가공 찌꺼기를 제거하고 세척 후 남는 물기를 제거하는 데 사용되나 안개가 생성되어 위생적으로 바람직하지 않다.

⑧ 열수세척기는 복잡한 장비가 필요 없이 단지 호스와 노즐 그리고 뜨거운 물만이 필요한 비교적 간단한 세척방법이다. 당이나 탄수화물, 염 등 수용성 물질 제거에 좋으나 지방질 혹은 단백질 제거에는 효율이 높지 않고 단백질을 변성시켜 표면에 부착시킬 수도 있다. 에너지가 많이 들고 고압이 아닌 경우 구석까지 세척이 어렵다.

⑨ 기타 포말세척기를 이용하여 세척할 수 있는데 세제에 물과 공기를 섞어 거품을 만들고 세척할 때 세척한 곳을 쉽게 구분할 수 있다.

(3) 위생처리 기구

위생처리 기구는 손으로 분무하는 것을 포함하여 잘 갖춰진 장치, 가공기계에 맞게 만든 분무장치 등을 들 수 있으며 많은 기계 세척장치에 위생처리제를 넣어 사용할 수 있다. 중앙공급식이나 이동식을 사용할 수 있으며 저용량의 포말세척기 같은 것은 호스를 이용하고 벨트나 콘베어 등의 세척에 많이 이용한다.

7. 식품포장 및 용기의 위생관리

식품의 포장 용기는 식품을 보호하고 상품적 가치를 높이기 위하여 가공 · 포장식품에서 중요한 역할을 하고 있으며 상품화된 모든 식품은 어떤 형태로든 포장되지 않은 제품은 없다. 위생적인 측면에서 포장은 때때로 식품 그 자체가 아니라는 개념 때문에 소홀히 다루기 쉬우나 식품의 모든 구성성분과 관계가 있으며 특히 풍미, 조직, 색채, 안전성, 저장성에 큰 영향을 미친다.

식품의 포장 용기나 재질은 가공방법과 형태가 변함에 따라 계속 새롭게 개발되고 있으며 앞으로 더욱 다양화될 것이다. 모든 가공제품에 사용되는 포장재는 식품과 직 · 간접 접촉에 의해 포장재에 함유된 물질과 식품성분이 서로 이행될 수 있으며 이 과정에서 유해 물질이 식품에 오염될 수 있기 때문에 포장 및 용기의 안전성은 중요하다. 식품포장에 의한 위생관련 분야는 크게 포장 자체의 파손에 의한 내용물의 오염과 포장 재질을 구성하는 물질이 식품에 이행되어 문제를 일으키는 경우로 나눌 수 있다.

우리나라의 경우도 식품포장 용기의 위생과 관련하여 가끔 문제가 되고 있는데 1980년대 말 PVC 랩에서 가소제 문제, 1996년 분유 중 DOP dioctyl phthalate 및 DBP dibutyl phthalate 사건 그리고 1998년 일회용 포장재에서 내분비 교란물질 등이 그 좋은 예이다.

1) 포장 재질의 구성성분이 식품에 이행되는 경우

(1) 단량체 Monomer

합성수지 포장 재질을 만들 때 중합체를 만드는 과정에서 반응하지 않고 남는 단량체로 PVC에서 vinylchloride monomer, PAN Poly acrylonitrile 에서 acrylonitrile, poly stylene에서 stylene 등이 식품에 이행되면 자극성 혹은 식품에 이취를 내기도 한다.

(2) 첨가제 Additives

수지포장 재질에 사용할 수 있는 첨가제로는 고무나 노화방지제, 가소제, 산화방지제, 슬립제, 자외선흡수제, 접착제, 가교제, 충진제 등의 합성수지가 있다. 이들 첨가제는 주로 페놀 계통이거나 phthalic ester, amine계로 DOP 및 DBP 등을 발생하여 문제가 된다.

(3) 용제Solvent

포장재에 인쇄하는 경우 잉크나 접착 시 사용하는 용제로는 toluene, hexane, ethylacetate, isopropyl alcohol, methylethyl ketone 등이 있는데 식품이 인쇄물과 같이 들어 있거나 접착 시 용제가 완전히 제거되지 않을 경우 식품에 이행될 수 있다.

(4) 중금속Heavy metal

금속 용기의 경우 산에 의하여 금속이 용출되어 식품에 이행될 수 있다. 통조림의 경우 주석이 문제될 수 있고, 이제는 거의 사라지고 있지만 땜납을 쓴 공관의 경우 식품으로 일부 납이 녹아들 수도 있다. 도자기는 고온 처리가 되지 않는 경우 안료에 있는 납이나 카드뮴이 문제가 될 수 있으며 합성수지는 안료나 가소제 등에 들어있는 납, 카드뮴, 아연과 중금속 그리고 촉매로 사용하는 안티몬과 게르마늄도 용출될 수 있다.

용기 · 포장에 대한 위생관리제도는 식품이나 식품첨가물처럼 국제규격인 CODEX를 통하여 규정을 정하여 관리되는 것이 아니라 지역 간, 국가별로 기준을 정하여 적용하고 있다. 우리나라는 일반기준과 재질별 규격을 정하여 관리하고 있다.

2) 식품성분이 포장 용기에 영향을 주는 경우

식품에 들어 있는 특정한 포장재와 결합하거나 흡수되어 식품의 풍미가 변하거나 포장 재질의 특성이 달라지는 경우가 있다.

오렌지 주스의 경우 특정 성분이 포장재에 흡수되어 풍미가 변하거나 poly vinyl alcoholPVOH이나 나일론 포장재는 식품 중의 수분을 흡수하면 고분자 사슬이 팽윤되어 포장재의 차단성을 상실하기도 한다. 여러 재질의 수지를 적층하여 만든 레토르트 파우치의 경우 식품 중 산성분이 접착부위에서 알루미늄 층에 흡수되면 알루미늄 층이 분리되는 현상delamination이 일어나기도 한다.

3) 우리나라 기구 및 용기 · 포장의 일반기준

(1) 일반기준

① 기구 및 용기 · 포장은 물리적 또는 화학적으로 내용물이 오염되기 쉬운 구조이어서는 안 된다.

② 전분, 글리세린 등 식용물질이 식품과 접촉하는 면에 접착되어 있는 용기 · 포장에 대하여는 증발 잔류물의 규격적용을 제외할 수 있다.

③ 식품과 접촉하는 기구 및 용기 · 포장의 제조 또는 수리에 땜납을 사용하여서는 안 된다.

④ 전류를 직접 식품에 통하게 하는 장치를 가진 기구의 전극은 철, 알루미늄 및 백금 이외의 금속을 사용하여서는 안 된다.

⑤ 동제 또는 동합금제의 기구 및 용기 · 포장은 그 식품에 접촉하는 부분을 전면 주석도금 또는 광택처리를 하여 위생상 위해가 없도록 적절하게 처리하여야 한다. 다만, 고유의 광택을 가지고 녹이 슬지 않는 것은 제외한다.

⑥ 기구 및 용기 · 포장의 제조에 있어 화학적 합성품인 착색료를 사용하는 경우에는 식품위생법상 허용된 착색료 이외의 착색료를 사용하여서는 안 된다. 다만, 유약, 유리 또는 법랑에 녹이는 방법, 기타 식품에 혼화할 우려가 없는 방법에 의한 경우는 제외한다.

⑦ 용기 · 포장 제조 시 인쇄하는 경우 인쇄잉크를 충분히 건조하여야 하며 식품과 접촉하는 면에는 인쇄를 하지 않아야 한다.

⑧ 각 재질별 규격은 별도로 식품위생법에 제시되어 있으며 기구 및 용기 · 포장의 제조 시에는 디에틸프탈레이트[di-(2-ethylhexyl)-phthalate; DOP]를 사용하여서는 안 된다.

4) 포장재별 특성과 위생

(1) 금속재료

금속 재질은 주로 조리 용기나 통조림 용기에 사용하고 있으며 그 용도는 다양해지고 있다. 사용하는 금속은 은, 구리, 알루미늄, 주석, 철, 아연, 납, 안티몬, 카드뮴 등으로 단독으로 사용하거나 합금으로 만들어 사용한다. 식품의 용기로 금속을 사용할 때는 금속 자체의 용출과 금속에 함유된 불순물이 문제가 된다. 금속오염에 의하여 화학적 중독을 일으킬 수 있다.

① 구리

전성과 열 전도성이 좋고 비교적 부식에 강하므로 식품용 기구나 용기에 사용할 수 있으나 녹청[$Cu(OH)_2$, $CuCO_3$]에 의한 식품오염이 일어날 수 있으므로 주의를 해야 한다. 구리는 중성 혹은 알칼리성 용액에는 안정하나 산성용액에서 용출되어 문제가 된다.

전통적으로 증류주 제조에 구리를 많이 사용하였으나 근래는 다른 재질로 대체되면서 식품가공 기계류에는 구리가 거의 사용되지 않고 있다. 식품위생법에는 동제 또는 동합금제의 기구 및 용기 · 포장은 그 식품에 접촉하는 부분을 전면 주석도금 또는 광택처리를 해야 하나 고유광택이 있고 녹슬지 않는 것은 무방하다고 규정하고 있다.

② 안티몬

법랑 식기류, 도자기, 고무판 등의 착색료로, 또는 에나멜 도료에 안티몬 안료가 사용되고 있으며 세공하기 쉬우므로 식품용기에 사용할 수 있다. 법랑제 식기는 오래되어 닳으면 안티몬이 용출될 수 있다.

안티몬에 의한 중독은 많지 않지만 산성식품 중 유기산이 안티몬과 결합하여 주석산 칼륨, 안티몬과 같은 가용성염이 되어 중독될 수 있다. 증상은 섭취 후 1분~수분 정도에서 구토, 복통, 설사 등을 일으키고 심하면 콜레라 같은 설사를 하며 구갈(口渴)이 일어나고 쇠약, 허탈에 빠져 사망하기도 한다.

식품위생법에는 안티몬을 5% 이상 함유한 금속으로 기구 및 용기 · 포장을 제조하거나 수리해서는 안 된다고 규정하고 있다.

③ 카드뮴

내성이 좋아 금속도금에 자주 사용되고 땜납에 사용하거나 유약의 안료 등으로 사용된다. 합성수지 용기에 안정제로 스테아린산염이 사용되기도 한다. 중성, 알칼리성 식품에는 안정하나 산성 식품에 녹을 수 있으므로 사용할 수 없다.

아연과 공존 시 미량에서도 중독을 일으킬 수 있다. 식품위생법에서는 도자기 법랑에서 함량을 규제하고 있는데 용기의 깊이에 따라 0.25~1.7$\mu g/cm^2$로 정하고 있다.

④ 아연

아연 단독으로보다는 도금에 많이 사용하고 도금된 아연이 용출되어 중독을 일으키는 경우가 있다. 급성중독량으로 400~500mg/kg(체중)이며, 중독증상은 식후 20분~4시간 정도에서 구역질, 구토, 설사, 복통, 오한, 전율, 두통, 권태감이 생긴다. 치사량은 황산 아연으로 3~5g으로 알려지고 있다.

⑤ 주석

통조림 용기의 도금에 가장 많이 사용하고 있으며 PVC의 안정제로 octyl 주석이 사용되고 식기나 주석박에 사용할 수 있으며 통조림의 경우 상당히 높은 수준의 주석이 검출되는 경우도 있다.

주석은 비교적 독성이 약하고 성인에 대한 중독량이 100~300mg으로 30분~1시간 정도면 구역질, 구토, 복통, 설사 등의 중독증상이 나타난다. 통조림 용기의 주석도금은 철판의 부식을 막기 위하여 사용하고 있으며 일부 야채에 함유된 oxalic acid나 생선류 중에 들어있는 trimethylamine oxide에 의해 부식이 빨라지고 유황이 함유된 식품에서는 관 내벽이 흑변하는 현상이 발생한다. 부식되고 변색하는 것을 막기 위해 주석관을 락카나 에나멜로 된 내면 도료로 도장하여 사용하는데 과실 통조림이나 수산물 통조림에 광범위하게 이용된다.

(2) 유리, 도자기 용기, 법랑

유리 용기는 주로 액체식품 포장에 많이 사용하고 있으며 병조림, 컵, 접시, 술

잔 등 광범위하게 사용되고 있다. 유리는 주재질이 SiO_2, $NaCO_3$과 $CaCO_3$로서 보통 1,500℃ 정도로 용융시켜 제조하는데, 실험기구는 경질유리로 borosilicate, 식품용 유리재질은 soda lime으로 연질유리라 부른다.

유리제품은 투명하고 안정하며 위생적이고 완전 기밀성과 재사용할 수 있다는 장점이 있으나 파손, 수송곤란, 고속가공의 어려움이 있다. 유리제품은 비교적 독성이 적으며 사용원료에 따라 비소, 납 등 중금속이 드물게 문제될 수 있으며 알칼리가 용출될 수도 있다.

도자기는 굽는 온도가 1,000~1,500℃의 고온에서 처리한 것은 독성문제가 없으나 무늬나 그림 이 있는 경우 굽는 온도가 낮아(600~700℃) 색채에 함유된 연단(Pb_3O_4), 붕산(H_3BO_3), 붕사($Na_2B_4O_7$, $10H_2O$), 산화 안티몬(Sb_2O_5), 크롬산(Cr_2O_3), 질산 망간($MnNO_3$) 등에서 관련 유해금속이 용출되어 독성을 일으킬 수도 있다. 검출되는 금속은 납, 구리, 안티몬, 아연, 코발트, 망간, 카드뮴 등이 될 수 있다. 법랑 피복제품은 철판에 유화될 수 있는 성분을 바르고 800℃ 정도로 가열하여 용착시키는데 법랑의 표면을 곱고 매끈하게 하기 위하여 붕사($Na_2B_4O_7$, $10H_2O$), 산화납(PbO), 산화아연(ZnO), 산화 비소(As_2O_5) 등을 쓰는데 이들이 가열 중에 용출되어 문제가 될 수도 있다. 법랑제품은 건열, 충격에 의하여 깨어지거나 금이 갈 수 있고 알칼리에 약해 성분이 용출될 수 있다.

옹기는 아직도 우리 생활용기로 많이 사용하고 있는데 특히 김장용 용기로 널리 쓰이고 있다. 보통 절임식품을 저장할 때는 옹기가 식품과 접촉하는 기간이 길기 때문에 잘못 제조된 용기의 경우 옹기의 성분이 식품에 용출될 수 있다. 특히 옹기를 구울 때 무연유약을 사용하지 않고 광명단(Pb_3O_4)을 사용하고 고온이 아닌 저온 소성을 할 경우 납이 용출되기도 한다.

도자기, 법랑도포, 유리류 및 옹기류의 규격은 크기와 용도에 따라 기준이 다르나 납은 $17\mu g/cm^2$~$2.5\mu g/mL$(옹기류 1.0 이하), 카드뮴 $0.5\mu g/cm^2$~$0.25\mu g/mL$(옹기류 0.5 이하), 비소는 옹기류에 한하여 $0.05\mu g/cm^2$, mL로 규정하고 있다.

(3) 합성수지

여러 포장재 중 1960년대 이후 가장 많이 사용하는 식품포장재가 합성수지를 근간으로 하고 있다. 합성수지 포장재는 경제성, 유연성, 간편성, 보호성 등에서 탁월한 장점이 있어 여러 용도로 사용되고 있으며 앞으로 그 용도는 더욱 확대될 것이다. 그러나 합성수지를 식품포장재로 사용할 때는 수지 제조 시 사용되는 물질이 식품에 용출되는 경우 유해성 논란이 있고 포장재의 특성을 개량하기 위하여 첨가되는 각종 첨가제가 인체에 해를 끼치는 경우가 있다. 또한 근래에는 합성수지의 비분해성 때문에 환경오염원으로 사용을 제한해야 한다는 사회적 여론이 일고 있으며 환경보호 측면에서 일회용 식품포장 용기의 사용을 규제하는 법안이 통과되었다. 또한 합성수지 포장재에서 DOPdioctyl phthalate 등 내분비 교란물질의 용출로 소비자들의 불안이 가중되고 있어 수지 포장제의 안

표 7-1-12 합성수지 생산에 사용되는 첨가제와 종류

재료명	첨 가 목 적	종 류
가소제	고분자의 응집력을 저하시켜 탄성률 및 유연성 부여, 수지 가공성 향상	지방산계, 프탈산계, 에폭시계, 인산계
열안정제	성형, 가공시의 열분해 방지	금속 지방산염, 유기 주석화합물, 무기염류
항산화제	산소에 의한 열화방지	알킬 페놀계, 방향족 아민 화합물, 키논류
자외선흡수제	자외선에 의한 열화방지	살리실산계, 벤조 페놀계, 벤조 트리아졸계
충전제	물성의 개선 및 증량효과	분말상(카본 블랙, 탄산칼슘, 규조토 등), 섬유상(유리섬유, 카본섬유, 목분 등), 포장(면, 종이 등)
대전방지제	대전성을 저하, 방지	계면활성제(비이온성, 양이온성, 음이온성, 양성) : 에폭시화 알킬아민, 지방산에스터, 알킬설포네이트 등
활제	성형공정에서의 유동성을 증대	지방산과 유도체, 금속비누, 지방산아미드, 탄화수소
이형제	성형물의 이형성 증대	왁스
착색제	제품의 착색, 광선차단	고급지방산, 글리세리드, 시리콘오일, 파라핀, 왁스
발포제	가스를 이용, 발포상태의 제품 제조	유기, 무기안료, 염료
블로킹 방지제	필름의 블로킹 방지	니트로스 화합물, 설포닐히드리지드, 아조화합물, 실리카, 천연수지
촉매제	필름 제조 시 반응의 촉진	금속염, 유기 과산화물
표면처리제	PVC의 오염성, 가소제 이행, 휘발성 마모성, 블로킹성, 논 스톱성 개선	염화 비틸수지계, 아크릴제, 우레탄제, 공중합나일론계, 에폭시 메틸화 나일론 에스테르계

전성이 계속 문제되고 있다. 합성수지를 제조할 때 사용하는 첨가제의 종류를 보면 표 7-1-12와 같은데 이들 첨가제들이 식품에 이행되는 경우 문제가 될 수 있다.

한편, 각종 주요 합성수지의 종류와 주 용도는 표 7-1-13과 같다. 합성수지는 크게 열경화성 및 열가소성으로 구분되는데 열경화성 재질은 용기제조에, 열가소성 재질은 포장지 제조에 사용한다.

표 7-1-13 주요 합성수지의 종류와 주용도

	수지명	식품 및 부엌 용도
열경화성 수지	phenol 수지	주발, 찬합, 냄비손잡이 등
	urea 수지	쟁반
	melamine 수지	급식용 식기, 젓가락, 쟁반 등
	guanamine 수지	급식용 식기, 젓가락, 쟁반 등
	불포화 polyester	
	silicon 수지	우유병 꼭지, 관, 후라이팬 가공 등
	epoxy 수지	통조림통 내면도장 등
열가소성 수지	polyethylene	병, 용기, 물통, 바구니, 포장대
	polypropyrene	밀봉용기, 쓰레기통, 전기기기 부품 등
	염 vinyl 수지	병, 호스, 뚜껑, 포대
	염 vinylidene 수지	햄포장
	styrol 수지	컵, 주발, 용기, 야구르트 용기 등
	A. S 수지	컵, 샐러드주발 등
	ABS 수지	버터상자, 용기 등
	metaacryl 수지	컵, 접시, 용기 등
	polycarbonate	우유병, 급식용 식기
	polyamide	용기, 포대, 자동 밥솥, 냉동식품 포장
	초산 cellulose 수지	용기
	polyurethane	스폰지

① Phenol 수지

Phenol과 formalin을 가열 축합하여 제조한 합성수지로 보통 베크라이트라 한다. 이 수지는 외관, 광택, 촉감 등이 칠기와 유사하여 장기간 사용할 수 있으며 대표적인 열경화성 수지로 내열성, 내산성이 우수하여 식품용기와 밥그릇 등에도 이용된다. Phenol 수지는 축합 시 사용하는 암모니아, hexamine 그리고 충진제 등이 함유되어 있으나 이들보다 더 문제가 될 수 있는 것은 원료에서 유래하는 phenol과 formalin의 용출이다. 완전 축합이 되면 이들은 용출되지 않아 무독하고 안전하다. 수지를 40% 초산으로 침출할 경우 formalin의 용출량은 urea 수지보다 적어 위생적으로 안전하다.

② **Urea 수지**

Urea 수지는 요소와 formalin을 축합하여 만든 것으로 무색이기 때문에 여러 색을 줄 수 있어 식기류, 유아용품, 기타 가정용품 등 그 용도가 다양하다. 내열성, 내수성이 다른 수지보다 떨어지며 상온에서는 문제가 없으나 온도가 높아지면 광택이 소실되고 장기간 사용으로 표면이 거칠어지면서 formalin이 용출될 수도 있다.

③ **Melamin 수지**

Melamin 수지는 melamin과 formalin을 축합한 것으로 열경화성 수지이고 문제가 되는 것은 축합에 사용한 formalin이다. 이 수지는 내열성이 있어 80~100℃에서도 비교적 formalin의 용출이 적으며 phenol 수지보다는 못하다. 보통의 사용조건에서는 위생적인 문제가 없는 것으로 알려져 있다.

④ **Polyethylene(PE)**

식품포장용 필름이나 성형용기로 가장 많이 사용하고 있으며 열가소성을 가지고 있다. 제조방법에 따라 저밀도 polyethylene(LDPE), 고밀도 polyethylene(HDPE)이 있다. 이 수지는 수증기는 통과되지 않으나 공기 등 기체의 투과성은 좋아 신선한 채소나 과실의 포장에 적합한 반면 유지식품의 경우 산소투과성 때문에 산화를 받기 쉽고 향신료의 경우 향기 소실이 문제된다. 고압 polyethylene은 내열성은 있으나 끓는 물에서 연화되므로 가열살균은 어렵지만 내한성이 좋아 －30℃에서도 변화가 없다. HDPE는 수증기 및 가스투과성이 적고 내열성이 우수하여 고온살균에 사용되나 불투명한 것이 결점이다. Polyethylene은 위생적으로 큰 문제가 없으나 중합 시 생기는 저분자 물질이 유해한 것으로 알려져 있다.

⑤ Polyvinyl chloride(PVC)

Polyvinyl chloride로 만든 필름은 투명하고 값이 싸며 내수성, 내산성이 좋아 광범위하게 포장재로 사용된다. PVC는 위생상 문제가 없으나 재질의 물성을 개량하기 위하여 첨가하는 가소제가 식품에 용해되어 혼입될 수 있는 가능성이 있다. 이런 결점을 보완하기 위하여 가소제를 넣지 않은 PVC가 생산되고 있다. 기체의 투과성과 산소투과성이 낮아 향기 소실이 적어 풍미보존식품에 좋다. 열접착이 가능하여 밀봉포장대로도 많이 사용한다.

⑥ Poly stylene(styrol)

Stylene을 중합하여 만든 수지로 내약품성은 좋으나 열에 불안정하여 고온처리식품의 포장에는 사용할 수 없다. 내수성, 내약품성이 강하고 견고하며 가벼운 장점이 있으나 충격에 약하고 잘 찢어지는 단점이 있다.
마시는 요구르트 용기에 많이 쓰고 있으며 성형성이 우수하여 상온유통 용기에 잘 쓰인다. 위생적으로 미반응 styrene 단량체가 용출되거나 수지제조 시 첨가하는 안정제 혹은 항산화제 등이 문제가 될 수 있다.

⑦ Poly propylene(PP)

Propylene을 중합시킨 것으로 수지제품 중 가장 가볍고(비중 0.88~0.91) 투명성이 좋고 내열성이 우수하며 116℃ 이상에서도 견디므로 고온살균제품의 포장재를 만들 때 사용한다. 내광성, 내한성은 PE보다 떨어지나 방습성은 비슷하고 가스투과성은 고밀도 polyethylene과 거의 비슷하다. 위생적으로 문제가 없으며 정전기 발생이 심하여 대전방지 처리가 필요하다. 필름 혹은 사출성혈에 사용한다.

⑧ Nylon

현재 사용 중인 Nylon은 나일론 6, 나일론 11 등과 같이 2가 아민과 2가 산의 축합 · 중합이나 lactam의 개환중합으로 이루어진 polyamide의 총칭이다. 아주 강인하여 아주 얇은 필름 제조가 가능하고 투명성 광택성이 좋다. 내열성, 내한성이 아주 우수하다. 온도 범위는 －30~120℃ 정도로 광범위하기 때문에 레토르트 포장재로 사용된다.

(4) 종이 및 가공지

종이는 인간이 사용한 가장 오래된 가공 포장재이며 지금도 여러 가지 형태로 처리하여 포장용 재료를 만들고 있다. 각종 나무의 섬유를 단독으로 혹은 여러 가지 재료와 조합하여 사용하면 섬유만으로 만들었을 때보다 흡습성과 유약성 등을 보완할 수 있다. 최근에는 섬유에 합성수지를 조합, 가공하여 내수성, 방수성, 유연성과 내유성을 강화하고 열접착이 가능하게 하여 여러 가지 식품포장 용기에 사용하고 있다. 대표적인 예가 우유 포장지로 천연섬유로 만든 Kraft paper의 내부에 합성수지를 접착시키고 외부는 왁스를 칠하여 방습 및 열접착이 가능하게 하였다. 그 밖에 여러 가지 가공지가 있는데 합성수지(멜라민수지, 요소수지)를 혼합하거나 제조후 방습, 방수의 목적으로 여러 형태의 합성수지나 왁스를 같이 사용한다. 우리나라 규정에는 식품에 접촉하는 면이 합성수지이면 합성수지 규격기준을 적용하고 있다.

종이류 및 그 가공품에서는 종이 제조과정 중 사용하는 각종 첨가물에 유해물질이 함유되었을 때 문제가 발생할 수 있으며 폐지를 재생하여 사용하는 경우 오염물질이 식품에 이행될 수 있다. 또한 종이 제조과정 중 사용용수에 함유된 중금속과 제조공정 중 사용하는 미생물 증식 억제제 등이 독성이 있어 주의를 해야 한다. 식품과 직접 접촉하는 종이 제품의 착색에는 식품첨가물로 지정한 것 외에는 사용할 수 없고 색택개선을 위하여 사용하는 형광 증백제는 diaminostilbene sulfonic acid의 유도체로 유해성 논란으로 현재는 식품포장지, 냅킨 등에 사용할 수 없다.

식품위생법의 종이제 및 가공지제의 규격에는 재질규격으로 PCBs를 5ppm 이하로 관리하고 용출규격으로는 비소 0.1ppm 이하, 납 1.0ppm 이하, 포름알데히드 4.0ppm 이하, 형광 증백제 불검출로 설정되어 있다.

① **Glycine 종이**

Sulfide pulp를 원료로 제조한 것으로 양과자, 빵, 빙과 등의 포장에 사용한다.

② **Parchment paper(황산지)**

종이를 황산으로 가공처리한 것으로, 내유성이 있어 버터, 마가린, 게 통조림의 내포장용으로 사용한다.

③ **Paraffin paper**(파라핀 종이)

글리신 종이에 파라핀을 입혀 가공한 것으로 카라멜, 빵, 육류 등의 포장에 사용한다.

④ **Cellophane**

재생 섬유소를 이용한 것으로 투명 포장지로 널리 이용되고 있으며 인쇄가 잘 되고 내유성, 유기용제에 잘 견디고 가스 투과성이 낮다. 그러나 방습성, 내산성, 내알칼리성, 열접착성이 떨어진다. 이 결점을 보완하기 위하여 다른 합성수지와 적층하여 건조식품 포장에 쓴다.

⑤ **기타 포장재**

종이에 polyethylene, polyvinyl chloride, vinylidene 등 합성수지를 코팅한 것으로 우유 포장에 사용하는 catton pack, tetra pack, gable top pack 등 상업용 포장지 생산에 사용한다.

(5) 알루미늄 박

금속 재질로 얇은 종이 형태의 포장재이며 알루미늄의 전연성을 가장 잘 이용한 포장재료이다. 알루미늄 박 자체만으로도 여러 포장용 재료로 사용하며 각종 합성수지를 적층하여 내열성 포장재로도 이용한다.

알루미늄 박은 무미, 무취이고 방습성, 공기 차단성, 광차단성이 우수하여 가열처리 식품의 포장재로 널리 사용되고 있으며 내열성 합성수지와 적층하여 레토르트 식품 포장재로도 가장 많이 사용하고 있다. 그러나 내약품성 및 내염수성이 약하여 식염농도가 높은 식품의 포장에 주의해야 하고 전 포장지가 접히는 경우 접힌 자리가 갈라져 파손되기 쉽고 내용물이 보이지 않는 단점이 있다.

(6) 가식필름

식품과 직접 접촉하는 포장 재질로 포장된 식품과 함께 식용할 수 있다. 가식필름은 전분질, amylose, collagen을 이용하여 제조한다. 식용 가능한 첨가제를 사용하기 때문에 위생적으로 큰 문제는 없다.

① Oblate^Wafer

전분풀을 벗기기 쉬운 판에 바른 다음 100℃ 이상의 고온에서 고온건조한 전분필름이다. 감자, 고구마, tapioca 등을 이용하여 전분풀을 만들었을 때 점도나 전성이 커서 oblate 원료로 적당하다. 밀, 옥수수 전분 등은 한천, 우뭇가사리와 기름을 첨가하여 유연성을 주고 색소, 인공감미료를 넣기도 한다. 과자, 엿, 약 등 포장에 쓴다.

② Amylose film

분자구조 중 가지가 없는 amylose 만을 분리하여 필름으로 만든 것이 amylose film이다. 무색투명하여 냄새나 맛이 없고 기체투과성이 낮으며 내유성, 대전성이 없어 셀로판 정도의 물리적 강도를 갖는다. 카라멜, 젤리, 캔디 등의 점착방지 및 치즈, 버터 등 내유성 피복에 사용한다.

③ 기타

기타 가식성 필름으로는 소시지 casing, 초콜릿, 과일 코팅에 사용하는 재질 등이 알려지고 있다. 기본 재질로는 collagen, wax 등이 있다.

(7) 고무제품

고무 재질은 천연과 합성이 있으며 식품포장 용기로 직접 식품과 접촉하기보다는 마개 등을 밀봉하는 데 사용한다.

고무가공 시 물성개량 목적으로 가황제, 노화방지제, 가황촉진제, 충전제 등을 사용하는데, 고무는 플라스틱 재질과 달리 수분흡수가 쉬워 이들 첨가제가 용출될 수 있다. 고무제품의 용출에 대해서는 우리나라에서 납 및 카드뮴 그리고 2-mercaptoimidazole을 규제하고 있다.

8. 식품공장 폐기물 처리

폐기물의 적절한 처리는 HACCP 적용 공장뿐만 아니라 일반회사의 공장관리 측면에서 중요하지만 환경을 보호하는 측면에서 국가의 법적 규제가 점점 강화되고 있어 법의 요구 수준을 만족시키기 위해서 폐기물 처리에 상당한 시설과 투자가 되어야 한다.

발효하여 주류를 생산하는 업체의 경우 폐기물 처리시설이 가공공장 시설비용에 버금가는 경우가 있고, 폐수 처리비용이 원가에 상당한 영향을 주나 법적 요건을 갖추기 위해서는 피할 수 없는 조치이다.

규모가 비교적 작은 형태로 운영되고 있는 김치류를 포함한 절임류 공장에서도 고염의 폐수와 시래기의 처리가 회사운영에 상당한 부담을 주고 있어 경제적인 폐기물 처리방법을 채택해야 되고, 또 새롭게 개발되어야 할 필요가 있다.

1) 고형 폐기물

식품가공 공장에서 고형 폐기물은 그 배출량이 어느 제조업보다도 많다. 통조림가공 공장의 경우 투입원료의 약 65%가 고형 폐기물로 배출되고 김치공장도 30~40%의 시래기가 발생한다. 이들 고형 폐기물은 트럭으로 운송하여 공공 쓰레기 처리장에 폐기하나 일부 공장에서는 유기물 비료로 활용하기도 한다. 이때 미생물 발효를 통하여 유기질 비료로서 효율을 높이기도 한다. 그러나 과채류 폐기물인 경우 수분함량이 너무 높아 1차 건조를 한 후 사용하나 비용이 상승하는 것은 감수해야 한다. 고형 폐기물 톤당 처리비용이 만만치 않으므로 폐기물 처리비용만이라도 충당할 수 있으면 고형 폐기물을 재활용하는 방법이 수용되어야 할 것이다.

2) 폐수처리

식품가공 공장에서는 원료의 세척, 가공처리 공정, 살균 및 냉각과정과 가공기계의 세척 등에서 많은 폐수가 발생한다.

폐수처리 방법은 폐수의 구성, 처리용량, 처리기술, 경제성 등을 면밀히 검토하여 결정해야 한다. 경제적 측면에서 폐수처리 후 배출되는 물을 재 사용하는 것도 고려할 수 있으며, 회수된 고형물을 회수하여 재 사용하는 것은 경제성을 고려하여 결정해야 한다. 폐수 중 고형분은 최대한 회수하여 방류 시 잔존하는 유기물의 양을 최대한 줄여야 한다.

폐수 중에는 상당량의 세제 및 위생처리제가 혼합되어 있으므로 이들이 BOD나 COD를 높이는 중요한 인자가 되며 일부 위생처리제는 오니(汚泥) 발효 시 미생물을 사멸시켜 유기물 분해에 결정적인 위해를 끼치기도 한다. 폐수처리는 아직도 많은 연구가 이루어져야 하며 환경 분야 및 폐수처리 전문가와 충분한 협의가 이루어져야 한다.

폐수처리 과정을 보면, 흐름을 균일하게 하는 공정과 거름장치, 부유물 제거장치 등이 부착된 전처리 공정과 1차, 2차, 3차 처리로 구분하기도 한다. 거름장치는 시설비와 효율, 경제성을 비교하여 설치하거나 그렇지 않는 경우도 있다.

표 7-1-14 식품 관련 업체로부터 발생되는 폐수의 대표적인 구성 4

업 체	BOD_5(ppm)	부유고형분(ppm)
유가공업체	670	390
식품가공 공장	790	500
젤라틴 공장	430	300
육가공 공장	1,140	820
포장 공장	590	600
정제 공장	1,180	630
식용유 공장	530	475

(1) 1차 처리

기본적으로 폐수 중 입자를 제거하는 과정으로 침전 혹은 부형화flotation 과정이 포함된다.

① 침전

고형분을 제거하기 위하여 가장 널리 사용되는 방법으로 고체 성분의 상당 부분을 제거할 수 있다. 고체 성분의 40~60%, BOD5의 25~30%를 침전과정을 거쳐 제거할 수 있다. 보통 4각 혹은 원형 탱크에 침전시키며 침전 혹은 부형화 촉진제를 사용하기도 하며 온도를 관리하기도 한다.

② **부형화**flotation

이 처리공정에서는 기름, 그리스 기타 부유물질을 제거할 수 있다.

식품공장의 폐수처리에서 이 방법을 도입하는 것은 주로 기름을 제거하기 위해서이다. 용존 공기 부형화가 보통 많이 쓰이는데 작은 공기방울을 불어 넣어 입자에 붙게 만들고 공기가 붙은 입자는 가벼워 위로 뜨게 만드는 원리이다. 가압 탱크에서 공기를 불어넣어 이 과정을 거치기도 한다.

일차 처리에서 나온 슬러지의 고형분은 2~6%로, 최종적으로 폐기하기 전에 농축되며, 슬러지를 퇴비나 다른 용도로 사용하지 않는다면 이 과정에서 가장 비용이 많이 든다. 여러 응고제, 응집제 등을 널리 사용하여 분리 효율을 높이고 있다.

(2) 2차 처리

이 과정에서는 생물학적(혹은 미생물) 처리로, 생물에 의한 산화반응을 이용하여 유기물질을 용해하고 분해시키는 데 갯벌이나 혹은 매우 복잡한 활성화 오니를 이용하기도 하며, 인이나 질소 제거 혹은 고형분의 부형화를 위하여 화학적 처리를 함께 처리하기도 한다.

갯벌 흙을 쓰는 경우 정기적으로 일정량씩을 탱크에서 제거하고 일부는 계속하여 이용하는데 상태에 따라서 전체 폐수처리장에서 그 필요량을 조절하기도 한다. 비가 가장 많이 올 때를 기준으로 하며 그 함량을 정하여 갯벌 흙의 두께를 달리 하기도 한다. 보통 폐수처리 탱크는 길이와 폭을 3 : 1 비율로 하고 길이는 3m 정도가 쓰인다.

전체적으로 이 과정에서는 미생물에 의해서 유기물질이 분해되어 폐수의 BOD를 낮추고 고형분량을 감소시키는 데 호기적 상태에서 유기물질이 분해된다.

분해반응은 유기물질이 산소와 반응한 후 유기물에 함유된 질소나 탄소 등이 탄산가스와 암모니아 등의 가스 형태로 공기 중으로 비산된다.

2차 처리에서는 미생물을 이용하여 유기물을 혐기적 분해, 호기적 분해를 하거나 활성화 오니 혹은 연속 반응조를 이용하는 등 여러 효과적인 방법을 도입하고 있다.

(3) 3차 처리

식품공장의 폐수에서 색소, 냄새, 염, 풍미물질을 제거하는 과정으로 모래 등을 이용한 물리적 분리, 혹은 활성탄을 이용한 흡착방법이 이용될 수 있으며 폐수의 종류에 따라서 성질이 다른 것을 사용할 수 있다. 경우에 따라서는 이온교환수지, 전기투석법을 사용하기도 한다. 또한 화학적으로 산화시켜서 폐수 중 용해물질을 제거하기 위해서 오존 등이 사용되기도 한다.

(4) 살균

폐수처리가 끝난 경우도 상당한 수준의 유해 미생물이 처리수에 존재하는데 보통 폐수에는 높은 수준의 미생물이 존재한다.

이들 미생물을 최종적으로 폐수에서 제거하기 위해서는 화학적 산화제, 자외선, 감마선, 전자파 조사, 초음파나 열처리 등과 같은 물리적 처리법이 동원되기도 한다. 염소처리가 현실적으로 가장 많이 검토되나 이의 독성문제와 살균의 효율성 문제가 있고, 열처리는 경제성 때문에 도입되기 어렵다.

제2장 단체급식 영업장

복잡한 사회생활 속에 살아가는 현대인들은 여러 가지 형태의 단체생활이 이루어짐에 따라 단체급식이 점차 일반화되어 가고 있다. 특히 단체급식으로 인한 사건이 대형화되고 빈번히 발생함으로써 이에 대한 대비책 마련에 관계부처는 물론 학교 당국의 어려움은 이만 저만이 아니다. 무엇보다 식자재의 다양성으로 인해 발생될 수 있는 식중독의 종류도 다양해질 수밖에 없기에 학교급식을 포함한 단체급식의 안전성 확보는 교육과학기술부뿐만 아니라 범국가적으로 중요한 이슈가 될 수밖에 없었다.

지난 2010년 전국을 휩쓸었던 신종인플루엔자 사건은 닭, 오리 등이 중요한 식자재로 사용되었기 때문에 학교급식현장에서도 많은 문제점을 남겼다. 사건을 확대 보도한 언론의 잘못도 있지만 과잉 반응한 소비자나 정부의 미지근한 대응도 단체급식의 효과적 운영에 많은 어려움을 남겼다.

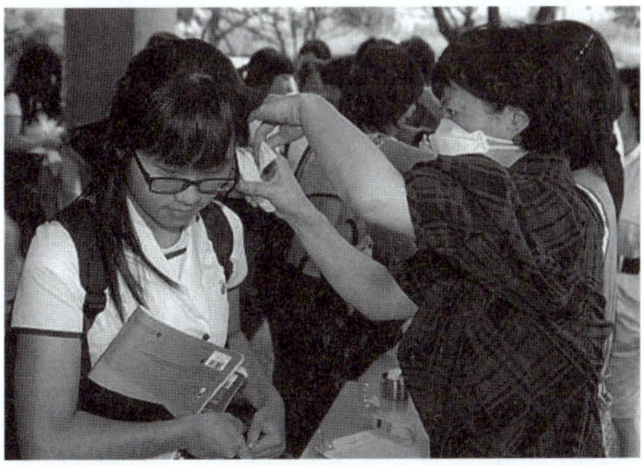

(교육과학기술부, 2010)

그림 7-2-1 신종인플루엔자 유행

그러나 학교급식을 포함한 단체급식은 기하급수적으로 증가되었고, 특히 가정주부들의 사회참여의 활성화로 식생활 자체가 변화하여 단체급식소를 이용하는 숫자가 늘어날 수밖에 없게 되었다. 학교급식의 경우 표 7-2-1에서 보는 바와 같이 2010년에 이미 초등학교는 100%, 중학교는 99.9%를 그리고 고등학교는 96.6%가 학교급식을 실시함으로써 거의 대다수의 학교가 학교급식을 실시하고 있다. 따라서 학교급식을 포함한 단체급식의 위생관리가 철저하지 못하면 식품으로 인한 문제가 발생되어 많은 사람들이 어려움에 처하게 되었다. 실제로 학교급식의 식중독 발생현황에서 보면 매년 사고건수와 환자수가 증가하고 있는 실정으로 단체급식의 위생관리가 대단히 필요한 시기이다.

단체급식에 있어서 위생관리의 목적은 식중독 등 식품위생상의 사고를 방지하고 급식 종사자의 노동재해를 미연에 방지하며 효율적인 급식운영이 이루어지도록 하는 데 있다.

표 7-2-1 학교급식 실시현황

(교육과학기술부, 2010)

구분	학교 수(교)			학생 수(천명)			운영형태(교)	
	전체	급식	%	전체	급식	%	직영(%)	위탁(%)
초등학교	5,830	5,830	100	3,843	3,446	98.9	5,828(100)	2(0.0)
중학교	3,106	3,104	99.9	1,980	1,971	99.5	2,934(94.6)	170(5.4)
고등학교	2,226	2,222	99.8	1,966	1,900	96.6	1,752(79.1)	470(20.9)
특수학교	150	147	98.0	23	22	95.6	145(98.6)	2(1.4)
계	**11,312**	**11,303**	**99.9**	**7,452**	**7,339**	**98.5**	**10,659(94.3)**	**644(5.7)**

그러므로 급식 종사자는 식중독 또는 식품의 위생적인 취급을 위한 사전 지식을 가지고 안전한 급식이 이루어지도록 해야 하며, 이를 위해 정기적인 건강진단과 위생교육 등을 실시하여 안전하고 맛 있는 식사를 공급하기 위한 노력을 해야 한다.

1. 단체급식의 위생관리 대상

단체급식은 다량의 식품을 단시간에 다수인에게 공급하게 되므로 모든 작업이 위생적으로 이루어져야 하며, 특히 음식물과 급식 종사자, 급식시설과 그 주변 그리고 식기와 기구에 중요한 관리 대상이 된다. 그러므로 집단급식소에서는 첫째, 위생적으로 안전한 급식이 되도록 시설 및 설비를 확보해야 하며, 둘째, 음식물은 위생적으로 보관 · 취급해야 하고, 한 번 제공된 음식을 다시 제공하지 않도록 해야 하며, 공동으로 제공되는 음식물은 개인별로 덜어 먹을 수 있도록 국자, 집게, 빈 그릇 등을 제공해야 한다. 셋째, 영양사, 조리사 및 급식 종사자에 대해 각각 보수교육, 건강진단 및 위생교육을 받도록 하고, 조리 등 음식물을 직접 취급하는 종사원은 반드시 위생복을 착용하도록 한다.

1) 급식 종사원의 위생

(1) 급식 종사원의 건강진단

안전한 국민 식생활을 영위하기 위해 많은 나라에서는 식품취급자를 고용하기 전에 신체검사를 받도록 의무화하고 있다. 이러한 검사는 신입사원들에게 위생적 행위를 잘 하는 것이 중요하다는 점을 인식시켜 주는 훌륭한 기회가 된다. 또 근로자들이 아무 곳에나 묻히고 다니는 *Salmonella*나 *Shigella* 또는 피부질환과 관계된 병원균들이 음식물을 취급하기 전에 확인될 수 있다는 중요한 이유도 있다.

식품위생법 제40조에서는 식품관련업에 종사하는 영업자 및 그 종업원에 대해 아래와 같이 정기적으로 건강진단을 받도록 규정해 놓고 있다. 또한 건강진단을 받아야 하는 자는 식품 또는 식품첨가물(화학적 합성품인 식품첨가물을 제외한다)을 채취 · 제조 · 가공 · 조리 · 저장 · 운반 또는 판매하는 데 직접 종사하는 자로 한다. 다만, 영업자 또는 종업원 중 완전 포장된 식품 또는 식품첨가물을 운반 또는 판매하는 데 종사하는 자를 제외(식품위생법 시행규칙 제49조 1항)하고 있다. 그리고 건강진단을 받은 결과 타인에게 위해를 끼칠 우려가 있는 질병이 있다고 인정된 자는 그 영업에 종사하지 못하며, 건강진단을 받지 아니한 자나 건강진단 결과 타인에게 위해를 끼칠 우려가 있는 질병이 있다고 인정된 자를 그 영업에 종사시키지 못한다.

단체급식에 종사하는 종사원은 6개월에 1회 정기적인 건강진단을 실시하는 것 이외에도 수시로 건강진단을 받아 안전한 급식이 이루어지도록 해야 한다. 일반적으로 건강진단 시 행하여지는 검사항목은 다음과 같다.

① 소화기계 감염병 : 콜레라, 장티푸스, 파라티푸스 및 세균성 이질 등
② 결핵 : 폐결핵 등
③ 감염성 피부 질환 : 나병 등 세균성 피부 질환
④ 혈청검사 : 매독 혈청검사
⑤ 간염검사 : 항체 양성자(1회/5년), 항체 음성자(1회/6개월)

이 밖에도 급식관리자는 월 1~2회의 검변을 실시하여 감염병의 보균자를 미연에 방지해야 한다. 특히 건강보균자는 외관상 건강인과 조금도 다름이 없으면서 병원균을 보유하는 경우이므로 수시로 급식 종사원의 검변을 통하여 미연에 방지하는 것이 중요하다.

(2) 조리에 종사하지 못하는 경우

식품위생법에 의해 조리에 종사하지 못하는 경우는 다음과 같다.

① 감염병에 걸렸을 때 : 콜레라, 장티푸스, 세균성 이질, 결핵 등
② 감염병의 병원균 보균자인 경우
③ 피부병 및 기타 화농성 피부 질환이 있을 때
④ B형 간염 : 감염의 우려가 없는 비활동성 간염은 제외한다.

특히 손가락 등 식품에 직접 닿는 부위의 화농성 피부질환은 포도상구균에 의한 식중독의 원인이 될 수 있으므로 급식관리자는 조리작업 전에 급식 종사원의 손 검사 등을 실시하는 것이 바람직하다.

뿐만 아니라 각종 소화기계 감염병이나 결핵 등의 감염성 질환이 걸렸을 때나 의심이 있는 경우 의사의 지시가 있을 때까지 급식에 종사하지 못하도록 해

야 한다. 이와 같이 식품급식에 종사하는 사람들은 항상 건강에 주의하도록 해야 한다.

(3) 급식 종사원의 손의 청결

식품의 조리에 있어서 손을 거치지 않는 식품은 거의 없으며 따라서 손은 식중독과 경구 감염병균의 침입경로가 되고 있어 식품위생면에서 그의 예방과 대책이 크게 요망되고 있다. 비록 우리 눈에는 직접 보이지 않지만 손에는 직접, 간접으로 오염된 다양한 미생물이 그림 7-2-2와 같이 서식하고 있다. 즉 씻지 않은 손바닥과 깨끗이 씻은 손바닥을 평판배지에 접촉시켜 배양해 비교해 보면, 씻지 않은 손이 접촉된 경우 많은 미생물이 오염되어 있음을 확인할 수 있었다.

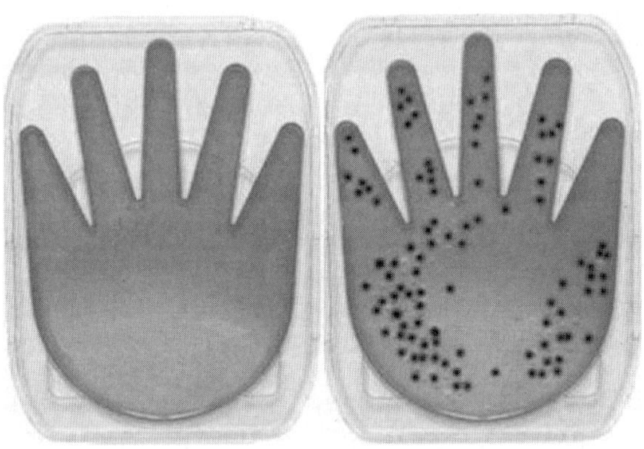

그림 7-2-2 사람의 손에 오염될 가능성이 있는 각종 미생물

따라서 조리관련자는 반드시 손을 깨끗이 씻는다든지 소독을 철저히 하여야 한다. 예를 들어서, 원료를 취급한 후에는 손을 씻어야 하며, 조리 전에도 세정제로 더운물을 이용하여 깨끗하게 소형 brush로 비비면서, 특히 손톱 사이에까지 스며들도록 하여야 한다(손톱 사이의 살균은 어려우므로 짧게 깎는 것이 바람직하다). 이렇게 한 뒤 4~5분 정도 지나면 흐르는 수돗물에 손을 담근 채 다시 brush로 씻어낸 후 깨끗한 수건으로 닦아야 하며 손세척수를 사용할 수 있다.

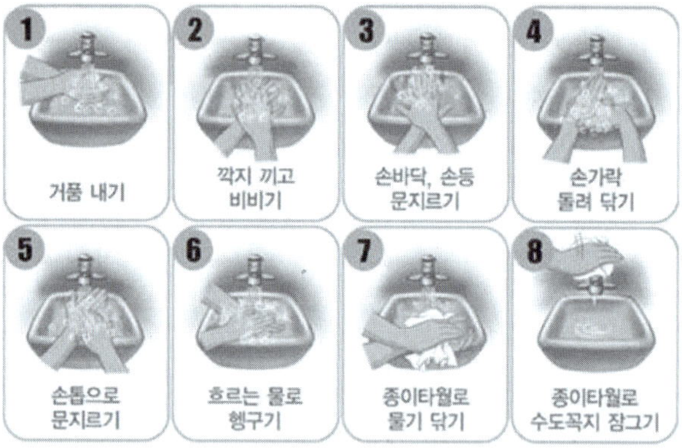

그림 7-2-3 올바른 손씻기 방법

표 7-2-2 손씻는 효과의 비교 예

씻는 조건	방 법	균 수		제거율(%)
		씻기 전	씻은 후	
수돗물	담아놓은 물	4,400	1,600	63.6
	흐르는 물	> 40,000	4,800	< 88.0
뜨거운 물	담아놓은 물	5,700	750	86.8
	흐르는 물	3,500	58	98.3
비누 사용, 수돗물	흐르는 물(간단히)	849	54	93.6
	흐르는 물(철저히)	3,500	8	99.8
비누 · 3% 크레졸 사용, 수돗물	흐르는 물(간단히)	> 40,000	21,000	< 94.8
	흐르는 물(철저히)	8,500	13	99.8

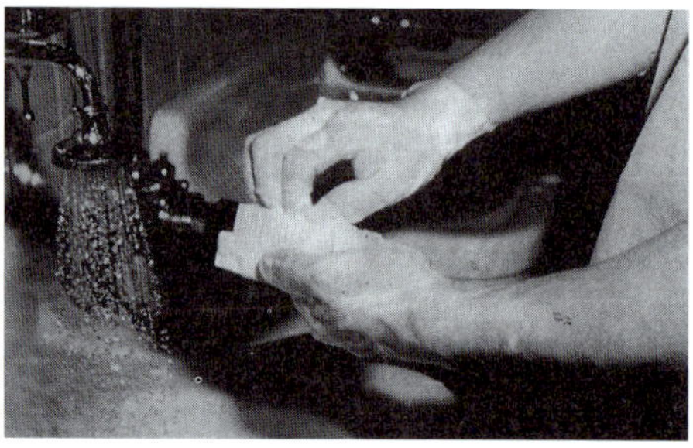

그림 7-2-4 조리 종사자의 손 세척

손을 씻는 빈도는 제품과 업소에 따라 상이하게 마련이다. 식품을 직접 접하는 작업자는 적어도 2시간에 한 번씩(이는 앞에서 언급한 휴식, 식사 또는 화장실에서 돌아올 때 하는 의무적인 세척을 포함하는 것) 씻어야 한다. 어떤 이유가 있어서 작업현장을 아주 잠시 떠날 때도 다시 돌아올 때 반드시 손 세척을 해야 한다.

(4) 복장 및 장신구

식품 근로자의 의복은 청결하고 깔끔하며 보석 또는 장식물이 달리지 않은 것이어야 한다. 단체복은 깔끔함을 유지할 수 있는 아주 훌륭한 수단이 되며, 작업자들의 식품을 대하는 태도에도 심리적으로 강력한 영향을 준다. 단체복은 회사가 빌려 줄 수도 있으며, 종업원이 자비로 구입할 수도 있다. 세탁은 지속적으로 깨끗한 단체복을 공급해 줄 수 있는 곳에 맡기는 것도 좋다. 전용 세탁설비가 갖추어져 있지 않다면 업소 내 세탁은 바람직하지 못하다.

단체복의 착용은 건전한 위생에 대한 관심을 증대시킬 수도 있고 감소시킬 수도 있는 것이다. 예를 들면, 밝은 색깔은 어두운 색깔보다 세탁의 필요성을 더 느끼게 해 준다. 또 다른 예로, 단체복의 주머니는 허리 아래에 위치하도록 하고 단추보다는 지퍼가 사용되어야 한다. 이런 도안의 특징은 필기도구, 자, 안경, 단추 등이 식품이나 식품을 담은 그릇 안으로 떨어지는 것을 방지하기 위함이다. 엉덩이나 옆주머니는 부직포velcro가 달린 주머니 덮개가 있는 것이 좋다.

식품취급 현장에서 보석류의 착용을 금하는 것은 위생관계 요건 중 하나로서

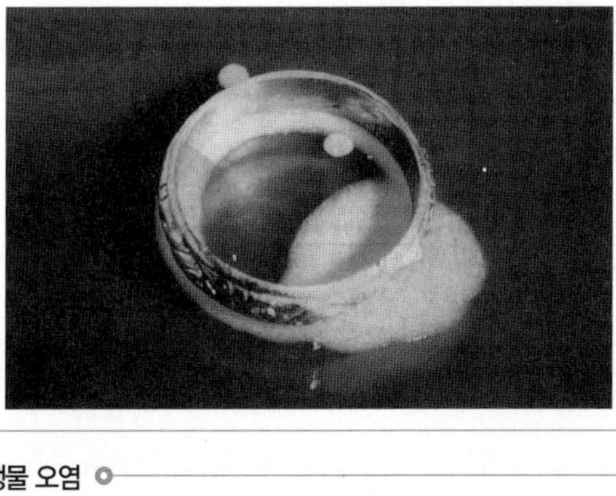

그림 7-2-5 반지의 미생물 오염

식품위생 전문가는 이를 규정하고 집행해야 한다. 보석류의 착용을 금하는 이유는 그런 장신구들이 그림 과 같이 대부분 미생물에 오염되어 있거나 부주의하게 식품 속으로 들어갈 수 있기 때문이지만, 또 하나의 이유는 안전과 관계되기 때문이다. 특히 반지를 낀 경우 기계를 사용하는 시설에서는 안전사고에 특히 주의를 기울여야 한다.

(5) 모발관리

모든 형태의 모발은 대개 미생물로 심하게 오염되어 있다. 이 미생물들의 대부분은 피부에 흔히 있던 것들이며, *Staphylococcus aureus* 같은 식품매개성 병원균도 포함되어 있다. 보건 위생적인 관심과 더불어 음식물에 머리카락이 들어 있는 것은 외관상으로도 좋지 않다. 식품이 모발로 오염되는 것을 방지하기 위해서 식품준비 및 조리 · 가공현장에 들어가는 사람들은 머리쓰개를 일상적으로 착용하는 것을 의무화해야 한다. 여기에는 포장 및 포장제조 시설도 포함된다. 옷에 모발이 붙어 있는 것도 또 다른 오염원이며, 식품취급업소에서 단체복 착용을 규정하는 것도 이러한 이유 때문이다.

머리카락의 모든 면이 종이 망으로 둘러싸여 있어야 한다. 종이로 만들어 사용 후에 폐기시키는 얼굴용 머리쓰개도 괜찮다. 전통적인 망사 타입의 쓰개는 모발에 대해서 적절한 대처가 되지 못하기 때문에 식품공장에 쓰여서는 안된다. 물론 보석류나 금붙이가 달린 것은 허용될 수 없다. 머리쓰개는 작업을 시작할 때와 근로자들이 손을 씻으러 가기 전에는 현장에 놓여 있어야 한다.

머리쓰개를 쓰고 벗는 것은 식품취급 현장 밖에서 이루어져야만 한다. 손을 씻은 다음 쓰개를 만지거나 식품취급 현장에 다시 가져가는 일은 없어야 한다. 머리 또는 머리쓰개에 손을 대는 즉시 손을 씻어야 한다. 식품취급 처리 현장 내에서 머리쓰개를 착용해야 하는 필요성은 신규 고용의 근무조건이며 채용되어 일하는 동안에는 언제나 지켜야 한다는 것을 명백하게 알려 주어야 한다.

(6) 개인위생 관련 설비

작업에 종사하는 사람 개인으로부터의 식품의 오염을 최소화하고, 작업 분위기를 개선하기 위해서 영업자는 반드시 작업자가 필요 시에 언제나 사용할 수 있도록 장갑을 비치해 두어야 하며, 깨끗한 화장실과 로커가 설치되어야 한다. 화장실은 효율적이어야 하고 동시에 청결을 철저히 함에 있어 용이하도록 설계되어야 한다(그림 7-2-6). 테라조나 타일로 된 바닥과 벽이 필요하고 칸막이식인 경우 벽은 스테인리스 판넬로 되어 있어야 한다.

식품업소의 위생관리자는 전반적인 청결 상태를 지적하는 것뿐만 아니라, 모든 구내 화장실에 대해 정기적으로 검사를 해야 하며, 위생유지에 대해 시정과 개선을 적절히 권고해 주어야 한다. 즉 모든 근로자는 화장실을 떠나기 전 물과 비누로 손을 씻어야 한다는 것이다. 로커는 청결해야 하고 환기도 잘 되어야 하며 옷이나 개인물품들을 저장하기에 적당한 크기여야 한다.

식품을 로커에 저장해서는 안 된다. 사실 버려져 있거나 자주 쓰이지 않으면서 식품이 저장되어 있는 로커는 벌레가 들끓는 원천이 된다. 이런 상황이 발생하지 않도록 하기 위해서 작업자는 적어도 두 달에 한 번씩 위생교육을 받아야 하고 로커 검사를 하여야 한다. 로커 및 다른 보관 캐비닛은 윗부분이 경사지게 해서 검사나 청소가 쉽도록 하고 버려지는 물건들의 저장고가 되지 않게 해야 한다.

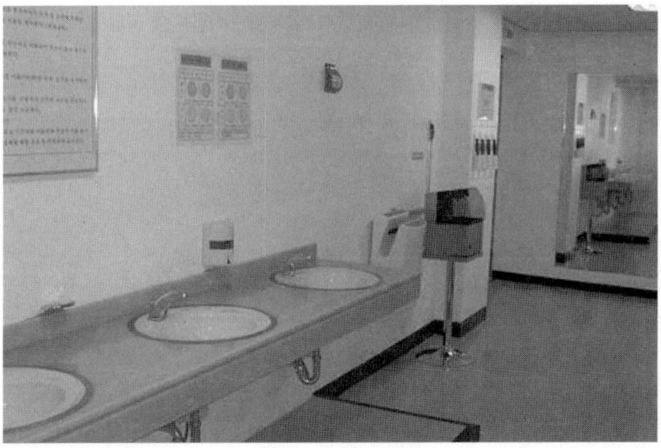

그림 7-2-6 화장실 내의 위생적인 손 씻기 시설

2) 급식 종사원의 위생교육

(1) 위생 교육대상자

① 식품위생법 시행령 제27조 규정에 의한 영업의 영업자(식품제조 · 가공업자, 즉석판매제조 · 가공업자, 식품첨가물제조업자, 식품운반자, 식품소분 · 판매업자, 식품보존업자, 용기 · 포장류제조업자, 식품접객업자를 말한다)

② 영양사와 조리사를 제외한 종업원
이러한 규정에 위반한 경우는 100만 원 이하의 과태료에 처하는 것으로 벌칙이 규정되어 있으며, 식품위생법 제41조 제1항 및 2항의 규정에 의한 위생교육 대상자 중 허가관청 또는 신고관청에서 교육참석이 어렵다고 인정하는 도서 · 벽지 등의 영업자 및 종업원에 대하여는 식품위생법 시행규칙 제53조의 규정에 의한 교육교재를 배부하여 이를 숙지, 활용하도록 함으로써 교육에 갈음할 수 있다.

(2) 위생교육 시간

표 7-2-3 건강진단 위반 과태료 부과내역

구 분	근거법령	위반사항	과태료액
1	법 제40조 제1항 (법 제88조에서 준용하는 경우 포함)	가. 건강진단을 받지 아니한 영업자 (종업원을 두지 아니하는 경우를 말한다) 나. 건강진단을 받지 아니한 종업원 및 영업자 (종업원을 두는 경우를 말한다)	20만원 10만원
2	법 제40조 제3항 (법 제88조에서 준용하는 경우 포함)	가. 건강진단을 받지 아니한 자를 영업에 종사시킨 영업자 (1) 종업원의 수가 5인 이상인 경우 (가) 대상자의 50% 이상 위반 (나) 대상자의 50% 미만 위반 (2) 종업원의 수가 4인 이하인 경우 (가) 대상자의 50% 이상 위반 (나) 대상자의 50% 미만 위반 나. 건강진단 결과 타인에게 위해를 끼칠 우려가 있는 질병이 있다고 인정한 자를 영업에 종사시킨 영업자	 50만원 30만원 30만원 20만원 30만원

식품위생법 제41조 제2항의 규정에 의하여 위생교육을 받아야 할 자의 교육시간은 다음 각 호의 구분에 의한다.

① 식품위생법 시행령 제21조 제1호 내지 제3호의 규정에 해당하는 영업 : 8시간
② 식품위생법 시행령 제21조 제4호 내지 제7호의 규정에 해당하는 영업 : 4시간
③ 식품위생법 시행령 제21조 제8호의 규정에 해당하는 영업 : 6시간

3) 피급식자의 위생

조리종사자뿐만 아니라 피급식자의 위생에도 주의해야 한다. 피급식자는 급식실에서 다음의 사항을 지키도록 해야 한다.

① 피급식자에게 식전의 손 씻기를 습관화하도록 교육한다.
② 불결한 옷으로 급식하지 않도록 한다.
③ 식당의 출입에는 청결한 신발을 사용한다.
④ 외부에서 준비한 음식물을 식당 내로 들여와서는 안 된다.

4) 식품납품업자의 위생

① 업자 혹은 그의 가족의 건강진단, 검변을 실시한다.
② 업자의 출입은 검수실까지로 하고 가능한 한 조리장의 출입을 삼간다. 부득이 출입을 할 경우는 조리장 전용의 신발로 바꾸어 신고 손의 소독을 한다.
③ 점포의 위생상태를 점검한다.
④ 식품의 포장 용기 등을 청결한 것으로 사용하도록 하고, 재료는 포장하도록 하며 용기의 뚜껑은 반드시 덮도록 한다.

2. 구매 및 검수단계의 위생관리

1) 식자재 공급업자의 선정

정부의 규정을 충족시키는 믿을 수 있는 공급자를 선정하여 식자재를 안전하게 공급받는다. 공급업체를 직접 방문하여 다음과 같은 기본적인 요건을 갖춘 업자를 찾는다.

① 위생적인 시설을 갖추고 있는 자
② 적절한 냉장 운송차를 사용하는 자
③ 종업원에게 위생훈련을 시키는 자

④ 충격 보호 포장 및 누출 방지 포장을 하는 자
⑤ 바쁜 시간에 물품이 도착하지 않도록 배달 일정을 조정해주는 자
⑥ 물품이 배달되었을 때 검수에 협조적인 업자
⑦ 배달 차량과 제조설비의 조사를 요구했을 때 이에 응해주는 자
⑧ 식품의 산지와 유통과정을 확인하여 주는 자

계약을 할 때에는 위생상의 안전을 확보하기 위한 요구사항을 포함해야 한다. 예를 들면, 배달시간, 검수기준 및 반품이 될 수 있는 사유, 공급자의 작업장 방문, 검사기관에 검사의뢰 등이다.

2) 식품별 일반적인 구매요령

(1) 육류

축산물가공처리법에 의한 도축검사증명서 및 축산법에 의한 등급판정확인서를 제시할 수 있는 업자로부터 구입한다. 공급자는 축산물가공처리법에 의한 축산물 판매업자 또는 축산물 수입판매업자이어야 한다. 순수한 한우 고기는 적색도장으로, 육용종, 교잡종, 젖소 수소 및 출산 경험이 없는 젖소 암소의 고기는 녹색도장으로, 출산 경험이 있는 젖소 암소의 고기는 청색도장으로 등급을 구분하게 되어 있다. 구매할 때는 농수산물 품질관리법에 의한 원산지 표시가 정확한지를 확인하고, 수입육은 검사기관에서 발급한 검사성적서 사본을 요구한다.

(2) 가금류

축산물 가공처리법에 따라 도축하기 전에 질병 이환 여부를 검진하고, 합법적인 위생처리 시설에서 처리한 것을 구입한다. 생산업자를 확인할 수 있고, 품질표시 도장이 고기 또는 포장에 찍혀 있어야 한다.

(3) 어패류

해양수산부에서 승인한 공급업자로부터 구입한다. 농수산물 품질관리법에 의한 원산지 표기가 정확한지를 확인하며, 수입품일 경우에는 검사기관의 검사성적서를 요구한다.

Histamine 또는 Ciauatera 중독을 일으킬 수 있는 어류는 검사 성적서를 요구한다. 조개류도 농림수산식품부로부터 조개류 취급승인을 받은 업자 또는 정부가 출처를 입증한 것을 구입한다. 대합조개, 섭조개 등 마비성 조개독을 나타낼 수 있는 것은 채취시기, 채취장소 및 검사 성적서를 요구한다.

(4) 난류

입증된 공급업자로부터 구입한다. 일주일 또는 2주일 소요분만을 구입한다. 생란은 생산업자를 확인할 수 있고 등급표시가 있으며 위생처리를 한 후에 포장한 것을, 액란, 동결란 및 건조란은 모두 살균되고 검사 표시가 찍힌 것을 구입한다. 물품은 생산된 지 2주일이 경과하지 아니한 것으로 냉장 운반되게 한다.

(5) 유제품

우유는 HACCP 제도를 적용하는 회사의 제품으로 유통만기일이 임박하지 아니한 것을 구입하고, 크림, 분유, 치즈, 요구르트 등 모든 유제품은 살균 처리된 우유로 만든 것을 구입한다.

(6) 채소류

신선한 채소류나 버섯 등도 공급업자를 통하여 각 품목별로 생산 장소와 시기, 그리고 유통의 과정을 밝히게 하여 믿을 수 있는 공급업자로부터 구입한다.

3) 온도계의 종류

종업원들은 여러 형태의 식품 온도계를 사용하고 관리할 수 있어야 한다. 반드시 금속제의 식품 온도계를 사용한다. 수은이나 알코올이 채워진 유리 온도계는 깨어질 수 있다. 식품 온도계는 -17.8~104.4℃(0~220℉) 범위의 식품 온도를 측정할 수 있어야 하고, 오차는 ±1℃(±2℉) 이내이어야 한다. 일반적으로 다음과 같은 식품 온도계가 쓰이고 있다.

① 열전쌍thermocouple 온도계 : 막대기의 끝에 있는 온도 감지기를 통하여 온도를 측정한다. 사용자가 버튼을 누르면 온도계가 온도를 읽어 낸다. 온도계의 조정이 필요 없고 신속 정

확하게 온도를 측정할 수 있다.

② 바이메탈bimetal 온도계 : 가장 일반적인 식품용 온도계로 금속 막대기 끝의 온도감지기를 통하여 온도를 측정한다. 감지하는 부분은 끝에서 0.5인치(1.27cm)까지이다. 온도계를 구입할 때는 조정용 나사가 있는지, 온도 수치가 잘 표시되어 있는지를 꼭 확인한다.

③ 디지털digital 온도계 : 막대 끝 또는 감지부위를 통하여 온도를 측정하여 디지털 수치로 나타낸다. 이것은 특히 읽기가 쉽다. 모델에 따라 식품의 표면, 식품 내부 및 공기의 온도 측정에 사용된다.

④ 시간 온도 지시계time temperature indicator : 액체 결정의 길고 가느다란 조각들로 구성되어 있다. 충전제가 불안전한 온도에 일정 시간 노출되면 색이 변한다. 환경조정 포장MAP 또는 쿡칠cookchill 포장과 함께 사용되기도 한다.

4) 식품온도계의 사용방법

온도계의 사용방법은 먼저 사용 전후에 온도계를 씻고, 헹구고, 소독하고, 공기 중에서 말린다. 소독할 때에는 위생적인 천에 소독제를 묻혀 닦는다. 그리고 감지 부분이 식품용기의 바닥 또는 안쪽에 닿지 않게 하고 측정기의 막대를 식품 중심부에 삽입한 다음 수치가 고정될 때까지 15초 이상을 기다린다. 아울러 냉동식품, 냉장식품, 뜨거운 식품 및 액체식품에 사용할 수 있는 온도계를 사용한다. 오븐이나 전자렌지에서 가열되고 있는 식품에 온도계를 꽂아두는 일이 없도록 한다.

5) 검수

검수에 필요한 기구와 설비를 갖추어야 한다. 바쁜 시간에 물품이 도착하거나 여러 차량이 같은 시간에 도착하지 않도록 시간을 적절히 조정해야 한다. 식품이 위생적으로 도착되고 적절히 취급되었는지를 확인할 수 있도록 종업원을 훈련시켜야 한다. 식품은 검수가 끝난 즉시 저장고로 운반해야 한다. 검수를 담당하는 종업원은 다음 사항에 대하여 잘 훈련되어 있어야 한다.

① 도착된 재료를 즉시 검수한다.

② 운송차량에 냉동식품이 녹은 흔적이나 더러워진 흔적을 체크한다.

③ 정부가 요구하는 검사 확인 도장이 찍혀 있는지 여부를 확인한다.

④ 유통기한과 사용 만기일을 확인한다.

⑤ 식품용 온도계를 사용하여 식품의 온도를 측정한다.
⑥ 대형 용기에 담긴 것과 상자에 넣어진 개별 포장품 모두를 확인한다.
⑦ 받아들일 수 있는 것은 장부에 기록한다.
⑧ 스태플(staple), 못 및 다른 고정용품은 포장을 해체하자마자 즉시 제거한다.
⑨ 물품은 검수실 바닥이나 복도에 방치하지 않고 저장고에 즉시 옮긴다.
⑩ 받아들일 수 없는 물품은 반품하거나 반품하기 위하여 윗사람과 상의한다.

또한, 재료뿐만 아니라 아래의 표 7-2-4와 같이 차량위생상태 및 운반원의 위생상태 역시 관리되어야 한다.

6) 일반적인 검수기준

수육, 가금육, 생선, 패류 등은 각 식품별로 다음과 같은 검수기준이 있어야 한다.

(1) 수육

육류는 지육과 박스에 있는 검사필 표시를 확인하고, 색깔의 변화가 있는지 여부를 잘 살핀다. 온도는 4.4℃(40℉) 이하이고, 쇠고기는 밝은 체리빛 적색, 돼

표 7-2-4 검수 중점관리기준 (식품의약품안전청, 2011)

구분	위해요소	중점관리기준
차량 위생 상태	• 차량온도 관리 • 운송시간 관리 • 차량 내부 위생상태 – 식품 외 물품 등 교차오염	• 냉장 : 0~10℃, 냉동 : –18℃ 이하 – 온도 기록장치 및 온도 기록이력 확보 • 식재료 운송시간 확인 • 내부 청소상태, 포장상태, 식품 외 물품보관 금지
운반원 위생 상태	• 위생복 등 복장 • 개인위생 • 차량에서 검수실까지 운반사항	• 위생복, 위생화 착용 및 청결(운전용/식품 취급용) • 일회용 장갑 또는 세척 · 소독된 장갑 착용 • 식중독 유사증세 확인 • 운반원 변경된 경우 개인위생 상태 점검
검수 공통 사항	• 검수과정 중 오염 • 비위생적 검수도구 • 식재료 방치 여부(바닥)	• 납품 즉시 검수 시작 • 저장, 전처리, 조리 단계로 신속 운반 • 검수 도구, 공간, 식품 보관대, 운반기구 청결 유지 • 냄새, 외관상 이상 유무 등 관능평가, 포장상태 확인 • 식재료 바닥 방치 등 위생적 취급

지고기는 지방은 희고 살은 핑크빛, 양고기는 밝은 적색이어야 하며, 조직은 단단하고 탄력성이 있어야 한다. 갈색, 녹색 또는 자색을 띠고, 검은색, 흰색 또는 녹색의 얼룩이 있거나 조직이 점질성이거나 끈적거리거나 건조해 있는 것, 포장상자가 터진 것, 포장지가 찢어지거나 더러워진 것 등은 모두 반품한다. 육류의 경우에는 도축검사증명서, 등급판정확인서를 반드시 확인해야 한다.

(2) 가금육

온도는 4.4℃(40°F) 이하이고, 변색 또는 탈색되지 않고, 조직은 단단하며 탄력성이 있어야 한다. 목 부위가 자색 또는 녹색인 것, 날개 끝이 검은 것, 냄새가 비정상적인 것, 날개 부위가 끈적끈적하고 근육조직이 흐느적거리는 것, 고약한 냄새가 나는 것 등은 모두 반품한다.

(3) 생선

온도는 4.4℃(40°F) 이하이고, 비린내가 없고, 눈이 투명하고, 조직은 살과 배가 탄탄하고 탄력성을 유지해야 한다. 아가미가 회색 또는 회녹색이고, 생선 비린내 또는 암모니아 냄새를 풍기며, 눈이 꺼지고 흐려져 있거나 눈에 붉은 경계가 있는 것, 아가미가 마르고, 살이 탄력성이 없어 손가락으로 눌렀을 때 손가락 자국이 남는 것 등은 모두 반품한다. 그리고 냉동된 것은 녹였다가 다시 얼린 표시가 있어서는 안 된다.

(4) 조개

살아있는 경우에는 운송과정에서도 살아 있어야 하고, 신선한 조개, 홍합, 굴은 껍질이 닫혀 있어야 한다. 온도는 살아 있는 것은 7.2℃(45°F) 이하이고, 냉동된 것은 -17.8℃(0°F) 이하이어야 한다.

7) 식품별 검수요령

(1) 계란

계란은 깨트려 보았을 때 흰자와 노른자가 탄력이 있고 흘러내리지 않아야 한다. 또한 껍질은 깨끗하고 깨지지 않았으며, 오물이 묻어 있지 않아야 한다. 계란의 온도는 4.4℃(40℉) 이하이어야 하며, 나쁜 냄새가 없어야 한다.

(2) 유제품

우유는 반드시 유통기한을 확인하여야 하며, 온도는 4.4℃(40℉) 이하이어야 한다. 그리고 시큼한 냄새, 신맛, 점성, 이상한 색을 나타내지 않아야 한다. 또한 버터는 신선한 냄새, 균질한 색, 견고한 조직 등을 가지고 있어야 한다. 치즈는 치즈 종류에 따른 특유의 향미와 조직을 가지고 있어야 한다.

(3) 야채류

야채류는 잘 씻어 오염균과 농약을 제거한 후에 맛을 보고 벌레의 침입을 검사한다. 야채류의 색깔은 짙고 무게가 무거운 것이 좋다. 그리고 조직이 단단하고 표면이 매끄러워야 한다.

(4) 냉동제품

온도는 -17.8℃(0℉) 내외이어야 하며 포장은 방수 포장으로 공기가 차단되게 잘 포장되어야 한다. 포장된 냉동식품은 상자를 열거나 상자의 옆부분을 잘라 온도계를 물품 사이에 넣어 온도를 측정하고 상자의 밑이나 식품의 밑부분에 언 자국이 없는지 확인한다. 큰 얼음 결정이 있는지, 얼음에 견고한 재응결 흔적이 있는지, 변색이 되거나 건조되어 있는지, 제품에 변형이 있는지 등을 잘 살핀다. 그리하여 해동 및 재냉동의 흔적이 있는 식품은 모두 반품해야 한다.

(5) 통조림 제품

통조림은 외관이 부푼 것, 녹슨 것, 찌그러진 것, 새는 것 등은 모두 반품해야 하며, 깡통의 내부를 검사한 다음 내용물을 자세히 살펴야 한다. 내용물에 거품이 있고 나쁜 냄새를 나타내는 것은 반품한다. 절대로 검사를 위하여 맛을 보아서는 안 된다. 특히 어육류의 가공품의 경우 검사를 필한 제품인지 확인하고 또한 유통기한을 확인해야 한다.

(6) 건조식품

곡물, 밀가루, 건조 과일 등은 잘 건조되고 포장이 온전해야 한다. 젖어 있거나 곰팡이가 있는 것은 부패가 일어난 증거이며, 구멍이나 찢어진 곳은 곤충이 침입한 증거이다. 또한 밀가루, 곡물 등은 갈색 종이 위에 떨어뜨려 곤충의 흔적을 검사한다.

8) 물품의 반품

검수기준에 미달하여 반품 처리하고자 할 때는 다음과 같이 해야 한다.

① 받아들일 수 없는 물품은 받아들일 수 있는 물품과 따로 모아둔다.
② 운송해온 사람에게 물품의 문제점을 정확하게 말한다.
③ 반품될 물품은 밖으로 내던지지 말아야 한다.
④ 반품 수락서에 사인을 받은 후에 운송자가 물품을 가져가게 한다.
⑤ 검수일지에 반품된 물품명, 반품사유 등을 기록하여 둔다.

3. 식품의 저장

1) 일반적인 저장요령

식품을 저장하는 동안 각종 식품을 관리규정에 따라 관리 및 기록하도록 종업원을 훈련시켜야 하며 식품을 저장할 때는 다음의 몇 가지 사항을 유의해야 한다.

(1) 저장 관리

저장 관리를 하는 사람은 다음에 대하여 훈련되어 있어야 한다.

① 모든 식품은 같은 품목인 경우 먼저 구입한 물품을 먼저 사용하는 것(선입선출)을 원칙으로 한다. 따라서 먼저 입고된 것은 진열대의 앞쪽으로 진열

하고 나중에 구입된 것은 뒤쪽에 놓도록 한다. 그리고 물품을 받았을 때 각 포장마다 그 위에 사용 만기일을 기재하고, 정규적으로 만기일을 체크한다.

② 저장고와 저장식품의 온도는 HACCP의 원리에 따른다. 저장고에는 자동 온도기록장치thermostat를 설치하고, 저장식품은 열전쌍 또는 바이메탈 온도계를 사용하여 온도를 측정한다. 온도가 잘못 설정되어 있으면 수정하고, 만기일이 지난 것은 폐기한다. 특히 5~9월에 특히 주의하도록 한다.

③ 식품보관 시 보관기간을 철저히 이행하여 장기 저장식품과 단기 또는 일시 보관식품으로 구분하여 보관한다. 보관 시 새어나온 액은 깨끗이 닦고, 더러운 포장물과 쓰레기를 즉시 제거한다.

④ 세척제와 화학약품은 식품저장고나 조리장과 떨어진 곳의 자물쇠가 채워진 방이나 캐비닛에 보관한다. 반드시 원래의 용기에 담겨 있어야 하며, 다른 용기에 옮겨 담았을 때에는 내용물과 독성을 기재한 라벨을 붙인다. 빈 화학약품 용기에 식품을 담거나 화학약품을 빈 식품용기에 담는 일이 있어서는 절대 안 된다. 약품인지 식품인지 의심스러울 때는 반드시 버려야 한다.

⑤ 관계자 이외의 사람이 저장고에 출입하는 것을 금한다.

2) 냉장

냉장고, 급속 냉각기, 냉동고 등은 잠재적인 위해 식품에서 박테리아가 증식하는 것을 방지하는 중요한 설비이다. 냉장시설을 효율적으로 유지하기 위해서는 다음과 같이 해야 한다.

① 냉장고는 냉장의 목적에만 사용하며, 식품 냉각용으로 겸용하지 않는다.

② 식품온도를 주기적으로 관찰 기록한다.

③ 식품을 지나치게 많이 넣지 않는다. 냉각에 부담을 주고 공기 순환을 막기 때문이다.

④ 문은 가능한 한 닫아둔다. 문을 열 때는 짧은 시간 동안만 연다.

⑤ 온도계를 온도가 가장 높은 문 쪽과 가장 낮은 뒤쪽에 각각 비치한다. 내부온도를 나타내는 패널이 외부에 있어서 문을 열지 않고 내부 온도를 체크할 수 있으면 더욱 좋다.

(1) 냉장고

냉장고는 상하기 쉬운 식품을 식품온도 4.4℃(40°F)로 단기간 보관할 때 사용한다. 식품온도가 0℃(32°F) 이하이면 동해를 입을 수 있다. 냉장고 식품보관 시에는 냉장고 용량의 70% 이상을 넘지 않도록 하여 냉각에 필요한 공기 순환을 원활히 해야 한다. 식품을 넣을 때 선반에 일렬로 넣으면 공기 순환이 차단되어 좋지 않다. 냉장고 보관 시에는 익히지 않은 음식과 조리된 음식은 분리 · 저장하고 식품의 종류별로 각각 다른 냉장고에 보관하는 것이 바람직하다. 부득이하게 같이 넣어야 할 경우에는 조리된 식품과 바로 먹을 식품은 원료식품의 위쪽에 넣는다. 조리된 음식이나 바로 먹을 음식 위에 육류, 어패류, 채소류 등의 원료식품을 두는 일이 절대 없도록 한다. 즉 조리된 식품 또는 바로 먹을 식품은 맨 위에 두고 그 아래에 생선, 쇠고기 덩어리, 돼지고기 덩어리, 햄, 베이컨, 소시지, 간 소고기, 간 돼지고기 순서로 넣고 생닭고기는 맨 아래에 보관한다. 이것은 가열조리 시의 내부온도에 기초하여 조리 시에 가열온도가 높은 것은 아래에 두는 것이다.

(2) 냉동고

냉동고는 냉동된 식품을 -17.8℃(0°F) 또는 그 이하에서 저장할 때 사용한다. 정기적으로 냉동고와 식품의 온도를 체크한다. 햄버거, 고등어, 연어, 송어, 칠면조고기, 돼지고기, 크림성 식품, 소스류, 커스터드, 푸딩 등은 장기 냉동으로 품질이 나빠질 수 있다. 냉동식품을 받을 때는 검수 즉시 냉동고에 옮긴다. 정기적으로 서리 제거장치를 작동시킨다. 해동시킨 식품은 조리에 바로 사용해야 하며 재 냉동하는 일이 없도록 해야 한다. 냉동고에 보관 시에는 용기에 담아 보관하여 수분증발을 방지하도록 한다.

3) 건조저장

밀가루, 쌀 등의 곡물류, 설탕, 마른 채소, 마른 과일 등은 건조저장을 한다. 건조식품을 저장할 경우에는 바닥에서 적어도 15cm(6인치) 떨어지게 하고, 햇빛이 닿지 않게 하며, 식품의 사용 만기일을 체크한다. 저장고의 온도는 10~21.1℃

(50~70°F), 습도는 50~60%가 되게 유지한다. 적절한 환풍을 실시하여 식품의 품질을 유지해야 하며 벌레나 쥐가 없도록 한다.

4) 식품별 저장기준

식품의 저장을 안전하게 하기 위해서는 각 식품별 저장기준을 설정해야 한다.

(1) 육류

육류는 냉장고 또는 냉동고의 가장 찬 부위에 저장한다. 시큼한 냄새를 풍기거나 변색되었거나 점질이 있는 것은 버려야 한다. 육류를 냉장고에 저장할 때는 느슨하게 싸서 4.4℃(40°F) 또는 그 이하에서 저장한다. 그러나 육류를 냉동고에 저장할 때는 공기가 차단되게 싸서 -17.8℃(0°F)에서 저장한다.

(2) 가금육

가금육도 냉장고 또는 냉동고의 가장 차가운 곳에 보관해야 한다. 녹색 또는 자색의 얼룩이 있거나 끈적끈적하거나 시큼한 냄새를 풍기는 것은 버려야 한다. 가금육을 냉장할 때에는 4.4℃(40°F) 또는 그 이하에서 저장한다. 통째로 된 가금육은 도착 후 3일 이내에, 부위별로 나누어진 것이나 조리된 것은 1~2일 이내에 사용해야 한다. 가금육을 냉동 저장할 때는 -17.8℃(0°F)에서 저장하되 잘 포장하여 공기를 차단해야 한다.

(3) 계란

날계란은 원래의 용기에 담긴 채로 4.4℃(40°F) 또는 그 이하에서 저장한다. 계란은 저장하기 전에 계란껍질을 씻지 않는다. 즉각 사용할 것이 아니면 여러 개의 계란을 깨어 그릇에 담아 두지 않는다. 액란은 원래의 용기에 담긴 채로 배달 즉시 4.4℃(40°F) 또는 그 이하의 냉장고에서 저장한다. 동결란은 -17.8℃(0°F)에서 저장하고 해동은 냉장고에서 한다.

(4) 어패류

생선을 냉장할 때는 4.4℃(40°F) 또는 이하에서 저장한다. 신선한 생선은 얼음을 채워서 배달한 것이면 3일까지 저장할 수 있고, 얼음을 채워서 배달한 것이 아니면 48시간 이내에 사용해야 한다. 발라낸 생선살은 공기가 차단되게 방수포장지에 싸서 냉장한다.

냉동생선은 -17.8℃(0°F) 또는 그 이하에서 공기가 차단되게 방수포장지로 싸서 저장한다. 날것으로 먹기 위한 생선은 냉동된 채로 배달받아야 한다. 생선을 얼릴 때에는 -20℃(-4°F) 또는 그 이하의 냉동고에서 7일간 냉동시키거나 -35℃(-31°F) 또는 그 이하의 급속 냉동고에서 15시간 동안 냉동시킨다. 살아있는 조개류는 7.2℃(45°F)에서 저장한다.

(5) 유제품

유제품은 4.4℃(40°F) 또는 그 이하에서 냉장한다. 포장된 제품은 밀봉된 상태를 유지하게 하고, 양파, 생선 등 강한 냄새를 나타내는 식품과 함께 저장하지 않는다. 유통기한을 자주 확인하여 사용만기일 이내까지만 저장한다. 아이스크림은 -14.4~12.2℃(6~10°F)에서 저장한다.

(6) 신선한 과채류

대부분의 과일과 채소류는 4.4~7.2℃(40~45°F)에서 저장한다. 신선한 과일과 야채류는 얼음을 채워서 저장하여 배송할 수 있다.

(7) 통조림 제품

통조림 제품은 10~21.1℃(50~70°F)의 저장고에 저장한다.

표 7-2-5 식품 저장온도

식품명	온 도(℃)	식품명	온 도(℃)
과일류	7~10	육류	1~3
야채 · 난류	4~7	조류 · 어패류	0~3
유 · 유제품	3~4	냉동식품	-25~-18

5) 저장시설 및 설비의 관리

식품을 저장하는 데 필요한 시설과 설비를 갖추어야 하고, 특히 통풍, 채광, 온도, 습도조절에 유의하여 변질을 예방하도록 한다. 또한 방충, 방서시설을 해야 하며 보관한 식품의 종류와 수량을 파악할 수 있도록 현황판을 비치하도록 한다. 특히 식품은 위험온도대(4.4~60℃:40~140°F) 밖에서 보존하고 각종 오염원으로부터 안전하도록 해야 한다. 각 저장고의 온도를 적절히 관리한다. 저장고 내부에 설치된 온도계는 오차범위가 ±1.5℃(±2.7°F) 이내이어야 한다. 식품 주변의 공기는 순환이 잘 되게 해야 한다. 저장 창고, 냉장고 및 냉동고의 내부에는 공기가 잘 통할 수 있게 격자형으로 된 선반이 설치되어 있어야 한다. 물품은 바닥에 쌓아두거나 물품 위에 높이 쌓거나 또는 벽에 붙여 쌓는 일이 없도록 해야 한다. 저장을 위한 식품은 포장이 깨끗하고, 건조하여야 하며 또 온전하다면 원래의 포장상태로 보관하도록 한다. 헌 용기나 헌 포장지를 절대로 사용하지 말아야 한다. 식품을 재포장할 때는 방수, 방충 및 방습이 되고 밀폐되는 위생적인 용기를 사용하며, 라벨링을 해야 한다.

식품을 탈의실, 휴게실, 보일러실, 복도, 계단, 폐품창고 등에 저장하여서는 안된다. 상수라인, 하수라인, 배수구, 응축수 낙하지점 등과도 멀리 떨어져 있어야 한다.

4. 세척 · 소독 · 해동 등 전처리단계의 위생관리

전처리 단계는 재료를 다듬고, 씻고, 소독하고, 썰고, 해동하는 등 조리 가공을 위한 준비단계이다. 이 단계에서는 부적절한 해동, 교차오염, 장시간의 실온 방치, 불결한 개인위생 등이 위해를 가중시킬 수 있다. 따라서 개인위생 관리, 레시피 관리, 시간 및 온도 관리, 소독과정이 위생상 중요하다. 특히 전처리용의 조리기구와 본 조리기구는 구분하여 사용하고 어패류용, 축육용, 야채용으로 기구와 작업장소도 구분하도록 한다.

1) 전처리 단계의 일반적인 유의점

종업원이 개인위생 관리를 잘 하게 한다. 레시피는 조리시간을 예측할 수 있게 식품의 크기, 두께, 지방함량이 고려되어야 한다. 전처리를 하기 전에 식품은 냉장한다. 전처리 기구들은 세척 및 소독된 것을 사용하고, 교차오염을 피하기 위하여 기구는 재료에 따라 구분한다. 날것으로 먹는 채소와 과일은 전용의 싱크대에서 씻는다. 필요 이상의 식품을 미리 준비 하지 말고 필요한 소량만을 준비한다. 전처리가 끝난 식품은 조리 또는 서빙하기까지 냉장고에 보관한다.

2) 재료의 안전한 해동법

냉동식품의 해동과정은 식품의 안전성 확보에 중요하다. 해동이 덜 된 식품으로 조리를 할 때는 외부는 충분히 가열되지만 내부에는 열이 잘 전달되지 않아 미생물들이 살아남을 수 있다. 실온에 방치하여 해동하면 해동시간이 오래 걸려 표면에 미생물의 증식이 이루어질 수 있고, 이것이 교차오염을 일으켜 뜻하지 않은 식중독 사고를 유발할 수도 있다. 따라서 냉동식품을 해동할 경우에는 안전한 다음의 4가지 방법을 적용해야 한다.

(1) 냉장고에서의 해동

식품을 해동할 때는 부스러기와 물방울이 다른 식품 위에 떨어지지 않도록 냉장고의 가장 아래쪽 선반에서 해동한다. 쇠고기덩이, 칠면조고기 등 덩어리가 큰 것의 해동에는 1일 또는 그 이상이 소요된다. 해동전용 냉장고를 사용하여 식품온도를 점진적으로 올리는 슬렉킹slaking 과정을 적용하면 좋다. 슬랙킹은 조리 직전에 실시하며 최종온도가 4.4℃(40°F) 이상이 되지 않게 한다.

(2) 수중에서의 해동

21.1℃(70°F) 또는 그 이상의 수돗물에 담가 해동시키는 방법이다. 식품을 2시간 이내에 해동시켜야 하므로 덩어리가 큰 고기의 해동에는 적합하지 않다. 해동된 고기는 즉시 조리되어야 한다. 수중 해동을 할 경우에는 해동 전용의 깨끗하고 소독된 싱크대를 사용한다. 수압이 강한 물로 식품 표면의 불순물을 씻어

내고 해동한다. 이때 물이 다른 식품이나 식품 접촉표면에 튀지 않도록 한다. 해동되면 즉시 들어내고, 해동에 사용된 싱크대와 기구들을 모두 소독한다.

- 당일 사용 식재료: 흐르는 찬물에서 2시간 이내
- 해동 시, 다른 식재료 등에 교차오염 되지 않도록 관리
- 해동 후 재냉동 금지

[상온방치] [유수해동]

(식품의약품안전청, 2011)

그림 7-2-7 올바른 식재료 해동

(3) 조리과정 중의 해동

야채류, 새우, 햄버거 패티, 파이 껍질 등 일부에 적용되지만 큰 식품에는 적용되지 않는다. 재료가 냉동되어 있으므로 보통의 조리보다 조리시간을 길게 해야 한다.

(4) 전자레인지를 이용한 해동

냉동식품을 즉시 해동시켜 조리에 사용해야 할 경우에만 적용한다. 이 방법도 덩어리가 큰 식품의 해동에는 적합하지 않다.

3) 재료의 세척 및 소독

재료를 씻고 써는 싱크대, 작업대는 채소용과 생선용으로 구분되어 있어 작업 중의 교차오염이 없도록 해야 한다.

(1) 생식용 야채의 세척

깨끗한 야채 세척용 싱크대에서 씻는다. 잎이 여러 겹인 엽채류는 뿌리와 연

결되어 있는 부분을 잘라 해체한다. 씻을 때에는 음용수를 사용한다. 식품용 세척제(알킬벤젠계 계면활성제)를 소량 함유한 물에 담가서 세척하면 미생물, 기생충 및 농약의 제거에 효과적이다. 깨끗한 물로 3회 이상 헹구어야 한다. 작업이 끝난 후에는 싱크대, 장갑 및 손을 씻고 소독한다.

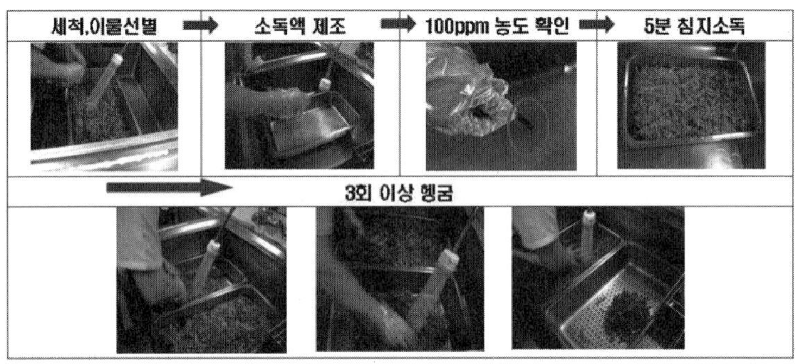

(식품의약품안전청, 2011)

그림 7-2-8 올바른 세척, 소독, 헹굼

(2) 어패류의 세척

생선은 개복하여 아가미와 내장을 제거하고 깨끗한 물이나 소금물로 씻는다. 조개는 소금물에 담가 불순물을 배출하게 한다. 세척한 어패류는 깨끗한 용기에 담고 즉시 조리에 사용하거나 냉장한다. 세척작업이 끝난 후에는 싱크대, 장갑 및 손을 씻고 소독한다.

(3) 생식용 야채의 소독

생식용 야채는 세척 후에 염소계 소독제로 소독을 해야 한다. 차아염소산나트륨을 사용하여 유효염소 농도 50~100ppm의 용액에 5~10분간 담갔다가 깨끗한 물로 헹군다. 이때 염소농도를 검사하는 킷(kit)으로 염소농도를 확인해야 한다. 우리나라 식품위생법에는 유효염소 100ppm의 용액에 10분간 침지한 후 흐르는 물로 충분히 씻도록 규정되어 있다.

4) 재료의 절단 및 분쇄

재료를 썰 때는 채소, 생선, 육류별로 도마와 칼을 구분해서 사용한다. 절단기, 분쇄기 등도 재료별로 구분해서 사용한다. 도마, 칼, 절단기, 분쇄기는 사용 후에 세척 및 소독요령에 따라 세척 및 소독하여 건조하게 보관한다. 처리가 끝난 재료는 깨끗한 용기에 담고 즉시 조리에 사용하거나 냉장한다.

5. 조리와 배식단계의 위생관리

1) 시간온도 관리의 원리

식품은 해동, 조리, 보존, 냉각, 재가열, 서빙 등의 과정을 거치게 되므로 이 과정 동안 여러 차례 4.4~60℃(40~140℉)의 위험온도에 노출된다. 따라서 온도계를 사용하여 중심부가 식품별 관리기준 온도이상으로 가열되었는지를 확인하고 온도와 시간을 기록하여야 한다. 또한 식품은 그것이 다루어질 때마다 다른 식품과 직접 접촉되거나 식품 접촉표면, 예를 들면 취급자의 손, 도마, 조리기구 등으로 교차오염이 일어날 수도 있다. 식품에 오염된 미생물은 신속하게 증식하므로 뜨거운 식품은 뜨겁게, 찬 식품은 차게 유지함으로써 위험 온도대에서 유지되지 않도록 해야 한다.

2) 조리

조리를 위한 레시피에는 각 조리품마다 조리시간과 조리식품의 내부온도에 대한 설명이 필히 기재되어 있어야 한다.

(1) 조리원 준수사항

- 조리를 할 때는 안전을 위한 최소 내부온도 이상으로 가열해야 한다.
- 식품의 내부온도를 열전쌍 온도계thermocouple 등으로 직접 측정한다.
- 식품 내부온도를 측정할 때는 여러 부위를 측정하며, 온도계는 사용 전후에 씻고 소독한다.
- 가열 조리판이나 오븐에 식품을 지나치게 많이 넣지 말아야 한다.
- 조리기구를 반복 사용할 때는 식품을 꺼내고 소정의 온도로 올린 후에 다시 사용한다.

- 조리된 식품을 맛볼 때는 규정된 위생적인 방법으로 맛을 본다. 가장 안전하고 위생적으로 음식 맛을 보는 방법은 작은 접시에 음식을 퍼내어 깨끗한 숟가락으로 맛을 보는 것이다. 맛을 본 후에 음식이 남은 접시와 숟가락은 세척 및 소독한다.

(2) 식품 조리 시 안전을 위한 최소 내부온도

식품을 조리할 때에는 안전을 위한 최소 내부온도 및 유지시간 이상으로 가열해야 한다. 우리나라 식품위생법에는 육류를 조리할 때는 중심부의 온도가 63℃ 이상인 상태에서 30분간 가열하거나 이와 등등 이상의 효력이 있는 방법으로 조리하도록 규정하고 있다. 표 7-2-6은 일반적으로 권장하는 최소 내부온도 및 유지시간이다. 이를 참작한다면 어느 식품이든 74℃에서 1분 이상 가열하면 안전할 것으로 생각된다.

(3) 전자레인지를 이용한 조리

전자레인지로 조리할 때에 동물성 재료들은 수분을 유지시키기 위하여 덮개를 하고 일반적인 가열 조리 시의 최소 내부온도보다 14℃(25°F) 높게 해야 한다. 열의 확산이 잘 되도록 조리 중에 회전하거나 저어지게 한다. 조리 후 2분 동안 그대로 두어 조리품 전체의 온도가 소정의 온도에 도달하게 한다.

표 7-2-6 조리할 때 안전을 위한 최소 내부온도

식품	온도 및 시간	조리 방법
가금육 가금육 충전된 파스타 야생 사냥물	73.9℃(165°F)에서 15초	충전물과 육류를 미리 가열 조리한다. 그 후 식품을 충전한다.
갈은 쇠고기 갈은 돼지고기 양념 주입한 육류	68.3℃(155°F)에서 15초	
돼지고기, 햄 소시지, 베이컨	68.3℃(155°F)	
쇠고기 로스터	62.8℃(145°F), 15초 60.0℃(140°F), 12분 54.4℃(130°F), 121분	
생선, 계란	62.8℃(145°F), 15초	

(4) 계란 및 계란 혼합물의 조리

계란은 *Salmonella* 식중독 균에 의한 오염 가능성이 높으므로 계란을 미리 깨뜨려 담아 두지 않는다. 계란껍질에 음식물이 닿거나 날계란이 음식물에 묻지 않도록 주의한다. 그리고 계란을 깨뜨려 껍질을 분리하는 계란 처리기계를 사용하지 않아야 하며 가능하면 모든 레시피에 살균된 액란을 사용한다. 계란을 조리할 때에는 62.8℃(145°F)에서 최소한 15초간 유지되어야 한다. 날계란을 삶을 때에는 흰자가 완전히 응고되고 노른자가 굳어지기 시작할 때까지 가열한다. 스크램블 에그 또는 오믈렛은 계란이 굳어져 액상으로 존재하는 부분이 없어질 때까지 가열한다.

(5) 샐러드와 샌드위치의 조리

육류, 가금류, 계란, 생선 등은 잠재적인 위해식품이므로 이를 함유하는 샐러드와 샌드위치를 만들 때에는 매우 조심해야 한다. 많은 양을 만들거나 서빙하기 몇 시간 전에 만들 때에는 더욱 그러하다. 조리 시 잘 세척되고 소독된 기구를 사용하고 개인위생 수칙을 잘 지킨다. 파스타, 육류, 계란, 생선 등의 샐러드는 서빙 24시간 이내에 만들고 샌드위치와 샐러드의 재료들은 사용하기 전에 4.4℃(40°F) 이하로 차게 해 둔다. 모든 채소류와 과일류는 씻고, 당근은 데치기를 한다. 많은 양이 필요하더라도 소량으로 여러 번 조리한다.

(6) 속을 채운 식품의 조리

속을 채운 요리에는 껍질 부분이 열 전달을 차단하기 때문에 속까지 완전히 조리되기 어렵다. 잠재적인 위해식품을 사용하여 속을 채운 조리를 할 때에는 다음과 같이 해야 한다. 속에 넣을 재료들은 별도로 73.9℃(165°F) 이상에서 적어도 15초간 유지한다. 그리고 속에 채운 육류, 생선 파스타 및 가금육은 중심온도 73.9℃(165°F) 이상에서 적어도 15초간 유지한다.

(7) 계란 반죽 및 빵가루 입힘물의 조리

계란 반죽을 입히거나 빵가루를 입혀서 조리한 가금육, 생선 및 조개 등은 잠재적인 위해식품일 뿐만 아니라 계란 반죽, 빵가루 등의 입힘물이 열 전달을 차단하므로 충분한 조리가 되지 않을 수 있다. 따라서 계란 반죽이나 빵가루를 입혀서 조리하는 경우에는 날계란을 사용하기보다는 살균된 액란을 사용한다. 반죽 재료뿐만 아니라 옷을 입힐 식품들도 냉장한다. 입힘 재료들을 소량씩 만들고, 많은 식품에 미리 옷을 입히지 않도록 한다. 입힘물이 남은 경우에는 다시 사용하지 않고 버린다.

기름온도를 확인하면서 가열하여 내부에 열이 충분히 전달되게 한다. 튀김 조리를 할 때에는 유지의 산패가 문제되는데 우리나라 식품위생법에는 튀김기름의 온도를 190℃ 이하로 유지하고, 기름의 산가 2.5 이상, 과산화물가 50 이상이 되었을 때에는 전체 식용유를 교환하도록 규정하고 있다.

(8) 나물무침의 조리

숙주나물, 콩나물, 시금치 등으로 무침을 할 때에는 나물을 가열처리한 후에 양념을 넣고 버무리며, 양념류는 대개 열처리를 하지 않기 때문에 많은 미생물을 함유할 수 있다. 따라서 조리원의 개인위생 관리와 조리 후의 시간 및 온도 관리가 중요하다. 나물은 적어도 74℃에서 1분간 이상 열처리하여야 안전하다. 양념은 청결한 것을 사용해야 하며 나물을 충분히 냉각시킨 후에 양념을 넣는다. 버무릴 때는 손은 깨끗이 씻고 소독한 후 위생적인 장갑을 착용해야 한다. 조리된 식품을 실온에 장시간 방치해서는 안 된다.

3) 홀딩holding

홀딩은 조리된 식품을 먹을 수 있도록 따뜻한 음식은 따뜻하게, 찬 음식은 차게 유지하는 과정이다. 이때 위생상 문제가 되는 것은 온도 및 시간 관리, 교차오염, 개인위생 등이다. 일반적으로 한 번에 소량으로 조리하고, 구운 식품, 튀김 식품, 찐 식품은 단시간만 홀딩한다. 홀딩 시 규칙적으로 저어주고 2시간 간격으로 식품온도를 측정 기록한다. 뚜껑이 있는 홀딩 팬을 사용하고, 손잡이가 긴 스푼이나 집게를 제공하여 사람들의 손이 음식에 닿지 않도록 한다. 이때 스푼과 집게는 손잡이가 사용자를 향하게 한다. 그리고 새 음식을 오래된 음식과 섞거나 생식품을 조리된 식품과 섞지 않는다. 홀딩 기구들은 깨끗이 씻어 소독하고, 개인위생 수칙을 준수한다.

(1) 따뜻한 음식의 홀딩

따뜻한 음식을 홀딩하는 동안 안전하게 관리하기 위하여 음식을 60℃(140°F) 이상으로 유지할 수 있는 핫 홀딩 설비를 사용한다. 홀딩 설비로는 스팀테이블, 이중 보일러, 이중 냄비, 가열 캐비닛, 가열용 탁상냄비 등이 사용된다. 핫 홀딩 설비는 조리나 재가열에는 쓰지 말고 음식을 따뜻하게 유지할 때만 사용한다. 그리고 음식의 온도를 매 2시간 간격으로 측정하고 기록지에 기록한다.

(2) 찬 음식의 홀딩

냉조리된 식품과 생식품은 위험온도대와 오염으로부터 안전하게 유지해야 한다. 찬 음식을 홀딩하는 동안 안전성을 확보하기 위하여 음식을 4.4℃(40°F) 이하로 유지할 수 있는 콜드 홀딩 설비를 사용한다. 음식은 팬이나 접시에 담으며 얼음 위에 직접 올려놓지 않는다. 따뜻한 음식의 홀딩과 마찬가지로 찬 음식의 홀딩 시에도 매 2시간마다 음식물 온도를 측정하고 기록지에 기록한다.

4) 냉각

가열 조리된 식품 중 즉시 제공되지 않거나 차게 제공해야 할 것은 냉각과정을 거쳐야 한다. 이때 위험온도대인 5~60℃의 범위를 신속하게 벗어나게 해야 한다.

냉각기준은 일반적으로 식품은 가열조리 후 4시간 이내에 4.4℃(°F) 또는 그 이하로 냉각되어야 한다. 최근 미국(FDA)에서는 냉각은 다음의 2단계를 거칠 것을 권장하고 있다. 먼저 60℃(140°F)에서는 2시간 이내에 21.1℃(70°F)까지 냉각하고, 다시 4시간 이내에, 전체적으로는 6시간 이내에 5℃(41°F)까지 냉각한다.

(식품의약품안전청, 2011)

그림 7-2-9 잘못된 선풍기 냉각

(1) 냉각 방법

뜨거운 음식을 냉각할 때는 먼저 큰 덩어리를 작은 조각으로 나누거나 큰 그릇의 음식을 작은 스테인리스스틸 그릇에 나누어 담고, 다음 방법 중의 한 가지를 택하여 냉각시킨다. 그리고 어느 방법으로 냉각하든지 냉각에 소요되는 시간을 측정하여 레시피에 기록하여 둔다.

① 얼음과 냉장고의 이용

작은 그릇에 나누어 담은 음식을 얼음이 채워진 큰 그릇에 넣고 냉각되도록 저어 준다. 그 후 음식을 얕은 스테인리스스틸 그릇에 옮겨 담아 냉장고의 맨 위 선반에 넣어 냉각시킨다. 음식을 담은 그릇 주위에 공기가 잘 순환되게 간격을 둔다. 처음에는 뚜껑을 덮지 않고 냉각시키다가 어느 정도 냉각되면 뚜껑을 가볍게 덮고 계속 냉각시킨다. 음식은 냉각을 시작한 지 4시간 이내에 4.4℃(40°F)로 떨어져야 한다.

② 냉각기의 이용

작은 그릇에 나누어 담은 음식을 급속 냉각기quick chiller, 회전 냉각기tumbler chiller 또는 냉각 재킷이 붙은 솥에 넣고 냉각시킨다. 음식을 냉각시킬 때 저장용으로 사용되는 냉장고나 냉동고를 사용하지 말아야 한다. 뜨거운 음식이 냉장고 및 냉동고의 온도를 올려 다른 식품의 상태를 악화시킬 수 있다.

5) 재가열

가열 조리한 음식을 냉각 보관하였다가 다시 가열하여 제공할 경우에 재가열이 필요하다. 재가열을 할 때에는 식품을 미생물의 살균온도까지 신속히 올리는 것이 중요하다. 음식물을 안전하게 재가열하는 방법은 다음과 같다.

(1) 음식물을 안전하게 재가열하는 방법

① 재가열을 시작하여 2시간 이내에 음식물의 온도가 73.9℃(165°F)에 도달하게 하고, 이 온도에서 15초 이상 유지시킨다. 2시간 이내에 위의 온도에 도달하지 못하면 버려야 한다.

② 전자레인지를 사용하여 재가열하는 경우에는 2시간 이내에 음식물의 온도가 87.8℃(190°F)에 도달해야 하고, 2분간 그대로 두어 열이 식품 전체에 골고루 확산되게 한다.

③ 재가열한 음식은 음식 온도가 73.9℃(165°F) 이상일 때 홀딩 설비에 옮겨 담는다.

④ 재가열할 때에는 쿠킹레인지, 오븐, 스티머, 전자레인지 등을 사용한다. 핫홀딩 설비를 사용하여서는 안 된다.

⑤ 재가열 시간을 단축시키려면 음식물을 소량씩 취하여 재가열해야 한다.

⑥ 음식의 재가열은 단 한 번이다.

6) 서빙serving

식품의 안전을 고려하여 서빙 담당 종업원들에게 작업을 할당한다. 한 종업원이 하루 근무 중에 음식을 서빙하고, 테이블 세팅을 하고, 더러워진 접시를 치우게 하지 않아야 한다. 종업원들이 다음 규정을 잘 준수해야 한다.

① 깨끗이 세척 및 소독된 기구를 사용하고, 개인위생 수칙을 지킨다.

② 유리잔, 식기 등의 식품 접촉부위를 손으로 만지지 않는다.

③ 컵, 접시 등을 나를 때 쌓지 않는다, 아래쪽 그릇이 오염되기 때문이다.

④ 얼음을 취급하는 집게나 국자는 플라스틱 또는 금속 재질을 사용한다. 유리로 된 것은 깨어질 수 있으므로 절대로 사용해서는 안 된다.

7) 보존식

식중독 사고 시 그 원인규명을 위하여 각 급식소에서는 각각의 메뉴에 대한 보존식을 반드시 실시해야 한다. 보존식 보관 시에는 조리된 시간을 기록하고 당일 조리된 식단의 1인 분량씩(약 50~150g)을 담아 밀폐하여 5℃ 이하에서 144시간 이상 보관한다. 보존식은 보존식 전용 용기와 보존식 전용 냉장고에 보관하여야 하며, 전용 냉장고가 없는 경우에는 기존의 냉장시설의 일부 공간을 구분하여 사용하되 온도관리 기준은 보존식 보관온도 기준으로 설정한다.

6. 세척, 청소 및 소독

1) 식품 접촉표면의 관리

식품 접촉표면은 식품과 직접 접촉하는 모든 표면을 말한다. 따라서 식품의 운송, 보관, 전처리, 조리, 냉각, 홀딩 및 서빙에 관계하는 각종 기계 및 기구의 식품 접촉부위와 식품취급자의 손이 포함된다. 식품 접촉표면이 불결하면 식품을 직접 오염시키므로 매번 사용된 후, 다른 형태의 식품으로 작업을 시작할 때, 작업이 일시 중단되어 도구와 재료 등이 오염되었을 것으로 생각될 때, 계속해서 사용할 경우에는 4시간 이내에는 반드시 식품 접촉표면을 세척 및 소독해야 한다.

2) 세척

세척에 영향을 미치는 요소로는 때의 종류와 농축 정도, 물의 경도와 온도, 세척될 표면의 재질과 매끈한 정도, 세척제의 종류, 세척작업의 강도와 시간 등이다.

① 세척제

식기, 조리기구, 식품 그리고 야채와 과일 등의 생식품에 부착된 여러 가지 오염물을 제거시키기 위한 작업은 수세만으로도 가능한 경우도 있고, 보다 강력한 세정을 하지 않으면 안 되는 경우도 있다. 그 때에는 세제가 필요하다. 천연유지를 원료로 하여 만들어진 비누 대신 전후에 사용이 급속히 증가된 화학적 합성품을 원료로 한 합성세제는 약알칼리성 세제와 중성 세제로 나눌 수 있으며 집단급식 시설에서 식기, 기구 및 야채의 세정에 사용되는 것은 중성 세제이다.

a. 중성 세제의 특징

중성 세제는 비누에 냉수, 경수 그리고 다소 염분을 함유한 물에도 비교적 잘 녹아서 세정작용을 발휘한다. 이 세정작용은 침투, 흡착, 팽윤, 유화, 분산의 5가지 작용에 의한다.

b. 사용상의 주의

우리들이 일상생활에서 사용하는 세제는 20% 전후의 계면활성제가 함유되어 있다. 그러므로 일반적인 시판 세제액을 500~1,000배 정도로 희석하여 사용하는 것이 가장 유효하다. 무조건 농후한 액을 사용하면 식기나 식품에 잔류하는 세제 성분도 많아져서 인체에 문제가 된다.

인체에 대한 영향으로는 손이 거칠어지고 발암성이 있으며, 또한 기형아 출산의 원인이 되는 등 독성에 대하여 논의되고 있으나 사용농도와의 관계도 있기 때문에 뚜렷이 결론지을 수는 없다. 그러나 보통 손이 거칠어진다고 말하는 증상이 자주 나타나는데 이는 세제의 탈지작용에 의한 것으로 고농도의 세제를 쓰든지 빈도가 높은 경우에 일어나는 것이므로 고농도, 잦은 사용을 피하고 사용 후의 손질을 충분히 하는 것이 필요하다.

3) 식기세정의 간이 검사법

① 전분성 잔류물

0.1N의 요오드액이나, 묽은 요오드팅크에 물을 가하여 약 3배로 희석한 것을 시약으로 하여 식기 표면에 시약을 뿌려 고루 묻도록 한 다음 가볍게 물로 씻어 내어 청색으로 변하는 부분이 있는지 본다. 전분성 잔류물이 있는 경우 요오드와 반응하여 청색으로 변한다.

② 지방성 잔류물

0.1% 버터 yellow 알코올 용액[버터 yellow(디메틸아미노벤젠) 0.1g을 알코올

100mL에 용해한 것, 혹은 yellowOB로 같은 농도의 것이나 다른 지용성 색소액을 사용한다]을 식기 표면에 뿌려 고루 묻히고 물로 가볍게 씻어낸 후 황색으로 변하는 부분이 있는지 확인한다. 지방 잔류물이 있으면 황색으로 변한다.

4) 소독sanitizing

소독은 해로운 미생물을 안전한 수준까지 감소시키는 것을 의미한다. 소독은 세척을 대신 할 수 없으므로 식품 접촉표면은 소독하기 전에 반드시 세척하고 헹군 후 다음과 같이 소독해야 한다.

- 조리대, 가스레인지, counter 등은 하룻밤 사이에도 많이 더러워지므로 한번 닦아낸 후 역성 비누 200배 희석액으로 소독한 후에 사용한다.
- 소독용 양동이에 역성비누 200배 희석액을 항상 준비해 두고 조리대 소독에 대비한다.
- 조리대에는 가열한 요리, 소독한 식기 등을 놓게 되므로 항상 소독하고 소독하지 않은 재료나 식기를 놓지 않는다.
- 기구대를 설치하여 기구, 물통, 바구니 등을 바닥에 두지 않도록 하며 사용 후에는 항상 청결히 씻고 소독한다.
- 조리 중에 자주 사용하는 기구나 기기 등을 수시로 소독할 수 있도록 한다.
- 도마는 하처리용과 조리용, 어패류용, 육류용, 야채용 등을 구별하여 사용하고 사용 후에는 충분히 세정, 소독하여 보관한다. 소독방법으로는 자비소독, 열탕소독, 증기소독 등의 가열소독과 자외선 조사소독(살균 등), 약제에 의한 소독방법 등이 있다.

① 가열 소독

가열 소독 시에 식품 접촉표면의 온도가 73.9℃(165°F) 이상 되도록 해야 한다. 일반적으로 100℃, 3분 이상 가열하고 증기소독은 100℃, 15분 이상 가열한다.

② 자외선 살균등의 소독

소도류, 옹기류는 살균력이 가장 강한 253.7nm의 자외선에서 30~60분 조사하는 자외선 소독을 실시한다. 자외선 살균등의 특징은 다음과 같다.

- 모든 균종에 대해 유효하다.

- 피조사물에 대하여 조사 후 거의 변화를 나타내지 않는다.
- 자외선은 공기만을 투과하고 물질은 투과하지 않으므로 조사된 곳의 표면 살균에만 적당하다.
- 살균력은 균종에 따라 현저히 다르나, 동일한 세균이라 하더라도 조도, 습도, 조사거리 등에 따라 살균효과가 달라진다.

그런데 도마의 오염은 보통 물로 씻거나 세제를 사용하는 정도로는 충분히 청결해지지 않는다. 예를 들면, 시판품의 형광등식의 천장에 매달아 놓는 살균등은 도마의 표면에 있는 잔 칼집 등의 흠집으로 만들어진 그늘로 인해 살균의 효과가 없으므로 알루미늄제 난반사 막대기를 붙이면 효과가 있으나 단시간으로는 큰 효과가 없다. 아울러 칼은 충분히 세정 후 열탕을 사용하여 소독하고 건조하여 살균등이 붙은 보존상자에 보관하며 재료에 따라 구분하여 사용한다.

③ 화학적 소독

화학적 소독은 효율성, 경제성 및 간편성 때문에 급식산업과 외식업에서 많이 사용되고 있다. 화학적 소독제의 소독효과에 영향을 미치는 인자는 접촉시간, 미생물의 종류, 소독제의 농도, 소독 온도 등이다.

a. 차아염소산나트륨

식기, 식품 어느 것이나 사용이 가능하다. 사용 농도는 0.2% 정도(유효염소로서 100ppm)로 하고 이 용액 중에 2~5분간 담근 후 염소 냄새가 남지 않도록 잘 헹군다. 그러나 이러한 염소계의 소독제는 화학식기의 변색(특히 멜라민 수지에 있어서 현저)을 유발하므로 주의해야 한다.

b. 역성비누와 계면활성제

주로 식기나 손의 소독에 사용되며 식품에 사용되지는 않는다. 사용농도는 대상물에 따라 다르나 0.2~1.0% 농도로 하여 이 용액에 5분 이상 담가서 소독한 다음 충분히 헹군다. 이들 소독제는 유기물이 부착되어 있으면 효력이 약해지므로 소독 전에 잘 씻고 사용해야 한다.

화학적 소독은 효율성, 경제성 및 간편성 때문에 급식산업과 외식업에서 많이 사용되고 있다. 화학적 소독제의 소독효과에 영향을 미치는 인자는 접촉시간, 미생물의 종류, 소독제의 농도, 소독 온도 등이다.

5) 기계적인 세척 및 소독

많은 식기를 세척 및 소독하는 때에는 가열이나 화학약품에 의한 기계적인 처리가 편리하다.

그림 7-2-10 기계적인 세척 및 소독

① 일반적인 세척관리

세척기의 클린 라인을 체크하고 구석구석을 청소하는 일을 매일 2회 이상 실시한다. 세척탱크와 헹굼 탱크에 깨끗한 물을 채운다. 세척제 트레이와 분무기의 노즐은 청결해야 한다. 물을 뿌리거나 털어서 찌꺼기를 대충 제거한다. 음식물이 말라붙어 있는 식기는 미리 물에 불린다. 세척 랙을 지나치게 많이 올려놓지 말고 알맞게 올린다. 세척 중에 노즐 부위에서 물을 온도를 체크한다. 세척이 끝난 식기를 빼낼 때는 각각을 검사한다. 덜 씻긴 것은 다시 통과시킨다. 세척된 것은 공기로 건조시킨다. 물기를 제거하기 위해 수건을 사용해서는 안 된다.

② 고온 자동 세척기

뜨거운 물로 식기를 세척 및 소독하는 기계이다. 사용하는 물이 소정의 온도에 쉽게 도달해야한다. 세척기에는 물의 온도를 측정하기 위해 물을 분무하는 분출구에 온도계가 설치되어 있어야 한다. 물의 온도는 기계에 따라 65.6~82.2℃(150~180°F)를 유지해야 한다.

③ 화학적 소독기

화학적인 소독기는 물의 온도가 48.9~60℃(120~140°F)일 것을 요구한다. 소독약품은 제조회사에서 추천하는 올바른 농도를 사용한다. 소독액이 최종 헹굼 물에 자동적으로 분출되는 기계를 사용한다.

6) 수동식 세척 및 소독

식기세척기를 사용하지 않을 경우에는 식품조리 장소와 떨어진 곳에 식기세척용 싱크대를 설치한다. 음식물 찌꺼기를 털 수 있는 통이 싱크대 옆에 있어야 하고, 온도계와 식기 꽂이가 싱크대에 비치되어 있어야 한다.

① 3조 싱크대에 의한 방법

3조 싱크대는 수조를 세 개 가지고 있는데, 식기 · 조리기구 및 기계의 분리 가능한 부분을 세척 및 소독할 때 사용할 수 있다. 세척하기 전에 물로 대충 씻거나 털거나 불려야 하며 세재 액을 넣은 첫 번째 싱크에서 43.3℃(100°F) 이상의 물로 씻는다. 깨끗한 물이 담긴 두 번째 싱크에서 48.9℃(120°F)의 물로 헹궈내며 뜨거운 물 또는 소독액이 담긴 세 번째 싱크에 담가서 소독한다. 뜨거운 물로 소독 할 때는 76.7℃(170°F)에서 30초간 유지한다. 이때 집게, 랙 또는 바구니를 사용하여 식기류를 뜨거운 물에 담근다. 소독약품 용액으로 소독할 때는 23.9℃(75°F) 이상의 온도를 유지하며, 소독약품 농도를 검사하는 킷을 사용하여 물속의 약품농도를 측정해야 한다. 소독이 끝난 후에는 끄집어내어 공기 중에서 말린다. 나무로 된 도마, 주걱 등은 세척액을 사용하여 나일론 브러시로 문질러 씻고 깨끗한 물로 헹군 후에 소독한다. 나무로 된 기구를 세척액이나 소독용액에 담가 두어서는 안 된다.

7) 고정된 설비의 청소

고정되어 있거나 움직일 수 없는 설비를 청소할 때에는 설비 제조업자 측에서 추천하는 청소방법을 따른다. 고정된 설비를 청소할 때는 다음과 같이 하도록 종업원들을 훈련시킨다.

① 설비의 스위치를 끄고 플러그를 뽑는다.
② 설비의 외부 및 내부에 있는 음식물을 제거한다.
③ 분리할 수 있는 부분을 떼어 내어서 조심스럽게 손으로 세척한다.
④ 고정된 식품 접촉표면은 씻고, 헹구고, 소독한다.
⑤ 고정된 식품 비접촉부분은 소독액을 묻힌 천으로 닦는다.
⑥ 청소에 사용되는 천은 식품 접촉표면용과 식품 비접촉표면용을 구분해서 사용한다.
⑦ 청소를 한 후 모든 부분을 공기로 건조한다.
⑧ 분리해 낸 부분들은 도로 끼워 넣고 단단하게 조립한다. 분리해 낸 부분들을 조립하는 과정에 식품 접촉표면이 오염될 경우에는 다시 소독한다.

제조업자가 추천한다면 분무 청소spray cleaning나 스팀 청소를 할 수도 있다. 분무 청소를 할 때는 필요한 농도의 세제액을 각 부분에 2~3분간 분무한다. 스팀 청소를 할 때는 스팀온도가 93.3℃(200°F) 이상이어야 한다. 분무 청소와 스팀 청소를 하 때에는 청소한 물이 다른 식품이나 식품제조 기구에 튀지 않도록 주의해야 한다.

8) 조리장의 청소

조리장은 벽, 천장, 바닥, 선반 등을 청소해야 한다. 이때 세척액과 청소 물이 식품에 튀어들거나 바닥과 선반에 고여 있지 않도록 한다.

① 바닥

바닥청소 시 청소해야 할 부분을 표시하는 원뿔이나 기타 표시물을 설치한다. 그리고 먼지가 나지 않는 비나 진공청소기로 청소할 지역을 그런 다음 대걸레를 사용하여 바닥을 닦는다. 대걸레의 양면을 사용하여 3m×3m 정도 되는 부분을 문질러 닦는다. 바닥을 닦을 때는 벽이 있는 부분에서 시작하여 배수로가 있는 쪽을 향하여 걸레질을 한다. 이때 바닥에 물이 고여 있으면 걸레의 물기를 짠 후 다시 닦는다. 바닥을 맑은 물로 헹구고 남아있는 물기를 다시 제거한다.

② 배수로

배수로 청소는 다른 청소작업을 끝낸 후 그날의 마지막 작업이다. 배수로 청소 시에는 청소용 고무장갑을 끼고 필요하다면 장화를 신는다. 배수로 덮개를 떼어내고 쓰레기를 제거한 후 덮개를 다시 설치한다. 배수로에 호스 또는 분무기로 물을 분사하여 세척하고 그런 다음 세제액을 배수로에 붓고 배수로 덮개를 문질러 닦은 후 분무하여 헹군다. 그 후 소독제 용액이나 살균제 용액을 배수로에 붓는다.

③ 천장

천장은 바닥만큼 많은 청소를 요하지는 않는다. 그러나 매일 얼룩, 거미줄, 응축물 등을 체크하고, 불결할 때는 스펀지로 천장을 닦고 헹군다.

④ 화장실

화장실은 적어도 매일 1회 청소해야 한다. 물비누, 화장지, 1회용 타월 등은 떨어지기 전에 보충한다.

9) 기구 및 용품의 청결 유지

식기, 조리기구, 청소용품 등은 청결하고 소독된 상태가 유지되도록 저장해야 한다.

그림 7-2-11 식기 및 조리기구의 청결 유지

① **식기 및 조리기구**

식기와 조리기구, 서랍과 선반은 항상 깨끗한 상태로 유지하도록 한다. 식기류를 운반하는 트레이와 손수레도 사용한 후에 청소 및 소독한다. 식기류와 조리기구는 바닥에서 최소한 30cm 이상 떨어지게 보관한다. 유리잔 등은 뒤집어 보관하고, 조리기구는 손잡이를 잡기 쉽게 보관한다. 고정된 설비는 청소 및 소독한 후 식품 접촉부분에 뚜껑을 씌운다.

② **청소용품**

청소기구는 보관하기 이전에 세척 및 소독한 후에 보관한다. 이들은 식품, 조리기구 등과 멀리 떨어져 있고, 빛이 잘 들고, 건조하고, 자물쇠가 채워진 장소에 보관해야 한다. 청소용품의 저장 장소에도 청소저용 싱크대가 있고 바닥에는 배수로가 있어야 한다.

청소용 천, 스펀지, 문지르는 팻은 소독용액이 들어 있는 용기 또는 건조한 공기 중에서 보관한다. 솔과 대걸레는 물통에 담가두지 말고 걸어둔다. 청소용 물통은 물을 비우고 씻은 후 다른 물품들과 함께 보관한다.

10) 청소 프로그램의 설정

청소 프로그램은 무든 부분의 청소와 소독작업을 조직화한 전체적인 시스템이다(표 7-2-7). 청소 프로그램을 설정할 때는 청소대상, 청소방법, 청소기기, 청소도구, 청소 담당자 등이 명시되어 있어 종업원들을 훈련시키는 데 도움이 되도록 해야 한다.

11) 위해물질의 취급주의

종업원들은 그들이 사용하는 위해한 물질들에 대한 취급방법과 사용하는 동안 자신들을 보호하는 방법에 대하여 잘 훈련되어 있어야 한다. 기본적인 구비사항으로는 먼저 위해한 화학물질의 전체 목록을 설치하고 위해한 화학물질들을 함유하는 모든 물질들은 필히 라벨링을 한다.

또한, 위해물질에 대하여 물질안전 정보판MSDS(material safe data sheet)을 제작하여 위해 물질 가까운 곳에 잘 보이게 비치해야 한다.

표 7-2-7 청소 프로그램의 예

청소대상	청소방법	청소시기	청소도구
바닥	엎질러진 것 닦기	가능한 한 빨리	걸레, 대걸레, 비, 바스켓, 쓰레받기
	물걸레질	교대 시마다 틈이 날 때	대걸레, 바스켓
	문질러 닦기	매일 종업 시	바스켓, 브러시, 고무걸레, 세제
	벗기고 재도포	1월, 6월	
벽, 천장	물기 닦기	가능한 한 빨리	깨끗한 천, 세제
	벽 씻기	2월, 8월	
작업대	상판 청소 소독	사용 후 즉시 종업 시	청소방법에 따름
	서랍, 다리 등	매주 토요일	
	비우고, 청소 소독	종업 시	
후드, 여과기	기름트랩 비우기	필요할 때	기름통
	내외부 청소	매일 종업 시	청소방법에 따름
	여과기 청소	매주 수요일 종업 시	식기세척기
브로일러 (broilers)	물판 비우고, 닦기	필요할 때	기름통, 깨끗한 천
	석쇠판 청소	매회 사용 후	청소방법에 따름

① 종업원 훈련

종업원들은 그들이 사용하는 위해한 물질들에 대한 취급방법과 사용하는 동안 자신들을 보호하는 방법에 대하여 잘 훈련되어 있어야 한다. 위해한 화학물질의 전체 목록을 작성하여 비치하여야 하며, 위해한 화학물질들을 함유하는 모든 물질들은 필히 라벨링을 한다. 그리고 위해물질에 대하여 물질안전 정보판material safe data sheet(MSDS)을 제작하여 위해 물질 가까운 곳에 잘 보이게 비치해야 한다.

종업원들이 다음의 정보를 확실히 알도록 한다. 이러한 내용의 일부는 물질안전 정보판MSDS에도 기록되어 있어야 한다.

- 제품의 관용명과 화학명칭
- 본 제품이 사용되는 곳, 사용시기 및 올바른 사용방법
- 발화, 독성, 피부침투 등의 물리적 위해성과 건강 위해성

- 위해 물질에 노출되었을 때 취해야 할 응급과정
- 엎질러지거나 새어나오는 것에 대한 대비책

12) 잔반 및 폐기물 처리의 위생

음식과 관련된 폐기물은 쉽게 환경오염을 유발시키므로 관리에 유의해야 한다. 원활한 처리를 위해서는 전용 운반도구나 적절한 도구를 사용한다. 쓰레기통은 뚜껑이 달린 페달식으로 비치하고 배식시간 동안에는 쓰레기통 및 잔반통이 보이지 않도록 해야 하며 쓰레기통 및 잔반통은 작업도구로 사용해서는 안 된다. 음식물 쓰레기는 주로 위탁 처리하는데 이때 반드시 합의하에 계약을 맺고 서류를 비치한다. 쓰레기통 내부와 외부를 중성 세제로 씻어 행군 후 200ppm의 차아염소산나트륨으로 소독한다. 세척 또는 소독은 1일 1회 실시하며 작업실의 오염구역에서 온수, 냉수, 바닥 배수시설이 있는 곳에서 실시하여 조리실 내부가 오염되지 않도록 한다.

제8편

식품의 위해평가 및 위생검사

식품의 위해평가
식품위생검사 및 시험

제1장 식품의 위해평가

식품을 섭취하는 소비자들은 식품에 존재하는 다양한 위해요소들로부터 인체 건강에 즉각적이면서도 심각한 영향을 받을 수 있다. 이에 대해 위해평가는 식품에 존재하는 위해요소를 실험이나 문헌고찰을 통해 확인하고 식품섭취 시 이러한 위해요소를 섭취할 가능성과 섭취로 인해 질병이 발생할 가능성을 정량적으로 평가하는 과학적인 과정을 위해평가라고 한다.

위해평가는 일반적으로 4가지 단계(위해성 확인, 위험성 결정, 노출평가, 위해도 결정)에 걸쳐 실시한다. 위해평가는 정보를 준비, 조직, 분석하여 규제나 정책결정을 하거나 프로그램을 정하거나, 연구 및 개발 순서를 정할 때 사용된다. 소비자의 건강을 해할 우려가 있거나 있다고 예측되는 식품이나 각종 위해요소에 대한 위해평가에 앞서 이들 요소들에 대한 독성실험을 통한 안전성 검사가 필요하다.

이를 위해 1955년 FAO/WHO 합동 식품첨가물 전문가위원회Joint FAO/WHO Expert committee on food additives(JECFA)가 설치되어 식품첨가물의 사용을 규제하는 일반원칙이 결정되었고, 1957년에 식품첨가물로 화학물질을 사용할 때의 안전성 확인법이 정해짐에 따라 그 안에 독성시험법이 포함되어 농약 및 의약품에 대한 독성시험에도 이용되고 있다. 우리나라에서는 식품의약품안전처Korea Food and Drug Administration(KFDA)의 식품의약품안전평가원에서 위해의 우려가 있는 잠재적인 화학물질의 독성시험에 대한 표준적인 시험방법을 정하여 선별, 판단하여 시행하고 있다.

안전성이 확보되지 못한 식품을 섭취했을 때 일어나는 중독증상은 급성중독, 만성중독이었다. 특히 만성중독의 경우 주로 간, 신장, 심장 등의 장기장애로 나타나며, 회복하기 어려운 치명적인 상태에까지 이르게 할 뿐만 아니라 원인물질의 규명이 급성중독보다 어려운 경우가 많다. 그러므로 식품의 안전성을 위하여 인체에 위해를 일으킬 수 있는 요인을 제거하는 것도 중요하지만 그들이 인체에 미치는 영향을 조사하기 위해 독성시험이 필요하며 구체적인 내용을 설명하면 다음과 같다.

1. 독성시험

1) 급성 독성시험

시험물질을 한 번만 투여(24시간 이내에 분할하여 투여하는 경우도 포함)하였을 때 단기간에 나타나는 독성을 검사하는 시험이다. 실험방법으로는 시험물질의 투여량을 저농도에서 순차적으로 일전한 간격으로 고농도까지 투여한 다음 7~14일 정도 관찰하여 반수의 실험동물이 죽는 양, 즉 LD_{50}을 측정한다.

실험동물은 두 종 이상으로 하고 그 중 한 종은 설치류, 한 종은 비설치류이어야 한다. 실험동물의 수는 각 투여군마다 6~10마리를 사용한다.

LD_{50}의 값이 작을수록 독성이 강하며, 약물 투여경로는 경구, 경피, 피하, 근육, 복강, 정맥 등이다. 1회 투여로 24시간 이내의 치사량을 산출한다. 설치류에 한하여 LD_{50}(반수치사량, 50% Lethal Dose)을 정한다. LD_{50} 값을 측정하여 다른 물질과의 독성을 비교 및 확인할 수 있고, 다른 실험에 필요한 투여량을 예측할 수 있다. LD_{50}이 작을수록 독성이 강하며, 용량별의 사망률에서 통계처리법에는 LichfieldWilcoxon법이 사용된다.

2) 아급성(단기) 독성시험

급성 독성이 밝혀진 시험물질에 대하여 아급성 독성시험을 실시한다. 시험물질을 실험동물에 1~3개월간 투여하여 반복 투여하여 독성을 검사하는 시험으로 실험동물은 일반적으로 래트rat 1종과 비설치류 중 개를 선택하여 2종 이상 실시한다.

아급성 독성시험에서 시험물질의 투여량은 LD량의 1/2, 1/4, 1/8 또는 그 이하로 하며, 시험물질 투여군에 대조군을 추가하여, 최대내성용량maximum tolerated dose(MTD) 및 무해용량no observed adverse effect level(NOAEL) 등을 포함해서 90일간 노출시킨다. 관찰기간은 처리기간과 동일한 90일로 한다.

시험을 통해 일반증상, 체중, 사료 섭취량 및 필요에 따라 물 섭취량, 혈액 및 요 검사, 병리조직학적 검사 등의 기능검사를 통하여 확실중독량definite toxic dose(시험물질을 실험동물에 투여하였을 때 독성이 명확하게 타나나는 최소용량) 및 무작용량no toxic dose을 검토한다. 이 시험은 만성 독성시험의 투여량 등 기타 조건을 설정하기 위한 예비시험으로 실시된다.

3) 만성(장기) 독성시험(반복투여 독성시험)

사람이 어떤 화학물질을 장기간 섭취했을 때 나타나는 독성을 예상하고 이 화학물질의 최대 무작용량을 추정하려는 것이 이 시험의 목적이다. 특히 식품의 경우에는 식품첨가물의 섭취허용 여부의 결정에 이용된다. 대개 두 종의 동물을 시험한 성적을 요구하므로 흰쥐와 개 또는 흰쥐와 생쥐를 동시에 시험하는 경우가 많다.

시험물질은 대개 사료에 섞어 투여하며, 투여용량은 아급성독성과 마찬가지로 음성대조군, 필요에 따라서는 비투여대조군, 양성대조군을 설정하고 최소 3단계의 시험물질 투여군으로 하고, 최대내성용량 및 무해용량 등을 포함하여 용량반응 관계가 나타날 수 있도록 한다. 최대내성용량이란 대조군과 비교하여 10% 이상의 체중감소를 초래하지 않으며, 그 동물의 수명을 단축시킨다고 기대되는 사망률, 독성의 증후, 그 밖의 병리적 병변 등이 나타나지 않는 최대용량을 말하고 아급성 시험의 결과로부터 구할 수 있다. 사료 중 시험물질의 각 농도에 대하여 생쥐, 흰쥐는 암수 각각 10마리 이상/군 정도, 개는 암수 각각 3마리 이상/군 정도로 1년 또는 그 이상 사육한다. 시험과정에는 사육동물을 주의 깊게 관찰 · 관리하고, 특히 사료섭취량, 체중변화, 운동과 거동 및 사육 도중 사망한 동물의 사망률 등을 조사한다.

시험이 끝난 후에는 동물을 해부하여 생체 각 장기의 형태적 변화, 병리 조직학적 검사 등을 통하여 중독성 병변의 종류와 정도를 판정한다. 또한 배설물의 혈액학적 검사와 생화학적 방법으로 각 장기의 기능장애 및 생체의 대사 등도 검사한다. 여기서 얻어진 검사결과를 통계학적으로 해석하고 종합적으로 판단하여 최대무작용량, 최소중독량 등을 결정하게 된다.

4) 발암성 시험

동물을 사용한 발암성 시험은 시험물질을 실험동물에 만성 독성시험보다 오랜 기간 투여하여 암(종양)의 생성 여부를 관찰하는 시험이다. 시험물질의 투여량과 시험동물의 사육기간 등은 만성 독성시험과 같으며 종양의 발생은 대조구보다 빠르거나 많은 정도를 통계적으로 해석하여 발암성 유무를 구분한다. 발암은 정상세포의 개시단계Initiation → 촉진/전환단계Promotion/conversion → 진행단계Progression, 즉 3단계가 순차적으로 진행되어 암이 발생된다. 개시단계에서 발암물질의 노출 또는 타고난 결함으로 인해 정상 세포의 DNA가 돌연변이가 된다. 돌연변이 된 DNA에 여러 성장인자들과 상호작용을 통해 발암 세포의 증식이 진행된다. 진행하던 세포가 악성형태로 전환되어 암으로 진화하게 된다.

식품관련 화학물질에 대하여 발암성 시험을 하는 경우, 실제로 동물에 모든 화학물질을 장기간 투여하여 종양이 발생하는가를 지켜보는 것이 아니라, 다른 어떤 세포의 암호 메커니즘에 근거한 생물학적 변화를 지표로 하여 그 단계에서 많은 화학물질을 스크리닝screening하여 양성으로 판정되는 것에 대하여 발암성 시험을 하는 것이다.

종을 선택할 때는 원칙적으로 기존에 알려져 있는 발암물질에 대해 반응성이 높고 자연적으로 발생하는 종량의 발생률이 낮은 계통을 선택하며 상대적으로 생애주기가 짧은 마우스와 흰쥐를 선호하며, 18~24개월 동안 노출시켜 매일 관찰하도록 한다. 이 시험에서는 최고용량이 최소독성을 나타내야 하는 것이 중요하다.

5) 최기형성 시험

태자의 기관형성기 동안 임신 모체에 약물을 투여하여 태자의 기형유발 여부 및 차세대의 신체발달, 반사기능, 학습기능 발달 등의 이상 유무를 확인하기 위한 시험으로 설치류 1종 및 비설치류 1종으로, 설치류는 각 군당 임신 암컷 20수(임신 7~17일) 이상, 비설치류는 각 군당 임신 암컷 12수(임신 6~18일) 이상을 사용한다. 고용량, 중간용량, 저용량의 3단계로 임상투여를 하여 모체의 이상 유무, 태자의 사망 유무, 태자의 흡수, 외표기형(외형적인 이상: 외뇌증, 곡미, 개안 등), 내장기형(내장에 기형이 나타나는 것: 신수증, 혈관기형, 구개열 등), 골격기형(골격에 기형이 나타내는 것: 골격결손, 유합), 분만 후 수유 등을 관찰하여 태자의 이상, 흡수율, 기형 발생빈도 등 전 실험항목별을 대조군과 통계학적으로 비교하여 관찰한다.

6) 생식 독성시험

시험물질이 생식선 기능, 발정주기, 교미, 임신, 출산, 수유, 이유 및 새끼의 성장에 미치는 영향을 알아보기 위해 실시된다. 통상 설치류를 이용하여 친세대, 1세대, 2세대까지 관찰하며, 이유기를 제외하고 시험물질을 매일 투여한다. 용량단계는 독성을 나타내는 최대용량에서 모체는 죽지 않아야 하며 군당 암 · 수 각 20마리 이상으로 한다. 관찰기간은 상당히 긴 편인데, 시험물질을 교배 전, 임신기간, 이유기 동안의 모체A1에게 투여한다. 모체에게 수유 받은 새끼A2가 성장 후에 교배하여 임산, 출산을 통해 낳은 새끼A3가 21일이 될 때까지 A2에게 투여하여 관찰한다.

7) 유전 독성시험

화학물질이 세포의 유전물질DNA에 직접 또는 간접적으로 영향을 끼쳐 돌연변이를 유발하는 것을 유전독성이라 하는데, 이를 기초로 하여 시험물질의 돌연변이 유발성 또는 발암 가능성 여부를 *in vivo, in vitro* 실험을 통해 정성적으로 표시하는 일련의 시험을 말한다. 박테리아를 이용한 복귀 돌연변이 시험ames test, 포유류 배양세포를 이용한 체외 염색체이상 시험chrompsomal aberration test 그리고 설치류 조혈모세포를 이용한 체내소핵 시험micronucleus test 등이 있다.

복귀 돌연변이 시험은 특정 아미노산 합성이 억제된 미생물을 이용하여 시험물질에 의한 아미노산 합성 균주로 전환되는지를 확인함으로써 독성을 측정하는 시험법이다. 이 시험법은 5균주 이상을 이용하여 DNA의 single base level에서 유전적 손상을 측정하므로 빠르고 간편하면서도 발암성 시험결과와 매우 밀접한 상관관계를 보이는 시험법으로 널리 사용되고 있다. 체외 염색체이상 시험은 시험물질에 의한 염색체의 구조적 이상을 측정하기 위한 시험법이며, 소핵시험은 만일 소핵을 가진 다염성 적혈구가 증가한다면 시험물질이 염색체를 손상시켰거나 세포분열 장치에 이상을 유발한 것으로 평가할 수 있다.

8) 발생 독성시험

태아의 기관형성기 동안 임신 모체에 약물을 투여하여 기형유발 여부 및 차세대의 신체발달, 반사기능, 학습기능 발달 등의 이상 유무를 일으키는 물질을 확인하기 위한 시험이다. 설치류 1종 및 비 설치류 1종으로 일반적으로 래트, 햄스터, 토끼 등을 종으로 사용한다. 투여량은 시험물질이 어미에게 악영향을 미치지 않는 최대농도, 즉 최대량보다 낮은 농도로 한다. 물질을 교배 전~태아의 장기가 생성되는 시기~임신기간 중에 투여하고, 설치류의 2/3는 임신말기에 희생시켜 태아를 관찰하고, 1/3은 자연분만시켜 출생한 태아를 관찰하는데 관찰 내용은 모체의 이상 유무, 태아의 흡수, 외형적 기형, 내장기형, 골격기형, 분만 및 수유 등이다.

이 외에도 피부 독성시험, 안구 독성시험, 신경 독성시험 등이 있다. 피부 독성시험은 피부에 손상을 주어 염증을 유발하는 물질을 확인하는데, 직접적으로 물질을 투여하여 관찰하거나, 투여 간격의 차이를 두어 민감성을 이용하여 피부독성을 관찰한다. 안구 독성시험은 주로 토끼를 실험동물로 선택하여 시험물질을 1초 동안 눈에 노축시켜 관찰한다. 신경 독성시험은 래트, 마우스, 닭 등이 이용되며, 90일 정도 물질에 노출을 시키면서 전기적 감각, 움직임 등을 관찰하고 병리학적 검사 등을 통해 결과를 알 수 있다.

2. 독성시험 자료를 이용한 규제치 설정

1) 최대무작용량NOAEL

독성작용은 농도에 비례하며, 일정농도(역치) 이하에서는 독성작용이 관찰되지 않는다. 따라서 그림 8-1-1 의 용량 및 반응곡선에서 시험 군 중 어느 개체에게 독성작용을 나타나지 않는 역치부분 중 가장 농도가 높은 투여량을 최대무작용량 또는 No Observed Adversed Effect levelNOAEL이라 한다.

만성 독성시험에서 얻어지는 최대무작용량은 그 동물에 일생동안 계속적으로 투여해도 아무런 독성이 나타나지 않는 양, 즉 무독성이 인정되는 최고섭취량을 의미하므로 그 동물에 대한 안전량이라고 할 수 있다.

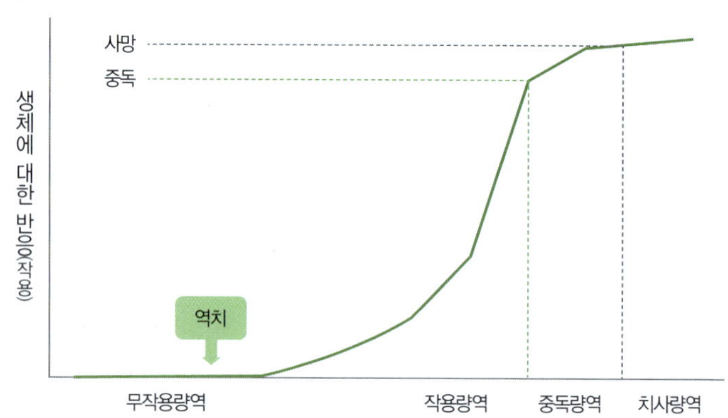

그림 8-1-1 화학물질의 용량 및 반응곡선

일반적으로 실험동물에 대한 최대무작용량의 1/100을 사람의 최대무작용량으로 보고 있다. 이것은 동물과 사람간의 차이(1/10)와 사람 개인 간의 차이(1/10)를 고려하여 정한 값이다.

2) 안전계수법Safety factor approach

안전계수법이란 동물이나 사람에게 어떤 화학물질의 해가 나타나는 수준과 나타나지 않는 수준에 대한 실험적 독성자료로부터 무해용량을 구하고 사람이 섭취하여도 안전하다고 생각되는 수준을 설정하기 위하여 안전계수를 도입하는 방법으로, 이때 전제조건으로 모든 화학물질이 전형적인 does response curve를 나타내며 독성이 나타나지 않는 한계값threshold이 있다고 하는 약리학의 원리에 근거하고 있다. 이때 동물실험의 결과로부터 인간의 안전성을 예측하기 위하여 어느 정도의 안전마진safety margin을 두어야 할 것인가 하는 문제가 남게 된다.

1954년 Lehman & Fitzhugh는 식품첨가물의 경우 100의 안전마진을 적용하면서 안전계수법은 그 후 30여 년간 널리 활용되었다. 결국 동물의 종(種)이 달라지면서 10배, 사람 개인 간의 차이에 따라서 10배의 독성 차이가 나올 수 있기 때문에 100이라는 안전마진은 합리적이라는 것이 여러 실험에 의하여 뒷받침되고 있다. 독성자료의 신빙도나 독성반응의 특성에 따라 100 이외의 안전계수를 사용할 수도 있으며, 발암성이 의심이 되는 물질의 경우에는 1,000을 사용하여 관례상 10~1,000 사이의 안전계수를 채택하고 있다.

3) 1일 섭취허용량

만성 독성시험에서 얻어지는 최대무작용량은 그 동물에 일생동안 계속적으로 투여해도 아무런 독성이 나타나지 않는 양, 즉 무독성이 인정되는 최고섭취량을 의미하므로 그 동물에 대한 안전량이라고 할 수 있다.

일반적으로 실험동물에 대한 최대무작용량의 1/100을 사람의 최대무작용량으로 보고 있다. 이것은 동물과 사람간의 차이(1/10)와 사람 개인 간의 차이(1/10)를 고려하여 정한 값이다.

이렇게 해서 얻은 값을 사람의 체중 1kg당 1일 섭취허용량acceptable daily intake(ADI)으로 나타낸다.

식품첨가물을 각 식품에 사용하는 경우의 한계농도는 먼저 그 첨가물이 식품에 혼합되어 목적하는 효과를 나타내는 최소량을 실험적으로 결정한 다음 그 첨가물이 사용되는 여러 가지 식품의 하루 섭취량을 고려하여 그 첨가물의 1일 섭취가능량을 계산한다. 여기에 식품기호계수(2~10)을 곱하면 최대섭취량이 산출되는데, 이 값이 ADI를 넘지 않는 범위 내에서 첨가물의 사용한계량이 결정된다.

이렇게 계산된 사용한계량은 한계량일 뿐이지 최적량은 아니므로 법적으로 정해진 사용기준량은 사용한계량보다 낮게 설정하는 것이 바람직하다.

최대무작용량을 알아서 사람의 1일 섭취허용량acceptable daily intake(ADI)의 값을 찾아야 한다. ADI의 값은 최대안전량에 안전계수를 곱하여 최대무작용량을 얻고 여기에 체중을 곱한다. 안전계수는 사람과 실험동물 간의 그 검체에 대한 감수성을 1 : 10, 그리고 사람에 있어서는 성별, 연령 및 환자나 임산부 등의 개인차를 1 : 10으로 하여 사람에 대한 ADI는 1/100을 곱하여 산출한다.

4) ADI를 기준으로 한 식품의 안전성에 대한 합리적 인식

일반적으로 어떤 유해성분의 안전성은 그 물질의 식품 중 잔류기준량으로 나타내는 것이 아니고 하루 섭취허용량ADI 대비 섭취율로서 나타낸다.

그림 8-1-2에서 볼 수 있듯이 어떤 물질이 식품에 잔류하는 양이 그 물질의 동물 독성실험에서 얻은 ADI 값에 대비하여 10% 이하를 섭취했을 경우 그 물질에 대한 위험성을 걱정할 필요가 없으며, 그 결과 정밀조사나 기준 설정의 필요성이 없다고 하겠다. 그런데 어떤 물질의 식품 중 잔존량이 ADI 대비 30% 이

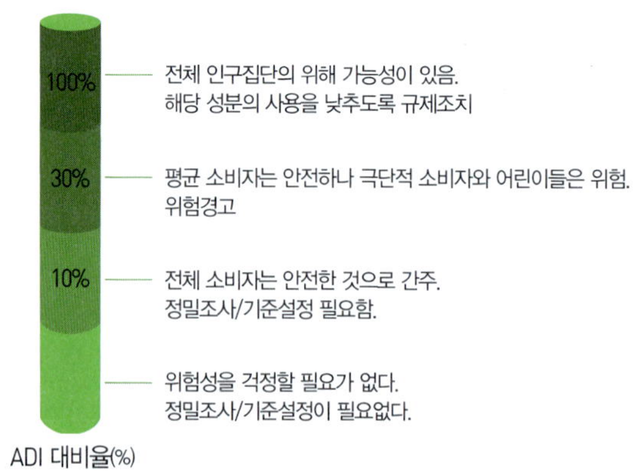

그림 8-1-2 인체 노출량/ADI 대비 안전성 평가

하에 해당된다면 전체 소비자는 안전한 것으로 간주할 수 있으나 정밀조사나 기준 설정이 필요하게 된다. 그러나 ADI 대비 잔존량이 30% 이상에서 100% 이하라면 평균 소비자는 안전하지만 극단적 소비자와 어린이에게는 위험성이 높다.

특별히 잔류 유해 물질의 양이 ADI 대비 100% 이상이 검출될 경우에만 전체 인구집단의 유해 가능성이 있으므로 해당 성분의 사용을 낮추도록 규제조치로 해야 할 것이므로 실제 농약이 기준치 1ppm의 200%인 2ppm이 검출되었다 해도 이러한 과학적 자료에 의해서 생각해 보면 사람에게 곧바로 유해가 있다고 생각할 수 없으므로 너무 당황할 필요가 없다.

실제 지금까지 조사 보고된 국내 식품에서의 유해성분 함량을 ADI와 대비하여 조사한 결과 잔류 중금속만이 ADI 대비 94% 섭취율을 보여 중금속의 오염이 심각한 것으로 나타났으나 대부분의 국민들이 우려한 농약의 오염 정도는 생각보다 오히려 미비한 것으로 나타났다. 그 다음의 위험은 식품첨가물, 식품, 곰팡이 독소, 방사선 및 PCB의 순으로 나타나 유해 물질에 대한 비합리적인 인식을 갖고 있는 것을 알 수 있었다.

이와 같이 소비자들이 비합리적인 생각을 갖고 있기 때문에 잔류 유해물질에 대한 문제제기가 있으면 깊이 생각하지도 않고 유해 물질이 기준치와 비교하여 높에 나온 그 이유만으로 온통 시끄러운 현상이 벌어지게 된다. 한 예로 수입사료에서 aflatoxin이 검출되었다는 연구결과가 신문에 나오면 그 양이 ADI 값에 대비하여 어떤 수준에 해당 중에 aflatoxin 대사산물이 전이되어 우유를 마시면 큰일나겠다는 심리가 확산되어 우유농가는 물론 관련 가공회사나 국가가 큰 손해를 입게 되어 또 일정한 시간이 지나가면 근본적인 문제해결은 없이 모든 것을 잊어버리고 또 다른 일에 쫓기게 되는 특이한 현상을 많이 보아왔다.

이러한 소비자들의 반응은 유독 성분에 대한 정보가 적고 불확실한 경우는 불안 정도가 높아 사회가 시끄럽다가 실제 오염량이 파악되고 문제가 된 유독성분에 대한 정보가 많이 파악되었을 때는 유독성분의 오염 정도가 심각하거나 혹은 그렇지 않더라도 소비자들의 불안 정도는 훨씬 적고 별 반응이 없는 것으로 나타났다. 소비자들이 얼마나 어떤 문제에 대해 합리적, 과학적으로 접근하기보다는 비과학적인 감정에 의해 크게 좌우되는가를 잘 설명해주고 있다.

따라서 이러한 결과의 책임을 소비자들에게만 넘길 것이 아니라 국가에서도 국민들을 합리적이고 과학적인 생각을 할 수 있도록 체계적인 위생교육을 지속적으로 펼쳐야 할 것으로 생각되며, 이러한 노력은 비록 금방 효과가 나타나지 않더라도 국민건강 향상은 물론 식품산업의 지속적인 발전에도 크게 도움이 될 것이다.

3. 위해평가

1) 위해평가 준비

앞서의 위해요소에 대한 독성 평가자료를 바탕으로 위해평가를 실시한다. 위해 평가는 일반적으로 4가지 단계(위해성 확인, 위험성 결정, 노출평가, 위해도 결정)에 걸쳐 실시한다. 위해평가는 정보를 준비, 조직, 분석하여 규제나 정책결정을 하거나 프로그램을 정하거나, 연구 및 개발 순서를 정할 때 사용된다.

위해평가를 본격적으로 실시하기 전 계획 및 범위설정을 해야 한다. 계획 및

표 8-1-1 식품에 존재하는 위해요소

구분	위해요소		건강위해
생물학	식중독 세균	– 감염형: *Salmonella, V. parahaemolyticus*, 병원성 대장균 – 독소형: *S. aureus, C. botulinum, E. coli* O157:H7	고열, 구토, 두통, 설사, 위장장애, 장염 등을 동반하는 식중독
	인수공통감염병	– 소해면상뇌증(광우병), 결핵, 탄저	야곱병, 결핵 등
화학	자연독	– 식물성: 버섯, 감자 등 식물 – 동물성: 복어 및 어패류 등 – 곰팡이 독	각종 암, 신경계 질환, 기형아 출산, 체중감소, 발육저하 등
	화학첨가물	– 식품첨가제, 식품용기/재료, 변조제, GMO 농축산물 및 식품	
	약품 및 환경오염 물질	– 중금속, 잔류 농약, 다이옥신, 동물요의약품 등	
물리	이물질	– 쇳조각, 유리조각 등	물리적 손상

범위설정은 위해평가의 목적과 범위를 규정하고 평가를 수행하는 데 수반되는 문제와 접근의 초점을 맞추는 과정이다(NRC, 2009). 계획 및 범위설정의 효과는 아래와 같다(NRC, 2009).

- 적절한 일정과 필요한 자원을 확인하여 효율성을 향상시킨다.
- 목표, 책무, 기간, 자원에 관한 현실적인 기대에 있어 주요 관계자들 간 합의를 도출한다.
- 모든 관계자들이 참여하고 의견 차이를 신속하게 다루어 뜻밖의 사항을 남기지 않도록 예기치 않은 논란을 덜 발생하게 한다.
- 이 과정에 도움이 되는 여러 학문 분야 관계자들을 참여시켜 각각의 위해평가 및 위해성 결정이 관계자들에게 유용하게 하도록 한다.
- 현재의 결정을 적절히 알리기 위하여 위해평가에 수반된 복잡성 정도를 이해시킨다.
- 이해 당사자의 지원을 받아 정보에 근거한 결정을 내린다.

특정한 식품이나 위해요소에 대해 위해평가 실시 여부를 결정하기 위해서는 관련 위해요소의 특징과 중요성, 위해 규모 및 심각성, 상황의 긴급성, 관련 모집단, 특정 위해요소와 관련된 기타 요인, 자원이 이용 가능성 등을 고려해야 한다(NRC, 2009). 이러한 것들을 고려한 후 위해평가의 우선순위를 결정하기 위해 위해 프로파일을 실시한다.

2) 위험성 확인Hazard identification

위험성 확인이란 특정 인자의 사람에게 직접적 또는 간접적으로 건강에 대한 영향 정도를 확인하는 단계로(USFDA-CFSAN, 2002) 대부분의 위해요소들에 대한 최근까지 보고된 국내외 정보들을 조사하고 분석하여 위험성을 확인하는 단계이다. 이 단계에서 사용용도, 사용량, 사용현황, 물리 · 화학적 성질, 제조과정, 주요 오염원, 주요 원인 식품, 노출기간, 인체영향 여부 및 생물학적 자료(흡수, 분포, 대사, 배설, 체내 축적성), 동물 독성자료, 발암성 여부, 역학자료 등을 조사하여 위험성을 확인한다. 미생물학적 위험성 확인의 예를 들면, *Salmonella* spp., *Listeria monocytogenes*, *Staphylococcus aureus*, *Escherichia coli* O157:H7, *Clostridium perfringens* 등이 있다.

표 8-1-2 식중독 세균에 대한 위험성 확인

종류	오염원	잠복기	임상 증상	감염량
Salmonella spp.	생고기, 계란, 우유, 유제품	12~48시간	복부통증, 두통, 고열, 설사, 혈변	10^5~10^7 cell/g
L. monocytogenes	생고기, 생가금류, 햄, 우유, 핫도그, 해산물	1일~3주	메스꺼움, 구토, 두통, 고열, 한기, 유산, 패혈증, 수막염	수개 cell~많은 양
S. aureus	김밥, 도시락, 떡, 빵	1~6시간	구토, 설사, 허탈, 의식장애	10^6~10^7 cell/g
E. coli 0157:H7	햄, 치즈, 소시지, 샐러드, 도시락, 두부	10시간~9일	출혈성 혈변, 구토, 복통	10~10^2 cell/g
Cl. perfringens	생우유, 생고기, 닭고기	2~5일	설사, 복통, 두통, 발열, 탈수	10^6~10^7 cell/g

3) 위험성 결정Hazard characterization

위험성 확인 후 위험성 결정을 하게 되는데 위험성 결정은 위해요소의 노출량과 유해영향 발생과의 관계를 정량적으로 나타내는 단계로, 인체 혹은 동물 독성 자료 등을 바탕으로 위해도 결정시 활용되는 독성값(No observed adverse effect level; NOAEL, Benchmark dose lower confidence limit; BMDL) 및 인체 안전기준(Acceptable daily intake; ADI, Reference dose; RfD 등)을 설정하는 단계이다. 필요에 따라서는 국내 · 외 독성자료와 역학자료 등을 참고하여 인체 안전기준을 설정할 수 있다.

표 8-1-3 독성값 및 인체 안전기준

안전기준	정 의
NOAEL	실험물질의 유해 작용이 보이지 않는 최대용량
LOAEL	최소관찰 부작용량
BMDL	가장 민감한 biochemical marker에 대해 1회 복용량의 임계점을 추정
ADI	1일 허용섭취량
RfD	평생동안 유해영향이 발생하지 않을 것으로 기대되는 1일 노출량

안전기준을 결정하는 용량반응 평가가 필요한데 노출된 개체별 또는 집단별 병원균 용량과 건강에 나쁜 영향을 미치는 사례의 확률 관계를 정립하는데 도움이 된다(USDA/FSIS, 2012). 용량 수준은 이산Discrete으로 표현할 수 있는 미생물 수, CFUColony forming units, PFUPlaque forming units으로 측정한다. 그 외에도 용량반

표 8-1-4 병원성 세균의 용량-반응 모델

미생물	모델	매개변수	참고
아데노바이러스 4	지수	$r = 0.4172$	Crabtree et al., 1997 Haas et al,. 1999
캄필로박터 제주니	베타-포아송(poisson)	$\alpha = 0.145,\ \beta = 7.59$	Haas et al., 1999 Medema et al., 1996 Teunis et al., 1996
	감염: 초기하 베타-포아송 질병: 감염에 따라 달라짐	$\alpha = 0.024,\ \beta = 0.011$ $\eta = 3.63 \times 10^{-9}$, $r = 2.44 \times 10^{8}$	Teunis et al., 2005
콕사키바이러스	지수	$r = 0.0145$	Haas et al.,1999

을 모델을 이용해서 용량 수준을 평균 투여량이나 섭취량으로 명시하거나 LD_{50}으로 나타낼 수 있다.

4) 노출평가Exposure assessment

노출평가를 통해 특정 미생물의 위해에 대한 노출의 경로, 빈도 그리고 강도(량)를 결정하는 단계로서 사람의 위험 노출규모와 노출원을 파악하는 위해평

표 8-1-5 노출평가 수행 전 고려할 질문들 (USDA/FSIS, 2012)

미래지향적 목적	후향적 목적
이 단계에서 발병은 단지 잠재적인가, 아니면 답을 할 수 있는 시간은 있는가?	이 단계에서 발병은 임박한 것인가, 아니면 이미 발생하여서 즉각적인 답을 요구하는가?
노출평가는 덜 보수적인 가정을 사용한 심층 분석으로 구성되어야 하는가?	노출평가는 초기값 그리고/또는 더 보수적인 가정을 사용한 심층분석으로 구성되어야 하는가?
평가는 장단기 노출 모두에 집중되어야 하는가?	평가는 단기 노출에만 집중되어야 하는가?
분석은 하위 및 상위 단위 노출 모두에 집중되어야 하는가?	분석은 상위 노출에만 집중되어야 하는가?
체내 노출을 모델링 할 또는 측정하기 위한 시도가 이루어져야 하는가?	관심 매개체에 대하여 오염 수준은 측정되거나 또는 모델화되어야 하는가?
그 특정 미생물 원인체에 대한 모든 잠재적 노출 경로를 고려하는 평가가 되어야 하는가?	긴급한 관심이 되는 노출경로만을 고려하는 평가가 되어야 하는가?
그 분석은 다중 미생물 원인체에 대한 종합적 누적 노출을 고려하는 시도를 해야 하는가?	그 분석은 부정적 건강 효과를 초래하는 미생물 원인체와 그 노출에만 집중하여야 하는가?

가의 세 번째 단계로(US FDA-CFSAN, 2002)섭취량과 저감화 기술 등 관련 자료 및 실험을 토대로 인체노출량을 정량적으로 평가하는 과정으로 식품섭취를 통한 노출량을 추정할 때에는 일반섭취군과 함께 고섭취군의 식이노출량도 모두 평가하고, 노출빈도가 높은 식품에 대한 평가도 포함하여 인체 노출량을 산출한다. 노출평가를 수행하기 전 고려할 문제들은 표 8-1-5와 같다.

단 노출평가 자료가 불충분하거나 없는 경우 다양한 통계분석 방법을 이용하여 노출평가를 할 수 있다.

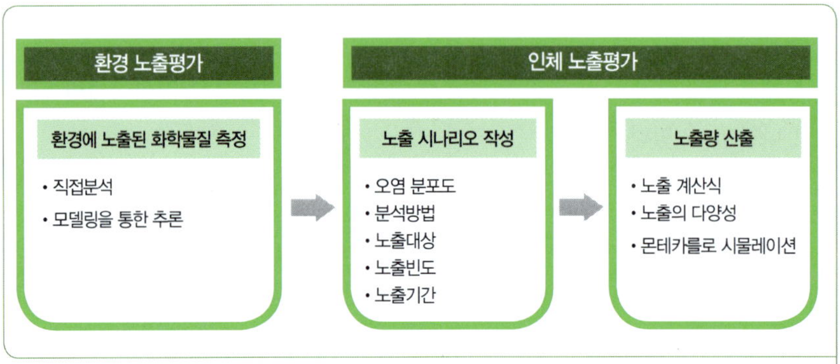

그림 8-1-3 노출평가

특히 유해 미생물의 경우 생산에서 소비까지의 미생물 오염, 교차오염, 증식, 사멸 등을 검토하고 섭취단계에서의 미생물을 정성 및 정량적으로 평가하여 사람에게 노출되는 양을 산출할 수 있다. '농장에서 식탁'까지 모델의 경우는 다음 사항들을 고려해야 한다(표 8-1-6).'

- 초기시간에 오염원 내의 생존 가능 병원체의 수
- 오염원에서 배출된 병원체의 수와 오염원 내의 감염의 수준
- 병원체의 배출기간 유형: 연속적 또는 단계적
- 병원체 배출속도: 회/단위시간(예: CFU, PFU, 분, 초, 시)
- 배출유형: 매개물, 분무장비, 발효기로부터 발생하는 가스, 폐수, 도축
- 배출 종착 매개체: 식품, 표면수, 토양, 공기, 기타 표면

표 8-1-6 위해물질의 전달경로

(USDA/FSIS, 2012)

<table>
<tr><th>출처</th><th>배출</th><th>노출점(매체)</th><th>노출점(매체)</th><th>노출경로</th></tr>
<tr><td rowspan="20">자연 혹은
인위적
점 혹은 비점</td><td rowspan="20">자연적
우발적
의도적</td><td rowspan="5">식품</td><td>고기</td><td rowspan="5">• 섭취
• 직접 접촉</td></tr>
<tr><td>가금류</td></tr>
<tr><td>계란 및 계란제품</td></tr>
<tr><td>생선 및 조개류</td></tr>
<tr><td>농산물</td></tr>
<tr><td rowspan="4">물</td><td>표면수(식수)</td><td rowspan="2">• 섭취
• 직접 접촉
• 흡입</td></tr>
<tr><td>지하수(식수)</td></tr>
<tr><td>수욕수</td><td rowspan="13">• 우발적 섭취
• 직접 접촉
• 흡입</td></tr>
<tr><td>퇴비차</td></tr>
<tr><td rowspan="5">토양</td><td>표면 토양</td></tr>
<tr><td>하위표면 토양</td></tr>
<tr><td>침전물 / 모래</td></tr>
<tr><td>퇴비</td></tr>
<tr><td>바이오 고체</td></tr>
<tr><td rowspan="2">공기</td><td>주변 공기</td></tr>
<tr><td>실내 공기</td></tr>
<tr><td rowspan="2">표면</td><td>다공성</td></tr>
<tr><td>비다공성</td></tr>
<tr><td rowspan="2">생물상</td><td>식물</td></tr>
<tr><td>(인간 포함) 동물</td></tr>
</table>

노출평가를 위해 흔히 이용되는 정량적 방법으로 몬테카를로 분석을 많이 사용되는데 여기에는 모델의 예상 결과의 확률을 평가하기 위한 각 확률 분포의 무작위 샘플링을 포함한다.

노출 분석에서 시나리오 분석의 예를 도식화 하면 그림 8-1-4와 같다.

노출평가에서 예측 미생물학은 중요한 분야이다. 예측 미생물학은 식품에서 미생물 생장에 영향을 미치는 내적요인과 외적 요인의 변화에 따른 미생물의 정량적 변화를 평가하는 분야이다.

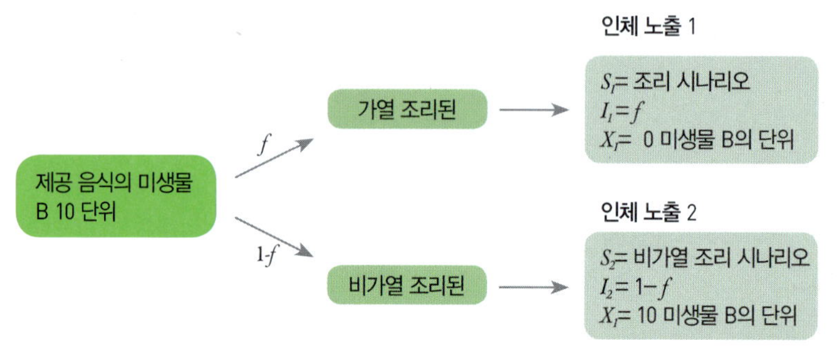

(USDA/FSIS, 2012)

그림 8-1-4 노출평가 시나리오의 단순사례

○ 내적요인 : 수분활성도, 산화환원 전위차, pH, 미생물이 이용 가능한 영양성분, 초기 미생물, 식품 고유의 항균활성 등

○ 외적요인 : 저장온도, 식품포장 방법, 저장습도, 식품에 첨가한 항균물질 등

예측 미생물학의 순서는 아래와 같다.

(1) 실험디자인

(2) 데이터 수집

(3) 모델링

① 일차 모델링: 반응시간의 변화에 따른 미생물 수의 변화를 예측하는 단계로 유도기, 생장률 등의 카이네틱 변수를 계산한다. 일차 모델로 사용되는 것은 Exponential model, Logistic model, Gompertz model, Baranyi model 등이 주로 사용 된다.

② 이차 모델링: 환경변수가 일차 모델링에서 계산된 변수들에 미치는 영향에 대해 분석하고 Polynomial model, Arrhenius model, Belahadea type model, Ratkowski model 등이 활용된다.

③ 시뮬레이션

④ 검증

(4) 개발된 모델의 적용

5) 위해도 결정Risk characterization

일반적인 의미에서 위해란 해로움을 겪을 가능성(확률)을 의미하는데, 위해평가 목적의 측면에서 위해라 함은 미생물에 의해 표현되는 본질적 효과를 나타내는 것으로서 부정적 결과와 관련된 개념이다. 따라서 위해요소와 노출 정도를 고려하여 통합으로 이해되는 것이 일반적이다.

마지막 단계인 위해도 결정은 위험성 확인, 위험성 결정 및 노출평가를 근거로 인체 건강에 미치는 유해영향의 발생과 위해 정도(질병 발생률, 사망률, 감염률 등)를 정량적 또는 정성적으로 계산하는 과정으로 수행된 결과들을 근거로 하여 인체 유해유발 가능성의 위해도를 결정하기 위해 위해도를 산출한다(1996)Notermansetal.

$$\text{위해도 산출(\%)} = \frac{\text{유해 물질의 노출량(mg/kg bwday)}}{\text{인체 안전기준치(mg/kg bw/day)}} \times 100$$

시뮬레이션을 통한 위해도 평가는 위해요인의 초기 오염도, 변화량 예측모델, 식품의 섭취량 섭취 패턴 및 용량-반응모델 자료를 시뮬레이션용 소프트웨어에 대입하여 위해도를 예측한다.

6) 위해 정보교환Risk communication

위해 정보교환은 위해평가 및 위해관리와 함께 위해분석의 필수적인 구성요소로 위해분석 과정에서 얻은 결과를 위해평가자, 위해관리자, 소비자, 업체관계자, 학계 및 기타 이해집단들 사이에 공유하고 위해관리 결정에 대한 정보와 의견을 서로 교환하는 것을 말한다. 현대는 수많은 이해집단들이 공존하기 때문에 문제가 한번 사회적으로 제기되면 건잡을 수 없는 혼란이 일어나 당사자가 회사인 경우 경제적으로도 막대한 손해를 보게 될 수도 있다. 따라서 위해 정보교환 기술은 오늘날과 같이 우리 사회에서 발생하게 될 수많은 문제점이나 혼란을 사전에 이해 당사자들과의 의견 교환을 통해 예방 또는 감소시킴으로써 원만한 사회생활을 유지하기 위해 사용될 수 있는 매우 중요한 수단으로 사용되고 있다.

실제로 위해 정보교환 방법은 꼭 학문적인 의미뿐만 아니라 일반사회에서도 다양하게 사용함으로써 많은 어려움을 사전에 감소시킬 수 있다.

가까운 예로 부산지방 식품의약품안전청은 9년 전부터 식품안전협의회를 운영해오고 있다. 구성원은 이해 당사자인 식품회사 CEO를 비롯하여 소비자단체대표, 학계, 식약청의 위해관리자인 부산지방식약청장 등 다양하게 구성되어 있다. 처음 모임을 가졌을 때는 소비자단체나 업체대표 간에 이견이 많았으며 위해관리자인 부산식약청과도 소통이 되지 않아 회의 때마다 시끄럽고 불편하였다.

그러나 해를 거듭할수록 발생할 문제나 현재 진행되고 있는 사안에 대해 솔직한 의견을 교환함으로써 실제로 그 사안이 사회적 이슈로 떠올랐을 때 발생하는 혼란이 매우 적고 특히 소비자단체가 문제를 적극적으로 이해하고 협조하게 됨으로써 사회적으로나 경제적으로 그 충격이 감소되는 것을 보면서 우리 사회에서의 위해 정보교환의 기술을 활용하는 것이 이해 당사자 간에 얼마나 필요한지를 절감하고 있다.

또한, 지난 2006년 식약청에서는 유통 중인 한약재에 잔류하는 곰팡이 독소에 대한 위험성을 미리 알고, 우선 R&D 사업을 통한 모니터링 사업을 광범위하게 수행하고 그 결과를 토대로 한약재료 중의 국가 곰팡이 독소 분석방법을 확립하였다. 아울러 이해 당사자들과 빈번한 토론을 통해 위해 정보교환을 하였다. 토론을 통하여 한약재 중의 곰팡이 독소 관리사항을 알려서 대책을 의논

일부 한약재서 발암성 곰팡이 독소 검출

입력시각 2008-04-08 18:02 나도한마디 | 목록보기 | 인쇄하기 | + -

시중에 유통되는 한약재 일부에서 발암성 곰팡이 독소가 나왔습니다.

식품의약품안전청은 경상대학교 정덕화 교수 팀에 의뢰해 시중에 유통되는 한약재 700점을 조사한 결과 이 가운데 2.4%인 17건에서 발암성 곰팡이 독소인 아플라톡신이 검출됐다고 밝혔습니다.

식약청은 발암성 곰팡이 독소가 나온 한약재 가운데 허용기준인 10ppb를 넘는 경우는 모두 6건으로 나타났으며, 이는 지난 2006년 조사 당시의 19건보다 크게 낮아진 수치라고 설명했습니다.

식약청 관계자는 한약재는 특성상 곰팡이가 발생할 가능성이 높아 유통과 보관 과정에서 주의가 필요하다고 밝혔습니다.

그림 8-1-5 한약재의 곰팡이 독소와 risk communication 효과

하였다. 그 결과 실제로 한약재에서의 곰팡이 독소 오염사건이 언론에 보도되었음에도 불구하고 충격이 이미 완화되어 회사는 물론 소비자의 불안을 크게 감소시켰다.

성공적인 위해정보교환을 위해서는 지혜로운 표현방식이 중요하다. 또한 먼저 이해 당사자를 정확히 파악하고, 책임을 공유하여야 하며, 정보교환에 반드시 전문가를 참여시켜 과학적 사실과 가치판단의 구별이 분명해야 한다. 전문성과 투명성의 확보를 통해 교환되는 정보가 신뢰성을 가지고 아울러 유사한 위해정보와 의논 중인 정보와의 비교가 가능할 때 성공적인 위해정보교환이 가능하다.

제2장 식품위생검사 및 시험

식품위생검사는 음식물에 의한 위해를 방지하기 위하여 식품, 첨가물, 음식물용 기구, 용기 및 포장에 대하여 실시하며, 이러한 검사는 대체로 다음과 같은 목적으로 구분할 수 있다.

첫째, 식품으로 인한 감염병, 식중독 발생 시 원인 식품 등에서 병원성 물질, 감염경로 혹은 오염경로를 추적하기 위해 실시하는 식품위생검사이다. 이를 위해 환자의 배설물, 혈액 및 원인 식품 등의 시료로부터 세균성 식중독 원인균을 검색하거나 감염병 세균의 검색 그리고 화학적 식중독 물질을 검출한다.

둘째, 음식물에 의한 위해를 방지하거나 식품의 안전성을 확보하기 위해 시료로부터 위생의 지표가 되는 대장균군 및 대장균 등의 위생의 지표미생물을 검사하거나 일반세균 수를 검사하고, 아울러 식품성분 및 유해 화학물질을 검사한다.

셋째, 대장균군, 대장균, 세균수, 효모 · 곰팡이, 기타 병원성 미생물과 화학성분 등을 정성 또는 정량함으로써 식품위생에 관한 실태를 파악하여 식품위생대책의 수립과 지도를 목적으로 식품위생검사를 실시하게 된다.

이러한 목적으로 행하는 식품위생검사를 보다 구체적으로 이해하기 위해 식품공전을 참고하여 검사시료의 채취 및 관리, 물리적 검사, 화학적 검사, 미생물 검사, 유해 물질 검사 및 신속동정 및 간이 검사 등으로 나누어 설명하고자 한다.

1. 시료채취 및 관리

1) 시료채취의 의의

식품 등의 위생 및 품질관리는 일반적으로 식품위생감시원이 시료를 채취하여 식품위생 검사 기관에 송부하고 그 결과에 따라 필요한 조치를 취함으로써 이루어진다. 그러나 식품위생 검사 기관에서 실시하는 시험은 어디까지나 제분된 시료 자체에 대한 성적을 얻는 것이며 반드시 검사대상의 전체 식품 등에 대한 추정평가를 하는 것은 아니다. 실제로는 검사결과에 따라 행정조치가 이루어지는 것이므로 시료의 채취, 취급, 시험 및 행정조치는 반드시 일관성을 유지하여야 한다.

따라서 시료를 채취하여 검사기관에 검정 의뢰하는 것은 중요한 의의를 가지므로 시료의 채취자는 채취의 목적과 채취 및 취급방법 등에 대하여 충분한 지식을 가지고 이를 정확히 실시하여야 한다.

2) 시료채취의 방법

시료를 채취함에 있어서는 검사목적, 대상 식품의 종류, 상태, 전체의 수량, 균질여부, 발췌방법 등을 충분히 고려하여 업무를 처리하여야 한다. 또한 시료의 수량은 검사목적, 검사항목 등을 참작하여 검사대상 전체를 대표할 수 있는 최소한도의 양이어야 한다.

토양검사

시료채취

그림 8-2-1 식품위생검사를 위한 시료채취

3) 가검물의 채취

(1) 분변, 구토물 등의 가검물을 채취할 때에도 무균상태의 기구류나 도구를 이용하여야 하며, 무균적으로 채취하여야 한다.

(2) 가검물에 대하여는 수거자의 필요에 따라서 채취방법, 분석의뢰 이유 및 의심되는 미생물 또는 화학약품 기타 관계되는 내용을 기록하여야 한다.

(3) 가검물은 반창고, 봉인지를 사용하여 적당한 방법으로 가검물 용기를 봉인하여야 한다.

(4) 부패하기 쉬운 가검물은 채취하였을 때부터 실험실에 도착할 때까지 냉장되어야 하며, 얼음이나 드라이아이스를 사용할 경우 가검물과 직접 접촉하지 않도록 주의하여야 한다.

(5) 운송용기에는 '세균학 검사용 식품가검물 급송'이라는 표시를 하고 가장 빠른 방법으로 실험실로 운송하여야 한다.

4) 채취시료의 취급방법

(1) 표시기재

채취한 시료의 시료명, 채취장소, 채취일시, 채취자 및 수량 등을 기재할 때에는 지워지지 않도록 표시하여야 하며, 또 시험에 필요한 참고사항(채취 시의 보관상태 등)이 있으면 함께 기재한다.

(2) 운반용 포장

용기 또는 포장에 넣어진 것은 그 용기 및 포장의 채취, 운반 중 파손 또는 오염되지 않도록 주의하고 용기 · 포장에 넣어지지 않은 것은 시료의 수송 · 운반에 편리하고, 운반 중에 건조, 흡습, 오염, 변패, 손실 등이 없도록 시료의 종류, 형상 및 검사목적에 따라 적합한 것을 사용하여야 한다.

(3) 미생물적 검사용 시료의 운반

① 부패, 변질 우려가 있는 것

미생물학적인 검사를 요하는 시료는 반드시 무균적으로 채취하여 무균운반기에 넣어 저온(10℃ 이하)을 유지하면서 즉시(4시간 이내) 식품위생 검사 기관에 운반하여야 한다. 부득이한 사정으로 저온을 유지할 수 없거나 즉시 운반하지 못하였을 때에는 재수거하거나 채취일시 및 그 상태를 기록하여 식품위생기관에 검사 의뢰한다.

② **부패, 변질의 우려가 없는 것**
미생물학적 검사용 시료일지라도 시료가 잘 부패, 변질되지 않은 것(분유, 곡분, 통조림 등)은 반드시 저온에서 운반할 필요는 없으나 2차 오염을 방지하기 위하여 밀봉 · 밀폐 또는 파손 등에 유의해야 한다.

(4) 얼음 등을 사용할 때의 주의

저온을 유지하기 위하여 얼음 등을 사용할 때에는 2차 오염이 없도록 얼음이나 그 녹은 물이 시료에 직접 접촉되지 않도록 하여야 한다.

2. 물리적 검사

1) 일반적 검사

일반적으로 실시하는 식품의 물리적 식품위생검사로 융점, 빙점, 비중, 점도, 수소이온농도pH 등이 포함된다. 융점의 측정에는 일반적으로 온도계를 사용하여 시료가 가열되어 투명하게 되는 온도를 읽는다. 빙점의 측정에는 온도계, Thermistor 빙점측정기 등을 사용하는데, 이 기구들을 시료에 꽂고 시료가 예냉과 냉각, 냉동되는 기간의 온도변화를 기록하여 계산하다. 빙점측정기는 우유에 불법하게 물의 첨가 여부를 판별하는 데 이용되기도 한다. 비중의 측정에는 비중계에 의한 방법과 비중병에 의한 방법이 있다. 점도의 측정에는 Ostwald 점도계와 크림, 무당연유, 가당연유 등과 액상제품의 점도를 측정하는 Mojonnier 점도계viscometer 등이 사용된다. pH의 측정에는 pH 시험지와 pH 측정기 등이 사용된다.

2) 관능검사

식품의 풍미와 신선도 등은 아무리 정밀한 물리 · 화학적 방법이라도 사람의 오관만큼 세밀하게 측정하기가 어렵다. 식품의 냄새, 맛, 향미, 조직감, 외관, 결함 등은 사람의 감각에 의한 관능검사에 의존할 수밖에 없다. 그러나 관능검사는 개인차가 큰 것이 결점이다. 관능검사에서 갖추어야 할 조건 중에서 가장 기본이 되는 사항은 관능검사 전용시설과 관능검사를 수행하는 검사자(패널)이다. 올바른 검사시설에서 훈련된 패널에 의해 적절한 검사방법으로 수행되어야만 개인차를 최대한 줄일 수 있다.

이러한 관능검사 시설은 정밀분석에서 사용하는 분석기기 만큼 중요하다. 온도, 습도, 환기, 조명, 소음 등의 환경과 검사실의 위치, 통로의 배열, 분위기 등이 모두 검사결과에 영향을 미칠 수 있는 요인이 된다. 일반적으로 관능검사 시설에는 패널요원 대기실, 관능검사실(칸막이 검사대), 준비실, 패널 토론실, 결과분석실, 감독자 사무실 등이 갖추어져야 한다.

표 8-2-1 관능검사 항목과 채점기준

항목	채점기준
색깔	1. 색깔이 양호한 것은 5점으로 한다. 2. 색깔이 대체로 양호한 것은 그 정도에 따라 4점 또는 3점으로 한다. 3. 색깔이 나쁜 것은 2점으로 한다. 4. 색깔이 현저히 나쁜 것은 1점으로 한다.
풍미	1. 풍미가 양호한 것은 5점으로 한다. 2. 풍미가 대체로 양호한 것은 그 정도에 따라 4점 또는 3점으로 한다. 3. 풍미가 나쁜 것은 2점으로 한다. 4. 풍미가 현저히 나쁘거나 이미 · 이취가 있는 것은 1점으로 한다.
조직감	1. 조직감이 양호한 것은 5점으로 한다. 2. 조직감이 대체로 양호한 것은 그 정도에 따라 4점 또는 3점으로 한다. 3. 조직감이 나쁜 것은 2점으로 한다. 4. 조직감이 현저히 나쁜 것은 1점으로 한다.
외관	1. 병충해를 입은 흔적 및 비가식부분 제거, 제품의 균질 및 성형상태와 포장상태 등 외형이 양호한 것은 5점으로 한다. 2. 제품의 제조 · 가공상태 및 외형이 비교적 양호한 것은 그 정도에 따라 4점 또는 3점으로 한다. 3. 제품의 제조 · 가공상태 및 외형이 나쁜 것은 2점으로 한다 4. 제품의 제조 · 가공상태 및 외형이 현저히 나쁜 것은 1점으로 한다.

관능검사실의 위치는 출입이 편리하고 검사물의 준비에 적절하며 쾌적한 분위기를 줄 수 있는 곳이어야 한다. 실내온도는 20~25℃, 습도는 50~60%로 유지하며 조명은 태양광선과 인공조명을 함께 사용하는 것이 좋다. 대개 검사면의 광도가 100~110Lux 정도가 되도록 하고 그림 자가 생기지 않게 한다. 실내의 벽, 천장, 바닥, 탁자 등은 적당히 밝고 안정된 색으로 하며 냄새가 빨리 빠져나갈 수 있도록 환기시설을 갖추고 관능검사를 실시한다. 식품공전상의 관능시험은 식품 고유의 색깔, 풍미, 조직감 및 외관을 표 8-2-1같이 성상채점기준에 따라 실시한다. 이때 채점한 결과는 평균 3점 이상이고, 1점 항목이 없어야 한다.

3) 이물검사

식품 중에서 이물이라 함은 정상 식품성분이나 식품 고유의 성분이 아닌 물질이 혼입된 것을 말한다. 이물에는 절지동물과 그 알 · 유충 · 배설물, 설치동물과 곤충의 침입 흔적물, 동물의 털과 배설물, 기생충알, 곰팡이, 짚겨, 종이조각, 식물성 이물로서 종류가 다른 식물과 그 종자, 광물성 이물로서 토사, 유리, 금속, 도자기의 파편 등 여러 가지가 있다.

식품 중의 이물을 검사하는 방법에는 식품별로 여러 가지가 있으나 일반시험법으로는 대개 체분별법, 여과법, 와일드만 플라스크법, 침강법 등이 이용된다.

체분별법은 시료가 미세한 분말일 때 비교적 큰 이물을 체로 포집하여 육안으로 검사하는 방법이다. 필요에 따라 이물의 종류를 확인하고자 할 때에는 현미경으로 약 40배 정도의 비율로 본다.

여과법은 시료가 액체일 때나 용액으로 만들 수 있을 때 그 용액을 신속 여과지로 여과하여 여과지 위의 이물을 관찰한다. 곤충이나 동물의 털과 같이 물에 잘 젖지 않는 가벼운 이물을 물과 혼합되지 않는 용매와 저어 섞음으로써 유기용매층에 떠오르게 하여 취할 수 있다. 이때 Wildman trap flask를 사용하며, 이 방법을 와일드만 플라스크법이라 한다.

침강법은 쥐분변, 토사 등의 비교적 무거운 이물의 검사에 주로 이용한다. 시료에 클로로포름 유기용매를 가하여 섞으면 이물이 용기의 밑에 가라앉게 된다. 상층을 버리고 흡인 여과하여 여과지 위에 이물이 있는가를 관찰한다.

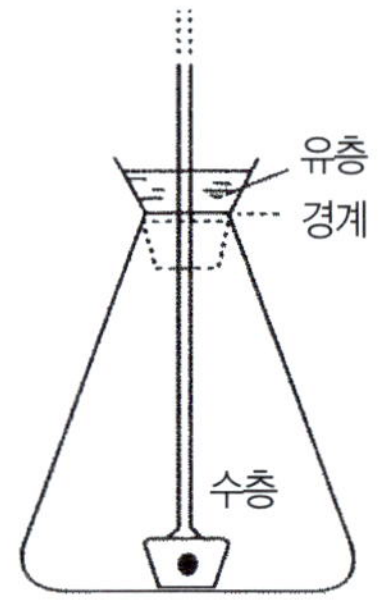

그림 8-2-2 Wildman trap flask

4) 식품 중의 내용량 시험법

(1) 용량표시 제품

원칙적으로 시료의 내용물을 메스실린더에 완전히 옮겨 측정한다. 시료 3개를 시험한 평균치를 내용량으로 한다.

(2) 중량표시 제품

내용물이 들어 있는 용기의 외면을 깨끗이 닦고 무게를 정확하게 측정한 후, 내용물을 완전히 제거하고 물이나 용매 등으로 용기의 내부를 깨끗이 씻어 말린 후 용기의 무게를 달아 전후의 무게 차로 계산한다. 검체 3개를 시험한 평균치를 내용량으로 한다.

(3) 소포장 제품

내용물이 소포장으로 20개 이하일 경우에는 전체를, 20개 이상일 경우에는 20개를 무작위로 취하여 위와 같이 측정하여 평균값을 구한 후 전체 개수를 곱하여 총량으로 계산한다.

(4) 캡슐 제품

경질 캡슐의 경우 표시된 검체의 전체 개수를 확인한 후 캡슐 20개를 취하여 무게를 측정한다. 캡슐을 열고 작은 붓 등을 사용하여 내용물을 제거하고(연질 캡슐의 경우 캡슐을 절개하여 휘발성 용매로 씻은 다음 여과지 등으로 용매를 제거하고 실온에 방치하여 남은 용매를 제거) 빈 캡슐의 무게를 측정한다. 전후의 무게 차를 20으로 나눈 평균값을 캡슐당 무게로 하여 캡슐별 무게와 총 개수에 대하여 각각 판정한다.

(5) 아이스크림류

중량(g)으로 표시된 경우에는 중량표시 제품에 준한다. 부피로 표시된 것 중에서 용기에 담겨 있는 경우에는 내용물이 담겨 있는 부분을 표시한 후 이를 제거하고 건조 후 4℃의 물을 표시부분까지 가하여 소요된 물의 양(mL)을 구한다. 직육면체의 경우 가로, 세로 높이를 재어 체적(cm^3)을 구하며, 부정형의 경우 아이스크림 용량 측정장치를 이용하여 측정한다.

(6) 통조림 식품

내용물이 들어 있는 관 외면을 깨끗이 닦고 무게(A)를 정밀하게 측정한 후 뚜껑의 일부분이 관에 붙어 있게 개관한다. 관을 비커에 2분간 비스듬히 올려놓아 액즙이 충분히 흘러내리게 한 후 내용물이 든 관의 무게(B)를 측정한다. 다음에 내용물을 완전히 제거하고 물로 용기의 내부를 깨끗이 씻어 말린 후 무게(C)를 측정한다. 내용량은 A와 C의 무게 차로 하며 고형량은 B와 C의 무게 차로 한다. 시료 3개를 가지고 시험하여 평균치를 구한다.

5) 방사능 시험

식품 중의 방사능 시험법은 방사성 물질 중 감마선 방출 방사성 물질을 검색하는 것으로 위생상 문제가 되는 핵종을 주요 대상으로 한다. 현재는 주로 ^{131}I ^{134}Cs 및 ^{137}Cs의 핵종이 검지대상이 된다.

3. 화학적 검사

1) 일반성분 시험

일반성분 시험법은 식품 중에 일반적으로 함유되어 있는 성분에 관한 시험법으로 식품의 규격, 순도의 검사 및 영양가를 평가하기 위하여 수분, 회분, 질소화합물, 당질 및 지질의 시험방법과 열량계산법에 대하여 기재한 것이다. 보통 식품 중의 일반시험으로는 성상(외관, 이취, 이미), 수분, 회분, 조단백질, 조지방 및 조섬유에 대하여 시험하고, 특별한 경우에는 비중, 아미노산성 질소, 각종 당류 및 지질 등에 대하여 시험할 필요가 있다.

일반적으로 당질은 시료 100g 중에서 수분, 조단백질, 조지방, 조섬유 및 회분의 양을 감하여 얻은 양으로서 표시하고 음식물 중의 일반성분의 시험결과는 보통 백분율로 표시한다. 수분은 건조감량법(상압가열건조법, 감압가열건조법), 증류법 및 KarlFisher법 등에 의하여 분석한다. 회분은 회화로를 사용하여 550~600℃에서 가열하는 회화법을 주로 이용한다. 조단백질은 주로 Kjeldahl method(semimicro법 포함)을 이용한다. 조지방은 일반적으로 soxhlet 추출법을 많이 이용한다. 일반적으로 당질은 시료 100g 중에서 수분, 회분, 조단백질, 조지방의 양을 감하여 얻은 양으로 표시한다.

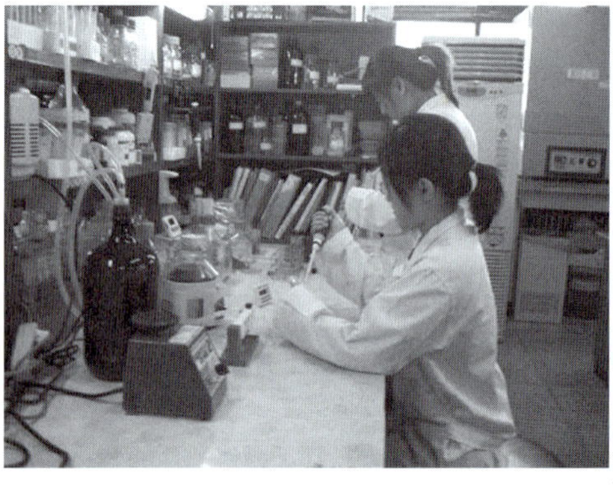

그림 8-2-3 각종 화학적 검사를 실시하고 있는 실험실 모습

2) 식품첨가물 시험

식품첨가물에는 식품을 장기간 보존하기 위하여 사용되는 보존료, 착색료, 감미료, 산화방지제 등을 비롯하여 조미료, 산미료, 품질개량제, 발색제, 화학팽창제, 호료, 유화제, 표백제, 강화제, 착향료, 품질개량제 등 여러 가지가 있다.

이들의 대부분은 화학적 합성품이며, 허가된 것만을 사용기준에 맞게 사용하도록 되어 있다. 대표적인 식품첨가물과 그 시험법은 그림 8-2-2와 같다.

표 8-2-2 식품첨가물과 시험법

구 분	식품첨가물	대표적인 시험법
보존료	데히드로초산, 살리실산, 소르빈산, 안식향산, 파라옥시안식향산과 그 염류 프로피온산과 그 염류 아황산, 차아황산과 그 염류	박층 크로마토그래피 자외선 흡수 스펙트럼에 의한 정량 가스 크로마토그래피 가스 크로마토그래피 요오드산 칼륨 · 전분지법 아연분말환원법 통기증류법, 모니어-윌리엄스변법
인공감미료	사카린나트륨, 사이클라민산염, 둘신	여지 크로마토그래피, 박층 크로마토그래피
산화방지제	부틸하이드록시아니졸(BHA) 디부틸하이드록시톨루엔(BHT) 몰식자산프로필(PG) Disodiumethylenediaminetetraacetate Calciumdisodiumethylenediamine– tetracetate 터셔리부틸히드로퀴논(TBHQ)	가스 크로마토그래피, 액체 크로마토그래피 흡광광도법 비색정량(흡광광도법) 액체 크로마토그래피
착색료	타르 색소(산성색소) 유용성 색소	모사염색법, 여지 크로마토그래피 유기용매 추출, 여지 크로마토그래피

3) 유해금속 측정법

식품이나 용기, 포장 등의 유해금속이나 중금속의 측정법은 금속 개개별로 특정한 시험방법이 있으며 또 일반적으로 이용되는 방법도 있다. 일반적으로 아연, 카드뮴, 주석, 구리, 비소 등의 분석에 이용되는 방법은 일정한 전처리를 거쳐 원자흡광광도법 또는 고주파 유도결합 플라스마(ICP) 발광분광법에 의하여 분석하며 식품공전상의 내용을 소개하면 다음과 같다.

(1) 시험용액의 조제

① 황산-질산법

시료 중의 유해 금속측정을 위한 시험용액 조제법에는 다음과 같은 방법이 있다. 즉 Zn, Cd, Cr, Sn, Cu 및 As 등의 분석에 적합한 황산-질산법과 Hg의 시험에 적합한 황산-질산환류법 및 일반적인 금속측정을 위한 시료 조제법인 건식회화법이 있으며, 구체적인 조제법은 식품공전 또는 식품분석학 교재를 참조하면 된다.

(2) 측정

① 원자흡광광도법

이 방법은 시험용액 중의 금속원소를 적당한 방법으로 해리시켜 원자증기화하여 생성한 기저상태의 원자가 그 원자증기를 통과하는 빛으로부터 측정파장의 빛을 흡수하는 현상을 이용하여 광전측정 등에 따라 목적 원소의 특정 파장에 있어서 흡광도를 측정하고 시험용액 중의 목적 원소의 농도를 구하는 방법이다. 시료를 원자화하는 일반적인 방법은 화염방식과 무염방식이 있다.

화염원자흡광법은 Zn, Cd, Cu, Pb, Mn, Ni, Co, Sn, Fe 등을, 무염원자흡광법은 이들 9원소와 Sb, Cr, Se, Bi, As, V 및 Be 등의 측정에 쓰인다.

② 용매추출법

이 방법은 Zn, Cd, Cu, Pb, Mn, Ni 및 Fe 등의 측정에 쓰인다.

③ 시험조작

시험용액 및 공시험용액을 각각 10~50mL를 취하여 각각에 25% 구연산암모늄 용액 2~10mL 및 BTB 시액 2방울을 가하여 액이 황색에서 연한 녹색이 될 때까지 암모니아수로 중화하고 이에 40% 황산암모늄시액

2~10mL 및 물을 가하여 일정량으로 한다.

여기에 10% DDTC 용액 2~10mL를 넣고 혼합하여 수분간 방치한 다음 MIBK 10~20mL를 가하여 격렬히 흔들어 섞는다. 이를 정치하여 MIBK층을 분취하여 원자흡광광도계에 주입하여 각각의 원소측정파장에 있어서 흡광광도를 측정하고 따로 표준용액 및 공시험용액에 대해서도 같은 조작을 하고 검량선을 작성하여 시험용액의 농도를 구한다.

④ **Inductively Coupled Plasma(ICP법: 유도결합플라스마법)**

이 방법은 아르곤 가스에 고주파를 유도결합 방법으로 걸어 방전되어 얻어진 아르곤 프라즈마에 시험용액을 주입하여 목적 원소의 원자선 및 이온선의 발광광도를 측정하여 시험용액 중의 목적 원소의 농도를 구하는 방법이다.

이 방법은 Pb, Cd, Cu, Zn, Mn, Ni, Co, Sn, Fe, As, Sb, Cr, Se, Bi, V, Be 등의 대부분의 금속의 측정에 쓰인다.

4) 식품 중 잔류 농약 시험법

식품시료 중에서 잔류 농약을 분석할 때에는 표 8-2-3에 따르고 그 표에 정해지지 않은 식품은 원칙적으로 가식부분을 시험한다. 여러 가지 식품 중 농약 사용 여부로 문제가 가장 많이 지적되고 있는 채소와 과일의 시료부위는 다음과 같다. 각 농약별로 특수한 방법이 이용되기도 하나 일반적으로는 추출 및 정제를 거쳐 가스 크로마토그래프를 이용하여 분석한다.

- 유기염소제[BHC, DDT(DDD 및 DDE 포함), 알드린, 디엘드린, 엔드린, 디코폴, 캡탄, 캡타폴, 홀펫, 클로로벤질레이트, 테르라디폰, 엔도설판(α, β-엔도설판 및 엔도설판설페이트) 및 클로로타로닐]: GC-전자포획검출기ECD
- 유기인제EPN(다이아지논, 디메토에이트, 말라티온, 파라티온, 페니트로티온, 펜티온, 펜토에이트, 메티다티온, 클로로피리포스, 디클로보스, 아진포스메틸, 오메토에이트, 피리미포스메틸) : GC-질소 · 인검출기NPD 또는 염광광도검출기FPD
- 카바메이트제[이소프로카브MIPC, 카바릴NAC, 카보후란]: GC-전자포획검출기ECD에 의한 시험법이 있다.

표 8-2-3 식품 중 잔류 농약분석 검체처리표

	식품	검체
곡류	쌀, 보리, 호밀, 수수, 귀리, 메밀, 조, 밀 옥수수 기타 곡류	탈곡한 것 외피, 수염 및 심(속부분)을 제거한 것 탈곡한 것
콩류	대두, 녹두, 팥, 강낭콩, 잠두콩, 완두콩, 땅콩 기타 콩류	깍지를 제거한 것 깍지를 제거한 것
채소류	무의 뿌리, 생강, 당근 무의 잎, 케일 배추, 양배추, 상추, 양상추 쑥갓, 셀러리 양파, 파, 마늘, 부추 아스파라거스, 고사리 감자, 고구마, 토란, 서류 토마토, 피망, 가지 오이, 호박, 고추 시금치 표고버섯, 버섯류 기타 채소류	물로 가볍게 씻어 흙을 제거한 것 변질 잎을 제거한 것 바깥 변질 잎 및 심을 제거한 것 뿌리 및 변질 잎을 제거한 것 겉껍질 및 잔뿌리를 제거한 것 줄기 물로 가볍게 씻어 흙을 제거한 것 받침을 제거한 것 꼭지를 제거한 것 잔뿌리 및 변질 잎을 제거한 것 가식부분 가식부분
과실류	사과, 배, 모과 복숭아 살구, 자두, 매실, 체리 딸기 포도 감 바나나 키위, 수박, 참외, 메론 밀감, 레몬, 자몽, 오렌지, 감귤류 파파야 아보카도, 망고 파인애플 기타 과실류	심 및 양쪽 오목한 부분을 제거한 것 씨를 제거한 것 꼭지(果柄) 및 씨를 제거한 것 받침을 제거한 것 꼭지를 제거한 것 받침 및 씨를 제거한 것 꼭지 부분을 제거한 것 꼭지를 제거한 것 과실전체 과실전체 씨를 제거한 것 왕관(Crown) 부분을 제거한 것 가식부분
종실류	참깨, 해바라기씨, 면실 기타 종실류	종자 종자
견과류	아몬드, 은행, 밤, 피칸, 호도 기타 견과류	외과피를 제거한 것 외과피를 제거한 것
	호프 건포도 건조채소류 건조향신료	건조된 꽃 건조된 포도 건조된 채소류 건조된 향신료

이러한 각종 농약의 분석방법 중 이 장에서는 유기인제의 분석에 대해서만 소개하고 그 밖의 농약들은 식품공전을 참고하기 바란다.

5) 축산식품 중의 잔류물질 검사법

축산식품 중의 잔류물질로는 항생물질과 합성 항균제, 성장호르몬제 등이 있다. 항생물질의 검사법으로는 미생물학적 시험과 화학적 분석법이 함께 이용된다.

화학분석법에서는 주로 고성능 액체 크로마토그래프가 이용되는데, 항생물질의 종류별로 HPLC와 특정 검출기(자외선 검출기, 형광 검출기, 굴절률 검출기)가 사용된다. 합성 항균제 분석에는 액체 크로마토그래프, thin-layerchromatography[TLC]와 densitometer, Fluorescence spectrophotometer 그리고 GC와 전자포획 검출기[ECD] 등이 사용된다. 성장호르몬제는 대개 가스 크로마토그래프나 질량분석기[GC/MS]를 사용하여 측정한다. 항생물질의 간이 시험법 및 각종 항생물질을 시료로 한 정량시험법 등에 대한 구체적인 실험방법은 식품공전을 참고하기 바란다.

6) Aflatoxin 분석법

Aflatoxin을 비롯한 곰팡이 독소의 분석은 대개 추출→정제·분리→정성·정량분석의 단계를 거친다. 실험이 매우 까다로우며 숙련을 요한다. 여기서는 식품공전상에 언급된 아플라톡신 잠정허용기준 시험법 TLC 및 액체 크로마토그래피법이며 전체 분석과정을 요약하면 그림 8-2-4와 같으며 구체적 실험방법은 식품공전을 참조할 수 있다.

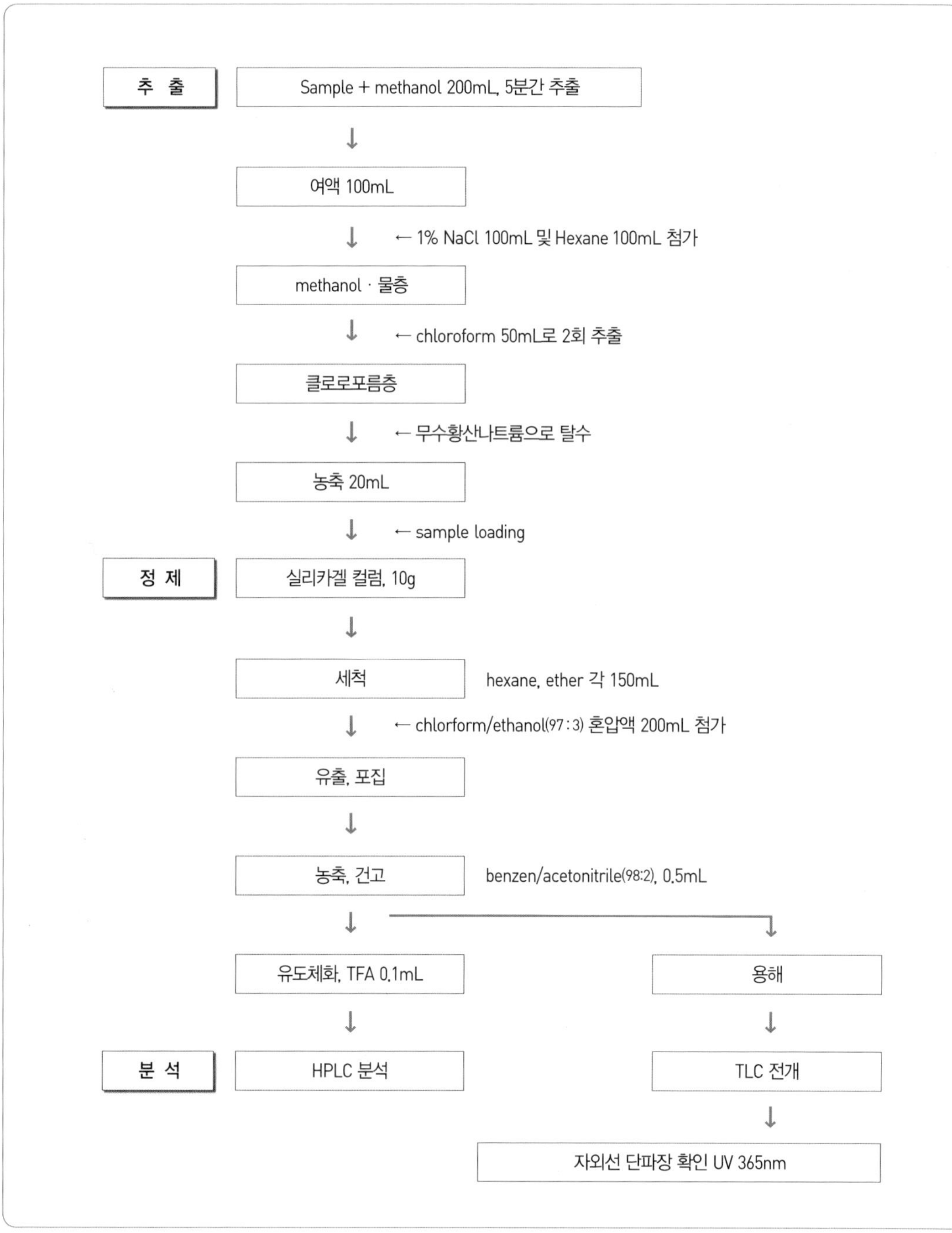

그림 8-2-4 Aflatoxin 분석과정도 : TLC 및 HPLC

4. 미생물 검사

각종 위해요소의 분석 시 미생물 검사는 매우 중요한 의미가 있다. 따라서 신속하고 정확한 미생물 검사를 위한 새로운 방법이 계속 소개되고 있다. 이번 현장에서의 미생물 검사는 현재 경상대학교 식품위생학실에서 실제 사용하고 있는 다양한 시료 중의 미생물학적 위해요소 분석을 위한 검사방법을 그대로 소개하고자 한다.

1) 미생물 실험장비

(1) 접종기구Transfer Instruments

피펫Pipette, 백금선Transfer Needle, Wire Needle, 백금이Transfer Loop

(2) 배양용기Culture Vessels

평판접시Petri Dish, Shelle, Test tube(시험관), Flask

(3) 배양기기Cultivation Chambers

항온기Incubator, 수욕조Water Bath

(4) 멸균기구Sterilizing Apparatus

건열멸균기Dry Oven, 고압 증기멸균기Autoclave, 제균 filter

(5) 무균작업기구

Kasten, Clean Bench

2) 배지

(1) 배지의 정의

미생물의 생장에 필요한 모든 영양성분이 들어 있는 혼합물.

(2) 배지의 분류

① 물리적 상태에 따른 분류

- 액체배지, 고체배지

② 조성원에 따른 분류

- 천연배지, 합성배지

③ 사용목적에 따른 분류

- 선택배지, 감별배지, 증균배지

(3) 배지 제조 시 주의사항

① 배지를 담을 유리용기는 가능한 한 깨끗한 것으로 사용한다.

② pH 조정은 일반적으로 가압 멸균 전에 묽은 HCl 또는 묽은 NaOH 용액으로 한다.

③ 멸균을 하면 조성이나 침전을 형성하는 경우가 있다.

- 인산염, 마그네슘, 칼륨염 등의 용액은 따로 고압 멸균한 후 냉각시켜 배지 온도 50~60℃에 혼합하여 분주한다.
- 당류, 질소화합물 등은 멸균 시 착색되므로 따로 첨가한다.
- 요소는 가열 시 분해되기 쉬우므로 여과한 후, 배지온도 50℃에 첨가하여 분주한다.
- 비타민, 항생제 등은 여과한 후, 배지온도 50℃에 첨가한 후 분주한다.

④ 이와 같이 열에 약한 성분은 여과하고, 열에 안정한 성분은 별도로 습윤 멸균한 후 무균상태에서 둘을 혼합한다. 이때 거품이 일지 않도록 용기를 조심스럽게 흔들어 혼합한다.

⑤ 분주 시 점성이 높은 한천배지에 화상을 입지 않도록 주의한다.

⑥ 사면배지 조제 시 멸균시킨 시험관을 너무 경사지거나 배지량이 많아서 배지가 시험관 입구 근처에 도달하지 않도록 한다.

3) 검체채취와 시험용액 조제

(1) 검체채취 방법

① 검체가 균질일 때에는 어느 일부분을 채취하여도 무방하나 불균질할 때에

는 일반적으로 많은 양의 검체를 채취하여야 한다.

② 미생물학적 검사 시 검체를 잘 섞어도 균질화가 잘 되지 않아 실제와는 다른 검사 결과를 가져올 경우가 많다. 예를 들면, 우유 한 병에서 검체 1mL를 취하여 대장균군 시험을 할 때 이 한 병 중에 90개의 대장균군이 있어도 검출되지 않을 확률이 60.7%나 된다. 그러므로 가능한 한 검체를 잘 섞어 균질에 가깝도록 하여 검체를 채취하여야 한다.

③ 미생학적 검사를 위한 검체의 채취는 반드시 무균적으로 행하여야 하며 멸균한 용기(유리제용기, 페트리접시 등)에 넣어 원칙적으로 저온(5±3℃)을 유지시키면서 빨리(검체 채취 후 4시간 이내) 검사기관에 운반하여야 하며 될 수 있는 대로 빨리 시험에 착수하여야 한다. 부득이 저온으로 검체를 유지할 수 없거나, 즉시 운반이 곤란할 경우에는 반드시 채취일시 및 채취 당시의 검체 상태를 상세히 기록하여야 한다. 특히 어패류와 같이 세균의 증식이 적당한 검체는 채취와 운반에 특히 주의하여야 한다.

④ 검체채취 기구는 미리 핀셋, 스푼, 스패튤라 등을 건열 및 화염멸균을 한 다음 검체 1건마다 바꾸어 가면서 사용하여야 한다.

⑤ 미생물학적 검사용 검체일지라도 검체가 곡분이나 분유와 같이 건조되어 잘 변질 또는 부패되지 않는 검체는 냉장상태에서 운반할 필요는 없으나 2차 오염을 방지하기 위하여 밀봉 또는 밀폐하여야 한다.

⑥ 냉장운반을 위하여 얼음을 사용할 때에는 2차 오염을 방지하기 위하여 얼음이나 그 녹은 물이 검체에 직접 접촉되지 않도록 하여야 한다.

⑦ 시험에 사용되는 검체의 균질화를 위하여 액상검체인 경우에는 강하게 진탕하여 균질화하고 고형 및 반고형인 검체는 균질기를 이용하여 적당량의 희석액과 혼합하여 균질화한 것을 검액으로 사용한다.

⑧ 칼, 도마 및 식기류에서 검체를 채취할 때에는 멸균한 탈지면에서 멸균 생리식염수를 적셔, 검사하고자 하는 기구의 표면의 일정부분을 완전히 닦아낸 탈지면을 무균용기에 넣어 시험용액으로 사용한다.

(2) 시험용액의 조제

① 액상 검체 : 채취된 검체를 강하게 진탕하여 혼합한 것을 시험용액으로 한다.

② 반유동상 검체 : 채취된 검체를 멸균 유리봉과 멸균 스패튤라 등으로 잘 혼합한 그 일정량(10~25mL)을 멸균용기에 취해 9배양의 멸균 생리식염수와 혼합한 것을 시험용액으로 한다.

③ 고체 검체 : 채취된 검체의 일정량(10~25g)을 멸균된 가위와 칼 등으로 잘게 자른 후 멸균 생리식염수를 가해 균질기 등을 이용해서 가능한 저온으로 균질화한다. 여기에 멸균 생리식염수를 가해서 일정량(100~250mL)으로 한 것을 시험용액으로 한다.

④ 고체표면 검체 : 검체 표면의 일정 면적(보통 100cm^2)을 일정량(1~5mL)의 멸균 생리식염수로 습한 멸균가제와 면봉 등으로 씻어 일정량(10~100mL)의 멸균 생리식염수를 넣고 세게 진탕하여 부착균의 현탁액을 조제하여 시험용액으로 한다.

⑤ 분말상 검체 : 검체를 멸균 유리봉과 멸균 스패튤라 등으로 잘 혼합한 후 그 일정량(10g)을 멸균용기에 취해 9배 양의 멸균 생리식염수와 혼합한 것을 시험용액으로 한다.

⑥ 버터와 아이스크림류 : 버터와 아이스크림류는 40℃ 이하의 온탕에서 15분 내에 용해시켜 10mL를 취한 후 9배 양의 멸균 생리식염수와 혼합한 것을 시험용액으로 한다.

⑦ 캅셀 제품류 : 캅셀을 포함하여 검체의 일정량(10~25g)을 취한 후 9배 양의 멸균 생리식염수를 가해 균질기 등을 이용하여 균질화한 것을 시험용액으로 한다. 이와 같이 조제된 시험원액에 대해서는 멸균 생리식염수를 이용하여 필요에 따라 10배, 100배, 1,000배… 희석액을 만들어 사용한다. 시험용액의 조제 시 검체를 용기 포장한 대로 채취할 때에는 그 외부를 물로 씻고 자연 건조시킨 다음 마개 및 그 하부 5~10cm의 부근까지 70% 알코올 솜으로 닦고, 화염멸균한 후 냉각하고 멸균한 기구로 개봉 또는 개관하여 2차 오염을 방지하여야 한다. 지방분이 많은 시료의 경우 Tween 80과 같은

세균에 독성이 없는 계면활성제를 첨가하는 것이 좋다.

⑧ 냉동식품 : 가능한 단시간에 녹여 용기, 포장의 표면을 70% 알코올 솜으로 잘 닦은 후 상기방법으로 시험용액을 조제한다.

4) 위생지표세균 검색(일반세균, 대장균군, 대장균)

(1) 실험의 정의와 목적

① 일반세균의 정의와 실험목적

- 정의 : 시료 중에 존재하는 세균 중 표준한천배지 내에서 발육할 수 있는 중온균(생육 가능한 온도 : 20~45℃, 생육적온 : 35~40℃)
- 실험목적 : 식품이 위생적으로 다루어졌는지를 확인하고 식품의 보장성을 검토하기 위해서이다.

② 대장균군의 정의와 실험목적

- 정의 : 대장균과 유사한 성질을 지닌 세균들의 집합
- 실험목적 : 일반세균 수만으로는 식품이 위생적으로 안전한지를 판단하기 어려우므로 위생적으로 지표가 되는 대장균군을 측정하여 식품의 안전성을 평가할 수 있기 위해서이다.

③ 대장균의 정의와 실험목적

- 정의 : 사람이나 동물의 대장 상재균은 장관 외 감염에 있어 화농질환 등의 원인이 되는 세균
- 실험목적 : 위생적으로 지표가 되는 대장균군을 측정하여 식품의 안전성을 평가할 수 있으나 식품의 종류에 따라 대장균의 검출이 대장균군보다 정확한 오염지표가 되는 경우가 있다.

(2) 실험내용

① **시료** : 수질, 기구, 환경, 종사자, 식품, 손, 공기

(3) 실험방법

① 수질

a. 채취방법 : 수도꼭지를 틀어 30초간 물을 흘려보낸 후 채수병에 1L 채수

하여 표기한 다음 4℃ 냉장 보관한다.

(* 주의 : 채수병 입구 주위에 손에 의한 교차오염 방지)

b. 실험방법 : 일반세균 수 & 대장균군

- 실험실 검사
  - → 시료 1mL을 취하여 단계희석
  - → 희석된 각각의 1mL의 시료를 petridish에 분주
  - → 일반세균 수의 경우 PCA 배지, 대장균군의 경우 DLA 배지를 각각 15mL 정도 분주
  - → 배지를 굳힌 후 petridish를 뒤집어서 36±1℃에서 24~48시간 배양 후 균수 측정
- 간이 검사

  시료 1mL을 취해 단계희석한 후 3M petrifilm에 분주하여 36±1℃에서 24~48시간 배양 후 균수 측정

② 조리기기, 기구, 급식환경, 조리종사자

a. 채취방법 : 10㎝×10㎝ 넓이의 면적대를 이용하여 검사하고자 하는 부분을 스왑한 다음 4℃ 냉장 보관한다.

그림 8-2-5 멸균 채수병

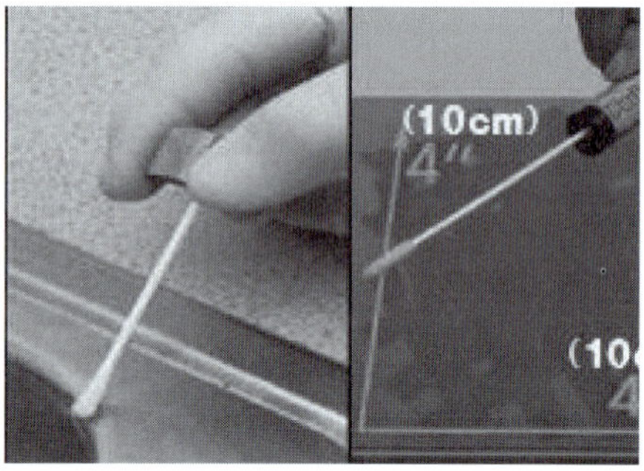

그림 8-2-6 면적대를 이용한 스왑

b. 실험방법 : 일반세균 수 & 대장균군

- 실험실 검사
  - → Swab kit에서 시료 1mL를 취하여 단계희석
  - → 희석된 시료 1mL를 페트리디쉬에 분주한 후 일반세균 수의 경우 PCA 배지를 대장균군의 경우 DLA배지를 약 15mL분주
  - → 배지를 굳힌 후 petridish를 뒤집어서 36±1℃에서 24~48시간 배양 후 균수 측정

- 간이 검사

  시료 1mL을 취해 단계희석한 후 3M petrifilm에 분주하여 36±1℃에서 24~48시간 배양 후 균수 측정

③ 손 및 고무장갑

a. 채취방법(Glove juice 법) : 50mL 생리식염수를 팩에 부어 손 및 고무장갑을 팩에 담궈 충분히 마사지 후 뺀다.

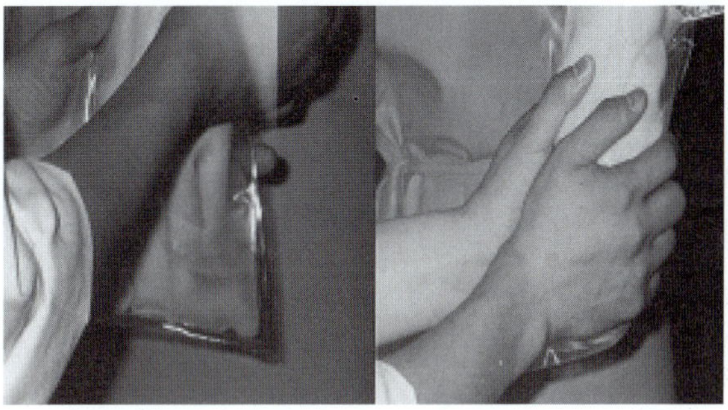

그림 8-2-7 손 및 고무장갑 채취

b. 실험방법 : 일반세균 수

- 실험실 검사

  → Glove juice용 팩에 생리식염수를 50ml 넣음

  → 작업자의 손 및 고무장갑을 팩에 넣어 전체에 생리식염수를 골고루 묻혀서 시료채취

  → 채취된 시료를 1mL 취하여 단계희석

  → 희석된 각각의 1mL의 시료를 petridish에 분주한 후 PCA 약 15mL 분주

  → 배지를 굳힌 후 petridish를 뒤집어서 36±1℃에서 24~48시간 배양 후 균수 측정

- 간이 검사

  시료 1mL을 취해 단계희석한 후 3M petrifilm에 분주하여 36±1℃에서 24~48시간 배양 후 균수 측정

④ 식품

a. 채취방법: 멸균된 집게로 팩에 시료 약 100g을 신속히 채취하여 4℃ 냉장 보관

b. **실험방법** : 일반세균 수

→ 시료 100g 채취

→ 시료를 균질기용 팩에 넣어 10~25g 정량

→ 준비된 생리식염수 90~225mL을 팩에 부어 균질화

→ 희석된 시료 1mL을 페트리디쉬에 분주한 후 일반세균 수의 경우 PCA 배지를 대장균군의 경우 DLA 배지를 약 15mL 분주

→ 배지를 굳힌 후 petridish를 뒤집어서 36±1℃에서 24~48시간 배양 후 균수 측정

⑤ 간이 검사

시료 1mL을 취해 단계희석한 후 3M petrifilm에 분주하여 36±1℃에서 24~48시간 배양 후 균수 측정

⑥ 참고

a. 단계희석 방법

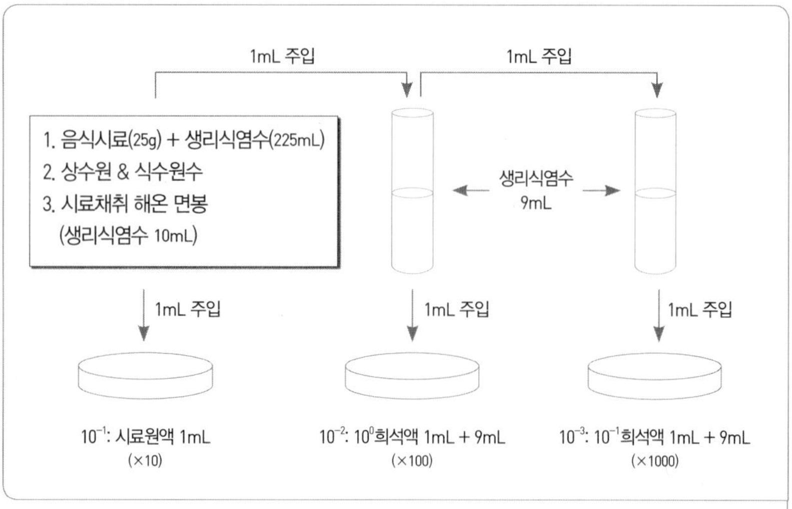

그림 8-2-8 시료의 단계희석 방법

b. 간이 검사법

→ 균질화 및 단계희석 한 시료 1mL를 취하여 petrifilm에 수직으로 접종

→ 상부 film을 기포가 생기지 않도록 덮은 후 누름판을 누름

→30~60초 후 겔화가 완료되면 36±1℃에서 24~48시간 배양 후 결과확인

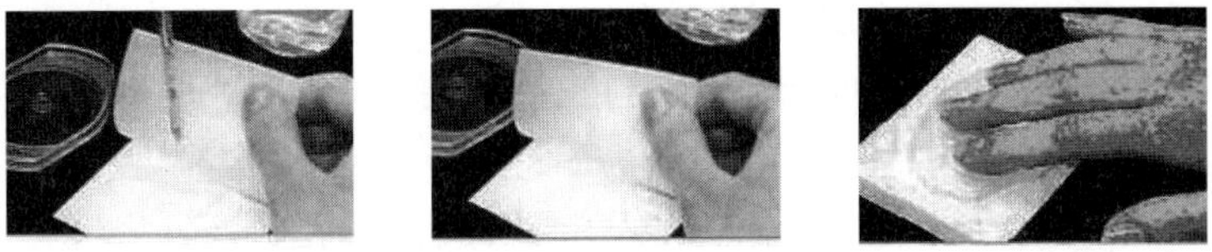

그림 8-2-9 3M petrifilm을 이용한 대장균군의 간이 검사법)

5) 위해 세균 검색(황색포도상구균)

(1) 황색포도상구균*Staphylococcus aureus*

① 식품공전에 의한 실험방법

a. 증균배양

검체 25g 또는 25mL을 취하여 225mL의 10% NaCl을 첨가한 Tryptic Soy 배지에 가한 후 35~37℃에서 16시간 증균 배양

b. 분리배양

- 10% TSB에서 증식배양한 시료를 백금이를 이용하여 mannitol salt agar 에 획선 도말하여 35~37℃, 24시간 배양(colony 형태 직경 1.0~1.5mm, yellow, shiny, convex colony)
- Mannitol salt agar에서는 배지 내의 mannitol을 분해하여 산을 생성하므로 집락 주위가 황색으로 변하고 Baird-Parker 한천배지에서는 투명환을 가지는 검은색의 집락을 형성.

(※ 분리 시에는 경우에 따라 난황첨가가 판독에 혼동을 줄 수 있으므로 이것을 빼고 관찰하여도 무방하다. 그러나 최종적으로 식중독의 원인이 됨을 판별하기 위해서는 난황반응을 반드시 관찰하여야 함)

c. 확인시험

- 분리과정에서 특징적인 집락을 선택 후 비선택적인 배지에서 순수 분리 후 그람염색을 실시
- 그람 양성구균임을 확인하고 Oxidase 음성, catalase 양성, 운동성 음성, 혐기성 조건에서 성장, coagulase 양성인 것을 양성으로 판정

② **Hand plate를 이용한 손에서의 황색포도상구균 검사 방법**

- 검사하고자 하는 작업장 내 종사자를 선정
  → Plate 뚜껑을 열고 손 모양 그대로 접촉한 후 약 5초간 가볍게 누름
  → 뚜껑을 덮고 윗면에 검사일자와 장소, 이름 등을 기재
  → 37℃, 24시간 배양
  → 생성된 집락수를 카운트하고, 검사결과를 판정표와 비교

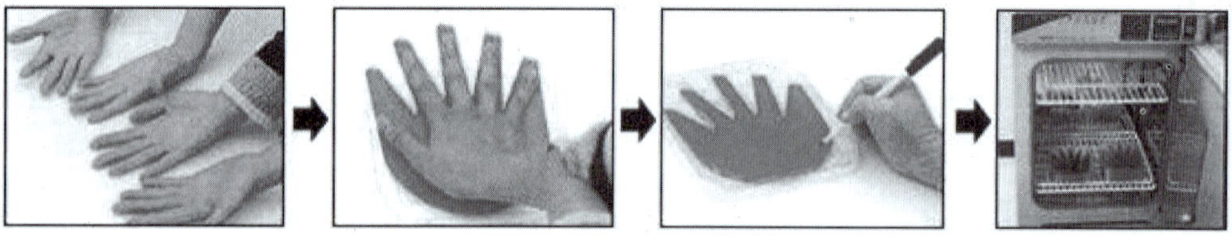

그림 8-2-10 Hand plate를 이용한 손에서의 황색포도상구균 검사순서

6) 공중 부유균의 측정

(1) 배지 제조법

① **Baird-Parker Agar**BPA

- 사용균주 : 황색포도상구균*Staphylococcus aureus*
- 배지색깔 : 살구색
- 조　제 : 증류수 1L에 배지(Oxoid사) 63g을 완전히 녹인 후 121℃, 15분간 고압멸균기

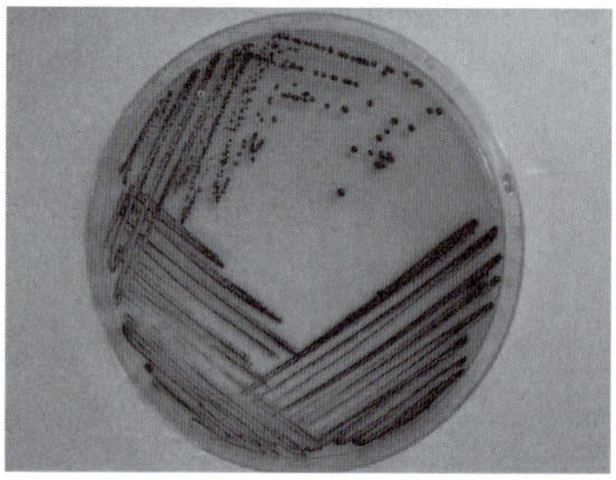

그림 8-2-11 BPA 공중 부유균 측정용 배지

에서 멸균한 다음 50℃ 정도로 식힌다. 이 후 50mL의 egg yolk-tellurite emulsion을 혼합하고 입구를 화염 멸균한 뒤 페트리디쉬에 약 15~20mL 정도 분주한 후 굳힌다.

② Plate Count Agar
- 사용균주 : 일반세균 수 측정
- 배지색깔 : 아이보리
- 조 제 : 증류수 1L에 배지(Difco사) 23.5g을 녹인 후 121℃, 15분간 고압멸균기에서 멸균한 다음 50℃ 정도로 식히고 15~20mL씩 분주한다.

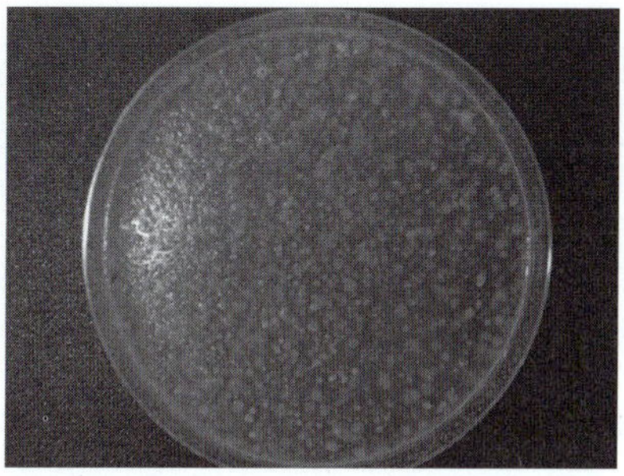

그림 8-2-12 PCA 공중 부유균 측정용 배지 및 결과

③ Rose Bengal agar
- 사용균주 : 진균류(곰팡이류)
- 배지색깔 : 분홍색
- 조제 : Rose bengal agar base를 16g 취하여 500mL의 증류수에 녹인 후 121℃ 15분간 고압멸균한 후 50℃로 식힌다. 배지 500mL당 2mL의 rose bengal antibiotic supplement C를 첨가한 후 15~20mL씩 페트리 디쉬에 분주한다.

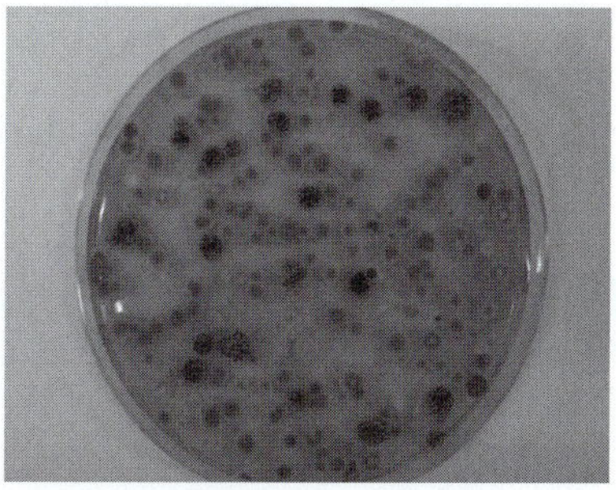

그림 8-2-13 RBA 공중 부유균 측정용 배지 및 결과

(2) 공중 부유균 측정 방법

측정 장소 지정 및 표기

→ 지정장소에서 뚜껑 개봉상태로 5분간 방치

→ 수거 및 배양(세균 : 35~37℃ 24hr, 진균류 : 28~30℃, 3~4 일간)

→ 균수 측정

7) 결과 확인

(1) 일반세균 수 및 대장균군

① 집락이 형성된 평판들을 모아서 30~300개의 집락수를 갖는 것을 결과로 취하며 집락수에 희석배수를 곱하여 균수를 계산한다.

② 계산법

- 집락수 평균×1/희석배수
- 집락수가 30~300개인 것을 취하여 평균을 낸다.
- 만약 30개 이하인 경우 농도가 높은 것의 집락수를 계산한다.

표 8-2-4 배양 후 생균수 계산 방법

No.	각 희석배수의 집락수			생균수/g (cfu/g)	비 고
	1:100	1:1,000	1:10,000		
①	TNTC TNTC	180 205	12 18	190,000	1희석배수에 30~300개의 집락이 있는 경우
②-a	TNTC TNTC	245 230	32 30	270,000	연속하는 2희석배수에 30~300개의 집락이 있는 경우(양자의 비가 2배 이하인 경우)
②-b	TNTC TNTC	145 101	58 61	120,000	연속하는 2희석배수에 30~300개의 집락이 있는 경우(양자의 비가 2배 이상인 경우)
③	20 18	3 0	0 0	3,000이하	전평판에 30개 이하의 집락이 있는 경우 FDA의 경우 : 1,000 이하
④	TNTC TNTC	TNTC TNTC	520 430	4,800,000	전평판에 300개 이상의 집락이 있는 경우
⑤	0 0	0 0	0 0	LA	전평판에서 집락을 얻지 못한 경우
⑥	TNTC TNTC	230 225	32 확산	270,000	확산집락이 생긴 경우 단, 확산집락의 크기가 평판의 1/2인 이상인 경우

㉮ TNTC Too Numerous To Count : 균이 너무 많아서 셀 수 없을 때 표기. 보통 ×10(100)에서부터 균의 수를 세나 너무 많아서 셀 수 없을 때는 TNTC로 표기한다.

㉯ Colony 측정 방법 : Colony 300개 이상인 경우에는 4등분하여 1/4에서 개수를 취한 다음 거기에 4× 측정 배수를 곱한다.

㉰ ND Not Detected : 균이 발견되지 않은 경우 ND로 표기.

㉱ LA Laboratory Accident : 실험결과 오류 시 IA로 표기. ×10(원 시료 액이므로 균이 제일 많이 자란다.)에서는 균이 발견되지 않았는데, ×100(10^{-1})나 ×1,000(10^{-2})에서 균이 발견되면 실험 오류로 판단된다.

※ 규약항목

- 전평판에 30개 이하의 집락이 있는 경우 총집락의 수를 세고 희석배수를 곱해준다.
- 두 희석 단계의 비가 2 이하인 경우에는 두 희석단계의 세균수의 산술 평균을 구한다.
- 두 희석 단계의 비가 2이상인 경우에는 작은 쪽의 세균수만을 기록한다.
- 30개 이하의 집락일 경우 위의 경우에 해당하지 않으므로 제일 희석배수가 적은 평판에서 계수하여 몇 개 이하로 표기한다.
- 300개 이상의 집락이 발생한 경우는 셀 수 있는 집락을 평균하고 몇 이상이라고 표기, 또 300개에 가까운 평판을 이용하여 산출하는 경우도 있으나 어디까지 참고치일뿐이다.
- 집락이 생기지 않은 경우
- 선택한 평판에 확산 집락이 생겼을 경우 다음의 조건만으로 한정하고 그 상당 부분을 측정하여 산출한다.

  (※ 확산 집락 이외의 집락이 잘 분산되어 있고 확산 집락이 있어도 측정에 지장이 없으며 확산 집락이 많이 있는 부분이 평판의 1/2 이하인 것)

(2) 대장균군 및 대장균 3M petrifilm

- 가스를 형성한 적자색의 집락을 계수한다.
- 유효숫자 범위는 15~150개이다.
- 대장균, 대장균군을 같이 검출할 수 있는 petrifilm의 경우 가스를 형성한 적자색과 청색의 집락을 함께 계수하며, 청색의 집락이 대장균이다.

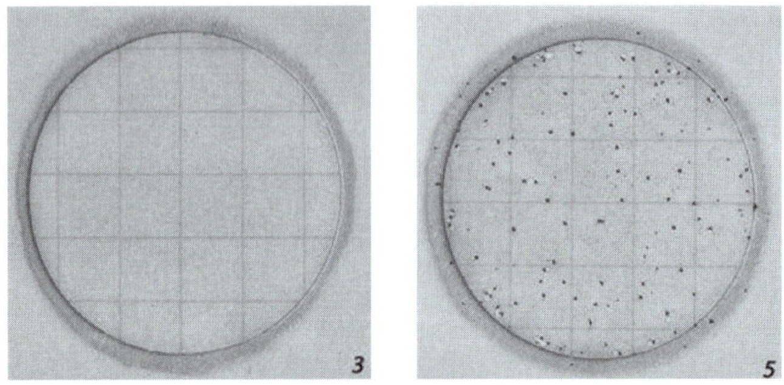

그림 8-2-14 3M petrifilm을 이용한 대장균군 및 대장균 검사

(3) 황색포도상구균

① 노란 집락 주위에 Yellow zone을 계수한다.

② 집락수를 셀 때는 plate 용기 안에 새겨진 구획을 이용한다(1구획: 1cm^2).

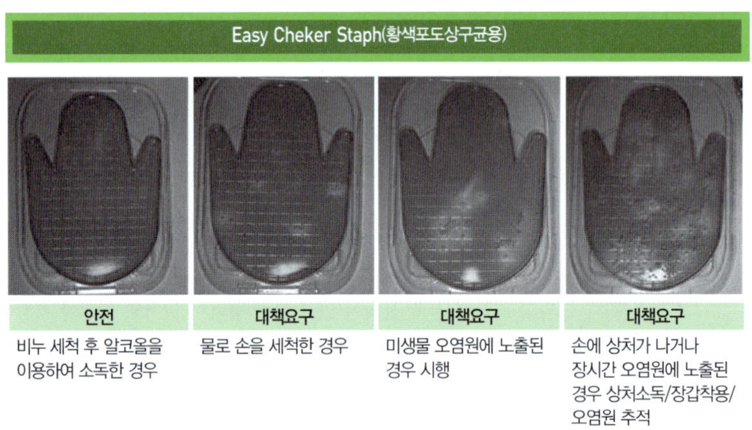

그림 8-2-15 핸드 플레이트를 이용한 황색포도상구균 검사

5. 신속동정 및 간이 검사

식품을 목적하는 항목에 대하여 검사하는 것은 일반적으로 상당한 시간이 소요된다. 따라서 검사결과가 나오기 전에 이미 소비자의 손에 들어가서 식품의 부패나 유해 물질에 의해 치명적인 문제가 발생되고 있으므로 많은 연구자들이 보다 간단하고 신속하게 식품위생 관련 물질을 동정하거나 검사하려는 노력이 진행되고 있다. 이를 위해 최근에는 식품시료로부터 위생관련 항목을 쉽게 분석하기 위해 종전에 사용해 오던 homogenizer나 blender 등의 단점을 보완하여 stomacher, gravimetri diluter, adhesive tap method 등을 이용한 시료의 전처리 과정이 소개되고 있다. 여기서는 미량 유해 물질의 신속검사, 미생물의 신속검사, 자동화 기기에 의한 생균수 측정 및 신속한 미생물 동정장치에 대해서 언급하고자 한다.

1) 미량유해 물질의 신속검사법

(1) 곰팡이 독소의 신속검사

식품이나 사료에 오염된 곰팡이 독소를 확인하고 정량하는 방법에는 비교적 그 절차가 간단하고 비용이 적게 드는 TLC가 많이 이용되어 왔다. 그러나 TLC법은 검출감도가 낮은 문제점이 있어 GC 및 GC-MS를 이용한 방법들이 사용되고 있다. 일반적으로 곰팡이 독소는 미량으로 존재하기 때문에 많은 양의 시료가 필요하고 분석 전의 전처리 조작들이 복잡하다. 더욱이 GC나 MS는 기기가 고가이고 넓은 공간과 전문인력을 필요로 하며 많은 유기용매를 사용하므로 실험자의 안전성이 문제가 되어 새로운 분석방법의 필요성이 강력히 대두되었다. 위와 같은 문제점을 해소하기 위하여 동물체 내에서 zearalenone과 T-2 toxin에 대한 항체를 생성시켜 이를 식품이나 사료에 오염된 이들 곰팡이 독소 분석에 응용하는 면역학적 분석방법을 시도하였다. 여기에서 Radio Immunoassay^RIA^와 Enzyme Linked Immunosorbent Assay^ELISA^가 시도되었으나 RIA법은 방사성 폐기물의 위험성이 문제되어 현재는 주로 ELISA법에 의한 분석이 이루어지고 있으며 종래의 분석방법에서 나타났던 단점들을 어느 정도 극복할 수

5g 분쇄한 시료

25mL 70% methanol과 3분간 혼합

여과 후 0.5mL 취함
0.5mL aflatoxin B1-효소-결합체 용액과 혼합

항체가 결합된 microtiter well에서 20분간 반응

세척 후 기질과 10분 반응

음성 혹은 양성 시료 판독

그림 8-2-16 Competitive direct ELISA법에 의한 aflatoxin B1 분석

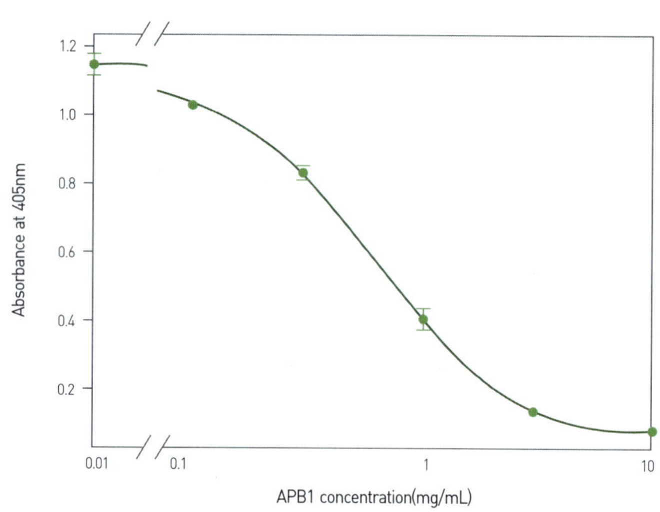

그림 8-2-17 아플라톡신 B1의 ELISA 표준곡선

있게 되었다.

곰팡이 독소의 신속분석을 위한 ELISA 법을 간단히 소개하면 그림 8-2-16과 같다. 이때의 반응결과는 그림과 같으며 전체 과정을 수행하는데 1시간 정도

가 소요된다. ELISA reader로 흡광도(405nm)를 측정한 것을 함께 작성한 표준곡선과 비교하여 그 함량을 계산한다. 그 결과 그림 8-2-17에서 보는 바와 같이 5ppb 농도에서도 육안으로 판별이 가능할 정도의 예민한 반응이 나타나 곡물에서의 유해 곰팡이 독소의 저농도 검출이 가능해지고 있다.

(2) 잔류 항생물질의 신속검사

항생물질이 자연식품에 과다하게 존재할 경우 국민건강상 바람직하지 못하며, 특히 이러한 항생물질들이 잔존할 경우 항생제저항성 세균의 균주가 자연계에 널리 분포하게 되는 간접적인 영향을 예측할 수 있다.

항생물질의 검출에 있어서 일부 식품가공업체에서는 현재 식품공전에서 제시하고 있는 기존의 방법인 TTC(2,3,5-triphenyltetrazolium chloride) 시험방법을 아직도 사용하고 있으나, 이미 선진국에서는 이러한 방법을 탈피하여 보다 신속하고 정확한 항생물질 검색 방법의 개발을 위해 많은 노력을 기울여 왔다. 그 결과 β-Lactam screening test, Charm test, Antigenic spot test, Penzyme test 등 여러 가지 잔류 항생물질의 속성검출 방법이 개발되었으나 최근에는 이들 속성검출 방법으로도 검출되지 않는 sulfamethazine 등의 분석을 위해 ELISA 법이 고안되어 기존의 잔류 항생물질의 검색에서 제기되어온 문제점을 개선하기에 이르렀다.

앞서 곰팡이 독소에서와 같이 잔류 항생물질의 존재 유무를 간단히 측정하기 위한 효소면역분석 결과는 다음 그림에 잘 나타나 있다. 그림 8-2-18에서 보는

그림 8-2-18 잔류 항생물질의 면역분석 결과

바와 같이 시료 중 항생물질이 잔류할 경우 왼쪽과 같이 발색 정도가 낮고, 잔류하지 않으면 오른쪽처럼 발색이 크게 되는 것으로 안전하게 시료 중에 항생물질의 잔류 여부를 측정할 수 있다. 또한 효소 대신에 형광물질을 tracer로 활용하여 반응의 감도와 안정성을 증가시키기 위한 형광면역분석법 등이 식품이나 사료에 잔류하는 항생물질을 신속히 분석하는 방법이 도래되고 있다.

(3) 잔류 농약의 신속검사

일찍이 항체를 이용한 분석수단이 1960년대부터 이미 밝혀졌음에도 불구하고 농약이나 다른 환경 화합물들의 분석에는 면역학적 기법의 이용이 뒤떨어진 이유는 GC나 HPLC에 의하여 농약이나 환경 화합물들을 적절히 분석할 수 있었기 때문이다. 하지만 농약의 장기적인 저농도 노출의 가역적 효과에 대한 관심의 증대로 작물과 환경에 대한 모니터링의 필요성이 확대되고 있지만 기기를 이용한 기존의 분석 프로그램에서는 반복되는 대량의 시료에 대한 부담이 많은 어려움을 주게 된다. 이러한 기기를 이용한 분석은 시간과 노동력, 비용 등이 많이 소모되는 단점을 지니고 있어서 농약을 간단하고 신뢰성이 있으며 저렴한 비용으로 분석할 수 있는 방법이 필요하게 되었다. Immunoassay는 이러한 장점을 지니는 방법으로 1980년대부터 본격적으로 농약의 잔류분석에 응용이 되어 왔다. 농약의 면역기법에 의한 분석은 특이성, 민감성, 정확성, 간편성, 경제성, 신속성, 응용성 같은 장점이 있다. 그러나 모든 기법이 그러하듯이 이 기법 역시 생소한 기법이라는 점과 시약을 쉽게 구할 수 없다는 점, GLC나 HPLC 기법과 같이 비특이성 간섭물질로 인해 GC-MC 같은 보다 정확한 방법에 의해 확인이 필요하다는 것, 다성분 동시 분석에 쉽게 응용할 수 없다는 단점도 있다.

식품에 소량 잔류하는 농약의 분석에서 매우 중요한 작업은 식품성분과 복합적으로 존재하는 농약을 선택적으로 분리하는 정제과정이 매우 어렵기 때문에 이들 농약에 대한 항체를 칼럼에 충진시킨 immunoaffinity column이 개발되었다. 칼럼을 통과하는 시료 중의 농약을 항체가 선택적으로 붙잡은 다음 이를 소량의 유기용매로 용출하여 정제된 시료용액을 얻은 다음 이를 면역분석법이나 GC나 HPLC로 정밀하게 분석하는 방법이 고안되고 있지만 아직도 개선해야 할 점이 많아 이를 해결하기 위한 연구가 진행되고 있다.

2) 미생물의 신속검사법

(1) 미생물 신속분리 방법

식품에 오염된 미생물의 수가 많을 경우는 균질화한 시료용액을 그대로 또는 희석하여 미생물의 분리, 배양에 사용한다. 그러나 식품에 오염된 미생물의 수가 아주 적은 병원성 세균(식중독 균)의 경우는 증균과정이 필요하다. 또한 Filter를 이용한 재래식 여과과정이나 원심분리 등은 미생물의 손실, 여과지의 막힘 현상, 2차 오염 등 제반문제가 따르기 때문에 식품검사에 직접 적용하기는 어려움이 있다. 이러한 문제점을 보완하여 소량의 시료, 소량의 병원성 세균오염을 검사하는 경우에는 antibody를 활용한 immuno-magnetic separation[IMS] dynabeads를 이용하는 방법이 있다. 이것은 분리하려고 하는 미생물에 특이적으로 반응하는 immunomagnetic 입자를 sample 혼합기에 섞어서 일정 시간 경과 후 그 입자들을 magnetic particle separator로 분리하는 방법이며 30분 이내에 분리를 끝낼 수 있다.

① *Salmonella*의 신속분리를 위해서는 dynabeads anti-*Salmonella*를 immunomagnetic particle로 사용

② *Listeria*균의 신속분리를 위해서는 dynabeads anti-*Listeria*를 immunomagnetic particle로 사용

(2) 간이배양에 의한 생균수 측정

식품에 오염된 미생물의 수를 측정하기 위한 방법으로 재래방법의 표준배양은 미생물이 자랄 수 있는 배지를 만들어서 사용하는 중첩배양법을 이용함으로써 경비나 시간이 많이 소요된다. 그러나 식품현장에서 간편하게 사용할 수 있고 저렴한 경비와 짧은 시간에 미생물을 접종, 배양하여 결과를 판단할 수 있는 신속한 간이배양 kit들이 개발되어 있다.

① 3M Redugek Test나 Petrifilm plate로서 coliform, *E. coli* 등의 호기성 세균 및 효모, 곰팡이의 생균수 측정(AOAC 시험법으로 인정)

② HY check는 휴대하면서 식품의 표면, 공기, 물 등에 생존하고 있는 미생물의 총균수 측정 및 효모, 곰팡이, 장내세균을 측정을 할 수 있는 간편한 Kit로 숙련된 기술이 요하지 않는 상태에서 사용할 수 있어 식품생산현장에서 품질관리 및 위생관리 측면에서 널리 활용

③ Practicum, Colifel, PathoGel은 물이나 식품에 생존하고 있는 병원성 세균 등을 모니터링할 수 있는 kit로서 색깔의 변화나 형광의 띠 형성 등으로 미생물의 존재를 확인

④ The Spiral Assay System(Spiral Biotech)

AOAC에 표준법으로 인정된 시험법의 기기인데 plate상의 균집락을 직접 계수하는 방법의 하나로서 평판계수법 Standard Plate Count SPC의 개량법이다. 재래적 방법에 의한 생균수의 측정 시에는 시료를 여러 단계로 희석하여 중첩배양을 해야 하는 어려움이 있을 뿐만 아니라, plate와 배지가 많이 소모되고, 측정에 시간이 많이 소요되는 단점이 있다. 그러나 이 기기는 자동으로 검체의 용액을 10배까지 희석하여 1개의 plate에 분주하고, 자동 scanner로 읽을 수 있으며, 따라서 많은 양의 검체를 처리할 수 있어서 실험시간의 단축, 시험관과 plate, 배지의 사용량을 20% 이상 줄일 뿐만 아니라 생균수 측정의 오차를 줄일 수 있다(그림 8-2-19).

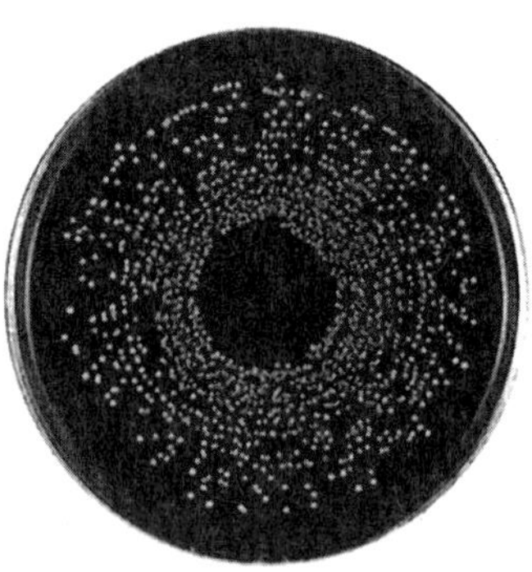

그림 8-2-19 Spiral Assay System에 의한 *S. aureus* 콜로니의 측정

3) 신속한 미생물 동정 장치

(1) 생화학적 특성을 이용한 진단 kit

미생물의 증식, 대사 과정의 생화학적 특성 변화에 의해 균종의 특성을 연구하고 동정할 수 있도록 상업화된 진단 kit들이 개발되어 있으며 이용에 편리하다. 이에 사용되는 진단 kit는 API, Crystal ID, Enterotube Ⅱ, Micro ID, 그리고 Innovative Diagnostic system으로 Rap ID ANA Ⅱ, Rap ID ONE, Rap ID STR 등이 있으며 대표적으로 많이 사용하고 있는 API kit는 장내 세균과 그람 음성세균의 동정이 가능하도록 23종류의 기본적인 생화학적 시험이 가능하다.

그 밖의 Minitek와 BBL의 Crystal ID는 장내 세균과 발효능이 없는 그람 음성 호기성 세균의 동정에 널리 이용되고 또한 장내 세균과 그람 음성 호기성 세균의 동정에 널리 이용되어지는 kit와 그람 양성구균 또는 혐기성균, 효모, *Listeria monocytogenes*를 동정할 수 있는 kit도 개발되어 간편하게 이용할 수 있다. Enterotube Ⅱ는 15종류의 기본적인 생화학적 시험이 가능하며 장내 세균의 동정에 많이 이용된다.

Micro ID kit는 15개의 생화학적인 시험이 가능하며 그람 음성, Cytochrome Oxidase negative 간균 형태의 장내 세균의 동정에 이용된다. Micro ID Listeria는 *Listeria*균의 동정에 이용되는 kit로서 AOAC 시험법(No. 992.8)에 적용되고 있다.

Rap ID ANA Ⅱ kit는 혐기성 세균의 동정에 이용되며, Rap ID ONE kit는 장내 세균과 Oxidase negative 그람 음성간균의 동정에 이용된다. Rap ID STR kit는 연쇄상구균, *Leuconostoc*, *Pediococcus*와 *Listeria*균의 동정에 이용되도록 구성되어 있다.

(2) 자동화기기에 의한 미생물 동정

일반적으로 미생물은 증식에 따른 대사에 의해 생화학적 특성의 변화가 많이 일어나며 이러한 변화를 자동화기기로 분석하여 미생물을 동정하는 많은 시스템이 개발되고 있다.

① **Vitek system**

Vitek system(그림 8-2-20)은 균을 신속하게 분리, 동정하는 자동화 장치의

하나이다. 이것은 특별히 고안된 카드를 사용하여 생화학 시험을 한 결과를 가지고 동정하는 방법인데 순수 분리한 그람 반응에 따라서 사용할 카드를 결정한다. 이 방법의 원리는 미지의 균주에 대한 생화학적 반응결과를 표준화된 미생물의 생화학적 반응 database에 비교하여 균종을 판별하는 방법이다. 종래의 수동적 방법에 비하여 결과를 4~18시간 내에 알 수 있으므로 신속한 균주의 동정에 매우 적합하다. 이것은 균의 배양이 진행됨에 따라서 30종류의 생화학 시험의 반응을 자동적으로 기록하는 카드를 사용하며, 그람 음성균과 양성균 그리고 진균류의 동정이 가능하다.

그 방법을 간단히 설명하면 먼저 시험하려는 균주를 TSAYE에 계대 배양한 다음 신선한 균주를 그람 염색, oxidase, catalase 시험을 실시한 다음 분리균의 카드를 선정한다. 그람 음성일 경우에는 GNI(그람 Negative Id), 그람 양성에는 GPI(그람 Positive Id)를 사용한다. 배양균의 집락을 멸균된 0.45% NaCl 18mL에 균일하게 희석한 후, Photometric reader로 영점을 맞춘다. Vitek card로 희석된 균액이 들어가게 충전한 다음, 균액이 들어간 입구를 봉하여 35℃ 배양기에 넣어 결과를 얻는다.

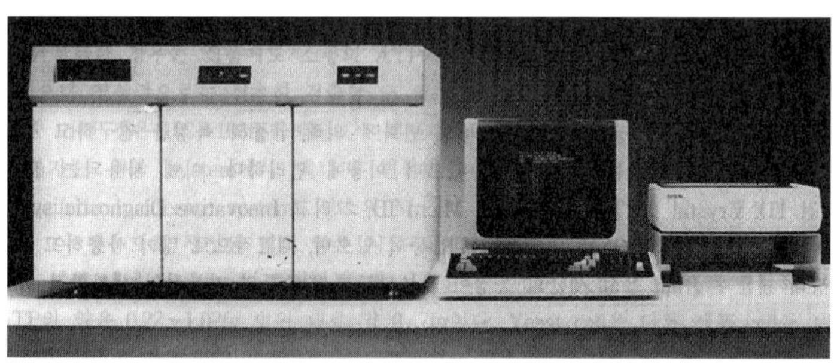

그림 8-2-20 미생물 동정 시스템

② PCR Polymerase Chain Reaction

PCR(그림 8-2-21)은 다른 종류의 시료 내의 세균을 감지하고 동정하는 데 가장 신속하고 확실한 방법 중의 하나이다. 이것의 원리는 각 특유의 pair of primer와 열에 안정한 DNA polymerase를 이용하여 target 시료의 염기서열을 효소로 증폭시키는 방법이다. PCR cycle이 반복될수록 높은 감도를 가진다. 반응 tube에 target DNA가 소량만 있어도 효소로 증폭시키기에 충분하다.

식품에 들어 있는 적은 수의 병원성 세균도 감식해 낸다. PCR이 진행되는 동안에 다량의 PCR product들이 형성되어 있으면 그것은 공정 중에 pipette tip, gloves 등으로부터 오염을 의미하며, 또한 만약 PCR 생산물이 너무 소량인 경우에는 aerosol 안에 들어 있던 PCR 생산물들이 열 tube로 이동되면서 positive 결과를 초래하는 경우가 있다. 따라서 신뢰도 높은 결과를 얻으려면 실험 시 특히 세심한 주의가 필요하다.

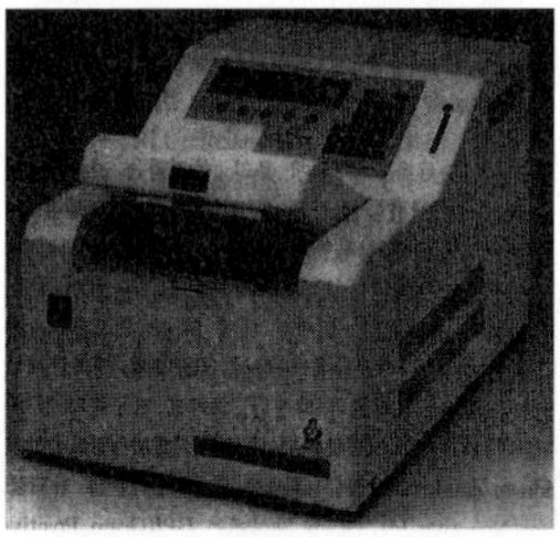

그림 8-2-21 PCR 기기 모습

식품내 병원성 미생물을 검출해 내는 test는 적어도 몇 시간 내에 식품시료 25g 안에 한 개의 viable cell을 인식해 낼 수 있어야 한다. 이것은 원료, 식품공정, 식품생산에 있어 효율적인 control이 있어야만 가능하게 되는 것이다. PCR system에서 reaction tube당 1개의 cell 또는 시료내 약 10^3/mL도 정확하게 감지해 낸다. 그러나 그 감지능력은 시료내 PCR inhibitor가 있으면 급격히 떨어지며 따라서 세포의 농도, DNA의 추출, 세균에 오염된 시료로부터 PCR 억제물질을 제거하는 것이 정확한 결과를 얻어내는 데 절대적으로 필요하다.

③ 기타 미생물 동정 시스템

그 밖에 미생물 동정을 위해 개발된 시스템은 MIDI, BIOLOG. VIDAS, VIPVisual immuno precipitate Assay법, Bio-Tek, Tecra의 *Listeria*, *E. coli* O157 및 *Staphylococcus aureus*의 visual immunoassay system, Oxyrase, Anaero Pack system, Micro Sys(Biosys) 그리고 DNA probe에 의한 방법 등이 개발되어 사용되고 있다.

참고문헌

1. Aflatoxin and Food Safety. Hamed K. Abbas(2005)

2. Encyclopedia of Food Mycotoxins. Springer(2001)

3. Foodborne Pathogens. 진성유니텍(2007)

4. Food Safety. eagan(1992)

5. HACCP. Blackwell publishing(2004)

6. HACCP user's Manual. An Aspen(1998)

7. Handbook of Nutraceuticals and Fungtional Foods. CRC Press(2001)

8. Journal of Food Hygiene and Safety. 한국식품위생안전학회지. 27(4)356~365(2012)

9. MYCOTOXINS AND FOOD SAFETY. Kluwer Academic / Plenum Publishers(2002)

10. PRIMER ON RISK ANALYSIS. Taylor&Francis Group(2012)

11. Principles of Food Sanitation. AN ASPEN(1999)

12. 2010년도 농식품안전 기획정보자료집. 농림수산식품부 · 한국농림수산정보센터(2010)

13. 국내 식품 중 주요 곰팡이 독소 오염환경과 위해평가. 高麗大學校 大學院 食品工學科(1998)

14. 먹을거리를 사랑하는 기자들이 풀어쓴 '식품안전' 이야기. 한국기자협회 · 농림수산식품부 · 한국농림수산정보센터(2012)

15. 방사선 조사 식품, 꼭 알아야 할 식품위생. 유림문화사(1998)

16. 방사선 조사 식품의 국가관리 체계. 식품공업 186. 11~29(2005)

17. 사람을 움직이는 식품이물 대책. 한국 PL센터(2009)

18. 살균소독제 전담부서 설립을 위한 연구. 식약청보고서. pp.11~15(2004)

19. 소규모 업소용 HACCP 표준 관리기준서. 식품의약안전청(2010)

20. 수산식품위생학. 정명당. p. 159~169(2000)

21. 수입농산물 규제를 위한 유해 물질 면역분석시스템의 국산화. 과학기술처보고서. p.44~45(1991)
22. 수입수산물 중 식중독 유발 병원성미생물 모니터링 보고서(2002)
23. 식품-매개 기생충질환. 대한의사협회지 47. 496~507(2004)
24. 식품 및 환경 중 잔류물질의 분석과 적용. 한국환경농학회(2008)
25. 식품산업의 현재와 미래. 백산출판사(2007)
26. 식품안전 위기와 해법. 금석출판사(2006)
27. 식품위생관계법규. 문운당(2011)
28. 식품의 안전성 연구. 이화여대출판부. p. 307~319(1993)
29. 식품의 위생안전성 확보를 위한 방사선 조사기술의 이용. 식품과학과 산업 36(2). 25~41(2003)
30. 암을 만드는 식품, 고치는 식품. 예림미디어. p. 52~78(2002)
31. 우리나라의 가공식품에 대한 미생물학적 위험도 평가. 한국식품위생 안전성 학회지. 12(4). 340~345(1997)
32. 웰빙사회와 보건. 신광출판사(2007)
33. 위해분석 용어 설명집. 제2판. 식품의약안전청(2011)
34. 이물 제어장치 운용 및 이물 저감화 매뉴얼. 식품의약안전청(2012)
35. 중소규모업체를 위한 HACCP 적용 지침서. 식품의약안전청(2008)
36. 최신 식품첨가물. 신광출판사(2005)
37. 축산물 HACCP(2-1) 과정. 농림수산식품부 농업연수원(2009)
38. 학교급식 농산물 안전관리 심포지엄. 농림수산식품부 · 교육과학기술부(2012)
39. 학교 급식 위생 · 안전 점검 요원 전문 연수. 서울특별시 학교보건진흥원: http//www.bogun.seoul.kr(2008)
40. 한국경제신문. 유명식품회사 즉석식품서 '일반세균검출'(2001)
41. 해외전문가 초빙 2007년도 HACCP지도관 전문 교육 · 훈련. 식품의약안전청한국보건산업진흥원(2007)

부록

용어 설명

용어 설명

건강기능식품(Health functional food)
인체의 건강증진 또는 보건 용도에 유용한 영양소 또는 기능성분을 사용하여 정체 · 캡슐 · 분말 · 과립 · 액상 · 환 등의 형태로 제조 · 가공한 식품.

교차오염, 2차오염(Cross contamination)
일반적으로 조리된 식품이 원재료와 교차하여 미생물이나 질병 요인에 오염되는 것.

급성독성(Acute exposure)
심각한 생물학적 위해를 유발하거나 사망에 이를 수도 있는 독성물질에 대한 단회 노출, 또는 24시간 이내 노출.

내분비계 장애물질(Endocrine disrupters)
환경 중에 있던 물질이 사람이나 동물의 몸속에 들어가서 마치 호르몬인 것처럼 작용하거나 또는 정상적인 호르몬 작용을 방해하는 등 내분비 기능에 변화를 일으켜 생체 또는 그 자손의 건강에 위해한 영향을 나타내는 외인성 물질.

노출평가(Exposure Assessment)
위해평가 4단계 중 하나로 식품/환경 등을 통하여 사람에게 노출되는 위해요소즈의 양 또는 수준을 정량적 또는 정성적으로 산출하는 과정.

독성(Toxicity)
살아 있는 생물체에 대한 화학물질의 유해영향.

리스크 커뮤니케이션(Risk communication)
위해평가 결과의 설명과 위해관리 결정사항을 포함하여 위해평가자, 위해관리자, 소비자, 산업계, 학계와 기타 이해 관계자들 간에 리스크, 위해관련 요소와 위해인지도와 관련한 위해분석 과정 동안 내내 정보와 의견의 상호교환.

리스테리아 식중독(Listeria monocytogenes food poisoning)
리스테리아 모노사이토제네스가 오염된 식품을 섭취함으로써 걸리는 식중독.

만성독성(Chronic toxicity)
만성 노출(365일 이상) 기간의 연속 또는 반복 투여로 인해 발생하는 독성.

면역독성(Immunotoxicity)
화학물질 등의 투여(노출)에 의해 면역계에 악영향을 미쳐 유해영향이 발생하는 것.

반수치사용량(Lethal dose 50%, LD_{50})
시험물질을 실험동물에 투여하였을 때 실험동물의 50%가 죽는 투여량.

방사선 조사 식품(Irraidated food)
감마선, X선 등을 식품에 쪼여 발아를 억제시키거나 숙도를 지연시켜 식품의 보존성을 향상시키거나 식품의 병원균, 기생충 및 해충을 제거하여 위생적인 식품을 제조, 가공하는 기술.

비브리오 패혈증(Vibrio vulnificus sepsis)
주로 어패류를 날로 먹은 후 비브리오 불니피쿠스균 감염에 의해 일어나는 급성 패혈증.

소 해면상뇌증(Bovine Spongiform Encephalopathy; BSE)
소의 질병 중 한 가지. 원인은 변형 프리온 때문이며, 원래 신경세포에는 정상적인 프리온이 존재하고 있지만 변형이 일어나게 되면 정상 프리온마저도 자신과 비슷한 변형 단백질로 만들어 뇌신경세포를 파괴하게 되어 뇌 조직이 스폰지 모양으로 많은 구멍이 뚫린 것처럼 보이게 되는 질병.

솔라닌(Solanine)
천연 독소의 일종으로 감자의 싹이나 표피가 녹색으로 변한 부분에 많이 함유.

식중독(Food poisoning, Foodborne illness)
식품의 섭취로 인하여 인체에 유해한 미생물 또는 유독물질에 의하여 발생하였거나 발생한 것으로 판단되는 감염성 또는 독소형 질환.

식품위해요소중점관리기준(Hazard Analysis and Critical Control Point; HACCP)
식품의 원료관리 · 제조 · 가공 및 유통의 전 과정에서 위해한 물질이 식품에 섞이거나 식품이 오염되는 것을 방지하기 위하여 각 과정의 위해요소를 확인 · 평가하여 중점적으로 관리하는 과학적인 선진 식품관리제도.

아급성독성, 아만성독성(Subacute toxicity, Subchronic toxicity)
비교적 단기간(보통 1개월~3개월 정도)의 연속 또는 반복 투여로 발생하는 독성.

여시니아 식중독(Yersinia food poisoning)
*Yersinia*속 세균에 의하여 일어나는 식중독.

오염물질(Contaminant)
식품에 비의도적으로 포함된 물질을 의미.

위해평가(Risk assessment)
식품, 의약품 등에 존재하는 위해요소에 대한 규명된 노출로부터 발생할 수 있는 유해영향과 발생확률을 과학적으로 예측하는 일련의 과정.

인수공통감염병(Zoonosis)
자연조건에서 인체 및 동물에 감염되는 감염증.

일일섭취허용량(Acceptable daily intake; ADI)
식품첨가물, 잔류 농약 등 의도적으로 사용하는 화학물질에 대해 일생동안 섭취하여도 유해영향이 나타나지 않는 1인당 1일 최대섭취허용량.

최대무작용량(No Observed Effect Level; NOEL)
투여군을 대조군과 비교 시 생물학적으로 어떠한 영향도 없다고 할 수 있을 때의 최대무작용량.

곰팡이 독소(Mycotoxins)
곰팡이가 생산하는 2차 대사산물로서 사람과 가축에 질병이나 이상 생리작용을 유발하는 물질.

니트로사민(Nitrosamine)
아민과 같은 질소화합물이 아질산염과 같은 산화질소 화합물과 니트로소화 반응을 하여 생성.

다이옥신류(Dioxins)
고리가 세 개인 방향족 화합물에 여러 개의 염소가 붙어 있는 화합물.

말라카이트그린(Malachite Green)
아닐린그린, 벤즈알데히드그린, 빅토리아그린 B, 차이나그린이라고도 하며 밝은 청록색의 염기성 염료로서 트리페닐메탄계 염료의 일종.

멜라민(Melamine)
멜라민(Melamine)이라는 용어는 ammonium thiocyanate의 증류유도체를 뜻하는 Melam과 염기성 작용기인 Amine으로부터 유래.

벤조피렌(Benzo[a]pyrene, BaP, $C_{20}H_{12}$ CAS No 50-32-8)
다환반향족탄화수소(polycyclic aromatic hydrocarbons, 이하 PAHs)에 속하는 황색의 결정성 고체.

아크릴아미드(CAS No 79-06-1: Acrylamide, C_3H_5NO)
분자량 71.08의 백색, 무취의 결정성 고체로 화학적 · 산업적 용도에 널리 사용되는 비닐 단량체이다.

오크라톡신 A(Ochratoxin A; OTA)
오크라톡신 A(Ochratoxin A, OTA)는 *Penicillium*속과 Aspergillus 속에 속하는 여러 곰팡이가 생산하는 독소.

장염 비브리오(Vibrio parahaemolyticus)
해수세균의 일종으로 2~4%의 소금물에서 잘 생육하며 주로 날 것의 어패류 섭취를 통해 식중독을 일으킴.

제랄레논(Zearelanone)
제랄레논(Zearelanone)은 *Fusarium graminearun*(Gibberella zeae), *F. culmorum*, *F. cerealis*, *F. equiseti*, *F. semitectum* 등의 곰팡이에 의해 생성되는 곰팡이 독소.

클로르피리포스(Chlorpyrifos, $C_9H_{11}Cl_3NO_3$ PS, CAS No. 2921-88-2)
클로르피리포스는 3,5,6-trichloro-2-pyridinol과 diethylthiophosphoryl chloride를 반응시켜 생성되는 화합물.

트랜스지방(Trans fatty acids)
트랜스지방은 트랜스 구조를 1개 이상 가지고 있는 모든 불포화지방.

프탈레이트(Phthalate)
프탈레이트류는 무수프탈산(phthalic anhydride)에 에스테르(ester) 반응을 통해 합성되는 물질.

T2 독소(T2 toxin)
T2 독소는 A형 트리코테신(trichothecene)에 속하는 곰팡이 대사체.

찾아보기

ㄹ.

ㅁ.

ㅂ.

ㅅ.

ㅇ.

ㅈ.

ㅊ.

ㅋ.

ㅌ.

ㅍ.

ㅎ.

A.

B.

C.

D.

E.

F.

G.

H.

I.

J.

L.

M.

N.

P.

Q.

R.

S.

T.

U.

V.

W.

Y.

Z.

저자 약력

정덕화(鄭德和)

경상대학교 대학원장, 식품공학과 교수

보건복지부 식품위생심의위원장

국무총리실 식품안전정책위원회 민간위원장

한국식품위생안전성학회 회장

강진순(姜晉順)

경상대학교 대학원 이학박사

미국미시간대학교 연구원

한국국제대학교 보건자연대학장, 식품영양학과 교수

| 식품위생안전성학 |

발 행 일	2013년 8월 1일 초판 인쇄 2013년 8월 10일 초판 발행
저 자	정덕화 · 강진순
발 행 인	김재민
발 행 처	J M K 서울특별시 마포구 백범로 104, 봉화빌딩 4층
출판등록	2011년 1월 19일 제 313-2011-35호
전 화	02)713-0421~3
팩 스	02)704-6265
전자우편	jungmunk@unitel.co.kr
홈페이지	www.jungmunkag.co.kr

29,000원

ISBN 978-89-85210-03-4 93570